科技基础资源调查专项
基础资料整理与数据汇交平台构建2019FY100201

新疆第三次综合科学考察工作指导手册

（林业草原部分）

刘永萍　何　苗　主编

中国林业出版社
China Forestry Publishing House

编制说明

《新疆第三次综合科学考察工作指导手册(林业草原部分)》由新疆第三次综合科学考察预研究项目组共同编写完成，本书的出版受到科技基础资源调查专项"基础资料整理与数据汇交平台构建"（编号：2019FY100201）的资助。手册分为七个部分：第一部分为"森林资源调查及评价指标规范"，由石河子大学、新疆林业规划院、新疆林业科学院完成；第二部分为"草地资源调查及评价指标规范"，由新疆林业科学院、新疆农业大学完成；第三部分为"湿地资源调查及评价指标规范"，由新疆林业科学院、新疆师范大学、新疆大学完成；第四部分为"自然保护地及国家公园调查及评价指标规范"，由新疆师范大学、新疆大学、新疆林业科学院完成；第五部分为"荒漠化沙化调查及评价指标规范"，由新疆大学、新疆林业规划院、新疆林业科学院、中国科学院新疆生态与地理研究所完成；第六部分为"林草碳储量计算及评估指标规范"，由新疆林业科学院、新疆农业大学、新疆大学完成；第七部分为"林草产业调查及评价指标规范"，由新疆农业大学、石河子大学完成。

图书在版编目(CIP)数据

新疆第三次综合科学考察工作指导手册. 林业草原部分/刘永萍，何苗主编. —北京：中国林业出版社，2022.8

ISBN 978-7-5219-1791-8

Ⅰ.①新… Ⅱ.①刘… ②何… Ⅲ.①科学考察-新疆-手册②林业-科学考察-新疆-手册③草原-科学考察-新疆-手册Ⅳ.①N82-62②S759.992.45-62

中国版本图书馆 CIP 数据核字(2022)第 147392 号

策划编辑：肖　静
责任编辑：肖　静　刘　煜
封面设计：时代澄宇

出版发行：中国林业出版社
　　　　　（100009，北京市西城区刘海胡同 7 号，电话 83223120）
电子邮箱：cfphzbs@ 163. com
网址：www. forestry. gov. cn/lycb. html
印刷：中林科印文化发展(北京)有限公司
版次：2022 年 8 月第 1 版
印次：2022 年 8 月第 1 次
开本：787mm×1092mm　1/16
印张：37. 25
字数：640 千字
定价：150. 00 元

编辑委员会

编写分工

第一部分　森林资源调查及评价指标规范

主　编：楚光明　刘永萍

参　编：李园园　丁守杰　刘长青　杨志刚　徐彦军　刘丹慧　潘存军　周　刚
　　　　宁虎森　黄继红

第二部分　草地资源调查及评价指标规范

主　编：谢开云　何　苗

参　编：颜　安　王新英　王　瑞　许文强　刘永萍

第三部分　湿地资源调查及评价指标规范

主　编：刘丽燕　张　飞

参　编：吴天忠　蔡新斌　程春燕　蔡云飞　李　进　刘永萍

第四部分　自然保护地及国家公园调查及评价指标规范

主　编：李　进　张　飞

参　编：马晓东　马　森　安长江　李星佑　罗青红　刘丽燕

第五部分　荒漠化沙化调查及评价指标规范

主　编：李诚志　王　蕾

参　编：李曦光　刘　鹏　师庆东　周　翔　艾则孜　王立平　刘永萍　包安明
　　　　汪溪远

第六部分 林草碳储量计算及评估指标规范

主 编：李吉玫 郑 伟

参 编：李桂真 李陈建 汪溪远 孙雪娇

第七部分 林草产业调查及评价指标规范

主 编：唐 诚 谢开云

参 编：王 翠 万江春 宁虎森 刘永萍 孙 喆

目录

CONTENTS

第一部分 森林资源调查及评价指标规范

第三部分 湿地资源调查及评价指标规范

第四部分　自然保护地及国家公园调查及评价指标规范

第五部分　荒漠化沙化调查及评价指标规范

第六部分　林草碳储量计算及评估指标规范

第七部分　林草产业调查及评价指标规范

森林资源调查及评价指标规范

1. 绪论

新疆森林以天山山脉、阿尔泰山脉及昆仑山脉等山地分布的寒温带针叶林,塔里木河等内陆河流域分布的温带落叶阔叶林,伊犁河等诸多河流谷地分布的次生林,以及平原地区营造的各类人工林为主,并在各地分布有相对较多的经济林。根据第九次清查结果,全区森林面积802.23万 hm²,森林覆盖率4.87%,绿洲覆盖率28.5%。活立木蓄积量约4.65亿 m³,森林蓄积量3.92亿 m³,每公顷蓄积量182.60m³。森林植被总生物量约4.48亿 t,总碳储量2.19亿 t。按林木所有权划分,新疆森林资源以国有为主,国有森林面积686.43万 hm²、占85.57%,蓄积量3.21亿 m³、占81.99%;集体林面积115.8万 hm²、占14.43%,蓄积量7063.22万 m³、占18.01%;按林种划分,新疆森林资源以防护林为主,防护林面积682.28万 hm²、占85.05%,蓄积量4598.82万 m³、占88.22%;特用林面积42.79万 hm²、占5.33%,蓄积量4083.77万 m³、占10.41%。新疆森林资源以天然林为主,天然林面积680.81万 hm²、占84.86%,蓄积量3.11亿 m³、占79.28%。按林龄划分,新疆森林以近成过熟林为主,蓄积量2.915亿 m³,占74.33%。

新疆天山、阿尔泰山地区覆盖的原始森林多为西伯利亚落叶松、雪岭云杉和针叶柏等高大乔木,塔里木河、叶尔羌河流域生长着世界著名的胡杨和灰杨,准噶尔盆地边缘散布的梭梭林和塔里木盆地周边的红柳是防风固沙的主要植被。人工造林的树种主要有杨树、榆树、白蜡、槭树、槐树、白桦、沙枣、桑树及各种经济林。

2. 目的

本指导手册的目的是确定第三次新疆综合科学考察森林资源部分的考察内容、调查方法等,收集研究区森林的数量、质量、结构、功能及其消长动态,对森林资源及其生态功能进行综合评价,规范各类森林资源调查过程及数据结果表达,为第三次综合科学考察提供标准化工作方案。

3. 术语和定义

3.1 森林资源

森林资源是林地及其所生长的森林有机体的总称。这里以林木资源为主,还包括林中和林下植物、野生动物、土壤微生物及其他自然环境因子等资源。

3.2 森林资源评价

森林资源评价是在科学分析的基础上对森林资源的数量、质量、结构、生长、消耗、地理分布及特点等进行评估,以全面了解和正确认识其价值和效益(量化和非量化的),使森林经营者和决策者据此采取保护、培育、经营、开发利用措施,促进森林资源在综合发挥高效益前提下的持续发展。

3.3 林分特征

林分特殊包含起源、优势树种、年龄、龄组、径组、平均胸径、平均树高、平均优势高、郁闭度、自然度、密度、断面积、蓄积量、毛竹株数、其他竹株数等指标。

3.4　遥感技术

遥感技术是根据电磁波的理论，应用各种传感仪器对远距离目标所辐射和反射的电磁波信息进行收集、处理，并最后成像，从而对地面各种景物进行探测和识别的一种综合技术。

3.5　森林资源规划设计调查

3.5.1　二类调查
以森林经营管理单位或行政区域为调查主体，查清森林、林木和林地资源的种类、分布、数量和质量，客观反映调查区域森林经营管理状况，为编制森林经营方案、开展林业区划和规划、指导森林经营管理等需要进行的调查活动。

3.5.2　林班
为便于森林资源经营管理、合理组织林业生产而划分的一种长期性的、最小的森林经营管理区划单元。

3.5.3　小班
内部特征基本一致，与相邻地段有明显区别，需要采取相同经营措施的森林地块或小区，是森林资源规划设计调查、统计和森林经营管理的基本单位。

3.5.4　林木生长量
在一定时期内林木的直径、高度、蓄积量等的变化量。

3.5.5　林种
森林按照其经营目的或所发挥效益的不同而划分的分类单位。

3.5.6　立地质量
综合评价气候、土壤和生物等林地所处自然立地条件影响林地生产潜力高低的指标。

3.5.7　地位级
依据林分平均年龄和平均树高的关系定量评价立地质量的指标。

3.5.8　地位指数
以林分基准(或标准)年龄时的优势木平均高评价立地质量的定量评价指标。

3.5.9　平均木
林分内具有平均直径和平均高的林木。

3.5.10　平均年龄
林分内各林木年龄的平均值。

3.5.11　胸高直径
林木胸高(距地面 1.3m)处的直径。

3.5.12　断面积

树干横截面的面积。森林资源调查中通常采用胸高处的断面积,简称胸高断面积。

3.5.13　平均直径

反映林分林木粗度的基本指标。通常以林分平均胸高断面积对应的直径为林分平均直径,而不是林分内各林木胸径的算术平均值。

3.5.14　平均高

反映林分高度平均水平的调查因子。通常以具有平均直径的林木的高度作为平均高。

3.5.15　优势木

林分中每100m² 的面积上,最粗或最高的树木。

3.5.16　优势木平均高

优势木的算术平均高。

3.5.17　林分生物量

林分中一定时间内所有高等植物的重量,包括乔木、灌木、草本的地上部分和地下部分。常用绝干重表示。

3.5.18　立木材积表

按立木材积与立木计测三要素(直径、树高和形数)之间的函数关系编制的数表。

4. 引用标准

《森林资源连续清查技术规程》(GB/T 38590—2020);

《森林资源规划设计调查技术规程》(GB/T 26424—2010);

《森林资源调查卫星遥感影像图制作技术规程》(LY/T1954—2011);

《林地保护利用规划林地落界技术规程》(LY/T1955—2011);

《遥感影像平面图制作规范》(GB/T 15968—2008)。

5. 概念与分类

5.1　土地类型(地类)

土地类型(以下简称地类)是根据土地的覆盖和利用状况综合划定的类型,包括林地和非林地2个一级地类。其中,林地划分为8个二级地类,13个三级地类(见表1)。地类划分的最小面积为1亩。

5.1.1　林地

(1)乔木林地:由乔木组成的片林或林带,郁闭度≥0.20。其中,林带行数应在2行以上且行距<4m 或林冠冠幅水平投影宽度在10m以上;当林带的缺损长度超过林带宽度3倍时,应视为两条林带;两平行林带的带距<8m 时按片林调查。乔木林地包括郁闭度达不到0.20,但已到成林年限且生长稳定,保存率达到80%(年均降水量400mm 以下,不具备

灌溉条件的地区的保存率为 65%)以上人工起源的林分，也包括由以乔木型红树植物为主体组成的红树林群落。

（2）灌木林地：附着有灌木树种，或因生境恶劣或因人工栽培矮化成灌木型的乔木树种，以经营灌木林为主要目的或专为防护用途，覆盖度在 30%以上的林地。其中，灌木林带行数应在 2 行以上且行距<2m；当灌木林带的缺损长度超过林带宽度 3 倍时，应视为两条灌木林带；两平行灌木林带的带距<4m 时按片状灌木林调查。灌木林地包括由以灌木型红树植物为主体组成的红树林群落。

表 1　地类划分表

一级	二级	三级
林地	乔木林地	乔木林地
	灌木林地	特殊灌木林地
		一般灌木林地
	疏林地	疏林地
	未成林造林地	未成林造林地
	苗圃地	苗圃地
	迹地	采伐迹地
		火烧迹地
		其他迹地
	宜林地	造林失败地
		规划造林地
		其他宜林地
非林地	耕地	耕地
	牧草地	牧草地
	水域	水域
	未利用地	未利用地
	建设用地	工矿建设用地
		城乡居民建设用地
		交通建设用地
		其他用地

特殊灌木林地：指国家特别规定的灌木林地，按照国务院林业主管部门的有关规定执行。特殊灌木林地细分为年均降水量 400mm 以下地区灌木林地、乔木分布线以上灌木林地、热带亚热带岩溶地区灌木林地、干热(干旱)河谷地区灌木林地及以获取经济效益为目的的灌木经济林。

一般灌木林地：不属于特殊灌木林地的其他灌木林地。

（3）竹林地：附着有胸径 2cm 以上的竹类植物，郁闭度≥0.20 的林地。

（4）疏林地：乔木郁闭度在 0.10~0.19 的林地。

（5）未成林造林地：人工造林(包括直播、植苗)和飞播造林后不到成林年限或者达到成林年限(见表2)后，造林成效符合下列条件之一：苗木分布均匀或尚未郁闭但有成林希望或补植后有成林希望的林地，包括乔木未成林造林地和灌木未成林造林地。

表 2　不同造林方式成林年限表

营造方式		400mm 年降水量以上地区				400mm 年降水量以下地区	
		南方		北方			
		乔木	灌木	乔木	灌木	乔木	灌木
飞播造林		5~7	4~7	5~8	5~7	7~10	5~7
人工造林	直播	3~8	2~6	4~8	3~6	4~10	4~8
	植苗、分殖	2~5	2~4	2~6	2~5	3~8	3~6

注：慢生树种取上限，速生树种取下限；短轮伐期用材林由各省份自行规定；大苗造林由各省份自行规定，但至少经过1个生长季，或者1年以上；青藏高原参照北方地区。

人工造林后不到成林年限，成活率85%以上(含85%)，其中，年平均降水量400mm以下地区造林成活率70%以上(含70%)。

人工造林后不到成林年限，成活率41%~85%(含41%)，待补植的人工造林地，其中，年平均降水量400mm以下地区造林成活率41%~70%(含41%)。

飞播造林后不到成林年限，成苗调查苗木 3000 株/hm² 以上或飞播治沙成苗 2500 株/hm² 以上，且分布均匀。

造林更新达到成林年限后，未达到乔木林地、灌木林地、疏林地标准，保存率41%~80%(含41%)(年平均降水量400mm以下，不具备灌溉条件的地区保存率41%~65%)，待补植的造林地。

以上4种未成林造林地情况分别按代码1、2、3、4调查，并记载到"未成林造林地调查记录"。

（6）苗圃地：固定的林木和木本花卉育苗用地，不包括母树林、种子园、采穗圃、种质基地等种子、种条生产用地以及种子加工、储藏等设施用地。苗圃地应依据《苗圃建设规范》(LY/T1185—2013)等的有关规定确定。

（7）迹地：包括采伐迹地、火烧迹地和其他迹地。

采伐迹地：乔木林地采伐作业后 3 年内活立木达不到疏林地标准、尚未人工更新的林地。

火烧迹地：乔木林地火灾等灾害后 3 年内活立木达不到疏林地标准、尚未人工更新的林地。

其他迹地：灌木林经采伐、平茬、割灌等经营活动或者火灾发生后，覆盖度达不到30%的林地。

（8）宜林地：经县级以上人民政府规划用于发展林业的土地，包括造林失败地、规划造林地和其他宜林地。

造林失败地：人工造林后不到成林年限，成活率低于41%，需重新造林的林地；造林更新达到成林年限后，未达到乔木林地、灌木林地、疏林地标准，保存率低于41%，需重新造林的林地。

规划造林地：未达到上述乔木林地、灌木林地、竹林地、疏林地、未成林造林地标准，经营造林(人工造林、飞播造林、封山育林等)可以成林，规划为林地的荒山、荒(海)滩、荒沟、荒地、固定或流动沙地(丘)、有明显沙化趋势的土地等。

其他宜林地：经县级以上人民政府规划用于发展林业的其他土地，包括培育、生产、存储种子、苗木的设施用地；贮存木材和其他生产资料的设施用地；集材道、运材道；野生动植物保护、护林、森林病虫害防治、森林防火、木材检疫、林业科学研究与试验设施用地；具有林地权属证明，供水、供热、供气、通信等基础设施用地等。

5.1.2　非林地

非林地指林地以外的耕地、牧草地、水域、未利用地和建设用地。

(1)耕地：指种植农作物的土地。

(2)牧草地：指以草本植物为主，用于畜牧业的土地。

(3)水域：指陆地水域和水利设施用地，包括河流、湖泊、水库、坑塘、苇地、滩涂、沟渠、水利设施、冰川和永久积雪等。

(4)未利用地：指未利用和难利用的土地，包括荒草地、盐碱地、沼泽地、沙地、裸土地、裸岩石砾地、高寒荒漠、苔原等。

(5)建设用地：指建造建筑物、构造物的土地。包括以下四类。

工矿建设用地：指工厂、矿山等建设用地。城乡居民建设用地：指城镇、农村居民住宅及其公共设施建设用地。交通建设用地：指各类道路(铁路、公路、农村道路)及其附属设施和民用机场用地，不含集材道、运材道。其他建设用地：除以上地类以外的建设用地，包括旅游设施、军事设施、名胜古迹、墓地、陵园等。

5.2　植被类型

主要依据《中国植被》分类系统，将植被分为自然植被和栽培植被两大类别，其中，自然植被分9个植被型组31个植被型；栽培植被分3个植被型组11个植被型(见表3)。

表3　植被类型划分标准

类别	植被型组	植被型	备注
自然植被	1. 针叶林	1. 寒温性针叶林	分布于北温带或其他带有一定海拔高度地区，主要由冷杉属、云杉属和落叶松属的树种组成的针叶林
		2. 温性针叶林	分布于中温带和南温带地区平原、丘陵、低山以及亚热带、热带中山的针叶林
		3. 温性针阔混交林	分布于中温带、南温带地区针叶树与阔叶树混交的森林
		4. 暖性针叶林	分布于亚热带低山、丘陵和平地的针叶林
		5. 暖性针阔混交林	分布于亚热带地区针叶树与阔叶树混交的森林
		6. 热性针叶林	分布于北热带和中热带丘陵、平地和低山的针叶林
		7. 热性针阔混交林	分布于北热带、中热带地区针叶树与阔叶树混交的森林

（续）

类别	植被型组	植被型	备注
自然植被	2. 阔叶林	1. 落叶阔叶林	以落叶阔叶树种为主的森林，落叶成分所占比例在七成以上
		2. 常绿落叶阔叶混交林	以落叶树种和常绿树种共同组成的森林，落叶或常绿的比例均不超过七成
		3. 常绿阔叶林	以常绿阔叶树种为主的森林，常绿成分所占比例在七成以上
		4. 硬叶常绿阔叶林	以壳斗科常绿硬叶栎类树种组成的森林，叶绿色革质坚硬，叶缘常具尖刺或锐齿
		5. 季雨林	分布于北热带、中热带有周期性干、湿季节交替地区的一种森林类型，特征是干季部分或全部落叶，有明显的季节变化
		6. 雨林	分布于北热带、中热带高温多雨地区，由热带种类组成的高大而终年常绿的森林植被
		7. 珊瑚岛常绿林	分布于珊瑚岛屿上的热带植被类型
		8. 红树林	生长在热带和亚热带海岸潮间带或海潮能够达到的河流入海口，附着有红树科植物或其他在形态上和生态上具有相似群落特性科属植物的林地
		9. 竹林	附着有胸径 2cm 以上的竹类植物的林地
	3. 灌丛和灌草丛	1. 常绿针叶灌丛	分布于西部高山地区，由耐寒的中生或旱中生常绿针叶灌木构成的灌丛
		2. 常绿革叶灌丛	由耐寒的、中旱生的常绿革叶灌木为建群层片，苔藓植物为亚建群层片组成的常绿革叶灌丛
		3. 落叶阔叶灌丛	由冬季落叶的阔叶灌木所组成的灌丛
		4. 常绿阔叶灌丛	分布于热带、亚热带地区由常绿阔叶灌木所组成的灌丛
		5. 灌草丛	以中生或旱中生多年生草本植物为主要建群种，包括有散生灌木的植物群落和无散生灌木的植物群落
	4. 草原和稀树草原	1. 草原	由耐寒的旱生多年生草本植物(有时为旱生小半灌木)为主组成的植物群落
		2. 稀树草原	在热带干旱地区以多年生耐旱的草本植物为主所构成大面积的热带草地，混杂期间还生长着耐旱灌木和非常稀疏(郁闭度<0.10)的孤立乔木
	5. 荒漠	1. 荒漠	在具有稀少的降雨和强盛蒸发力而极端干旱的、强度大陆性气候的地区或地段上所生长的以超旱生小半灌木或灌木为主的群落
		2. 肉质刺灌丛	西南干热河谷以肉质、具刺的仙人掌和大戟科植物组成的灌丛
	6. 冻原	1. 高山冻原	高海拔寒冷、湿润气候与寒冻土壤条件下发育的，由耐寒小灌木、多年生草类、藓类和地衣构成的低矮植被
	7. 高山稀疏植被	1. 高山垫状植被	在高海拔山地由呈垫状伏地生长的植物所组成的植被
		2. 高山流石滩稀疏植被	分布于高山植被带以上、永久冰雪带以下，由适应冰雪严寒生境的寒旱生或寒冷中旱生多年生轴根性杂类草以及垫状植物等组成的亚冰雪带稀疏植被类型
	8. 草甸	1. 草甸	由多年生中生草本植物为主体的群落类型

（续）

类别	植被型组	植被型	备注
自然植被	9.沼泽和水生植被	1.沼泽	在多水和过湿条件下形成的以沼生植物占优势的植被类型
		2.水生植被	生长在水域环境中的植被类型
栽培植被	1.草本类型	1.大田作物型	旱地或水田以农作物为经济目的
		2.蔬菜作物型	以蔬菜为经济目的
		3.草皮绿化型	以绿化环境为目的
	2.木本类型	1.针叶林型	由针叶乔木树种组成的人工植被
		2.针阔混交林型	由针叶和阔叶乔木树种组成的人工植被
		3.阔叶林型	由阔叶乔木树种组成的人工植被
		4.灌木林型	由灌木树种组成的人工植被
		5.其他木本类型	由竹类植物或红树植物组成的人工植被
	3.草本木本间作类型	1.农林间作型	农作物和除果树外的其他树种间作
		2.农果间作型	农作物和果树树种间作
		3.草木绿化型	以绿化环境为目的的人工草木结合植被

5.3　森林分类

5.3.1　森林(林地)类别

按主导功能的不同将森林(林地)分为公益林(地)和商品林(地)两个类别。

(1)公益林(地)

以保护和改善人类生存环境、维持生态平衡、保存物种资源、科学实验、森林旅游、国土安全等需要为主要经营目的的森林(林地)，包括防护林和特种用途林。公益林(地)按事权等级划分为国家级公益林(地)和地方公益林(地)。

国家级公益林(地)：由地方人民政府根据国家有关规定划定，并经国务院林业主管部门核查认定的公益林(地)。国家级公益林(地)划分标准按国务院林业主管部门的有关规定执行。地方公益林(地)：由各级地方人民政府根据国家和地方的有关规定划定，并经同级林业主管部门核查认定的公益林(地)(见表4)。

表4　公益林(地)事权等级和保护等级

事权等级		保护等级				
国家级公益林(地)	地方公益林(地)	国家级公益林(地)			地方公益林(地)	
		一级	二级	三级	重点	一般

国家级公益林(地)保护等级划分为一级、二级和三级，划分标准按国务院林业主管部门的有关规定执行；地方公益林(地)保护等级划分为重点和一般，划分标准按地方各级人民政府和同级林业主管部门的有关规定执行(见表4)。

（2）商品林（地）

以生产木材、竹材、薪材、干鲜果品和其他工业原料等为主要经营目的的森林（林地），包括用材林、薪炭林和经济林。商品林（地）按经营状况划分为好、中、差3个等级，评定标准见表5。

表5　商品林（地）经营等级评定标准

经营等级	评定条件	
	用材林、薪炭林	经济林
好	经营措施正确、及时，经营强度适当，经营后林分生产力和质量提高	定期进行垦复、修枝、施肥、灌溉、病虫害防治等经营管理措施，生长旺盛，产量高
中	经营措施正确、尚及时，经营强度尚可，经营后林分生产力和质量有所改善	经营水平介于中间，产量一般
差	经营措施不及时或很少进行经营管理，林分生产力未得到发挥，质量较差	很少进行经营管理，处于荒芜或半荒芜状态，产量很低

5.3.2　林种划分

根据经营目标的不同，将乔木林地、灌木林地、竹林地、疏林地分为5个林种23个亚林种，见表6。

表6　林种分类系统表

森林类别	林种	亚林种	代码
生态公益林	防护林	水源涵养林	111
		水土保持林	112
		防风固沙林	113
		农田牧场防护林	114
		护岸林	115
		护路林	116
		其他防护林	117
	特种用途林	国防林	121
		实验林	122
		母树林	123
		环境保护林	124
		风景林	125
		名胜古迹和革命纪念林	126
		自然保护林	127
商品林	用材林	一般用材林	231
		速生丰产用材林	232
		短轮伐期用材林	233
	能源林	能源林	240

（续）

森林类别	林种	亚林种	代码
商品林	经济林	果树林	251
		食用原料林	252
		林化工业原料林	253
		药用林	254
		其他经济林	255

注：代码的第一位为"森林类别"的代码；第二位为"林种"代码；第三位为"亚林种"代码。

（1）防护林

防护林以发挥生态防护功能为主要目的。

水源涵养林：以涵养水源、改善水文状况、调节区域水分循环，防止河流、湖泊、水库淤塞，以及保护饮用水水源为主要目的。具有下列条件之一者，可划为水源涵养林：①流程在 500km 以上的江河发源地汇水区及主流与一级、二级支流两岸山地自然地形中的第一层山脊以内的；②流程在 500km 以下的河流，但所处地域雨水集中，对下游工农业生产有重要影响，其河流发源地汇水区及主流、一级支流两岸山地自然地形中的第一层山脊以内的；③大中型水库与湖泊周围山地自然地形第一层山脊以内或平地 1000m 以内，小型水库与湖泊周围自然地形第一层山脊以内或平地 250m 以内的；④雪线以下 500m 和冰川外围 2km 以内的；⑤以保护城镇饮用水源为目的的。

水土保持林：以减缓地表径流、减少冲刷、防止水土流失、保持和恢复土地肥力为主要目的。具备下列条件之一者，可划为水土保持林：①东北地区（包括内蒙古东部）坡度在 25°以上，华北、西南、西北等地区坡度在 35°以上，华东、中南等地区坡度在 45°以上，森林采伐后会引起严重水土流失的；②土层瘠薄，岩石裸露，采伐后难以更新或生态环境难以恢复的；③土壤侵蚀严重的黄土丘陵区坡面、侵蚀沟、石质山区沟坡、地质结构疏松等易发生泥石流地段的；④主要山脊分水岭两侧各 300m 范围内的。

防风固沙林：以降低风速，防止或减缓风蚀，固定沙地，以及保护耕地、果园、经济作物、牧场免受风沙侵袭为主要目的。具备下列条件之一者，可以划为防风固沙林：①强度风蚀地区，常见流动、半流动沙地（丘、垄）或风蚀残丘地段的；②与沙地交界 250m 以内和沙漠地区距绿洲 100m 以外的；③海岸基质类型为沙质、泥质地区，顺台风盛行登陆方向离固定海岸线 1000m 范围内，其他方向 200m 范围内的；④珊瑚岛常绿林；⑤其他风沙危害严重地区的。

农田牧场防护林：以保护农田、牧场减免自然灾害，改善自然环境，保障农牧业生产条件为主要目的。具备下列条件之一者，可以划为农田牧场防护林：①农田、牧场境界外100m 范围内，与沙质地区接壤 250~500m 范围内的；②为防止、减轻自然灾害，在田间、牧场、阶地、低丘、岗地等处设置林带、林网、片林的。

护岸林：以防止河岸、湖岸、海岸冲刷或崩塌，固定河床为主要目的。具备下列条件之一者，可以划为护岸林：①主要河流两岸各 200m 及其主要支流两岸各 50m 范围内的，包括河床中的雁翅林；②堤岸、干渠两侧各 10m 范围内的；③红树林或海岸 500m 范围内的。

护路林：以保护铁路、公路免受风、沙、水、雪侵害为主要目的。具备下列条件之一者，可以划为护路林：①林区、山区国道及干线铁路路基与两侧（设有防火线的在防火线以外，下同）的山坡或平坦地区各200m以内的，非林区、丘岗、平地和沙区各50m以内的；②林区、山区、沙区的省、县级道路和支线铁路路基与两侧各50m以内，其他地区各10m以内的。

其他防护林：以防火、防雪、防雾、防烟、护鱼等其他防护作用为主要目的。

(2)特种用途林

特种用途林以保存物种资源、保护生态环境，用于国防、森林旅游和科学实验等为主要经营目的。

国防林：以掩护军事设施和用作军事屏障为主要目的。具备下列条件之一者，可以划为国防林：①边境地区的国防林，其宽度由各省按照有关要求划定的；②经林业主管部门批准的军事设施周围的。

实验林：以提供教学或科学实验场所为主要目的，包括科研试验林、教学实习林、科普教育林、定位观测林等。

母树林：以培育优良种子为主要目的，包括母树林、种子园、子代测定林、采穗圃、采根圃、树木园、种质资源和基因保存林等。

环境保护林：分布在城市及城郊接合部、工矿企业内、居民区与村镇绿化区，以净化空气、防止污染、降低噪音、改善环境为主要目的。

风景林：分布在风景名胜区、森林公园、度假区、滑雪场、狩猎场、城市公园、乡村公园及游览场所内，以满足人类生态需求，美化环境为主要目的。

名胜古迹和革命纪念林：位于名胜古迹和革命纪念地（包括自然与文化遗产地、历史与革命遗址地）内的，以及纪念林、文化林、古树名木等。

自然保护林：各级自然保护区、自然保护小区内以保护和恢复典型生态系统和珍贵、稀有动植物资源及其栖息地或原生地，或者保存和重建自然遗产与自然景观为主要目的的。

(3)用材林

用材林以生产木材或竹材为主要目的。

短轮伐期用材林：以生产纸浆材及特殊工业用木质原料为主要目的，采取集约经营措施进行定向培育。

速生丰产用材林：通过使用良种壮苗和实施集约经营，森林生长指标达到相应树种速生丰产林国家或行业标准的。

一般用材林：其他以生产木材和竹材为主要目的的。

(4)能源林

能源林以生产热能燃料为主要经营目的。

(5)经济林

经济林以生产油料、干鲜果品、工业原料、药材及其他林副特产品为主要经营目的。

果树林：以生产各种干鲜果品为主要目的。

食用原料林：以生产食用油料、饮料、调料、香料等为主要目的。

林化工业原料林：以生产树脂、橡胶、木栓、单宁等非木质林产化工原料为主要目的。

药用林：以生产药材、药用原料为主要目的。

其他经济林：以生产其他林副特产品为主要目的。

5.4　树种(组)、优势树种(组)与树种组成

5.4.1　树种(组)

主要调查树种(组)原则上与《国家森林资源连续清查技术规定》一致。各地可依据《中华人民共和国主要林木目录(第一批)》等规定，根据当地实际增加调查树种(组)。

5.4.2　优势树种(组)

在乔木林、疏林小班中，按蓄积量组成比重确定，蓄积量占总蓄积量比重最大的树种(组)为小班的优势树种(组)。

未达到起测胸径的幼龄林、未成林造林地小班，按株数组成比例确定，株数占总株数最多的树种(组)为小班的优势树种(组)。

经济林、灌木林按株数或丛数比例确定，株数或丛数占总株数或丛数最多的树种(组)为小班的优势树种(组)。

5.4.3　树种组成

乔木林、竹林按十分法确定树种组成。复层林应分别林层按十分法确定各林层的树种组成。组成不到5%的树种不记载。

5.5　龄级、龄组与生产期

5.5.1　龄级与龄组

乔木林的龄级与龄组根据优势树种(组)的平均年龄确定。主要树种(组)的龄级期限和龄组的划分标准见表7。

表7　主要树种龄级与龄组划分

| 树种 | 地区 | 起源 | 龄组划分(年) | | | | | 龄级期限(年) |
			幼龄林	中龄林	近熟林	成熟林	过熟林	
红松、云杉、柏木、紫杉、铁杉	北部	天然	≤60	61~100	101~120	121~160	>161	20
	北部	人工①	≤40	41~60	61~80	81~120	>121	20
	南部	天然	≤40	41~60	61~80	81~120	>121	20
	南部	人工	≤20	21~40	41~60	61~80	>81	20
落叶松、冷杉、樟子松、赤松、黑松	北部	天然	≤40	41~80	81~100	101~140	>141	20
	北部	人工	≤20	21~30	31~40	41~60	>61	10
	南部	天然	≤40	41~60	61~80	81~120	>121	20
	南部	人工	≤20	21~30	31~40	41~60	>61	10

（续）

树种	地区	起源	龄组划分(年)					龄级期限(年)
			幼龄林	中龄林	近熟林	成熟林	过熟林	
油松、马尾松、云南松、思茅松、华山松、高山松	北部	天然	≤30	31~50	51~60	61~80	>81	10
	北部	人工	≤20	21~30	31~40	41~60	>61	10
	南部	天然	≤20	21~30	31~40	41~60	>61	10
	南部	人工	≤10	11~20	21~30	31~50	>51	10
杨树、柳树、檫树、栎树、楝树、泡桐、木麻黄、枫杨、软阔类	北部	人工	≤10	11~15	16~20	21~30	>31	5
	南部	人工	≤5	6~10	11~15	16~25	>26	5
桦树、榆树、木荷、枫香、珙桐	北部	天然	≤30	31~50	51~60	61~80	>81	10
	北部	人工	≤20	21~30	31~40	41~60	>61	10
	南部	天然	≤20	21~40	41~50	51~70	>71	10
	南部	人工	≤10	11~20	21~30	31~50	>51	10
栎类、柞树、槠类、栲类、香樟、楠木、椴树、水曲柳、胡桃楸、黄波罗、硬阔类	南北	天然	≤40	41~60	61~80	81~120	>121	20
	南北	人工	≤20	21~40	41~50	51~70	>71	10
杉木、柳杉、水杉	南部	人工	≤10	11~20	21~25	26~35	>36	5

①飞播造林同人工林。

5.5.2 生产期

经济林划分为产前期、初产期、盛产期和衰产期 4 个生产期。

5.6 地形因子

5.6.1 地貌

①极高山：海拔>5000m 的山地。②高山：海拔为 3500~4999m 的山地。③中山：海拔为 1000~3499m 的山地。④低山：海拔<1000m 山地。⑤丘陵：没有明显的脉络，坡度较缓和，且相对高差小于100m。⑥平原：平坦开阔，起伏很小。

5.6.2 坡向

样地范围的地面朝向，分为 9 个坡向。

①北坡：方位角 338°~22°。②东北坡：方位角 23°~67°。③东坡：方位角 68°~112°。④东南坡：方位角 113°~157°。⑤南坡：方位角 158°~202°。⑥西南坡：方位角 203°~247°。⑦西坡：方位角 248°~292°。⑧西北坡：方位角 293°~337°。⑨无坡向：坡度<5°的地段。

5.6.3 坡位

分脊、上、中、下、谷、平地6个坡位。

①脊部：山脉的分水线及其两侧各下降垂直高度15m的范围。②上坡：从脊部以下至山谷范围内的山坡三等分后的最上等分部位。③中坡：三等分的中坡位。④下坡：三等分的下坡位。⑤山谷(或山洼)：汇水线两侧的谷地，若样地处于其他部位中出现的局部山洼，也应按山谷记载。⑥平地：处在平原和台地上的样地。

5.6.4 坡度

Ⅰ级为平坡：<5°。Ⅱ级为缓坡：5°～14°。Ⅲ级为斜坡：15°～24°。Ⅳ级为陡坡：25°～34°。Ⅴ级为急坡：35°～44°。Ⅵ级为险坡：≥45°。

5.7 土壤因子

5.7.1 腐殖质层厚度

腐殖质层厚度分3个等级。

厚：>5cm；

中：2cm～5cm；

薄：<2cm。

5.7.2 土层厚度

土层厚度根据土壤的A层+B层厚度确定，厚度等级见表8。

表8 土层厚度等级表 cm

厚度等级	A层+B层厚度	
	亚热带山地丘陵、热带	亚热带高山、暖温带、温带、寒温带
厚层土	>80	>60
中层土	40～79	30～59
薄层土	<40	<30

5.7.3 枯枝落叶厚度

表9 枯枝落叶层厚度等级表 cm

厚度等级	枯枝落叶层厚度	厚度等级	枯枝落叶层厚度
厚	>10	薄	<5
中	5～9		

5.7.4 土壤质地

包括黏土、壤土、沙壤土、壤沙土、沙土。

5.7.5 地表形态

包括平沙地、沙丘、裸土地、风蚀劣地、戈壁和其他等。

5.8 森林结构

5.8.1 群落结构

乔木林的群落结构划分为 3 类(见表 10)。

表 10 群落结构类型划分标准

群落结构类型	划分标准
完整结构	具有乔木层、下木层、地被物层(含草本、苔藓、地衣)3 个层次的林分
较完整结构	具有乔木层和其他 1 个植被层的林分
简单结构	只有乔木 1 个植被层的林分

注:划分乔木林群落结构时,下木(含灌木和层外幼树)或地被物(含草本、苔藓和地衣)的覆盖度>20%,单独划分植被层;下木(含灌木和层外幼树)和地被物(含草本、苔藓和地衣)的覆盖度均在 5%以上,且合计>20%,合并为 1 个植被层。

5.8.2 林层结构

在乔木林样地中分为单层林和复层林。复层林的划分条件是:

各林层每公顷蓄积量不少于 $30m^3$;

主林层、次林层平均高相差 20%以上;

各林层平均胸径在 8cm 以上;

主林层郁闭度不少于 0.30,次林层郁闭度不少于 0.20。

5.8.3 树种结构

反映乔木林分的针阔叶树种组成,共分 7 等级(见表 11)。

表 11 树种结构划分标准

树种结构类型	划分标准
类型 1	针叶纯林(单个针叶树种蓄积量>90%)
类型 2	阔叶纯林(单个阔叶树种蓄积量>90%)
类型 3	针叶相对纯林(单个针叶树种蓄积量占 65%~90%)
类型 4	阔叶相对纯林(单个阔叶树种蓄积量占 65%~90%)
类型 5	针叶混交林(针叶树种总蓄积量>65%)
类型 6	针阔混交林(针叶树种或阔叶树种总蓄积量占 35%~65%)
类型 7	阔叶混交林(阔叶树种总蓄积量>65%)

注:对于竹林和竹木混交林,确定树种结构时将竹类植物当乔木阔叶树种对待。若为竹类纯林,树种类型按类型 2(阔叶纯林)记载;若为竹木混交林,按株数和断面积综合目测树种组成,参照《技术规定》中有关树种结构划分比例标准,确定树种结构类型,按类型 4、类型 6 或类型 7 记载。

5.9 森林健康

5.9.1 森林灾害

(1)森林灾害类型

包括森林病虫害、火灾、气候灾害(风、雪、水、旱)和其他灾害。

（2）森林灾害等级

样地内林木遭受灾害的严重程度，按受害（死亡、折断、翻倒等）立木株数分为4个等级（见表12）。

表12 森林灾害等级评定标准

等级	评定标准		
	森林病虫害	森林火灾	气候灾害和其他
无	受害立木株数10%以下	未成灾	未成灾
轻	受害立木株数10%~29%	受害立木株数20%以下，仍能恢复生长	受害立木株数20%以下
中	受害立木株数30%~59%	受害立木株数20%~49%，生长受到明显的抑制	受害立木株数20%~59%
重	受害立木株数60%以上	受害立木株数50%以上，以濒死木和死亡木为主	受害立木株数60%以上

5.9.2 森林健康

根据林木的生长发育、外观表象特征及受灾情况综合评定森林健康状况，分为健康、亚健康、中健康、不健康4个等级（见表13）。

表13 森林健康等级评定标准

健康等级	评定标准
健康	林木生长发育良好，枝干发达，树叶大小和色泽正常，能正常结实和繁殖，未受任何灾害
亚健康	林木生长发育较好，树叶偶见发黄、褪色或非正常脱落（发生率10%以下），结实和繁殖受到一定程度的影响，未受灾或轻度受灾
中健康	林木生长发育一般，树叶存在发黄、褪色或非正常脱落（发生率10%~30%），结实和繁殖受到抑制，或受到中度灾害
不健康	林木生长发育达不到正常状态，树叶多见发黄、褪色或非正常脱落（发生率30%以上），生长明显受到抑制，不能结实和繁殖，或受到重度灾害

5.10 生物多样性

生物多样性包括生态系统多样性、物种多样性和遗传多样性3个层次。目前，以生态系统多样性作为监测重点，条件允许时应逐步考虑物种多样性，而遗传多样性暂不纳入本技术规定范畴。

反映生态系统多样性的指标包括：各森林类型（或植被类型）的面积和百分比；各森林类型按龄组的面积和百分比；各森林类型按林种的面积和百分比等。具体按以下几个方面进行评定：植被类型多样性；森林类型多样性；乔木林按龄组的多样性；乔木林按林种的多样性。

5.11 其他标准

5.11.1 权属

权属包括所有权和使用权(经营权),森林资源权属分别林地、林木记载,分为林地所有权、林地使用权和林木所有权、林木使用权。

林地所有权分国有和集体,林木所有权分国有、集体、个人和其他。林地与林木使用权分国有、集体、个人和其他。

5.11.2 起源

天然林:由天然下种或萌生形成的森林、林木、灌木林。

人工林:由人工直播(条播或穴播)、植苗、分殖或扦插造林形成的森林、林木、灌木林。

飞播林:由飞机播种形成的森林、林木、灌木林。

5.11.3 天然更新等级

天然更新等级根据幼苗各高度级的天然更新株数确定,满足一个条件即可(见表14)。

表 14 天然更新等级   株/hm²

等级	高度		
	<30cm	31cm~50cm	>51cm
良好	>5000	>3000	>2500
中等	3000~4999	1000~2999	500~2499
不良	<3000	<1000	<500

5.11.4 林木质量

用材林近、成、过熟林林木质量划为 3 个等级。

①商品用材树:用材部分占全树高 40% 以上。

②半商品用材树:用材部分长度在 2m(针叶树)或 1m(阔叶树)以上,但不足全树高的 40%。在实际计算时一半计入商品用材树,一半计入薪材树。

③薪材树:用材部分在 2m(针叶树)或 1m(阔叶树)以下。

5.11.5 林分出材率等级

用材林近、成、过熟林林分出材率等级由林分出材量占林分蓄积量的百分比或林分中商品用材树的株数占林分总株数的百分比确定,满足一个条件即可(见表15)。

表 15 用材林近、成、过熟林林分出材率等级

出材率等级	林分出材率			商品用材树比		
	针叶林	针阔混	阔叶林	针叶林	针阔混	阔叶林
1	>70%	>60%	>50%	>90%	>80%	>70%
2	50%~69%	40%~59%	30%~49%	70%~89%	60%~79%	45%~69%

（续）

出材率等级	林分出材率			商品用材树比率		
	针叶林	针阔混	阔叶林	针叶林	针阔混	阔叶林
3	<50%	<40%	<30%	<70%	<60%	<45%

5.11.6 可及度

用材林近、成、过熟林可及度分为即可及、将可及和不可及。

即可及：具备采、集、运条件的林分。

将可及：近期将具备采、集、运条件的林分。

不可及：因地形或经济原因暂时不具备采、集、运条件的林分。

5.11.7 径阶与径级组

林木调查起测胸径为 5.0cm，视林分平均胸径以 2cm 或 4cm 为径阶距并采用上限排外法。径级组的划分标准如下。

小径组：6cm~12cm。

中径组：14cm~24cm。

大径组：26cm~36cm。

特大径组：38cm 以上。

5.11.8 大径木蓄积比等级

复层林或异龄林小班中达到大径木标准的林木蓄积量占小班总蓄积量的比率，分为以下 3 级：

Ⅰ级：大径级、特大径级蓄积量占小班总蓄积量大于 70%。

Ⅱ级：大径级、特大径级蓄积量占小班总蓄积量为 30%~69%。

Ⅲ级：大径级、特大径级蓄积量占小班总蓄积量小于 30%。

5.11.9 郁闭度、覆盖度等级

(1) 有林地郁闭度等级

高：郁闭度 0.70 以上；

中：郁闭度 0.40~0.69；

低：郁闭度 0.20~0.39。

(2) 灌木林覆盖度等级

密：覆盖度 70% 以上；

中：覆盖度 50%~69%；

疏：覆盖度 30%~49%。

5.11.10 自然度

天然林按照植被状况与原始顶极群落的差异，或次生群落位于演替中的阶段划为 3 级。

Ⅰ级：原始或受人为影响很小而处于基本原始的植被。

Ⅱ级：有明显人为干扰的天然植被或处于演替中期或后期的次生群落。

Ⅲ级：人为干扰很大，演替逆行处于极为残次的次生植被阶段或天然植被几乎破坏殆尽，难以恢复的逆行演替后期。

5.11.11 散生木和四旁树

(1)散生木

生长在竹林地、灌木林地、未成林造林地、无立木林地和宜林地上达到起测胸径的林木，以及散生在幼林中的高大林木。

(2)四旁树

在宅旁、村旁、路旁、水旁等地栽植的面积不到 $0.067hm^2$ 的各种竹丛、林木。

5.11.12 森林覆盖率与林木绿化率

(1)森林覆盖率

森林覆盖率(%)＝(乔木林地面积+竹林地面积+特殊灌木林地面积)/土地总面积×100%

(2)林木绿化率

林木绿化率(%)＝(乔木林地面积+竹林地面积+灌木林地面积+四旁树占地面积)/

土地总面积×100%

注：四旁树占地面积按 1650 株/hm^2 计（每亩 110 株）。

6. 森林资源调查的任务

6.1 立地与土壤

地理坐标、地貌、地形(包括坡向、坡度、坡位和海拔)、基岩裸露、土壤类型、土壤质地、土壤砾石含量、土壤厚度、腐殖质厚度、枯枝落叶层厚度、林地质量等级等。

6.2 利用与覆盖

森林覆盖类型、土地利用类型、植被类型、灌木覆盖度、灌木平均高、草本覆盖度、草本平均高、植被总覆盖度等。

6.3 森林结构

群落结构、树种结构、林层结构、林龄结构等。

6.4 森林健康

森林灾害类型、森林灾害等级、森林健康等级等。

6.5 森林生产力

活立木总蓄积量、森林蓄积量、疏林蓄积量、散生木蓄积量、四旁树蓄积量、采伐蓄积量、枯损蓄积量(含枯立木和枯倒木)、森林生物量、生长量、消耗量等。

7. 森林资源调查前准备

7.1　物资准备

7.1.1　资料收集

①以往进行的森林资源规划设计调查资源成果(统计表、林相图、基本图、森林资源分布图、调查报告)；

②近期森林资源连续清查相关资料；

③各区森林分类经营区划界定办法及区划结果；

④各区天然林重点保护工程、退耕还林工程、三北防护林建设工程等实施方案及作业设计说明书(图、文)和自查验收统计材料(图、文)；

⑤荒漠化普查有关资料；

⑥森林资源规划设计调查基础数表，包括新疆各林区各树种(组)一元立木材积表、二元立木材积表、林分断面积与蓄积量标准表等；

⑦地形图、遥感影像图、县级行政区划图；

⑧其他相关资料如土壤普查资料、立地类型、经营类型表、经营措施类型表等。

7.1.2　制定考察方案

综合科学考察单位应于科学考察前制定详细的考察方案。考察方案内容包括确定考察时间表、调查线路、任务分工等。

7.1.3　工具及设备要求

(1)仪器设备：GPS、测高器、角规、皮尺、罗盘仪、测树围尺。

图1　手持GPS　　　　　　　　　　　　　图2　测高器

(2)工具：三角板、量角器、讲义夹、铅笔、碳素笔、铅笔刀、胶带纸、橡皮擦、记录本、中性笔、标签、记号笔(不同型号)。

(3)调查用表：样地因子、样木因子调查表等。

(4)安全防护用品：工作服、工作鞋、安全帽、手套、雨具、防晒物品、常用药品、口罩等。

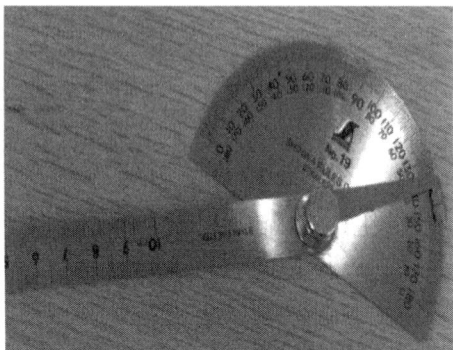

图 3　角规

图 4　罗盘仪

7.2　技术培训与考核

7.2.1　培训内容

为了统一调查方法，保证调查工作质量，室内区划与外业工作正式开始前，对所有参加调查工作的技术人员必须进行系统的技术培训和考核。培训方式采用室内讲解和实际操作相结合的手段。具体培训内容包括：

①学习森林资源调查操作细则，熟练掌握技术标准和调查方法；

②学习地形图、遥感影像图的使用方法；

③学习利用地形图和遥感影像图进行小班区划；

④掌握遥感目视判读和遥感解译标志的建立方法；

⑤熟练掌握小班因子调查方法；

⑥掌握有关调查数表和仪器工具（GPS、罗盘仪、角规等）的使用。

7.2.2　外业练习操作与考核

①所有参加外业的技术人员，每人至少进行 15 块目练标准地练习，2 个林班（或 30 个小班）的判读区划、现地验证和小班林分因子调查练习，15 个角规样地（总体蓄积抽样样地）调查练习。

②标准地各项调查因子目测考核允许误差如下。平均树高为 ±10%；平均直径为 ±10%；树种组成为 ±1；郁闭度为 ±0.1；林龄在Ⅵ龄级以下为 ±1 个龄级，Ⅶ龄级以上为 ±2 个龄级；蓄积量为 ±10%。

对上述培训内容进行综合考核，各项考核内容 80% 项次以上达到允许精度要求者，方可参加调查工作。

7.3　做好工作记录

7.3.1　文字记录

野外科学考察应每日记录工作日记，内容包括时间、地点、人员、工作内容等。

7.3.2 影像记录

科考过程中应随时拍照或录像记录重要考察过程，可采用相机或有定位功能的手机App进行影像记录。

7.3.3 数据保存

将科考纸质版重要资料进行汇总保存；电子版内容及时保存至特定移动存储中，并用"工作内容+时间"格式进行文件命名。

7.4 定期开展工作总结

①定期开展工作总结，就现阶段科考出现的问题进行讨论，研究下一步科考内容。

②将重要科考过程及科考结果以简报或者专报的形式进行保存，并提交至总科考中心及时进行信息公布。

8. 森林资源调查

8.1 森林经营区划

8.1.1 经营区划系统

经营区划系统应同经营范围或行政范围界线保持一致，分别经营管理层级区划到林班，集体林一般区划到行政村，如行政村的面积较大时，可在村内区划林班。对过去已区划的界线，应相对固定，无特殊情况不宜更改。

8.1.2 林班区划

林班区划原则上采用自然区划或综合区划，地形平坦等地物点不明显的地区，可以采用人工区划。林班面积一般为$100hm^2 \sim 500hm^2$。自然保护区、东北与内蒙古国有林区、西南高山林区和生态公益林集中地区的林班面积根据需要可适当放大。

林班区划线应相对固定，无特殊情况不宜更改。对于自然区划界线不太明显或人工区划的林班线应现地伐开或设立明显标志，并在林班线的交叉点上埋设林班标桩。

8.1.3 小班划分

(1) 小班划分条件

小班划分应尽量以明显地形地物界线为界，同时兼顾资源调查和经营管理的需要考虑下列基本条件。

①权属不同；②森林类别及林种不同；③生态公益林的事权与保护等级不同；④林业工程类别不同；⑤地类不同；⑥起源不同；⑦优势树种(组)比例相差二成以上；⑧Ⅵ龄级以下相差1个龄级，Ⅶ龄级以上相差2个龄级；⑨商品林郁闭度相差0.20以上，公益林相差1个郁闭度级，灌木林相差1个覆盖度级；⑩立地类型不同。

(2) 小班重新划分条件

森林资源复查时，应尽量沿用原有的小班界线。但对上期划分不合理、因经营活动等原因造成界线发生变化的小班，应根据小班划分条件重新划分。

（3）小班面积

小班最小面积和最大面积依据林种、绘制基本图所用的地形图比例尺和经营集约度而定。最小小班面积在地形图上不小于 $4mm^2$，对于面积在 $0.067hm^2$ 以上而不满足最小小班面积要求的，仍应按小班调查要求调查、记载，在图上并入相邻小班。南方集体林区商品林最大小班面积一般不超过 $15hm^2$，其他地区一般不超过 $25hm^2$。

无林地小班、非林地小班最大面积不限。

（4）设立国家级生态公益林标志

国家级生态公益林小班，应尽量利用明显的地形、地物等自然界线作为小班界线或在小班线上设立明显标志，使小班位置固定下来，作为地籍小班统一编码管理。

8.1.4　森林分类区划

森林分类区划是在综合考虑国家和区域生态、社会和经济需求后，依据国民经济发展规划、林业发展规划、林业区划等宏观规划成果进行的区划。森林分类区划以小班为单位，原则上与已有森林分类区划成果保持一致。

8.2　小班调查

8.2.1　原则

根据调查单位的森林资源特点、调查技术水平、调查目的和调查等级，可采用不同的小班调查方法。

小班调查应充分利用上期调查成果和小班经营档案，以提高小班调查精度和效率，保持调查的连续性。

8.2.2　小班调绘

（1）调绘方法

根据实际情况，可分别采用以下方法进行小班调绘。

①采用由测绘部门最新绘制的比例尺为 1∶10000～1∶25000 的地形图到现地进行勾绘。对于没有上述比例尺的地区可采用由 1∶50000 放大到 1∶25000 的地形图。

②使用近期拍摄的（以不超过 2 年为宜）、比例尺不小于 1∶25000 或由 1∶50000 放大到 1∶25000 的航片、1∶100000 放大到 1∶25000 的侧视雷达图片在室内进行小班勾绘，然后到现地核对，或直接到现地调绘。

③使用近期（以不超过 1 年为宜）经计算机几何校正及影像增强的比例尺 1∶25000 的卫片（空间分辨率 10m 以内）在室内进行小班勾绘，然后到现地核对。空间分辨率 10m 以上的卫片只能作为调绘辅助用图，不能直接用于小班勾绘。

（2）全球定位系统（GPS）应用

现地小班调绘、小班核对以及为林分因子调查或总体蓄积量精度控制调查布设样地时，可用全球定位系统（GPS）确定小班界线和样地位置。

8.2.3　小班测树因子调查

（1）样地实测法

在小班范围内，通过随机、机械或其他的抽样方法，布设圆形、方形、带状或角规样地，在样地内实测各项调查因子，由此推算小班调查因子。布设的样地应符合随机原则（带状样地应与等高线垂直或成一定角度）。

（2）目测法

当林况比较简单时采用此法。调查前，调查员要通过 30 块以上的标准地目测练习和一个林班的小班目测调查练习，并经过考核，各项调查因子目测的数据 80% 项次以上达到允许的精度要求时，才可以进行目测调查。

小班目测调查时，应深入小班内部，选择有代表性的调查点进行调查。为了提高目测精度，可利用角规样地或固定面积样地以及其他辅助方法进行实测，用以辅助目测。目测调查点数视小班面积不同而定（见表 16）。

表 16　目测调查点标准

4hm² 以下	1~2 个	8hm²~13hm²	3~4 个
4hm²~8hm²	2~3 个	13hm² 以上	5~6 个

（3）航片估测法

航片比例尺大于 1：10000 时可采用此法。调查前，分别林分类型或树种（组）抽取若干个有蓄积量的小班（数量不低于 50），判读各小班的平均树冠直径、平均树高、株数、郁闭度等级、坡位等，然后到实地调查各小班的相应因子，编制航空像片树高表、胸径表、立木材积表或航空像片数量化蓄积量表。为保证估测精度，应选设一定数量的样地对数表（模型）进行实测检验，达到 90% 以上精度时方可使用。

航片估测时，先在室内对各个小班进行判读（可结合小班室内调绘工作），利用判读结果和所编制的航空像片测树因子表估计小班各项测树因子。然后，抽取 5%~10% 的判读小班到现地核对。

（4）卫片估测法

①适用条件

卫片的空间分辨率应达到 3m。

②建立判读标志

根据调查单位的森林资源特点和分布状况，以卫星遥感数据景幅的物候期为单位，每景选择若干条能覆盖区域内所有地类和树种（组）、色调齐全且有代表性的勘察路线。将卫星影像特征与实地情况对照获得相应影像特征，并记录各地类与树种（组）的影像色调、光泽、质感、几何形状、地形地貌及地理位置（包括地名）等，建立目视判读标志表。

③目视判读

根据目视判读标志，综合运用其他各种信息和影像特征，在卫星影像图上判读并记载小班的地类、树种（组）、郁闭度、龄组等判读结果。

对于林地、林木的权属、起源，以及目视判读中难以区别的地类，要充分利用已掌握的有关资料、询问当地技术人员或到现地调查等方式确定。

④判读复核

目视判读采取一人区划判读，另一人复核判读方式进行，二人在"背靠背"作业前提下分别判读和填写判读结果。当两名判读人员的一致率达到 90% 以上时，二人应对不一致的小班通过商议达成一致意见,否则应到现地核实。当两判读人员的一致率达不到90%以上时,应分别重新判读。对于室内判读有疑问的小班应全部到现地确定。

⑤实地验证

室内判读经检查合格后,采用典型抽样方法选择部分小班进行实地验证。实地验证的小班数不少于小班总数的5%(但不低于50个),并按照各地类和树种(组)判读的面积比例分配,同时每个类型不少于10个小班。在每个类型内,要按照小班面积大小比例不等概选取。各项因子的正判率达到90%以上时为合格。

⑥蓄积量调查

结合实地验证,典型选取有蓄积量的小班,现地调查其单位面积蓄积量。然后,建立判读因子与单位面积蓄积量之间的回归模型,根据判读小班的蓄积量标志值计算相应小班的蓄积量。

8.2.4 小班调查测树因子

各种小班调查方法允许调查的小班测树因子(见表17)。

表17 不同调查方法应调查的小班测树因子

测树因子	调查方法			
	样地法	目测法	航片估测法	卫片估测法
林层	√	√	√	
起源	√	√	√	√
优势树种(组)	√	√	√	√
树种组成	√	√		
平均年龄(龄组)	√	√	√	√
平均树高	√	√	√	
平均胸径	√	√	√	
优势木平均高	√	√	√	
郁闭度	√	√		√
每公顷株数	√	√		
散生木蓄积量	√	√		
每公顷蓄积量	√	√	√	√
枯倒木蓄积量	√	√		
天然更新	√	√		
下木覆盖度	√	√		

8.3 小班调查因子调查记载

8.3.1 不同小班调查记载要求

分别森林类别和地类调查、记载各小班调查因子(见表18)。

表 18　不同地类小班调查因子

项目	地类												
	乔木林	竹林	疏林地	国家特别规定灌木林	其他灌木林	人工造林未成林地	封育未成林地	苗圃地	采伐迹地	火烧迹地	宜林地	其他无立木林地	辅助生产林地
空间位置	1, 2	1, 2	1, 2	1, 2	1, 2	1, 2	1, 2	1, 2	1, 2	1, 2	1, 2	1, 2	1, 2
权属	1, 2	1, 2	1, 2	1, 2	1.2	1, 2	1, 2	1, 2	1, 2	1, 2	1, 2	1, 2	1, 2
地类	1, 2	1, 2	1, 2	1, 2	1, 2	1, 2	1, 2	1, 2	1, 2	1, 2	1, 2	L2	1, 2
工程类别	1, 2	1, 2	1, 2	1, 2	1, 2	1, 2	1, 2		1, 2	1, 2	1, 2	1, 2	
事权	2	2	2	2	2	2	2		2	2	2	2	
保护等级	2	2	2	2	2	2	2		2	2	2	2	
地形地势	1, 2	1, 2	1, 2	1, 2	1, 2	1, 2	1, 2		1, 2	1, 2	1, 2	1, 2	
土壤/腐殖质	1, 2	1, 2	1, 2	1, 2	1, 2	1, 2	1, 2						
下木植被	1, 2	1, 2	1, 2	1, 2	1, 2	1, 2	1, 2						
立地类型	1, 2	1, 2	1, 2	1, 2	1 * 2	1.2	1, 2		1, 2	1, 2	1, 2	1, 2	
立地质量	1	1	1	1	1		1		1	1	1	1	
天然更新	1, 2	1, 2	1, 2				1, 2		1, 2	1, 2	1, 2	1, 2	
造林类型									1, 2	1.2	1, 2	1, 2	
林种	1, 2	1, 2	1, 2	1, 2	1, 2								
起源	1, 2	1, 2	1, 2	1, 2	1, 2	1, 2	1, 2						
林层	1												
群落结构	2												
自然度	1, 2	1, 2	1, 2	1, 2	1, 2								
优势树种(组)	1, 2	1, 2	1, 2	1, 2	1, 2	1, 2	1, 2						
树种组成	1	1	1			1	1						
平均年龄	1, 2		1, 2	1		1, 2	1, 2						
平均树高	1, 2	1, 2	1, 2	1.2	1, 2	1, 2	1, 2						
平均胸径	1, 2	1, 2	1, 2										
优势木平均高	1												
郁闭/覆盖度	1, 2	1, 2	1, 2	1, 2	1, 2								
每公顷株数	1	1	1			1, 2	1, 2						
散生木				1, 2	1, 2	1, 2	1, 2		1, 2	1, 2	1.2	1, 2	
每公顷蓄积量	1, 2	1, 2	1, 2										
枯倒木蓄积量	1, 2		1, 2										
健康状况	1, 2	1, 2	1, 2	1.2	1, 2	1, 2	1, 2						
调查日期	1, 2	1, 2	1, 2	1, 2	1, 2	1, 2	1, 2	1, 2	1, 2	1, 2	1, 2	1, 2	1, 2
调查员姓名	1, 2	1, 2	1, 2	1, 2	1, 2	1, 2	1, 2	1, 2	1, 2	1, 2	1, 2	1, 2	1, 2

注：1 为商品林，2 为公益林。

8.3.2　一般小班调查因子记载

一般小班调查因子记载下列各项。

空间位置:记载小班所在的县(局、总场、管理局)、林场(分场、乡、管理站)、作业区(工区、村)、林班号、小班号。

权属:分别土地所有权和使用权、林木所有权和使用权调查记载小班的土地、林木权属。

地类:按最后一级地类调查记载小班地类。

工程类别:小班的工程类别分为天然林保护工程、退耕还林工程、环京津风沙源治理工程、三北与长江中下游等重点地区防护林建设工程、野生动植物保护和自然保护区建设工程、速生丰产用材林工程、其他工程。

事权:生态公益林(地)小班填写事权等级(国家级、地方级)。

保护等级:生态公益林(地)小班填写保护等级(特殊保护、重点保护、一般保护)。

地形地势:记载小班的地貌、平均海拔、坡度、坡向和坡位等因子。

土壤:记载小班土壤名称(记至土类)、腐殖质层厚度、土层厚度(A层+B层)、质地、石砾含量等。

下木植被:记载下层植被的优势和指示性植物种类、平均高度和覆盖度。

立地类型:查立地类型表确定小班立地类型。

立地质量:根据小班优势木平均高和平均年龄查地位指数表,或根据小班主林层优势树种平均高和平均年龄查地位级表确定小班的立地质量。对疏林地、无立木林地、宜林地等小班可根据有关立地因子查数量化地位指数表确定小班的立地质量。

天然更新:调查小班天然更新幼树与幼苗的种类、年龄、平均高度、平均根径、每公顷株数、分布和生长情况,并评定天然更新等级。

造林类型:对适合造林的小班,根据小班的立地条件,按照适地适树的原则,查造林典型设计表确定小班的造林类型。

林种:按林种划分技术标准调查确定,记载到亚林种。

起源:按主要生成方式调查确定。

林层:商品林按林层划分条件确定是否分层,然后确定主林层。分别林层调查记载郁闭度、平均年龄、株数、树高、胸径、蓄积量和树种组成等测树因子。除株数、蓄积量以各林层之和作为小班调查数据以外,其他小班调查因子均以主林层的调查因子为准。

自然度:根据干扰程度记载。

群落结构:公益林根据植被的层次多少确定群落结构类型。

自然度:天然林根据干扰的强弱程度记载到级。

优势树种(组):分别林层记载优势树种(组)。

树种组成:分别林层用十分法记载。

平均胸径:分别林层,记载优势树种(组)的平均胸径。

平均年龄:分别林层,记载优势树种(组)的平均年龄。平均年龄由林分优势树种(组)的平均木年龄确定,平均木是指具有优势树种(组)断面积平均直径的林木。

平均树高:分别林层,调查记载优势树种(组)的平均树高。在目测调查时,平均树高可由平均木的高度确定。灌木林设置小样方或样带估测灌木的平均高度。

优势木平均高:在小班内,选择3株优势树种(组)中最高或胸径最大的立木测定其树高，取平均值作为小班的优势木平均高。

郁闭度或覆盖度：有林地小班用目测或仪器测定各林层林冠对地面的覆盖程度，取小数2位，灌木林设置小样方或样带估测并记载覆盖度，用百分数表示。

每公顷株数：商品林分别林层记载活立木的每公顷株数。

散生木：分树种调查小班散生木株数、平均胸径，计算各树种材积和总材积。

每公顷蓄积量：分别林层记载活立木每公顷蓄积量。

枯倒木蓄积量：记载小班内可利用的枯立木、倒木、风折木、火烧木的总株数和平均胸径，计算蓄积量。

健康状况：记载林地卫生、林木(苗木)受病虫危害和火灾危害以及林内枯倒木分布与数量等状况。林木病虫害应调查记载林木病虫害的有无以及病虫种类、危害程度。森林火灾应调查记载森林火灾发生的时间、受害面积、损失蓄积。

调查日期：记录小班调查时的年、月、日。

调查员姓名：由调查员本人签字。

8.3.3　其他小班调查因子调查记载

(1)用材林近、成、过熟林小班

除记载小班因子外，还要调查记载小班的可及度状况。

①即可及、将可及小班采用实测标准地(样地)、角规控制检尺、数学模型等方法调查或推算各径级组株数和蓄积量。

②即可及、将可及小班采用实测标准地(样地)、数学模型等方法调查或推算商品用材树、半商品用材树和薪材树的株数和蓄积。

③即可及、将可及小班根据小班蓄积量和林分材种出材率表或直径分布和单木材种出材率表确定材种出材量。

(2)择伐林小班

对于实行择伐方式的异龄林小班，采用实测标准地(样地)、角规控制检尺等调查方法调查记载小班的直径分布。

(3)人工幼林、未成林人工造林地小班

除记载小班因子外，还要调查记载整地方法、规格、造林年度、造林密度、混交比、成活率或保存率及抚育措施。

(4)竹林小班

对于商品用材林中的竹林小班增加调查记载小班各竹度的株数和株数百分比。

(5)经济林小班

有蓄积量的乔木经济林小班，应参照用材林小班调查计算方法调查记载小班蓄积量。调查各生产期的株数和生长状况。

(6)公益林小班

有经营活动的公益林或天然异龄林小班应参照用材林小班的要求补充调查因子。

(7)辅助生产林地小班

调查记载辅助生产林地及其设施的类型、用途、利用或保养现状。

8.3.4 林网、四旁树、散生木调查

(1)林网调查

达到有林地标准的农田牧场林带、护路林带、护岸林带等不划分小班，但应统一编号，在图上反映，除按照生态公益林的要求进行调查外，还要调查记载林带的行数、行距。

(2)城镇林、四旁树调查

达到有林地标准的城镇林、四旁林视其森林类别分别按照商品林或生态公益林的调查要求进行调查。在宅旁、村旁、路旁、水旁等地栽植的达不到有林地标准的各种竹丛、林木，包括平原农区达不到有林地标准的农田林网树，以街道、行政村为单位，街段、户为样本单元进行抽样调查。

(3)散生木调查

散生木应按小班进行全面调查、单独记载。

8.4 调查总体蓄积量控制

8.4.1 控制总体

以调查范围为总体进行蓄积量抽样调查控制。调查面积小于5000hm^{2}或森林覆盖率小于15%的总体可以不进行抽样控制，也可以与相邻调查区域联合进行抽样控制，但应保证控制范围内调查方法和调查时间的一致性。

8.4.2 总体精度

总体抽样控制精度根据调查区域的性质确定：
①以商品林为主的调查总体为90%；
②以公益林为主的调查总体为85%；
③自然保护区、森林公园的调查总体为80%。

8.4.3 抽样方法

在抽样总体内，采用机械抽样、分层抽样、成群抽样等抽样方法进行抽样控制调查，样地数量要满足抽样控制精度要求。

8.4.4 样地调查与精度计算

样地实测可以采用角规测树、每木检尺等方法。根据样地样木测定的结果计算样地蓄积量，并按相应的抽样理论公式计算总体蓄积量、蓄积量标准误和抽样精度。

8.4.5 精度控制

当总体蓄积量抽样精度达不到规定的要求时，要重新计算样地数量，并布设、调查增加的样地，然后重新计算总体蓄积量、蓄积量标准误和抽样精度，直至总体蓄积量抽样精度达到规定的要求。

8.4.6 蓄积量控制

将各小班蓄积量汇总计算的总体蓄积量（包括林网和四旁树蓄积量）与以总体抽样调查方法计算的总体蓄积量进行比较。

①当两者差值不超过±1 倍的标准误时，即认为由小班调查汇总的总体蓄积量符合精度要求，并以各小班汇总的蓄积量作为总体蓄积量。

②当两者差值超过±1 倍的标准误，但不超过±3 倍的标准误时，应对差异进行检查分析，找出影响小班蓄积量调查精度的因素，并根据影响因素对各小班蓄积量进行修正，直至两种总体蓄积量的差值在±1 倍的标准误范围以内。

③当两者差值超过±3 倍的标准误时，小班蓄积量调查全部返工。

8.5　调查精度

主要小班调查因子允许误差分别经营单位性质、小班森林类别等分为 A、B、C 3 个等级。

①国有森林经营单位和重点林区县，商品林小班允许误差采用等级"A"；

②其他区域的商品林小班、所有单位的一般生态公益林小班允许误差采用等级"B"；

③自然保护区、原始林区小班允许误差采用等级"C"。

各等级的允许误差见表 19。

表 19　主要小班调查因子允许误差　　　　　　　　　　　%

调查因子	误差等级		
	A	B	C
小班面积	5	5	5
树种组成	5	10	20
平均树高	5	10	15
平均胸径	5	10	15
平均年龄	10	15	20
郁闭度	5	10	15
每公顷断面积	5	10	15
每公顷蓄积量	15	20	25
每公顷株数	5	10	15

其他要求小班调查时确定的小班权属、地类、林种、起源不得有错。

9. 森林资源遥感调查

9.1　遥感判读

9.1.1　遥感判读的目的

(1) 作为地面调查的必要补充

当固定样地落在人力不可及的地域时，可基于遥感影像判读样地的森林覆被类型和主要的林分特征因子，用遥感判读结果参与统计。

(2) 作为成果制图的重要手段

根据遥感区划判读结果，可以制作全疆森林分布图及各类专题图。

9.1.2 遥感数据选择

遥感数据应选择空间分辨率优于5m，与清查时间最接近的植被生长季节期间的卫星影像，一般不超过1年。集中云层的覆盖面积少于5%，分散云层的覆盖总面积少于15%。

9.1.3 遥感影像收集处理

遥感影像由国家林业和草原局资源司统一提供。遥感影像处理执行《森林资源调查卫星遥感影像图制作技术规程》(LY/T1954—2011)的标准和要求。

遥感影像处理包括几何精校正、图像合成、图像增强和地理信息叠加等环节。遥感影像经处理后，应图像清晰、层次丰富、色调均匀、反差适中，可判读性好，地形、地物、境界及公里网套合较好。具体标准按照GB/T15968、LY/T1954执行。

9.1.4 判读标志建立

应根据不同时相、物候、地理位置和数据源分别建立成数在0.05以上各种类型的判读标志。选择有充分代表性的地块建立判读标志，制作判读标志样片，并做好调查记载。

建立判读标志方法：将遥感影像与林地数据库进行叠加分析，选择前后期遥感影像特征没有变化的区域，与林地数据库记录的不同地类图斑进行对照分析，形成各地类与遥感影像特征对应关系；分析前后期遥感影像特征发生显著变化的情况，判别现地发生变化的情形，形成地类变化的目视判读标志。

9.1.5 样地判读

对于落在人力不可及的地域，或者落在干旱地区(包括干旱、半干旱地区)大面积林地内且样地附近无乔灌植被分布的固定样地，可采用遥感判读方法进行调查。样地判读的基本因子包括：森林覆盖类型、优势树种、龄组、郁闭度、覆盖度等。

在进行目视判读工作之前，应认真分析和掌握图像的影像特征及其规律，到实地抽取不同类型的地类进行对照，并结合最新的档案资料，建立各种实际地物与图像影像特征之间的对应关系。调查队员熟悉各种实际地物与图像特征之间的对应关系，加深理解判读标志，准确把握遥感成像时的地物状况，全面分析图像要素。

判读原则：①先整体后局部原则；②先已知后未知原则，先判读已知的、确定的图像上的类型要素；③先简单后复杂原则；④先一般后专业原则；⑤充分参考辅助资料原则。

9.1.6 遥感判读区划

按遥感影像特征，沿森林覆被类型分界线进行判读区划，勾绘提取乔木林、竹林、疏林、灌木林等林地图斑，制作森林分布图。勾绘图斑界线须与遥感影像图上不同类型变更线吻合，并且闭合。最小图斑面积应为相应比例尺上的$4mm^2$。

将本期遥感影像叠加到前期林地现状数据库或前期遥感影像上，对比分析，判读区划林地发生变化的图斑。

(1)采取双轨制判读区划出林地地类发生变化的图斑。一人判读区划后，由另一人结合第一人的判读结果再次判读。两人判读结果不一致的，再对照遥感影像变化特征共同商定，最终形成林地变化图斑判读区划矢量图层。

(2)以变更调查单位为基本单位，对判读区划的林地变化图斑，按顺序依次编码，并记录图斑所处的位置[县(林业局)、乡(场)、村(林班)]、判读地类、变化原因等属性因子，形成遥感判读结果。遥感判读结果数据库结构见表20。

表20　遥感判读区划图斑数据库结构

编号	字段名	中文名	数据类型	长度	小数位	备注
1	PAN_NO_TB	判读图斑编号	整型	6		
2	SHENG	省(区、市)	字符串	2		
3	XIAN	县(市、旗)	字符串	40		
4	XIANG	乡	字符串	40		
5	CUN	村(营林区)	字符串	40		
6	LIN_YE_JU	林业局(场)	字符串	40		
7	LIN_CHANG	林场(分场)	字符串	40		
8	LIN_BAN	林班	字符串	40		
9	GPS_X	横坐标	整型	8		
10	GPS_Y	纵坐标	整型	7		
11	MIAN_JI	判读面积	双精度	18	4	
12	PAN_BHYY	判读变化原因	字符串	2		
13	BEIZHU	备注	字符串	250		

注：1. 判读图斑编号：以县级单位为单位，按顺序依次编码。

2. 行政区划：包括省、县(市、区)、乡(镇)、村，按本省数据库字典填写代码。

3. 林业区划：包括林业局、林场、林班，按本省数据库字典填写代码。

4. 横坐标、纵坐标：填写图斑质心所在CGCS2000大地坐标高斯投影3度带或6度带的千米横、纵坐标值，单位为m。

5. 判读面积：填写遥感判读变化图斑的GIS求算投影面积，单位hm²，保留4位小数。

6. 判读变化原因：按建设项目使用林地(10)、采伐(20)、开垦林地(30)、灾害等引起地类或林相变化(40)，以及可识别的因造林更新等营林活动引起的地类或林相变化(50)和其他(60)用代码填写。

7. 判读图斑不得跨行政区划、林业区划界线。

8. 行政区划、林业区划等因子直接从前期数据库中提取。

9.1.7　遥感判读结果应用

遥感判读结果是开展森林资源管理年度更新调查重要的信息源之一，也是森林资源管理年度更新调查的核实验证的重要信息；特别是从林地范围调出到非林地、国家级公益林范围的调减要利用遥感数据全面内业检查，核实变化依据及其变化原因合理性，不得无原则调整林地范围和国家级公益林范围；同时，遥感判读结果也是开展2021年森林督查的主要信息源，提高检查的针对性、目的性。

核实调查：对照林地档案记录的林地变化图斑与遥感判读层，对有疑问的地块开展必要的现地核实调查，查清林地变化地块。

①遥感判读林地变化图斑与林地档案记录林地变化图斑位置、范围、信息对应的，确认为林地变化图斑，根据林地档案信息、林地数据库、基础地理数据等资料转录记载相关因子。

②遥感判读林地变化图斑与林地档案记录林地变化图斑不对应的，应进行现地核实调查，现地调查林地是否发生变化及变化情况，并根据现地调查记录有关因子，转录相关数

据库未发生变化的属性因子。

③建设项目使用林地、采伐、开垦林地,需要相关审批材料进行内业核实和外业核实。

④补充图斑核实调查。在遥感判读变化图斑外发现的地类和林相发生变化的地块,应根据实际情况补充勾绘图斑,属于破坏森林资源问题的,纳入森林督查数据库。

⑤判读变化原因为灾害等引起的林地地类或林相变化、可识别的因造林更新等营林活动引起的林地地类或林相变化、其他变化的图斑,经核实属于破坏森林资源问题的,同时纳入森林督查数据库。

⑥变化图斑只是督查线索,建设项目使用林地、土地整理、毁林开垦等违法违规改变林地用途和毁林造林、采伐林木情况以督查时实际发生的破坏森林资源问题为准,应向前追溯和向后延伸,根据现地情况修订完善原变化图斑和补充图斑,纳入督查范围。其中,向前追溯和向后延伸的部分在森林督查中单独增加区划图斑。

根据核实情况,对变化图斑的位置、界线进行确认或修改,并转录或填写林地变化图斑,核实调查属性记录表(见表21)。

表21 变化图斑现地核实表　　　　省:　　　　县(市、区、旗、局):　　　

判读图斑编号	乡	村	小班号	横坐标	纵坐标	判读面积	前地类	现地类	土地利用现状地类	判读变化原因	变化原因	备注
1	2	3	4	5	6	7	8	9	10	11	12	13

检查单位名称:　　　　　　　　检查人员:　　　　　　　　检查日期:　　年　月　日

填表说明:

1. 第1~8、11项为遥感判读因子,直接从遥感判读数据库中提取。

2. 第8项为前地类:直接从前期森林资源管理"一张图"数据库中提取。

3. 第9项为现地类:按代码填写。

4. 第10项为土地利用现状地类:按代码填写。

5. 第12项为实际变化原因:根据核实情况,按代码填写。

9.2 林地变化图斑属性记载

林地范围、地类或管理属性发生变化的林地图斑,除了核实调查记载地类、管理属性及其变化原因外,还应核实基础因子等其他相关因子是否有变化,并做相应变更。

森林资源管理年度更新数据库属性因子,在林地数据库基础上增加土地管理类型、变化原因、变化年度、变更依据等属性因子。林地数据库原有属性因子按照《林地保护利用规划林地落界技术规程》(LY/T1955—2011)要求记载。

土地管理类型、变化年度、变化原因、变更依据记载要求如下。

①土地管理类型：按"按林地管理""非林地管理""暂按林地管理"等3类填写代码。林地图斑均要求填写此项因子。

按林地管理：指用于林业生态建设和生产经营，由林业和草原主管部门或其他部门依法管理，确定为林地用途的土地。

按非林地管理：指有森林植被分布，由自然资源、交通、水利、农业等部门依法管理，确定为非林地用途的土地。

暂按林地管理：指暂没有与第三次全国国土调查(简称国土三调)数据对接，由原国土等部门确定的土地用途与林业部门确定的林地用途不一致的土地。

②变化年度：按图斑实际变化年度记载，如2020。

③变化原因：按照实际代码填写。

④变更依据：填写林地图斑变更的依据，主要包括森林督查、档案更新、现地核实。

9.3　林地变化数据库要求

9.3.1　属性数据库变更

属性数据变更要求：

①变更调查所用的基础数据库应当与上一年度国家确认的数据库保持完全一致。

②数据库变更过程中，涉及发生变更图斑，应当保证变更前图斑总面积与变更后图斑总面积完全一致。未变更图斑面积不得改变。

③现地核实调查时，依据现地调查表要求采集属性数据。

④变更后形成的数据库所有地类面积之和，应等于相应行政辖区、权属单位控制面积，同时等于上一年度数据库汇总总面积。

⑤数据库变更所生成各项统计汇总表，应当保证"图数一致"、同一数据在不同表格中应一致。

9.3.2　空间数据变更

空间数据变更要求：

①森林资源管理年度更新调查底图与林地数据库套合，明显的同一界线移位不得大于图上0.6mm，不明显界线不得大于图上1.5mm。

②数据应分层采集，与变更前数据库分层保持一致，并保持各层要素叠加后应协调一致。

③单线线状地物采集点的密度，应保持几何形状不失真，点的密度应随着曲率的增大而增加。

④公共边，只需矢量化一次，其他层可用拷贝方法生成，保证各层数据完整性。

⑤数据采集、编辑完成后，应使线条光滑、严格相接、不得有多余悬线。所有数据层内应建立拓扑关系，相关数据层间应建立层间拓扑关系。数据采集产生的碎片应进行处理。

9.3.3　数据库变更

提交成果以实施单位为基本单位，全疆汇总，形成新疆林地数据库。

①以实施单位为单位形成森林资源管理年度更新调查数据库，编制林地调查成果报告和统计表。

②汇交森林资源管理年度更新调查数据库，形成地市级森林资源管理年度更新调查数据库，并进一步汇交各地(州、市)森林资源管理年度更新调查数据库，形成全区调查数据库，编制自治区森林资源管理年度更新调查报告和统计表。

③提交森林资源管理年度更新调查数据库及变化数据库至国家林业和草原局。

10. 质量检查

10.1　质量管理

①为了加强森林资源调查的质量管理，确保调查成果准确可靠，开展森林资源调查的林业主管部门和调查单位均应成立相应的质量管理机构，加强质量管理工作。

②要实行分级检查验收制度，即外业调查工作应在承担单位自查和省级检查的基础上，由区域森林资源监测中心进行质量抽查；样地调查卡片应在工组自查、承担单位检查和省级检查的基础上，由区域森林资源监测中心进行检查验收。

③主持调查的单位必须具有乙级以上的调查规划设计资质，承担调查工作的人员必须是专业技术人员。树种调查和植被调查必须由具有乙级以上调查规划设计资质的单位承担。坚持全员培训和持证上岗制度，推行技术质量责任制，严格质量奖惩，实行责任追究制度。

④质量检查应由政治思想好、办事公正、坚持原则，具有助理工程师以上职称，并具有丰富连续清查工作经验的专职技术人员承担。在质量检查过程中，应及时发现问题和解决问题，并将有关情况及时向上级报告。

10.2　检查内容

质量检查是对调查前期准备工作、外业调查和内业统计各项工序及调查成果进行检查。前期准备工作检查内容包括对技术方案、操作细则的审核和审批，对所用的图面材料、调查用表、仪器工具等进行检查，组织学习操作细则和有关技术规定，参与外业调查前的培训试点工作；内业检查包括对样地调查记录卡片、数据录入和处理、成果统计表、成果报告的检查。

外业调查检查是质量检查的重点，其检查内容和评定标准如下。

10.2.1　重要项目

①样地固定标志：主要有固定标桩、土壤坑、定位树、周界记号、胸高线、样木标牌等，样地固定标志要符合相关规定和各省操作细则的要求。

②样地位置：所有样地均应绘制样地位置图。对于增设与改设样地，引线定位时引点定位误差应小于地形图上1mm所代表的距离，引线方位角误差小于1°，引点至样点的测

量距离误差<1%；用 GPS 直接定位时，纵横坐标定位误差不超过 10~15m。

③每木检尺株数：大于或等于 8cm 的应检尺株数不允许有误差；小于 8cm 的应检尺株数，允许误差为 5%，最多不超过 3 株。

④胸径测定：胸高直径等于或大于 20cm 的树木，胸径测量误差小于 1.5%，测量误差大于 1.5%~3.0% 的株数不能超过总株数的 5%；胸径小于 20cm 的树木，胸径测量误差小于 0.3cm，测量误差大于 0.3cm 小于 0.5cm 的株数不允许超过总株数的 5%。

⑤地类的确定不应有错。

10.2.2 次重要项目

①样地周界测量：增设与改设样地周界测量闭合差应小于 0.5%，复测样地周界长度误差应小于 1%。如果因为周界测量超过误差导致出现漏测木和多测木，应按重要项目中的每木检尺株数要求进行评定。

②权属、起源、林种、优势树种、植被类型等的确定不应有错。

③森林群落结构、林层结构、树种结构、自然度、森林健康等级、森林类别、公益林事权等级、保护等级、商品林经营等级等的确定不应有错。

④样地号、样地类别、纵横坐标、县代码及样地所在的省、地、县、乡、村填写应正确。

⑤正确界定样木的立木类型和检尺类型，出错率不大于 1%。

⑥根据样木方位角和水平距正确绘制固定样木位置图，标明样木编号，样木相对位置的出错率不大于 3%。

⑦跨角林样地调查记录正确无误，四旁树株数和竹林株数误差不大于 3%。

⑧准确记载固定样地在间隔期内有无特殊对待，正确界定地类变化原因。

10.2.3 其他项目

①树高测定：当树高为 10m 以下时应小于 3%，10m 以上时应小于 5%。

②林分年龄与龄组：增设和改设样地的最大年龄误差为一个龄级；复测样地的最大年龄误差为间隔期年数。龄组确定不应有错。

③郁闭度、灌木覆盖度、草本覆盖度、植被总覆盖度，测定误差应小于 0.10 或 10 个百分点。

④平均直径、平均树高、可及度、森林灾害类型、森林灾害等级、天然更新等级、地类面积等级等的填写不允许有错。

⑤地貌、海拔、坡向、坡位、坡度、土壤名称、土壤厚度、腐殖质厚度、枯枝落叶厚度、土壤质地、土壤砾石含量、地表形态、沙丘高度、覆沙厚度、侵蚀沟面积比例、基岩裸露及其他调查因子与调查内容填写正确无漏。

凡能满足上述规定要求的项目为合格，否则项目为不合格。

10.3 检查数量

10.3.1 外业检查

省级质量检查的样地数量应占样地总数的 5% 以上，各区域森林资源监测中心检查的样地数量应占样地总数的 1.5% 以上。

10.3.2　内业检查

内业阶段各项工作应进行全面检查，检查重点是样地调查记录卡片。各调查工组应对所完成的样地调查卡片进行全面复核，同一县或同一小队的调查工组应交换卡片互检，并在此基础上由省级专职检查人员进行 100% 检查。省级检查通过后，再交区域森林资源监测中心进行 100% 检查。检查方法如下。

①质量检查一般采用原调查方法进行检查。

②质量检查人员所检查样地的确定，既要考虑随机性，又要具有针对性。原则上各地(州、市)、县(市、区)的检查样地数量应与所分布的样地数成正比。应以林地(尤其是有检尺样木的林地)和地类发生变化的样地作为检查重点，并适当抽取部分处于偏远地区的样地；同时，尽量减少与前期检查样地的重复，逐步扩大检查样地的覆盖面。检查样地一方面要保证尽可能客观反映其调查质量，另一方面要达到发现问题、解决问题、提高质量的目的。区域森林资源监测中心检查的样地，应与省级检查过的样地有20% 左右重复。

③外业检查可由被检查人员陪同检查人员到现场进行，检查时应尽量使用原用仪器和测量工具；内业检查由被检查人员提供成品交检查人员检查。

④外业检查应在外业调查的前、中、后期均匀开展，并认真做好前期的技术指导工作；内业检查应于某一工序完成之后进行，前一工序的不合格产品，不允许进入下一个工序。

⑤外业检查一经发现不合格样地，原则上需扩大检查；若扩大检查的样地仍然不合格，则被检查工组前一阶段所完成的样地应全部返工。内业卡片检查发现问题，原则上应由原调查人员负责处理；对于影响较大且无法内业解决的问题，应责令原调查人员重返现地进行补充调查，并加强监督。

⑥各项检查都必须作好检查记录，并按有关规定进行质量评价。检查工作结束后应提交质量检查报告。

⑦调查卡片经省级质量检查人员 100% 检查通过后，应及时转交给区域森林资源监测中心进行检查验收，并认真办理交接手续。

10.4　质量评定

10.4.1　外业调查质量评定

区域森林资源监测中心和省级质量检查人员应根据外业检查内容和评定标准，对每个检查样地的质量做出评定，并计算出外业调查的样地合格率。样地按以下标准评定为合格、不合格两类。

(1)合格样地

重要项目必须全部合格，次重要项目只能错 1 项，其他项目只能错 3 项，达到以上要求者评定为合格样地。

(2)不合格样地

达不到上述合格标准的样地评定为不合格样地。

10.4.2 卡片验收质量评定

质量检查人员应对全省的样地调查卡片进行 100% 检查，对每个样地卡片的质量进行评定，并计算出卡片验收的样地合格率。样地卡片按以下标准评定为合格、不合格两类：

(1) 合格

样地调查记录完整无缺，样地因子调查记录表（含跨角林样地调查记录表）、样地每木检尺记录表中各项记录明显错误在 2 处以下（含 2 处），则该卡片质量评为合格。

(2) 不合格

样地调查记录不完整，样地因子调查记录表（含跨角林样地调查记录表）、样地每木检尺记录表中各项记录明显错误在 3 处以上（含 3 处），则该卡片质量评为不合格。

10.4.3 调查质量综合评定

按外业调查质量占 70%、卡片验收质量占 30%，对全省森林资源连续清查质量进行综合评定。质量等级按综合合格率高低评定为优、良、中、差四等。

(1) 优：合格率 ≥95%；
(2) 良：合格率 85%~94%；
(3) 中：合格率 75%~84%；
(4) 差：合格率 75%。

11. 森林资源评价

11.1 森林质量评价

11.1.1 林地质量等级评价

选取多年平均降水量、湿润指数、年平均气温、≥10℃ 的积温、海拔、坡向、坡度、坡位、土层厚度、腐殖层厚度、枯枝落叶层厚度共 11 项因子，采用层次分析法，对各类林地质量等级进行综合评定。林地质量等级评价方法按照 LY/T1955。

(1) 评定方法

根据与森林植被生长密切相关的地形特征、土壤等自然环境因素和相关经营条件，对林地质量进行综合评定。选取林地土壤厚度、土壤类型、坡度、坡向、坡位和交通区位等 6 项因子，采用层次分析法，按公式(1)计算林地质量综合评分值。

$$EEQ = \sum_{i=1}^{n} V_i \cdot W_i (i = 1, 2, \cdots, n) \qquad 公式(1)$$

式中：EEQ——林地质量综合评分值(0~10)；

V_i——各项指标评分值(0~10)，详见(2)；

W_i——因子的权重(0~1)，详见(3)。

根据林地质量综合评分值，划分为 Ⅰ 级(分值 ≤2)、Ⅱ 级(2~4)、Ⅲ 级(4~6)、Ⅳ 级(6~8)和 Ⅴ 级(>8)5 个等级。

(2) 相关因子数量化等级值

相关因子数量化等级值见表 22。

表 22　相关因子数量化等级值

成子	等级值				
	I	II	III	IV	V
土层厚度 cm	>100	51~100	31~50	16~30	≤15
土壤类型	黑土、棕色针叶林土、棕壤、黑钙土、黑黏土、褐土、暗棕壤	黑垆土、潮土、灰色森林土、灰褐土、草甸土、燥红土、黄壤、黄褐土	漂灰土、棕壤、栗钙土、栗褐土、黄绵土、砖红壤、赤红壤、火山灰土、黄棕壤	酸性硫酸盐土、风沙土、新积土、沼泽土、寒钙土、灰漠土、灌漠土、砖姜黑土、石灰（岩）土、水稻土、泥炭土、灰化土、紫色土、红壤、灰钙土、粗骨土、碱土	白浆土、棕漠土、棕钙土、滨海盐土、冷棕钙土、冷钙土、冷漠土、灌淤土、漠境盐土、草甸土、寒漠土、塞冻土，寒原盐土、灰棕漠土、石质土、草甸盐土、山地草甸土、磷质石灰土，红黏土、林灌草甸土、龟裂土
坡度	平	缓	斜	陡	急、险
坡向	无	阴坡	半阴坡	半阳坡	阳坡
坡位	平地、全坡	谷、下	中	上	脊
交通区位	1	2	3	4	5

注 1：土层厚度参照 NY/T 309—1996 腐殖质层（含泥炭层）厚度，熟化层厚度、耕层厚度、土体厚度指标进行分等级。

注 2：土壤类型按中国土壤数据库的土壤类型分布，根据各种类型土壤 pH 值、有机质、全氮、全磷、全钾的含量及其分布特点和宜林程度等进行分等级。

注 3：坡度、坡向、坡位、交通区位按照 2004 年颁布实行的《国家森林资源连续清查主要技术规定》划分标准，并结合各坡度等级、坡向、坡位的宜林程度进行分等级。

注 4：交通区位采用同心圆等分级方法，根据小班与森林经营单位、主要采运道路、航道等的距离，将县域内的林地交通区位由好至差划分为 1、2、3、4、5 五个等级，具体划分标准由各地自行制定。

（3）相关因子权重系数

根据土壤厚度、土壤类型、坡度、坡向、坡位和交通区位等 6 项因子的林地宜林程度差异，确定各自权重分别为：土层厚度 0.30、土壤类型 0.20、坡度 0.20、坡向 0.10、坡位 0.10、交通区位 0.10。

11.1.2　乔木林质量等级评价

（1）评定方法

对乔木林质量等级，从植被覆盖、森林结构、森林生产力、森林健康、森林灾害等 5 个方面选取 16 项指标，对这些指标数量化和等级划分后，对每个评价指标因子各等级进行赋值，采用层次分析法和专家咨询法（即特尔菲法）确定评价指标因子权重。根据每个评价指标因子的权重值与等级分值进行加权计算求和，计算出乔木林质量指数（*EEQ*，0~1），见公式（2）。

$$EEQ = \sum_{i=1}^{n} V_i W_i / 16 \qquad 公式（2）$$

式中：V_i——各指标评分值（0~10），详见（2）；

W_i——各指标的权重（0~1），详见（3）。

根据乔木林质量指数，将乔木林质量分为好（*EEQ* ≥ 0.7）、中（0.5 ≤ *EEQ* < 0.7）、差（*EEQ* < 0.5）3 个等级。

（2）相关因子各指标分值

表23 乔木林质量评定各指标分值

等级分值	植被总盖度（%）	灌木盖度（草本盖度）（%）	平均郁闭度	树种结构（代码）	平均胸径（cm）	群落结构	龄组结构	单位面积年平均生长量（m³/hm²）	单位面积蓄积量（m³/hm²）	林木蓄积量生长率（%）	平均树高（m）	健康等级	灾害等级	林木蓄积量枯损率（%）	自然度	森林覆被类型连片面积（hm²）
10	>80	>80	>0.9	6、7	>37.0		成熟林	>18	>190	>10	>20			<0.2	I	>100
9	70~80	70~80	0.8~0.9		33.0~37.0	复杂结构		16~18	170~190	9~10	18~20	健康	无	0.2~0.4		50~100
8	60~70	60~70	0.7~0.8	5	29.0~33.0		近熟林	14~16	150~170	8~9	16~18			0.4~0.6	II	40~50
7	50~60	50~60	0.6~0.7		25.0~29.0			12~14	130~150	7~8	14~16	亚健康	轻	0.6~0.8		30~40
6	40~50	40~50	0.5~0.6	3、4	21.0~25.0	较复杂结构	中龄林	10~12	110~130	6~7	12~14			0.8~1.0	III	20~30
5	30~40	30~40	0.4~0.5		17.0~21.0			8~10	90~110	5~6	10~12	中健康	中	1.0~1.2		10~20
4	20~30	20~30	0.3~0.4	2	13.0~17.0		过熟林	6~8	70~90	4~5	8~10			1.2~1.4	IV	5~10
3	10~20	10~20	0.2~0.3		9.0~13.0	简单结构		4~6	50~70	3~4	6~8	不健康	重	1.4~1.6		3~5
2	<10	<10		1	5.0~9.0		幼龄林	2~4	30~50	2~3	4~6			1.6~1.8	V	1~3
1					<5.0			<2	<30	<2	<4			>1.8		<1

(3)相关因子权重系数

表 24　乔木林质量评定各指标权重

植被覆盖(0.15)，其中			
平均郁闭度(0.4)	植被总盖度(0.3)	灌木盖度(0.2)	草本盖度(0.1)
森林结构(0.20)，其中			
龄组结构(0.3)	群落结构(0.20)	树种结构(0.20)	平均胸径(0.30)
森林生产力(0.35)，其中			
平均树高(0.2)	单位面积生长量(0.3)	单位面积蓄积量(0.3)	林木蓄积量生长率(0.2)
森林健康(0.20)			
森林健康等级(0.4)	森林灾害等级(0.4)	林木蓄积量枯损率(0.2)	
森林受干扰程度(0.1)			
森林自然度(0.6)	森林覆被类型面积等级(0.4)		

11.2　森林生态功能评价

11.2.1　森林植被生物量和碳储量计算

利用已经发布实施的 LY/T 2260~2264，LY/T 2654~2661 及相关文献资料，基于样地样木调查数据，计算森林植被生物量和碳储量。目前，乔木林的生物量和碳储量只考虑了乔木层，以后具备条件了再扩展到灌木层和草本层。

11.2.2　生物多样性评价

利用样地调查的乔木、灌木树种数量，按森林类型多样性和物种多样性 2 个层次进行生物多样性评价。

(1)多样性指数评价指标

多样性指数评价指标包括：

Shannon 指数：
$$S_n = -\sum P_i \ln P_i$$

Simpson 指数：
$$S_p = 1 - \sum P_i^2$$

式中：P_i——类型 i 的面积占总面积的比例；

　　　ln——自然对数。

(2)物种数量评价指标

物种数量评价指标包括以下几种。

相对多度：　　$RA = $ 某一物种的株数/所有物种总株数×100

相对频度：　　$RF = $ 某一物种的频度/所有物种频度×100

相对优势度：$RD = $ 某一树种的胸高断面积/所有树种的胸高断面积之和×100

重要值：　　　$IV = (RA + RF + RD)/3$

相对多度、相对频度、相对优势度和重要值主要是针对乔木树种进行评价。对于灌木和草本，一般不考虑相对优势度，重要值取相对多度和相对频度的平均数。

11.2.3 物种多样性评价指标

(1) 丰富度指数

Patrick 指数： $S=$ 出现的物种总数

Magalef 指数： $F = (S - 1)/\ln N$

式中：N——个体总数（总株数）；

ln——自然对数。

(2) 多样性指数

Shannon 指数： $H = -\sum P_i \ln P_i$

Simpson 指数： $D = 1 - \sum P_i^2$

式中：P_i——物种 i 的重要值，$i = 1, 2, \cdots, S$；

ln——自然对数。

(3) 均匀度指数

Pielou 均匀度指数： $J = H/\ln S$

式中：H——Shannon 指数；

S——物种总数；

ln——自然对数。

11.2.4　生态功能等级及指数评定

选取森林生物量、自然度、群落结构、树种结构、植被总覆盖度、郁闭度、平均树高和枯枝落叶层厚度共 8 项因子，采用专家咨询法，按下列(1)~(3)的技术要求，对森林植被的生态功能等级和生态功能指数进行综合评定。

(1) 森林生态功能评价因子及类型划分

表 25　森林生态功能评价因子及类型划分标准

评价因子	类型划分标准			权重
	I	II	III	
1 森林生物量	$\geq 150t/hm^2$	$50t/hm^2 \sim 149t/hm^2$	$<50t/hm^2$	0.20
2 森林自然度	1、2	3、4	5	0.15
3 森林群落结构	1	2	3	0.15
4 树种结构	6、7	3、4、5	1、2	0.15
5 植被总覆盖度	$\geq 70\%$	$50\% \sim 69\%$	$<50\%$	0.10
6 郁闭度	≥ 0.70	$0.40 \sim 0.69$	$0.20 \sim 0.39$	0.10
7 平均树高	$\geq 15.0m$	$5.0m \sim 14.9m$	$<5.0m$	0.10
8 枯枝落叶层厚度等级	1	2	3	0.05

评定森林生态功能时，先按公式(3)计算综合得分：

$$Y = \sum_{i=1}^{8} W_i X_i \qquad 公式(3)$$

式中 X_i 为第 i 项评价因子的类型得分值(类型 Ⅰ 、Ⅱ 、Ⅲ 分别取 1、2、3),W_i 为各评价因子的权重。

(2)森林生态功能等级评定

根据(1)中综合得分值按表 26 评定生态功能等级。

表 26　森林生态功能等级评定标准

功能等级	综合得分值
好	<1.5
中	1.5~2.4
差	≥2.5

(3)森林生态功能指数

将综合得分值的倒数定义为森林生态功能指数:

$$K = \frac{1}{\sum W_i X_i}$$ 公式(4)

以此作为评定森林生态功能的定量指标。该指数值小于等于 1,数值越大,表明森林生态功能越好。

12. 林业调查中高新技术介绍

12.1　几种常见全球定位系统(GPS)数据操作使用

12.1.1　合众思壮 G1 系列手持机

(1)G1 系列手持机介绍及数据采集

G1 系列手持机即 UniStrong 集思宝 G120 等型号 GPS,此机器可由自带充电电池和高能电池 2 种方式供电,该机器搜索信号能力较强,极其适用于林业野外调查工作,在卫星界面出现 3D 导航后,即可进行数据采集。一般在存储林地单点和林带长度时较为容易,在实时量测现地某林地面积时,机器上出现的封闭路线等不自动存为航迹而难以导出机器进行使用,就需要在开始量测前,如同直接开展记录航迹的操作一样在航迹管理页面进行打开航迹存储,在结束时关闭存储,并对当前航迹进行保存,可以输入方便记忆的中、英文名称。连续对不同的 2 个地点或 2 个地块进行采集时,如果在中途不关闭仪器,仪器会在 2 个地点之间自动生成一个 2 点或多点的连接线。

(2)G1 系列手持机数据导入电脑

G1 系列 GPS 采集数据默认存储在自带的"合众思壮集思宝"盘中"Track"文件夹中,文件格式为 *.gpx,可以通过自带的即插即用式电缆线连接电脑,通过随机光盘"G1 系列光盘"安装该系列机的配套操作软件 GISOffice,打开该软件可以将机器采集林地调查数据在"文件"菜单中"导入",文件类型选"GPX 文件(*.gpx)",即可找到机器中的已存储航迹文件。通过软件的地图区域和软件中的界面,用户可以很方便地查看与编辑兴趣点、航线和航迹,在简易的自带地图上任意地放大与缩小。可以了解有关采集数据的大致位置及各种信息的简单操作。

（3）G1 系列手持机数据转换使用

为了进一步使用采集到的 GPS 林业调查数据，可以在"GISOffice"软件"工具"菜单里选择"将导航数据转换成 GIS 数据"，转换目标为"转换自导航数据"，转换规则为"转换成面"等，在工程视图栏的最上几行就会生成一个"转换自导航数据"的特征库，包含一个名为"Track"的图层文件，选中这个文件，可以在"文件"菜单里打开导出向导，若选择导出类型为"KMZ"，可生成一个 ∗.kmz 文件直接在 GoogleEarth（谷歌地球）中打开查看，而且坐标系统与位置完全吻合，若选择导出类型"SHP"，生成的图层文件 ∗.shp 可以在 ARC-MAP 等软件中打开，但是坐标系统与需要不吻合。对于导出的文件若要进行坐标系统的转换，可打开 ARCMAP 中的 ARCTOOLBOX 工具箱，选择使用"数据管理工具"中的"投影和投影变换"下的"Project（投影）"进行操作，输入要素选择上述"SHP"文件，输入坐标系会自动显示为"GCS_ WGS_ 1984"，输出要素集或要素类会默认一个数据库文件下（也可自定义编辑），输出坐标系就可选择将要达到目的的坐标系北京 54 或西安 80 等，而后在下一项选择项"地理（坐标）变换可选"中自动生成要进行转换的规则"GCS_ WGS_ 1984_ TO_ Xian_ 1980_ GK_ CM_ 117E"等（需要完成上述"创建自定义地理〔坐标〕变换"才有），点击"确定"后，软件会有一段时间的运行，随后就会生成一个基于目的坐标系的面要素图层数据，并可以随意加载到目的坐标系统的地形图或卫星影像上进行矢量化等方面的应用操作，还可以通过软件浏览位置和制作各种直观亮丽的林业应用图，所取得的实地数据比现地利用地形图勾绘的精度高得多，所有操作工作在有准备的情况下，只是第一次创建参数与转换规则较为烦琐，之后的工作可以非常快捷、方便、高效。

12.1.2　麦哲伦探险家 eXplorist210 系列手持机

（1）麦哲伦探险家 eXplorist210 介绍及数据采集

GPS 型号为麦哲伦探险家 eXplorist210，其所有存储采集的林业调查点、线、面数据均为 ∗.log 格式的文件，此款 GPS 各个界面的打开与操作反应较慢，但搜索卫星信号较快较强，也极其适用于各种林分密度较大的山林等类型林业方面调查。在实际应用中可以直接通过自身专用数据电缆线从连接的电脑中显示的本身自带移动磁盘中找到"HangJi""HangXian"和"XinQuDian"文件夹中的需要采集文件，但此机器限制"HangJi"文件夹中只能存储 1 条航迹，要想多存需另外新建文件夹。

（2）麦哲伦探险家 eXplorist210 数据导入电脑

要将仪器采集的林业调查数据导入电脑，可以安装此系列仪器的随机光盘中的 MapSendLite 安装盘，安装随探险家手持机一起提供给用户的中文处理软件 MapSendLite（高级型号是 MapSend，称为详细数字地图产品），随即可以通过自身专用数据线与电脑连接，打开 MapSendLite 软件可以方便地实现 PC 个人电脑与探险家进行兴趣点、航线、航迹和藏宝点文件的相互交换，通过软件左边大的地图区域和软件中的界面，用户可以很方便地查看与编辑兴趣点、航线和航迹，任意地放大与缩小。可以了解有关采集数据的大致位置及简单操作。这个软件的低级版本里没有对采集数据的另存和导出功能。

（3）麦哲伦探险家 eXplorist210 数据转换使用

麦哲伦探险家 eXplorist210 采集到的兴趣点、航线和航迹文件为独立的文件格式

*.log，如果要将其转换成其他格式的文件来应用，快捷的方法是首先将其转换为 MapInfo 软件的 *.mif 格式，可以运行光盘上提供的格式转化软件 eXploristToMif.exe。这个软件也允许用户把 MapInfo 的 mif 格式文件转为探险家的数据格式 *.log。将 log 文件转换为 mif 格式（分为 .mif 和 .mid 等 2 个文件）之后，如需要可以将 mif 文件再通过"MiftoShp"软件进一步转换成 *.shp 文件，就可以在 ARCMAP 等软件中打开，如果 shp 文件在转换中坐标文件丢失一部分，可利用 ARCTOOLBOX 工具箱中"数据管理工具"中的"投影和投影变换"下的"定义投影"进行设置，输入要素类为该 shp 文件，坐标系需选择"GeographicCoordinateSystems"中的"World 世界坐标系"中"WGS1984.prj"，等待后台操作完成后，就可利用 ARCMAP 中的 ARCTOOLBOX 工具箱，选择使用"数据管理工具"中的"投影和投影变换"下的"Project（投影）"进行操作，即完成上文介绍的有关步骤来实现数据处理等。

因为 eXploristToMif 软件要求要转换的文件名称必须使用英文或数字命名以及软件本身识别能力弱等原因，有必要把 eXploristToMif（GIS 转换工具文件夹）和 MiftoShp 存放到计算机的 E 盘或 F 盘等一级目录中才能顺利完成有关步骤的操作。

12.1.3 合众思壮 eTrexVenture 展望等系列手持机

（1）合众思壮 eTrexVenture 展望等介绍及数据采集

GPS 型号为 GARMIN 合众思壮小博士 eTrexH、eTrexVenture 展望及传奇、桂冠等系列产品，一般是林业工作者最早接触到的 GPS 产品，其主要特点是操作方便、轻巧灵活、携带方便，适于林业调查野外工作环境，在量测面积时也可以同时记录航迹，但是其搜索卫星信号容易受个别密林影响。此系列部分产品中不带有地图，随着更新换代，有的产品也增加了许多新的功能和特点。

（2）合众思壮 eTrexVenture 展望等数据导入电脑

GPS 型号为 eTrexVenture 展望系列产品未携带电脑直接识别类存储盘，要将采集到的林业调查数据导入电脑使用，需要安装此系列仪器的随机光盘中的 Mapsource 软件，利用专用的数据电缆连接到电脑串行口上，可以在该软件菜单栏"传送"或者工具栏图标"从设备接收"，得到已采集的预操作数据。需要在软件中查看浏览数据，可在"编辑"菜单的最下边打开"首选项"进行相关编辑，可以将显示区的坐标显示改变为有关坐标系统数据，如需开展更多的编辑，可将所要操作的数据选中，从"文件"菜单中另存为"GPX"文件类型的数据格式，就可方便导入到其他可编辑"GPX"格式的软件中使用。自从传入电脑至另存为的数据都还是 WGS84 坐标系统的数据。

（3）合众思壮 eTrexVenture 展望等数据转换使用

对于 GPS 型号为 eTrexVenture 展望系列产品另存的"GPX"文件类型的数据格式，可以打开 G1 系列手持机 GISOffice 软件，在"文件"菜单中选择"导入"GPX 文件，在"工具"菜单里选择"将导航数据转换成 GIS 数据"，转换目标为"转换自导航数据"，转换规则为"转换成面"等，在工程视图栏里就会生成一个"转换自导航数据"的特征库，包含一个名为"Track"图层文件，选中这个文件，可以在"文件"菜单里打开导出向导，若选择导出类型为"KML"，可直接在 GoogleEarth（谷歌地球）中打开查看，而且坐标系统与位置完全吻合，若选择导出类型"SHP"，可以在 ARCMAP 等软件中打开。打开 ARCMAP 中的 ARCTOOL-

BOX 工具箱,选择使用"数据管理工具"中的"投影和投影变换"下的"Project(投影)"进行操作,同样是需要完成上述有关步骤来实现数据处理等。

12.2　激光测距测高仪

在林业工作中,特别是在调查设计这一方面,要调查某一片林子的蓄积、出材,我们可以通过用皮尺拉样带、样圆、样方的方式,进行抽样调查,测量记录范围内的被测树木的胸径、树高,最后代入根据勾绘计算出来的整片林子的面积进行计算,得出结果。其中,测量记录的测树因子很重要,即测取树木的胸径、树高是否准确,将直接影响最终的结果。树木胸径,可以用胸径尺进行量取,这里重点要说的是树高,以往我们都是用皮尺配合勃鲁莱测高器来测树高,然而由于很多林地没有做伐前抚育,现场杂灌荒芜,林地高低不平,致使仪器与被测树之间的水平距出现偏差,导致最终测得结果出现较大偏差。为了把偏差降到最低,需使用激光测距测高仪。

激光测距测高仪测距的原理:测距仪发射出的激光经被测量物体的反射后又被测距仪接收,测距仪同时记录激光往返的时间。光速和往返时间的乘积的一半,就是测距仪和被测量物体之间的距离。目前我们使用的激光测距测高仪误差在 ±0.2m,测距范围在10~500m。

激光测距测高仪最简单的功能就是测量仪器与被测目标(用仪器测量被测物上的某一个点)的距离,这个距离不是水平距,是直线距离,仪器与被测目标形成角度,就是斜距,比如,测量树梢与仪器的距离,这就是个斜距。不形成角度,就是水平距。由于距离被测物有一段距离,手持仪器所形成的微小角度偏差,容易导致水平距离出现偏差,因此,测量仪器与被测物的水平距的时候,是用另一个测量模式——水平距模式。

水平距模式,指被测物与仪器的水平距离,无论仪器与被测物是否有角度,测出的结果仪器会自动换算成水平距离,即测某棵树与仪器的水平距离时,不管你是对准树梢测,还是树根测,抑或是中杆,得出的数值都是一样的,即仪器与被测树木的水平距离。此功能在调查中非常实用,因为实际调查中,仪器与被测物的水平方向几乎都是被杂灌、其他非被测目标树所遮挡,导致仪器发出的激光束没有射到被测目标而被反射回来,读取的数据就完全错误了,有了这个功能,可以对准整棵树的任何位置进行测量,只要不被遮挡就可以测出正确的结果。如果被测树初步估计与仪器之间的水平距低于10m,简单的直接水平测量水平距是没有数据的,因为测距范围小于10m,因此可以对准树梢来测量,直线距离大于10m,也能得出水平距小于10m的数据。水平距模式,对测量树木的绝对高度非常实用。标准地为样圆的时候,可以林地样地内某个点为圆心,用仪器测量水平距离进行绕测,对稍远一些的树木是否在样圆范围内,能直接测距。同样运用于角规绕测,对被测树无法判断是否进入绕测范围,用仪器一瞄就知道了,省去拉皮尺,非常方便,而且仪器体积小,容易携带。

另一个模式是测量被测物与仪器的垂直高度。此模式适合测量悬挂物的高度,比如,测量电线上悬挂的警示牌的高度,两侧的电线杆又比较远,就可以用这个模式测量,得出的结果再加上仪器与地面的高度,一般就是操作人员的身高。在林业调查中,可以用来快速的测量路边树的高度,同样要加上仪器与被测树根的垂直高度。

还有一个模式是测量两点间的垂直高度，即树根测一个点，树梢再测一个点，得出树高，前提是，树根、树梢都没有被遮挡，这个在实际调查中，树根几乎都是被遮挡的，用于测量一栋楼的高度，或者某一楼层的高度就非常适用，比上一个模式更加精准。

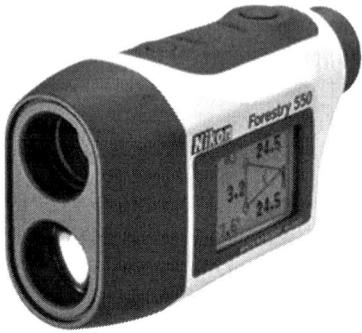

最后一个模式是测量被测物的绝对高度，测量原理和勃鲁莱测高器是一样的，首先测出与树木的水平距，勃鲁莱测高器得用皮尺拉出水平距离，这个距离固定在15m、20m、30m、40m上，而用激光测距测高仪（见图5）按照前面说的方法测出的这个水平距，只要仪器能读出数据，不管是7m、16m、22.4m⋯⋯都可以。得出水平距，剩下的使用方法都一样，与树梢、树根方向刚好相切的时候各测1个点，根据角度，激光测距测高仪自动计算出被测树的绝对高度，而勃鲁莱测高器则要根据2个点得出的数据手动相加或者相减才能计算出被测物的高度，相比之下，激光测距测高仪的精准度要高出许多。

图 5　尼康 F550 激光测距测高仪

12.3　激光雷达

激光雷达具有与被动光学遥感不同的成像机理，它对植被空间结构和地形具有较强的探测能力，特别是在森林高度探测方面具有其他遥感技术无法比拟的优势，机载激光雷达技术可以快速、高效、准确地获取相关数据。与其他遥感技术相比，激光雷达技术可以说是遥感技术上的一次革新。随着激光雷达技术的广泛运用，再结合传统的航空遥感影像，未来的森林资源调查会更加准确。

长期以来，测量小面积森林资源的树高、胸径、树冠面积等主要是利用围径尺、测高器、皮尺等工具。利用这种传统的方法进行森林资源管理和普查，比较费力、费时，劳动强度大，而且难以获得林木的准确数值。目前，遥感技术已大量用于林业资源的管理和普查、动态监测与分析、灾害监测与预报、灾情评估等。传统的光学遥感技术仅能提供林木的二维信息，通过高分航飞影像、卫星影像等可获取林木的变化区域、变化范围信息，以及辨别林木种类等，并不能获得森林垂直结构的参数。除此之外，摄影测量在森林地区作业时面临诸多困难，如外业控制困难、加密选点困难、影像匹配困难和立体测图困难等。机载激光雷达技术的出现，弥补了上述技术的不足。

12.3.1　激光雷达的测树原理

三维激光雷达是一种由扫描仪、计算机和电源供应系统3部分构成的三维建模系统。三维激光扫描系统在工作中，需要对数据进行不断地采集和处理。它以扫描仪器为原点建立三维激光空间坐标系，通过空间坐标系里面的点云图来表达系统对目标物体地面的采样结果。

三维激光扫描系统的测树原理：通过发射的脉冲激光传播的来回时间差计算出仪器离扫描点的距离，用脉冲反射回来的水平及垂直方向的两个角度值推算出扫描点的三维坐标值，最后利用扫描点的反射强度区分地表扫描点的地物类型。

12.3.2　激光雷达的应用方法

①对于大面积的森林资源调查，大飞机机载激光雷达是最有效的获取点云数据的方式，它可以快速地获取大面积的林业点云数据。大飞机机载激光雷达对采集的点云数据通过专业分析软件可以将单木数据从整体点云中分割出来，以获得树高、树冠尺寸、树冠基部高、断面积、胸径、立木蓄积和生物量等参数，精度可以达到 10cm。

②地基激光雷达常见的有背包激光雷达、车载激光雷达等，它通过移动雷达设备获取林木的准确参数信息(如胸径信息)，精度可以达到 2mm，适合于小范围的林木参数统计以及大面积林木的样本区域数据采集。

③无人机激光雷达适合于小面积的林木信息统计，主要用于作业区域面积适中(几十平方千米)、地形变化小的森林资源调查。无人机激光雷达操作起来灵活、方便，可以解决道路难通达的问题。

12.3.3　激光雷达技术在森林资源规划设计调查中的应用

森林资源规划设计调查是林业最重要的基础性工作之一，它以县级行政区域和森林经营单位为调查总体，以小班为调查单元，为了满足各项林业规划和管理需要而进行。主要内容是调查各类林地面积及其权属、林种、公益林事权等级、林地保护等级等。

利用激光雷达技术获取的高精度遥感数据，可以分析林区的冠层高度、郁闭度，林区单木的位置、高度，减少人工调查的工作量，提高林业资源调查的效率和准确度。激光雷达作为一种主动遥感技术为森林参数的提取提供了一种新的可靠的技术手段。

采用机载激光雷达及地基激光雷达数据分析得到树高、胸径、郁闭度等信息。机载雷达从高空无法获得相应的信息，可采用移动平台激光雷达技术快速获取林业的三维结构信息，再通过点云软件 LiDAR360 进行单木识别，从而获取树木位置、株数、胸径等信息。

12.3.4　激光雷达的数据处理

通过采用 LiDAR360 点云数据软件对森林资源规划设计项目的点云数据进行处理，从中归纳出机载激光雷达数据处理的 7 个步骤。

①点云合并。机载的雷达数据是一幅一幅的，一幅的覆盖面积为 $1km^2$。考虑到数据的处理效率，一般是先合并区域的点云数据。

②去噪。点云数据会有一些杂质信息，如空气中的一些悬浮颗粒物，通过选择相应的滤波方法，剔除主体点云外的离散点云(去除偏离主体点云很远的位置)；采用基于移动最小二乘拟合平面投影法对测量数据中的粗糙毛刺和噪点进行处理。

③生成数字高程模型。用去噪后的点云数据，选择合适的插值方法，获取区域的数字高程模型数据，获得地表的高度数据。

④归一化。用去噪后的点云数据跟数字高程模型相结合，获取归一化的点云数据，将所有点云数据的值域归一化到一定的具体空间，以方便后面的点云数据的处理分析。

⑤生成种子点。以归一化的点云数据为基础，设置一定的筛选参数(如要提取的高植被点、离地面高度、最小树间隔等)，参数的设置至关重要，不同的参数会获取不同的结果。

⑥单木分割。基于种子点数据进行单木分割，获取单木分割的 shp 数据。

⑦郁闭度数据提取。通过种子点数据进行统计，可以生成相应的栅格文件，栅格的每一个像素值代表郁闭度值，以此可以分析目标区域的林区郁闭度值。

12.3.5 激光雷达应用于林业调查的优缺点

(1)优点

机载激光雷达技术为获取高时空分辨率的空间信息提供了新的方案。在森林资源调查方面，它可以直接测量植被的高度。利用它获取林区的垂直结构信息，可弥补其他遥感手段的不足。其他遥感技术和机载激光雷达技术融合后可以提供更全面、更准确的森林参数。

(2)缺点

机载激光雷达技术在获取植物信息和林区地貌上有一定优势，但在实际应用中还有一定的局限性，如数据处理软件和数据资源相对匮乏、针对性的点云数据处理软件少、点云数据量大、数据处理起来花费时间多、对电脑的配置要求高、资源无法跟海量的卫星遥感影像比、费用较高等。机载激光雷达技术采用的是离散采样，如果树顶的采样错误就会导致树高估计错误。为了避免这一问题的发生，需要增大采样密度，降低飞行高度，其结果导致飞行成本增高。机载激光雷达技术是多个学科交叉在一起的技术，包含测量、遥感、信号处理等多个学科，各个学科只有互相协作，才能发挥优势。

附录

附录 A
（规范性附录）

森林资源规划设计调查主要统计表格式

表 A.1　各类土地面积统计表

单位：hm²

统计单位	总面积	林地使用权	森林类别	合计	林地																							非林地	森林覆盖率	林木绿化率
					有林地				疏林地	灌木林地				未成林造林地			苗圃地	无立木林地					宜林地					辅助生产林地			
					小计	乔木林地	红树林地	竹林地		小计	国家特别规定灌木林		其他灌木林	小计	人工造林未成林地	封育未成林地		小计	采伐迹地	火烧迹地	其他无立木林地	小计	宜林荒山荒地	宜林沙荒地	其他宜林地				
											灌木经济林	其他																		
1	2	3	4	5	6	7	8	9	10	11	12	13	14	15	16	17	18	19	20	21	22	23	24	25	26	27	28	29	30

注：总面积为林地与非林地之和。

表 A.2　各类森林、林木面积蓄积量统计表

统计单位	林木使用权	面积总计（hm²）	蓄积量总计（m³）	四旁树和散生木株数合计（株）	有林地						疏林		四旁树		散生木	
					面积合计（hm²）	乔木林		红树林	竹林		面积（hm²）	蓄积量（m³）	株数（株）	蓄积量（m³）	株数（株）	蓄积量（m³）
						面积（hm²）	蓄积（m³）	面积（hm²）	面积（hm²）	株数（株）						
1	2	3	4	5	6	7	8	9	10	11	12	13	14	15	16	17

表 A.3　林种统计表

统计单位	林种	亚林种	面积合计/hm²	蓄积量合计/m³	有林地 小计 面积(hm²)	乔木林 小计 面积(hm²)	乔木林 小计 蓄积量(m³)	幼龄林 面积(hm²)	幼龄林 蓄积量(m³)	中龄林 面积(hm²)	中龄林 蓄积量(m³)	近熟林 面积(hm²)	近熟林 蓄积量(m³)	成熟林 面积(hm²)	成熟林 蓄积量(m³)	过熟林 面积(hm²)	过熟林 蓄积量(m³)	红树林 面积(hm²)	竹林 面积(hm²)	竹林 株数(万株)	疏林 面积(hm²)	疏林 蓄积量(m³)	灌木林 小计 面积(hm²)	国家特别规定灌木林 面积(hm²)	其他灌木林 面积(hm²)
1	2	3	4	5	6	7	8	9	10	11	12	13	14	15	16	17	18	19	20	21	22	23	24	25	26

表 A.4　乔木林面积蓄积量按起源、优势树种、龄组统计表

统计单位	起源	优势树种	小计 面积(hm²)	小计 蓄积量(m³)	幼龄林 面积(hm²)	幼龄林 蓄积量(m³)	中龄林 面积(hm²)	中龄林 蓄积量(m³)	近熟林 面积(hm²)	近熟林 蓄积量(m³)	成熟林 面积(hm²)	成熟林 蓄积量(m³)	过熟林 面积(hm²)	过熟林 蓄积量(m³)
1	2	3	4	5	6	7	8	9	10	11	12	13	14	15

表 A.5　生态公益林统计表

单位：hm²

统计单位	总面积	工程类别	事权等级	合计	有林地 小计	有林地 乔木林	有林地 红树林	有林地 竹林	疏林地	灌木林地 小计	国家特别规定灌木林	其他灌木林	未成林造林地 小计	人工造林未成林地	封育未成林地	苗圃地	无立木林地 小计	采伐迹地	火烧迹地	其他无立木林地	宜林地 小计	宜林荒山荒地	宜林沙荒地	其他宜林地
1	2	3	4	5	6	7	8	9	10	11	12	13	14	15	16	17	18	19	20	21	22	23	24	25

表 A.6 红树林资源统计表

hm²

统计单位	林地使用权	树种(或群落类型)	地类									林种					郁闭度等级		
			有林地		未成林造林地			宜林地			合计	自然保护区林	护岸林	其他特种用途林	合计	高 >0.7	中 0.40~0.69	低 0.20~0.39
			合计	有林地	小计	人工造林未成林地	封育未成林地	小计	规划造林地	其他宜林地								
1	2	3	4	5	6	7	8	9	10	11	12	13	14	15	16	17	18	19

附录 B

（资料性附录）

森林资源规划设计调查其他统计表格式

表 B.1 用材林面积蓄积按龄级统计表

统计单位	林木使用权	亚林种	合计		I龄级		II龄级		III龄级		IV龄级		V龄级		VI级		VII龄级		VIII以上龄级	
			面积 (hm²)	蓄积量 (m³)	面积 (hm²)	蓄积量 (m³)	面积 (hm²)	蓄积量 (m³)	面积 (hm²)	蓄积量 (m³)	面积 (hm²)	蓄积量 (m³)	面积 (hm²)	蓄积量 (m³)	面积 (hm²)	蓄积量 (m³)	面积 (hm²)	蓄积量 (m³)	面积 (hm²)	蓄积量 (m³)
1	2	3	4	5	6	7	8	9	10	11	12	13	14	15	16	17	18	19	20	21

表 B.2 用材林近成过熟林面积蓄积按可及度、出材等级统计表

统计单位	起源	优势树种	合计		可及度						出材等级							
					即可及		将可及		不可及		合计		I		II		III	
			面积(hm²)	蓄积量(m³)	面积(hm²)	蓄积量(m³)	面积(hm²)	蓄积量(m³)	面积(hm²)	蓄积量(m³)	面积(hm²)	蓄积量(m³)	面积(hm²)	蓄积量(m³)	面积(hm²)	蓄积量(m³)	面积(hm²)	蓄积量(m³)
1	2	3	4	5	6	7	8	9	10	11	12	13	14	15	16	17	18	19

表 B.3 用材林近成过熟林各树种株数、材积按径级组、材积径级组、林木质量统计表

统计单位	起源	龄组	树种	合计		径级组								林木质量							
						小径组		中径组		大径组		特大径组		合计		商品用材树		半商品用材树		薪材树	
				株数/百株	材积/m³	株数/百株	材积/m³	株数/百株	材积/m³	株数/百株	材积/m³	株数/百株	材积/m³	株数/百株	材积/m³	株数/百株	材积/m³	株数/百株	材积/m³	株数/百株	材积/m³
1	2	3	4	5	6	7	8	9	10	11	12	13	14	15	16	17	18	19	20	21	22

表 B.4 用材林、一般生态公益林异龄林面积蓄积按大径木大径比等级统计表

统计单位	起源	优势树种	合计		大径比<30%		大径比30%~70%		大径比>70%	
			面积(hm²)	蓄积量(m³)	面积(hm²)	蓄积量(m³)	面积(hm²)	蓄积量(m³)	面积(hm²)	蓄积量(m³)
1	2	3	4	5	6	7	8	9	10	11

表 B.5　经济林统计表

统计单位	林木使用权	起源	树种	乔木											灌木				
				合计		产前期		初产期		盛产期		衰产期			合计（hm²）	产前期（hm²）	初产期（hm²）	盛产期（hm²）	衰产期（hm²）
				面积（hm²）	株数（百株）	面积（hm²）	株数（百株）	面积（hm²）	株数（百株）	面积（hm²）	株数（百株）	面积（hm²）	株数（百株）						
1	2	3	4	5	6	7	8	9	10	11	12	13	14		15	16	17	18	19

表 B.6　竹林统计表

统计单位	起源	林种	毛竹林								杂竹		散生毛竹
			合计		面积（hm²）	株数					面积（hm²）	株数（百株）	株数（百株）
			面积（hm²）	株数（百株）		小计（百株）	幼龄竹（百株）	壮龄竹（百株）	老龄竹（百株）				
1	2	3	4	5	6	7	8	9	10		11	12	13

表 B.7　灌木林统计表

（单位：hm²）

统计单位	林木使用权	起源	优势树种	合计				国家规定灌木林				其他灌木林			
				合计	疏	中	密	小计	疏	中	密	小计	疏	中	密
1	2	3	4	5	6	7	8	9	10	11	12	13	14	15	16

草地资源调查及评价指标规范

（一）草地资源地面调查技术规范

1. 绪论

　　新疆地处中国西北边陲,深居亚欧大陆腹地。在这块占全国 1/6 面积的大地上,草被覆盖面积占 50%,是构成新疆生态环境的主体;而约占草被覆盖面积 3/5 的可利用的天然草地,则是新疆草地畜牧业的生产基地。新疆独特的地理位置和"三山夹两盆"的地貌条件、地形结构,水热条件受地形干扰的综合作用,草地的分布既有明显的水平地带性分布也有垂直地带性分布的特征。新疆地域辽阔,南北跨越纬度 15°11′,东西跨越经度 24°20′,阿尔泰山、天山、昆仑山等巨大山系的隆起,在一定程度上改变了新疆水平地带性的格局。同时平原和山地相对高差一般都在 3000~5000m 以上,引起了自然地理条件极大差异,导致了平原和山地草地类型的巨大变化,从而既造就了新疆分布广泛、植被稀疏、生态系统极其脆弱的荒漠草地,又决定了新疆草地生态环境和草地类型及草地植被种类的多样性和复杂性以及特异地带性分布特征。平原草地占全疆草地总面积的 42%,以荒漠草地为主,次为低地草甸类型。新疆草地质量较差,但面积大,且是主要春秋草场和部分冬草场所在地,故在畜牧业生产中占有十分重要的地位。山地草地是新疆畜牧业主要经营基地,也是新疆草地的主体,其面积占全疆草地总面积的 58%。草地类型具有垂直分布规律,处于不同气候带的山地,草地垂直带谱和分布的高度是不同的,随着由北向南大陆性气候的加强,湿气流自西向东逐渐减弱,草地类型垂直结构相应趋于简化,同一类型分布的海拔范围相应地逐渐升高。

　　按照草地类组,即将草地类按草地植被型组进行归纳,新疆草地有荒漠、草地、草甸、沼泽 4 个类组,它们含有的类与分布格局特色为:(1)荒漠,在新疆占有最大面积,从平原到山地都有温性荒漠类,昆仑山内部山原和帕米尔高原有高寒荒漠类。草地化荒漠类是荒漠草地在水分状况稍好的条件下向荒漠草地过渡的类型,在新疆多不呈明显的带状分布,只在阿尔泰山南麓的冲积扇上呈窄带状出现。(2)草地,除在阿尔泰山西段(哈巴河以西)南麓冲积扇上部有极窄的荒漠草地带状分布外,主要在山地发育。作为草地类组的组成,有温性荒漠草地类、温性草地类、温性草甸草地类和高寒草地类,前三者主要分布于北疆山地,高寒草地类主要分布在南疆亚高山山地,在昆仑山北坡也有温性荒漠草地与温性草地的垂直带状分布。(3)草甸,在新疆有两大体系,属于气候控制的地带性草甸有分布于北疆中山、亚高山下部山地、往往与森林共存的山地草甸类,以及在阿尔泰山、天山高山区出现的高寒草甸;由于补给水造成湿润土壤条件而出现的隐域性草甸,分布于平原低地、河滩和山地河谷滩地。(4)沼泽,在新疆没有大片集中分布,也没有形成明显的分布地区,主要出现在湖沼边缘和冲积扇缘潜水溢出地带。

　　第三次新疆综合科学考察——草地资源调查部分主要是收集研究区草地资源分布及其利用状况、生产力状况、灾害情况、草地生态状况、草地植被分布及草地工程建设效果等资料,为典型区域基础要素数据库的建立提供环境基础数据支撑。本指导手册的目的是确定第三次新疆综合科学考察工作流程、考察内容、操作方法等,规范草地资源调查过程及数据结果表达,为第三次综合科学考察提供标准化工作方案。

2. 术语和定义

2.1　天然草地

2.1.1　草地

地被植物以草本或半灌木为主，或兼有灌木和稀疏乔木，植被覆盖度>5%、乔木郁闭度<0.1、灌木覆盖度<40%的土地，以及其他用于放牧和割草的土地。

2.1.2　天然草地

以天然草本植物为主，未经改良，用于畜牧业的草地，包括以牧为主的疏林草地、灌丛草地，且自然生长植物生物量和覆盖度占比≥50%的草地。

2.1.3　优势种

草地群落中作用最大、对其他种的生存有很大影响与控制作用的植物种。

2.1.4　共优种

多种植物在群落中的优势地位相近时为共同优势种，简称共优种。

2.1.5　建群种

处于群落优势层中的优势种。在群落中的作用最大，对群落的种类组成、结构、功能和内部环境具有最大的影响力。

2.2　人工草地

2.2.1　人工草地

优势种由人为栽培形成，以草本植物为主体的人工植被及其生长的土地，且自然生长植物生物量和覆盖度占比≤50%的草地划分为人工草地。人工草地包括改良草地和栽培草地。

2.2.2　改良草地

优势种由补播改良形成，以草本植物为主，且自然生长植物的生物量或覆盖度占比<50%的草地。

3. 引用标准

《天然草地退化、沙化、盐渍化的分级指标》（GB 19377—2003）；

《北方牧区草地干旱等级》（GBT 29366—2012）；

《天然草地利用单元划分》（GBT 34751—2017）；

《草地分类》（NYT 2997—2016）；

《草地资源调查技术规程》（NYT 2998—2016）；

《天然草地合理载畜量的计算》（NYT 635—2015）。

4. 概念与分类

4.1 草地资源的概念

草地资源指生长多年生草本植物（或可食灌木）为主的、可供放养或割草饲养牲畜的土地。《中华人民共和国草原法草地法》中的草地是指天然草地和人工草地。《草地分类》（NY/T 2997—2016）中草地是指地被植物以草本或半灌木为主，或兼有灌木和稀疏乔木，植被覆盖度>5%、乔木郁闭度<0.1、灌木覆盖度<40%的土地，以及其他用于放牧和割草的土地。

4.2 分类及分类对照

4.2.1 天然草地的划分

草地类型是在一定时空范围内，反映草地发生和演替规律，具有一定自然特征和经济特征的草地单元。草地类型的形成受草地植被环境条件和人类活动的综合影响。参照《草地分类》（NYT 2997—2016），将草地划分为天然草地和人工草地，其中，天然草地类型划分为9个类和175个草地型（见表1、表2）。

表 1 草地类

编号	草地类	范　　围
A	温性草地类	主要分布在伊万诺夫湿润度（以下简称湿润度）0.13~1.0、年降水量150mm~500mm 的温带干旱、半干旱和半湿润地区，多年生旱生草本植物为主，有一定数量的旱中生或强旱生植物的天然草地
B	高寒草地类	主要分布在湿润度0.13~1.0、年降水量100mm~400mm 的高山（或高原）亚寒带与寒带半干旱地区，耐寒的多年生旱生、旱中生或强旱生禾草为优势种，有一定数量旱生半灌木或强旱生半灌木的草地
C	温性荒漠类	主要分布在湿润度<0.13、年降水量<150mm 的温带极干旱或强干旱地区。超旱生或强旱生灌木和半灌木为优势种，有一定数量旱生草本或半灌木的草地
D	高寒荒漠类	主要分布在湿润度<0.13、年降水量<100mm 的高山（或高原）亚寒带与寒带极干旱地区，极稀疏低矮的超旱生垫状半灌木、垫状或莲座状草本植物为主的草地
E	暖性灌草丛类	主要分布在湿润度>1.0、年降水量>550mm 的暖温带地区，喜暖的多年生中生或旱中生草本植物为优势种，有一定数量灌木、乔木的草地
F	热性灌草丛类	主要分布在雨季湿润度>1.0、旱季湿润度 0.7~1.0、年降水量>700mm 的亚热带和热带地区，热性多年生中生或旱中生草本植物为主，有一定数量灌木、乔木的草地
G	低地草甸类	主要分布在河岸、河漫滩、海岸滩涂、湖盆边缘、丘间低地、谷地、冲积扇缘等地，受地表径流、地下水或季节性积水影响而形成的，以多年生湿中生、中生或湿生草本为优势种的草地
H	山地草甸类	主要分布在湿润度>1.0、年降水量>500mm 的温性山地，以多年生中生草本植物为优势种的草地
I	高寒草甸类	主要分布在湿润度>1.0、年降水量>400mm 的高山（或高原）亚寒带与寒带湿润地区，耐寒多年生中生草本植物为优势种，或有一定数量中生灌丛的草地

表2 草地型

序号	类编号	草地类	型编号	草地型	优势植物及主要伴生植物
1			A01	芨芨草 旱生禾草	芨芨草(Achnatherum splendens)
2			A02	沙鞭	沙鞭(Psammochloa villosa)
3			A03	贝加尔针茅	贝加尔针茅(Stipa baicalensis) 羊草(Leymus chinensis) 线叶菊(Filifolium sibiricum) 白莲蒿(Artemisia sacrorum) 菊叶委陵菜(Potentilla tanacetifolia)
4			A04	具灌木的 贝加尔针茅	贝加尔针茅 羊草 隐子草(Cleistogenes ssp.) 线叶菊 西伯利亚杏(Armeniaca sibirica)
5			A05	大针茅	大针茅(S. grandis) 糙隐子草(Cl. squarrosa) 达乌里胡枝子(Lespedeza daurica)
6	A	温性草原类	A06	羊草	羊草 贝加尔针茅 家榆(Ulmus pumila)
7			A07	羊草 旱生杂类草	羊草 针茅(S. spp.) 糙隐子草 冷蒿(A. frigida)
8			A08	具灌木的 旱生针茅	大针茅 长芒草(S. bungeana) 西北针茅(S. sareptana var. krylovii) 针茅 糙隐子草 锦鸡儿(Caragana ssp.) 北沙柳(Salix psammophila) 灰枝紫菀(Aster poliothamnus) 白刺花(Sophora davidii) 砂生槐(S. moorcroftiana) 金丝桃叶绣线菊(Spiraea hypericifolia) 新疆亚菊(Ajania fastigiata) 西伯利亚杏
9			A09	西北针茅	西北针茅 糙隐子草 冷蒿 羊茅(Festuca ovina) 早熟禾(Poa annua) 青海薹草(Carex qinghaiensis) 甘青针茅(S. przewal-skyi) 大苞鸢尾

（续）

序号	类编号	草地类	型编号	草地型	优势植物及主要伴生植物
10	A	温性草原类	A10	具小叶锦鸡儿的旱生禾草	羊草 大针茅 冰草 西北针茅 冷蒿 糙隐子草 锦鸡儿 小叶锦鸡儿（*C. microphylla*）
11			A11	长芒草	长芒草 冰草（*Agropyron cristatum*） 糙隐子草 星毛委陵菜（*P. acaulis*）
12			A12	白草	白草（*Pennisetum flaccidum*） 中亚白草（*P. centrasiaticum*） 画眉草（*Eragrostis pilosa*） 银蒿（*A. austriaca*）
13			A13	具灌木的白草	白草、中亚白草、砂生槐
14			A14	固沙草	固沙草（*O. rinus thoroldii*） 青海固沙草（*O. kokonorica*） 西北针茅 白草 锦鸡儿（*C. sinica*）
15			A15	沙生针茅	沙生针茅（*S. glareosa*） 糙隐子草 高山绢蒿（*Seriphidium rhodanthum*） 短叶假木贼（*Anabasis brevifolia*） 合头藜（*Sym-pegma regelii*） 蒿叶猪毛菜（*S. abrotanoides*） 灌木短舌菊（*Brachanthemum fruticulosum*） 红砂（*Reaumuria songarica*）
16			A16	短花针茅	短花针茅（*S. breviflora*） 无芒隐子草（*Cl. songorica*） 冷蒿 牛枝子（*L. potaninii*） 蓍状亚菊（*A. achilloides*） 刺叶柄棘豆（*Oxytropis aciphylla*） 刺旋花（*Convolvulus tragacanthoides*） 博洛塔绢蒿（*S. borotalense*） 米蒿（*A. dalai-lamae*） 大苞鸢尾（*Iris bungei*）
17			A17	石生针茅	石生针茅（*S. tianschanica var. klemenzii*） 戈壁针茅（*S. tianschanica var. gobica*） 无芒隐子草 冷蒿 松叶猪毛菜（*S. lariciforlia*） 蒙古扁桃（*Awygdalus monglica*） 灌木亚菊（*A. fruticulosa*） 女蒿（*Hippolytia trifida*）

（续）

序号	类编号	草地类	型编号	草地型	优势植物及主要伴生植物
18			A18	具锦鸡儿的针茅	石生针茅 镰芒针茅（S. caucasica） 短花针茅 沙生针茅 无芒隐子草 柠条锦鸡儿（C. korshinskii） 锦鸡儿（C. ssp.）
19			A19	针茅	针茅（S. capillata） 天山针茅（S. tianschanica） 新疆亚菊 白羊草（Bothriochloa ischaemum）
20			A20	针茅 绢蒿	镰芒针茅 东方针茅（S. orientalis） 新疆针茅（S. sareptana） 昆仑针茅 草地薹草（C. liparocarpos） 高山绢蒿 博洛塔绢蒿 纤细绢蒿（S. gracilescens）
21	A	温性草原类	A21	糙隐子草	糙隐子草 冷蒿 达乌里胡枝子 洽草（Koeleria cristata） 山竹岩黄芪（Hedysarum fruticosum）
22			A22	具灌木的隐子草	隐子草 中华隐子草（Cl. Chinensis） 多叶隐子草（Cl. poplphylla） 百里香（Thymus mongolicus） 冷蒿 尖叶胡枝子 西伯利亚杏 荆条（Vitex negundo var. Heterophlla）
23			A23	羊茅	羊茅 沟羊茅（F. valesiaca） 阿拉套羊茅（F. alatavica） 草地薹草 天山鸢尾（I. loczyi）
24			A24	羊茅 绢蒿	羊茅 博洛塔绢蒿
25			A25	冰草	冰草 沙生冰草（A. desertorum） 蒙古冰草（A. mongolicum） 糙隐子草 冷蒿 疏花针茅（S. penicillata） 纤细绢蒿 高山绢蒿

（续）

序号	类编号	草地类	型编号	草地型	优势植物及主要伴生植物
26			A26	具乔灌的冰草冷蒿	冰草 沙生冰草 冷蒿 糙隐子草 达乌里胡枝子 小叶锦鸡儿 锦鸡儿 柠条锦鸡儿 家榆
27			A27	早熟禾	新疆早熟禾（*P. relaxa*） 细叶早熟禾（*P. angusti folia*） 硬质早熟禾（*P. sphondylodes*） 渐狭早熟禾（*P. sinoglauca*） 草地薹草 针茅 新疆亚菊
28			A28	藏布三芒草	藏布三芒草（*Aristida tsangpoensis*）
29	A	温性草原类	A29	甘草	甘草（*Glycyrrhiza uralensis*）
30			A30	草地薹草	草地薹草 冷蒿 天山鸢尾
31			A31	具灌木的薹草温性禾草	脚薹草（*C. pediformis*） 披针叶薹草（*C. lanceolata*） 薹草（*C. ssp.*） 灌木
32			A32	线叶菊禾草	线叶菊 羊草 贝加尔针茅 羊茅 脚薹草 尖叶胡枝子
33			A33	碱韭旱生禾草	碱韭（*Allium polyrhizum*） 针茅（*S. ssp.*）
34			A34	冷蒿禾草	冷蒿 西北针茅 中亚白草 长芒草 冰草 阿拉善鹅观草（*Roegneria alashanica*）
35			A35	蒿旱生禾草	猪毛蒿（*A. scoparia*） 沙蒿（*A. deserlorua*） 华北米蒿（*A. giraldii*） 蒙古蒿（*A. mongolica*） 栉叶蒿（*Nepallasia pectinata*） 冷蒿 毛莲蒿（*A. vestita*） 山蒿（*A. brachyloba*） 藏白蒿（*A. minor*） 长芒草 甘青针茅 白草

（续）

序号	类编号	草地类	型编号	草地型	优势植物及主要伴生植物
36			A36	具锦鸡儿的蒿	冷蒿 黑沙蒿（A. ordosica） 锦鸡儿 柠条锦鸡儿
37			A37	褐沙蒿 禾草	褐沙蒿（A. intramongolica） 差巴嘎蒿（A. halodendron） 锦鸡儿 家榆
38			A38	差巴嘎蒿 禾草	差巴嘎蒿 冷蒿
39			A39	具乔灌的差巴嘎蒿禾草	差巴嘎蒿 家榆
40			A40	黑沙蒿 禾草	黑沙蒿 沙鞭 甘草 中亚白草 苦豆子（S. alopecuroides）
41			A41	细裂叶莲蒿	细叶莲蒿（A. gmelinii） 橘草（Cymbopgon goeringii） 早熟禾
42	A	温性草原类	A42	白莲蒿 禾草	白莲蒿 异穗薹草（C. heterostachya） 紫花鸢尾（I. ensata） 牛尾蒿（A. dubia） 草地早熟禾（P. pratensis） 百里香 冰草 达乌里胡枝子 冷蒿 长芒草
43			A43	具灌木的白莲蒿	白莲蒿 灌木
44			A44	亚菊 针茅	灌木亚菊 菁状亚菊 束伞亚菊（A. parvi flora） 沙生针茅 短花针茅 长芒草 针茅 垫状锦鸡儿（C. tibetica）
45			A45	草麻黄 禾草	草麻黄（Ephedra sinica） 差巴嘎蒿 糙隐子草 小叶锦鸡儿
46			A46	刺叶柄棘豆 旱生禾草	刺叶柄棘豆 老鸹头（Cynanchum komarovii）
47			A47	达乌里胡枝子 禾草	达乌里胡枝子 长芒草

（续）

序号	类编号	草地类	型编号	草地型	优势植物及主要伴生植物
48	A	温性草原类	A48	具锦鸡儿的牛枝子	牛枝子 柠条锦鸡儿 锦鸡儿
49			A49	百里香禾草	百里香 糙隐子草 达乌里胡枝子 长芒草
50	B	高寒草原类	B01	新疆银穗草针茅	新疆银穗草（ *Leucopoa olgae* ） 穗状寒生羊茅（ *F. ovina* subsp. *sphagnicola* ） 紫花针茅（ *S. purpurea* ）
51			B02	紫花针茅	紫花针茅 昆仑针茅 黄芪（ *Astragalus* sp. ） 劲直黄芪（ *A. strictus* ）
52			B03	紫花针茅青藏薹草	紫花针茅 青藏薹草（ *C. moorcroftii* ）
53			B04	具灌木的紫花针茅	紫花针茅 垫状驼绒藜（ *Ceratoides compacta* ） 变色锦鸡儿（ *C. versicolor* ） 锦鸡儿
54			B05	针茅莎草	紫花针茅 丝颖针茅（ *S. capillaea* ） 三角草（ *Trikeraia hookeri* ） 蒿草（ *Kobresia myosuroides* ） 窄果薹草（ *C. enervis* ） 草沙 蚤（ *Tripogon bromoides* ） 灌木
55			B06	针茅固沙草	沙生针茅 紫花针茅 固沙草
56			B07	座花针茅	座花针茅（ *S. subsessiliflora* ） 羽柱针茅（ *S. subsessiliflora* var. *basiplumosa* ） 高山绢蒿
57			B08	羊茅薹草	穗状寒生羊茅 微药羊茅（ *F. nitidula* ） 寒生羊茅（ *F. kryloviana* ） 寡穗茅（ *Littledalea przewalskyi* ） 高原委陵菜（ *P. pamiroalaica* ） 变色锦鸡儿
58			B09	早熟禾垫状杂草类	昆仑早熟禾（ *P. litwinowiana* ） 羊茅状早熟禾（ *P. parafestuca* ） 粗糙点地梅（ *Androsace squarrosula* ） 棘豆（ *O.* sp. ） 四裂红景天（ *Rhodiola quadrifida* ）

（续）

序号	类编号	草地类	型编号	草地型	优势植物及主要伴生植物
59	B	高寒草原类	B10	青藏薹草杂草类	青藏薹草 灌木
60			B11	具垫状驼绒藜的青藏薹草	青藏薹草 垫状驼绒藜
61			B12	蒿 针茅	镰芒针茅 藏沙蒿（*A. wellbyi*） 紫花针茅 冻原白蒿（*A. stracheyi*） 川藏蒿（*A. tainingensis*） 藏白蒿（*A. younghusbandii*） 日喀则蒿（*A. xigazeensis*） 灰苞蒿（*A. roxburghiana*） 藏龙蒿（*A. waltonii*） 沙生针茅 木根香青（*Anaphalis xylorhiza*）
62	C	温性荒漠类	C01	大赖草 沙漠绢蒿	大赖草（*L. racemosus*） 沙漠绢蒿（*Seriphidium santolinum*）
63			C02	猪毛菜 禾草	珍珠猪毛菜（*Salsola passerina*） 蒿叶猪毛菜 天山猪毛菜（*S. junatovii*） 松叶猪毛菜 沙生针茅
64			C03	白茎绢蒿	白茎绢蒿（*S. terraealbae*）
65			C04	绢蒿 针茅	白茎绢蒿 博洛塔绢蒿 新疆绢蒿（*S. kaschgaricum*） 纤细绢蒿 伊犁绢蒿（*S. transiliense*） 沙生针茅、针茅
66			C05	沙蒿	沙蒿 白沙蒿（*A. blepharolepis*） 白茎绢蒿 旱蒿（*A. xerophytica*） 驼绒藜 准噶尔沙蒿（*A. songarica*）
67			C06	红砂	五柱红砂（*R. kaschgarica*） 红砂 垫状锦鸡儿 沙冬青（*Ammopiptanthus mongolicus*） 木碱蓬（*Suaeda dendroides*） 囊果碱蓬（*S. physophora*）
68			C07	红砂 禾草	红砂 四合木（*Tetraena mongolica*）
69			C08	驼绒藜	驼绒藜（*Ceratoides latens*）
70			C09	驼绒藜 禾草	驼绒藜 沙生针茅 女蒿 阿拉善鹅观草

（续）

序号	类编号	草地类	型编号	草地型	优势植物及主要伴生植物
71			C10	猪毛菜	天山猪毛菜 蒿叶猪毛菜 东方猪毛菜（S. orientalis） 珍珠猪毛菜（S. passerina） 木本猪毛菜（S. arbuscula） 松叶猪毛菜 驼绒藜 红砂
72			C11	合头藜	合头藜
73			C12	戈壁藜 膜果麻黄	戈壁藜（Iljinia regelii） 膜果麻黄（E. przewalskii）
74			C13	木地肤 一年生藜	木地肤（Kochia prostrata） 叉毛蓬（Petrosimonia sibirica） 角果藜（Ceratocarpus arenarius）
75			C14	小蓬	小蓬（Nanophyton erinaceum） 沙生针茅
76	C	温性荒漠类	C15	短舌菊	蒙古短舌菊（B. mongolicum） 星毛短舌菊（B. pulvinatum） 鹰爪柴（C. gortschakovii）
77			C16	盐爪爪	圆叶盐爪爪（Kalidium schrenkianum） 尖叶盐爪爪（K. cuspidatum） 细枝盐爪爪（K. gracile） 黄毛头盐爪爪（K. cuspidatum var. sinicum） 盐爪爪（K. foliatum）
78			C17	假木贼	盐生假木贼（A. salsa） 短叶假木贼 粗糙假木贼（A. pelliotii） 无叶假木贼（A. aphylla） 圆叶盐爪爪 裸果木（Gymnocarpos przewalskii）
79			C18	盐柴类半灌木禾草	针茅 中亚细柄茅（Ptiagrostis pelliotii） 沙生针茅 合头藜 喀什菊（Kaschgaria komarovii） 短叶假木贼 高枝假木贼（A. elatior） 盐爪爪 圆叶盐爪爪
80			C19	霸王	霸王（Sarcozygiun xanthoxylon）
81			C20	白刺	泡泡刺（Nitraria sphaerocarpa） 白刺（N. tangutorum） 小果白刺（N. sibirica） 黑果枸杞（Lycium ruthenicum）
82			C21	柽柳 盐柴类半灌木	多枝柽柳（Tamarix ramosissima.） 柽柳（T. chinensis） 盐穗木（Halostachys caspica） 盐节木（Halocnemum strobilaceum）

（续）

序号	类编号	草地类	型编号	草地型	优势植物及主要伴生植物
83	C	温性荒漠类	C22	绵刺	绵刺（Potaninia mongolica） 刺旋花
84			C23	沙拐枣	沙拐枣（Calligonum mongolicum）
85			C24	强旱生灌木针茅	灌木紫菀木（Asterothamnus fruticosus） 刺旋花 半日花（Helianthemum songaricum） 沙冬青 锦鸡儿 沙生针茅 戈壁针茅 短花针茅 石生针茅
86			C25	藏锦鸡儿禾草	藏锦鸡儿（C. tibetica） 针茅 冷蒿
87			C26	梭梭	白梭梭（Haloxylon Persicum） 梭梭（H. ammodendron） 沙拐枣 白刺 沙漠绢蒿
88	D	高寒荒漠类	D01	唐古特红景天	唐古特红景天（Rh. algida var. tangutlca）
89			D02	垫状驼绒藜亚菊	垫状驼绒藜 亚菊（A. pallasiana） 驼绒藜 高原芥（Christolea crassifolia） 高山绢蒿
90	E	暖性灌草丛类	E01	具灌木的大油芒	大油芒（Spodiopogon sibiricus） 栎（Quercus ssp.）
91			E02	白羊草	白羊草 中亚白草 黄背草（Themeda japonica） 荩草（Arthraxon hispidus） 隐子草 针茅（S. ssp.） 白茅（Imperata cylindrica） 白莲蒿
92			E03	具灌木的白羊草	白羊草 胡枝子（L. bicolor） 酸枣（Ziziphus jujuba） 沙棘（Hippophae rhamnoides） 荆条 荻（Triarrhena sacchariflora） 百里香
93			E04	黄背草	黄背草 白羊草 野古草（Arundinella anomala） 荩草
94			E05	黄背草白茅	黄背草 白茅

（续）

序号	类编号	草地类	型编号	草地型	优势植物及主要伴生植物
95	E	暖性灌草丛类	E06	具灌木的黄背草	黄背草 酸枣 荆条 柞栎（*Q. mongolica*） 白茅 须芒草（*Andropogon yunnanensis*） 委陵菜
96			E07	具灌木的荩草	荩草 灌木
97			E08	具灌木的野古草.暖性禾草	野古草 荻 知风草（*E. ferruginea*） 西南委陵菜（*P. fulgens*） 胡枝子 栎
98			E09	具灌木的野青茅	野青茅（*Deyeuxia arundinacea*） 青冈栎（*Cyclobalanopsis glauca*） 西南委陵菜
99			E10	结缕草	结缕草（*Zoysia japonica*） 百里香
100			E11	具灌木的薹草暖性禾草	薹草 披针叶薹草 羊胡子草（*Eriophorum* sp.） 胡枝子 柞栎
101			E12	具灌木的白莲蒿	白莲蒿 沙棘 委陵菜（*P. chinensis*） 蒿（*A.* ssp.） 酸枣 达乌里胡枝子
102	F	热性灌草丛类	F01	芒热性禾草	芒（*Miscanthus sinensis*） 白茅 金茅（*Eulalia speciosa*） 野古草 野青茅
103			F02	具乔灌的芒	芒 芒萁（*Dicranopteris dichotoma*） 金茅 野古草 野青茅 竹类 胡枝子 檵木（*Loropetalum chinense*） 马尾松（*Pinus Massoniana*） 青冈栎 芒

（续）

序号	类编号	草地类	型编号	草地型	优势植物及主要伴生植物
104			F03	五节芒	五节芒（*M. floridulus*） 白茅 野古草 细毛鸭嘴草（*Ischaemum indicum*）
105			F04	具乔灌的 五节芒	五节芒 细毛鸭嘴草 檵木 杜鹃（*Rhododendron simsii*）
106			F05	白茅	白茅 黄背草 金茅 芒 细柄草（*Cpillipedium parvi florum*） 细毛鸭嘴草 野古草 光高粱（*Sorghum nitidum*） 类芦（*Neyraudia reynaudiana*） 矛叶荩草（*A. lanxceolatus*） 臭根子草（*B. bladhii*）
107	F	热性灌草丛类	F06	具灌木的 白茅	白茅 芒萁 野古草 扭黄茅（*Heteropogon contortus*） 青香茅（*Cymbopogon caesius*） 细柄草 类芦 臭根子草 细毛鸭嘴草 紫茎泽兰（*Eupatorium odoratum*） 胡枝子 火棘（*Pyracantha fortuneana*） 马桑（*Coriaria nepalensis*） 桃金娘（*Rhodomyrtus tomentosa*） 竹类
108			F07	具乔木的 白茅 芒	白茅 芒 黄背草 矛叶荩草 青冈栎 檵木
109			F08	野古草	野古草 芒 紫茎泽兰 刺芒野古草 密序野古草（*A. bengalensis*）
110			F09	具乔灌的 野古草 热性禾草	野古草 刺芒野古草（*A. setosa*） 芒萁 大叶胡枝子（*L. davidii*） 马尾松 三叶赤楠（*Syzygium grijsii*） 桃金娘

（续）

序号	类编号	草地类	型编号	草地型	优势植物及主要伴生植物
111			F10	白健秆	白健秆(*Eulalia pallens*) 金茅 云南松(*P. yunnanensis*)
112			F11	具乔灌的金茅	金茅 四脉金茅(*E. quadrinervis*) 棕茅(*E. phaeothrix*) 白茅 矛叶荩草 云南松 火棘 胡枝子
113			F12	刚莠竹	刚莠竹(*Microstegium ciliatum*)
114			F13	旱茅	旱茅(*Eramopogon delavayi*) 栎
115			F14	红裂稃草	红裂稃草(*Schizachyrium sanguineum*)
116	F	热性灌草丛类	F15	金茅	金茅 白茅 野古草 拟金茅(*Eulaliopsis binata*) 四脉金茅
117			F16	秸草	橘草 苞子草(*Th. caudata*)
118			F17	具灌木的青香茅	青香茅 白茅 湖北三毛草(*Trisetum henryi*) 马尾松
119			F18	具乔灌的黄背草热性禾草	黄背草 芒萁 檵木 马尾松
120			F19	细毛鸭嘴草	细毛鸭嘴草 野古草 画眉草 鹧鸪草(*Eriachne pallescens*) 雀稗(*Paspalum thunbergii*)
121			F20	具乔灌的细毛鸭嘴草	细毛鸭嘴草 鸭嘴草(*I. aristatum*) 芒萁
122			F21	细柄草	细柄草 芒萁 硬秆子草(*C. assimile*) 云南松

（续）

序号	类编号	草地类	型编号	草地型	优势植物及主要伴生植物
123	F	热性灌草丛类	F22	扭黄茅	黄背草 扭黄茅 白茅 金茅
124			F23	具乔灌的扭黄茅	扭黄茅 水蔗草（Apluda mutica） 双花草（Dichanthium annulatum） 仙人掌（Opuntia stricta） 小鞍叶羊蹄甲（Bauhinia brachycarpa） 栎 云南松 木棉（Bombax malabaricum） 余甘子（Pyllanthus emblica） 坡柳（S. myrtillacea）
125			F24	具乔木的华三芒草扭黄茅	华三芒草（A. chinensis） 扭黄茅 厚皮树（Lannea coromandelica） 木棉
126			F25	蜈蚣草	蜈蚣草（Eremochloa vittata） 马陆草（E. zeylanica）
127			F26	地毯草	地毯草（Axonopus compressus）
128	G	低地草甸类	G01	芦苇	芦苇 荻 狗牙根 獐毛（Aeluropus sinensis）
129			G02	芦苇蔗草	芦苇 蔗草（Scirpus triqueter） 虉草（Phalaris arundinacea） 稗（E. crusgalli） 灰化薹草（C. cinerascens） 菰（Zizania laifolia） 香蒲（Typha orientalis）
130			G03	具乔灌的芦苇大叶白麻	芦苇（Phragmites australis） 大叶白麻（Poacynum hendersonii） 赖草（L. secalinus） 多枝柽柳 胡杨 匍匐水柏枝（Myricaria prostrata）
131			G04	小叶章大叶章	小叶章（D. angustifolia） 大叶章（D. langsdorffii） 芦苇 狭叶甜茅（Glyceria spiculosa） 灰脉薹草 薹草 沼柳（S. rosmarinifolia var. brachypoda） 柴桦
132			G05	芨芨草盐柴类灌木	芨芨草 短芒大麦草（Hordeum brevisubulatum）

（续）

序号	类编号	草地类	型编号	草地型	优势植物及主要伴生植物
132			G05	芨芨草 盐柴类灌木	白刺 盐豆木（Halimodendron halodendron）
133			G06	莎草 芦苇	羊草 芦苇 散穗早熟禾（P. subfastigiata）
134			G07	拂子茅	拂子茅（Calamagrostis epigeios）
135			G08	赖草	赖草 多枝赖草（L. multicaulis） 马蔺（Iris lacteavar. Chinensis） 碱茅（Puccinellia distans） 金露梅（P. fruticosa）
136			G09	碱茅	碱茅 星星草（P. tenuiflora） 裸花碱茅（P. nudiflora）
137			G10	巨序剪股颖 拂子茅	巨序剪股颖（Agrostis gigantea） 布顿大麦（H. bogdanii） 拂子茅 假苇拂子茅（C. pseudophragmites） 牛鞭草（Hemarthria altissima） 垂枝桦（Betula pendula）
138	G	低地草甸类	G11	狗牙根 假俭草	狗牙根（Cynodon dactylon） 假俭草（Eremochloa ophiuroides） 白茅 牛鞭草 扁穗牛鞭草（H. compressa） 铺地黍（Panicum repens） 盐地鼠尾粟（Sporobolus virginicus） 结缕草 竹节草（Chrysopogon aciculatus）
139			G12	具乔灌的甘草苦豆子	胀果甘草（Gl. Inflata） 苦豆子 多枝柽柳（T. ramosissima） 胡杨（Populus euphratica）
140			G13	乌拉薹草	乌拉薹草（C. meyeriana） 木里薹草（C. muliensis） 瘤囊薹草（C. schmidtii） 笃斯越橘（Vaccinium uliginosum） 柴桦（B. fruticosa） 柳灌丛
141			G14	莎草 杂类草	薹草 藨草 木里薹草 毛果薹草（C. lasiocarpa） 漂筏薹草（C. pseudo-curaica） 灰脉薹草 柄囊薹草 芒尖薹草（C. doniana） 荆三棱（Scirpus fluviatilis） 阿穆尔莎草（Cyperus amuricus） 水麦冬（Triglo-chin palustris） 发草（Deschampsia coaespitosa） 薄果草（Lepto-carpus disjunctus） 田间鸭嘴草（I. rugosum） 华扁穗草（Blys-mus sinocompressus） 短芒大麦草

（续）

序号	类编号	草地类	型编号	草地型	优势植物及主要伴生植物
142	G	低地草甸类	G15	寸草薹 鹅绒委陵菜	寸薹草（*C. duriuscula*） 鹅绒委陵菜（*P. anserina*）
143			G16	碱蓬 杂类草	碱蓬（*S. glauca*） 盐地碱蓬（*S. salsa*） 红砂 结缕草
144			G17	马蔺	马蔺
145			G18	具乔灌的 疏叶骆驼刺 花花柴	疏叶骆驼刺（*Alhagi sparsifolia*） 花花柴（*Karelinia caspia*） 多枝柽柳 胡杨 灰杨（*P. pruinosa*）
146	H	山地草甸类	H01	荻	荻 叉分蓼（*Polygonum divaricatum*） 栎
147			H02	拂子茅 杂类草	拂子茅 大拂子茅 秀丽水柏枝（*Myricaria elegans*）
148			H03	糙野青茅	野青茅 异针茅（*S. aliena*） 糙野青茅（*D. scabrescens*）
149			H04	具灌木的 糙野青茅	糙野青茅 冷杉（*Abies fabri*）
150			H05	垂穗披碱草 垂穗鹅观草	垂穗披碱草（*Elymus nutans*） 垂穗鹅观草（*R. nutans*）
151			H06	穗序野古草 杂类草	穗序野古草（*A. hookeri*） 西南委陵菜 委陵菜 云南松
152			H07	野古草 大油芒	野古草 大油芒 拂子茅
153			H08	鸭茅 杂类草	鸭茅（*Dactylis glomerata*）
154			H09	短柄草	细株短柄草（*Brachypodium sylvaticum* var. *gracile*） 短柄草（*B. sylvaticum*）
155			H10	无芒雀麦 杂类草	无芒雀麦（*Bromus inermis*） 草地糙苏（*Phlomis pratensis*） 紫花鸢尾
156			H11	羊茅 杂类草	羊茅 三界羊茅（*F. kurtschumica*） 紫羊茅（*F. rubra*） 高山黄花茅（*Anthoxanthum odoratum* var. *alpinum*） 山地糙苏（*Ph. oreophila*） 白克薹草

（续）

序号	类编号	草地类	型编号	草地型	优势植物及主要伴生植物
156			H11	羊茅 杂类草	草血竭（*P. paleaceum*） 紫苞风毛菊（*Saussurea purpurascens*） 藏异燕麦（*Helictotrichon libeticum*） 丝颖针茅
157			H12	具灌木的 羊茅 杂草类	羊茅 杜鹃 蔷薇（*Rosa multiflora*） 箭竹（*Fargesia spatha-cea*）
158			H13	早熟禾 杂草类	草地早熟禾 细叶早熟禾 疏花早熟禾（*P. chalarantha*） 早熟禾 披碱草（*E. dahuricus*） 大叶橐吾（*Ligularia macrophylla*） 草地老鹳草（*Geranium pratense*） 弯叶鸢尾（*I. curvifolia*） 多穗蓼（*P. polystachyum*） 二裂委陵菜（*P. bifurca* var. *canesces*） 毛秆偃麦草（*Elytrigia alatavica*） 箭竹
159			H14	三叶草 杂草类	白三叶（*Trfolium repens*） 红三叶（*T. pratense*） 山野豌豆（*Vicia amoena*）
160	H	山地草甸类	H15	薹草 蒿草	红棕薹草（*C. przewalski*） 青藏薹草 黑褐薹草 黑花薹草 细果薹草 毛囊薹草（*C. inanis*） 葱岭薹草 薹草 穗状寒生羊茅 西伯利亚羽衣草（*Alchemilla sibirica*） 高原委陵菜 圈叶桦（*B. rotundifolia*） 阿拉套柳（*S. alatavica*）
161			H16	薹草 杂草类	披针叶薹草 无脉薹草（*C. enervis*） 亚柄薹草（*C. lanceolata* var. *sebpediformis*） 白克薹草（*C. buekii*） 林芝薹草 薹草 脚薹草 野青茅 蓝花棘豆（*O. coerulea*） 西藏早熟禾（*P. tibetica*） 黑穗画眉草（*E. nigra*） 裂叶蒿
162			H17	地榆 杂草类	地榆（*Sanguisorba officinalis*） 高山地榆（*S. alpina*） 白喉乌头（*Aconitum leucostomum*） 蒙古蒿 裂叶蒿（*A. tanacetifolia*） 柳灌丛

（续）

序号	类编号	草地类	型编号	草地型	优势植物及主要伴生植物
163	H	山地草甸类	H18	羽衣草	天山羽衣草（Al. tianshanica） 阿尔泰羽衣草（Al. Pinguis） 西伯利亚羽衣草
164	I	高寒草甸类	I01	西藏蒿草杂草类	粗壮蒿草（Kobresia robusta） 藏北蒿草（K. littledalei） 西藏蒿草（K. tibetica） 甘肃蒿草 糙喙薹草（C. scabriostris）
165			I02	矮生蒿草	矮生蒿草（K. humilis） 圆穗蓼（P. macrophyllum）
166			I03	具金露梅的矮生蒿草	矮生蒿草 金露梅 珠芽蓼（P. viviparum） 羊茅
167			I04	高山蒿草禾草	高山蒿草（K. pygmaea） 异针茅
168			I05	高山蒿草薹草	高山蒿草 矮生蒿草 薹草 青藏薹草 蒿草
169			I06	高山蒿草杂草类	高山蒿草 圆穗蓼 高山风毛菊（S. alpina） 马蹄黄（Spenceria ramalana） 蒿草
170			I07	具灌木的蒿草薹草	高山蒿草 线叶蒿草（K. capillifolia） 北方蒿草（K. bllar-dii） 黑褐穗薹草（C. atro fusca subsp. minor） 蒿草 臭蚤草（Pulicaria insignis） 长梗蓼（P. calostachyum） 尼泊尔蓼（P. nepalense） 鬼箭锦鸡儿（C. jubata） 高山柳 金露梅 杜鹃 香柏（Sabina pingii var. wilsonii）
171			I08	线叶蒿草杂类草	线叶蒿草 珠芽蓼 糙喙薹草
172			I09	蒿草杂类草	四川蒿草（K. setchwanensis） 大花蒿草（K. macrantha） 丝颖针茅 异穗薹草 针蔺（Heleocharis valleculosa） 禾叶蒿草（K. gramini folia）

（续）

序号	类编号	草地类	型编号	草地型	优势植物及主要伴生植物
172			I09	蒿草 杂类草	川滇剪股颖（*A. limprichtii*） 蒿草 细果薹草（*C. stenocarpa*） 珠芽蓼 窄果蒿草（*K. stenocarpar*）
173			I10	莎草 鹅绒委陵菜	鹅绒委陵菜 芒尖薹草 甘肃蒿草（*K. kansuensis*） 裸果扁穗薹草（*Blysmocarex nudicarpa*） 双柱头蔗草（*S. distigmaticus*） 华扁穗草 木里薹草 短柱薹草（*C. turkestanica*） 走茎灯芯草（*Juncus amplifolius*）
174	I	高寒草甸类	I11	莎草 早熟禾	高山早熟禾（*P. alpina*） 黄花棘豆（*O. ochrocephala*） 线叶蒿草 黑褐薹草 黑花薹草（*C. melanantha*） 蒿草 黑穗薹草（*C. atrata*） 高山薹草 白尖薹草（*C. atrofusca*） 薹草
175			I12	珠芽蓼 圆穗蓼	珠芽蓼 圆穗蓼 薹草 蒿草 窄果蒿草 猬草（*Hystrix duthiei*） 扁芒草（*Danthonia schneideri*） 旋叶香青（*A. contorta*） 鬼箭锦鸡儿 高山柳

4.2.2　人工草地的划分

人工草地划分为改良草地和栽培草地。

(1)改良草地

优势种由补播改良形成，以草本植物为主，且自然生长植物的生物量或覆盖度占比<50%的草地。

(2)栽培草地

利用综合农业技术，在完全破坏天然草地的基础上，通过人为播种建植的新的人工草本群落。

5. 草地资源地面调查的任务

5.1　草地资源状况

调查草地面积、类型、等级、分布情况。

5.2　草地生态状况

评价草地退化、沙化、盐渍化、石漠化等情况。

5.3　草地植被状况

调查草地植被组成、盖度、高度、物种数量变化情况等。

5.4　草地生产力状况

调查草地植被长势、鲜草及干草总产量、载畜能力以及各类型草地生产力。

5.5　草地利用状况

调查草地利用方式、载畜量、草畜平衡状况等。

5.6　工程建设效果

调查草地保护建设重点工程区草地植被高度、盖度、生产力及植被组成及生态环境变化状况。

5.7　草地灾害情况

调查草地火灾、鼠虫害发生次数、面积、分布、特点及灾害损失情况，草地雪灾、旱灾等自然灾害情况等。

6. 草地资源调查前的准备

6.1　资料收集

应收集调查区草地资源、生态、生产经营等方面各类数据资料，包括地形图、高分辨率遥感卫星图片、功能区划图、地质、气候、水文、土壤等相关文本、图件及统计数据，为分析评价草地资源提供背景资料。

6.2　制定考察方案

综合科学考察单位应于科学考察前制定详细的考察方案。考察方案内容包括确定考察时间表、调查线路、任务分工等。

6.3　工具及设备要求

定位工具：GPS、野外工作计划图。

记录工具：笔记本电脑、数码相机、移动硬盘、光盘、充电宝、调查表、记录本、铅笔、中性笔、标签、记号笔(不同型号)。

安全防护用品：工作服、工作鞋、安全帽、手套、雨具、防晒物品、常用药品、口罩等。

6.4 采样物资

工具类：铁锹、铁铲、镐头、圆状取土钻、螺旋取土钻、木(竹)铲以及适合特殊采样要求的工具等。

器具类：采样手持终端、便携式蓝牙打印机、不干胶样品标签打印纸、卷尺、便携式手提秤、样品袋(布袋和塑料袋)、棕色密封样品瓶(广口磨口玻璃瓶或带聚四氟乙烯衬垫的螺口玻璃瓶)、运输箱等。

文具类：样品标签(人工填写)、点位编号列表、剖面标尺、采样现场记录表、铅笔、签字笔、资料夹、透明胶带、用于围成漏斗状的硬纸板等。

运输工具：采样用车辆及车载冷藏箱。

6.5 人员分工和技术培训

开展综合科学考察前需组建包含环境、生态学、植物学等相关学科专业技术人员的调查组，并对参加的调查人员进行调查方法的统一培训，内容包括技术规程、草地分类系统、影像判读、野外样地样方的布设及调查表格填写、野外数据获取方法等。

6.6 制定调查方案

开展综合科学考察前，通过现有资料的收集整理确定调查路线和样地布置地域，收集草地资源、社会经济等相关资料并进行实地考察，确定调查的技术方法与工作流程、时间与经费安排、组织实施与质量控制措施、预期成果等。

6.7 现有数据和资料的整理

①收集草地资源及其自然条件资料，重点是草地类型及其分布、植物种类及其鉴识要点等资料。

②社会经济概况与畜牧业生产状况。

③国界和省、地、县各级陆地分界线，以及县级政府勘定的乡镇界线；草地资源、地形、土壤、水系等图件。纸质图件应进行扫描处理，并建立准确空间坐标系统。

④已有遥感影像及相关成果整理。

7. 草地资源地面调查的流程

草地资源调查分为外业调查和内业总结两部分。

7.1 外业调查

外业调查应选择草地地上生物量最高峰时进行，建议在 7 至 8 月。外业调查采用抽样(样地、样方)的调查方法。外业调查主要内容包括：

①调查草地植被。了解草地植被类型及组成、草地覆盖度、草层高度。

②调查草地植物。这部分草地植物包括饲用植物、经济植物，毒害草。采集植物标本和牧草营养成分分析样；划分草地类型，调查草地分布规律，测定草地产草量；调查草地

利用特性和利用现状，划分割草地、季节放牧草地界线。

③调查草地的主要家畜和野生动物的种类及其对草地的利用。调查气温、牧草生长期、积温、无霜期、降水量等以水热为中心的气候条件；调查草地土壤类型、基质、质地和土壤养分；调查草地地貌类型、海拔高度、坡向、坡度等自然条件。

④通过对当地牧民、草地畜牧业生产技术人员及管理人员的访问调查，了解草地畜牧业生产管理状况。

⑤草地负载和利用状况。鼠虫害、雪灾、旱灾的危害程度，草地建设、改良与草地退化状况等；搜集草地畜牧业经济统计资料和前人的研究成果状况。

7.2 内业总结

利用外业样地调查结果和遥感影像特征的相似性，内业对全部草地图斑属性（地类、草地类型、草地资源等级、草地退化沙化石漠化）判别录入上图，测算各项指标数据。内业总结主要内容包括：

①对外业调查和访问调查资料、图件的整理，标本制作与鉴定。

②分析牧草营养成分。制定草地类型分类系统、草地评价标准和草地利用类型划分标准。

③绘制草地类型图、评价图和利用现状图。量算草地面积、计算载畜量和发展潜力，编制草地资源统计册。

④编写草地资源文字报告。阐明草地自然经济特性、分布和区域结构，对草地资源的品质、生产力、载畜能力、利用环境进行科学评价，分析草地利用、管理、改良建设的现状及存在问题，提出草地资源合理开发利用与保护对策，指出发展前景。

7.3 数据库建设

草地资源专项调查数据库的建设主要以国土三调成果中的土地利用数据、土地权属数据、遥感影像数据等为本底，结合草地资源专项调查形成的成果数据（含空间数据、样地样方调查数据、产草量等）内容，建立集草地资源分布、生态状况、利用状况、权属状况等草地资源专项调查数据库，主要包括文字报告、遥感影像数据、草地资源图斑矢量数据，行政区域代码库，图形和属性数据库，样地样方调查数据，各类草地面积统计表以及产草量、质量分级栅格图。

8. 草地资源调查技术方法

8.1 野外调查方法

调查方法主要为野外路线调查和访问调查。在路线调查中，选择具有代表性的样方，测定草地等和草地级的各项指标；通过访问当地牧民、专家经验及查阅文献资料，结合实地观测等方法对牧草适口性、耐牧性和保存率进行调查；牧草营养价值采用分析化验方法；草地级采用实地测产样方调查法。

8.2 路线选择

以县为基本调查单元，依照调查区遥感影像特征、草地类型分布状况、室内布设样地状况及交通条件，选择调查路线。选择调查路线时，应考虑穿越调查地段的主要地形地貌，涵盖主要的草地植被类型。

8.3 地面布点

8.3.1 选点

在监测区域内，按照草地资源和生态监测要求，结合下列因素，设定一定数量的监测点。

①代表性：能真实反映和代表一定区域内植被和生态状况总体水平的地段。

②典型性：能真实反映该草地植被类型和生态状况的典型地段。重点选择在典型的草地类型和有重要价值、面积比例较大、分布广泛、地带性分布明显的生态区域等典型地段布设。

③其他因素：优先考虑当年未利用或轻度利用的冬春草场。夏秋草场或已经反复利用的草场，需建立围栏禁牧小区作为对照。人力、物力和交通等条件良好，便于监测工作开展。

8.3.2 布点

①定位：在地形图或草地类型图上确定监测点的四至范围后，现场核实该区域草地的类、组、型与要求是否一致，对监测点的地理位置、草地类型和进行监测的可行性等情况进行调查、分析，用 GPS 定位仪进行精确定位，确定监测地点。

②复核：对选定的监测点，应进行现场核实、调查。

③区域划定：每个监测点的总面积 ≥666.67hm²，依据地形而设，可设为圆形、正方形或多边形。对于地形复杂、植被类型多样而零散的地区，可设 2~3 个区域作为 1 个监测点。

④建立标志：在监测点区域内的中心位置或附近建立醒目的固定标志，测定标志点的经纬度。固定标志应经久耐用，文字应清晰牢固，便于查找。

8.4 实地样方调查

8.4.1 样方布设

在评定区域范围内，设置 1~4 条野外调查路线，调查路线应能够穿越评定区域的主要地貌类型。在调查路线上选定有代表性的草地设置第一个样方，再按照一定方向和间距依次确定其他样方。评定区域小于 10hm² 的草地设置 5~8 个草本样方，若灌木草地，设置 2~4 个灌木样方。面积大于 10hm² 的，每增加 10hm²，增设 1~2 个草本样方，或增设 1 个灌木样方。若地形较复杂，植被分布不均，可相应增设样方数量。

8.4.2 样方的确定

在监测点内应按照监测内容设置相应样方，进行测定。

（1）代表性

样方应能充分反映和代表监测区域内植被的真实情况，尽量选在坡度较小、比较平缓的地方。样方通常随机布设，但应在监测点内尽量均匀分布。

（2）样方面积

样方面积按照地面植被和生态类型确定。

①草本及矮小灌木草地样方面积为 $1m^2 \times 1m^2$/个。

②具有灌木及高大草本植物草地样方面积为 $10m^2 \times 10m^2$/个或 $5m^2 \times 20m^2$/个，里面的草本及矮小灌木小样方面积为 $1m^2 \times 1m^2$/个。

③草地鼠荒地样方面积为 $0.25hm^2$/个，可设为边长为 50m 的样方或半径为 28.21m 的样圆。

（3）样方间距

样方间距离不得小于遥感影像资料的分辨率。用 MODIS 资料进行遥感监测时，样方间水平间距≥250m。

（4）样方数量

①草本及矮小灌木草地的监测点设置的样方数量≥30 个。

②具有灌木及高大草本植物草地的监测点设置的样方数量≥10 个，每个样方内应设置草本及矮小灌木样方≥3 个。

③鼠荒地监测点设置的样方数量≥10 个，每个样方内应设置草本及矮小灌木样方≥3 个。

④工程监测样方的样方数量≥3 组，每组包括工程区内和工程区外样方各 1 个。

⑤每个禁牧小区内应设置草本及矮小灌木小样方≥3 个。

8.4.3　编号

监测点、样方和照片应根据草地类型和监测内容进行编号。标准中草地的"类""组""型"应符合天然草地资源调查中采用的草地分类系统的规定。

①监测点编号：每个监测点按照所代表草地的"类"和"组"的序号编号。草地"类"用英文大写字母代表，草地"组"用阿拉伯数字代表。

②样方编号：样方编号用草地"型"的代码加阿拉伯数字表示，加在监测点编号后面，用"-"连接，即监测点编号-草地"型"代码-样方序号。

③生态监测样方编号：鼠荒地、草地沙化、草地退化等生态监测在样方编号后用文字加注生态类型。

④工程监测样方编号：在样方编号后用文字加注工程类型，用县名、工程类别、样方序号编号，工程内外用"内"或"外"区别，都用"-"连接。

⑤照片编号：样方测定前应采集景观照片和俯视照片，照片编号应与所测定样方编号相同。在样方编号后加英文大写字母"A"表示景观照片，加"B"表示俯视照片。

8.4.4　测定时间

地面监测和遥感监测时间应同步，以能准确反映监测内容状况的时间为准。野外调查选择植物生长高峰期时进行。测定时间以当地草地群落中主要牧草进入产草量高峰期为宜。新疆草地和山区草地宜在 7 月上中旬至 8 月中下旬进行，提前或推后所测得的产量均应以年产量动态系数校正产量。

8.4.5 测定单位

测定单位应统一，并采用国际标准公制单位。

8.4.6 样方测定内容与方法

①监测点描述：实地仔细观察，按照附录 A-1 及填表说明认真观测填写。每个监测点应完整填写一张表格。

②植被高度测定：按照附录中表 A-2 和表 A-3 及填写说明观测填写。

③植被盖度测定：采用目测法或针刺法，按照附录中表 A-2 和表 A-3 及填写说明填写。

a. 目测法：目测估测 $1m^2$ 内植物垂直投影的面积，计算植被盖度。

b. 针刺法：在样方内分 10 等份等距设 10 条直线，在每条线上等距设 10 个针刺点，共计 100 个针刺点。在每个针刺点用探针垂直向下刺，若有植物，记做 1，无则记做 0，计算出 1 的出现次数后，以百分数的形式表示为盖度。

④当年产草量测定：按照以下方法测定样方内当年的地上生物产量。

a. 草本及矮小灌木草地样方：具有灌木及高大草本植物样方按照冠幅与高度水平，在样方内分别测取每种灌木、高大草本和草本及矮小灌木的重量。

b. 草本及矮小灌木植物样方测定：按照地上可食产草量和总产量分别测定鲜重。然后将鲜草装袋，待风干后，再测定风干重。高度在 80cm 以下的草本、50cm 以下株丛较小的灌木，按附表中表 A-2 草本及矮小灌木样方(以下简称草本)测定表进行调查登记。样方一般为 $1m^2$ 的正方形，若样地植被分布呈斑块状或者较为稀疏，可将样方扩大到 2~$4m^2$。草本样方一律采用齐地面剪割，样方内分种测定。参照调查地区主要植物饲用价值评定结果，按优等、良等等不同饲用价值分别进行产量测定登记。总产量为所有植物产量之和。按照附录中表 A-2 及填写说明认真填写。

c. 灌木或高大草本样方测定：对于具有灌木及高大草本类植物的草地，按附录中表 A-3 灌木或高大草本(以下简称灌木)测定表进行调查登记。样方面积为 $100m^2$，可为正方形($10m×10m$)，也可为长方形($20m×5m$)。灌木样方内再设置 1~3 个草本测产样方。

8.4.7 植物标本采集

结合本次草地资源调查，收集植物资源。采用数码相机、录像机采集、拍照和录制野生植物资源，对野外不易识别的植物，需要采集实物标本进行室内鉴定分析。

①实物标本：根据植物的物候期，采集根、茎、叶、花、果、实等完整的植株体。对采集的鲜标本，要求及时夹入标本夹，随时更换标本纸，防止霉烂、变色(标本登记见附录中表 A-8)。

②数字标本：要求茎、叶、花、果全株拍照，特殊的植物个体用特写镜头表现。像素要高，图像要清晰。每种植物拍照数量不少于 4~5 张。

8.5 补饲调查

选择监测点内及附近有代表性的农、牧户，就当年家畜补饲情况进行抽样调查。按照附录中表 A-7 及填写说明调查填写。

8.6　其他调查

根据遥感监测需要进行的其他相关调查，如人工草地、气象等调查，应设置相应的表格进行登记。

8.7　数据管理

8.7.1　数据整理

对监测数据以监测点为单位进行收集、整理，并进行相应数据换算。

8.7.2　数据校核

监测数据应及时进行校核汇总，并建立书面打印与电子文本两种格式材料。发现数据异常，应及时进行现场和室内复核。

8.7.3　资料归档

监测数据由草地遥感监测的承担单位按照监测要求，通过建立文件、图表资料目录和档案等形式建立档案材料并注明密级，归档保存。以书面材料与电子文本两种格式进行保存，1式2份。

9.　附录

表 A-1　监测点基本特征调查表

监测点所在行政区：　　州(市)_____县_____　调查日期：　年　月　日　调查人：

监测点编号		监测类型		景观照片编号		是否有禁牧小区	□有/□无
标志点与四至经纬度	标志点		东	南		西	北
草地保护建设工程	□有/□无		工程类型		建成时间		
地　貌	平原(　)、山地(　)、丘陵(　)、高原(　)、盆地(　)、沟谷(　)						
坡　向	阳坡(　)、半阳坡(　)、半阴坡(　)、阴坡(　)						
坡　位	坡顶(　)、坡上部(　)、坡中部(　)、坡下部(　)、坡脚(　)						
植被特征	植被总盖度：　　%。主要的草本有：　　　　　，高度分别为　　　　　cm；灌木比例：　　%。主要的灌木有：　　　　　，高度分别为　　　　　cm。						
地表特征	枯落物情况(有/无)；覆沙情况(有/无)；侵蚀情况(有/无)，侵蚀原因(风蚀、水蚀、冻融、超载、其他)；盐碱斑(有/无)；裸地面积比例(　　%)						
水分条件	地表有无季节性积水□有/□无；年平均降雨量　　　　mm						
利用方式	全年放牧□、冬春放牧□、夏秋放牧□、禁牧□、打草场□、其他□						

（续）

监测点编号	监测类型		景观照片编号		是否有禁牧小区	□有/□无
利用状况	未利用□、轻度利用□、适度利用□、轻度超载□、重度超载□					
综合评价	好□、较好□、一般□、较差□、差□					

表 A-1 监测点基本特征调查表填写说明

（一）监测点编号：每个监测点按照所代表草地的"类"和"组"的序号编号。草地"类"用英文大写字母代表，草地"组"用阿拉伯数字代表，如"Ⅲ高寒灌丛草甸草地类，12 杂类草、莎草、禾草、阔叶灌丛草甸草地组"监测点编号为"C12"。

（二）监测类型：包括鼠荒地、草地沙化、草地退化等生态类型和雪灾、火灾等灾害类型。

（三）标志点与四至经纬度按照表 A-2 填写说明填写。

【经度、纬度、海拔】：使用 GPS 确定样地所在的经纬度，经纬度统一用度分格式，例如，某样地 GPS 定位为：E115°04.445′，N 42°27.998′。海拔：990m。

（四）地形地貌通常分为平原、山地、丘陵、高原、盆地和沟谷 6 种类型，各种地貌类型的判断依据如下。

【平原】：在视野范围内(约 30~50km)，高差很小的广阔的平坦地面，海拔一般在 200m 以下，相对高差在 50m 左右。

【山地】：按海拔高度、相对高度和坡度的差别，分为高山、中山和低山。高山指海拔 >3000m，相对高度 >1000m，山坡陡峭；中山指海拔 1000~3000m，相对高度为 500~1000m；低山指海拔 500~1000m，相对高度 200~500m，山坡较为平缓，与丘陵无明显界线。

【丘陵】：海拔高度<500m，相对高度<200m，丘顶平缓而小，坡度较小，坡地面积大，坡麓向邻近平原过渡，界线不明显。

【高原】：海拔一般在 1000m 以上、面积广大、地形开阔、周边以明显的陡坡为界、比较完整的大面积隆起地区称为高原(包括海拔高度接近 1000m 的平原)。

【盆地】：四周围被山岭环绕，中间地势低平，似盆状地貌。

【沟谷】：指河流冲刷低地或山间谷地等。

（五）植被特征：主要包括植物种类、盖度、高度等情况，参照附录中表 A-2 草本及矮小灌木草地样方调查表内容填写。

（六）水分条件：填写样方所在地区地表有无季节性水域和当地气象台站记载的年平均降雨量。

（七）利用方式：通过对当地牧民或专业人员的访问获得。草地利用主要分为全年放牧、冬春冷季放牧、夏秋放牧、禁牧、打草场等方式。

【全年放牧】：全年放牧利用。

【冬春放牧】：高原一般指冬季和春季放牧，盆周山区一般指冬季放牧。

【夏秋放牧】：一般指夏季和秋季牧草生长季节放牧。

【禁牧】：全年不放牧。

【打草场】：用于刈割的非放牧草地。

(八)利用状况：指草地上家畜放牧和人类活动情况。

【未利用】：指没有被放牧或打草利用的草地。

【轻度利用】：放牧较轻，对草地没有造成损害，草地无退化迹象，生长发育状况良好。

【适度利用】：草地利用合理，草畜基本平衡，植物生长状况优良。

【轻度超载】：草地家畜超载幅度小于30%，草地有退化迹象，群落的高度、盖度下降，多年生牧草比例减少不明显。

【重度超载】：草地家畜超载幅度大于30%，草地退化现象严重，草群高度、盖度明显下降，优良牧草比例明显减少，有毒有害植物增加。

(九)综合评价

【好】：草地生态系统结构完整，植物种群组成未发生明显变化，植被盖度较高，草地退化、沙化、盐渍化不明显。

【较好】：介于好与一般之间。适口性好和耐踩踏的牧草品种有所减少，主要组成种群未发生变化。

【一般】：草地植被盖度和产草量降低，表土裸露，土壤发生盐渍化。适口性好和不耐踩踏的牧草品种减少，适口性差和耐踩踏的牧草品种增加，主要组成种群为矮化杂草以及耐踩踏的灌丛。

【差】：植被盖度和产草量明显降低，表土大面积裸露，土壤盐渍化严重。可食牧草几乎消失，主要组成种群为可食性差的牧草及一年生杂草。

【较差】：介于一般与差之间。牧草适口性降低，主要组成种群为可食性差的矮化杂草以及耐踩踏的灌丛。

表 A-2 草本、半灌木及矮小灌木草地样方调查表

调查日期：　　年　月　日　　　　　　　　　　　　　　　　　　　　　调查人：

样方编号			样方面积		m²	是否属于禁牧小区	□是/□否
样方定位	经度						
	纬度						
	海拔(m)						
样方照片编号			周围景观照：			俯视照：	
坡　向			阳坡□、半阳坡□、半阴坡□、阴坡□				
坡　位			坡顶□、坡上部□、坡中部□、坡下部□、坡脚□				
土壤质地			砾石质□、沙土□、壤土□、黏土□				
植被盖度(%)			植被平均高度(cm)				

（续）

样方编号			样方面积		m²	是否属于禁牧小区	□是/□否
主要植物种名称			可食牧草			毒害草	
产草量测定			鲜重（g/m²）			风干重（g/m²）	
	样方总产量						
	其中可食产草量						
	产草量折算	总产草量（kg/hm²）				可食产草量（kg/hm²）	
		鲜重		风干重		鲜重	风干重

表 A-2 草本及矮小灌木草地样方调查表填写说明

（一）样方编号：用草地"型"的代码加阿拉伯数字表示，加在监测点编号后面，用"-"连接，即监测点编号-草地"型"代码-样方序号。如"Ⅲ类，12组，42型"第11个样方编号为"C12-42-11"。

（二）样方定位：用全球定位仪（GPS）确定所在位置的方位。GPS 坐标系统设为"WGS84"。经度、纬度单位设为"度、分"即"dd°mm′mm″"格式。

（三）照片编号样方测定前应采集景观照片和俯视照片，照片编号应与所测定样方编号相同。在样方编号后加英文大写字母"A"表示景观照片，加"B"表示俯视照片。如"Ⅲ高寒灌丛草甸草地类，12杂类草、莎草、禾草、阔叶灌丛草甸草地组，（42）蒿草、杂类草、沙棘灌丛草甸草地型"第11个样方的俯视照片编号为"C12-42-11B"。

（四）【坡向】：分为阳坡（南坡）、半阳坡（西坡）、半阴坡（东坡）、阴坡（北坡）。（在地形地貌为山地或丘陵时填写）。

（五）【坡位】：分坡顶、坡上部、坡中部、坡下部、坡麓。（在地形地貌为山地或丘陵时填写）。

（六）土壤质地：土壤的固体部分主要是由许多大小不同的矿物质颗粒组成，矿物质颗粒的大小相差悬殊，且在不同土壤中占有不同的比例，这种大小不同的土粒的比例组合叫土壤质地。

【土壤质地】：土壤质地主要分为砾石质、沙土、壤土、黏土。调查土壤地表以下 0~30cm 土壤剖面的土壤质地。

【砾石质】：土壤颗粒中>2mm 砾石含量超过 1% 的土壤。

【沙土】：全为单颗砂粒，土壤松散，放在手中，沙粒从指缝中流下，无法用手捏成团。

【壤土】：土壤孔隙适当，通透性好，保水性好，湿捏无沙沙声，微有沙性感，用手成团后容易散开。

【黏土】：土壤颗粒小，通透性差，水分不易渗透，容易积水，用手捏成团后不易散开，干时土块坚硬。

（七）植被盖度：测量样方内所有植物的垂直投影面积占样方面积的比例，用%表示。

（八）植被平均高度：测量样方内大多数植物枝条或叶片的平均自然高度。在样方内及样方附近分别测量 5 次植株叶片自然高度，加以平均，得出植被平均高度。

（九）主要植物种名称：样方内主要的优势种或群落的建群种名称。

【可食牧草】：主要填写样方内可以利用的优良牧草种类（饲用评价为优等、良等的植物）的中文名全称。

【毒害草】：主要填写样方内对家畜有毒、有害的主要植物的名称。

（十）产草量测定：剪取整个样方内地上部分的鲜草称重测生物量。自然风干后测干重。

【剪割】：样方内植物齐地面剪割。

【鲜重】：将剪割的植物按照可食产草量和总产草量分别测定鲜重。

【风干重】：将鲜草按可食用和不可食分别装袋，并标明样品的所属监测点及样方号、种类组成、样品鲜重，待自然风干后再测其风干重。根据风干重推算重量干鲜比。

【风干重的判断标准】：植物经一定时间（3d~5d）的自然晾晒风干后，其重量基本稳定时即可视为干草。

表 A-3 具有灌木及高大草本植物草地样方调查表填写说明

（一）样方定位按照表 A-2 填写说明填写。

（二）具有灌木和高大草本植物布设 10×10m²/个或 5×20m²/个的样方进行调查，分别测定草本及矮小灌木、灌木及高大草本类植物的有关数据。灌木及高大草本的鲜重、风干重只测可食部分。

（三）测定草本及矮小灌木 10m×10m²/个或 5m×20m²/个的样方内设置 3 个 1m² 草本及矮小灌木样方，测定内容和方法同表 A-2 草本及矮小灌木草地样方调查表，一律齐地面剪割。取 3 个 1m² 草本及矮小灌木样方的平均值作为 10m²×10m²/个或 5m²×20m²/个样方内草本及矮小灌木的平均水平。

（四）测定灌木和高大草本对 80cm 以上的高大草本和 50cm 以上的灌木产量的测定，采用测量单位面积内各种灌丛植物标准株（丛）产量和面积的方法进行。

1. 记录灌丛名称。

2. 株丛数量测量：记载 10m²×10m²/个或 5m²×20m²/个样方内灌木和高大草本株丛的数量。先将样方内灌木或高大草本按照冠幅直径的大小划分为大、中、小三类（当监测点中灌丛大小较为均一，冠幅直径相差不足 10%~20% 时，可以不分类，也可以只分为大、小两类），并分别记数。

表 A-3 具有灌木及高大草本植物草地样方调查表

调查日期： 年 月 日

样方编号： 照片编号： 周围景观照： 是否禁牧小区：□是/□否

样方定位： 俯视照： 纬度： 海拔： m

经度： 调查人：

100m² 样方内草本调查	植物种数	主要植物种	平均盖度（cm）	平均高度（cm）	产草量（g）		平均产草量折算（kg/hm²）		可食产草量（g）		平均可食产草量折算（kg/hm²）	
					鲜重	风干重	鲜重	风干重	鲜重	风干重	鲜重	风干重
1m² 草本样方 样方1												
样方2												
样方3												

100m² 样方内灌木调查	灌木及高大草本名称	大株丛（cm, g）			中株丛（cm, g）				小株丛（cm, g）				覆盖面积（m²）	产草量折算（kg/hm²）		灌丛高度（cm）
		丛径	鲜重	风干重	丛径	鲜重	风干重	株丛数	丛径	鲜重	风干重	株丛数		鲜重	风干重	

总产草量 鲜重： kg/ha. 风干重： kg/ha.

植被总盖度 总产草量 kg/ha.

3. 丛径测量：分别选取有代表性的大、中、小标准株各 1 丛，测量其丛径(冠幅直径)。

4. 灌木及高大草本覆盖面积按圆面积计算。

$$M_1 = S_B \times B + S_C \times C + S_D \times D \tag{1}$$

式中：M_1——某种灌木覆盖面积(m^2)；

　　　S_B——该灌木(一株)大株丛面积(m^2)；

　　　B——该灌木大株丛数；

　　　S_C——该灌木(一株)中株丛面积(m^2)；

　　　C——该灌木中株丛数；

　　　S_D——该灌木(一株)小株丛面积(m^2)；

　　　D——该灌木小株丛数。

$$M = M_1 + M_2 + \cdots M_N \tag{2}$$

式中：M——灌木覆盖总面积(m^2)；

　　　M_1——某种灌木覆盖面积(m^2)；

　　　M_2——第二种灌木覆盖面积之和(m^2)；

　　　M_N——第 N 种灌木覆盖面积之和(m^2)；

(五)植被总盖度

$$C = \frac{\left[C_1 \times (100 - C_2) + C_2\right]}{100} \times 100\% \tag{3}$$

式中：C——植被总盖度(%)；

　　　C_1—— $1m^2$ 草本及矮小灌木样方平均盖度；

　　　C_2——灌木覆盖总面积。

(六)灌木及高大草本产草量计算

分别剪取样方内某一灌木及高大草本大、中、小标准株丛的当年枝条并称重，得到该灌木及高大草本大、中、小株丛的标准重量，然后将大、中、小株丛的标准重量分别乘以各自的株丛数，再相加即为该灌木及高大草本的产草量(鲜重)。将一定比例的鲜草装袋，并标明样品的所属监测点及样方号、种类组成、样品鲜重、样品占全部鲜重的比例等，待自然风干后再测其风干重。将 $10m^2 \times 10m^2$/个或 $5m^2 \times 20m^2$/个样方内的所有灌木和高大草本的产草量鲜重和干重汇总得到总灌木或高大草本产草量，并分别折算成单位面积的重量，填入表 A–3(实际操作时，可视株型的大小只剪一株植物冠幅的 $1/2 \sim 1/8$ 称重，然后折算为一株的鲜重)。

(七)总产草量

$$Y = \left[Y_1 \times (100 - M) + Y_2\right] \times 0.1 \tag{4}$$

式中：Y——总产草量(kg/hm^2)；

　　　Y_1——每 m^2 草本产草量(g/m^2)；

　　　M——灌木覆盖面积；

　　　Y_2——灌木产草量(g/m^2)。

表 A-4 "四度一量"调查表

调查日期　　　　俯视照　　　　样地　　　　景观照　　　　经度 E　　　　纬度 N　　　　重复

坡向(阳坡　半阳坡　半阴坡　阴坡)

坡位(坡顶　坡上部　坡中部　坡下部　坡脚)

总盖度　　　　草群平均高度　　　　调查人

植物名 序号	鲜重	干重	盖度(以"正"计数)	小计	密度	平均	序号	高度					平均	序号	频度										小计
								1	2	3	4	5			1	2	3	4	5	6	7	8	9	10	
1							1							1												
2							2							2												
3							3							3												
4							4							4												
5							5							5												
6							6							6												
7							7							7												
8							8							8												
9							9							9												
10							10							10												
11							11							11												
12							12							12												
13							13							13												
14							14							14												
15							15							15												
16							16							16												

表 A-5　草地鼠荒地样方调查表

调查人：
调查日期：_____年___月___日

样方编号		照片编号		景观照：	俯视照：	
样方定位	经度：		纬度：	海拔：m	是否有禁牧小区	□有 □无

0.25 ha. 内鼠害调查	害鼠名称	洞口数（个）	土丘数（个）	中等洞口（土丘）面积（m²/个）	地表裸露面积（m²）
	合　计				

1m² 草本样方	主要植物种名称	盖度（%）	高度（cm）	产草量（g）	
				鲜重	风干重
样方 1					
样方 2					
样方 3					
0.25 ha. 样方内洞口（土丘）	平均				

表 A-6　退牧还草工程效益样方调查表

工程名称		行政区	省	市（州）	县（区）	乡	村
工程面积	hm²		万元	项目投资			
样方类型	退牧还草工程区域内样方			退牧还草工程区域外样方			
样方编号		照片编号		照片编号			
样方定位	经度：	纬度：	海拔：m	建设时间			
植被特征	盖度：%	平均高度：cm	植物种数：	盖度：%	平均高度：cm	植物种数：	
主要植物							
主要毒害草							

当年产草量测定		鲜重（g）	干重（g）	产草量折算（kg/hm²）		鲜重（g）	干重（g）	产草量折算（kg/hm²）	
				鲜重	风干重			鲜重	风干重
	总产草量								
	可食产草量								

调查人：
调查日期：_____年___月___日

表 A-4"四度一量"调查表填写说明

（一）总盖度：样方内植物地上部分垂直投影的面积占样方面积的比率。采用投影盖度目测法测定。

（二）植物名称：分别记载样方内植物的中中文名和拉丁名。

（三）草群平均高度：指草地植物群落中不同植物的平均高度。

（四）坡向：分为阳坡（南坡）、半阳坡（西坡）、半阴坡（东坡）、阴坡（北坡）。（在地形地貌为山地或丘陵时填写）。

（五）坡位：分坡顶、坡上部、坡中部、坡下部、坡脚。

（六）俯视照：指样方的垂直照。将该照片在相机上的序号对应填入表格中。

（七）景观照：指能够反映样地在空间尺度范围所包含的视觉景象进行拍照，并将该照片在相机中的序号填入表格中。

（八）草产量：将样方内的植物分种齐地面剪下后称量鲜重，风干后分种称量风干重。对不能识别的植物种类，应采集标本，注明标本采集号，以备鉴定和查对。

（九）盖度：指样方内各种植物投影覆盖面积占样方面积的百分数。在植物很少重叠的草群内，分盖度之和应等于或略大于总盖度；在植物互相重叠很多的草群内，分盖度之和一定大于总盖度。

（十）高度：分别测量植物的生殖枝和营养枝绝对高度。每种植物测量 5-10 株植物个体（视该种植物在样方中密度而定），记录平均数，单位用厘米表示。

（十一）频度：指某种植物的个体在取样面积中出现的次数，可反映某种植物分布的均匀程度。用百分数表示。统计频度常用频度样方法，即在调查地段均匀设置样方，可用 1m×1m 或 2m×2m，重复 8 次~10 次。在每一样方内登记植物种类，取每种植物出现的样方数与全部样方数的百分比。

表 A-5 草地鼠荒地样方调查表填写说明

（一）样方编号：在样方编号后用文字加注生态类型，如"C12-42-3 鼠荒"表示"Ⅲ类，12 组，42 型"的第 3 个样方是鼠荒地监测样方。

（二）样方定位：按照表 A-2 填写说明填写。

（三）鼠害调查

1. 洞口数：通过调查洞口数掌握地上害鼠的分布情况。

2. 土丘数：通过调查土丘数掌握地下害鼠的分布情况。

3. 中等洞口（土丘）：洞口（土丘）大小均匀，能够代表监测点内中等洞口（土丘）的平均分布状况。

4. 地表裸露面积

$$M = H_1 \times M_H \tag{1}$$

式中：M——地表裸露面积（m^2）；

H_1——洞口（土丘）个数（个）；

M_H——中等洞口（土丘）面积（m^2/个）。

5. 剪取 0.25hm^2样方内 3 个 1m^2草本样方内的鲜草称重，分别计算鲜草和风干后的产草量。

（四）草本调查

在样方内设置 3 个 1m² 草本样方，测定内容和方法同表 A-2 填写说明。

具有灌木及高大草本植物草地样方按照表 A-3 填写说明填写。

表 A-6 退牧还草工程效益样方调查表填写说明

（一）样方编号：在样方编号后用文字加注工程类型，用县名、工程类别、样方序号编号，工程内外用"内"或"外"区别，都用"-"连接。如石渠县退牧还草工程休牧区第三个样方用"石-休-03-内"和"石-休-03-外"表示。

（二）工程情况：对实施退牧还草工程的情况进行详细调查，了解实施的地点、面积、分布、建设时间、工程措施、投资情况等，然后照实填写。

（三）样方布设：每个项目至少做 3 组对照样方，每组包括工程区内的样方和工程区外的样方。每个对照组的工程外样方应尽可能选在与工程实施前草地植被等状况基本一致的地段。不同组应尽量分布在不同的工程区域，要尽可能反映工程产生的效益。

（四）样方测定：草本及矮小灌木样方按照表 A-2 填写说明填写。具有灌木及高大草本植物草地样方按照表 A-3 填写说明填写。

表 A-7　家畜补饲情况入户调查表

调查时间：　　年　　月　　日　　　　　　调查人：

农牧户所在行政区	市(州) 县(区) 乡(镇) 村		户主姓名		家庭人口数	
当年补饲情况		承包天然草场	耕　地		人工草地	
	面积(hm²)					
	单位面积产量(kg/hm²)		粮食补饲量：		秸秆补饲量：	
	年总产量(kg)					
	年用于养畜量(kg)					
	年用于养畜量占年总产量比率(%)					

上年末饲养牲畜数量(只、头)	上年末出栏(头)						当年存栏(头)					
	绵羊	山羊	牛	马	骡	其他草食家畜	绵羊	山羊	牛	马	骡	其他草食家畜
饲养方式	放牧(　) 舍饲圈养(　) 半舍饲(　)						放牧总天数：		补饲总天数：			

表 A-7 家畜补饲情况入户调查表填写说明

(一)农牧户选择:所选择的农牧户要有代表性,既能代表不同的区域(牧区、半农半牧区、农区),又能代表不同的养殖规模(大户、小户),也能代表不同的养殖方式(放牧、舍饲圈养、半舍饲)。

(二)当年补饲情况分别调查统计农牧户拥有利用的天然草场和人工耕地等种植利用情况。

1. 所有产量均为风干重。

2. 年用于养畜量占年总产量比率

$$A = \frac{T_0}{T} \times 100\% \tag{1}$$

式中:A——年用于养畜量占年总产量比率(%);

T_0——年用于养畜量(kg);

T——年总产量(kg)。

(三)饲养方式

【放牧】:家畜全年可以在草场上自由放牧、采食。

【舍饲圈养】:全年圈养。

【半舍饲】:牧草生长季节自由放牧,其他季节圈养补饲。

(四)年秸秆补饲量:每年饲喂农作物秸秆数量,如青稞、玉米、小麦等秸秆。

(五)粮食补饲量:用于饲喂牲畜的粮食数量。

(六)本项调查主要用于草畜平衡状况的计算。

表 A-8　植物标本采集表　野外拍照、采集植物标本记录卡

样地号:		GPS 定位:			
地　形:		坡　向:		海　拔:	
草地类(亚类):		植物中名:		学　名:	
植物标本编号:		图片编号:			
物候期:					
采集地点:	省	市	县		村
采集人:		采集日期:			

参考文献

吴征镒. 中国植被[M]. 北京:科学出版社,1980.

中华人民共和国农业部畜牧兽医司,全国畜牧兽医总站. 中国草地资源[M]. 北京:中国科学技术出版社,1996.

许鹏. 新疆草地资源及其利用[M]. 乌鲁木齐:新疆科技卫生出版社,1993.

草地资源调查及评价指标规范

（二）草地资源遥感调查技术规范

1. 绪论

草地资源是农业资源的重要组成部分，是发展畜牧业的物质基础。为合理利用和保护草地资源，需要对天然草地资源予以调查和综合评价，一方面掌握草地资源类型、数量、质量、生产力状况、利用价值和发展潜力，另一方面为提高草地生产能力和增加生产经济效益的途径提供数据支撑。草地资源的调查和评价对于科学利用和开发草地资源、改良与保护草地、指导畜牧业生产以及制定宏观经济发展战略和生产发展规划等具有极重要的意义。常规的野外实地调查技术很难实时地获取大面积草地资源信息。随着计算机技术和信息技术的快速发展，地理信息系统（GIS）、遥感（RS）和全球定位系统（GPS）已广泛地应用于草地监测领域。特别是利用遥感技术，对遥感图像进行处理分析，只需少量的野外调查后由计算机和人工相结合就可进行草地资源的动态研究。这不仅节省了草地地面调查的人力、物力和财力，同时也缩短了草地调查的周期。遥感草地资源成败的关键在于影像的光谱和空间分辨率。光谱分辨率是指每个波段的光谱宽度和所有波段的总光谱区域。波段的光谱分辨率越高，识别辐射差异的能力也越强。遥感在草地资源中的应用主要包括资源调查与评估、产草率估算、变化监测、退化跟踪和定量分析。

2. 定义与术语

2.1　3S 技术

遥感（Remote Sensing，RS），地理信息系统（Geographic Information System，GIS），全球定位系统（Global Positioning System，GPS）的技术总称。

2.2　遥感监测

采用 3S 技术，通过遥感资料获取草地动态信息的监测方法和技术。

2.3　地面监测

采用 GPS 定位技术获取草地动态信息的地面调查方法和技术，包括定位监测和路线监测。

2.4　监测点

按照特定监测要求设定的一定范围的草地区域。

2.5　监测路线

能够充分体现自然条件，横穿主要地形要素及草地植被类型的主要断面，同时兼顾监测地区的交通状况及显著地形、地物和主要标志点设定的地面调查线路。

2.6　样方

按照遥感监测要求，在监测点内设置的用于测定不同植被类型的特定大小的草地区域。包括样方、样带、样条、样圆等。

3. 草地资源遥感调查的任务

3.1　草地资源的类型和空间分布

主要调查各类型草地资源及空间分布，最终绘制草地资源分布图。

3.2　草地资源的面积和组成

主要调查各类型草地资源的面积、物种组成、群落多样性指数等，评价各类型草地综合生产力。

3.3　草地生产力的监测

主要监测草地初级生产力空间格局变化和牧草长势，分析影响草地生产力变化的原因，评估草地承载能力。

4. 草地资源遥感调查前的准备

4.1　物资准备

结合调查区域的实际情况和具体调查内容，准备必需的物资、条件和设备。主要设备有 GPS、摄像机、数码相机和计算器；记录用品包括野外调查表格、野外记录本、文件夹、铅笔、橡皮、卷笔刀等；样方测量物品为剪刀、布袋、1m×1m（或 0.5 m×0.5 m）样方框、刻度测绳、皮尺、直尺、卷尺、便携式电子秤或杆秤、样品袋、标本夹、标签等；其他物资条件如交通工具、药品等。

4.2　资料准备

遥感信息源：收集不同时期、不同来源的卫星遥感资料，空间分辨率为 5m、10 m、30m（SPOT、TM 遥感图像数据），包括可见光和近红外波段，影像时相选择植被生长的最佳时期。

其他资料：收集有关草地资源与畜牧业方面的图件、统计资料及调查报告等，包括植被类型图、草地资源类型图、土地利用现状图，以及土壤、水文、地形图等资料。

4.3　技术培训

集中对参加草地普查的管理和技术人员进行培训，内容包括技术规程、草地分类系统、影像判读、野外样地样方的布设及调查表格填写、野外数据获取方法等。

5. 草地资源遥感调查的方法和流程

在遥感、地理信息系统及全球定位系统集成技术的支持下，通过遥感数据处理、地面相关数据采集、地面数据的格式转换，历史资料的收集等，在地理信息软件环境中，根据退化、沙化、盐渍化草地分级指标，按照草地退化、沙化、盐渍化的遥感波谱特征，人机交互式解译勾绘退化、沙化、盐渍化草地分级图斑界线，进行专业制图、数据统计及分析。目前，常用的卫星遥感数据有 EOS-MODIS、TM/ETM+(专题制图仪)、SPOT 等，对同一地点的访问周期最短为 1d，完全能满足草地资源与生态监测的要求。卫星遥感图像要经过处理后才能达到实用效果，一般做法是基于卫星影像制作各种模式的假彩色合成图，在假彩色合成图上提取各类地物信息生成矢量图。通过对不同分辨率的影像进行数据融合，能够进行更好的目标信息提取从而生成遥感专题数据。可以广泛应用于地图更新，土地利用草地资源与生态调查，灾害预警及防治等方面。遥感监测包括遥感信息获取、图像处理、专题信息提取。

5.1　收集资料

搜集全疆和各地州(市县)有关草地资源与畜牧业方面的图件及统计资料，主要是前两次草地调查的资料；全疆草地遥感调查草地亚类电子图，草地退化、沙化、盐渍化电子图及其统计数据；历史的草地调查报告和统计资料，自治区、地州、市县行政区域界线等。搜集自然条件方面包括气候、地貌、植被、土壤、水文等方面的资料，社会经济方面包括行政区划、人口、劳动力、土地利用现状；家畜种类、数量、饲养方式、商品生产、草地建设、草畜平衡状况等；灾情统计资料包括发生灾害种类、面积、程度、防治、损失等方面的资料。

5.2　遥感数据处理及预判

本次草地退化、沙化、盐渍化调查以美国陆地资源卫星 TM 数据为主，分辨率为 30m。影像数据的质量要求地物影像清晰、突出草地综合特征、周边影像畸变小、各类地物间色差大、色调差异明显。遥感判读之前，要熟悉调查区域的自然、社会经济及草地资源利用方式与现状，草地退化、沙化、盐渍化分布的规律及区域分布的差异性。草地退化的遥感波谱特征主要受植物组成、土壤质地、土壤含水量等诸多因素的影响，根据遥感图像、形状、色调、纹理等要素，找出影像与草地退化、沙化、盐渍化之间对应的特点及规律，初步建立影像判读标志。

5.3　野外调查

野外调查选择草地利用由重变轻的退化系列布设梯度样地，依据 TM 遥感影像反映的草地退化、沙化、盐渍化类型及分级特征，草地利用强度分布的规律以及退化、沙化、盐渍化草地的空间梯度变化，选择有代表性的地貌单元，以植被、土壤及地表状况指标采集为主，调查内容包括草地生境特征、草地植被数量特征、草地利用现状等，结合调查访问和收集历史资料等方式，获取草地地面特征的指标参数。沿不同的垂直和水平分布选择穿越基本地貌单元的路线进行实地调绘。调绘以草地分布界线、草地类型、草地覆盖度，以及代表性广泛的草地类型的产草量等为主要调查内容。着重分析草地植被的空间分布和组合特征，研究图像的几何形状，对各种地类的地物特征及土地利用状况与卫星影像进行实地对应判读。用 GPS 定位样地、样方，拍摄照片，对预判中有疑难问题的典型区域要专门布设样地，通过野外调查样地确立草地遥感解译标志，修正预判解译过程中出现的误判和误差。野外调查是为建立统一解译标志和判读标准，以及为草地信息识别提供科学依据。

5.4　遥感信息提取

5.4.1　植被指数

植被指数法是利用遥感数据获取大范围植被信息常用的方法。植被指数与植被的盖度生物量有良好的相关性，普遍用于生产力的遥感估算。利用 NOAA/AVHRR 和 EOS-MODIS 影像进行草地生产力监测时，在不同监测区需要选择适宜的植被指数。

①植被指数(Vegetation Index 缩写 VI)：是指绿色植物的光谱反射特征，通过不同光谱波段通道的光谱数据，经过分析运算而得到的某些数值。这是一类能反映植物生长状况的光谱数值，是一组最常用的光谱变量。

②比值植被指数(Ratio Vegetation Index 缩写 RVI)：其数值是近红外波段与可见光红波段数值的比值，即 $RVI = IR/R$ 表示。在 NOAA/AVHRR 中的 RVI 为 CH2/CH1；在 Landsat-TM 中的 RVI 为 TM4/TM3 等。

③归一化植被指数(Normalized Difference Vegetation Index，缩写 NDVI)：其数值是近红外波段与可见光红波段数值之差与这两个波段数值之和的比值，即 $NDVI = (IR-R)/(IR+R)$ 表示。在 NOAA/AVHRR 中的 $NDVI = (CH2-CH1)/(CH2+CH1)$；在 Landsat-TM 中的 $NDVI = (TM4-TM3)/(TM4+TM3)$ 等。这个植被指数又叫归一化差值植物指数、标准化植被指数等。

④垂直植被指数(Perpendicular Vegetation Index，缩写 PVI)：由于植被指数受土壤背景的影响，因此采用光谱数值的"穗帽"转换技术，把离"土壤光谱线"的垂直距离作为植被生长的指标，叫作垂直植被指数。

5.4.2　分类和判别

利用遥感图像进行分类，就是对单个像元或比较匀质的像元组给出对应其特征的名称。计算机用以识别和分类的主要标志是物体的光谱特性，图像上的其他信息如大小形状纹理等标志尚未充分利用。主要包括以下几种。

①归一化法：对不同时相图像经分别分类后，获得不同时期的分类图，将其配准后比较，可以获得变化信息数据。

②差值法：选择两个最清楚表征居民点信息时相的图像，经几何配准和辐射归一化处理后进行差值运算，经阈值过滤后，所得到的图像在理想状态下，其正值和负值均表示变化信息，然后对变化信息分类来决定变化的性质。

③比值法：处理方法与差值法基本类同，其差别在于本方法是两个波段相除。其缺陷也与差值法相似。

④变化向量分类法：图像上信息的变化，可以看作是绿度信息变化和亮度信息变化，这一方法以垂直植被指数表征绿度信息，以亮度指数表征亮度信息，从而建立亮度——绿度指数平面，求出两个时间某一点的亮度、绿度指数变化向量，依据变化向量的方向和大小，经训练后进行分类，得出变化信息分类图。

5.4.3　判读

遥感影像上不同地物具有不同的影像特征，这些影像特征是判读时识别各种地物的依据，这种依据就叫作影像判读标志。判读标志包括形状、大小、颜色，如地物本身颜色、地物表面结构、地物本身的反光能力、湿度的大小、摄影季节的差异等；阴影包括本影和落影，地物的相关位置等。可以根据这判读标志直接把地物判读出来，故称这些标志为直接判读标志；而把与判读对象密切相关的、现象称为间接判读标志，如自然地理环境的地形、地貌坡度、坡向、坡位等。

遥感影像有黑白和彩色两种显示或打印方式，由于彩色影像比黑白影像能提供更多的地表信息，因此彩色影像在遥感中得到广泛的使用。

①多波段影像：多波段影像是用多波段遥感器对同一目标(或地区)一次同步摄影或扫描获得的若干幅波段不同的影像。与单波段影像相比，它具有信息量大、光谱分辨率高(遥感器能分辨的地物的最小波长间隔)的特点，并且可通过各种影像增强技术，获得彩色合成影像，大大提高对地物的识别能力。Landsat 上的 MSS 和 TM 影像都属多波段扫描影像。

②彩色合成影像：彩色合成是将多波段单色图像变换为彩色图像的处理技术。一般为三色合成，也可两色或四色合成。合成的方法有两种：直接使用光学方法和使用计算机的数字处理。根据合成影像的彩色与实际景物自然彩色的关系，可分为真彩色影像和假彩色合成影像，前者是比较真实地反映地物原来彩色的影像，它可以通过彩色感光胶卷拍摄获得，也可以用彩色合成方法获得；后者是通过彩色合成方法获得的非真彩色影像。在光学合成法中，是将多波段影像配合不同滤光片准确重叠合成。

③图像增强：图像增强是改善图像视觉效果的处理。当分析遥感图像时，为了使分析者能容易确切地识别图像内容，必须按照分析目的对图像数据进行加工，目的是提高图像的可判读性。图像校正是以消除伴随观测而产生的误差与畸变，使遥感观测数据更接近于真实值为主要目的的处理；而图像增强则把重点放在使分析者能从视觉上便于识别图像内容之上，典型的图像增强有灰度交换、彩色合成等。

④直接解译：通过地面植被光谱特征、地貌特征，找出地物与遥感图像的相关或对应关系，比较不同地物的波谱特征、纹理结构和斑块的几何形状等，作为直接判读地物特征的标志。在对预判结果进行野外实地校核和抽样验证的基础上，建立各地物的解译标志，包括直接或间接解译标志，必要时建立不同时相解译标志。

根据影像的色调、形状、大小和纹理及其组合规律，通过已知地物地形图、专题图件等，与遥感影像上的同名地物对比分析，找出各类地物影像特征的基本规律，室内勾绘解译专题图初稿。

⑤间接解译：对难于直接判读的专题信息，可根据生态学规律、地形图或其他已有的资料和图件，依据图斑所处的地理位置、海拔高度、坡向以及水分条件等进行地学相关分析判别。

5.4.4　影像的预判

在相同或相近的环境条件基础上，通过对地貌植被、土壤、气候及人文要素的相关分析，对卫星影像色调、形状、空间组合等特征进行综合分析，并结合调查区域的非遥感资料，实现对遥感信息的初判和解译。

5.4.5　专题特征提取

在草地生产力遥感监测中，需要利用可见光及近红外波段数据定量地计算卫星植被指数，并比较其随时间和空间的变化规律，建立各种参数与卫星植被指数的定量关系，直至对产量进行定量预报。

特征提取：为了利用仪器进行图像判读及分析处理，需要从原始图像数据中求出有益于分析的判读标志及统计量等各种参数。对图像进行变换，突出其具有代表性的特征的方法，叫特征提取。特征提取可以定量地抽出以下 3 种特征。

①光谱特征：可提取颜色、灰度或波段间的亮度比等目标物的光谱特征，例如，Landsat 的 MSS 有 4 个波段，根据某类地物的光谱特征，采用特定的比值可将其突出出来。

②空间（几何）特征：把目标物的形状、大小，或者边缘线性构造等几何性特征提取出来，例如，把区域断层明显突出出来。

③纹理特征：是指周期性图案及区域的均匀性等有关纹理的特征。根据构成图案的要素形状、分布密度、方向性等纹理进行图像特征提取的处理叫作纹理分析。

5.4.6 野外验证

将解译结果与野外调查建立的解译标志进行综合验证，验证解译标志与地面实际状况的匹配情况，并对解译判读中的疑难问题进行调查分析。同时，对空间定位、底图分类编码的准确性进行核查。

5.4.7 勾绘图斑界限

利用地理信息系统的矢量处理工具，根据解译标志对影像进行解译和类型识别，勾绘地物边界和草地资源类型图斑，并对每一个图斑加注类型编码，形成地理信息系统支持的矢量数据。

5.4.8 类型编码

草地类型图斑实行规范性统一类型编码。

5.4.9 数据编辑

数据编辑的目的是消除数据单元逻辑上的错误。

5.4.10 数据集成与管理

草地资源监测资料的整理与数据汇总是草地调查工作由外业转入内业，最终全面提供成果的重要阶段。主要任务是整理与分析野外调查与访问的原始资料；完善与编制各种图件；量算与统计草地面积、生产能力，分析草地生产中存在的问题；提出解决措施与对策；编写出相应的调查报告；最后对成果资料进行整理与储存。

5.5 草地资源的遥感制图

草地遥感制图包括草地信息识别与提取、解译标志的建立、草地图斑的勾绘、属性判断与编码以及草地编图等一系列过程，其核心就是草地资源遥感调查的判读操作。它是建立在大量的数据源基础上，包括清晰的 TM 影像数据，精准的工作底图，相关的各种图件和资料，科学的野外调查、布点和取样数据，按严密的草地系统编码和技术路线规定，进行一系列草地信息识别、提取、图斑勾绘、属性判断和属性编码的操作过程。主要包括以下几点。

5.5.1 草地信息识别与提取

草地是一定空间组合特征所构成的一个完整的自然综合体，它是各种地理要素长期相互作用而形成的。用相似性和差异性来识别自然综合体，是本次调查的基本方法。在遥感图像上，根据其内部的同一性和外部的差异性来划分最小的地理单元，确定最小单元的基本类型和特性。首先，找到地类的基本界线，作为判读耕地、林地、草地、居民点和水域等一级地类分界线；然后，判读草地高级分类单位的界线。草地经济利用特性的共性聚类，即草地亚类，是制图单元的基本单位。

5.5.2 建立解译标志

①直接解译标志：通过室内和野外调查研究图像的光谱特征和各种地形、地物特征，结合地形背景，找出地物与遥感图像的相应关系，研究地物的波谱性质、纹理特征和斑块的几何形状等，作为直接判读地类性质的标志。

②间接解译标志：有些专业内容在遥感图像上难以直接判读，可根据 1 : 25 万或 1 : 50 万地形图或其他已有的资料和图件，依据图斑所处的地理位置、海拔高度、坡向以及水分条件等进行地学的相关分析来判别。

5.5.3 草地类型图斑勾绘

利用 GIS 的数字化功能，以卫星影像为基本信息源，根据解译标志对影像进行解译和类型识别，按草地遥感调查的精度与质量要求，在计算机屏幕上勾绘出草地资源类型图斑，并对每一个图斑加注类型编码，形成 GIS 的矢量数据。图斑边界的确定要遵循下述原则。

①符合草地水热分布状况，草地图斑不能跨越气候热量带；
②符合草地垂直地带分布规律，草地图斑不跨越山地草地垂直地带带谱的宽度；
③符合草地分布的地形特点，按照草地分布的地形的几何特征勾绘、分割草地图斑；
④符合草地经营利用原则，草地图斑不跨越峡谷、1~3 级河流，不跨越省级行政界线，不跨越铁路、国道公路。

对所判读的草地类型图斑，根据全国统一草地类型分类系统进行图斑属性编码注记。

5.5.4 草地资源数据编辑

检查初判分割的草地图斑是否闭合、是否漏图斑注记或重复注记、图斑图形及注记的科学性。对以上所完成的被切分为几个数据单元的草地类型图斑的 GIS 矢量化数据进行接边编辑，即类型一致的相邻数据单元的图斑线要衔接到一起，相邻单元连接图斑草地类型属性编码应一致，以保持草地资源在空间分布上的连续性。相连图斑数据接边的原则是：未经野外调绘的图斑服从于经过野外实地调绘的图斑；低级分类单位注记的图斑服从于高级分类单位注记的图斑；面积小的图斑服从于面积大的图斑。

接边后的草地资源 GIS 矢量化数据需要进行数据编辑。依据草地科学和地学分析对图斑进行二次判读。数据编辑的目的是消除数据单元的逻辑错误，对未闭合图斑、空图斑、误码图斑、重码图斑、悬线等进行修正。

5.5.5 数据转换

为满足数据集成的要求，编辑后的数据格式需要转换。将编辑好的 DGN 格式数据转换为 AutoCAD 的 DXF 格式，准备草地资源的数据集成。

草地资源调查及评价指标规范

（三）草地资源与生态监测规范

1. 绪论

草地资源与生态监测是应用 3S 技术，采用地面监测与遥感监测相结合的方法，对草地资源与生态环境的动态进行周期性观测与评价。草地资源与生态监测工作是草地生态保护、建设和合理利用的基础，是草地行政管理工作的需要。随着牧区人口增长和人类对草地资源不合理的开发利用，导致近 90% 的草地呈现出不同程度的退化，草地面积持续减少，具体表现在质量和产量的下降、生物多样性的减少以及草地荒漠化等问题。如何有效实施草地生态环境监测，控制和改善草地退化对中国草地资源管理及草地生态环境建设具有重要的科学意义。国家迫切需要建立具备资源评估、环境诊断、载畜量调控、自然灾情预测预报等多方面相结合的草地资源与生态监测系统，为各级主管部门及时准确地掌握草地资源与环境现状及其发展趋势，正确处理人类经济活动与草地资源、环境的关系，制定相应的管理对策提供科学依据。

2. 引用标准

《风沙源区草地沙化遥感监测技术导则》GBT 28419—2012；

《草地气象监测评价方法》GBT 34814—2017；

《草地退化监测技术导则》NYT 2768—2015；

《草地资源与生态监测技术规程》NYT 1233—2006。

3. 定义与术语

3.1 草地

是指由饲用植物和食草动物为主的生物群落及其着生的土地构成的生物土地资源，包括天然草地和人工草地。

3.2 草地资源

在一定区域和一定时间内，可供草业生产利用的土地和生物。

3.3 草地生态基况

在一定时空范围内，草地与环境因子、人类活动相互作用的表现，即人类利用、环境影响下草地所表现的状况。

3.4 3S 技术

遥感(Remote Sensing，RS)，地理信息系统(Geographic Information System，GIS)，全球定位系统(Global Positioning System，GPS)的技术总称。

3.5 地面监测

采用 GPS 定位技术获取草地的动态信息，包括定位监测和路线监测的地面调查方法。

3.6　草地资源与生态监测

应用 3S 技术，采用地面监测与遥感监测相结合的方法，对草地资源与生态环境的动态进行周期性观测与评价。

3.7　草地雪灾

由于过量降雪造成草地畜牧业损失的自然灾害。

3.8　草地旱灾

由于持续少雨，草地牧草不能正常生长发育，造成草地资源损失的自然灾害。

3.9　草地火灾

由于天然或人为原因引起草地火烧造成的灾害。

4. 草地资源与生态监测的任务

4.1　草地资源面积监测

通过遥感、地面监测等方法，获取地面监测和遥感监测的相关资料，建立解译标志，订正草地分布范围，确定草地类型，与历史数据比较分析面积变化及原因。监测指标为确定草地类、草地型、草地总面积、可利用面积、面积变化值、变化率。

4.2　草地第一性生产力监测

草地第一性生产力监测是利用样地监测路线监测获取草地第一性生产力的数据；利用监测区域内遥感影像数据，建立植被指数估产模型，估算草地第一性生产力；评估草畜平衡。监测指标包括地上生物量、产草量、其他饲草饲料供给量、利用率、植被指数、载畜量。

通过监测草地第一性生产力时空动态来评估草地承载能力，定期发布草畜平衡状况，预测预报天然牧草生产量和草地理论载畜量。生产力监测是草地资源与生态监测的基础之一，是其他监测工作的基本内容和指标。

4.3　草地退化、沙化、盐渍化与灾害监测

①对退化草地的分布、面积和程度进行监测，定期提供草地退化动态数据和退化分布图；找出草地退化的影响因素，并分析其相互关系。监测指标包括盖度变化、高度变化、频度变化、产草量变化、植物种数变化、毒害草变化、指示植物变化、一年生植物种数变化、退化等级、地表特征、利用现状等。

②获得草地沙化的现状和变化数据，即草地沙化植物群落特征、组成结构、指示植物变化和地上生物产量动态状况，地表状况和沙丘形态特征，草地沙化面积及空间分析。编制草地资源沙化现状分布图；提供草地沙化动态数据；对照历史资料，分析社会经济因素

对草地沙化发展趋势的影响。监测指标有植物群落变化指标同草地退化监测指标。其他指标有表土厚度、覆沙厚度、风蚀深度、沙化地段比例、沙化时间、沙化程度、沙丘形态、沙丘移动速度、丘间距、丘盆比、丘高等。

③获得草地土壤盐渍化现状、动态,编制草地土壤盐渍化现状分布图;提供草地土壤盐渍化动态数据和分析评价,找出草地土壤盐渍化动态的影响因素及相关分析。监测指标有植物群落变化监测指标同草地退化监测指标。其他指标有土壤类型、土壤含盐量、土壤pH、盐碱指示植物优势度、盐碱斑面积比例、盐渍化程度。

④草地灾害监测主要包括雪灾、旱灾、火灾、草地鼠害、草地虫害的监测,通过动态监测,实时监测草地灾害发展趋势,及时做出预报。

4.4 草地保护与建设工程效益监测

按年度获得草地保护与建设工程的类别、面积、空间分布、草地植被盖度、高度、产草量及动态变化,对草地保护与建设工程的效益进行评价。监测指标包括建设类型、建设面积、实施年限、治理措施、植被高度、植被盖度、产草量、土壤质地、土壤含水量、土壤有机质含量等。

5. 草地资源与生态监测前期准备

5.1 资料准备

遥感信息源:收集不同时期、不同来源的卫星遥感资料,空间分辨率为5m、10m、30m(SPOT、TM遥感图像数据),包括可见光和近红外波段,影像时相选择植被生长的最佳时期,并完整覆盖研究区域。

其他资料:收集有关研究区草地资源与畜牧业方面的图件、统计资料及调查报告等,包括植被类型图、草地资源类型图、土地利用现状图,以及土壤、水文、地形图等资料。

5.2 物资准备

准备调查所需的手持定位设备、数码相机和计算器等电子设备,样方框、剪刀、枝剪等取样工具,50m钢卷尺、3~5m钢卷尺、便携式天平或杆秤等量测工具、样品袋、标本夹等样品包装用品,野外记录本、调查表格、标签以及书写用笔等记录用具,遥感DOM、地形图、调查底图等图件,越野车等交通工具。

6. 草地资源与生态监测方法与流程

草地资源生态环境监测是采用地面监测与遥感监测相结合的方法,对草地资源生态环境的动态进行周期性观测与评价。草地资源重点监测类型主要分为草地类和草地型两级。

6.1 草地资源生态监测区的划分

根据草地资源生态监测区划分的依据和原则,对草地资源进行监测区的划分。监测区划分为三级,即区、亚区及小区。根据草地生态变化及生态环境治理的重点区域,包括:

江河源区、风沙源区、水土流失区、湿地区等，作为重点监测区域。

(1)监测技术路线

草地资源与生态监测以 3S 技术和地面调查方法相结合，提取草地资源与生态的动态信息；采用定性分析与定量分析相结合，典型区调查与路线调查相结合，重点区域与重点类型相结合，以草地资源合理开发利用和草地生态保护建设为总体目标，构建草地资源与生态监测技术系统(参照 N/YT1233)。

(2)监测方式

监测方式主要分常规监测和专题监测。常规监测是按规定的监测时间、监测周期、监测内容获取草地资源与生态信息，及时进行汇总、分析、存贮、传递与查询等信息服务。专题监测是针对草地资源与生态突发性问题或重点监测区域特别设置的专项监测。

(3)监测方法

地面监测：地面监测包括定位监测和路线监测。定位监测是在草地重点类型、重点监测区域和工程重点监测区域，以长期定位样地的方式，观测草地群落及生态因子变化，分析草地资源和生态变化规律，积累地面资料和基础数据。

路线监测：按选定的路线监测草地资源空间变异状况，为宏观掌握草地资源与生态变化及草地利用管理现状，积累地面资料和基础数据。

遥感监测：以遥感技术为支撑，从区域和宏观尺度监测草地资源与生态变化，结合地面样方对草地状况进行时空动态的监测与评估。

(4)监测流程

监测流程主要为基础数据准备、背景资料和统计资料收集、数据输入遥感信息获取、地面数据采集、数据处理、统计汇总与图件处理、分析评价、编写监测报告、结果输出及发布等技术环节。

6.2 样地布设

(1)样地布设原则

①设置样地的图斑既要覆盖生态与生产上有重要价值、面积较大、分布广泛的区域，反映主要草地类型随水热条件变化的趋势与规律，也要兼顾具有特殊经济价值的草地类型，空间分布上尽可能均匀。

②样地应设置在图斑(整片草地)的中心地带，避免杂有其他地物。选定的观测区域应有较好代表性、一致性，面积不应小于图斑面积的 20%。

③不同程度退化、沙化和石漠化的草地上可分别设置样地。

④利用方式及利用强度有明显差异的同类型草地，可分别设置样地。

⑤调查中出现疑难问题的图斑，需要补充布设样地。

(2)样地数量

①预判的不同草地类型，每个类型至少设置 1 个样地。

②预判相同草地类型图斑的影像特征如有明显差异应分别布设样地；预判草地类型相同、影像特征相似的图斑，按照这些图斑的平均面积大小布设样地，数量根据表 3 的要求确定。

表 3　预判相同草地类型、影像相似图斑布设样地数量要求

预判草地类型相同、影像特征相似图斑的平均面积(hm²)	布设样地数量要求
>10000	每 10000hm² 设置 1 个样地
2000～10000	每 2 个图斑至少设置 1 个样地
400～2000	每 4 个图斑至少设置 1 个样地
100～400	每 8 个图斑至少设置 1 个样地
15～100	每 15 个图斑至少设置 1 个样地
3.75～15	每 20 个图斑至少设置 1 个样地

6.3　监测

使用遥感技术在 7～8 月草地生物量最高，且未发生严重生物灾害或降水量在常年水平 75% 以上时进行监测。监测指标包括草地植被盖度、草地退化指示植物地上生物量、草地建群植物和优良植物产量、健康草地植被盖度 4 项指标。在行政区域上以县级为评价单元，在草地类型上以草地型为评价单元，草地型的划分按照 NY/T 2997—2016 的规定执行。

(1) 草地植被盖度

①地面测定：在布设的样方内用植被盖度仪、针刺法或样线法测定植被盖度。

②遥感提取：使用遥感数据，按公式(1)计算归一化植被指数(NDVI)，按公式(2)计算植被盖度。

$$NDVI = \frac{\rho_{mir} - \rho_{red}}{\rho_{mir} + \rho_{red}} \tag{1}$$

式中：$NDVI$——归一化植被指数；

ρ_{mir}——遥感影像中某像元近红外波段反射率；

ρ_{red}——遥感影像中某像元红波段反射率。

$$C = \frac{NDVI - NDVI_{mir}}{NDVI_{max} - NDVI_{min}} \times 100 \tag{2}$$

式中：C——遥感影像中某个像元的植被盖度，单位为百分号(%)；

ρ_{mir}——植被盖度最小的 NDVI 值；

ρ_{red}——植被盖度最大的 NDVI 值。

注：$NDVI_{min}$ 和 $NDVI_{max}$ 的取值方法，如遥感影像覆盖区域包含水域、茂密林地，$NDVI_{min}$ 和 $NDVI_{max}$ 分别取 $NDVI$ 直方图累积频率在 2% 和 98% 时的 $NDVI$ 值；如遥感影像覆盖区域不包含水域、茂密林地，可通过查询相关资料或使用其他区域同样辐射条件的遥感影像，确定 $NDVI_{min}$ 和 $NDVI_{max}$。

(2) 草地建群和优良植物产量

①地面测定：按照 NY/T 2998—2016 规定的样地样方布设和测定方法，测定监测评价区域的建群和优良植物生物量；在建群和优良植物生物量基础上，加上监测前草地当年已利用生物量，得到建群和优良植物产量。

②遥感提取：对某一草地型，建立建群和优良植物生物量与 NDVI 回归模型，反演建群和优良植物地上生物量。在建群和优良植物生物量基础上，加上监测前草地当年已利用生物量，得到建群和优良植物产量。

（3）草地退化指示植物生物量

①地面测定：按照 NY/T 2998—2016 规定的样地样方布设和测定方法，测定监测评价区域的草地退化指示植物生物量，退化指示植物名录参见 NY/T 3648。

②遥感提取：对某一草地型，建立退化指示植物生物量与 NDVI 回归模型，反演得到退化指示植物生物量。

7. 附录

表 B-1 草地生态环境状况调查表

填表日期：　　　　　　填表人：　　　　　　填表单位：

行 政 区：　　　　省　　　　市（州）　　　　县（区）

类型	主要分布区域	分布面积（hm²）	分级面积（hm²）		
			轻度	中度	重度
草地退化					
草地沙化					
草地盐渍化					
草地石漠化					

注：本表省、市、县级行政区均可使用。

表 B-2 县草畜平衡调查表

填表日期：　　年　月　日　　填表人：　　　　　　填表单位：

编号	地块或区域名	草地利用方式	放牧天数（割草地不填）	地上生物量	草地可食牧草产量	草地可利用标准干草	草地合理载畜量	实际载畜量
1								
2								
3								
4								
5								
6								
7								
8								
9								
10								
11								
12								
13								

注：放牧天数，单位：天；地上生物量、草地可食牧草产量，单位：kg/hm²（千克/公顷）；草地可利用标准干草，单位：kg（千克）；草地合理载畜量、实际载畜量，单位：羊单位。

表 B-3　草地返青监测调查表

调查单位：　　　　　　　　　　　　　　　　　　　　　　　　　　　　　　调查人：

调查日期 (年-月-日)		地点		草地类/型	/
地貌		利用方式		样地编号	
景观照片 编号(注明日期)		经纬度		海拔(米)	

样方编号	经纬度	海拔 (米)	返青率 (%)	俯视照片编号 (注明日期)	

返青主要牧草种类 (2-3 种)	
推算 50% 返青率日期 (年-月-日)	
与常年/上年比较 (提前/推迟天数)	
备注：	

表 B-4 草地枯黄监测调查表

调查单位： 调查人：

调查日期 （年–月–日）		地点			草地类/型	/
地貌		利用方式			样地编号	
景观照片编号 （注明日期）		经纬度			海拔 （米）	

样方编号	经纬度	海拔 （米）	枯黄率 （%）	俯视照片编号 （注明日期）		
枯黄主要 牧草种类 （2–3 种）						
推算 50% 枯黄率日期 （年–月–日）						
与常年/上年比较 （提前/推迟天数）						

备注：

表 B-5　固定监测点生态状况调查表

调查日期：　　　年　　月　　日　　　　　　　　调查人：

监测点编号		小区名称	
小区面积		照片编号	
样方定位	东经： 北纬：	海拔	
枯落物重量		土壤质地、机械组成	
土壤容重		土壤含盐量	
土壤 pH		土壤有机质	
土壤全氮含量			
主要植物种名称	盖度百分比	重量百分比	
备　　注			

注：群落组成每年测定一次；土壤理化性质可在第一年测定本底数据，以后每 2 年测定一次；对于不具备测定条件的站点，可将样品送到省级科研院所有关实验室进行测定(待测样品在进行化学测定前注意低温保存)。

表 B-6　　　　县　　年经济社会指标统计表(固定监测点)

所在县国土总面积(hm^2)	
所在县草地面积(hm^2)	
所在县天然草地面积(hm^2)	
所在县天然草地可利用面积(hm^2)	
所在县退化草地面积(hm^2)	
所在县牧户数(户)	
所在县草食牲畜年末存栏量(羊单位)	
所在县职工年平均工资(元)	
所在县农牧民年人均纯收入(元)	

表 B-7　固定监测点工作记录表

监测点编号		监测时间	年　月　日
参加人员姓名			
监测内容			
特殊情况、问题及建议备注			

表 B-8 　　　县　　　年固定监测点工作情况汇总表

样地数			
样方数			
照片数量			
照片容量			
入户调查数			
开展培训次数			
参加培训人数			
参加工作人数			
工作起止时间			
野外里程数(估测公里数)			
样品分析测定	名称		数目
资金使用情况	名称	金额(元)	资金来源

表 B-9 本底资料收集表

气象资料	≥0℃积温( )℃； ≥5℃积温( )℃； ≥10℃积温( )℃							
	常年平均降水( )毫米				常年平均蒸发量( )毫米			
	常年平均气温( )℃				年平均日照数( )小时			
	常年平均无霜期( )天							
基本情况	国土面积：( )平方公里				草地总面积：( )公顷			
工程基本情况	任务面积			万亩				
	年度	小计	禁牧	休牧	轮牧	搬迁	草地改良	棚圈数	青贮窖
人文经济资料	全县人口数 ( )万人			主要民族 ( )少数民族人口比例( )				
	畜牧业产值 ( )元			农业总产值( )元				
	人均牧业收入( )元			人均收入 ( )元				
	家畜饲养	总量	死亡量	出栏量	存栏量	家畜胴体重(千克)		
	牛(万头)							
	羊(万只)							
	马(万匹)							
	骆驼(万匹)							

表 B-10 全县项目当年情况统计

劳动力本地就业 ( )人次		转移就业( )人次		
科技培训( )人数 ( )次数				
项目建设投入的原材料种类	数量	单位	单价	总价值
钢筋		吨		
水泥		吨		
运输车次		次		
雇佣人力		天·人		

表 B-11　项目县气象数据表

月份	项目实施当年( )年		统计数据当年( )年	
	气温(℃)	降水(mm)	气温(℃)	降水(mm)
1 月				
2 月				
3 月				
4 月				
5 月				
6 月				
7 月				
8 月				
9 月				
10 月				
11 月				
12 月				

草地资源调查及评价指标规范

（四）草地资源的评价

1. 绪论

草地资源是可用于人类生产和生活的、生长草本或木本植物，有相应的动物和微生物生存的生态系统及其景观。草地资源既是土地资源的组成部分，也是生物资源的群聚体。草地的特征植物为乔本科和类乔本科植物，有时杂类草和灌丛也占重要地位；特征动物为有蹄类和齿类。草地资源作为一种重要的可更新资源，不仅是人类宝贵的生物基因库，是草地畜牧业的重要物质基础，为发展新疆草地畜牧业提供了重要的保障。它也是人类生存环境的巨大维护者，在新疆特殊的荒漠区生态环境维护中发挥着重要的作用，对维护新疆区域生态平衡，促进地方经济发展具有极其重要的作用。草地资源评价是在草地资源调查的基础上，对草地生境、草地植被与草地生产力进行综合评定的过程。目的是为区域草地资源开发与草地畜牧业可持续发展提供科学依据。

2. 引用标准

《草地植被健康监测评价方法》（NY/T 3648—2020）；

《草地健康状况评价》（GB/T 21439—2008）；

《天然草地等级评定技术规范》（NY/T 1579—2007）。

3. 定义与术语

3.1 草地

大面积的天然植物群落着生的土地，其植物或植物的部分可直接用于放牧或刈割后饲养家畜。草地的原生植被（顶极群落或自然条件下的潜在顶极群落）不是乔木，而主要是禾本科、豆科、莎草科、杂类草等草本植物或家畜可采食嫩枝叶的灌木。草地所提供的饲料主要来自天然植被，对于引入草地的栽培植物，也按天然植被统一管理。

3.2 草地健康

草地生态系统中的生物和非生物结构的完整性（integrity）、生态过程（ecological process）的平衡及其可持续的程度。

3.3 草地退化指示植物

草地退化过程中显著增多的植物。

3.4 草地植被健康

草地群落具有较高比例的原生建群植物和优良植物，能够长期稳定维持植物、动物正常生长发育的状态。

3.5 草地植被健康指数

表示草地植被健康程度的无量纲数，取值 0~100，数值越大，草地越健康。

3.6 地境

在土壤物理性质、植被类型和产量以及对管理的响应等方面具有独特性，并与其他土地类型有明显区别的土地单元。地境是草地健康状况评价的基本单元。

3.7 植物群落

一定时期内，通过营养的、空间的相互作用关系而定居在特定生境或区域的植物种群的集合。

3.8 地上现存量

一定时间、单位面积上植物活体地上部分的干物质重量，通常用"g/m²"或"kg/hm²"表示。

3.9 凋落物

死亡或衰老后脱落到地面的植物残体。凋落物是土壤有机质形成及地境养分循环的主要原料，也是土壤动物和微生物的食物来源。凋落物覆盖地表可改善土壤表面的小气候，并能在一定程度上对土壤侵蚀起到减缓作用。

3.10 建群种

植物群落的优势层中的优势种。建群种对植物群落的结构与功能起到主导作用。

3.11 重要值

度量植物群落中某一物种相对重要性的指标。在草地群落中，某一植物种的重要值(%)可以用相对密度、相对频度、相对盖度、相对高度和相对重量的平均值表示。

3.12 侵入植物种

侵入特定区域、具有潜在危害性的外来植物种。侵入种是从国外或国内其他区域传入的本地原来并不存在的植物种，一旦侵入就可能迅速增加其优势度，造成本地植物群落的结构和功能发生较大变化。

4. 草地资源评价的内容

4.1 草地健康评价

草地健康评价的内容主要包括：草地的生境评价和草地基况评价。

4.1.1 草地的生境评价

草地生境条件决定草地资源类型、草地植物构成、草地的生长期、产草量和质量，是草地资源评价的重要内容。草地生境评价主要包括：

①气候条件。主要评价年均温、月均温、极端高低温、无霜期、冰雪期、降水量以及

暴风雪、沙尘暴等自然灾害的强度和频度，以及它们对草场和放牧活动的影响。

②地貌状况。主要评价地貌部位对地方气候、地下水埋深和土壤的影响，评价地形起伏、坡度、坡向对放牧活动、饲草利用率以及利用方式（放牧或割草）的影响。

③水源条件。水、草是评定草场经济利用价值的两大重要因素。草群丰茂但缺乏水源的草场，往往不能充分利用。草场水源包括地表水（河、湖）和地下水（井、泉）。水源丰富与否取决于水源地距离和水量，水源地相距越近、水量越大，供水保证率就越高；反之则低。如果畜牧饮水到10km以外，供水就无基本保证，草场也只有在冬季积雪时才能部分利用。

④土壤基质。主要考虑土壤发育程度和土壤机械组成，以鉴定草地饲用植物的生长情况和草场的耐牧条件，从而确定草场的经济利用价值。

4.1.2 草地基况评价

草地基况评价是指草地生长发育和发展演替的基本情况，也可以形象地解释为草地的健康状况。草地基况作为评价草地的一个重要指标，表示出了草地经过不同利用方式和不同外界环境的干扰，尤其是放牧利用后演变成的当前状况。根据此状况，可以判断某种放牧制度是否适用于某类草地。通过评价草地基况，还可以了解草地的健康状况、草地的生产潜力及草地的价值等。

草地基况评价的主要指标包括：①草地的植被组成和生产力，可以说明和比较草地实际和潜在生态生产能力差异；②草地的利用状况，可以说明草地的当前状况，并表示草地经营管理的有效性和草地改良的潜力；③草地当前所处的演替阶段，能够指示出草地当前所处的演替阶段，通过它可以判断草地的恢复和发展潜力。

4.2 草地资源等级评价

《中国草地资源评价原则及标准》规定："等"表示草地草群的品质优劣；"级"表示草地草群地上部分的产量高低。

4.2.1 草地资源"等"的评价

草地资源"等"的评价主要依据草群中各类牧草的营养价值、适口性和采食率为指标进行评价。

4.2.2 草地资源"级"的评价

草地资源"级"的评价主要按照统一的草地等级评价标准，在调查和评价的基础上，经统计后进行评级。

5. 草地资源评价的方法与流程

5.1 数据的处理

（1）草地等数据

汇总所有样方数据，将评定区域所有样方内的可食牧草，按不同牧草饲用价值评价结果进行分别统计汇总，计算各等牧草占总产量的百分比。

（2）草地级数据

取评定区域的所有样方内的可食牧草产量平均值，确定单位面积产量。

5.2　草地资源评价

5.2.1　草地健康评价

（1）健康指数计算

按式（1）计算草地植被健康指数。

$$H = \frac{C}{C_H} \times \frac{Y_P}{Y_P + Y_b} \times 100 \tag{1}$$

式中：H——健康指数；

C——草地植被盖度，单位为百分号（％），C 大于 C_H 时，C 取值 C_H；

C_H——同期同类型健康草地植被盖度，单位为百分号（％）；

Y_P——建群植物优良产量，单位为千克每公顷（kg/hm²）；

Y_b——退化指示植物地上生物量，单位为千克每公顷（kg/hm²）。

（2）分级

草地植被健康程度按照草地植被健康指数（H）大小划分 4 级，健康指数大于等于 80 的为健康，大于等于 60 而小于 80 的为较健康，大于等于 40 而小于 60 的为亚健康，小于 40 的为不健康（见表 4）。

待监测评价区域只有 1 个草地型的，按照健康指数平均值进行分级；待监测评价区域有 2 个或以上草地型的，使用面积加权计算健康指数的平均值，再进行健康分级。

表 4　草地健康分级

项目	草地植被健康指数范围和健康分级			
草地植被健康指数（H）	H≥80	60≤H<80	40≤H<60	H<40
健康分级	健康	较健康	亚健康	不健康

5.2.2　草地等级评价

天然草地等级调查以区域评定为单元，在牧草产量最高月份，采用野外路线调查、访问调查等方法进行。路线调查中，选择具有代表性的样方，测定草地等和草地级的各项指标。天然草地等级评价主要包括野外调查、牧草饲用价值评定、草地等的评定、草地级的评定以及草地等级综合评定五方面。

（1）评定指标

植物群落评价：主要根据天然草地在放牧条件下植被的演替变化，划出优良、良好、中等、低劣 4 个状况级，为水土保持提供预防和治理草地的科学依据。选用减少种、增多种和入侵种 3 个组成成分和总盖度作为评价指标。

减少种：适口性优良，随放牧强度加大而减少的种。

增多种：适口性中低，随放牧强度加大而增多，但强度太大又趋于减少的种。

入侵种：适口性劣等或根本不食的杂草，随放牧强度加大，原有种稀疏而侵入的种。

三者的总盖度变化值都以25%为一个状况阶段,共划分4级。

优良:总盖度的75%~100%由减少的和增多的种所构成,或者说,总盖度的0~25%由增加了的增多种和入侵种构成。

良好:现时植被总盖度的50%~75%由原生或顶级植被构成。

中等:现时植被总盖度的25%~50%由原生或顶级植被构成。

低劣:现时植被总盖度的0%~25%由原生或顶级植被构成。

(2)牧草饲用价值评定

草地牧草饲用价值评价是根据可食牧草的适口性、营养价值、耐牧性及保存率指标,将牧草饲用价值划分为优、良、中、低、劣5等。采用打分法,将各评价指标总和定为100,依据每一指标作用不同打分。牧草适口性50分,牧草营养价值35分,牧草耐牧性10分,冷季保存率5分,然后按各项目打分情况进行综合评价,各评价标准表和牧草饲用价值分等表参照 N/YT 1579—2007。

(3)草地等的指标

草地等共分为5等,划分标准如下:当研究区优等牧草占总产量≥60%时划分为Ⅰ等草地;良等以上牧草占总产量≥60%时划分为Ⅱ等草地;中等以上牧草占总产量≥60%时划分为Ⅲ等草地;低等以上牧草占总产量≥60%时划分为Ⅳ等草地;劣等和不可食牧草占总产量≥40%时划分为Ⅴ等草地。

(4)草地级的指标

草地级共分为8级,划分标准如下。

①当研究区可食牧草产量≥4000kg/hm²时划分为1级草地;

②可食牧草产量在3000~4000kg/hm²(含3000kg/hm²)时划分为2级草地;

③可食牧草产量在2000~3000kg/hm²(含2000kg/hm²)时划分为3级草地;

④可食牧草产量在1500~2000kg/hm²(含1500kg/hm²)时划分为4级草地;

⑤可食牧草产量在1000~1500kg/hm²(含1000kg/hm²)时划分为5级草地;

⑥可食牧草产量在500~1000kg/hm²(含500kg/hm²)时划分为6级草地;

⑦可食牧草产量在250~500kg/hm²(含250kg/hm²)时划分为7级草地;

⑧可食牧草产量<250kg/hm²时划分为8级草地。

(5)草地等级综合评定指标

草地等级综合评定指标是在草地等和草地级评定的基础上,对草地等和草地级进行叠加组合,共组合为40个不同草地等级;在40个草地等级叠加组合的基础上,将草地5等再归并为优质、中质、劣质,草地8级再归并为高产、中产、低产,草地等级综合评定指标归并为9类,按产量优先排序(见表5)。区域草地等级综合评定表见表6。

表5 草地等级划分标准表

草地等级	划分标准
优质高产	优等和良等牧草占总产量≥60%,可食牧草产量≥3000kg/hm²
中质高产	良等牧草及低等牧草以上占总产量≥60%,可食牧草产量≥3000kg/hm²

（续）

草地等级	划分标准
劣质高产	劣等牧草占总产量≥40%，可食牧草产量≥3000kg/hm²
优质中产	优等和良等牧草占总产量60%，500kg/hm²≤可食牧草产量<3000kg/hm²
中质中产	良等牧草及低等牧草以上占总产量≥60%，500kg/hm²≤可食牧草产量<3000kg/hm²
劣质中产	劣等牧草占总产量≥40%，500kg/hm²≤可食牧草产量<3000kg/hm²
优质低产	优等和良等牧草占总产量≥60%，可食牧草产量<500kg/hm²
中质低产	良等牧草及低等牧草以上占总产量≥60%，可食牧草产量<500kg/hm²
劣质低产	劣等牧草占总产量≥40%，可食牧草产量<500kg/hm²

表6　区域草地等级综合评定表

所在行政区：　　　省（自治区）　　　县（市）　　　乡（镇）　　　村

经度：　　　　　纬度：　　　　　海拔：　　　　　面积：

调查时间：　　年　月　日	评定时间：　　年　月　日
调查人	评定人：

等级组合		高产		中产			低产	
		1级	2级	3级	4级	5级	6级	7级	8级
优质	Ⅰ等								
	Ⅱ等								
中质	Ⅲ等								
	Ⅳ等								
劣质	Ⅴ等								
等级归类评定结果									

参考文献

中国资源科学百科全书［M］. 北京：中国大百科全书出版社. 2009.

任继周. 草业科学研究方法［M］. 北京：中国农业出版社，1998.

王栋. 牧草学各论［M］. 南京：畜牧兽医用图书出版社，1956.

北方草场资源调查办公室. 草场资源调查技术规程［M］. 北京：中国农业科技出版社，1986.

任继周. "草地资源的属性，结构与健康评价." 第四届第二次年会暨学术讨论会.

李向林. 草地健康评价的概念和方法［C］// 中国草业可持续发展战略论坛论文集. 2004.

湿地资源调查及评价指标规范

（一）湿地资源调查指南

1. 绪论

1.1 湿地的定义和资源调查的意义

湿地(wetland)是天然或人工、长久或暂时性的沼泽地、湿原、泥炭地或水域地带,有静止或流动、淡水、半咸水、咸水水体,包括低潮时水深不超过6m的海域。

湿地占全球陆地面积的60%,是陆地生态系统和水生生态系统相互作用形成的独特的生态系统,是人类最重要的生存环境和自然界最富生物多样性的生态景观之一。据新疆第二次湿地资源调查数据(2011—2012年),新疆湿地(不含水稻田面积)有河流湿地、湖泊湿地、沼泽湿地和人工湿地四大类,湿地总面积394.82万hm²。其中,河流湿地121.64万hm²,占湿地总面积30.81%;湖泊湿地77.45万hm²,占湿地总面积19.62%;沼泽湿地168.74万hm²,占湿地总面积42.74%;人工湿地26.99万hm²,占湿地总面积的6.84%。新疆天然湿地的广泛分布,对地处内陆干旱、半干旱的新疆生态建设、生态系统维护与修复发挥着决定性作用,对全国生态保护和生态建设发挥着十分突出的屏障作用。如今,距离第二次湿地资源调查又接近10年,通过有规律的湿地资源调查,了解湿地资源的动态消长规律,了解新疆湿地资源本底数据;通过对湿地资源变化分析,对全新疆湿地资源进行全面、客观地评价,为湿地资源的保护、管理和合理利用提供统一完整、及时准确的基础资料和决策依据。

1.2 调查范围、时间季节和内容

1.2.1 调查范围

(1)已列入《中国湿地保护行动计划》的国家重要湿地名录的湿地;

(2)已建立湿地公园中的湿地;

(3)新疆特有类型的湿地;

(4)分布有特有的濒危保护物种的湿地;

(5)面积≥10000hm²的湖泊湿地、沼泽湿地和水库;

(6)其他具有特殊保护意义的湿地;

(7)已建立的各级自然保护区(国家级、省级、县级等);

(8)建立符合调查的名录。

1.2.2 调查时间和季节

湖泊湿地、河流湿地、沼泽湿地以及人工湿地的遥感影像解译应选取近2年丰水期的影像资料。如果丰水期的遥感影像的效果影响到判读解译的精度,可以选择最为靠近丰水期的遥感影像资料。湿地的外业调查应根据调查对象的不同,分别选取适合的时间和季节进行。

1.2.3 调查内容

对所有符合调查范围的湿地,区分其类型、面积、分布(行政区、中心点坐标)、平均海拔、所属流域、水源补给状况、植被类型及面积、主要优势植物种、土地所有权、保护管理状况、河流湿地的河流级别等。主要包括以下内容。

①自然环境要素：包括位置(坐标范围)、平均海拔、地形、地貌、气候、土壤等。

②水环境要素：包括水文要素、地表水和地下水水质。

③野生动物：调查区域内重要陆生和水生湿地脊椎动物的种类、分布及生境状况，包括水鸟、兽类、两栖类、爬行类和鱼类，以及该湿地内占优势或数量很大的某些无脊椎动物，如贝类、虾类、蟹类等。

④植物群落和植被。

⑤湿地、保护区的保护与管理、资源利用状况、社会经济状况和受威胁状况。

2. 调查分类

2.1　湿地分类

根据《湿地分类》标准，湿地划分为 5 类 34 型，按照《湿地调查规程》的湿地分类标准，新疆湿地可划分为 4 类 22 型，即河流湿地、湖泊湿地、沼泽湿地和人工湿地 4 类，及其下一级的 22 型。新疆各湿地类、型及其划分标准见表 1。

表 1　湿地类、型及划分标准

序号	湿地类	湿地型	划分标准
1	河流湿地	永久性河流	常年有河水径流的河流，仅包括河床部分
		季节性或间歇性河流	一年中只有季节性(雨季)或间歇性有水径流的河流
		洪泛平原湿地	在丰水季节由洪水泛滥的河滩、河心洲、河谷、季节性泛滥的草地以及保持了常年或季节性被水浸润内陆三角洲所组成
		喀斯特溶洞湿地	喀斯特地貌下形成的溶洞集水区或地下河/溪
2	湖泊湿地	永久性淡水湖	由淡水组成的永久性湖泊
		永久性咸水湖	由微咸水/咸水/盐水组成的永久性湖泊
		季节性淡水湖	淡水组成的季节性或间歇性淡水湖(泛滥平原湖)
		季节性咸水湖	由微咸水/咸水/盐水组成的季节性或间歇性湖泊
3	沼泽湿地	藓类沼泽	发育在有机土壤的、具有泥炭层的以苔藓植物为优势群落的沼泽
		草本沼泽	由水生和沼生的草本植物组成优势群落的淡水沼泽
		灌丛沼泽	以灌丛植物为优势群落的淡水沼泽
		森林沼泽	以乔木森林植物为优势群落的淡水沼泽
		内陆盐沼	受盐水影响，生长盐生植被的沼泽。以苏打为主的盐土，含盐量应>0.7%；以氯化物和硫酸盐为主的盐土，含盐量应分别大于 1.0%、1.2%
		季节性咸水沼泽	受微咸水或咸水影响，只在部分季节(≥3 个月)维持浸湿或潮湿状况的沼泽
		沼泽化草甸	为典型草甸向沼泽植被的过渡类型，是在地势低洼、排水不畅、土壤过分潮湿、通透性不良等环境条件下发育起来的，包括分布在平原地区的沼泽化草甸以及高山和高原地区具有高寒性质的沼泽化草甸
		地热湿地	由地热矿泉水补给为主的沼泽
		淡水泉/绿洲湿地	由露头地下泉水补给为主的沼泽

（续）

序号	湿地类	湿地型	划分标准
4	人工湿地	库塘	为蓄水、发电、农业灌溉、城市景观、农村生活为主要目的而建造的，面积不小于 8hm² 的蓄水区
		运河、输水河	为输水或水运而建造的人工河流湿地，包括灌溉为主要目的的沟、渠
		水产养殖场	以水产养殖为主要目的而修建的人工湿地
		稻田/冬水田	能种植一季、两季、三季的水稻田，或者冬季蓄水或浸湿的农田
		盐田	为获取盐业资源而修建的晒盐场所或盐池，包括盐池、盐水泉

2.2 流域分类

全国划分为 11 个一级流域、81 个二级流域、211 个三级流域。按照《湿地调查规程》有关流域划分的规定，新疆可划分 1 个一级流域，即西北诸河区；9 个二级流域，即吐哈盆地小河、阿尔泰山南麓诸河、中亚西亚内陆河区、古尔班通古特荒漠区、天山北麓诸河、塔里木河源流、昆仑山北麓小河、塔里木河干流和塔里木盆地荒漠区；23 个三级流域，即巴伊盆地、吐鲁番盆地、哈密盆地、额尔齐斯河、吉木乃诸河、乌伦古河、额敏河、伊犁河、古尔班通古特荒漠区、中段诸河、艾比湖水系、东段诸河、开孔河、渭干河、阿克苏河、喀什噶尔河、叶尔羌河、和田河、车尔臣河诸小河、克里亚河诸小河、塔里木河干流、库木塔格沙漠和塔克拉玛干沙漠（见表 2）。

表 2　新疆一、二、三级流域

代码	一级流域	二级流域	三级流域
1	西北诸河区	吐哈盆地小河	巴伊盆地
			吐鲁番盆地
			哈密盆地
		阿尔泰山南麓诸河	额尔齐斯河
			吉木乃诸河
			乌伦古河
		中亚西亚内陆河区	额敏河
			伊犁河
		古尔班通古特荒漠区	古尔班通古特荒漠区
		天山北麓诸河	中段诸河
			艾比湖水系
			东段诸河

（续）

代码	一级流域	二级流域	三级流域
1	西北诸河区	塔里木河源流	开孔河
			渭干河
			阿克苏河
			喀什噶尔河
			叶尔羌河
			和田河
		昆仑山北麓小河	车尔臣河诸小河
			克里亚河诸小河
		塔里木河干流	塔里木河干流
		塔里木盆地荒漠区	库木塔格沙漠
			塔克拉玛干沙漠

2.3　地貌分类

2.3.1　内陆地区

（1）高山：海拔大于 3500m，相对高程大于 1000m 的山地。

（2）中山：海拔为 1000~3500m 的山地。

（3）低山：海拔为 500~1000m 的山地，相对高程大于 200m。

（4）丘陵：海拔 500m 以下，相对高程小于 200m。

（5）高原：海拔高度大于 3000m，相对高程较小的大面积隆起地区。

（6）冲积平原：是由河流沉积作用形成的平原地貌。

（7）湖积平原：由湖泊沉积物淤积而形成的平原。

（8）三角洲平原：河流流入海洋或湖泊时，因流速减低，所携带泥沙大量沉积，逐渐发育而成。

（9）火山口：是指火山喷出物在喷出口周围堆积，在地面上形成的环形坑。

2.3.2　河口区

河流的终段，是河流和受水体的结合地段。受水体可能是海洋、湖泊、水库和河流等，因而河口可分为入海河口、入湖河口、入库河口和支流河口等。

2.4　土壤分类

中国土壤分类执行中华人民共和国国家标准《中国土壤分类与代码》（GB/T 17296—2000），共划分为 60 个土类（见表3）。

表 3 土壤分类

10 砖红壤	20 赤红壤	30 红壤	40 黄壤
50 黄棕壤	60 黄褐土	70 棕壤	80 暗棕壤
90 白浆土	100 棕色针叶林土	110 灰化土	120 漂灰土
130 燥红土	140 褐土	150 灰褐土	160 黑土
170 灰色森林土	180 黑钙土	190 栗钙土	200 黑垆土
210 棕钙土	220 灰钙土	230 灰漠土	240 灰棕漠土
250 棕漠土	260 黄绵土	270 红黏土	280 新积土
290 龟裂土	300 风沙土	310 石灰(岩)土	320 火山灰土
330 紫色土	340 磷质石灰土	350 粗骨土	360 石质土
370 草甸土	380 潮土	390 砂姜黑土	400 林灌草甸土
410 山地草甸土	420 沼泽土	430 泥炭土	440 盐土
450 滨海盐土	460 酸性硫酸盐土	470 漠境盐土	480 寒原盐土
490 碱土	500 水稻土	510 灌淤土	520 灌漠土
530 草毡土	540 黑毡土	550 寒钙土	560 冷钙土
570 棕冷钙土	580 寒漠土	590 冷漠土	600 寒冻土

2.5 泥炭厚度分类

沼泽湿地的泥炭(有机质含量≥30%)厚度划分为 3 类。薄层：<50cm。厚层：50～200cm。超厚层：>200cm。

2.6 地表水质量分类

地表水质量划分为 5 类，划分标准执行《地表水环境质量标准》(GB 3838-2002)。

2.7 地下水质量分类

地下水质量划分为 5 类，划分标准执行《地下水质量标准》(GB/T 14848-93)。

2.8 其他分类

2.8.1 水文要素分类

(1)水源补给状况

划分为地表径流(河流、冰雪融水、坡面径流)补给、大气降水补给、地下水补给(泉水、地下水)、人工补给、综合补给，共 5 类。

(2)流出状况

划分为永久性、季节性、间歇性、偶尔、没有，共 5 类。

(3)积水状况

永久性积水：地表被天然水永久覆盖(除特别干旱年份)。

季节性积水：地表被半永久性覆盖，当表面缺水时，地下水位处在地表或附近。

间歇性积水：地表被暂时性覆盖，地表水在一年中出现时间较短，但地下水位低于土壤表面。

季节性水涝：地表长期被水饱和，但地表水很少出现。

2.8.2 水质要素分级

（1）pH 分级

极强酸：1.00～2.99，强酸性：3.00～3.99，酸性：4.00～4.99，微酸性：5.00～6.49，中性：6.50～7.49，弱碱性：7.50～8.49，碱性：8.50～9.90，强碱性：10.00～11.49，极强碱：>11.50。

（2）矿化度分级（单位：g/L）

淡水：<1.00，微咸水：1.00～2.99，咸水：3.00～10.0，盐水：>10.0。

（3）透明度分级标准（单位：m）

不透明：<0.05，很浑浊：0.05～0.24，浑浊：0.25～2.49，清：2.50～25.0，很清>25.0。

（4）营养状况分级

水体的营养状况分级评价项目为总磷、总氮、透明度 3 项，控制标准可参照表 4 给出的浓度值；营养状况分级按贫营养、中营养和富营养 3 级评价。

表 4　地表水富营养化控制标准

营养状况分级	评分值	总磷（mg/m³）	总氮（mg/m³）	透明度（m）
贫营养	10	1.0	20	10.0
	20	4.0	50	5.0
中营养	30	10	100	3.0
	40	25	300	1.5
	50	50	500	1.0
富营养	60	100	1000	0.50
	70	200	2000	0.40
	80	600	6000	0.30
	90	900	9000	0.20
	100	1300	16000	0.12

注：评价方法用评分法，具体做法为：①查表将单参数浓度值转为评分，监测值处于表列值两者中间者可采用相邻点内插，或就高不就低处理；②几个参评项目评分值求取均值；③用求得的均值再查表得营养状况等级。

2.9　湿地利用、受保护方式分类

2.9.1　湿地利用方式

（1）种植业：水稻田、其他灌溉、园艺和非灌溉农用地。

（2）养殖业：养殖鱼、虾、蟹、贝类等。

（3）牧业：放牧牛（羊、马等）的牧场或作为集约畜牧业的草料基地。

（4）林业：包括有林地、疏林地、灌木林地和未成林造林地。

（5）工矿业：泥炭、原油开采、薪炭、采沙等。

（6）旅游和休闲：包括各种被动和主动的娱乐、捕猎等。

（7）水源地：工业用水、生活用水、农业用水、地下水回灌等。

（8）其他利用方式：未包括在以上利用方式范围内的其他利用方式。

2.9.2 湿地保护状况分类

（1）自然保护区：包括国家级自然保护区和地方自然保护区。

（2）自然保护小区。

（3）湿地公园：包括国家湿地公园和地方湿地公园。

（4）湿地多用途管理区。

（5）其他。

2.10 湿地受胁迫方式分类

2.10.1 受胁因子

①基建和城市建设；②围垦；③泥沙淤积；④污染；⑤过度捕捞和采集；⑥非法狩猎；⑦水利工程和引排水的负面影响；⑧盐碱化；⑨外来物种入侵；⑩过牧；⑪森林过度采伐；⑫沙化；⑬其他。

2.10.2 受威胁状况等级

（1）安全：基本未受干扰，保持原有生境状况（如国家级自然保护区、省级自然保护区、人烟稀少的地方）。

（2）轻度：受到轻度干扰，生境类型没有明显改变，停止干扰后生境状况可较快恢复。

（3）重度：受到某一威胁因子的影响较严重或同时受到多个因子的威胁，干扰严重，原有生境类型基本消失，难以逆转。

3. 调查区划

3.1 湿地区划分

湿地区是由多块湿地斑块组成的、具有一定的水文联系和生态功能的湿地复合体。在划分湿地区时，应考虑湿地生态系统的完整性和地貌单元的独立性，符合下述条件的湿地应单独划为一个湿地区，其他零星湿地则以县域为单位区划，按县级行政区域名称命名。

①国际重要湿地；

②国家重要湿地；

③根据湿地保护管理需要划分并列入新疆调查的湿地。

结合第二次全国湿地资源调查成果以及《中国湿地保护行动计划》公布的国家重要湿地名录、新疆维吾尔自治区单独区划的湿地区名录，汇总调查名录。

3.2 湿地斑块划分

湿地斑块是湿地资源调查、统计的最小基本单位。下列区划因子之一有差异时，应单独划分湿地斑块。

（1）三级流域不同；

（2）湿地型不同；

（3）县级行政区域不同；

（4）土地所有权不同；

（5）保护状况不同；

（6）湿地受威胁等级不同；

（7）湿地主导利用方式不同。

单个湿地小于 8hm², 但各湿地之间相距小于 160m, 且湿地型相同的, 区划为同一湿地斑块, 但仅统计湿地的面积。

3.3　湿地斑块边界界定

3.3.1　河流湿地

河流湿地按调查期内的多年平均最高水位所淹没的区域进行边界界定。

河床至河流在调查期内的年平均最高水位所淹没的区域为洪泛平原湿地, 包括河滩、河心洲、河谷、季节性泛滥的草地以及保持了常年或季节性被水浸润的内陆三角洲。如果洪泛平原湿地中的沼泽湿地区面积不小于 8hm², 需单独列出其沼泽湿地型, 统计为沼泽湿地。如沼泽湿地区小于 8hm², 则统计到洪泛平原湿地中。

干旱区的断流河段全部统计为河流湿地。干旱区以外的常年断流的河段连续 10 年或以上断流, 则断流部分河段不计算其湿地面积, 否则为季节性和间歇性河流湿地。

河流湿地型及其界定标准按表 5 进行。

表 5　河流湿地型及现地界定标准

湿地型	现地界定标准
永久性河流	永久性河流仅包括河床部分。采用的遥感影像图上有明显河道和水流痕迹。
季节性或间歇性河流	在所用遥感影像图上有明显河道痕迹。干旱地区的全部断流河段包括在内。
洪泛平原湿地	河床至河流多年平均最高水位所淹没的河滩、河心洲、河谷、季节性泛滥的草地、内陆三角洲。
喀斯特溶洞湿地	喀斯特地貌下形成的溶洞集水区或地下河/溪。

3.3.2　湖泊湿地

如湖泊周围有堤坝的, 则将堤坝范围内的水域、洲滩等统计为湖泊湿地。

如湖泊周围无堤坝的, 将湖泊在调查期内的多年平均最高水位所覆盖的范围统计为湖泊湿地。

如湖泊内水深不超过 2m 的挺水植物区面积不小于 8hm², 需单独将其统计为沼泽湿地, 并列出其沼泽湿地型; 如湖泊周围的沼泽湿地区面积不小于 8hm², 需单独列出其沼泽湿地型; 如沼泽湿地区小于 8hm², 则统计到湖泊湿地中。

湖泊湿地型及其界定标准按表 6 进行。

表6 湖泊湿地型及现地界定标准

湿地型	现地界定标准
永久性淡水湖	由淡水组成的永久性湖泊
永久性咸水湖	由微咸水/咸水/盐水组成的永久性湖泊
季节性淡水湖	由淡水组成的季节性或间歇性淡水湖(泛滥平原湖)
季节性咸水湖	由微咸水/咸水/盐水组成的季节性或间歇性湖泊

3.3.3 沼泽湿地

沼泽湿地是一种特殊的自然综合体,凡同时具有以下3个特征的均统计为沼泽湿地。

①受淡水或咸水、盐水的影响,地表经常过湿或有薄层积水;

②生长有沼生和部分湿生、水生或盐生植物;

③有泥炭积累,或虽无泥炭积累,但土壤层中具有明显的潜育层。

在野外对沼泽湿地进行边界界定时,首先根据其湿地植物的分布初步确定其边界,即某一区域的优势种和特有种是湿地植物时,可初步认定其为沼泽湿地的边界;然后,再根据水分条件和土壤条件确定沼泽湿地的最终边界。

调查中,将虽不全部具有沼泽湿地3个特征的沼泽化草甸、地热湿地、淡水泉或绿洲湿地统计为沼泽湿地。

沼泽湿地型及其界定标准按表7进行。

表7 沼泽湿地型及现地界定标准

湿地型	现地界定标准
藓类沼泽	只在高寒区域有分布,发育在有机土壤、具有泥炭层的以苔藓植物为优势群落的沼泽
草本沼泽	由水生和沼生的草本植物组成优势群落的淡水沼泽
灌丛沼泽	以灌丛植物为优势群落的淡水沼泽
森林沼泽	以乔木森林植物为优势群落的淡水沼泽
内陆盐沼	受盐水影响,生长盐生植被的沼泽。以苏打为主的盐土,含盐量应>0.7%;以氯化物和硫酸盐为主的盐土,含盐量应分别大于1.0%、1.2%
季节性咸水沼泽	受微咸水或咸水影响,只在部分季节维持浸湿或潮湿状况的沼泽
沼泽化草甸	为典型草甸向沼泽植被的过渡类型,是在地势低洼、排水不畅、土壤过分潮湿、通透性不良等环境条件下发育起来的,包括分布在平原地区的沼泽化草甸以及高山和高原地区具有高寒性质的沼泽化草甸
地热湿地	由地热矿泉水补给为主的沼泽
淡水泉/绿洲湿地	由露头地下泉水补给为主的沼泽

3.3.4 人工湿地

人工湿地包括面积不小于$8hm^2$的库塘、运河、输水河、水产养殖场、稻田/冬水田和盐田等。人工湿地型及其界定标准按表8进行。

表 8 人工湿地型及现地界定标准

湿地型	现地界定标准
库塘	包括为蓄水、发电、农业灌溉、城市景观、农村生活而导致的积水区，包括水库、农用池塘、城市公园景观水面等
运河、输水河	为输水或水运而建造的人工河流湿地，包括以灌溉为主要目的的沟、渠
水产养殖场	包括淡水养殖的鱼池、虾池和沿岸高位养殖场所。淡水养殖场一般有规则分布在自然湖区和河流湿地周边，区划时与农用库塘相区别。沿岸高位养殖场区划时与近海与海岸湿地相区别
稻田/冬水田	能种植一季、两季、三季的水稻田或者冬季蓄水或浸湿的农田
盐田	为获取盐业资源而修建的晒盐场所或盐池，包括盐池、盐水泉。区划时与近海与海岸湿地相区别

3.4 湿地编码

为适应湿地管理标准化、信息化以及湿地调查工作的需要，每一个湿地斑块应具有一个唯一的标识码，即湿地编码。

对于单独区划的湿地区，编码固定为 5 位。其编码方法为：

①编码第一位为湿地类，为数字 1~5；

②编码第二位为扩充码，暂时为 0；

③编码第三、四、五位为湿地区顺序码。

4. 调查方法和内容

4.1 调查方法

湿地斑块调查采用以遥感(RS)为主、地理信息系统(GIS)和全球定位系统(GPS)为辅的"3S"技术，即通过遥感解译获取湿地型、面积、分布(行政区、中心点坐标)、平均海拔、所属三级流域等信息。在多云多雾的山区，如无法获取清晰的遥感影像数据，或遥感无法解译湿地型，则应通过实地调查来补充完成。通过野外调查、现地访问和收集最新资料获取水源补给状况、土地所有权等数据。

自然环境要素、水环境要素、湿地野生动物、湿地植物群落与植被、湿地保护与利用状况、受威胁状况等的重点调查，以调查名录上的湿地为调查单元，根据调查对象的不同，分别选取适合的时间和季节、采取相应的野外调查方法开展外业调查，或收集相关的资料。

湿地斑块采取遥感调查方法，完成调查名录的各湿地斑块的湿地型、面积、分布(行政区、中心点坐标)、平均海拔、植被类型及其面积、所属三级流域等调查内容，并最后汇总为湿地斑块区划图。

4.2 湿地斑块调查内容

①湿地斑块名称：根据现有的湿地斑块名称或地形图上就近的自然地物、居民点等进行命名。

②湿地斑块序号：按照湿地斑块在湿地区中的顺序填写。

③所属湿地名称：填写湿地斑块所在的调查湿地的名称。

④所属湿地区名称：根据已有的湿地区名称填写。

⑤湿地区编码：根据湿地编码的相关规定填写。

⑥湿地型：按照湿地分类的要求，分 34 型按代码填写。

⑦湿地面积(公顷)：直接填写遥感影像解译的湿地斑块的面积。

⑧湿地分布：分所属县市和中心点地理坐标填写。

⑨所属流域：按照全国一、二、三级流域的划分，填写到三级流域。

⑩河流级别：仅河流湿地需填写。

⑪平均海拔(米)：填写湿地斑块的平均海拔。

⑫水源补给状况：按照地表径流补给、大气降水补给、地下水补给、人工补给、综合补给 5 个类型填写。

⑬土地所有权：分国有和集体所有。

⑭主导利用方式：根据湿地的利用方式分类，填写湿地的主导利用方式。

⑮湿地植被面积(公顷)：以遥感解译为主，配合野外现地调查验证。

⑯群系名称：填写野外调查到的湿地植物群系名称。

⑰优势植物：填写野外调查到的主要优势植物种。

⑱湿地斑块区划因子：根据湿地斑块区划原则填写划分湿地斑块的因子。存在多个因子时，可以重复填写或选择。

4.3 自然环境要素调查

4.3.1 调查方法

主要通过野外调查和收集最新资料获取。野外调查是对湿地设立一定的典型样地进行调查，典型样地的数量要求包含整个湿地的各种资源和生境类型。对野外难以获取的数据，可以从附近的气象站和生态监测站等收集，但应注明该站的地理位置(经纬度)。

4.3.2 湿地地貌调查

以湿地名录各湿地的主体地貌作为湿地地貌，根据野外观察到的地貌类型填写。

4.3.3 湿地土壤调查

湿地土壤类型调查划分到土类。

通过野外土壤剖面调查或收集资料，对泥炭沼泽湿地填写泥炭层厚度(薄层、厚层、超厚层)。如来源于资料，注明资料出处和年份。

4.3.4 湿地气象要素调查

(1)年平均降水量(mm)：多年平均值和变化范围。

(2)年平均蒸发量(mm)：不同型号蒸发器的观测值，应统一换算为 E601 型蒸发量。

(3)年平均气温(℃)：多年平均气温和变化范围。

(4)积温(℃)：≥0℃ 和 ≥10℃ 的多年平均积温。

(5)资料来源：填写气象资料的出处和年份。

4.3.5　水环境要素调查

4.3.5.1　调查方法

通过野外调查获取湿地水文数据。对无法开展野外调查的，可从附近的水文站和生态监测站等收集相关资料，但应注明该站的地理位置（经纬度）。水质调查则在野外选取典型地点采集地表水和地下水的水样，由具有专业资质的单位进行化验分析，获取相关数据。

4.3.5.2　湿地水文调查

①水源补给状况：分为地表径流补给、大气降水补给、地下水补给、人工补给和综合补给5种类型。如数据来源于资料，注明资料出处。

②流出状况：分为永久性、季节性、间歇性、偶尔或没有5种类型。如数据来源于资料，注明资料出处。

③积水状况：分为永久性积水、季节性积水、间歇性积水和季节性水涝4种类型。如数据来源于资料，注明资料出处。

④水位(m)：地表水位包括年丰水位、年平水位和年枯水位，采用自记水位计或标尺测量，或从水文站和生态站获取。注明资料出处和年份。

⑤水深（湖泊、库塘，m）：包括最大水深和平均水深，从水利等部门获取有关资料。注明资料出处和年份。

⑥蓄水量（湖泊、沼泽和库塘，万 m^3）：从水利等部门获取有关资料。注明资料出处和年份。

4.3.5.3　地表水水质调查

(1)pH值：采用野外pH计测定，对测得的结果进行分级。

(2)矿化度(g/L)：采用重量法测定，对测得结果进行分级。

(3)透明度(m)：采用野外透明度盘测定，对测得结果进行分级。

(4)营养物：包括总氮和总磷，需野外采集水样，进行实验室测定。

(5)总氮(mg/L)：通常采用紫外分光光度法进行测定。

(6)总磷(mg/L)：采用分光光度法测定水中磷含量。

(7)营养状况：将测得的透明度、总氮、总磷结果按照营养状况分级标准分级。

(8)化学需氧量(COD, mg/L)：是指在一定条件下，用强氧化剂处理水样时所消耗氧化剂的量。目前，应用最普遍的是酸性高锰酸钾氧化法与重铬酸钾氧化法。

(9)主要污染因子：调查对水环境造成有害影响的污染物的名称，包括有机物质（油类、洗涤剂等）和无机物质（无机盐、重金属等）。

(10)水质级别：执行地表水环境质量标准（GB 3838—2002）。

4.3.5.4　地下水水质调查

(1)pH值：采用野外pH计测定，对测得结果分级。

(2)矿化度(g/L)：采用重量法测定，对测得结果分级。

(3)水质级别：执行地下水质量标准（GB/T 14848—93）。

4.4 湿地野生动物调查

4.4.1 调查对象

在湿地生境中生存的脊椎动物和在某一湿地内占优势或数量很大的某些无脊椎动物,包括鸟类、两栖类、爬行类、兽类、鱼类、贝类、虾类、蟹类及昆虫等。

其中,水鸟应查清其种类、分布和数量,其他各类则以种类调查为主。考虑到各调查对象的调查季节和生境的不同,湿地野生动物调查可以不在同一样地进行。

4.4.2 调查季节和时间

动物调查时间选择在动物活动较为频繁、易于观察的时间段内。

水鸟数量调查分繁殖季和越冬季 2 次进行。繁殖季一般为每年的 5~6 月,越冬季为 12 月至翌年 2 月。各地应根据本地的物候特点确定最佳调查时间,其原则是:调查时间应选择调查区域内的水鸟种类和数量均保持相对稳定的时期;调查应在较短时间内完成,一般同一天内数据可以认为没有重复计算,面积较大区域可以采用分组方法在同一时间范围内开展调查,以减少重复记录。

两栖和爬行类调查宜在夏季和秋季入蛰前进行。

兽类调查宜以冬季调查为主,春夏季调查为辅。

鱼类以及贝类、虾类、蟹类等调查以收集现有资料为主,可全年进行。

4.4.3 调查方法

湿地野生动物野外调查方法分为常规调查和专项调查。常规调查是指适合于大部分调查种类的直接计数法、样方调查法、样带调查法和样线调查法,对那些分布区狭窄而集中、习性特殊、数量稀少、难于用常规调查方法调查的种类,应进行专项调查。

4.4.3.1 水鸟调查

水鸟数量调查采用直接计数法和样方法,在同一个调查湿地中同步调查。

(1)直接计数法:调查时以步行为主,在比较开阔、生境均匀的大范围区域可借助汽车、船只进行调查,有条件的地方还可开展航调。直接计数法是通过直接计数而得到调查区域中水鸟绝对数量的调查方法。适用于越冬水鸟及调查区域较小、便于计数的繁殖群体的数量统计。

记录对象:以记录动物实体为主,在繁殖季节还可记录鸟巢数,再转换成种群数量(繁殖期被鸟类利用的每一鸟巢应视为一对鸟;鸟类孵化期观察的一只成体鸟应视为一对鸟)。

计数可借助于单筒或双筒望远镜进行。如果群体数量极大,或群体处于飞行、取食、行走等运动状态时,可以 5、10、20、50、100 等为计数单元来估计群体的数量。春、秋季候鸟迁徙季节的调查以种类调查为主,同时还应兼顾迁徙种群数量的变化。

(2)样方法:通过随机取样来估计水鸟种群的数量。在群体繁殖密度很高的或难于进行直接计数的地区可采用此方法。样方面积一般不小于 $50\text{m}^2 \times 50\text{m}^2$;同一调查区域的样方数量应不低于 8 个,调查强度不低于 1%。计数方法同直接计数法。

填写鸟类野外调查表(常见水鸟见附录:中国主要水鸟名录)。

4.4.3.2　两栖、爬行动物调查

两栖、爬行动物以种类调查为主，可采用野外踏查、走访和利用近期的野生动物调查资料相结合的方法，记录到种或亚种。依据看到的动物实体或痕迹进行估测，在调查现场换算成个体数量。

国家一、二级重点保护野生物种应查清物种分布和种群数量。

野外调查可采用样方法，即通过计数在设定的样方中所见到的动物实体，然后通过数量级分析来推算动物种群数量状况。样方应尽可能设置为方形、圆形或矩形等规则几何图形，样方面积不小于$100m^2 \times 100m^2$。

填写两栖、爬行动物野外调查填表。

4.4.3.3　兽类调查

兽类以种类调查为主，可采用野外踏查、走访和利用近期的野生动物调查资料相结合的方法，记录到种或亚种。依据看到的动物实体或痕迹进行估测，在调查现场换算成个体数量。

国家一、二级重点保护物种应查清物种分布和种群数量。

湿地兽类野外调查宜采用样带调查法或样方调查法，样带(方)布设依据典型布样，样带(方)情况能够反映该区域兽类分布的所有生境类型，然后，通过数量级分析来推算种群数量状况。样带长度不少于2000m，单侧宽度不小于100m；样方大小一般不小于$50m^2 \times 50m^2$。

填写兽类野外调表。

4.4.3.4　鱼类及贝类、虾类和蟹类等调查

鱼类以及贝类、虾类和蟹类等调查以收集现有资料为主，主要查清湿地中现存的经济鱼、珍稀濒危鱼、贝类、虾类和蟹类等的种类及最近3年来的捕获量。

4.4.3.5　昆虫调查

在所调查的湿地不同生境类型中，每年4~10月通过网捕、灯诱的方式采集标本。灯诱采用2m×2m遮阳棚1个，四周围孔径1~3mm的无结网，网棚内挂1~2盏20W黑光灯，灯诱时间从当晚19：00到次日4：00。将灯诱到的昆虫用胸腔注射75%酒精的方法杀死，标本随采随制，整翅、干燥后加标签编号归类保存。依据相关资料进行种类鉴定。

4.4.4　影响动物生存的因子调查

在进行动物野外调查的同时，应查清对湿地动物生存构成威胁的主要因子，并据此提出合理化建议。

4.4.5　调查统计

直接计数法得到的某种鸟类数量总和即该区域该种鸟类的数量。

样带(方)数量计算公式为：

$$N = \overline{D} \times M$$

式中：N——某区域某种动物数量；

　　　$\overline{D}$——该区域该物种平均密度；

　　　M——该调查区域总面积。

$$\overline{D} = \sum_{i=1}^{j} N_i / \sum_{i=1}^{j} M_i$$

式中：$\sum_{i=1}^{j} N_i$ —— j 个样带（方）调查的该物种数量和；

$\sum_{i=1}^{j} M_i$ —— j 个样带（方）总面积。

样带（方）法兽类、两栖、爬行动物数量级计算是把整个重点调查湿地过程中的每种动物数量总和除以该类动物总数，求出该种动物所占百分数。当百分数大于 50% 时，为极多种，用"++++"表示；当百分数为 10%~50% 时，为优势种，用"+++"表示；当百分数为 1%~10% 时，为常见种，用"++"表示；当百分数小于 1%，为稀有种，用"+"表示。

4.5 湿地植物群落调查

4.5.1 湿地植物群落调查方法

首先收集调查区域的卫星影像、航空影像、地形图等。无论是遥感影像还是地形图，其比例尺不应小于 1/10 万。其次，收集和了解湿地植物群落的基本情况，包括建群种、群落类型（如单建群种群落、共建群种群落）、群落结构及其特征等。如果这些资料缺乏，则需进行预调查。最后，重点调查湿地面积超过 5 万 hm² 的，以基本地形地貌来划分调查单元，每个调查单元面积不超过 5 万 hm²；面积不足 5 万 hm² 的作为独立调查单元处理。湿地植物群落调查采用样方法。

4.5.1.1 样带和样方的布局

在每个调查单元内，设置 1 条以上贯穿于调查单元的样带。样带设置时应遵循以下原则。
①尽可能地选择未受或少受人为干扰的地段；
②由于地表形态起伏不平，可沿地形梯度变化的方向设置；
③沿着水浸梯度变化的方向设置；
④根据湿地面积的大小和湿地生境的复杂程度适当确定调查样带的数量。
调查样带确定后，用 GPS 按一定间距均匀布设样方，确定调查样方位置时要考虑以下原则：
①典型性和代表性：使有限的调查面积能够较好地反映出植物群落的基本特征；
②自然性：人为干扰和动物活动影响相对较少的地点，并且较长时间不被破坏，如流水冲刷、风蚀沙埋、过度放牧或开垦等；
③可操作性：易于调查和取样的地段，避开危险地段。

4.5.1.2 样方数量

调查单元内每一个植物群系布设样方数量不少于 10 个。

4.5.1.3 样方面积的确定

乔木植物：样方面积为 400m²（20m×20m）（树高≥5m）。
灌木植物：平均高度≥3m 的样方面积 16m²（4m×4m），平均高度在 1~3m 的样方面积 4m²（2m×2m），平均高度<1m 的样方面积 1m²（1m×1m）。
草本（或蕨类）植物：平均高度≥2m 的样方面积 4m²（2m×2m），平均高度在 1~2m 范

围的样方面积为 $1m^2(1m \times 1m)$ ，平均高度<1m 的样方面积为 $0.25m^2(0.5m \times 0.5m)$ 。

苔藓植物：样方面积 $0.25m^2(0.5m \times 0.5m)$ 。

4.5.1.4 分层调查

如果植物群落在垂直结构上，出现 2 个或 2 个以上的不同层次，即群落中出现乔木层、灌木层、草本层、蕨类层与苔藓层不同层次的组合，则需进行分层调查。在分层调查中，首先要确定主林层(能反映出群落总体外貌的层次)，进行主林层植物样方调查，最后在主林层样方内选择有代表性的地方设置次林层的样方，进行各个次林层的植物调查。

4.5.2 植物群落调查的季节选择

调查的季节应避开汛期，根据植物的生活史确定调查季节。

①生活史为一年的植物群落：应选择在生物量最高和(或)开花结实的时期。

②一年内完成多次生活史的植物群落：根据生物量最高和(或)开花结实的情况，选择最具有代表性的一个时期。

③多年完成一个生活史的植物群落：选择开花结实的季节。

④对于具有 2 层或 2 层以上层次的群落，依据主林层植物来确定调查季节。

4.5.3 植物群落调查内容

4.5.3.1 调查对象

调查对象包括 4 大类型的植物：被子植物、裸子植物、蕨类植物和苔藓植物。

4.5.3.2 记录内容

包括：①湿地名称、调查单元序号、样方序号、海拔高度、经纬度、积水状况、小生境等；②植物群系、主林层、样方面积；③植物名称及其数量特征(乔木与灌木包括平均冠幅、平均高度、平均胸径、株数，草本、蕨类与苔藓包括平均盖度、平均高度、株数)。其中，植物群系的确定，对于群落结构简单、优势种明显的植物群落，参考附录9《新疆湿地植被分类及其分布》，现地判定和填写植物群系名称；对于结构复杂、优势种现地无法确定的植物群落，参照附录10 的方法进行植物群系的确定。

4.5.3.3 统计汇总

通过对湿地植物群落的样方调查数据逐级统计，分别汇总出调查湿地和全新疆的植物群系汇总表、植物名录。

4.6 湿地植被调查

4.6.1 湿地植被面积调查

综合重点调查湿地斑块遥感判读湿地植被面积，结合野外现地调查验证，得出重点调查湿地植被面积。

4.6.2 湿地植被利用和破坏情况调查

收集已有的研究成果、文献，结合访问，了解湿地植被利用和受破坏情况，并在外业调查时进行现场核实。

4.7 湿地保护和利用状况调查

4.7.1 调查方法

通过野外踏查、走访调查以及收集资料等方法获取。

4.7.2 调查内容

4.7.2.1 保护管理状况

①已有保护措施：包括已采取的各种保护措施、时间和效果等。

②是否建立自然保护区，如已建立自然保护区需要调查以下项目：保护区名称、级别[国家级、省级、地(市)级、县级]、保护区面积、核心区面积、主要保护对象、建立时间、主管部门、人员、经费、各项投入、主要科研活动等。

③是否建立湿地公园，如已建立湿地公园需要调查以下项目：湿地公园名称、级别(国家湿地公园、国家城市湿地公园、地方湿地公园)、面积、建立时间、主管部门、经营管理机构等。

4.7.2.2 湿地功能与利用现状

①湿地产品和服务功能：通过野外踏查和收集有关部门的资料，调查湿地生态系统所提供的以下主要产品和服务功能，并注明资料出处。

水资源：包括从湿地提取的工业、农业、生活和生态用水量等。

天然动物产品：提供的野生动物、鸟类、鱼虾蟹、蛤贝种类、产量和价值。

天然植物产品：提供林产品、芦苇、蔬菜、果品、药材的数量和(或)价值。

人工养殖与种植：品种、产量和价值。

矿产品及工业原料：泥炭、石油、芦苇等的产量和(或)价值。

航运：通航里程、年通航时间、货运量和客运量等。

休闲/旅游：宾馆数量、疗养院数量、接待人数和产值。

体育运动：运动项目、主要经营内容、接待人数和产值。

调蓄：调蓄河川径流和滞洪能力。

泥炭储存数量。

水力发电：装机容量和发电量。

其他功能。

②湿地的利用方式：按照湿地的利用方式分类，通过野外踏查和收集资料等获取。

4.7.2.3 湿地范围内的社会经济状况调查

通过查阅主管部门的有关统计资料，以乡(镇)为基本单位，记录湿地范围内的乡(镇)名称及其社会经济发展状况，包括乡镇面积、人口、工业总产值、农业总产值、主要产业。有关统计资料均以乡(镇)为单位进行收集，并注明统计资料年代。

4.8 湿地受胁状况调查

以野外调查和受威胁状况资料调研相结合的方式，了解湿地的破坏和受威胁状况，重点查清对湿地产生威胁的因子、作用时间、影响面积、已有危害及潜在威胁。

①湿地受威胁因子：野外调查、访问和查阅有关资料确定。

②作用时间：通过访问调查和查阅有关资料确定。

③受威胁面积：根据遥感资料和有关图面材料测算。

④已有危害和潜在威胁：对每个因子简要描述已有危害和潜在威胁。

⑤受威胁状况等级评价：根据调查的湿地受威胁状况，在综合分析的基础上，给予每块湿地一个定性的评价值，受威胁状况等级分为安全、轻度和重度。

5. 统计与制图

5.1 方法

为了保证调查成果的有效利用，并充分服务于湿地的保护与管理，湿地调查的数据汇总、信息管理和制图全部通过数据库和 GIS 软件进行。

5.2 湿地斑块数据汇总

根据遥感解译判读结果和现场调查成果，将各湿地斑块及其属性输入 GIS 软件和相关数据库，并进行汇总，得到各湿地斑块的湿地型、所属湿地区、面积、平均海拔、主要植物群系、植被面积、土地所有权、所属行政区、所属三级流域等。

5.3 调查的所有湿地信息汇总

经过遥感调查、典型样地调查以及有关资料的收集，需要对每块重点调查湿地的信息进行汇总，并输入数据库。每块重点调查湿地汇总的项目包括以下内容，描述内容不要超过 2 千字。

重点调查湿地基本状况：包括重点调查湿地名称、湿地区编码、湿地总面积、湿地斑块数量、湿地类及其面积、主要湿地型及其面积。

自然环境状况：包括湿地分布(行政区和地理坐标)、主要地貌类型、平均海拔、土壤类型、年平均气温及其变化范围、积温、年平均降水量及其变化范围、蒸发量。

水环境状况：湿地水文状况以及地表水和地下水水质。

湿地野生动物：主要脊椎动物种类和数量及部分无脊椎动物的种类。

植物群落和植被状况：主要湿地植物种类，主要植物群系，植被面积。

湿地保护管理状况：已有的保护措施及取得成果、保护区名称、级别、面积、主要保护对象、管理机构等，湿地公园名称、建立时间、级别、面积、主管部门、经营管理机构；

湿地功能与利用方式：湿地产品和服务功能，湿地的利用方式。

湿地受威胁状况：所受威胁因子和受威胁状况等级。

土地所有权。

湿地主管部门。

5.4 数据汇总

5.4.1 湿地类、湿地型和面积汇总

根据遥感解译结果、外业调查成果和相关资料，将各湿地斑块以及属性输入 GIS 软件

和有关数据库,通过汇总统计,得到各湿地斑块和湿地区的湿地型、湿地面积、新疆维吾尔自治区及兵团各湿地面积以及不同流域的湿地面积等。

5.4.2 自然环境状况汇总

主要自然环境状况汇总,按以下项目分别进行。

(1)各省份高原湿地,对海拔 3000m 单独列表汇总;

(2)全国湿地淡水资源及其不同季节的变化情况,对主要湿地类、型的水资源有关的情况进行统计汇总。

(3)重点调查湿地范围内的社会经济状况汇总,包括各湿地范围内的乡(镇)名称、面积、人口、人口密度、工业总产值、农业总产值等。

(4)湿地自然保护区情况汇总,包括全省湿地自然保护区的名称、面积、保护对象、保护级别、主管部门等。

5.4.3 湿地动物调查汇总

按水鸟、两栖类、爬行类、兽类、鱼类、无脊椎动物(贝类、虾类、蟹类等)分别汇总。

5.4.4 湿地高等植物调查汇总

对苔藓、蕨类、裸子、被子植物各种的科数、种数进行汇总,形成本省份的高等植物名录,并对本省份的主要湿地植物群系进行汇总。

5.5 信息管理

建立包括全部调查因子的湿地资源数据库及管理系统。湿地调查资料数据及统计结果,应以 Excel 或其他数据库存储。

5.6 形成湿地资源调查成果报告

报告内容包括调查工作概况,调查地区基本情况,技术方法及相应的汇总表格。报告须对湿地类型与分布、自然环境、社会经济、生物多样性、保护和受威胁情况等进行详细的分析。

5.7 湿地资源图种类

(1)野外调查样地点位图;

(2)各调查湿地位置图;

(3)新疆湿地资源分布图(含流域分布图);

(4)新疆一级流域湿地资源分布图;

(5)新疆 5 类湿地资源分布图;

(6)新疆湿地资源分布图。

5.8 资源图的基础地理信息数据

基础地理信息数据统一采用国家基础地理信息中心提供的比例尺为 1∶25 万的矢量化

的基础地理信息数据，基础地理信息数据的编码采用《国土基础信息数据分类与代码》中的有关规定。新疆湿地资源制图还可采用 1∶10 万或 1∶5 万比例尺基础地理信息数据。

5.9　资源图编制的基本要求

(1)符合各专题图制图标准及精度要求；
(2)在时间上是最新的；
(3)经图形覆盖地区行业主管部门认可或已出版发行；
(4)图面材料的投影应符合国家规定；
(5)应有准确、完整的制图投影参数；
(6)专题图比例尺原则上应大于或等于 1∶25 万。

5.10　图形数据及相应的属性数据存储格式

图形数据和属性数据的存储格式为 E00、Coverage 或 shp 格式的地理信息数据，属性数据同时也可采用数据库方式进行管理，其存储格式为 Oracle 或 dbf 格式。

6. 数据和材料汇总

6.1　统计材料

①每块湿地斑块、湿地区、所调查湿地的汇总。
②其他各种汇总统计资料。

6.2　图面材料

(1)野外调查样地点位图；
(2)各湿地位置图；
(3)湿地资源分布图(含流域分布图)；
(4)湿地资源分布图(按不同湿地类型分)；
(5)湿地分布图。

湿地资源调查及评价指标规范

（二）湿地监测网络体系建设指南

1. 绪论

1.1 我国湿地监测工作基本情况和湿地监测的意义

湿地广泛分布于各自然地带,生产力高,能够提供人类必需的动植物资源,还在维持生态系统平衡、调节气候、促淤造陆、降解污染、保护生物多样性等方面起着不可替代的作用。但近年来,随着人口的增加、经济的快速增长,社会公众认识不足、旅游业的发展、湿地围垦或开垦、资源的过度开发等对湿地生态系统造成了很大破坏。我国政府对湿地资源的保护和持续性发展极为重视,1992 年加入《关于特制是作为水禽栖息地的国际重要湿地公约》(简称《湿地公约》)后,做了一系列的保护工作,同时,为了掌握我国湿地类型、分布、结构和功能等,分别于 2003 年、2013 年完成了 2 次全国湿地资源调查,对全面掌握我国湿地资源现状、动态变化起到重要作用。2007 年,经过国务院批准,以国际重要湿地作为湿地监测的基础工作,制定了重要湿地监测标准等。从 2018 年开始,国内的56 处国际重要湿地实现年度动态监测,至今,我国建立了 51 处湿地生态站,部分国家湿地公园、湿地国家级自然保护区等建立了地方生态监测站(点)。2014 年,国家开展了全国 11 个重点省份的泥炭沼泽碳库调查,目前,6 个省份已完成调查,四川、青海、甘肃正在开展调查,新疆、西藏的调查也计划在近 2 年完成。经过 2 次全国湿地资源调查,逐步建立的湿地生态系统定位观测站点网络已初步构建了湿地监测体系。但监测体系的监测标准不统一、缺乏湿地调查监测数据共享平台、高新技术应用不足等问题严重影响了湿地生态系统的研究和动态监测体系的逐步完善。因此,形成湿地生态系统监测体系标准规范,完善湿地生态系统定位监测网络体系,开展湿地生态系统连续性、可比性的数据积累,才能更好地利用数据,深入了解湿地变化的原因,预测湿地的发展变化趋势,提出湿地保护和合理利用的对策和建议,为湿地管理部门、政府决策部门提供科学的决策依据。

1.2 湿地生态系统监测的目标

充分利用"天空地"高新技术,形成统一的湿地分类、监测技术标准和规范,建立湿地监测信息管理与网络平台,实现监测数据共享,统一汇总、管理和高效利用。同时,在监测的过程中,按照统一的监测指南,运用可比的方法,在时间或空间上对特定的湿地范围内的生态系统或生态系统聚合体的类型、数量、结构和功能等方面中一个或几个要素进行定期的观测,综合了解湿地状况,分析影响其现状的主导因子,预测湿地生态系统的发展趋势,制定出科学的湿地保护和管理对策,为湿地建设、有效管理和湿地资源的合理利用提供重要的依据,实现湿地生态系统的可持续发展。

1.3 湿地生态系统监测的关键要求

湿地监测的关键是要求是数据采集、存储、分析处理这一过程在时间上的循环与反复。

1.4 湿地生态系统监测手段

1.4.1 宏观监测

即对湿地的面积、类型、分布及退化状况等进行整体和宏观的监测,为湿地的管理和保护提供宏观依据。主要依靠 3S(遥感、全球定位系统和地理信息系统)技术，对湿地的斑块、面积、景观及保护等方面进行研究。

1.4.2　微观监测

微观监测是对一个或几个生态系统内各个生态要素指标进行物理、化学、生态学方面的监测，主要体现在湿地生态环境质量方面的监测，通过间断测定或连续测定得以实现。间断测定是定期、定时、定点的一种人工操作方法；连续测定是使用一些自动监测仪器，进行自动化、连续性的检测方法。

1.5　湿地生态系统监测方法

1.5.1　充分利用新技术新手段

我国已成为世界上最大的资源生产国和消费国，资源的合理开发利用是社会经济发展的要求和保障。因湿地定义范围十分广泛，加之湿地特有的特性，如沼泽湿地从地面难以接近、明水体特有的反光特性，利用天(卫星遥感)空(无人机应用)地(地面物联网设备及移动 APP)技术，可以多个维度、实时掌握湿地资源状况及动态变化，并及时反馈管理部门，便于保护管理部门掌握资源情况并及时进行预警风险提示。

1.5.2　宏观和微观、点与面结合的方法

宏观信息(面)以遥感或天空地结合获取，微观包括生物栖息地结构、水质、水文、土壤、动植物种类及数量、环境污染程度等实地调查。点面结合，即宏观监测与实际调查，可以定性、定量分析，科学精确掌握湿地资源动态时空变化。

1.6　湿地生态系统定位(点)监测网络建设

中国湿地生态系统定位研究网络是由分布于全国重要湿地类型区的湿地生态系统定位研究站组成，是中国陆地生态系统定位研究网络的重要组成部分。2008—2010 年，以国际重要湿地优先建站，湿地生态站建设数量达 12 个；2011—2015 年，在没有形成对照观测的国内重要湿地内优先建站，湿地生态站建设数量达到 30 个；2016—2020 年，继续完善湿地生态站的布局，现全国有 51 个湿地生态站，覆盖全国 32 个省(自治区、直辖市)。新疆现有湿地生态站(点)1 个，为博斯腾湖湿地生态系统定位研究站，在巴州博斯腾湖县，是一个以保护和监测新疆典型的淡水湖泊湿地为重点的生态站，现生态站正在建设中，已开始进行数据的收集，并每年向陆地生态系统定位研究网络管理中心传输与共享数据。

1.7　湿地生态系统监测内容

湿地生态系统监测主要包括 5 个方面的内容。

1.7.1　湿地自然环境监测

湿地自然因素是湿地现状潜在表现，是决定着湿地发展的重要因素。湿地生物多样性指标反映了湿地的目前状况和发展趋势，同时是湿地自然因素外在的表现，能够直观地反映湿地生态系统状况，并对其发展作出预示。

1.7.2 湿地生物监测

湿地动植物种的种类、数量，群落的分布和结构，植被的类型和面积及对外来物种的监测。

1.7.3 湿地灾害监测

湿地及周边人口、工业总产值、农业总产值、主要产业变动情况等，分析湿地保护和利用可持续发展的策略。

1.7.4 湿地利用和受胁状况监测

湿地利用和受胁状况是湿地生态系统受到的正负两方面的干扰，从湿地生态系统的变化来看，湿地退化的主要因素是严重的人为干扰，人为干扰程度决定了湿地的现状。人为干扰主要是在湿地及周边人口、农业、渔业和水产业、牧业、旅游业、交通运输和污染物的排放情况等，要掌握这些活动的范围、强度等情况，才能衡量其对湿地的作用。

1.7.5 湿地的保护管理监测

湿地管理机构情况，当地对湿地的保护与管理的规章制度及采取的湿地保护行动等，评估公众及政府等对湿地保护的参与度。

2. 自然环境要素的监测

2.1 湿地类型监测

湿地类型监测根据 GB/T 24708—2009 规定进行监测。

2.2 湿地面积监测

在充分考虑湿地变化的基础上，应用 3S(遥感、地理信息系统、全球定位系统)技术，利用近期遥感影像或地形图量测获得，其数据源的比例尺不应小于 1∶2.5 万。

2.3 气象要素监测

(1)空气温度
根据地面气象观测规范 QX/T 50 进行监测。

(2)湿度
根据地面气象观测规范 QX/T 50 进行监测。

(3)风
根据地面气象观测规范 QX/T 51 进行监测。

(4)降水量
根据地面气象观测规范 QX/T 52 进行监测。

(5)蒸发量
根据地面气象观测规范 QX/T 54 进行监测。

(6)地温
根据地面气象观测规范 QX/T 57 进行监测。

（7）自动气象站

根据地面气象观测规范 QX/T 61 进行监测。

2.4 大气沉降监测

（1）大气干沉降

干沉降是到达地面的依靠重力沉降且不随降水输入的大颗粒和依靠湍流交换的小颗粒及痕量气体。根据湿地生态系统定位观测指标体系 LY/T 2090—2013 进行监测，每季度 1 次，监测大气干沉降组分，包括非水溶性物质、非水溶性物质灰分、非水溶性可燃物质、水溶性物质、水溶性物质灰分、水溶性可燃物质、苯溶性物质、灰分重量、可燃性物质总量、pH 值、硫酸盐和氯化物含量、汞、固体污染物总量等。

（2）大气湿沉降

湿沉降是大气中的污染物通过降水(降雨、冰雹、雪)携带到达地面的过程。根据湿地生态系统定位观测指标体系 LY/T 1707 进行监测，每季度 1 次，监测大气湿沉降组分，包括 SO_4^{2-}、NO_3^-、Cl^-、NH_4^+、Ca^{2+}、Mg^{2+}、K^+、Na^+、Hg^{2+}、电导率、pH 值。

（3）大气中气体组分

根据湿地生态系统定位观测指标体系 LY/T 2090—2013 进行监测，连续观测大气中气体组分，包括 CO、CO_2、CH_4、NO_X(以 NO_2 计)、O_3、SO_2。

2.5 水文监测

湿地水文监测包括水文、潜水埋深、水深等术语，解释如下，具体观测指标见表9。

（1）水位

水位是河流、湖泊或其他水体的水面相对于基面(现全国统一用黄海平均海水水面作计算水位的起点)的高程。可采用自记水位计和水尺测量。

（2）潜水埋深

是从地面到潜水面的竖直距离。在湿地中布置若干观测井，可采用自记水位计测量和人工测量。

（3）水深

湖泊、河流、沼泽湿地均需要测定水深，可根据实际情况采用深杆、测深锤、回声测深仪等进行测量。

（4）水温

可以采用颠倒温度计或水温计进行测量。

（5）流量

根据河流流量检验规范，国家标准 GB 50179—1993 进行流量监测。

表9　水文监测指标

类别	观测指标	单位	观测频度
河流湿地	干流和一级支流长度	km	初始监测时观测
	流量	m^3/s	连续观测
	流速	m/s	连续观测
	最大宽度	m	每5年1次
	最小宽度	m	每5年1次
	平均宽度	m	每5年1次
	水位	m	连续观测
湖泊湿地	岸线周长	m	每5年1次
	水位	m	连续观测
	平均淹水深度	m	连续观测
	最大淹水深度	m	丰水时观测
	流速	m/s	连续观测
	水分更新率	%	每年1次
沼泽湿地	淹水历时	d	淹水时观测
	淹水面积	hm^2	淹水时观测
	平均淹水深度	m	淹水时观测
	最大淹水深度	m	淹水时观测
	地下水位	m	连续观测

2.6　水质监测

2.6.1　地表水水质监测

地表水水质监测执行国家标准 GB 3838—2002，主要监测指标见表10。

在城市下游的河段、入河口等增加氯化物监测，内陆河、湖增加硫酸盐监测；不同的湿地可根据其实际需要，选测浮游生物、氟化物、总氰化物、总汞、总铜、总铁、总锰、总铅、总锌、总镉、六价铬、石油类等项目中的一项或多项作为地表水水质监测项目。

表10　地表水水质监测指标分析方法

序号	项目	分析方法	最低检出限
1	pH 值		
2	溶解氧	碘量法	0.2mg/L
		电化学探头法	
3	五日生化需氧量	稀释与接种法	2mg/L
4	高锰酸盐指数	碱性高锰酸钾氧化法	0.5mg/L
5	氨氮	纳氏试剂比色法	0.05mg/L
		水杨酸分光光度法	0.01mg/L
6	总硬度	EDTA 滴定法	0.05mmol/L
7	挥发酚	蒸馏后4-氨基安替比林分光光度法	0.002mg/L

（续）

序号	项目	分析方法	最低检出限
8	砷	二乙基二硫化氨基甲酸银分光光度法	0.007mg/L
		冷原子荧光法	0.00006mg/L
9	总磷	钼酸铵分光光度法	0.01mg/L
10	总氮	碱性过硫酸钾消解紫外分光光度法	0.05mg/L
11	盐度	盐度计	
12	叶绿素 a	单色分光光度法	
13	透明度	塞氏盘法	

2.6.2　地下水水质监测

地下水水质监测执行国家标准 GB/T 14848—2017，不同湿地依据实际需要，选测氯化物、氟化物、氰化物、砷、亚硝酸盐、硝酸盐、碘化物、锰、铬（六价）、汞、化学需氧量及其他有毒有机物或重金属等水质监测中一项或多项。各指标及方法如下。

①pH 值：国家标准 GB/T 6920—1986。

②矿化度（M）：可采用重量法、电导法、阴阳离子法、离子交换法等。

③总硬度（以 $CaCO_3$ 计）：可采用乙二胺四乙酸二钠滴定法。

④氨氮：可采用纳氏试剂比色法或酚盐法测定。

⑤挥发性酚类（以苯酚计）：可采用4-氨基安替比林分光光度法。

⑥高锰酸盐指数：可采用碱性高锰酸钾氧化法。

2.7　湿地土壤监测

2.7.1　土壤物理和化学性质指标的测定

按照沼泽土、盐土、碱土、泥炭土、水稻土等土壤类型进行测定。根据湿地类型和实际情况，选择表中的土壤理化指标按周期测定。

表 11　湿地土壤监测指标

指标类别	观测指标	单位	观测频度
土壤物理性质	沉积物粒度	%	每年 1 次
	土壤容重[a]	g/cm³	每年 1 次
	土壤饱和导水率	mm/d	每年 1 次
	土壤总孔隙度、毛管孔隙度及非毛管孔隙度[a]	%	每年 1 次
	土壤坚实度	N/cm³	每年 1 次
	湿地沉积层厚度	M	每年 1 次
	土壤渗透系数	mm/d	每年 1 次
	土壤蒸发量	mm	连续观测
	湿地土壤深度 10、20、40、60、80 和100cm 处含水量	%	连续观测
	湿地土壤深度 10、20、40、60、80 和100cm 处温度	℃	连续观测

(续)

指标类别	观测指标	单位	观测频度
土壤化学性质	土壤 pH 值[a]		每年 1 次
	土壤潜性酸度	cmol/100g	每年 1 次
	土壤阳离子交换量[a]	cmol/kg	每年 1 次
	土壤交换性钙和镁(盐碱土)[a]	cmol/kg	每年 1 次
	土壤交换性钾和钠	cmol/kg	每年 1 次
	土壤交换性酸量(酸性土)[a]	cmol/kg	每年 1 次
	土壤交换性盐基总量[a]	cmol/kg	每年 1 次
	土壤碳酸盐量(盐碱土)[a]	cmol/kg	每年 1 次
	氧化还原电位[b]	mV	每月 1 次
	土壤有机质[a]	%	每年 1 次
	土壤全盐量, 土壤水溶性盐分(SO_4^{2-}、CO_3^{2-}、HCO_3^-、Cl^-、Ca^{2+}、Mg^{2+}、K^+、Na^+)[a]	%, mg/kg	每季 1 次
	土壤全氮, 水解氮、亚硝态氮[a]	%, mg/kg, mg/kg	每季 1 次
	土壤全磷, 有效磷[a]	%, mg/kg	每季 1 次
	土壤全钾, 速效钾、缓效钾[a]	%, mg/kg, mg/kg	每季 1 次
	土壤全镁, 有效镁[a]	%, mg/kg	每 2 年 1 次
	土壤全钙, 有效钙[a]	%, mg/kg	每 2 年 1 次
	土壤全硫, 有效硫[a]	%, mg/kg	每 2 年 1 次
	土壤全硼, 有效硼[a]	%, mg/kg	每 2 年 1 次
	土壤全锌, 有效锌[a]	%, mg/kg	每 2 年 1 次
	土壤全锰, 有效锰[a]	%, mg/kg	每 2 年 1 次
	土壤全钼, 有效钼[a]	%, mg/kg	每 2 年 1 次
	土壤全铜, 有效铜[a]	%, mg/kg	每 2 年 1 次
	土壤全铁, 有效铁[a]	%, mg/kg	每 2 年 1 次
泥炭层	厚度	M	每年 1 次
	分层情况	–	每年 1 次
	分布情况	hm²	每年 1 次
冻土层	厚度	cm	每年 1 次
	类型	–	每年 1 次
	土壤始冻及解冻时间	某年/某月/日	始冻及解冻期 每日 1 次
	分布面积	hm²	每年 1 次

注: a 指标按照 LY/T 1606—2003 进行测定。

b 土壤和水体同时测定。

2.7.2 土壤碳素测定

测定湿地土壤有机碳组分(活性炭、惰性碳、缓效碳含量)、土壤无机碳密度、土壤有机碳储量、土壤无机碳储量、土壤二氧化碳通量、土壤年固碳量,除土壤二氧化碳通量连续观测外,其余指标每年测定 1 次。

3. 湿地生物监测

3.1 湿地植物监测

3.1.1 湿地植被

湿地植被类型、面积和分布可利用卫星影像、航空相片、地形图等资料，并结合野外调查数据，监测湿地植被的面积和分布情况。一般湿地类型面积和分布 1 年进行 1 次调查。

3.1.2 植物种类

湿地植物的种类可选择在监测区内设置样方或样线等进行定期监测。一般采取 1 年 1 次调查。

3.1.3 植被群落特征监测指标

选择湿地典型区域设置固定样方、样地、样线等开展调查，了解湿地生物多样性、群落生物量，一般对湿地植物种类及其数量进行定期监测(表 12)。

表 12 湿地群落特征监测指标

类别	观测指标	单位	观测频度
植被特征	类型		每年 1 次
	面积	hm^2	每年 1 次
	覆盖率	%	每年 1 次
群落特征	木本种类及数量	个/hm^2	每年 1 次
	草本种类及数量	个/hm^2	每年 1 次
	藻类种类及数量	个/hm^2	每年 1 次
	外来物种种类及数量	个/hm^2	每年 1 次
	木本植物密度	株/hm^2	每年 1 次
	沉水型植物密度	株/hm^2	每年 1 次
	挺水型植物密度	株/hm^2	每年 1 次
	浮叶型水生植物密度	株/hm^2	每年 1 次
	漂浮型水生植物密度	株/hm^2	每年 1 次
群落生物量	木本生物量	kg/hm^2	每年 1 次
	草本生物量	kg/m^2	每年 1 次
	藻类生物量	g/m^2	每年 1 次
	土壤平均碳密度	kg/m^2	每年 1 次
	当年凋落物量厚度/重量	m/kg/hm^2	每年 1 次

3.2 湿地动物监测

3.2.1 鸟类的监测

湿地鸟类监测一般可以分为繁殖季节、越冬季和迁徙季进行,各湿地按照本区域动物物候特点确定最佳的时间,具体监测指标及方法见表13。

3.2.2 兽类的监测

兽类的监测可采用样带法、样线法、红外相机法和利用近期野生动物调查资料相结合的方法进行监测,其种类、数量和分布定时、定期开展调查。

3.2.3 两栖、爬行动物的监测

两栖、爬行动物可采用样方法进行调查,通过样方内所见动物实体来计数,再通过频度来估算动物种群数量。样方可设置为方形、圆形、矩形等,其面积不小于 5m×5m。开展监测工作的湿地应结合湿地自然环境特点,选择最佳的调查时间,两栖类和爬行类动物多在夜间活动,调查时间也应放在夜间开展。

3.2.4 鱼类

采用网捕、电捕或调捕等,或收集现有的资料,比如,水产、渔场等提供的数据。

3.2.5 底栖动物的监测

底栖动物是生活在水体底部,生活史的全部或大部分时间生活于水体底部的水生动物群。按生活方式分为 5 种类型:固着型,固着在水底或水中物体上生活,如海绵动物、腔肠动物、管栖多毛类等;底埋型,埋在水底泥中生活,如蚌、蛤、穴居的蟹等;钻蚀型,钻入木石、土岸或水生植物茎叶中生活,如软体动物海笋、船蛆等;底栖型,在水底土壤表面生活,如腹足类软体动物等;自由移动型,在水底爬行或水层游泳一段时间,如虾、蟹、水生昆虫等。可利用采泥器采集,再用显微镜观测识别种类,并使用计数器计数,推算出数量。

3.2.6 浮游动物的监测

浮游动物是在水中浮游,异养型原生动物、腔肠动物、甲壳纲、浮游幼虫等无脊椎动物和脊索动物幼体的总称。浮游动物是鱼、贝类的重要饵料来源,同时有些种类还作为水污染的指示生物。浮游动物一般利用生物网采集后,使用显微镜进行观测识别。

3.2.7 湿地土壤动物的监测

湿地土壤动物是湿地生态系统的重要组成部分,兼具陆生、水生且具有交换和过渡性的一些典型类群,它们以节肢动物、环节动物、线虫动物门尤其是昆虫纲,同时还有瓣鳃纲、琥珀螺科、蛭纲等为主。根据不同湿地类型采用简单抽样或系统抽样法设置样地,在样地内,随机或均匀布设 5 个样方,样方面积 5m×5m,样方间距离超过 100m,样方内设置 4 个 20cm×20cm 样点,将样点内植物凋落物装入采集袋中,在植物凋落物下采集土样,采 2 个土柱,土柱截面 20cm²,高度即土层的深度 0~10cm,或用圆形取样器,根据调查需求取样,可取 0~10cm,也可按 0~5、5~10、10~15cm 分层取样。手拣法分离大样,放入75%酒精固定,中小型的土壤动物可用 Tullgren 分离漏斗,采用干式或湿式进行分离,湿漏斗一般分离湿生、水生的土壤动物,显微镜下分析鉴定并记录数量统计。

表 13　湿地动物监测指标

类别	指标	单位	观测频度	观测方法	方法来源
鸟类	种类	种	5 年 3 次(繁殖期、越冬期和迁徙期)	观察法	HJ 710.4-2014
	数量	只	5 年 3 次(繁殖期、越冬期和迁徙期)	样线法、样方法	HJ 710.4-2014
兽类	种类	种	5 年 1 次	观察法	GB/T 27648-2011
	数量	只	5 年 1 次	样带法、样方法	GB/T 27648-2011
两栖、爬行动物	种类	种	5 年 2-4 次,多在夏季和秋季入蛰前	样线法、样方法	GB/T 27648-2011
	数量	个	5 年 2-4 次,多在夏季和秋季入蛰前	样线法、样方法	GB/T 27648-2011
鱼类	种类	尾数	1 年 1 次	网具法	HJ 710.7-2014
	年龄	年	1 年 1 次	有鳞鱼类的年龄以鳞片为主,无鳞或鳞片细小的鱼类则采用鳍条、耳石、脊椎骨等测定	HJ 710.7-2014
	体重	g	1 年 1 次	天平测定	HJ 710.7-2014
	体长	cm	1 年 1 次	量鱼板测定	HJ 710.7-2014
	肥满度	g/cm	1 年 1 次	鱼体重量与鱼体体长立方数的比值	HJ 710.7-2014
底栖动物	种类	种	1 年 2~4 次	采泥器采集,显微镜观测识别	HJ 710.8-2014
	数量	ind/m	1 年 3 次(丰水、平水和枯水期)	计数法	HJ 710.8-2014
	生物量	g/cm	1 年 3 次(丰水、平水和枯水期)	称重法	HJ 710.8-2014
浮游动物	种类	种	1 年 2~4 次,8:00-10:00 进行观测	浮游生物网采集,显微镜观测识别	LY/T 2090-2013
	数量	ind/l	1 年 2~4 次,8:00-10:00 进行观测	显微镜计数法	LY/T 2090-2013
	生物量	ug/mg²	1 年 2~4 次,8:00-10:00 进行观测	体积法/排水容积法/直接称重法/沉淀物体积法	LY/T 2090-2013
土壤动物	种类	种	1 年 1~2 次,南方春季 1 次或春秋各 1 次,北方夏季 1 次	样方法,使用干湿漏斗,直接计数	LY/T 2090-2013,HJ 710.10-2014
	数量	个	1 年 1~2 次,南方春季 1 次或春秋各 1 次,北方夏季 1 次	样方法,使用干湿漏斗,直接计数	LY/T 2090-2013,HJ 710.10-2014
	生物量	g/m²	1 年 1~2 次,南方春季 1 次或春秋各 1 次,北方夏季 1 次	样方法,使用干湿漏斗,直接计数	LY/T 2090-2013,HJ710.10-2014

4. 湿地灾害监测

4.1 疫源疫病

很多湿地均地处野生动物候鸟迁徙路线上，每年春季、秋季候鸟繁殖、迁徙，对湿地动物开展疫源疫病监测就显得尤其重要。尤其是 2020 年发生新型冠状病毒肺炎疫情后，野生动物疫源疫病监测显得更加重要和必要。在湿地区域内，一般采用线路巡查和定点观测相结合的方式开展，尤其是在候鸟迁徙季节，应连续观测，疫情发生时，需立即记录疫源种类、类型、发生区域及疫源异常的比例等，早诊断、早控制，并与动物防疫、卫生健康等部门紧密进行配合。

4.2 有害物种入侵

自然界中，受地理、地貌和气候因素的限制，各物种都被限定在一定区域内生存和发展，此即为本地物种。但近百年来，随着人口增加和经济活动的迅速发展，某些外来物种在人类有意或者无意带入下，被引入到了新的环境。有些外来物种，由于没有天敌，在被引入区域快速发展和扩散，其中的部分物种对当地生态环境造成严重影响，破坏了当地生物多样性，影响区域的遗传多样性。可以说外来物种入侵已成为全球的四大环境问题之一，因此，湿地有害物种入侵监测工作十分必要。在对湿地管理中，应该强化引种管理，防止人为传入，同时，清楚掌握资源本底，对入侵物种及时监测记录，并评估其入侵风险，这对湿地保护和管理极其重要。

4.3 虫害监测

对湿地有害昆虫和天敌种类进行调查记录，并在虫害发生时监测其发生面积，记录危害植株数量及有害昆虫虫口密度。

4.4 病害监测

对遭受病害的植物进行鉴定，监测受到菌类感染的植株数量，记录受到危害的湿地面积，评估病害发生程度。

4.5 兽害监测

兽害(如鼠、兔等)监测重点是发生兽害的种类、密度、面积，并评估兽害发生强度等。

4.6 火灾监测

火灾监测能在最短时间了解发生火灾的区域、风速风向等气象因子，同时能够指导消防人员快速合理地进行扑灭工作，将损失降低到最低水平。火灾监测方法很多，利用防火监测系统、卫星遥感监测、红外监测和远程雷达监测等技术手段，进行空对空、地对地和地对空等先进的通信系统快速、准确的监测。同时，通过火灾监测数据计算过火面积、持续时间等获得火灾发生频度，最大限度地预测和评估，减少和避免火灾的发生，保护湿地资源和环境。

4.7　水华监测

水体出现富营养状况，同时具备利于藻类生长的气候、温度、光照等环境条件时，藻类大量繁殖达到一定浓度即为水华，在海洋中被称为"赤潮"。水体富营养化引起藻类在淡水水体中大量繁殖、聚集，导致水体溶解氧下降，改变水体的理化环境，严重破坏水生生物的栖息地和生态系统的平衡，部分还直接影响区域居民的供水安全，因此，水华的监测很重要。水华常规监测包括在固定站点上采样，准确鉴定水华生物种类和密度、水体的营养盐水平等。

5. 湿地利用和受胁状况监测

5.1　湿地利用状况

5.1.1　种植业

水稻田、园艺、其他灌溉或非灌溉的农用地。记录和监测种植业种类、面积及受到影响的湿地面积。

5.1.2　养殖业

渔业养殖，包括鱼、虾、贝类等。监测湿地范围内水产养殖的方式、种类、网眼的大小，水产类的捕获量，以及渔民的数量、渔船的规模和数量。

5.1.3　牧业

某些湿地可作为牧场或畜牧业草料基地。监测湿地范围内牧民的数量，牛、羊等的数量，载畜量的变化。

5.1.4　林业

湿地区域内有林地、灌木林地、疏林地和未成林的造林地。监测其林种、面积等。

5.1.5　工矿业

湿地范围内开展的泥炭、薪炭、原油开采、采砂等活动，监测其影响湿地的面积，评估湿地受威胁程度。

5.1.6　生态旅游

湿地、湿地公园等开展生态旅游等活动，监测游客流量、峰值期、日游客量等。

5.1.7　水源地

湿地作为工业用水、农业用水、生活用水、地下水回灌等。监测用水量、水质等。

5.1.8　其他利用

除以上几种外的其他利用方式，监测其利用方式影响湿地的面积，并评估湿地受胁等级或程度等。

5.2 湿地受胁因子

5.2.1 干旱

湿地区域由于气候、季节等原因，长期缺少降水而造成了湿地缺水的过程。

5.2.2 城镇化

城市建设过程中房屋、公路、铁路、桥梁等基础设施侵占湿地。

5.2.3 围垦

对湿地进行筑堤圈围，导致自然景观遭到破坏，降低了湿地调节气候、护岸保田、储水分洪等作用，破坏生态平衡，降低了湿地生物多样性，最终可能会导致湿地的"消失"。

5.2.4 泥沙淤积

湿地生态系统中，泥沙淤积是一种常见的现象，尤其是湖泊、水库、洪泛平原等，随着洪水的发生泥沙在河口、河岸形成浅水滩、沼泽等。但另一方面，泥沙淤积会形成危害，例如，在水库内侵占库容，在河道中会影响河道通航能力。因此，应全面认识沙淤积来源、形成时间、粗细等，了解其与湿地面积、位置等关系，采取相应的措施维护湿地生态平衡。

5.2.5 过度捕捞或采伐

人为破坏动植物资源，例如，非常的开展渔猎、砍伐植物等行为。

5.2.6 引排水工程

因为人为因素建设引水、排水等水利工程，导致湿地水资源的流失、截走，造成湿地逐步干旱并失去湿地的基本属性的过程。

5.2.7 盐碱化

盐碱化形成一是干旱导致地下水位高，二是漫灌或者只灌不排，导致地下水位上升，土壤底层、地下水的盐分因为毛管作用上升到地表，当气候干旱时，地表水蒸发，盐分累计，导致土壤盐碱化发生。

5.2.8 外来物种的入侵

外来物种在湿地定居，并取代本土物种的过程。

5.2.9 沙漠化

原有植物覆盖的湿地，水分消失，导致湿地向荒漠化、沙漠化发展的过程。

5.2.10 水土流失

在自然因素、人类活动等影响下，植被遭到破坏，湿地土壤在水流作用受到侵蚀。

5.2.11 其他

除以上的胁迫因子外，其他自然因素或人为干扰影响湿地自然状态的过程。

6. 湿地保护和管理状况监测

6.1　已有的保护措施

湿地土地权属、使用权，主要的管理部门，现开展的保护措施，开展的时间，作用的效果等。

湿地管理状况监测指向包括自然保护区建立时间、名称、级别、分布、主要的保护对象、核心区面积、湿地保护监测包括现开展科研活动等；湿地公园为公园名称、级别、面积、建立时间、主管部门、经营管理机构等。

6.2　现有的管理状况

通过分析当地对湿地的保护与管理的规章制度及采取的湿地保护行动等，评估公众及政府等对湿地保护的参与度。

6.3　周边社区及经济情况

通过湿地周边乡镇农业、工业生产总值，主要的产业等，分析可能影响湿地的一些其他因素。

参考文献

冯文利，李兵，史良树.关于我国湿地资源调查监测工作现状的调研思考[J].中国土地，2021，2：37-40.

武海涛，吕宪国，姜明，等.三江平原典型湿地土壤动物群落结构及季节变化[J].湿地科学，2008，6(004)：459-465.

李伟，崔丽娟，赵欣胜，等.太湖岸带湿地土壤动物群落结构与多样性[J].生态学报，2015，35(4)：944-955.

郑建军，钟成华，邓春光.试论水华的定义[J].水资源保护，2006，22(5)：45-45.

张启舜.泥沙淤积与保护湿地及生物多样性[J].中国水利，2000，8：67-68.

附录 新疆湿地植被分类及其分布

1. 分类单位

植被型组：是湿地植被分类系统的最高级单位，由建群种生活型相近、生境相似的植物群落联合而成。如沼泽、水生植物湿地等。

植被型：是湿地植被分类系统中最重要的高级单位。在植被型组内，根据建群种的生活型的异同而划分。如沼泽湿地可进一步分为森林沼泽型、灌丛沼泽型、草本沼泽型和藓类沼泽型等。

群系组：是植被型与群系间的辅助单位。以建群种亲缘关系相近，并在植物分类系统中为同一"属"，群落外貌相似为依据，将相似的植物群系归纳为统一的群系组。

群系：植被分类中最重要的中级单位。以建群种或优势种相同的群丛或群丛组归纳而成。

2. 湿地植被单位的命名与编号

不同等级的分类单位，采用不同的命名方法。

植被型组：其命名是根据湿地群落建群种的生活型所表现出来的外貌状况和生境差异而命名的，如沼泽、盐沼等。不加数码，用黑体字表示。

植被型：是根据群落的优势种生活型而命名的，如森林沼泽、灌丛沼泽、草本沼泽、藓类沼泽等。用Ⅰ、Ⅱ、Ⅲ……，统一编号。

群系：根据群落的建群种或优势种的"种"名命名，用1、2、3……数字后加"."，在群系组下编号，如不划分群系组，则在植被型下编号。

说明：名录中未包括的湿地植被类型，各市(区、保护区)根据实际调查情况，依据本规程的湿地植被分类系统，自行列入。

针叶林湿地植被型组

 Ⅰ 寒温性针叶林湿地植被型

  1. 雪岭云杉群系：天山山地的河谷及河漫滩。

阔叶林湿地植被型组

 Ⅰ 落叶阔叶林湿地植被型

  1. 胡杨群系：新疆、甘肃等古河道地区。

  2. 黑杨群系：新疆额尔齐斯河与布尔津河河谷的沙地上。

  3. 银白杨群系：新疆额尔齐斯河的低阶地和河漫滩上。

灌丛湿地植被型组

 Ⅰ 盐生灌丛湿地植被型

  1. 盐角草群系：新疆、青海、西藏等地。

2. 柽柳群系：东北、西北、华北及青海等地。

3. 大白刺群系：新疆、甘肃、青海等地。

4. 泡果白刺群系：新疆、甘肃、青海等地。

5. 塔里木沙拐枣群系：天山南麓、帕米尔东麓、昆仑山北麓的平缓的山麓冲积扇。

6. 盐节木群系：塔里木河、艾比湖及新疆各地的盐沼低地。

7. 盐生草群系：新疆地区的山前洪积扇。

8. 盐穗木群系：新疆地区的塔里木盆地、艾比湖和焉耆盆地。

9. 具叶盐爪爪群系：新疆大部分地区的潮湿盐土。

草丛湿地植被型组

Ⅰ 莎草型湿地植被型

1. 阿尔泰苔草群系：新疆阿尔泰山和天山的山间谷地或湖滨湿地。

2. 帕米尔苔草群系：新疆、四川等地。

3. 水葱群系：温带、亚热带的湖滨、池塘、洼地。

4. 三棱藨草群系：温带、亚热带的河滩、湖边洼地，在内蒙古的沙丘间洼地也有分布。

5. 荆三棱藨草群系：东北、华北、西北及长江流域各省和台湾。

6. 高秆莎草群系：温带和亚热带的湖边洼地和山间洼地。

7. 少花薹草群系：温带和亚热带的湖边洼地和山间洼。

8. 野薹草群系：温带和亚热带的湖边洼地和山间洼地。

9. 刘氏薹草群系：温带和亚热带的湖边洼地和山间洼地。

10. 华扁穗草群系：温带和亚热带的湖边洼地和山间洼地。

11. 扁穗草群系：温带和亚热带的湖边洼地和山间洼地。

Ⅱ 禾草型湿地植被型

1. 芦苇群系：温带和亚热带的湖边、古河床和河流沿岸等地，荒漠地区的低地也有。

2. 北方芦苇群系：东部温带地区。

3. 狭叶甜茅群系：温带地区流水缓慢的河流两岸或浅水洼地。

4. 假苇拂子茅群系：北疆各大河流河漫滩、塔里木河上游的河漫滩，山西等。

5. 獐毛群系：黄淮海地区和新疆、甘肃等省区，以及淤泥质海岸地带。

6. 芨芨草群系：新疆等地。

7. 葡萄冰草群系：北疆各大河流的河漫滩。

浅水植物湿地植被型组

Ⅰ 漂浮植物型

1. 槐叶苹群系：全国各地池塘、水沟和稻田等水面。

Ⅱ 浮叶植物型
1. 荇菜群系：温带和亚热带的湖泡、湖湾、池塘和沟渠中。
2. 菱群系：温带和亚热带的湖泡中，有野生，也有栽培。
3. 睡莲群系：亚热带、温带湖泡中。
4. 莲群系：亚热带和温带的湖泡中，有野生，也有栽培。
5. 浮叶眼子菜群系：北温带。
6. 芡实群系：亚热带至暖温带的一些湖泊中。

Ⅲ 沉水植物型
1. 菹草群系：亚热带和温带较小的湖泊、湖湾、池塘和溪流中。
2. 马来眼子菜群系：亚热带和温带的一些湖泊。
3. 龙须眼子菜群系：温带和亚热带乃至青藏高原的湖泊中。
4. 海菜花群系：温带和亚热带的一些湖泊、池塘或沟谷。
5. 穗状狐尾藻群系：新疆等地的静水湖泊，如博斯腾湖和艾沙米尔湖。
6. 轮叶狐尾藻群系：温带和亚热带的浅水湖泊、池塘、水沟和水田中，西藏高原。
7. 茨藻群系：温带，东北、西北、内蒙古。
8. 梅花藻群系：温带，东北、西北、内蒙古。
9. 黄花狸藻群系：全国各地浅水池塘、水潭、沼泽的积水小洼地。
10. 川蔓藻群系：温带和亚热带乃至热带沿海滩涂的池塘、盐池等中。

附录　湿地植物群系名称的确定

1. 确定群落的数量特征

(1)多度
表示一个种在群落中个体数量的相对概念。
计算方法：某个种的多度=(该种的个体数目/样方中同一生长型全部种的个体数)×100%

(2)密度和相对密度
指单位面积上某个种的实测植株数目。
计算方法：密度=样地内某种植物的个体数/样地面积
　　　　　相对密度=某植物的密度/本层全部植物的总密度×100%

(3)高度和相对高度
反映植物的生长情况和对生境的适应能力。调查时要求记录每个物种的高度，并计算其平均高度。
计算方法：相对高度=某种植物的平均高度/本层所有植物平均高度之和×100%

（4）冠幅和相对冠幅

乔木树种或灌木树种的冠幅，一般指树冠在地面投影面积的东西和南北方向的直径平均值。

计算方法：相对冠幅=某种植物的平均冠幅/本层所有植物平均冠幅之和×100%

（5）盖度和相对盖度

指草本植物在地表的垂直投影面积占样方面积的比例。

计算方法：盖度=某种植物的地表垂直投影面积/样方面积×100%

相对盖度=某种植物的盖度/本层所有植物盖度之和×100%

（6）频度

表示某种植物个体在群落中水平分布的均匀程度。

计算方法：某种植物个体出现的样方数/同一调查单元内的全部样方数×100%。

（7）优势度和相对优势度

表示一个物种在群落中的地位与作用。此处采用较为简化的计算方法。

计算方法：优势度=（相对高度+相对冠幅）/2（乔木和灌木植物）

优势度=（相对高度+相对盖度）/2（草本植物）

相对优势度=某种植物优势度/本层所有植物优势度之和×100%

（8）重要值

表示某个物种在群落中的地位和作用的综合数量指标。

计算方法：重要值=（相对密度+相对频度+相对优势度）/3

2. 确定植物群系名称

在群落内对物种的重要值高低进行排序，以重要值最高的或者前几位物种为依据进行植物群系命名。

附录 中国主要水鸟名录

序号	中文名	学名
I	潜鸟目 GAVIIFORMES	
一	潜鸟科 Gaviidae（4）	
1	红喉潜鸟	*Gavia stellata*
2	太平洋潜鸟	*Gavia pacifica*
3	黑喉潜鸟	*Gavia arctica*
4	白嘴潜鸟	*Gavia adamsii*
II	䴙䴘目 PODICIPEDIFORMES	
二	䴙䴘科 Podicipedidae（5）	
5	小䴙䴘	*Tachybaptus ruficollis*
6	角䴙䴘	*Podicepsauritus*
7	黑颈䴙䴘	*Podicepsnigricollis*

（续）

序号	中文名	学名
8	凤头䴙䴘	*Podicepscristatus*
9	赤颈䴙䴘	*Podicepsgrisegena*
Ⅲ	鹱形目 PROCELLARIIFORMES	
三	信天翁科 Diomedeidae（2）	
10	短尾信天翁	*Diomedeaalbatrus*
11	黑脚信天翁	*Diomedea nigripes*
四	鹱科 Procellariidae（8）	
12	暴风鹱	*Fulmarus glacialis*
13	白额鹱	*Puffinus leucomelas*
14	曳尾鹱	*Puffinus pacificus*
15	灰鹱	*Puffinus griseus*
16	短尾鹱	*Puffinus tenuirostris*
17	钩嘴圆尾鹱	*Pterodroma rostrata*
18	点额圆尾鹱	*Pterodromahypoleuca*
19	纯褐鹱	*Bulweria bulwerii*
五	海燕科 Hydrobatidae（2）	
20	白腰叉尾海燕	*Oceanodroma leucorhoa*
21	黑叉尾海燕	*Oceanodroma monorhis*
Ⅳ	鹈形目 PELACANIFORMES	
六	鹲科 Phaethontidae（3）	
22	短尾鹲	*Phaethonaethereus*
23	红尾鹲	*Phaethonrubricauda*
24	白尾鹲	*Phaethonlepturus*
七	鹈鹕科 Pelecanidae（2）	
25	白鹈鹕	*Pelecanus onocrotalus*
26	斑嘴鹈鹕	*Pelecanus philippensis*
八	鲣鸟科 Sulidae（2）	
27	红脚鲣鸟	*Sulasula*
28	褐鲣鸟	*Sulaleucogaster*
九	鸬鹚科 Phalacrocoracidae（5）	
29	［普通］鸬鹚	*Phalacrocorax carbo*
30	斑头（绿）鸬鹚	*Phalacrocoraxcapillatus*
31	海鸬鹚	*Phalacrocoraxpelagicus*

（续）

序号	中文名	学名
32	红脸鸬鹚	*Phalacrocorax urile*
33	黑颈鸬鹚	*Phalacrocoraxniger*
十	军舰鸟科 Fregatidae（3）	
34	小军舰鸟	*Fregata minor*
35	白腹军舰鸟	*Fregata andrwsi*
36	白斑军舰鸟	*Fregata ariel*
V	鹳形目 CICONIIFORMES	
十一	鹭科 Ardeidae（21）	
37	苍鹭	*Ardea cinerea*
38	草鹭	*Ardea purpurea*
39	绿鹭	*Butorides striatus*
40	池鹭	*Ardeola bacchus*
41	牛背鹭	*Bubulcus ibis*
42	白颈黑鹭	*Egretta picata*
43	大白鹭	*Egretta alba*
44	白鹭	*Egretta garzetta*
45	黄嘴白鹭	*Egretta eulophotes*
46	岩鹭	*Egretta sacra*
47	中白鹭	*Egretta intermedia*
48	夜鹭	*Nycticorax nycticorax*
49	栗头虎斑鳽	*Gorsachius goisagi*
50	海南虎斑鳽	*Gorsachius magnificus*
51	黑冠虎斑鳽	*Gorsachius melanolophus*
52	小苇鳽	*Ixobrychus minutus*
53	黄苇鳽	*Ixobrychus sinensis*
54	紫背苇鳽	*Ixobrychus eurhythmus*
55	栗苇鳽	*Ixobrychus cinnamomeus*
56	黑鳽	*Ixobrychus flavicollis*
57	大麻鳽	*Botaurus stellaris*
十二	鹳科 Ciconiidae（5）	
58	彩鹳	*Mycteria leucocephalus*
59	白鹳	*Ciconiaciconia*
60	东方白鹳	*Ciconiaboyciana*

序号	中文名	学名
61	黑鹳	*Ciconia nigra*
62	秃鹳	*Leptoptilos javanicus*
十三	鹮科 Threskiornithidae（6）	
63	［黑头］白鹮	*Threskiornis melanocephalus*
64	黑鹮	*Pseudibis papillosa*
65	朱鹮	*Nipponia nippon*
66	彩鹮	*Plegadis falcinella*
67	白琵鹭	*Platalea leucorodia*
68	黑脸琵鹭	*Platalea minor*
VI	雁形目 ANSERIFORMES	
十四	鸭科 Anatidae（47）	
69	黑雁	*Brantabernicla*
70	红胸黑雁	*Branta ruficollis*
71	鸿雁	*Anser cygnoides*
72	豆雁	*Anser fabalis*
73	白额雁	*Anser albifrons*
74	小白额雁	*Anser erythropus*
75	灰雁	*Anser anser*
76	斑头雁	*Anser indicus*
77	雪雁	*Anser caerulescens*
78	大天鹅	*Cygnuscygnus*
79	小天鹅	*Cygnuscolumbianus*
80	疣鼻天鹅	*Cygnusolor*
81	［栗］树鸭	*Dendrocygna javanica*
82	赤麻鸭	*Tadorna ferruginea*
83	翘鼻麻鸭	*Tadorna tadorna*
84	针尾鸭	*Anas acuta*
85	绿翅鸭	*Anascrecca*
86	花脸鸭	*Anasformosa*
87	罗纹鸭	*Anas falcata*
88	绿头鸭	*Anas platyrhynchos*
89	斑嘴鸭	*Anaspoecilorhyncha*
90	赤膀鸭	*Anas strepera*

（续）

序号	中文名	学名
91	赤颈鸭	*Anaspenelope*
92	白眉鸭	*Anasquerquedula*
93	琵嘴鸭	*Anasclypeata*
94	云石斑鸭	*Marmaronetta angustirostris*
95	赤嘴潜鸭	*Netta rufina*
96	帆背潜鸭	*Aythyavalisineria*
97	红头潜鸭	*Aythyaferina*
98	白眼潜鸭	*Aythyanyroca*
99	青头潜鸭	*Aythyabaeri*
100	凤头潜鸭	*Aythyafuligula*
101	斑背潜鸭	*Aythyamarila*
102	鸳鸯	*Aixgalericulata*
103	棉凫	*Nettapus coromandelianus*
104	瘤鸭	*Sarkidiornis melanotos*
105	小绒鸭	*Polysticta stelleri*
106	黑海番鸭	*Melanitta nigra*
107	斑脸海番鸭	*Melanitta fusca*
108	丑鸭	*Histrionicus histrionicus*
109	长尾鸭	*Clangulahyemalis*
110	鹊鸭	*Bucephala clangula*
111	白头硬尾鸭	*Oxyura leucocephala*
112	斑头秋沙鸭	*Mergus albellus*
113	中华秋沙鸭	*Mergus squamatus*
114	红胸秋沙鸭	*Mergus serrator*
115	普通秋沙鸭	*Mergus merganser*
Ⅶ	隼形目 FALCONIFORMES	
十五	鹰科 Accipitridat（1）	
116	鹗	*Pandionhaliatus*
Ⅷ	鹤形目 GRUIFORMES	
十六	鹤科 Gruidae（9）	
117	灰鹤	*Grusgrus*
118	黑颈鹤	*Grusnigricollis*
119	白头鹤	*Grusmonacha*

(续)

序号	中文名	学名
120	沙丘鹤	*Grus canadensis*
121	丹顶鹤	*Grusjaponensis*
122	白枕鹤	*Grusvipio*
123	白鹤	*Grusleucogeranus*
124	赤颈鹤	*Grusantigone*
125	蓑羽鹤	*Anthropoides virgo*
十七	秧鸡科 Rallidae(19)	
126	普通秧鸡	*Rallus aquaticus*
127	蓝胸秧鸡	*Rallus striatus*
128	红腿斑秧鸡	*Rallina fasciata*
129	白喉斑秧鸡	*Rallina eurizonoides*
130	长脚秧鸡	*Crexcrex*
131	白眉秧鸡	*Porzana cinerea*
132	姬田鸡	*Porzana parva*
133	小田鸡	*Porzana pusilla*
134	斑胸田鸡	*Porzana porzana*
135	红胸田鸡	*Porzana fusca*
136	斑胁田鸡	*Porzana paykullii*
137	棕背田鸡	*Porzana bicolor*
138	花田鸡	*Porzana exquisite*
139	红脚苦恶鸟	*Amaurornis akool*
140	白胸苦恶鸟	*Amaurornis phoenicurus*
141	董鸡	*Gallicrex cinerea*
142	黑水鸡	*Gallinula chloropus*
143	紫水鸡	*Porphyrio porphyrio*
144	白骨顶	*Fulica atra*
IX	鸻形目 CHARADRIIFORMES	
十八	雉鸻科 Jacanidae(2)	
145	铜翅水雉	*Metapidius indicus*
146	水雉	*Hydrophasianus chirurgus*
十九	彩鹬科 Rostratulidae(1)	
147	彩鹬	*Rostratula benghalensis*
二十	蛎鹬科 Haematopodidae(1)	

（续）

序号	中文名	学名
148	蛎鹬	*Haematopus ostralegus*
二一	鸻科 Charadriidae（15）	
149	凤头麦鸡	*Vanellus vanellus*
150	灰头麦鸡	*Vanellus cinereus*
151	肉垂麦鸡	*Vanellus indicus*
152	距翅麦鸡	*Vanellus duvaucelii*
153	灰斑鸻	*Pluvialis squatarola*
154	金［斑］鸻	*Pluvialis dominica*
155	剑鸻	*Charadriushiaticula*
156	长嘴剑鸻	*Charadriusplacidus*
157	金眶鸻	*Charadriusdubius*
158	环颈鸻	*Charadriusalexandrinus*
159	蒙古沙鸻	*Charadriusmongolus*
160	铁嘴沙鸻	*Charadriusleschenaultii*
161	红胸鸻	*Charadrius asiaticus*
162	东方鸻	*Charadriusveredus*
163	小嘴鸻	*Eudromias morinellus*
二二	鹬科 Scolopacidae（48）	
164	小杓鹬	*Numeniusminutus*
165	中杓鹬	*Numeniusphaeopus*
166	白腰杓鹬	*Numeniusarquata*
167	红腰杓鹬	*Numeniusmadagascariensis*
168	黑尾塍鹬	*Limosa limosa*
169	斑尾塍鹬	*Limosa lapponica*
170	红脚鹤鹬	*Tringa erythropus*
171	红脚鹬	*Tringa totanus*
172	泽鹬	*Tringa stagnatilis*
173	青脚鹬	*Tringa nebularia*
174	白腰草鹬	*Tringa ochropus*
175	林鹬	*Tringa glareola*
176	小青脚鹬	*Tringa guttifer*
177	小黄脚鹬	*Tringa flavipes*
178	灰鹬	*Tringa incana*

(续)

序号	中文名	学名
179	矶鹬	*Tringa hypoleucos*
180	灰尾漂鹬	*Heteroscelus brevipes*
181	漂鹬	*Heteroscelus incanus*
182	翘嘴鹬	*Xenus cinereus*
183	翻石鹬	*Arenariainterpres*
184	长嘴鹬	*Limnodromus scolopaceus*
185	半蹼鹬	*Limnodromus semipalmatus*
186	孤沙锥	*Gallinago solitaria*
187	澳南沙锥	*Gallinago hardwickii*
188	林沙锥	*Gallinago nemoricola*
189	针尾沙锥	*Gallinago stenura*
190	大沙锥	*Gallinago megala*
191	扇尾沙锥	*Gallinago gallinago*
192	丘鹬	*Scolopax rusticola*
193	姬鹬	*Lymnocryptes minimus*
194	红腹滨鹬	*Calidriscanutus*
195	大滨鹬	*Calidristenuirostris*
196	红胸滨鹬	*Calidris ruficollis*
197	西方滨鹬	*Calidris mauri*
198	长趾滨鹬	*Calidrissubminuta*
199	小滨鹬	*Calidrisminuta*
200	乌脚滨鹬	*Calidristemminckii*
201	尖尾滨鹬	*Calidris acuminata*
202	岩滨鹬	*Calidrisptilocnemis*
203	黑腹滨鹬	*Calidrisalpina*
204	弯嘴滨鹬	*Calidrisferruginea*
205	斑胸滨鹬	*Calidris melanotos*
206	三趾滨鹬	*Crocethia alba*
207	勺嘴鹬	*Eurynorhynchus pygmeus*
208	阔嘴鹬	*Limicola falcinellus*
209	高跷鹬	*Micropalama himantopus*
210	黄胸鹬	*Tryngites subruficillis*
211	流苏鹬	*Philomachus pugnax*

（续）

序号	中文名	学名
二三	反嘴鹬科 Recurvirostridae（3）	
212	鹮嘴鹬	*Ibidorhyncha struthersii*
213	黑翅长脚鹬	*Himantopushimantopus*
214	反嘴鹬	*Recurvirostra avosetta*
二四	瓣蹼鹬科 Phalaropodidae（2）	
215	红颈瓣蹼鹬	*Phalaropus lobatus*
216	灰瓣蹼鹬	*Phalaropus fulicarius*
二五	石鸻科 Burhinidae（2）	
217	大石鸻	*Esacus magnirostris*
218	石鸻	*Burhinus oedicnemus*
二六	燕鸻科 Glareolidae（2）	
219	普通燕鸻	*Glareola maldivarum*
220	灰燕鸻	*Glareola lactea*
X	鸥形目 LARIFORMES	
二七	贼鸥科 Stercorariidae（4）	
221	中贼鸥	*Stercorarius pomarinus*
222	大贼鸥	*Catharacta skua*
223	短尾贼鸥	*Stercorarius parasiticus*
224	长尾贼鸥	*Stercorarius longicaudus*
二八	鸥科 Laridae（33）	
225	黑尾鸥	*Laruscrassirostris*
226	海鸥	*Laruscanus*
227	银鸥	*Larusargentatus*
228	灰背鸥	*Larusschistisagus*
229	灰翅鸥	*Larusglaucescens*
230	北极鸥	*Larushyperboreus*
231	渔鸥	*Larusichthyaetus*
232	遗鸥	*Larusrelictus*
233	红嘴鸥	*Larus ridibundus*
234	棕头鸥	*Larusbrunnicephalus*
235	细嘴鸥	*Larusgenei*
236	小鸥	*Larusminutus*
237	黑嘴鸥	*Larussaundersi*

（续）

序号	中文名	学名
238	三趾鸥	*Rissatridactyla*
239	楔尾鸥	*Rhodostethia rosea*
240	须浮鸥	*Chlidonias hybrida*
241	白翅浮鸥	*Chlidonias leucoptera*
242	黑浮鸥	*Chlidonias niger*
243	鸥嘴噪鸥	*Gelochelidon nilotica*
244	红嘴巨鸥	*Hydroprogne caspia*
245	黄嘴河燕鸥	*Sterna aurantia*
246	普通燕鸥	*Sternahirundo*
247	粉红燕鸥	*Sternadougallii*
248	黑枕燕鸥	*Sternasumatrana*
249	黑腹燕鸥	*Sterna melanogaster*
250	褐翅燕鸥	*Sternaanaethetus*
251	乌燕鸥	*Sternafuscata*
252	白额燕鸥	*Sternaalbifrons*
253	大凤头燕鸥	*Thalasseus bergii*
254	小凤头燕鸥	*Thalasseus bengalensis*
255	黑嘴端凤头燕鸥	*Thalasseus bernsteini*
256	白顶黑燕鸥	*Anous stolidus*
257	白燕鸥	*Gygis alba*
二九	剪嘴鸥科 Rynchopidae(1)	
258	剪嘴鸥	*Rhynchops albicollis*
三十	海雀科 Alcidae(4)	
259	扁嘴海雀	*Synthiboramphus antiquus*
260	斑海雀	*Brachyramphus marmoratus*
261	角嘴海雀	*Cerorhinca monocerata*
262	冠海雀	*Synthliboraphus antiqus*
XI	鸮形目 STRIGIFORMES	
三一	鸱鸮科 Strigidae(3)	
263	毛腿渔鸮	*Ketupa blakistoni*
264	褐渔鸮	*Ketupa zeylonensis*
265	黄脚渔鸮	*Ketupa flavipes*
XII	佛法僧目 CORACIIFORMES	

（续）

序号	中文名	学名
三二	翠鸟科 Aleedinidae（6）	
266	冠鱼狗	*Ceryle lugubrus*
267	斑鱼狗	*Ceryle rudis*
268	普通翠鸟	*Alcedo atthis*
269	赤翡翠	*Halcyoncoromanda*
270	白胸翡翠	*Halcyonsmyrnensis*
271	蓝翡翠	*Halcyonpileata*

附录　新疆重点保护野生动物名录

序号	中文名	学名	保护级别	
1	紫貂	*Martes zibellina*	I	
2	貂熊	*Gulogulo*	I	
3	新疆虎	*Pantheratigris* sp.	I	
4	雪豹	*Unciauncai*	I	
5	蒙古野驴	*Asinus hemionus*	I	
6	西藏野驴	*Asinus kiang*	I	
7	野马	*Equusprzewalskii*	I	
8	野骆驼	*Camelusbactianus*	I	
9	野牦牛	*Bosgrunniens*	I	
10	普氏原羚	*Procapra przwealskii*	I	
11	藏羚	*Pantholops hodgsoni*	I	
12	塞加羚	*Saigatatarica*	I	
13	北山羊	*Capra ibex*	I	
14	河狸	*Castor fiber*	I	
15	白鹳	*Ciconiaciconia*	I	
16	黑鹳	*Ciconia nigra*	I	
17	金雕	*Aquila chrysaetos*	I	
18	白肩雕	*Aquila heliaca*	I	
19	玉带海雕	*Haliaeetusleucoryphus*	I	
20	白尾海雕	*Haliaeetus albicilla*	I	
21	胡兀鹫	*Gypeatus barbatus*	I	
22	松鸡	*Tetraoparvirostris*	I	

（续）

序号	中文名	学名	保护级别	
23	黑颈鹤	*Grusgrus*	I	
24	白鹤	*Grusleucogeranus*	I	
25	小鸨	*Otistetrax*	I	
26	大鸨	*Otistrada*	I	
27	波斑鸨	*Chlamydotis undulata*	I	
28	遗欧	*Larusrrelicyus*	I	
29	四爪陆龟	*Testudohorsfieldi*	I	
30	新疆大头鱼	*Aspiorhynchus laticeps*	I	
31	豺	*Cuonalpinus*		II
32	棕熊	*Ursus arctos*		II
33	藏马熊	*Ursus arctospruinosus*		II
34	石貂	*Martesfoina*		II
35	水獭	*Lutra lutra*		II
36	草原斑猫	*Felislybica*		II
37	荒漠猫	*Felisbieti*		II
38	丛林猫	*Felis chaus*		II
39	兔狲	*Felismanul*		II
40	猞猁	*Lynxlynx*		II
41	麝	*Moschusmoschiferus*		II
42	马鹿	*Cervus elaphus*		II
43	驼鹿	*Alcesalces*		II
44	藏原羚	*Procapra picticaudata*		II
45	鹅喉羚	*Cazella subgutturosa*		II
46	岩羊	*Pseudois nayaur*		II
47	盘羊	*Ovisammon*		II
48	雪兔	*Lepustimidus*		II
49	塔里木兔	*Lepusyarkandensis*		II
50	角䴙䴘	*Podicepsauirtus*		II
51	赤颈䴙䴘	*Podicepsgisegena*		II
52	白鹈鹕	*Plelecanus onocrotalus*		II
53	斑嘴鹈鹕	*P. philippensis*		II
54	小苇鳽	*Ixobrychus minutus*		II
55	白琵鹭	*Platalea leucorodia*		II

（续）

序号	中文名	学名	保护级别
56	白额雁	*Anser albifrons*	II
57	大天鹅	*Cygnuscyguns*	II
58	小天鹅	*Cygnuscolumbianus*	II
59	疣鼻天鹅	*Cygnusolor*	II
60	草原鹛	*Aquila rapax*	II
61	乌鹛	*Aquila clanga*	II
62	小鹛	*Aquila pennata*	II
63	秃鹫	*Aegypius monachus*	II
64	白兀鹫	*Neophronpercnopterus*	II
65	兀鹫	*Gyps fulvus*	II
66	峰鹰	*Pernisapivorus*	II
67	风头峰鹰	*Pernisptilorhynchus*	II
68	鸢	*Milvuskorschun*	II
69	苍鹰	*Accipitergentilis*	II
70	褐耳鹰	*Accipiter badius*	II
71	雀鹰	*Accipiter nisus*	II
72	松雀鹰	*Accipiter virgatus*	II
73	大鵟鸟	*Buteohemilasius*	II
74	棕尾鵟鸟	*Buteorufinus*	II
75	普通鵟鸟	*Buteobuteo*	II
76	毛脚鵟鸟	*Buteo la*	II
77	白尾鹞	*Circuscyaneus*	II
78	草原鹞	*Circusmacrourus*	II
79	乌灰鹞	*Circuspygargus*	II
80	白头鹞	*Circusaeruginosus*	II
81	短趾鹛	*Circaetus ferox*	II
82	鹗	*Pandion haliaetus*	II
83	猎隼	*Falcocherrug*	II
84	矛隼	*Falcogyrfalco*	II
85	游隼	*Falcoperegnrinus*	II
86	燕隼	*Falcosubbuteo*	II
87	灰背隼	*Falco columbarius*	II
88	红脚隼	*Falcovespertinus*	II

（续）

序号	中文名	学名	保护级别	
89	黄爪隼	*Faloc naumanni*		II
90	红隼	*Falco tinnunculus*		II
91	黑琴鸡	*Lyrurus tetrix*		II
92	柳雷鸟	*Lagopuslagopus*		II
93	岩雷鸟	*Lagopusmutus*		II
94	花尾榛鸡	*Terastes bonasia*		II
95	阿尔泰雪鸡	*Tetraogallus altaicus*		II
96	高山雪鸡	*T. himalayensis*		II
97	藏雪鸡	*T. tibetanus*		II
98	灰鹤	*Grusgrus*		II
99	蓑羽鹤	*Anthropoides virgo*		II
100	长脚秧鸡	*Crexcrex*		II
101	姬田鸡	*Porzana parva*		II
102	小鸥	*Larusminutus*		II
103	黑浮鸥	*Chlidonias niger*		II
104	黑腹沙鸡	*Pteroles orientalis*		II
105	斑尾林鸽	*Columbapalumbus*		II
106	纵纹角鸮	*Otus brucei*		II
107	红角鸮	*Otus scops*		II
108	雕鸮	*Bubobubo*		II
109	雪鸮	*Nycteascandiaca*		II
110	猛鸮	*Surnia ulula*		II
111	花头鸺鹠鸟	*glauciduum passerinum*		II
112	纵纹腹小鸮	*Athenenoctua*		II
113	乌林鸮	*Strix nebulosa*		II
114	灰林鸮	*Strix aluco*		II
115	长尾林鸮	*Uralensis*		II
116	长耳鸮	*Asio otus*		II
117	短耳鸮	*Asio flammeus*		II
118	鬼鸮	*Aegolius funereus*		II

湿地资源调查及评价指标规范

（三）湿地资源监测技术方法

1. 湿地资源监测技术体系

1.1 遥感技术基础

资源、生态、环境与可持续发展成为 21 世纪科学研究的重点。森林、湿地、海洋为全球三大生态系统，湿地是地球上生物多样性丰富、生产力很高的一种重要的生态系统，被称为地球之肾，是人类赖以生存的最重要的环境资源之一。湿地破坏与退化带来的环境功能丧失和生态问题触目惊心，世界自然资源保护联盟(IUCN)估计全球大约有 50% 的湿地生态系统已经从地球上消失。在我国人口增加、经济高速发展的背景下，有近 90% 的重要湿地受到不同程度的人为活动威胁，湿地功能下降。但如何快速、准确掌握湿地生态系统的动态变化，是我们目前面临的关键科学问题，需要基础科学理论与综合技术支撑。目前，湿地科学研究已成为国际学术界与各国政府乃至公众关注的热点与焦点，湿地科学已成为 21 世纪的重点学科和研究领域。采用遥感技术开展湿地资源调查与保护研究，是湿地科学研究的崭新领域。本指导手册介绍的采用卫星遥感技术进行湿地资源调查，在湿地生态环境保护研究领域有创新性，研究成果有很高的学术价值。

遥感技术为湿地研究提供了及时、准确、高效的湿地信息，也为湿地科学从定性到定量化研究带来了机遇和挑战。以新疆地区为例研究湿地时空分布规律、湿地生态系统结构功能与合理开发利用等基础性问题，可以为生态省、生态市建设提供湿地资源的基础数据。利用遥感技术(RS)、地理信息系统(GIS)、全球定位系统(GPS)开展湿地调查，所取得成果对湿地的生态保护和生态建设，以及湿地资源的科学管理和预警，具有显著的社会效益和环境效益。

1.1.1 遥感技术概述

遥感是根据用户目的，用来源于飞机或者卫星系统的数据对地球表面目标物属性的观测。因此，遥感不是现场而是距离目标物一定距离的观测。由于遥感数据包含的是离散点的信息，最有意义的是三维空间的栅格数据，即图像。遥感系统，特别是卫星遥感重复多次提供同一地球表面区域的图像数据，对于监测地球表面变化和人类影响非常重要。遥感技术的应用广泛，比如，①环境评价与监测，如城市扩展、有害废物监测；②农业，如作物状况、产量预测、土壤侵蚀；③不可再生资源开发，如矿产、石油、天然气；④可再生自然资源，如湿地、土壤、森林、海洋；⑤气象，如大气动态、天气预报；⑥制图，如地形、土地利用、公共建筑工程；⑦军事监视与侦察，如战略制定和战术分析；⑧新闻媒体，如演示、分析。

为了满足众多用户的不同需求，目前各个国家提供各种各样的遥感系统，每种遥感系统具有不同的空间、波谱和时间参数。有些用户，如气象部门，对图像现势性和周期性要求高，而对空间分辨率要求较低；有些用户对空间分辨率要求高，如制图，但不需要很短的周期；还有用户对空间分辨率和周期性、现势性都要求很高。

现代遥感系统的数据量很大，技术很复杂，这就要求科学界使用遥感数据前需要进行处理，数据处理的目的是生产一致的、可信的图像数据集合。数据处理包括：①辐射校正；②几何校正；③传感器噪声消除；④标准数据规范。遥感数据需要哪些具体的处理要看传感器的特性，因为处理的目的是消除由传感器引起的错误图像特征。对于最高级别的处理，有的用户不需要，有的用户买不起，因此，实际上出售的遥感数据有不同的处理级别供选择。遥感数据的处理一般分 4 个级别：①一定格式的原始数据；②传感器纠正数据，包括几何校正和辐射校正；③分景校正数据，包括几何校正和辐射校正；④地球物理数据。

1.1.2　光谱特征

划分特定地球遥感的主要的光谱区间是因为存在相对透明的大气窗口，辐射探测装置通过大气窗口能够看到地面。这些窗口以外的光谱区间，辐射被各种大气组分吸收，比如，水蒸气和二氧化碳吸收范围是 $2.5\sim3\mu m$ 和 $5\sim8\mu m$。在微波区域的 22GHz（1.36cm 波长）附近存在一个次要吸收，穿透率约为 0.85。在 50GHz（0.6cm 波长以下）以上到 80GHz 有一个重要的氧吸收区间。大气穿透率高的区间，微波和雷达传感器穿透云、雾和雨的能力很强，而且能在夜间利用主动发射获得图像。

被动遥感的传感器测量自然反射和地面、大气和云层的辐射，可见光（V）、近红外（NIR）和短波红外（SWIR）区间（0.43μm）是太阳反射光谱区间，地球表面反射的太阳能超过了地球自身的辐射能量。中波红外（MWIR）是反射太阳能到地面辐射能之间的过渡区域，波长超过 5μm，地球热辐射一般占主导。热红外（TIR）不直接依赖太阳作为能源，在白天和夜间都可以成像。微波区间的地球自辐射可以由被动遥感系统接收，如 Special Sensor Microwave/lmager（SSM/1），观测微波亮度温度（microwave brightness temperature）。

主动遥感使用人工辐射源，即探测器，它接收大气或地面逆向散射信号。例如，一定波长的激光经大气散射和吸收后，回收信号能提供大气分子如臭氧的信息。在微波区域，合成孔径雷达（Synthetic Apere Radar，SAR）就是一个主动成像遥感技术，它从移动的传感器发射，并接受和记录地面物体的反向散射。微波遥感包括主动和被动两种。地球（大气层顶）接收到太阳能波谱，人眼能看到的光谱范围也包括在图中。值得注意的是人只能看到太阳能波谱的一小部分，也就是整个电磁波波谱的很小一部分，因此大部分遥感数据是"不可见的"，当然我们可以利用监视器显示任何波谱的数字图像。热红外和微波图像的视觉解译非常困难，因为我们不了解传感器在可见光区域以外能看到什么。

大部分光学遥感系统都是多波段的，同时获取多个波段的图像。多波段图像比单波段或广波谱（即全色）图像信息丰富，更有意义。除了被动的 SSM/1 外，微波遥感为单一频率，SAR 在两个偏振面发射并回收。越来越多的波段区域、传感器和偏振组合起来，提供更多信息，使图像解译和分析更完善，如热红外和可见光组合，雷达和可见光组合，航片与高光谱组合等。

卫星遥感系统的空间分辨率有的太低，不足以识别很多物体的形状和空间信息，很多情况下仅仅通过光谱量测不可能识别物体。因此，观测地面物体如植被、土壤、岩石等光谱信号十分重要。一种物体的光谱特征可以定义为其在太阳能反射波谱区域内的反射比值与波长的关系，在一定的光谱分辨率下测定。在太阳光谱以外的区域，光谱特征主要用于观测温度和反射率（TIR）以及表面粗糙度。多光谱遥感的目的是根据不同物体的光谱特征区分这些物体，虽然很多时候实际效果不错，但下面的因素往往形成很大干扰，例如，①自然物体的变化性；②遥感系统光谱值不够准确；③大气影响。由于干扰因素的存在，即使每一种地物都贴上标签,仍然不能保证在自然条件下准确测量其光谱特征。

1.1.3 遥感系统

遥感系统由平台、传感、接收、处理应用各子系统所组成,负责对探测对象电磁波辐射的收集、传输、校正、转换和处理的全部过程,也就是将物质与环境的电磁波特性转换成图像或数字形式。遥感,从广义上说是泛指从远处探测、感知物体或事物的技术,即不直接接触物体本身,从远处通过仪器(传感器)探测和接收来自目标物体的信息(如电场、磁场、电磁波、地震波等信息),经过信息的传输及其处理分析,识别物体的属性及其分布等特征的技术。

通常遥感是指空对地的遥感,即从远离地面的不同工作平台上(如高塔、气球、飞机、火箭、人造地球卫星、宇宙飞船、航天飞机等)通过传感器,对地球表面的电磁波(辐射)信息进行探测,并经信息的传输、处理和判读分析,对地球的资源与环境进行探测和监测的综合性技术。当前遥感形成了一个从地面到空中,乃至空间,从信息数据收集、处理到判读分析和应用,对全球进行探测和监测的多层次、多视角、多领域的观测体系,成为获取地球资源与环境信息的重要手段。遥感在地理学中的应用,进一步推动和促进了地理学的研究和发展,使地理学进入到一个新的发展阶段。遥感信息应用是遥感的最终目的。遥感应用则应根据专业目标的需要,选择适宜的遥感信息及其工作方法进行,以取得较好的社会效益和经济效益。遥感技术系统是个完整的统一体。它是建立在空间技术、电子技术、计算机技术以及生物学、地学等现代科学技术的基础上的,是完成遥感过程的有力技术保证。

1.1.4 "星空地"一体化监测技术

据了解,航遥中心将在未来 6 年里,通过最新卫星遥感数据作为主要数据来源,开展我国陆域自然资源与生态地质环境遥感调查与监测,逐步建立起全国国土遥感综合调查信息系统和监测技术体系。随着这一工作的展开,将形成我国陆域自然资源与生态地质环境本底数据和年度动态变化数据,这一数据库的建立将为我国自然资源与生态地质环境管护及国防建设提供科学依据。同时,这也是第一个反映我国国土资源综合情况的调查监测数据库。

近年来,我国空间基础设施发展获得了突破性进展,卫星研制与发射能力步入世界先进行列,国土、资源、海洋、气象、环境、减灾等遥感卫星已具备较好的业务化服务能力。目前以自然资源部为主用户的 02C 卫星、高分卫星等使我国遥感监测能力进入了亚米级"高分时代",空间分辨率得到质的提升。"星空地"一体化监测技术的保障将为国土资源综合遥感调查工作奠定坚实的基础。"3S"技术是将遥感(RS)、地理信息系统(GIS)和全球定位系统(GPS)进行综合集成的一种新的技术。RS 负责采集信息,GPS 负责各类信息的空间定位,GIS 则对各类信息进行分析处理,构建完整的地理信息管理系统。20 世纪 90 年代以来,遥感技术在资源调查、监测中发挥了重要的作用。国际上,利用遥感和地理信息系统进行了大量卓有成效的资源环境调查工作,如土地利用、土地覆盖、作物估产、植被监测、湿地资源调查等。

20 世纪 90 年代末开始,遥感和地理信息系统技术开始应用于我国湿地研究领域,主要表现在湿地信息获取分析、湿地分类、湿地保护区规划、湿地资源与环境分析等方面。比较成功的例子如利用 GIS 技术建立的广东省海岸带湿地资源与环境信息系统，为实现湿地与环境的持续发展提供了可靠的基础数据和决策服务。中国科学院长春地理研究所的学者采用遥感和地理信息系统技术建立了定量描述湿地信息的不同类型的湿地信息系统，初步满足了湿地科技工作者多年来梦寐以求的湿地信息共享的愿望。我国东北的三江平原湿地、辽河三角洲湿地、河南沿黄湿地、广东湿地等都利用遥感技术进行了湿地资源的调查，为湿地的研究与保护提供了重要的科学依据。

随着计算机技术和遥感技术的飞速发展，遥感影像的空间分辨率、光谱分辨率和时间分辨率不断提高，一大批优秀的遥感图像处理软件、GIS 软件的涌现，使人类从多尺度、多角度探测地球上的资源及提取有用信息成为现实。

1.2　湿地现状遥感调查研究

由于全球人类及经济迅速发展的过程中长期忽视地球环境的保护，地球生态环境日益恶化，全球湿地丧失和功能退化成为突出的问题之一，由此带来的生态环境影响自然成为人类关注的热点。

湿地是地表重要的土地覆盖类型和独具特点的景观类型，常年或季节性积水是湿地的显著特征，处于与水系相邻的水陆过渡地带。因其通行条件差，很难深入湿地中去进行实地调查研究，同时，湿地类型的复杂多样性与环境因素的多变性，也给湿地的研究带来了极大的困难。遥感具有大面积同步观测、时效性、数据的综合性和可比性、经济性等诸多优点，逐步被大量用于地物的识别和测量。遥感技术作为对地观测、提取地表现势状况的最有力工具，将 3S 技术很好结合，被广泛应用在各行各业，可将分好类的专题影像转换成 ArcGIS 的矢量数据，使分析的结果可以直接为地理信息系统管理与应用，从而发挥更大的作用，获取环境资源的变化信息，包括变化位置、面积等，帮助我们及时地掌握环境资源的时空变化和演变趋势。遥感技术对湿地的科学化、信息化管理起到了非常大的作用，在湿地研究领域中的应用也越来越多。

1.3　湿地遥感应用研究

湿地遥感应用研究主要涉及以下几个方面。

（1）湿地资源调查。传统的野外调查方法覆盖范围小，而且费时、费力，遥感技术具有感测范围广、信息量大、信息更新快等特点。因此，目前，湿地资源调查普遍都采用了遥感技术。

（2）湿地动态变化监测。人类活动对湿地影响的规模和速度在不断扩大，湿地被大面积开垦，湿地环境遭到严重干扰和破坏，因此研究湿地资源动态变化规律对湿地资源利用与保护具有重要意义。利用遥感技术多层次、多时相的动态监测功能，通过地理信息系统技术进行相关数据的实时更新，并对这些数据进行空间分析，可掌握湿地动态变化情况。

（3）湿地信息提取和湿地分类研究。遥感信息的分析识别主要依据地物反射光谱特性，不同地物具有不同的反射光谱特性。湿地的水特性使得它的反射光谱特性与其他地类有很大不同，这是遥感监测湿地的基础。湿地植物种群有特定的反射光谱，尤其在近红外波段, 不同植物种类的反射率离散程度较大, 有利于湿地植被类型的识别, 这也是湿地遥感分类的重要依据之一。但是, 湿地光谱特征与其他地类如森林、农田等的光谱特征有一定的相似性, 湿地类别之间光谱特征也有一定程度的混淆, 因此, 目前仅仅依赖光谱特征很难将湿地不同类别区分开来。利用湿地的光谱特征提取湿地信息的研究大都停留在对某种特定湿地类型或某个特定区域基础上。湿地自动分类研究也是湿地遥感的重要内容。目前, 常用的分类方法为人工目视解译和计算机自动分类方法。计算机自动分类方法包括监督分类、非监督分类及混合分类法等。目前的研究普遍认为, 人工目视解译方法是湿地分类精度最高的方法, 但其费时、费力。计算机自动分类法则省时、省力、工作效率高, 但因不同湿地之间及湿地与其他地类之间光谱特征相似, 往往不能将不同类别的湿地完全区分开来, 因此其精度较低。目前, 对湿地研究尚无成熟的完全自动分类方法, 只能进行人机交互解译, 即对遥感图像进行计算机自动分类后, 再参考地方最新的土地利用图、地形图、交通图及其他相关图件进行人工目视解译修正。初始解译完成后需要进行野外 GPS 检验, 以提高数据精度。混合分类方法是先对遥感影像进行非监督分类, 再利用非监督分类生成的分类模板加以修改补充后进行监督分类的方法。

(4)湿地景观生态学研究。通过遥感和 GIS 技术获取湿地景观数据, 运用景观生态学原理, 分析湿地的景观格局或景观格局变化。

(5)湿地制图。遥感技术最先在湿地研究中的应用是湿地制图。

(6)湿地信息系统。湿地信息系统是以计算机软、硬件为基础, 以学科知识为依据, 空间数据为对象, 集知识、模型和决策为一体的分析系统。它的建立给湿地研究和湿地管理提供新的技术和决策支持。湿地信息系统是在遥感和 GIS 基础上建立的专题信息系统。

目前, 国内遥感和 GIS 技术在湿地研究领域的应用还不是十分广泛, 研究区域主要局限于黑龙江省、辽宁省、江苏省、浙江省、广东省的部分地区, 目前多应用于湿地资源调查、动态监测方面和湿地景观生态分析。

1.4 国内外湿地监测指标概况

1.4.1 湿地监测指标研究及进展情况

中国地域辽阔, 地理环境复杂多样, 湿地资源十分丰富。根据全国湿地资源监测测(1995 湿地资源年鉴)统计, 中国现有 $100 hm^2$ 以上的各类湿地总面积为 3848.55 万 hm^2(未包括我国香港、澳门和台湾的数据)。其中, 滨海湿地为 594.17 万 hm^2, 河流湿地为 820.70 万 hm^2, 湖泊湿地为 835.16 万 hm^2, 沼泽湿地为 1370.03 万 hm^2, 库塘湿地面积 228.50 万 hm^2。从类型讲, 湿地类型复杂多样, 包括了沼泽地、泥炭地、湖泊、河滩、河口、海岸滩涂、盐沼、水库、池塘、稻田等天然湿地和人工湿地, 几乎拥有《湿地公约》中划分的所有类型; 从生物多样性来讲, 生物多样性十分丰富, 中国湿地鸟类占全国鸟类总数的 26.1%, 鱼类种类占全国总数的 37.1% 以上, 其中有不少动植物种类是亚洲及世界的珍稀濒危种类。

近几年, 中国湿地保护事业发展迅速, 湿地资源监测工作取得了很大进展, 从 1995—2003 年, 国家林业局(现国家林业和草原局)完成了全国第一次湿地资源调查后, 开始了国家重要湿地监测的试点工作, 并在此基础上, 结合林业生物多样性保护综合信息平台的开发，形成了湿地信息管理平台的初步框架，为有效管理、保护和合理利用湿地资源，使其发挥持续的生态和经济效益提供科学依据，使之在总体结构、技术方法、监测指标以及支撑保障等方面均具有先进性和科学性。因此，科学、系统、高效地建立全国湿地资源监测体系是现阶段湿地保护和利用以及科研工作所面临的重要任务。

1.4.2　国际重要湿地监测指标体系

国际重要湿地监测是为履行《湿地公约》的需要，对由于技术发展、污染和其他人类干扰影响而造成的国际重要湿地生态特征的改变、正在改变或将被改变所进行的监测活动。国际重要湿地监测并非必须使用复杂的技术和大量的投入，各国际重要湿地可根据实际存在的生态环境问题，进行常规监测项目的选择以及开展相应的专项监测活动，但监测项目、使用仪器和监测方法要符合本规程的要求。

目前，国际重要湿地具体的监测指标体系包括以下内容。

(1)湿地状态指标

①湿地类型：近海与海岸湿地、河流湿地、湖泊湿地、沼泽湿地、人工湿地。

②湿地面积：湿地面积的变化。

③气象要素：空气温度(气温)、相对湿度、地表温度、降水量、蒸发量等。

④水文：水位、潜水埋深、地表水深(湖泊、河流、沼泽湿地)、盐度、水温等。

⑤地表水水质：必须监测的项目为 pH 值、溶解氧、五日生化需氧量、高锰酸盐指数、氨氮、总硬度、挥发酚、总刑、汞总磷、总氮、叶绿素 a、透明度共 12 项。

如果国际重要湿地位于城市下游河段和海口区需要增加氯化物监测，位于内陆河则需要增加硫酸盐监测；各地可根据国际重要湿地的实际需要，选测氟化物、总氧化物、总汞、总铜、总铁、总锰、总铅、总锌、总氰、总铬、六价铬、石油类等项目中的一项或多项作为地表水水质监测项目。

⑥地下水水质：必须监测的项目为 pH 值、矿化度(M)、总硬度(以 $CaCO_3$ 计)、氨氮、挥发性酚类(以苯酚计)、高锰酸盐指数 6 项。

各地可根据国际重要湿地的实际需要，增选氟化物(以 F 表示)、氯化物、氰化物、碘化物、砷、硝酸盐、亚硝酸盐、铬(六价)、汞、铅、锰、铁、铬、化学需氧量以及其他有毒有机物或重金属等水质监测项目中的一项或多项作为地下水水质监测项目。

⑦土壤：土壤温度、含水量、pH 值、有机质、全氮、全磷、全钾、全盐量、重金属等。

⑧植物及其群落：湿地植被的类型、面积与分布、盖度、多样性(物种多度、丰度)、生物量；挺水植物、沉水植物和漂浮植物的种类与分布；指示种；藻类的种类及生物量。

⑨野生动物：水禽、鱼类、两栖、爬行、兽类的种类、数量、分布以及栖息和繁殖地；浮游动物种类、数量及生物量；底栖动物的种类、密度、数量、分布。

⑩外来物种：外来物种的种类、分布及危害。

(2)影响湿地状态的指标

①渔业和水产业：渔民数量、渔船、捕获量、网眼的大小。

②牧业：牧民数量，牛、羊的数量等。

③旅游业：客流量、峰值期、日游客量。

④交通运输：交通运输对湿地及其生物的影响，主要包括水运和陆运。

⑤非法活动：围垦、采挖、非法捕猎等。

⑥污染物排放：污废水、废渣的排放特征，包括污染源排放口、污染物种类、浓度和排放量。

⑦水利工程建设：水利工程对湿地水文的影响，包括蓄水量、蓄水时间等。

⑧湿地排水：湿地排水对湿地水文的影响，包括排水量、排水时间、排水方式。i)湿地恢复和管理：湿地恢复和管理的有效性和合理性，包括其面积、位置等。

⑨湿地生态系统定位监测指标。

1.4.3 湿地资源监测指标体系

湿地资源监测指标体系，即包括湿地资源综合指标、湿地气象常规与梯度观测指标、湿地大气沉降指标、湿地土壤理化指标、湿地生态系统健康指标、湿地水文指标、湿地群落学特征指标等。

(1)湿地资源综合指标：湿地地理位置、海拔、地貌类型、面积、水源状况、分类，以及湿地保护区概况等。

(2)气象常规与梯度观测指标：天气现象(云量、雷电、沙尘)、灾害天气(干旱、暴雨、冰雹、霜冻、台风)、风、地表温度和土壤温度、空气湿度、土壤含水量、辐射。

(3)湿地大气沉降指标

①大气干沉降：a. 大气降尘量，$t \cdot km^{-2}$ 月 $^{-1}$，连续观测；b. 大气降尘组分：非水溶性物质、非水溶性物质的灰分、非水溶性可燃物质、水溶性物质、水溶性物质灰分、水溶性可燃物质、苯溶性物质、灰分重量、可燃性物质总量、pH 值、硫酸盐和氯化物含量、汞、固体污染物总量等，每季 1 次。

②大气湿沉降：a. 大气湿沉降量(降水量)，mm，每季 1 次；b. 大气湿沉降组分：SO_4^{2-}、NO_3^-、Cl^-、NH_4^+、Ca^{2+}、Mg^{2+}、K^+、Na^+、Hg^{2+}，$mg \cdot dm^{-3}$，每季 1 次；c. 电导率，$S \cdot cm^{-1}$，每季 1 次；④pH 值，每季 1 次。

③大气中气体组分：CO、CO_2、CH_4、NO_x(以 NO_2 计)、O_3、SO_2，$mg \cdot cm^{-3}$，连续观测。

(4)湿地土壤理化指标

①土壤类型：沼泽土、草甸土、白浆土、盐土、碱土、泥炭土、水稻土(水稻田)等，建站时测定。

②土壤物理性质(季节性水淹)：沉积物粒度，%，每年 1 次；土壤容重，$g \cdot cm^{-3}$，每年 1 次；土壤饱和导水率，$mm \cdot d^{-1}$，每年 1 次；土壤总孔隙度、毛管孔隙度及非毛管孔隙度，%，每年 1 次；土壤坚实度，$N \cdot cm^{-3}$，每年 1 次；湿地沉积层厚度，m，每年 1 次；土壤渗透系数 $mm \cdot d^{-1}$ 每年 1 次。

③土壤化学性质(季节性水淹)：土壤 pH 值，每年 1 次；土壤潜性酸度，$cmol \cdot (100 g)^{-1}$，每年 1 次；土壤阳离子交换量，$cmol \cdot kg^{-1}$，每年 1 次；土壤交换性钙和镁(盐碱土)，$cmol \cdot kg^{-1}$，每年 1 次；土壤交换性钾和钠，$cmol \cdot kg^{-1}$，每年 1 次；土壤交换性酸量(酸性土)，$cmol \cdot kg^{-1}$，每年 1 次；土壤交换性盐基总量，$cmol \cdot kg^{-1}$，每年 1 次；土壤

碳酸盐量(盐碱土)，$cmolkg^{-1}$，每年 1 次；氧化还原电位，mv，每年 1 次；土壤有机质，%，每年 1 次；土壤全盐量，土壤水溶性盐分(SO_4^{2-}，CO_3^{2-}，HCO_3^-，Cl^-，Ca^{2+}，Mg^{2+}，K^+，Na^+)，%，$mg \cdot kg^{-1}$，每季 1 次；土壤全氮，水解氮，亚硝态氮，%，$mg \cdot kg^{-1}$，$mg \cdot kg^{-1}$，每季 1 次；土壤全磷，有效磷，%，$mg \cdot kg^{-1}$每季 1 次；土壤全钾，速效钾，缓效钾，%，$mg \cdot kg^{-1}$，$mg \cdot kg^{-1}$，每季 1 次；土壤全镁，有效镁，%，$mg \cdot kg^{-1}$，每年 1 次；土壤全钙，有效钙，%，$mg \cdot kg^{-1}$，每年 1 次；土壤全硫，有效硫，%，$mg \cdot kg^{-1}$，每年 1 次；土壤全硼，有效硼，%，$mg \cdot kg^{-1}$，每年 1 次；土壤全锌，有效锌%，$mg \cdot kg^{-1}$每年 1 次；土壤全锰，有效锰，%，$mg \cdot kg^{-1}$，每年 1 次；土壤全钼，有效钼，%，$mg \cdot kg^{-1}$每年 1 次；土壤全铜，有效铜，%，$mg \cdot kg^{-1}$，每季 1 次；土壤全铁，有效铁%，$mg \cdot kg^{-1}$，每季 1 次。

④土壤碳素：土壤有机碳，%，每季 1 次；土壤二氧化碳通量，$g \cdot m^{-2} \cdot h^{-1}$，连续观测；土壤碳储量，t，每季 1 次。

(5)湿地生态系统健康指标

①病虫害的发生与危害：有害昆虫与天敌种类，发生时观测；受到有害昆虫危害的植株占总植株的百分率，%，发生时观测；有害昆虫的植株虫口密度和湿地受害面积，个·hm^{-2}；hm^2，发生时观测；植物受感染的有害菌类种类，发生时观测；受到菌类感染的植株占总植株的百分率，%，发生时观测；受到菌类感染的湿地面积，hm，发生时观测。湿地鼠害的发生与危害，发生面积，hm，发生时观测。

②火灾：过火面积，hm^2，发生时观测；火灾类型，发生时观测；火灾程度，发生时观测。

③与湿地有关的灾害发生情况：干旱，次，发生时观测；洪涝，次，发生时观测；泥石流发生次数，次，发生时观测。

④赤潮：赤潮发生次数，次，发生时观测；赤潮发生面积，发生时观测，赤潮持续时间，d，发生时观测；赤潮危害程度，发生时观测。

(6)湿地水文指标

①浅海、滩涂湿地水文要素：潮汐类型，建站时观测；平均高潮位，m，连续观测；平均低潮位，m，连续观测；平均潮滩宽度 m，潮起、潮落观测；潮水输入量，潮起、潮落观测。

②河流湿地水文要素：河网级别，级，建站时观测；河长，km，建站时观测；流量，$m \cdot s^{-1}$，连续观测；流速，$m \cdot s^{-1}$，连续观测；宽度，m，每 5 年 1 次；水位，m，连续观测。

③湖泊湿地水文要素：长度，m，每 5 年 1 次；宽度，m，每 5 年 1 次；水位，m，连续观测；淹水平均深度，m，丰水时观测；淹水最大深度，m，丰水时观测；流速，$m \cdot s^{-1}$，连续观测；水分周转率(水分更新率)，%，每年 1 次。

④沼泽水文要素：淹水历时，d，淹水时观测；地表积水深度，m，连续观测；地下水位，m，连续观测；泥炭厚度，m，每年 1 次。

⑤库塘水文要素：长度，km，每 5 年 1 次；宽度，km，每 5 年 1 次；水位，m，连续观测。

⑥湿地水体的物理性质：温度,℃，每季 1 次；色度，每季 1 次；浊度，NTU。每季 1 次；气味，每季 1 次；电导率，$\mu S \cdot cm^{-1}$，每季 1 次；总残渣，kg，每季 1 次；淤泥沉积量 $kg \cdot a^{-1}$，每季 1 次。

⑦湿地水体的化学性质(包括富营养化指标)：pH 值，每季 1 次；矿化度，$mg \cdot dm^{-3}$，每季 1 次；硬度 Ca^{2+}，Mg^{2+}，$mg \cdot dm^{-3}$，每年 1 次；总碱度，$mg \cdot dm^{-3}$，每年 1 次；悬浮性固体(SS)，$mg \cdot dm^{-3}$，每年 1 次；可溶性固体，$mg \cdot dm^{-3}$，每年 1 次；K^+，Na^+，Fe^{2+}，Al^{3+}，CO_3^{2-}，HCO^-，Cl^-，SO_4^{2-}，$mg \cdot dm^{-3}$，每年 1 次；总氮(以 N 计)，亚硝酸盐氨，硝酸盐氮，$mg \cdot dm^{-3}$，每年 1 次；总磷(以 P 计)，磷酸盐，$mg \cdot dm^{-3}$，每年 1 次；有机磷，$mg \cdot dm^{-3}$，每年 1 次；溶解性无机磷，$mg \cdot dm^{-3}$，每年 1 次；富营养化指数，每季 1 次；藻类叶绿素 A，$ug \cdot dm^{-3}$，每季 1 次；藻类生产的潜在能力(AGP)，$mg \cdot dm^{-3}$，每季 1 次；微量元素(B、Mn、Mo、Zn、Fe、Cu)，重金属元素(Cd、Pb、Ni、Cr、Se、As、Ti、Hg) $mg \cdot m^{-3}$，每季 1 次。

⑧水中溶解性气体(包括部分温室气体)：气体溶解度，$mg \cdot dm^{-3}$，每年 1 次；溶解氧(DO)，$mg \cdot dm^{-3}$，每季 1 次；氮氧化物(N_2O、NO_x)，$mg \cdot dm^{-3}$，每季 1 次；二氧化碳(CO_2)，$mg \cdot dm^{-3}$，每季 1 次；氨(NH_3) $mg \cdot dm-3$ 每季 1 次；硫化氢(H_2S)，$mg \cdot dm^{-3}$，每季 1 次；甲烷(CH_3)，$mg \cdot dm^{-3}$，每季 1 次。

⑨湿地水体污染(常规指标)：化学需氧量(COD)，$mg \cdot dm^{-3}$，发生时观测；五日生物化学需氧量(BOD_5)，$mg \cdot dm^{-3}$，发生时观测；颗粒状有机碳(POC)，$mg \cdot dm^{-3}$，发生时观测；氯离子，$mg \cdot dm^{-3}$，发生时观测；硫化物 $mg \cdot dm^{-3}$，发生时观测。

⑩湿地水体污染(无机成分)：主要重金属污染物含量，$mg \cdot dm^{-3}$，发生时观测；非金属元素类：氰化物，氟化物，$mg \cdot dm^{-3}$，发生时观测；易分解类：有机磷农药(硫磷、对硫磷、马拉硫磷、乐果、敌敌畏、敌百虫)，$mg \cdot dm^{-3}$，发生时观测；难分解类：有机氯农药，多氨联苯(PCBs)，$mg \cdot dm^{-3}$，发生时观测；表面活性剂,%，发生时观测。

⑪湿地水体污染(生物指标)：细菌总数，CFU/mL，发生时观测；总大肠菌群，m，发生时观测；致病性病毒，发生时观测。

⑫人为干扰状况：人为干扰破坏面积，hm^2 每年 1 次；人为干扰破坏强度，级，每年 1 次。

(7)湿地群落学特征指标

①植被多样性：植物群落面积，hm^2，每 5 年 1 次；木本种类及其数量，$个 \cdot hm^{-2}$，每 5 年 1 次；草本种类及其数量，$个 \cdot hm^{-2}$，每 5 年 1 次；藻类种类及其数量，$个 \cdot hm^{-2}$，每 5 年 1 次；外来种种类及其数量，$个 \cdot hm^{-2}$，每 5 年 1 次；木本植物密度，$株 \cdot hm^{-2}$，每 5 年 1 次；沉水型植物密度，$株 \cdot hm^{-2}$，每 5 年 1 次；挺水型植物密度，$株 \cdot hm^{-2}$，每 5 年 1 次；浮叶型水生密度，$株 \cdot hm^{-2}$，每 5 年 1 次；漂浮型水生植物密度，$株 \cdot hm^{-2}$，每 5 年 1 次。

②群落生物量：木本生物量，$kg \cdot hm^{-2}$，每 5 年 1 次；草本生物量 $kg \cdot m^{-2}$，每 5 年 1 次；藻类生物量，$g \cdot m^{-2}$，每 5 年 1 次；土壤平均碳密度，$kg \cdot m^{-2}$ 每 5 年 1 次；木本当年凋落物量，$kg \cdot hm^{-2}$，每 5 年 1 次。

③湿地动物群落特征：湿地动物种类，每 5 年 1 次；密度，只·hm^{-2}，每 5 年 1 次；食物丰富度，每 5 年 1 次。

④湿地微生物：微生物指示种类，每 5 年 1 次。

1.5　我国湿地监测技术体系框架

我国湿地资源监测技术在近年来得到了迅速发展，尤其是随着"3S"技术的广泛应用，发挥着越来越重要的作用，为湿地研究提供了及时、客观和准确的湿地信息，也为湿地科学从定性到定量化研究带来了机遇和挑战。但由于湿地资源监测属于综合性学科，研究时间相对较短，目前仍存在诸多不足：缺乏多尺度相结合的湿地资源监测指标体系，缺乏天空地一体化高效的湿地资源监测技术体系等。湿地监测是一项复杂的综合环境监测，常规监测一般需要耗费大量的人力、物力和财力，如何利用"星空地"一体化技术的快速、准确、客观和全局监测的优点，结合地面手段，建立天空地一体化的湿地资源监测技术体系，快速获取湿地资源动态时空信息，准确判断湿地资源变化特征与演变趋势，成为迫切需要解决的技术难点。

1.5.1　我国湿地监测技术体系框架

全国湿地资源监测技术体系是由湿地信息采集、信息管理、信息提取、信息分析、信息发布以及配套的技术、设施设备和组织保障系统组成的支持系统。从信息论角度来讲是由信息采集、加工处理、提取和反馈几个部分所构成的一个循环系统。湿地监测体系的总框架。它表明了湿地监测技术体系各部分的主要结构、内容、功能以及各技术部分之间的联系。

由于湿地资源涉及的范围广、类型多，要对所有湿地进行定位的动态监测几乎是不可能的。根据目前的发展趋势，结合中国现有的湿地监测基础，全国湿地监测比较合理的途径应该是采用点面结合，即基于 3S 技术为主的大范围宏观监测和典型湿地定点网络监测相结合的方法。因此，全国湿地资源监测体系的信息来源采集可以分为 2 个层次，即基于全国湿地资源清查为主体的宏观监测和基于重要湿地监测为主体的定位监测网络。信息管理分析系统包括地理信息系统(GIS)和湿地资源数据管理系统。信息提取就是根据信息平台所具有的各种功能，提取并发布所需要的各种图形、统计报表、名录以及模型和决策分析等各种监测结果。目前，这两个部分的功能都要整合于全国湿地信息管理平台之中。

信息反馈是指国家各级主管部门根据监测结果制定适当的行动和措施，指导湿地资源保护和管理，并逐步完善湿地监测体系。信息反馈部分将主要整合在对监测体系的逐步改进和完善的过程中。整个监测系统的运行还需要一个保障支持系统，包括技术和方法、设备和设施、资金和组织机构等方面。

1.5.2　监测技术

随着卫星遥感技术(RS)的发展以及地理信息系统(GIS)和全球定位系统(GPS)对遥感信息处理、分析的强有力支持，遥感成了大规模环境监测最重要的手段。湿地是生物多样性丰富、土地利用方式较多的生态系统，但它的地形、地势往往变化幅度较小，且景观结构相对简单，因此利用遥感技术对大范围湿地及其环境进行动态监测和分析具有以下优势。

①利用多光谱数据判别土地覆盖及植被类型，对湿地周边土地利用情况及主要湿地类型进行分类。

②从短波红外波段的数据获取地面的表面湿度，确定湿地的边界范围及面积变化情况。

③从红外及近红外波段如 TM 波段 3 和 4，提取有关植被覆盖以及生长状态的有关信息，制成植被指数图，对湿地植被类型进行进一步的分类。

④通过数据迭加，把已有的图片数据覆盖到卫片上，如土壤类型、道路、湖泊、植被的分布图等，进行动物生境分析。

⑤根据数据迭加结果，进行目标区域综合生境分析。

"3S"技术对湿地进行宏观监测具有很大的优势。第一次全国湿地资源清查中部分省份利用 TM 影像对湿地进行了监测，国家林业和草原局调查规划设计院利用遥感技术对辽河三角洲湿地进行了遥感监测，全国湿地资源、宏观监测试点中也采用了遥感技术，为全国以及区域湿地监测及动态分析提供了强有力的工具。

1.5.3 监测内容

宏观监测的主要目的是在大尺度上对全国湿地资源及主要生态状况等内容进行定期监测，以便及时掌握主要资源和环境的动态情况，对全国的湿地保护和利用状况进行评估，为制定和调整国家的宏观保护对策提供科学依据。宏观监测的主要指标包括湿地类型、面积、地理位置、地貌、水域面积、水深等自然特征；主要湿生及陆生植被类型等生态特征以及土地利用方式等情况，并可由此分析出湿地周边主要社会经济、湿地受破坏和威胁等方面的情况。

1.5.4 监测周期

宏观监测的监测周期可定为 5 年，每年对部分省进行监测。与此相适应，每 5 年做出 1 次全面的专题评价和综合评价。每年开展监测工作的省份由国家林业和草原主管部门统一安排。

2. 湿地资源遥感监测技术规范

2.1 湿地遥感监测数据源

中国湿地面积约占全球湿地面积的 10%，但近年来湿地面积逐渐萎缩，已造成了极为严重的生态恶果。目前国内湿地研究工作开展的时间不长，研究的重点和难点是将高新技术应用于湿地研究中，主要研究集中在我国的沼泽和海岸带滩涂资源的调查和开发利用保护上。现代空间信息技术的发展，特别是遥感技术和地理信息系统技术的发展，为湿地的宏观监测提供了新的技术手段和方法。遥感技术由于具有监测范围广、信息更新速度快、周期短、获取的信息量大，并节省人力、物力和减少人为因素的干扰等特点，在湿地监测中的重要性也越来越明显。卫星遥感数据已经广泛地应用于湿地环境演变规律、资源的合理开发和保护的研究中。

在现阶段，湿地遥感的监测数据源主要包括以下 9 种。

(1)美国陆地卫星数据

陆地卫星 14 卫星现在已经不能运营，主要作为研究湿地的历史数据。美国陆地卫星 5 号卫星上搭载的专题制图仪所获取的 TM 影像，具有较高空间分辨率、波谱分辨率、丰富的信息量和较高定位精度，成为 20 世纪 80 年代中后期得到世界各国广泛应用的重要地球资源与环境遥感数据源，目前仍在运营，成为研究湿地变化使用最多的影像，特别是其中的 453/432 波段组合对于研究湿地植被、743/742 波段组合对于研究湿地水文具有重要的参考意义。美国陆地卫星 7 号装载的增强型主题成像传感器 ETM+ 与 TM 影像一脉相承，其中 6 波段相对 TM 影像空间分辨率提高为 60m，同时增加 ETM-8 为 0.520~0.90um 可见光全色波段，空间分辨率为 15m。

(2)法国 SPOT 卫星数据

SPOT 数据目前主要应用的是 4、5 号卫星提供的数据。SPOT-4 最大的特点在于新增的短波红外线波段(SWIR，Short-wave Infrared)，以及一个专用于地表植被分析研究的仪器 VI(Vegetation Instrument)。新的 SWIR 波段有助于对地物景观进行较以往更深入的分析判读，SWIR 波段比原有的波段(绿光/红光/近红外光)具备更强的大气穿透能力，因此可使得卫星影像上的地物地貌更加清晰。SWIR 波段具更高的亮度对比特性，地表的水线和湖泊等均可以鲜明地呈现出来。此外，土壤与植物的湿度亦能从此波段之灰阶亮度中分析得出，可以更容易地进行土壤种类判别和农作物生长阶段的监测。

(3)IKONOS 卫星数据

IKONOS 卫星装有美国柯达公司提供的推帚式扫描 CCD 成像系统，是美国空间成像公司于 1999 年 9 月 24 日发射升空的世界第一颗高分辨率商用卫星，IKONOS 卫星不仅能够提供高清晰度的卫星影像，实现了资源卫星米级分辨率的突破，还可以为用户提供多级别的高精度影像数据及立体图像。

(4)QuickBird 卫星数据

QuickBird 卫星由美国 EarthWatch(地球观测)公司研制、发射和经营的高分辨率遥感卫星，是目前世界上分辨率最高、性能最优的一颗商用卫星，自发射以来，广泛应用于各行业的精细识别与区划。

(5)中巴资源卫星数据

中巴资源卫星(CBERS)是 1988 年中国和巴西两国政府联合议定书批准，在中国资源一号原方案基础上，由中、巴两国共同投资、联合研制的卫星。现在主要使用的是 2，3 号卫星传回的数据。资源卫星数据网上免费分发，因此，在我国国土资源勘查、环境监测与保护、城市规划、农作物估产、防灾减灾和空间科学试验等许多领域，都有着广泛的应用。

(6)日本陆地观测卫星数据

ALOS 对地观测卫星是日本国家空间发展局(NASDA)继 1992 年 2 月发射的地球资源卫星 1 号(JER-1)和 1996 年 8 月发射的改进型地球观测卫星(ADEOS)之后的又一颗陆地观测卫星。其采用了更加先进的陆地观测技术，能够获取全球高分辨率陆地观测数据，主要应用目标为测绘、区域环境观测、灾害监测、资源调查等领域。ALOS 卫星载有 3 个传感器：全色遥感立体测绘仪（PRISM），主要用于数字高程测绘；先进可见光与近红外辐射计 2（AVNIR-2），用于精确陆地观测；相控阵型 L 波段合成孔径雷达（PALSAR），用于全天时、全天候陆地观测。

（7）欧洲资源卫星数据

欧空局分别于 1991 年和 1995 年发射的欧洲资源、卫星 ERS-1、ERS-2，携带有多种有效载荷，包括侧视合成孔径雷达（SAR）和风向散射计等装置，由于其采用了先进的微波遥感技术，因此可以获取全天候、全天时的遥感影像，与受天气因素影响较大的传统光学遥感相比，有着巨大的优点。

（8）Hyper

E0-1（Earth Observing-1）是 NASA 面向 21 世纪为接替 Landsat7 而研制的一新型地球观测卫星，于 2000 年 11 月 21 日发射升空。其卫星轨道与 Landsat7 基本相同，为太阳同步轨道。E0-1 上搭载了 3 种传感器，即高级陆地成像仪 ALI（Avanced Land Imager）、大气校正仪 AC（Atmospheric Conrrector）和高光谱成像光谱仪（Hyperion）。E0-1 Hyperion 是第一个星载民用成像光谱仪，以推扫方式获取可见光——近红外（V-NIR，400~1000nm）和短波红外（SWIR，900~2500nm）光谱数据产品有 242 个波段，170 为可见近红外波段（VNIR），71-242 为短波红外波段（SWIR），其中，198 个波段经过辐射定标处理，定标的波段分别为 VNIR8-57，SWIR77-224。由于 VNIR56-57 与 SWIR77-78 的重叠，实际上只有 196 个独立的波段。

（9）Radarsat 卫星数据

加拿大雷达卫星（Radarsat）于 1995 年 11 月发射，为商用及科学用的雷达系统，主要探测目标为冰河，同时还考虑到陆地成像，以便应用于农业、地质等领域。该系统有 7 种模式、25 种波束，不同入射角，因而具有多种分辨率、不同幅宽和多种信息特征。适用于全球环境和土地利用、自然资源监测等。

主要使用的遥感数据卫星参数对比前面所述几种卫星遥感数据都可以应用于湿地研究的各个领域。各数据传感器所搭载的卫星参数见表 14。

表 14　传感器及其搭载的卫星参数

名称 信息	TM/ ETM+	SPOT-4/ SPOT-5	IKONOS	QuickBird	CBERS	ALOS	ERS	Hyperison	Radarsat
发射 日期	1984 年 3 月，1999 年 4 月	1998 年 3 月，2005 年 5 月	1999 年 9 月	2001 年 10 月	2003 年 10 月	2006 年 1 月	1991 年/ 1995 年	2000 年 11 月	1995 年 11 月
轨道 高度	705km	832km	681km	450km	778km	691km	780km	705km	796km
空间 分辨率	全色波段 15m，多光谱波段 30m	全色波段 10/2.5m，多光谱波段 20/10m	全色波段 1m，多光谱波段 4m	全色波段 0.61m，多光谱波段 2.44m	19.5m	全色波段 2.5m，多光谱波段 10m	方位方向<30m，距离方向<26.3m	30m	10~100m

（续）

名称\信息	TM/ETM+	SPOT-4/SPOT-5	IKONOS	QuickBird	CBERS	ALOS	ERS	Hyperison	Radarsat
重访周期	16 天	26 天	3 天	16 天	26 天	2 天	35 天	16 天	24 天
影像幅宽	185km	60km	11km	16.5km	113km	35~70km	100km	7.5km	50~500km
波段数量及类型	7 个多光谱波段/1 个全色波段，7 个多光谱波段	1 个全色波段和 4 个多光谱波段	1 个全色波段和 4 个多光谱波段	1 个全色波段和 4 个多光谱波段	5 个多光谱波段	1 个全色波段和 4 个多光谱波段	ERS	220 个波段	7 种模式，25 种波束

综上所述，目前湿地研究中使用的遥感数据源有许多，应用最广泛的主要是 TM/ETM+、SPOT 和 CBERS 影像数据，而其中又因 TM/ETM+和 CBERS 影像数据具有较高的性价比和较高的数据质量，并且 TM/ETM 传感器的 2、3、7 等波段对水体和土壤及植被的含水状况比较敏感，可以较好地反应湿地区域，因此被广泛应用于湿地研究中。其他具有对水体和植被、土壤湿度比较敏感波段的遥感数据，也都较多地应用在湿地研究当中。随着越来越多的卫星投入商业使用，湿地监测的数据源也越来越丰富，QuickBird、IKONOS 等高分辨率影像数据的获取，使小范围、高精度湿地地表植被覆盖的研究成为可能，Aviris、Hyperison 等高光谱数据的应用，也将渐渐应用于湿地资源定量化的研究中。

2.2 遥感数据预处理技术

遥感图像的预处理主要是对观测数据做成像处理，以及图像的几何校正、辐射校正、量化、采样、预滤波、去噪声等处理，以便获得一幅比较清晰、对比度强、位置准确的图像。消除和减少遥感图像的几何畸变和辐射失真，为进一步分析和提取信息做好准备。遥感数据预处理还包括对遥感图像的增强、融合以及投影转换和镶嵌工作。

2.2.1 遥感影像辐射校正

在遥感成像时，由于各种因素的影响，使得遥感图像存在一定的辐射量失真的现象。这些失真影响了图像的质量和应用，必须对其做消除或减弱处理。消除图像数据中依附在辐射亮度中的各种失真的过程称为辐射校正。

辐射校正的目的在于尽可能消除因传感器自身条件、薄雾等大气条件、太阳位置和角度条件及某些不可避免的噪声，而引起的传感器的量测值与目标的光谱反射率和光谱辐射亮度等物理量之间的差异，尽可能恢复图像的本来面目，为遥感影像的识别、分类、解译等后续工作打下基础。

2.2.2 图像的几何校正

原始图像通常存在严重的几何畸变，几何畸变是指图像上的地物几何位置、形状、尺寸、方位等特征与地面真实形态产生差异，这种差异是影像平移、缩放、旋转、偏扭、弯曲等综合因素作用的结果，图像发生畸变对定量分析和信息提取产生了严重的影响。消除影像畸变的过程称之为几何校正。

几何畸变的成因复杂，受多种因素影响，主要是由于卫星姿态、轨道、地球的运动和形状等外部因素引起的。有的是由于遥感器本身的结构性能和扫描镜的不规则运动、检测器采样延迟、探测器的配置、波段间的配准失调等内部因素引起的。几何校正一般分 2 步完成，即几何粗校正和几何精校正。粗校正主要根据遥感平台、传感器、地球等各种参数进行处理，这部分工作基本上由地面接收站完成，但是经过几何粗校正的遥感影像的误差较大，不能满足分析的要求，用户需要做进一步的几何精校正。几何精校正主要通过函数选择、地面控制点选取、坐标变换和像元重采样等步骤完成。

地面控制点的选择是几何校正中最重要的一步。一般地面控制点应当在图像上有明显的、清晰的定位标志，如道路的交叉点、河流交叉口、建筑边界、农田界线等。地面控制点上的地物不随时间而变化，以保证图像校正时地面控制点与影像上一一对应。另外，地面控制点应当均匀分布在整幅图像中，且要有一定的数量保证。地面控制点的数量、分布和精度直接影响到几何校正的效果。控制点的精度和选取的难易程度与图像质量、地物特征及空间分辨率密切相关。

地面控制点确定后，下一步就是要选择合适的坐标变换函数式，建立图像坐标(x, y)与参考坐标(X, Y)之间的关系式，通常又称为多项式校正模型。其数学表达式为：

$$x = \sum_{i=0}^{N} \sum_{j=0}^{N-1} a_{ij} X^i Y^j \tag{1}$$

$$x = \sum_{i=0}^{N} \sum_{j=0}^{N-1} b_{ij} X^i Y^j \tag{2}$$

式中：a_{ij}、b_{ij} 为多项式系数，N 为多项式次数。N 的选取取决于图像变形的程度、地面控制点的数量和地形位移的大小。在实践工作中一般采用二次多项校正法。该方法的基本思想是不考虑成像空间的几何过程，直接对影像变形的本身进行数学模拟，将遥感影像的总体变形看作是平移、缩放、旋转、弯曲及综合作用的结果。确定多项式的次数后，按最小二乘法回归求多项式系数。然后，计算每个地面控制点的均方根误差（RMS），并且要保证图像校正的均方根误差控制在 1 个像元内。

2.2.3 正射校正

正射校正可以选择的方法很多，主要包括严格物理模型和通用经验模型两种。严格物理模型以共线方程为代表，但是为获得较高的精度需要已知传感器的轨道参数和姿态参数等；经验模型应用灵活，只要有足够数量的控制点就可以获得正射影像，但是其精度往往受到地形和控制点的限制。目前，最主要的正射影像制作主要是基于立体像对的数字摄影测量方法。但立体像对遥感影像获取不易、成本较高，而且需要一定数量的控制点。这里主要介绍几种常见的正射校正算法，以及如何在软件中实现正射校正。

2.2.3.1 共线方程

共线方程是摄影测量里最基本的公式，是目前研究最多和使用最广的空间几何模型。共线方程校正法建立在对传感器成像时的位置和姿态进行模拟和解算的基础上，由于其严格给出了成像瞬间物方空间和像方空间的几何对应关系，所以其几何校正精度是目前认为最高的。

2.2.3.2 基于仿射变换的严格几何模型

目前，高分辨率遥感影像的研究与应用已经成为遥感应用研究的热点问题。围绕高分辨率遥感影像的处理，出现了许多关于新型传感器的成像机理、图像三维处理及测图技术等。基于仿射变换的传感器模型和有理函数模型是其中的典型代表。

高分辨率卫星传感器的突出特征是长焦距和窄视场角，大量实验证明，这种成像几何关系如果用共线方程来描述将导致定向参数之间存在很强的相关性，从而影响定向的精度和稳定。Okamoto 提出了一种基于仿射投影模型的方法，Hattori 与 Ono 进一步研究与应用了该模型。二维仿射变换成像+模二型可用下式表示：

$$\begin{cases} x = A_1X + A_2Y + A_3X + A_4 \\ \dfrac{1+(\bar{Z}-Z)/(\bar{Z}\cos\ )}{1-y\tan\ /f}y = A_5X + A_6Y + A_7X + A_8 \end{cases} \tag{3}$$

式中：x，y 是像点坐标，X、Y、Z 是地面点坐标，A_1-A_8 是待求解系数，f 为相机焦距，ω 为传感器绕飞行方向的侧视角。其解算可线性化后按最小二乘法迭代求解。在"小视场角内的中心投影近似于平行光投影"的假设下，利用仿射模型求解方位参数，可克服方位参数的相关性。它对于 10m 分辨率的 SPOT 影像用于较小比例尺地图、精度要求较低的情况下是有效的，但该方法依然是一种近似方法。更高分辨率的影像与 SPOT 影像还不尽相同，它的视场角更小，因而其方位参数之间的相关性必然更强。对用于较大比例尺地图、精度要求较高的 1m 左右分辨率的遥感影像，这种近似方法能否达到要求还需要研究。

2.2.3.3 改进型多项式模型

改进型多项式的传感器模型是一种简单的通用成像传感器模型，其原理直观明了，并且计算较为简单，特别是对地面相对平坦的情况，具有较好的精度。这种方法的基本思想是回避成像的几何过程，而直接对影像的变形本身进行数学模拟。把遥感图像的总体变形看作是平移、缩放、旋转、偏扭、弯曲，以及更高次的基本变形综合作用的结果。下式是一个常用的改进型多项式模型：

$$x = \sum_{i=0}^{m}\sum_{j=0}^{n}\sum_{k=0}^{p} a_{ijk}X^iY^jZ^K \tag{4}$$

$$x = \sum_{i=0}^{m}\sum_{j=0}^{n}\sum_{k=0}^{p} b_{ijk}X^iY^jZ^K \tag{5}$$

式中：x、y 是像点坐标，X、Y、Z 是地面点坐标，a_{ijk} 和 b_{ijk} 是待求解的多项式系数。这种方法对于不同的传感器模型尽管有不同程度的近似性，但对各种传感器都是普遍适用的。利用多项式的传感器模型进行正射校正，其定位精度与地面控制点的精度、分布和数量及实际地形有关。对于地形起伏较大的地区，该方法往往得不到满意的结果，特别是当倾斜角较大时，效果更差，以 SPOT 影像为例，当倾斜角大于 10°时，就不再适合于用多项式纠正了。采用这种模型定向时，在控制点上拟合很好，但在其他点的内插值可能有明显偏离，而与相邻控制点不协调，即在某些点处产生振荡现象。

2.2.3.4 有理函数模型

有理函数模型(RFM)在近年来才受到普遍关注，特别是 IKONOS 卫星的成功发射推动了对有理函数的全面研究，国际摄影测量与遥感协会成立了专门工作组研究有关 RFM 的校正精度、稳定性等各方面问题，Tao 和 Dowman 等对其进行了系统地研究与比较。有理函数模型是各种传感器几何模型的一种更广义的表达形式，是对不同的传感器模型更为精确的表达形式。它能适用于各类传感器，包括最新的航空和航天传感器。它的缺点是模型解算复杂，运算量大，并且要求控制点数目相对较多；但其优点是由于引入较多定向参数模拟精度很高。有理函数模型将像点坐标(r, C)表示为以相应地面点空间坐标(X, Y, Z)为自变量的多项式的比值：

$$\begin{cases} r_n = \dfrac{p_1(X_n, Y_n, Z_n)}{p_2(X_n, Y_n, Z_n)} \\[2mm] c_n = \dfrac{p_3(X_n, Y_n, Z_n)}{p_4(X_n, Y_n, Z_n)} \end{cases} \tag{6}$$

式中：(r_n, c_n)和(X_n, Y_n, Z_n)分别表示像素坐标(r, C)和地面点坐标(X, Y, Z)经平移和缩放后的标准化坐标。多项式中每一项的各个坐标分量 X、Y、Z 的幂最大不超过 3，每一项各个地面坐标分量的幂的总和也不超过 3。每个多项式的形式为：

$$P = \sum_{i=0}^{m_1} \sum_{j=0}^{m_2} \sum_{k=0}^{m_3} a_{ijk} X^i Y^j Z^k = a_0 + a_1 Z + a_2 Y + a_3 X + a_4 ZY + a_5 ZX + a_6 YX + a_7 Z^2 + a_8 Y^2 +$$
$$a_9 Y^2 + a_{10} ZYX + a_{11} Z^2 Y + a_{11} Z^2 Y + a_{12} Z^2 X + a_{13} ZY^2 + a_{14} Y^2 X +$$
$$a_{15} ZX^2 + a_{16} YX^2 + a_{17} Z^3 + a_{18} Y^3 + a_{19} X^3 \tag{7}$$

式中，a_{ijk}是待求解的多项式系数。

ERDAS9. L 软件中已经集成了目前主要的高分辨率传感器模型 RPC 参数解算方法。但是，因为 RFM 需要的控制点数目相对较多，而且在解算时对控制点的分布要求均匀分布，否则会导致方程矩阵奇异，迭代求解可能不收敛，因而目前的商业软件中也大都没有该模型的地形相关方案的模块集成。

2.2.4　影像增强和数据融合

随着现代遥感技术的发展，各种对地观测卫星源源不断地提供不同空间分辨率、时间分辨率、波谱分辨率的遥感图像，为了对观测目标有一个更加全面、清晰、准确的理解与认知，人们迫切希望寻求一种综合利用各类影像数据的技术方法，数字图像融合技术便应运而生。图像融合是一个对多遥感器的图像数据和其他信息的处理过程。它着重把那些在空间或时间上冗余或互补的多源数据，按一定的算法（规则）进行运算处理，获得比任何单一数据更精确、更丰富的信息，生成一幅具有新的空间、波谱、时间特征的合成图像。它不仅仅是数据间的简单复合，而且强调信息的优化，以突出有用的专题信息，消除或抑制无关的信息，改善目标识别的图像环境，从而增加解译的可靠性、减少模糊性、改善分类、扩大应用范围和效果。图像融合可在 3 个不同层次上进行，一是基于像元的图像融合，二是基于特征的图像融合，三是基于决策层的图像融合。

2.2.4.1　像元级融合

基于像元的融合方法主要是像元之间的直接数学运算，包括差值/梯度/比值运算、加权运算、多元回归或其他数学运算。例如加权运算是将待融合的两幅图像视为两个二维矩阵，计算两图像的相关系数，如果相关系数较大，则进行融合运算，将两图像上空间位置对应的像元值进行加权相加，加权之和作为新图像在该空间位置上的像元值。

2.2.4.2 特征级融合

(1) IHS 变换

IHS(lntensity，Hue，Saturation)表示强度、色度和饱和度，它们是人们识别颜色的三个特征。IHS 彩色空间变换就是将 RGB(红 Red，绿 Green，蓝 Blue)空间图像分解为空间信息的强度(I)和代表波谱信息的色度(H)、饱和度(S)。其变换公式表示为：

$$I = R + G + B$$
$$H = (G - B)/(I - 3B)$$
$$S = (I - 3B)/I \tag{8}$$

其数学表达式为：

$$\begin{bmatrix} I \\ v_1 \\ v_2 \end{bmatrix} = \begin{bmatrix} \dfrac{1}{\sqrt{3}} & \dfrac{1}{\sqrt{3}} & \dfrac{1}{\sqrt{3}} \\ \dfrac{1}{\sqrt{6}} & \dfrac{1}{\sqrt{6}} & -\dfrac{2}{\sqrt{6}} \\ \dfrac{1}{\sqrt{2}} & -\dfrac{1}{\sqrt{2}} & 0 \end{bmatrix}$$

$$H = \tan^{-1}\left(\frac{v_2}{v_1}\right); \quad S = \sqrt{v_1^2 + v_2^2} \tag{9}$$

式中：v_1、v_2 均为彩色变换中的中间变量。

在图像融合中，主要有两种应用 IHS 技术的方式。一是直接法：将 3 波段图像变换到指定 IHS 空间。二是替代法：首先将由 RGB 3 个波段数据组成的数据集变换到相互分离的 IHS 彩色空间中，用上述公式将 RGB 三通道进行 IHS 变换，用 SPOT-5 的全色波段与变换后的 I 分量进行直方图匹配，用匹配后的图像替代 I 分量，再进行反变换回到 RGB 空间生成融合图像，反变换公式如下：

$$\begin{bmatrix} R \\ G \\ B \end{bmatrix} = \begin{bmatrix} \dfrac{1}{\sqrt{3}} & \dfrac{1}{\sqrt{6}} & \dfrac{1}{\sqrt{2}} \\ \dfrac{1}{\sqrt{3}} & \dfrac{1}{\sqrt{6}} & -\dfrac{1}{\sqrt{2}} \\ \dfrac{1}{\sqrt{3}} & -\dfrac{2}{\sqrt{6}} & 0 \end{bmatrix} \begin{bmatrix} I \\ v_1 \\ v_2 \end{bmatrix} \tag{10}$$

(2) 主成分分析法

主成分分析法也称 K-L 变换，是一种统计学方法。它将一组相关变量转化为一组原始变量的不相关线性组合的正交变换，其目的是把多波段的影像信息压缩或综合在一幅图像上，并且各波段的信息所作的贡献能最大限度地表现在新图像中。主成分分析法主要应用于图像编码、图像数据压缩、边缘检测及数据融合中，其具体过程如下。

取几个波段影像数形成 n 维列向量 x_i，$X = (x_1, x_2, x_2, \cdots, x_k)$，求其均值向量 m 和

协方差矩阵 $\sum y$ 以及 $\sum y$ 的特征值 λ_i 和特征向量 $\psi_i(i=1，2，\cdots，n)$，令 $AT=(\psi_1，\psi_2，\psi_3，\cdots，\psi_n)$，由公式得到 PCA 的正变换公式：$y=A(x-m)$。

$$\sum_y = A\sum_y A^{\mathrm{T}} = \begin{bmatrix} \lambda_1 & 0 & \cdots & 0 \\ 0 & \lambda_2 & \cdots & 0 \\ \cdots & \cdots & \cdots & \cdots \\ 0 & 0 & \cdots & 0 \end{bmatrix} \tag{11}$$

式中：$\lambda_1 > \lambda_2 > \lambda_n$。将高分辨率图像与 y 的第一主成分分量图像进行直方图匹配，使之与第一主成分分量图像具有相同的均值和方差，然后将匹配后的图像替代第一主成分分量，再把其他主成分分量一起进行反变换，即可得到融合后的图像。

2.2.4.3 决策级融合

分类级的融合又称为决策级融合，它是最高层次上的融合。首先，按应用的要求对图像进行初步的分类（Bayes 分类、人工神经网络分类等）。然后，在各类（如水体、植被等）中选取出特征影像，由于不同来源的遥感影像，其对应的最佳地物特征表现不同，因此，对于每类地物，可以选择出最佳的图像组合，进行融合处理，以取得最为满意的分类效果。例如，TM4、3、2 波段与航片的组合适宜于反映水体特征，而 TM7、4、2 波段与雷达图像的组合适宜于城区特征的提取。分类级融合的研究尚处于起步阶段，其难点是分类特征组合与表达的机理难以量化与统一，目前的研究工作大多是从某一角度、特定的影像、有限的地物类别进行尝试，这将是今后图像融合的主要发展方向。

通过影像融合，可对多种影像或数据信息加以综合，消除冗余和矛盾，降低其不确定性，锐化影像，减少模糊性，以增强影像中信息透明度，改善分类质量，提高分类精度、可靠性及使用率。

2.2.5 波段选择、增强及计算

针对湿地本身的特征，在利用不同的遥感数据时，可以选择对水体和湿度响应比较明显的波段。如 TM 传感器的 4、5 波段，对于水体的边界提取和植物及土壤的含水量都有比较好的反映；SPOT 传感器的 SWIR 波段也可以较好地反映植物和土壤的含水量，因此都可用于湿地信息的提取。另外对于高光谱遥感数据，可以根据实地测量的地物光谱曲线，选择与湿地相关研究目标差异最大化的波段应用于分类提取当中。

在选择合适的波段后，对原始影像进行辐射或光谱增强处理，例如，利用自适应滤波等方法，突出水体的边界信息；对影像进行 TC 变换，获取能够反映湿度信息的湿度分量图像，都可以达到对湿地信息增强的目的，从而提高信息提取的精度。

另外，还可以分析遥感数据的不同多光谱波段对湿地反射强度，基于比值型指数创建的原则，将反射率最强的波段或波段组合置于分子，反射率较弱的波段或组合置于分母，通过比值运算，进一步扩大二者的差异。以水体为例，水体在遥感影像上整体反射率都比较低，但在可见光的蓝、绿波段的反射相对较强，而在近红外和中红外波谱处又有较强的吸收，因此可以利用遥感影像的蓝绿光波段作为分子，近红外和中红外波段作为分母构建比值指数，达到增强的作用，突出水体信息，从而提高信息提取的精度。同理，也可以构建增强土壤温度的比值指数，针对湿地土壤含水盐大于其他地物的特点，将湿地和其他地物进行区分。

2.2.6 影像镶嵌与投影转换

当研究区域超过一幅遥感影像所覆盖的范围时，通常需要将 2 幅或者多幅影像进行拼接，从而形成一幅或一系列覆盖全区的遥感影像，这个过程在遥感技术中称之为影像镶嵌。进行影像镶嵌时，先要指定一幅影像为参照影像，作为镶嵌过程中对比度匹配及镶嵌后输出影像的地理投影、像元大小、数据类型的基准，在重复覆盖区，各影像之间应有较高的配准精度，如果出现影像错位等现象，则需要对影像进行重新配准。

为了便于影像镶嵌，一般要保证相邻图幅间有一定的重复覆盖区，由于其获取时间的差异，太阳强度及大气状态的变化或者传感器本身的不稳定，致使其在不同影像上的对比度和亮度会有差异，因而有必要对镶嵌的影像进行匹配，以便均衡输出图像的亮度值和对比度。最常用的图像匹配方法有直方图匹配和彩色亮度匹配。

直方图匹配就是建立数学上的检索表，转换一幅图像的直方图，使其和另一幅图像的直方图形状相似。彩色亮度匹配是将两幅要匹配的图像从彩色空间(RGB)变换为光强、色相和饱和度(IHS)，然后用参考图像的光强替换要匹配影像的光强，再进行由 IHS 到 RGB 的彩色空间反变换。在软件中进行影像镶嵌时，需要选取合适的方法来决定重复覆盖区上的输出亮度，一般要设置羽化距离、切割线、最小值、最大值等参数。

2.3 湿地分类系统构建的原则及依据

2.3.1 湿地分类系统构建的原则

①应包括中国湿地的所有类型，适合中国湿地类型的实际情况，基本符合不同湿地主管部门对湿地分类的习惯和俗称。

②结构应是分级式的，分类系统的不同层次可用于不同级别(全国、流域、省级、地区、保护区)的湿地清查和监测工作。任何下一级的类型可在上一级的分类中进行归类和汇总，适合于对不同部门、不同层次的湿地调查数据在统一部门进行汇总和管理。

③能与国际湿地局建议的湿地分类系统接轨，符合拉姆萨尔地点信息单和蒙特勒记录及推荐监测程序的要求。

④具有方法上的可操作性，基本分类层次的主要类型可以在湿地资源的宏观调查中通过遥感解译或与 GIS 相结合的方法进行判读。

2.3.2 湿地分类系统构建的依据

湿地是一个涉及面很广的自然生态系统，在空间和时间上处于一个过渡状态。在空间上，湿地是水域和陆地的过渡地带，兼有水域和陆地的一些性质，可以在两者之间转换；在时间上，其类型和性质会随时间产生较大的变化，如受淹没时间的影响，夏天的湖泊冬天可能就成了沼泽，滨海湿地的浅海水域和滩涂会随潮汐的影响相互变化等。另一方面，湿地是一类具有地带性烙印的非地带性自然类型和生态系统，各湿地类型之间没有特别的自然联系，如滨海湿地和人工稻田等。因此，对湿地进行系统分类具有相当的复杂性，实际操作相当困难，很难在同一层次中以单个特征因子对所有类型进行分类。为了满足以上的分类原则的要求，本研究采用成因、特征与用途分类相结合的方法，构建分级分类系统，主要采用依据为：

1级，按成因的自然属性进行分类。

2级，天然湿地按地貌特征进行分类，人工湿地按主要功能用途进行分类。

3级，天然湿地主要以湿地水文特征进行分类，包括淹没的时间、水分咸淡程度、湿地水源等特征因子。由于采用同一水文特征，不可能将所有地貌类型的湿地进行较好地分类，因此，对不同地貌类型的湿地采取了不同的水文特征。例如，湖泊和河流根据淹没时间分类，内陆沼泽根据咸淡程度分类，滨海湿地根据与海水的水文关系分类。

4级，主要以淹没时间的长短进行分类，分为永久性与季节性。对一些难以以淹没时间进行分类的类型，采用基质性质、地表植被覆盖类型或其他水文特征因子进行分类。人工湿地按具体用途和外部形态特征进行分类。

5级，按植被分类(沼泽)或按河网级别分类(河流)。

6级，按典型植被类型进行分类。

根据设计原则和分类依据，以国际湿地局建议的分类制度为基础，结合中国湿地类型实际情况，重新调整温州湿地的某些类型，尤其是对人工湿地和滨海湿地做了大的变动，层次上也作了进一步细划，并确定各个层次、类型之间的划分指标，使之成为一个方法上尽可能合理、操作上易行、符合新疆实际的湿地类型系统。以下为湿地调查相关表格(见表15~表18)。

表 15　重点调查湿地名录

序号	湿地类别	重点调查的湿地名称	分布
1			
2			
3			
4			
5			
6			
7			
8			

表 16　重点调查湿地保护名录

序号	保护类别	重点调查的湿地名称	分布
1	国家级湿地保护区		
2	自治区级湿地保护区		
3	自治区级湿地保护区		
4	自治区级湿地保护区		
5	自治区级湿地保护区		
6	自治区级湿地保护区		

表 17 湿地一般调查表

调查人：	调查时间： 年 月 日		
湿地名称		保护区序号：	
所属保护区地名		保护区编码：	
保护区类型		保护区面积 hm^2：	
保护区分布	县级行政区		
	中心点坐标	北纬：	东经：
平均海拔(m)			
湿地植被面积 hm^2			
群系名称	优势植物		
	中文名	拉丁名	科名
湿地区划因子			
保护管理状况			

表 18 湿地自然环境调查表

调查人：	所属县(市)；		调查时间：年 月 日	
重点调查湿地名称			保护区编码	
保护区类型			保护区位置	
主要地貌类型				
土壤	土壤类型			
	泥炭厚度(沼泽湿地)	1 薄层 2 厚层 3 超厚层		
	备注			
气象要素	年平均降水量(mm)		变化范围	
	年平均蒸发量(mm)		变化范围	
	年平均气温(℃)		变化范围	
	≥0℃年平均积温		≥10℃年平均积温	
	备注计资料来源：			

2.4 湿地分类方法

由于对湿地没有一个统一的定义，因此对湿地的分类也是多种多样的。湿地的科学分类是湿地科学理论的核心问题之一，也是由地科学发展水平的标志。

从不同角度出发可以对湿地进行不同的分类。一般较常用的湿地分类方法分成成因分类法、特征分类法和综合分类法三大类。成因分类法根据形成湿地的地貌部位和生态环境来区别湿地，它多是描述性的；特征分类法根据湿地的表观特征和内在的动力活动特征的不同来区别湿地，分类的依据具有更多的定量化成分；综合分类法则是利用湿地通用属性，采用分级的方法来定义湿地类别。

2.4.1 成因分类法

成因分类方法中以 Cowardin L. M. 提出的分类法最具影响。根据 Cowardin 提出的分类方法，湿地可以划分为系统、亚系统、类、亚类和优势种 5 个层次。其分类方法是：首先根据不同的成因类型把湿地分成五大系统（即海洋湿地、河口湿地、河流湿地、湖泊湿地和沼泽湿地），再根据湿地的水文特征分成亚系统，根据占优势的植被生命形态和基底组成等湿地外貌特征把亚系统分成湿地类，按照植被的不同把湿地类细分成湿地亚类，用附加的优势种特征描述较为特殊的湿地特征。

Cowardin 的分类方法具有分类全面、易于操作的优点，因而已成为美国湿地资源登记和管理的基础。国际上另一种广泛使用的分类法是 Ramsar 湿地分类体系，它是在 Ramsar 公约国第四届成员国大会上制订的。它沿用了 Cowardin 分类体系的成因加描述的分类思想，不过定义更加简单明了。我国对沼泽和滩涂湿地的分类研究也多停留在成因和描述相结合的层次上。郎惠卿对沼泽湿地分类做过详细的讨论。沼泽类型按照类、亚类和组划分，分成泥炭沼泽和潜育沼泽两大类。泥炭沼泽按营养化程度分成富营养、中营养和贫营养三类。亚类按植被生态型的标准划分为半沼生、沼生和半水生 3 种。亚类之下按植物群落的主体分组。具体的分类体系可参考上述文献。对于海岸带滩涂湿地，季中淳曾根据水源补给、地貌类型、水动力条件和优势生物种群的不同类型，将其分为潮上带湿地、潮间带湿地、潮下带湿地 3 类和若干湿地自然与人工综合体。另一种简单的分类方法是直接根据湿地所处海岸带的地貌类型来划分湿地。

2.4.2 特征分类法

特征分类法以 Brinson 的方法最有代表性。Brinson 于 1993 年提出了水文动力地貌学分类方法，把湿地的地貌、水文和水动力特征看成是湿地的 3 个同等重要的基本属性。湿地的地貌位置属性可以分为 4 种：河流地貌系统、凹地貌系统、海岸地貌系统和广泛分布的泥炭湿地。水文特征主要根据湿地水的补给源分成 3 类：降水补给类、地表漫流补给类和地下水补给类。水动力特征根据湿地水流的强度和流向分成三大类：垂直起伏流、无定向的水平流和双向水平流。基于特征分类思想的研究在国内也已展开。例如，黄进良等在开展江汉—洞庭湖平原湖泊调查中就曾进行了湿地分类和制图工作。这种分类方法的原则主要就是分类系统必须反映湿地的本质特征。

对比上述两种分类方法可以看出，成因分类法一般都偏于定性（如 Ramsar 分类体系），或虽分类详尽（如 Cowardin 分类体系），但难以反映不同湿地间的相似性。相对而言，Brinson 的水文地貌学分类方法则显得有点简单化，定量化程度也不能满足湿地模型的需要。所以，我国学者倪晋仁、殷康前等针对这两种分类方法的缺点，提出了综合分类法。

2.4.3 综合分类法

综合分类法主要有 3 方面特点：①能反映湿地的成因及湿地分类中不同层次的诸多特征；②能反映湿地不同层次特征的相似性；③有利于应用相邻学科的最新定量研究方法或模型。综合分类法采用层次结构。湿地类别按照从高到低的顺序分为 4 层，分别称作族、组、类、型。各层次的分类依据依次为水文地貌过程特征、外动力控制因子、基底物质结构、植被类型、淹没时间频率和水深。在各个层次的描述中充分吸收已有各类分类方法的优点。

湿地族是指具有类似的水文地貌过程的一组湿地的统称，可以采用决定性的地貌外动力因素来衡量水文地貌过程相似性。据此把湿地划分成海岸带湿地、河流湿地和湖泊沼泽类湿地3个大族，对应于三大类地貌外动力因素。在每一个大族下面还应根据具体的外动力特征划分出亚族。湿地组是指族特征相同、基底物质结构有一定共性的湿地集合。湿地类是湿地上的植被群落具有相似性的同组湿地。湿地型按照湿地的浸水时间和水深来区分。

2.4.4　湿地遥感分类系统

通过遥感手段进行湿地信息提取与动态监测，需要建立一个适合于遥感技术特点的湿地分类系统，而这一系统除了要遵循常规湿地研究中的分类系统规则之外，还不能完全照搬单纯的湿地研究的分类系统。基于遥感技术的湿地分类系统的建立，必须结合遥感技术本身的特点，通常具有比较宏观和灵活性大的特点。

基于遥感的湿地分类，一方面应根据研究区的实际情况、调查任务及可行性等，另一方面还取决于采用的影像数据源。采用高空间、高光谱分辨率的遥感影像时，可建立多级湿地分类系统。反之，通常最多建立二级分类。

Bronge 等基于 Landsat TM 遥感影像研究湿地制图和湿地分类提取，将湿地分为内陆沼泽、湿泥炭地、开发的泥炭地、其他泥炭地和盐沼。Rebecca 等采用 ETM+ 和 SPOT-5 遥感影像监测、评估美国密苏里州湿地。将该区湿地分为永久性水域、时令性水域、深沼泽、浅沼泽、湿草甸。我国学者也对湿地分类进行了大量的研究，并根据我国湿地特点、研究区实际情况和研究目标提出了一些切实可行的分类系统，以适应我国湿地遥感监测的研究。1995—2001 年国家林业局(现国家林业和草原局)组织第一次全国湿地资源调查，将我国湿地分为滨海湿地、河流湿地、湖泊湿地、沼泽湿地和库塘湿地五大类 28 型。朱卫红等利用 SPOT 卫星遥感影像为数据源对图们江下游湿地的分布特征进行研究时，将该区域的湿地划分为河流、湖泊、沼泽、洪泛和人工湿地 5 个系统，并进一步细化为 8 个子系统和 12 个类型。杜红艳等以 ETM+ 感影像为数据源，提取扎龙湿地自然保护区，将该区湿地类别分为湖泊(包括常年性和季节性)、沼泽(包括芦苇、苔草等)、盐沼(包括盐碱地、滩地等)、水田、水库坑塘等 5 类，而基于同样的数据源、同一研究区，衣伟宏等则将该区湿地分为湖泊(永久性和季节性)、芦苇沼泽、盐沼、水田、水库坑塘。

2.5　湿地遥感解译标志

2.5.1　建立解译标志的理论依据

遥感影像解译标志也称判读要素，是指地物在影像上反映出的不同影像特征，解译者可以利用这些标志在图像上识别地物或现象的性质、类型或状况。遥感影像解译标志是遥感图像解译的主要标准，遥感影像特征与实地情况对应的逻辑关系是图像解译建立的依据。建立一套准确的解译标志主要是要抓住遥感影像的特征，参照研究区研究对象的分类系统，掌握研究区的详尽资料。而遥感影像特征主要从色、形、位 3 个方面来体现。

①色即目标地物在遥感影像上的颜色和色调。颜色是指彩色图像上的色别或色阶，

般针对多波段彩色合成影像而言,解译人员往往依据颜色的差别来确定地物与地物间或地物与背景间的边缘线,从而区分各类物体。色调是地物反射或发射电磁波强弱程度在遥感图像上的记录和反映,是判读卫星图像的理论基础。在分析卫星图像色调变化时,必须了解和掌握地物的光谱特征,依照地物的光谱特征分析各种地物在各波段卫星图像上的色调变化特征,从而识别不同地物并进行专业信息的提取。同一地物的色调在不同波段的图像上会有很大差别;同一波段的影像上,由于成像时间和季节的差异,即使同一地区同一地物的色调也会不同。例如,河流在 TM 假彩色合成影像上表现为蓝色、深蓝色,并且颜色随河流深度的变化而变化:水越深,颜色越暗,反之,颜色越浅。

②形即目标地物在遥感影像上的形状、纹理和大小。影像的形状指物体的一般形式或轮廓在影像上的反映。各种物体都具有一定的形状和特有的辐射特征。同种物体在影像上有相同的灰度特征,这些灰度的像元在影像上的分布就构成与物体相似的形状。例如,河流在影像上表现为自然弯曲状,湖泊表现为圆形或椭圆形。影像上的纹理是指图像上目标物表面的质感,是影像内色调变化频率。同色调一样是重要的判读因子,纹理特征有光滑的、波纹的、斑纹的、线形的和不规则的等。例如,河流和湖泊的边界曲线明显圆滑,影像结构均匀;而草本沼泽界限不明显,影像破碎。大小指地物形状,面积或体积在影像上的尺寸,地物影像大小随比例尺的变化而不同。

③位即目标地物在遥感影像上的空间位置。位置是指地物所处的环境部位,各种地物都有特定的环境部位,因而它是判别遥感影像上地物属性的重要标志。

总之,在对遥感影像进行信息提取时,目标物的颜色、色调、形状、纹理、大小和空间位置等特征均可以作为直接判读标志,当然地物在影像上的阴影有利于地物地貌的判读和高度的量算。居民点、道路以及明显的标识性人工建筑等在影像判读时也起到很大的辅助作用,可以作为间接判读解译标志。

2.5.2 解译标志建立的技术路线

收集湿地研究区的相关资料,详细了解研究区的湿地状况;结合符合当地实际的湿地分类系统,对研究区的湿地进行分类;对影像数据进行处理,然后进行室内预判与样点采集,初步建立解译标志;调查典型样点,核查解译标志精度,经过反复核查、修改、建标,最终建立精度较高的湿地遥感解译标志(见图1)。

2.6 湿地信息提取方法

遥感技术由于其监测范围大、获取信息时间短、高效率、信息量大、准确、客观性强等优点,已经广泛地应用于湿地研究领域。而传统的湿地调查方法,调查范围小,耗费时间长,并且由于湿地生境的特殊性,其内部可达性较差,以至于有些地域人很难到达,使得很多实地调查工作无法开展。因此,遥感技术已经成为湿地研究中的重要科学手段。

随着遥感信息源、计算机技术等不断发展,遥感信息提取方法也在不断地发展,新方法层出不穷。

2.6.1 目视解译

目视解译方法,也称为人工判读法,是根据湿地类型属性在遥感影像上的影像特征建

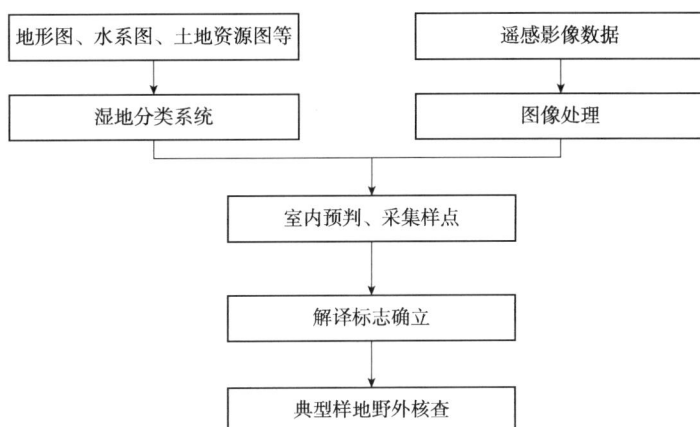

图1　解译标志建立的技术路线

立直接解译标志，属于这类标志的主要有颜色、形状、大小及纹理图案等。

颜色是地表物体的光谱反射特征在影像上的表现，它与遥感图像的波段结合、彩色合成有关。在遥感图片上，植被对红光有较大的反射率，因而影像一般呈红色；水面对红外光及可见光均有较强的吸收，而对蓝、绿光有稍高的反射，因而水体呈蓝色或蓝黑色。由于湿地类型通常是由地质、地形、植被、水体、土壤等各种要素组成，影像的颜色、色调是各种要素光谱特征的综合反映，因此根据影像的颜色、色调能大致分析出湿地的属性特点。

纹理图案即影像的花纹图案，是一群细小的、辨认不清的地物在影像上的综合反映。认真研究各种湿地的光谱特征与影像显示颜色、色调对应关系，并结合形状、大小、纹理图案等判读标志，便能通过直接判读法判别出湿地类型的属性。

早期的湿地监测分类技术是基于模拟遥感图像的目视解译分类。它可以充分利用判读人员的知识和经验，结合其他非遥感数据资源进行综合分析和逻辑推理，灵活性强，尤其对地物空间关系处理较好，因此解译精度一般高于计算机分类精度。目前，由于受遥感影像数据源的分辨率、获取难度、影像效果等条件制约，尤其智能化提取方法尚不能满足湿地监测精度的要求，大部分应用技术研究仍主要依靠传统目视解译结合野外实地调查的方法。但解译的介质不再是模拟图像而是数字图像。Chopra等基于哈星克湿地印度遥感卫星（遥感）影像，目视解译获取多期湿地数据，动态、监测印度Harike湿地变化。Bridget等通过目视解译1978、1989、2000年航空影像，监测安大略湖（美国和加拿大共有）西南部湿地变化。我国学者沈松平等应用2个同月份不同年代的卫星遥感资料，根据影像特征建立解译标志，采用人机交互式解译的方式对若尔盖沼泽湿地近20年来的空间变化进行动态监测。这些研究的共同特点是采取的方法简单、工作量大、费用高、周期长，但精度较高，适宜小空间尺度的湿地监测。它们是湿地遥感监测发展的初级阶段，为湿地光谱特征分析和湿地计算机自动分类的多特征提取等方面奠定了基础。目视解译对图像解译者的要求较高，且劳动强度大，信息获取周期长。同时解译质量还受解译者的经验、对区域的熟悉程度等因素的制约，因此，它不适宜作为一种独立的监测方法在较大的空间尺度上进行湿地信息提取的研究。随着湿地退化的加速，监测湿地动态变化的周期更短，传统的人工目视解译结合野外调查的方法已远远不能满足需要。

2.6.2 监督分类

监督分类是一种常用的精度较高的统计判决分类,在已知类别的训练场地上提取各类训练样本,通过选择特征变量、确定判别函数或判别规则,从而把图像中的各个像元点划归到各个给定类的分类方法。常用的监督分类方法有:平行六面体法、最大似然法、最小距离法、马氏距离法和波谱角填图分类法等。监督分类的主要步骤包括:①选择特征波段;②选择训练区;③选择或构造训练分类器;④对分类精度进行评价。

最大似然分类法是遥感分类的主要手段之一。其分类器被认为是一种稳定性、鲁棒性较好的分类器。但是,如果图像数据在特征空间中分布比较复杂、离散,或采集的训练样本不够充分、不具代表性,通过直接手段来估计最大似然函数的参数,就有可能造成与实际分布的较大偏差,导致分类结果精度下降。为此,不少学者对监督分类的最大似然法进行了改进。改进的最大似然分类器多采用 Gauss 光谱模型作为条件概率密度函数模型,其中最简单的是各类先验概率相等的分类器(即通常所说的最大似然分类器),复杂的有 Ediriwickrema 等提出的启发式像素分类估计先验概率法。有学者用改进的最大似然分类器提出了 EMMLC 遥感影像分类算法。通过实际例子的综合比较,EMMLC 方法对于比较接近的类别划分要优于传统的 MLC 方法,同时 EMMLC 保留了 MLC 方法 Bayes 先验知识融合的能力,使得辅助决策知识可以在 Bayes 理论的支持下参与分类,可以进一步提高分类的有效性。但是,EMMLC 只是一定程度上通过补充样本数据来纠正似然函数参数的估计,而每一个类别的分布仍然只是对单峰形式的逼近。在密度分布特别复杂而呈现多峰形式,或者类别间相互交错等情况下,EM 算法就需进一步扩展:①用 EM 算法对每一类密度分布进行再分解;②引进稳健统计理论排除密度分布之间或来自离散点的干扰。

2.6.3 非监督分类

非监督分类是在没有先验类别知识的情况下,根据图像本身的统计特征及自然点群的分布情况来划分地物类别的分类处理。非监督分类方法是依赖图像的统计特征作为基础的,它并不需要具体地物的已知知识。采用非监督分类还可以更好地获得目标数据内在的分布规律。非监督分类方法有贝叶斯学习、最大似然度分类以及聚类。非监督的贝叶斯方法和最大似然度方法与监督的贝叶斯学习以及最大似然度方法基本相同,唯一的区别在于无已知类别的样本可供参考。聚类技术是基于相似度概念和算法将性质很相似的样本聚为一类。目前有效的聚类方法有 K 均值法、ISODATA 法、主成分分析法、独立分量分析方法、正交子空间投影方法、基于夹角余弦的相似系数聚类方法等。

通过上述分析可知,基于统计分类的监督和非监督分类方法由于单一地依靠地物的光谱特征,对某些地区和某些地物的分类效果不理想,如果对分类器加以改进或者与其他方法结合使用,效果会更好。为此,许多科学工作者在此基础上发展了其他新的分类方法。

2.6.4 监督分类与非监督分类相结合

非监督分类与监督分类是最常用的计算机辅助分类方法,二者各有优缺点,目前常常是将二者结合在一起进行分类。非监督分类分类精度较差,因此多作为监督分类训练样本选择的初步处理。而监督分类方法由于需要大量难以选取的、有代表性的训练样本,往往实际应用效果并不能令人满意，因此产生了许多改进的监督分类与非监督分类相结合的方法。罗彩莲将 NOVI 也作为一个待分波段，作为源数据参与到监督分类当中，进行了湿地信息的提取。改进的方法比单纯用遥感影像的原始波段进行监督分类在精度上有显著的提高。杜红艳等利用监督分类与非监督分类相结合的方法，并将缨帽变换后的影像也作为信息源参与监督分类，对扎龙湿地及湿地亚类进行了分类，实验证明，该方法分类效果较单纯地使用监督分类有明显的提高。周华茂等将监督分类与非监督分类结合应用，对若尔盖高原湿地资源进行了分类提取。牛明香等人在充分分析了其研究区内各类地物光谱特征后，采用分区和分层相结合的方法，通过阈值法、模型法和监督分类技术，对研究区的湿地信息进行了提取。实验证明，该方法的分类精度较传统的监督分类方法有明显的提高。将监督分类和非监督分类相结合，并在数据源的选择上加入了植被指数，或其他特征图像参数，可以改进分类精度，使传统方法在信息提取精度上有所提高。

以上这些研究表明，多分类方法的综合使用能够在分类过程中发挥各自的优势，实现互补，可以很大程度上提高分类精度，是湿地遥感监测发展的必然趋势，但这类方法同时也存在以下不足：①研究者需要清楚地了解各分类器的性能及各分类器对哪些地物类别敏感，否则可能事倍功半；②多分类器复合分类时相应地增加了运算开销，分类速度有所降低；③一些分类方法需要输入的参数较多，而这些参数往往通过反复实验确定，缺少理论支持，人为干预较大；④某些分类器对训练样本和特征选取的要求较高，而很多研究往往研究程度不够，导致分类效果不理想。所以，研究人员还在不断地探索新的遥感信息提取方法。

2.6.5 决策树分类

将遥感数据的光谱特征、纹理特征与多源地学辅助数据结合，发展多维信息复合的方法可以提高湿地分类的精度。20 世纪 80 年代，逐步发展起来的数据挖掘与知识发现技术为数据的理解提供了一种新的智能化手段。

空间数据挖掘的方法有很多，其中，决策树归纳法是数据挖掘中获取分类规则的主要方法之一。决策树具有非参数的特点，能够处理噪声数据，尤其能自动选取特征；对于预测数据，能给出一个易于解释的树结构，故用于遥感分类具有很大优势。比较成熟的决策树构建方法有 Quinlan 提出的 ID3、C4.5、C5.0 系列，CART、SLIQ、SPRINT 和 CHAID 等。

决策树是由一系列的二叉树构成的倒置的树形分类器，根据规定的判断规则，不断地将影像的像元分割成相对同质的数据子集来确定影像中每个像元所属的正确类型。决策树分类方法具有直观简洁、可行性强、计算量小的特点。

基于决策树的信息提取关键是要对感兴趣的地物在遥感影像各波段上的光谱特征有深入的了解和认识。并且在决策树的信息提取过程中，遥感量化指数、影像数学变换后的信息、地物的空间和景观特征指数以及相关地学知识作为判断规则的引入，是影响决策树分类精度的关键。在这方面的典型研究包括贾永红等首先利用缨帽变换后的湿度分量和水体的光谱特征，将湿地从影像中提取出来，然后利用决策树分类方法，在决策判断过程中引入面积、形状指数和 NDVI 植被指数等变量，对湿地进行进一步的分类。李慧等在充分了解研究区地物波谱特征的基础上，将地学知识引入到决策树分类模型中，利用决策树分类方法，对闽江河口区的湿地进行了信息提取。利用决策树的方法进行信息提取，可以充分利用遥感影像包含的各类信息,其精度较监督与非监督分类的方法有着比较大的提高。

2.6.6 基于人工神经元网络的分类

人工神经元网络是以模拟人脑神经网络系统的结构和功能为基础而建立的一种数据分析处理方法,属于非参数分类器。该方法用于遥感分类始于 1988 年,其中,多层感知器模型应用最为广泛。人工神经网络是基于生物神经系统的分布存储、并行处理及自适应学习这些现象构造出具有一些低级智慧的人工神经网络系统。当然,这种人工神经网络只是大脑的粗略而简单的模仿,在功能和规模上都比不上真正的神经网络。近年来,神经网络被广泛应用于遥感图像分类。不同学者分别提出或应用 BP 网、三维 Hopfield 网、径向基函数神经网络和小波神经网络等对遥感图像进行监督分类。这些神经网络在遥感图像自动分类上都有一定的应用,并取得较好的效果。目前常用的方法是 Rumlhart、McClelland 等提出的前向多层网络的反向传播学习算法(简称 BP 算法)。李颖、赵文吉利用 Landsat 图像分别采用成熟统计方法和流行神经网络方法对北京某地区土地利用信息分类提取,结果表明,神经网络明显优于统计方法。熊祯等利用高阶神经网络算法对北京沙河镇地区的高光谱数据进行了分类实验,取得了很好的效果,其训练样本和测试样本的分类精度达到 90%以上。然而,它们的分类精度同样依赖于网络训练样本(教师信号或目标输出)的选取,只是在算法上加以改进,在一定程度上限制了神经网络的发展,BP 网等存在网络训练速度慢、对各类分类性能差别较大、不易收敛到最优以及 BP 网隐层数目和隐层节点数确定较为困难等缺点。张友水等利用 TM 数据对浙江省土地利用信息提取时,比较了 BP 方法和 Kohonen 方法,结果表明,用 Kohonen 方法对图像分类的精度要比用 BP 方法高出 1%~5%。

神经网络拓扑结构的选择缺乏充分的理论分析,其链接权值的物理意义不明确,这导致了人们无法理解其进行推理的过程。而一般的模糊系统,其编码的精度较低,缺乏自学习能力。模糊技术和神经网络技术的融合克服了神经网络和模糊逻辑在知识处理方面的缺点。采用神经网络来进行模糊信息处理,就可以利用神经网络的学习能力来达到调整模糊规则的目的,从而使模糊系统具备了自适应的特性。为了更好地解决混合光谱的问题,近年来又出现了数学形态学应用于遥感图像处理中,其分类的精度远远高于最大似然法。加拿大学者将多级形态分解应用于一幅 SPOT 全色波段图像上的一个子景区土地覆盖的分类处理,经形态边缘检测的分类精度较高。

目前在其他地物如农田、沙化土地的遥感信息提取中应用人工神经网络技术的例子已经有很多,从现有的研究结果可以看出,神经网络在数据处理速度和地物分类精度上均优于传统的分类方法,因此在湿地信息遥感影像提取中也必然有广阔的应用前景。但这些常用方法如 BP 神经网络、自组织神经网络等,要么存在着学习时间长、容易陷入局部极小振荡导致难以收敛的问题,要么存在着隐层节点数目难以确定的问题。因此,有研究人员对这些算法进行了改进,韩敏等应用四层神经网络结构和基于鲁棒误差函数提出的自适应反向传播算法,对湿地信息进行提取。与传统的最大似然法假设各类地物波谱辐射呈正态分布为基础不同,神经网络不需要对概率模型做出假设,而是可以通过学习来获取节点权值,且其分类精度明显较高;与传统的神经网络方法相比,四层网络避免了遥感图像存储量大的负担。因此,将改进的神经网络算法应用到湿地信息提取中,必然会有较大的发展前景。而对已有算法的改进，关键就是改进网络的结构和网络学习的算法。

2.6.7 基于面向对象的分类

随着传感器技术的不断进步，高空间分辨率影像越来越多地被应用于遥感图像分类。传统的分类方法，由于不能够充分利用高空间分辨率影像的细节信息，而不能满足需求，因此，提出了面向对象的信息提取方法。面向对象的遥感信息提取方法除了能够利用影像的光谱信息之外，还可以充分利用高空间分辨率影像包含的形状、纹理、结构、对象间的语义信息和拓扑关系等。

面向对象的影像信息提取的基本处理单元是有意义的影像对象和它们的相互关系，而不是单个的像元。在湿地研究领域，相关研究人员已经就基于高空间分辨率影像的湿地信息提取做了许多工作。钟文君、兰棒仁利用面向对象的分类方法，基于高空间分辨率的SPOTS 影像数据，对福建省闽江口湿地进行了提取。于欢等基于 CBERS-02 遥感影像的多光谱数据，利用面向对象的分类技术，开展了湿地地表覆被分类的研究。研究结果表明，用高空间分辨率遥感影像，基于面向对象的信息提取方法，可以大幅度地提高湿地信息提取的精度。但在该方法的使用上，影像分割尺度的确定、分割后对象特征的提取及分类方法的选择，是决定湿地信息提取的关键。因此，研究如何合理地确定分割尺度，使分割后的影像对象包含丰富的信息，以及如何有效地提取对象特征是研究的重点。

2.6.8 基于支持向量机的分类

支持向量机是用特定的核函数将样本数据映射到高维空间，由来自最优化理论的学习算法训练，实现一个由统计学习理论导出的学习偏置。该算法基于结构风险最小原理。它的基本思想是：对于一个给定的具有有限数量训练样本的学习任务，如何在准确性（对于给定训练集）和学习能力（机器可无错误地学习任意训练集的能力）之间进行折中，以期得到最佳的泛化性能。支持向量机（Support Vector Machine，SVM）算法在模式识别、回归估计等方面都有良好的应用。它通过建立一个超平面来分离不同的类别，离超平面最近的数据点称为支持向量，支持向量是训练数据集中最重要的元素。SVM 最简单的方式是两类判别问题，多类判别可以通过建立多个两类判别来实现。如对于 k 类数据，用两类判别方法要构造 $k(k-1)/2$ 个分类器，每个分类器只针对两类数据进行训练。然后，将所有两类分类器进行组合完成多类判别。

SVM 分类输出结果是针对每个类的决策值，这个决策值为可能性估计值，在 0~1 之间，影像上每一个像点对于所有类的可能性估计值总和为 1，在分类过程中选择可能性估计值最高的类为所属类。

SVM 使用不同的内积核函数将形成不同的算法，目前研究最多的核函数主要有 4 类，分别为：线性、多项式核、径向基核和 Sigmoid 函数核。

实际研究中通过调整核参数 K 和惩罚参数 C 来获得最佳分类结果。C 作为惩罚参数用来代表允许错分的程度，增加惩罚参数会得到一个对样本学习精度更高的模式，但却会引起通用性降低。不同的核参数与 C 值会导致样本欠训练或过训练，因而也会得到不同的分类精度。

用 SVM 分类法的优势还在于选取训练区数据时，不需要采集大量的样本数据，并且即使在样本数据中存在混合分类数据的情况下，仍然能够保持较高的分类精度。

除了上面详述的几种分类方法之外，遗传算法、优化理论等理论方法也都在湿地信息提取方面展开了应用。这些新的提取方法在提取精度、提取信息区域完整性和斑块连通性方面，都比传统方法有了较大的改进。表19~表21为遥感解译等过程所需要的登记表格。

表19 遥感解译标志登记表

代码	类型	标志描述							
		色彩	形态	纹理	结构	相关分布	地域分布	海拔(m)	其他

表20 判读考核登记表

坐标		真值	判读类型	正	错
横	纵				

表21 遥感信息判读登记表

地形图图幅号：

序号	类型	坐标		类型代码	备注
		横	纵		

（续）

序号	类型	坐标		类型代码	备注
		横	纵		

2.7 湿地景观格局动态变化分析

景观格局是指景观的组分构成及其在空间分布的形式，是景观异质性最具体的表现；景观格局同时又是由许多景观过程长期作用的产物，是各种景观过程在不同尺度上作用的结果。通过景观格局变化研究，可以在景观尺度上对区域环境变化进行分析，进而揭示景观格局的空间关系，并在此基础上分析格局演变的驱动因素，进行景观生态规划与设计，从而调整景观格局，优化景观功能。

传统的景观格局变化研究主要依赖于野外调查，而湿地由于其独特的地域性，使得这一方法的使用受到人力、物力以及自然条件等多方面的限制。因此，国内外学者目前对湿地景观格局变化研究主要采用的是遥感方法。根据各个研究所要求的不同精度，研究人员也采用了多种的遥感信息数据源。

2.7.1 景观分类

景观分类是景观格局分析和功能研究的基础，是景观生态规划与管理的前提。对于景观划分的原则国际上并没有一个固定的标准，各国有其侧重点并自成体系。景观划分的研究多数是根据具体情况和研究目的来确定的，综合起来主要满足如下 3 点：一是根据研究范围和对象在相应的景观尺度上选取景观类型；二是要考虑划分的不同景观之间的内在联系和影响；三是景观分类应尽量同时具有自然景观和非自然景观，以研究人为活动对景观的作用。

遥感作为一种景观分类数据源，使景观的划分细化到遥感影像可区分的最小景观单元，很大程度上提高了景观分类效率。目前，对于湿地分类还没有一个统一的标准，在众多学者的研究过程中，通常所采用的湿地景观类型分类系统都各不相同，多是结合研究区域景观类型的特殊性与使用的遥感数据源的特性以及研究目的而进行分类。但在研究湿地景观时，一般都将研究区景观分成了湿地景观和非湿地景观两个一级类，其中，湿地景观又分为自然湿地景观和人工湿地景观两种。其他的具体类别则根据当地实际情况而定。

目前，景观格局分析可分为两种：传统景观格局分析和针对特定生态过程的景观格局分析。传统景观格局分析是指针对一定的研究区域，利用景观格局指数，描述该区域的景观类型组成和结构特征。这类景观格局分析在早期的研究中占优势，绝大多数的景观格局指数都是在这种景观格局分析过程中提出来的。针对特定生态过程的景观格局分析是在景观生态学家充分认识到格局过程关系的重要性以后被提出来的，是景观格局分析的更高层次，它将在当前及未来的景观格局分析中占据主导地位。在我国湿地变化景观分析的研究中，现在主要还是处于第一阶段向第二阶段过渡期。

2.7.2 景观格局的指数分析方法

现代景观生态学包含了一系列景观空间格局分析的方法，如文字、图表以及景观格局指数等。其中，景观格局指数是应用最为广泛的一种。研究景观空间异质性的成因及其生态学含义首先需要对景观格局进行量化，而景观格局指数是反映景观结构组成、空间配置特征的简单量化指标，可以满足这种需要。此外，利用景观格局指数，还可以实现景观空间格局同时异地、同地异时及异地异时的比较研究。

(1)景观类型水平指数

景观类型水平指数以各个景观类别为单位分别计算，反映不同景观类别间的差异，或同一类别在不同时期的变化情况。如斑块面积、斑块数、平均斑块面积、边界密度、斑块密度、形状指数、分维度、聚集度、破碎度等。

(2)景观整体水平指数

景观整体水平指数是将所有景观类型视为一个整体来计算，反映不同时期景观整体的动态变化情况，如香农多样性指数、香农均匀度指数、聚集度指数、破碎度。

由于湿地景观格局与生态过程之间存在紧密的相互作用关系，通过不同遥感影像提取上述不同时期的湿地景观指数，分析其前后的变化，在一定程度上能反映出湿地生态的变化情况，这也成为湿地景观研究的主要技术手段，常用湿地景观格局指数分析路线图见图2。

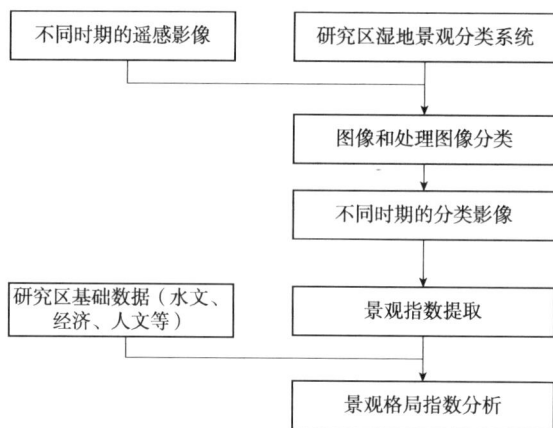

图2 湿地景观格局指数分析路线图

(3)景观格局变化分析

从"斑块、廊道、基质"理论出发，景观格局分析的内容可划分为景观要素的空间形态分析、景观要素的空间关系分析和景观要素的空间构型分析三方面。目前，景观格局分析呈现出以下两个特点。

①从一维分析到多维分析：单纯的时间或空间特征不能全面反映景观格局的整体，因此景观格局分析已经从单一维度(单纯的时间维或空间维)的分析转变为时空结合的多维景观格局分析。一方面受人类认识规律的影响，即人类对任何事物的认识都遵循从简单到复杂、从一维到多维的规律；另一方面则得益于遥感以及地理信息系统技术的发展。遥感技

术使同时异地、同地异时等海量景观数据的获取成为可能，而地理信息系统则为处理海量数据提供了技术依托。

通常情况下，对景观格局的时空变异分析会与格局变化的驱动力分析结合起来，探究景观格局发生变化的原因及机制，以对景观格局形成更深刻的了解。Wang 等借用一系列景观格局指数，包括景观类型百分比（PL）、斑块数（NP）、平均斑块面积（MPS）、斑块面积分异系数（PSCV）、面积加权平均形状指数（AWMSI）、面积加权平均斑块分维数（AWMPFD）和香农多样性指数（SHDI），分析了青藏高原杜兰县（青海省）1990—2000 年之间的景观格局变化特征。结果显示，容易带来较高经济收益的景观类型（如耕地、密林地、高覆盖度草地、水池及建筑用地等），其面积在 1990—2000 年期间有所上升。这些景观类型多属于人工景观，主要受社会经济发展的驱动，适宜的气候条件加深了这种格局的变化。而对灌木林地、疏林地及中低覆盖度草地等景观类型而言，其面积在 1990—2000 年期间有所下降。这些景观类型多属于自然景观，自然气候条件是其变化的主要驱动力。

对景观格局的多维分析更能揭示格局与过程的相互作用关系，其不足之处在于对驱动力的分析还停留在定性描述阶段，有时甚至难免有牵强之处。未来研究中应加强对格局变化驱动因子的定量分析，并建立驱动因子与景观格局之间的定量关系。在此基础上，可以通过调整驱动力系统中的可控性因子来实现景观格局的优化，或者对特定因素影响下的景观格局变化进行预测。

②基于整体格局的重点样带分析：生态过程对景观格局的作用经常通过景观的局部地区（如一条样带或者河流、道路两侧一定距离内的缓冲区等）就可以得到显著反映。这样，通过对景观的局部地区（或样带）进行分析，即能体现出景观的主体特征，且更易于分析与解释。这种对局部景观格局进行的分析多见于城市景观生态学，且常常与多维分析相结合，通过剖析城市主导梯度上景观的时空变异特征来反映城市化对城市景观格局的影响。

"梯度范式"的概念最早由 McDonnell 和 Pickett 引入城市景观研究。所谓梯度，是指土地利用程度和人类干扰活动等的变异程度。Luck 和 Wu 将梯度范式与景观格局指数分析相结合，研究了美国亚利桑那州 Phoenix 城区一条"城市-乡村"样带上的景观格局特征，是城市景观格局分析中将梯度范式与景观格局指数相结合的典型案例。近年来，采用这种方法对具有代表性的城市景观格局进行分析的工作逐渐增多，并呈现出与多维分析相结合的趋势。景观格局的梯度分析并非仅局限于对城市景观的分析，它在研究河流、道路等带状景观要素对周边的影响，或对沿带状地物分布的景观格局特征进行分析时尤其有用。在实际研究中必须注意：作为研究对象的局部景观必须能够充分反映景观格局的显著特征或生态过程对景观的主导影响。

湿地景观格局是各种生态过程在不同尺度上作用的结果，湿地景观格局分析的最终目的就是要研究不同尺度上格局与过程之间的相互作用关系。在一定的时间和空间尺度上，选取一系列具有生态学意义的景观格局指数来描述景观格局的时空变异性，并使之与一定的生态过程相联系，解释格局与过程在该尺度上的相互作用关系，是湿地景观研究的重要任务。由于景观生态学和湿地研究一样都是新兴的综合性学科，二者的相互结合能够促进其共同进步。作为景观生态学核心内容的景观格局分析，将其合理引入湿地监测中来，可以进一步深化景观生态学的发展，同时利用景观格局分析，能从一种全新的角度揭示湿地景观变化，分析其原因，有助于深入探讨湿地变化的原因，更好地对湿地进行保护。

3. 湿地资源评价技术

3.1 湿地资源评价研究现状

中国湿地面积广大，类型多样，其中许多是具有国际价值的重要湿地。但中国对湿地的研究起步较晚，中国的湿地研究是从20世纪60年代对沼泽研究开始的。80年代中期，"湿地"的概念开始在中国广泛流行。湿地评价也开展得很少，一开始的评价主要是针对湿地中某单一自然要素的评价，且多为定性评价。湿地定性评价在我国湿地评价研究中占有较大比例，一般多对湿地资源、湿地功能、湿地生态系统特征以及湿地自然保护区和管理模式等方面进行概括性的描述，并对湿地开发利用、管理和保护过程中存在的问题进行现状评价，提出解决问题的措施和途径，确定今后发展方向。1996年，吴炳方等利用地理信息系统、遥感数据、模拟、统计分析和空间计算等方法，定量测算了东洞庭湖的调蓄容积、水深、波浪等特征，并用这些数据表示湿地在调蓄洪水、削减洪峰、滞流和减少侵蚀等方面的功能。中国科学院长春地理研究所1999年下半年对吉林省湿地开展了调查与评价工作，其中的评价工作以湿地功能为线索，以植被为标志把吉林省湿地划分为3种不同的湿地生态现状类型，对吉林省湿地的总体现状做了评价和分类。2000年，陈仲新和张新时参考国外一些专家的成果，对中国湿地生态系统的功能与效益进行了价值估算，得出湿地生态系统的效益价值为26763.51亿元/年。

近年来，湿地评价研究从定性评价发展到定量评价，从原来对湿地单一属性的评价转移到现在对湿地综合价值评价，并且出现了很多新领域，如湿地健康系统评价、生态风险评价、湿地生态价值评价、湿地环境影响评价等。目前，3S技术已经开始应用到我国的湿地评价中，在我国湿地资源现状评价以及湿地动态变化等特征评价方面，特别是人类活动干扰下，湿地退化过程评价和退化机制分析等方面发挥着积极的作用，如辽河三角洲湿地景观格局变化、土地利用研究和农业经济活动对湿地资源和环境造成的影响分析等。3S技术在湿地评价中存在巨大的应用潜力，应用3S技术，结合地面监测数据和野外定位实验数据，获取湿地生态系统组分和过程的时空数据，判断湿地各组分的时空变化特征和演变趋势，结合计算机网络系统，建立全国湿地资源数据库，实现湿地信息的迅速更新和提取，促进湿地防灾减灾、湿地管理和预测工作的开展。

3.1.1 湿地资源评价类型

随着技术的发展，湿地评价向深度和广度开展，湿地评价的内容更加丰富。深度方向，从以前的单一评价湿地某一资源到微生物或某一元素的评价；广度方向，从以前的单一类型湿地评价到多类型湿地对比评价等。并且许多新技术新方法逐渐用到了湿地评价中，使评价类型走向多元化。

通过总结国内外湿地评价现状，针对评价对象，对湿地评价可归为4类：湿地生命系统评价、湿地生态系统评价、湿地环境影响评价、湿地经济评价。

3.1.2 湿地资源评价方法

根据评价类型不同，所选取的湿地评价方法也不相同，目前国内外主要湿地评价方法有 WET 方法、湿地快速评价方法、虚拟参照湿地法、水文地貌评价法，另外还有一个比较具有影响的湿地评价方法是东卡罗来纳大学的 Brinson 等提出的"五步"湿地生态系统功能评价方法。下面简单介绍以下这 5 种常用的湿地评价方法。

（1）WET 方法（Wetland Evaluation Technique）

WET 方法是 1983 年开发的用于评价单一湿地的综合性评价方法，1987 年在美国陆军兵工署的赞助下，"湿地评价技术"进一步被改进。WET 运用大量湿地特征值是否出现作为湿地功能评价指标，因而不能对湿地功能做出定量评价，只能预测湿地在景观里所处的位置允许它发挥某项特定功能的可能性（如高、中或低），以及该功能可提供多大的社会效益。

（2）湿地快速评价方法（Rapid Assessment of Wetlands）

Kent 等人于 1990 年开发了一种宏观层次上的湿地功能评价技术，其目的是评估那些广为人知的湿地功能。它能在野外快速运用，适用于不同的湿地类型，重复性好。

（3）虚拟参照湿地法（Virtual Reference Wetlands）

Kent 等人于 1999 年运用野生动物观察结果对湿地功能进行评价。

（4）水文地貌评价法（Hydrogeomorphic Assessment，HGM）

在美国陆军兵工署航道实验站湿地研究计划的资助下，Brinson 和 Smith 等人逐步开发、完善了湿地功能评价水文地貌分类（HGM）方法，它可以对一个大尺度地理区域内的诸多湿地功能进行定量的和一致的评价。

（5）"五步"湿地生态系统功能评价方法

这一方法首先根据湿地的地貌结构、补给类型以及内部水文动力学特点划分湿地组，然后确定每组湿地的水文地貌性质与其生态功能之间的联系，再选择典型湿地，设计具体评价方法。

3.2 湿地资源评价指标选取原则

根据系统工程评价指标设计，评价指标的选取需遵循以下原则。

3.2.1 科学性原则

湿地资源可持续发展指标体系必须能够全面地反映可持续发展的各个方面，符合可持续发展目标内涵，具体指标的选取要有科学依据，选取的指标应目的明确、定义准确。同时，所采用的计算方法和模型也必须科学规范，才能保证评价结果的真实客观。

3.2.2 简明性原则

从理论上讲，设置的指标越多、越细、越全面，反映客观现实也就越准确。但是，指标量增加，会使数据收集和加工处理的工作量成倍增长，并且指标分得过细，可能发生指标之间的重叠，相关性严重，甚至相互对立的现象，反而会给综合评价带来不便。因此，指标体系应该尽可能简单、明了。

此外，为了便于数据的收集和处理，也应对评价指标进行筛选，选择能反映该区域可持续发展特征的主要指标体系，摒弃一些与主要指标关系密切的从属指标，使指标体系简洁明晰，便于应用。

3.2.3 整体性原则

区域可持续发展是一个具有高度复杂性、不确定性、多层次性的开放系统，不同区域有其不同的特点，而某一特定区域的可持续发展又从属于一个范围更广、层次更高的可持续发展系统。因此，可持续发展指标体系作为任何一个层次区域的总体目标必须是一致的，指标体系的建立就是要使评价目标和评价指标有机联系起来，组成一个层次分明的整体。此外，设置可持续发展指标体系时，既要根据区域不同的条件和特点，照顾地方的特殊性，考虑区域的具体情况，又要考虑到整体性原则，尽可能便于国家间和国内不同区域之间的比较。

3.2.4 区域性原则

我国幅员辽阔，生态环境各异，湿地资源分布广泛，并且地理空间分布不平衡，使湿地资源在不同区域呈现明显的区域特征，因而指标体系的设计要反映这种区域差异的特征。区域差异决定不同的区域在发展的过程中，要采取不同的发展模式，不同区域或同一区域的不同发展阶段在评价指标体系的构建时必然侧重点不同。虽然总体目标可能相同，但具体内容却不可能完全一致，即使是在特定区域的评价指标体系中，具体指标也有重点与非重点之分，因此需要因地制宜地进行指标体系的构建工作。

3.2.5 稳定性原则

作为客观描述、评价及总体调控区域可持续发展的指标体系，在特定的阶段，其侧重点、结构及具体的指标项也就具有相对的稳定性。由于指标体系具有相对的稳定性，有可能在特定的阶段对区域发展进行可持续的衡量、评价和调控，从而有利于区域朝向更为符合可持续标准的方向发展，避免出现区域发展中的短期行为。

3.2.6 动态性原则

可持续发展是一个动态过程，是一个区域在一定的时段内社会经济与资源环境在相互影响中不断变化的过程。对于同一个区域，不同时期预示着不同的发展阶段。而不同发展阶段，区域发展的目标、发展模式、为达到目标而采取的手段均不相同，因而在构建评价指标体系的过程中侧重点自然也不同，至于处在不同时期的不同区域，受区域差异性、发展阶段性不同的影响，相互之间在可持续能力的建设上，采取的方式方法更是千差万别，评价的指标体系必然也有很大的差异。这就要求指标体系不仅能够客观地描述一个区域现状，而且指标体系本身必须具有一定的弹性，能够识别不同发展阶段并适应不同时期区域发展的特点，在动态过程中较为灵活地反映区域发展。

3.2.7 可操作性原则

在构建评价指标体系时，应在尽可能简明的前提下，挑选一些易于计算、容易取得且能够在要求水平上很好地反映区域系统实际情况的指标，使得所构建的指标体系具有较强的可操作性，从而有可能在信息不完备的情况下对区域可持续发展水平和能力作出最真实客观的衡量和评价。

3.2.8　独立性原则

湿地资源评价指标体系中的每个指标，要求概念明确，含义不重复，彼此独立，不存在交叉关系，能够保持每个指标的独特功能与作用。

3.2.9　层次性原则

指标体系应根据不同的评价需要和不同的指标功能分出不同级别、不同层次，并有明确的对应关系，以利于湿地生态系统内部结构与功能的评价。

3.2.10　导向性原则

在选取指标时要能明确评价出湿地状况好坏与否，指出湿地存在的问题及如何进行改善。

3.3　湿地资源评价方法

3.3.1　湿地资源评价的方法

使用层次分析法与常规多元统计法对湿地资源进行评价，具体评价步骤如下。

①确定评价范围，将湿地资源保护区作为评价研究范围。

②综合评价指标体系的建立。

③确定指标权重。

④指标无量纲化处理。

⑤合成指标加权计算后数据，计算综合分值。

3.3.2　湿地资源评价指标体系建立

系统是由若干相互联系又相互制约的要素，以某种形式（结构）互相结合，在一定的环境制约下，为达到整体的目的而存在的有机集合体。

系统由若干要素组成，其组成具有一定的层次结构。任何系统都是更高级系统的组成要素，其要素又是更低一级子系统的系统。系统内各要素之间以及系统与组成系统的要素之间是相互联系、相互依存、相互制约的关系，要素之间相互联系和作用，产生与各个组成部分不同的新功能即整体功能。系统内某要素的变化会影响另一些要素的变化，并可能影响到整个系统的发展。各子系统的发展要受到系统的制约，系统的存在和发展是子系统或要素存在和发展的前提。

根据系统理论，对湿地生态系统进行评价，不是单一地对湿地系统进行评价，还包括影响湿地系统的相关系统，如社会经济系统、环境系统等。湿地资源合理利用、生态健康。

评价要以湿地资源的可持续发展为基础，湿地资源可持续发展要求满足特定区域和其他区域的当代人和后代人对湿地资源提供的经济、社会、生态三方面需求；它强调人与湿地资源的协调性，代内与代际间不同人、不同区域之间在湿地资源分配上的公平性以及湿地资源的可持续性等。这些内涵决定了湿地资源可持续发展不仅涉及湿地资源本身，还涉及经济、社会、环境等多个方面。

因此，可以将由湿地资源、环境、经济、社会等组成的以可持续发展为目标的系统称为湿地资源可持续发展系统，即湿地资源、可持续发展系统是由相互作用和相互依赖的湿地资源、环境、经济和社会等子系统在可持续发展目标下结合而成的具有特定功能的、开放的，并全方位地趋向于结构合理、功能优化、高效运行的均衡、协调的有机整体。构成湿地资源可持续发展系统的每个子系统也是由相互作用、相互依赖和影响的若干组成部分结合而成。湿地资源可持续发展系统的结构是湿地资源、经济、社会、环境等子系统及子系统下各要素之间相互作用、相互影响关系的体现，它反映的是可持续发展系统总体与其子系统之间以及子系统内各要素之间在空间和时间上的有机联系及其相互作用；其系统功能则是各个子系统在特定环境中发挥作用或者说系统结构在特定情况下对外界环境形成的结果。系统结构联系着系统与要素，功能则联系着系统与环境。

3.3.3 确定湿地资源评价模型

湿地生态健康、资源合理利用和重要性评价是建立在可持续理论基础上的。目前，可持续发展指标体系框架模式可以归纳为5种，它们是压力–状态–响应模式（Pressure-State-Response Model）、基于经济的模式（Economics-Based Model）、社会经济–环境共分量模式或主题模式（Three-Componentor Theme Model）、人类–生态系统福利模式（Linked Human-Ecosystem Well Being Model）和多种资本模式（Mulitple Capital Model）。

湿地资源评价指标的选取是一项复杂的工作，不仅仅要从生态、经济、社会三要素角度出发，还要考虑不同条件下湿地生态、过程、经济结构、社会组成的动态变化。湿地资源生态健康评价和合理利用评价指标选取结合压力–状态–响应（Pressure State-Re-sponse）模型（简称PSR模型），建立湿地资源评价指标体系。压力响应指标体系框架模式（Pressure Response Model）的典型例子是OECD的压力状态–响应（PSR）指标框架模式。该模式的结构是：人类活动对环境施以"压力"，影响环境的质量和自然资源的数量（"状态"），社会通过环境政策、一般经济政策和部门政策，以及通过意识和行为的变化而对这些变化做出反应（"社会响应"）。

3.3.4 指标权重计算

在指标体系中，由于各指标要素对目标实现的重要性各不相同，因此必须确定各指标要素的相对重要性权重，表示评价者对各指标要素在湿地资源可持续利用中重要性的认可程度。指标权重的准确与否在很大程度上影响综合评价的准确性和科学性。关于权重系数的精确测度主要有德尔菲法（Delphi）、层次分析法（Analytical Hierarchy Process，简称AHP）、二项系数加权法、环比评分法等。其中，比较有代表性的、较成功的主要是Delphi法和AHP法。近年来，AHP法和Delphi法相结合的办法使用越来越多。

3.3.5 指标无量纲化处理

在指标量化过程中，使用目标值指数法，对正、逆两类指标分别处理。正指标表示对湿地资源可持续利用贡献率为正的指标，即越大越好的指标，评价分值=指标值/标准值；逆指标是指对湿地资源可持续利用贡献率为负的指标，即越小越好的指标，如人口自然增长率，这类指标评价分值=标准值/指标值。然后，评价分值和指标权重相乘得出指标加权得分，每个指标的加权得分求和可得到总分。

3.4 湿地资源评价指标体系

湿地资源评价是在资源可持续利用基础上，对湿地资源的生态环境、社会文化及经济状况进行评价。指标选取旨在突出湿地资源的保护与合理利用，在满足当代人利益的基础上又不损害后代人的利益。湿地生态健康评价、湿地资源合理利用评价和湿地重要性评价分别采用不同的指标体系来进行。湿地生态健康评价和湿地资源合理利用评价指标体系包括4个层次：目标层、系统层、准则层和变量层。其中，湿地生态健康评价共17个指标，湿地资源合理利用评价共9个指标，湿地重要性评价共7个指标。

确定指标权重的步骤：
①专家打分；
②构建判断矩阵；
③计算判断矩阵每行所有元素的算术平均值；
④归一化处理；
⑤计算判断矩阵的最大特征值；
⑥一致性检验。

3.4.1 总体要求

指标选取和调查应遵循以下要求。

①指标选取在以下指标的基础上，增加可能受项目影响发生变化的指标、实地监测中产生变化的指标、整个湿地近10年间已发生变化的指标，并对已发生变化的指标进行变化年限间的对比阐述。

②湿地生态本底情况以收集历史资料和现场测定相结合的方式获得。预测指标可通过专家咨询、类比、生态机理分析和情景分析等方法获得。

表22 一般调查湿地斑块调查表

调查人：	调查时间： 年 月	
湿地斑块名称 湿地斑块序号		
所属湿地区名称 湿地区编码		
湿地类型 湿地面积(hm^2)		
湿地分布	县级行政区： 中心点坐标：北纬 ；东经	
所属三级流域	河流级别(河流湿地)	
平均海拔(米)		
水源补给状况	1 地表径流 2 大气降水 3 地下水 4 人工补给 5 综合补给	

(续)

近海与海岸湿地	潮汐类型：1 半日潮　　2 全日潮　　3 混合潮 盐度(‰)：　　水温(℃)：	
土地所有权	1 国有　2 集体	
植被类型及面积	植被类型：	面积(hm²)
植物群落调查	优势植物中文学名　　　拉丁学名	科名
湿地斑块区划因子	1 三级流域不同；2 湿地型不同；3 县级行政区域不同；4 土地所有权不同。	
保护管理状况		

3.4.2　指标组成

3.4.2.1　自然条件

明确湿地的生物地理区、地形地貌、气候、水文地质等基本自然条件，相关资料应源于湿地实测或通过周边已有监测站网进行推算的结果。阐明评估范围与湿地的地理位置关系。

(1)湿地类型、面积

湿地分类按照 GB/T 24708—2009，注明待评估湿地的类型，划分到 3 级水平。在充分考虑湿地 5 年内变化的基础上，应用遥感、地理信息系统、全球定位系统等技术，结合近期遥感资料和野外实地调查量测湿地面积，并注明湿地范围与评估范围间的关系。

(2)土壤

土样采集、制备执行 HJ/T 166—2004。评估过程中 pH、有机质、除草剂和杀虫剂、持久性有机污染物、全盐量执行 HJ/T 166—2004 中 10.3 的要求；对项目可能导致或已存在潜育化、沼泽化、盐碱化的区域，应对土壤全盐量变化情况进行调查说明。氮、磷、钾测定分别执行 LY/T 1229—1999、LY/T 1233—1999 和 LY/T 1234—1999 的规定。

(3)水文

明确湿地的主要水源补充途径和最终流向，遵循 GB 50179—1993 和 SL/T 219—1998 及地方补充规定的要求，调查水位、流向、水深、流速、流量等指标。调查湿地水文周期、淹水历时、水分更新周期和最大(平均)蓄水量等指标，若评估范围内已有改变湿地水文状况的项目，应介绍其影响途径、方式和程度。评估湿地内水平衡状况。对于项目可能导致或已存在土地盐碱化情况的区域，应对区域地下水交换情况和盐碱化成因进行调查。河流湿地应收集流域内国家基本泥沙站提供的泥沙推移量、悬移质输沙量。一级评估项目应对水体自然分层及循环情况、空气饱和度、潜水埋深、地下水水位变幅、补给方式、利用限额等情况进行论述。涉及水资源评价内容应遵循 SL/T 238—1999。对于为特有种、国家重点保护物种和列入《中国物种红色名录》《濒危野生动植物种国际贸易公约》及我国参与签署的其他公约或协定的物种提供生长、繁殖环境的特殊水文分布区予以描述。

(4)水质

水质监测执行 HJ/T 91—2002 和 SL/T 219—1998。地表水应包括以下指标：透明度、盐度、(分层)水温、溶解氧、总氮、总磷、粪大肠菌群、叶绿素 a、高锰酸盐指数。地下水应包括以下指标：pH、矿化度、高锰酸盐指数、总硬度、氨氮、挥发性酚类。湖泊及水库富营养化控制标准参照表 23、24 执行，有多测点分层取样的湖泊湿地和水库，评估年度代表值采用由垂线平均后的多点平均值。滨海湿地富营养水平评估参照《海洋生态环境监测技术规程》7.2 执行。

表 23 地表水富营养化控制标准

营养程度	评分值	叶绿素（amg/m）	总磷（mg/m）	总氮（mg/m）	高锰酸盐指数（mg/L）	透明度（m）
贫营养	10	0.5	1.0	20	0.15	10.0
	20	1.0	4.0	50	0.4	5.0
中营养	30	2.0	10	100	1.0	3.0
	40	4.0	25	300	2.0	1.5
	50	10.0	50	500	4.0	1.0
富营养	60	26.0	100	1000	8.0	0.50
	70	64.0	200	2000	10.0	0.40
	80	160.0	600	6000	25.0	0.30
	90	400.0	900	9000	40.0	0.20
	100	1000.0	1300	16000	60.0	0.12

表 24 重点调查湿地水环境要素调查表

地名称： 所属县(市)：		湿地区编码： 调查时间：		年 月
调查要素				
水源补给状况	1 地表径流　2 大气降水　3 地下水　4 人工补给　5 综合补给			
流出状况	1 永久性　2 季节性　3 间歇性　4 偶尔　5 没有			
积水状况	1 永久性积水 2 季节性积水 3 间歇性积水 4 季节性水涝			
水位(m)	丰水位：	枯水位：	平水位：	
水面(hm²)	丰水面积：	枯水面积：	平水面积：	
水深(m)	最大水深：	平均水深：		
蓄水量(万 m³)				
注明资料来源：				
pH 值		pH 分级		
矿化度(g/L)		矿化度分级		
透明度(m)		透明度等级		
总氮 m/L(g)				
总磷 mg/L				

（续）

富营养状况	1 贫营养	2 中营养	3 富营养	
化学需氧量(mg/L)				
主要污染因子				
水质级别				
测定方法或资料来源：				

3.4.2.2 植被

利用卫星影像、航空相片、地形图等资料结合野外勘察，调查植被类型、面积、分布情况。植被类型根据优势种的种类、生活型和群落外貌差异来确定，按照《中国植被》中的分类系统划分到群系级别。对评估范围内植被的群落构成、层片结构、小生境状况和优势种的生理特性进行描述，计算主要植被的重要值和生物量。选择的样地在该植被类型中应具有较好的代表性，样地定位应精确到秒后两位小数。制作评估范围内主要植被类型图。对于为特有种、国家重点保护物种和列入《中国物种红色名录》《濒危野生动植物种国际贸易公约》及我国参与签署的其他公约或协定的物种提供生存、繁殖、栖息、觅食和隐蔽场所的植被，应予以说明。调查评估范围内主要植被的生长更新状况，并分析是否有导致其生境发生改变的因子存在。

3.4.2.3 植物

根据表25、26对评估范围内群落建群种、指示种、特有种、国家重点保护物种和列入《中国物种红色名录》《濒危野生动植物种国际贸易公约》及我国参与签署的其他公约或协定的物种的种类、数量、分布、生境现状、生长更新状况、面临威胁进行论述。评估上述物种目前自然发展趋势和脆弱生活史阶段(繁殖期、传种期)对环境变化的承受能力。对指示种应说明环境敏感因子。将除建群种外的其他物种的分布情况标识至图。存在非土著成分或有害物种的情况，应说明该物种的种类、生理特性、分布情况、入侵速度和入侵原因等内容。收集以往文献和研究成果，结合访问、调查，监测湿地植物利用和受破坏情况，重点关注植被破坏、生物量下降、珍稀濒危及保护物种消失和外来种入侵等重大问题，对于导致上述重大问题的原因进行分析并论述已采取措施的治理情况和发展趋势。存在人工种植的区域，调查种植种类、规模以及由种植活动导致的化肥、农药污染和水土流失等影响。

表 25 重点调查湿地植被调查

编号：	省市县(保护区)：	
湿地名称：	湿地型：	面积(hm²)：
植被类型：	群系：	调查单元总数：
分布范围：		
湿地植被总面积(hm²)	植被覆盖率(%)：	

（续）

调查样方总数：		土壤类型：			
植物名录（被子植物、裸子植物、蕨类植物和苔藓植物）					
中文学名	拉丁学名	科名	属名	保护级别	备注

表 26　重点调查湿地植被利用和破坏情况调查

编号：		省市县（保护区）：		
湿地名称：		湿地型：		
植被类型：				
利用价值方面（好、中、差）				
生态：	经济：	社会：		科研：
破坏情况（轻微、中等、严重）				
人为破坏：	工业污染：	破坏面积：		面积比例：
调查日期：		记录者：		

3.4.2.4　动物

根据表 28 主要调查对象包括评估范围内的脊椎动物、底栖动物，必要时对昆虫资源情况进行调查。鸟类调查应查清种类、数量、繁殖和迁徙情况，其他动物以种类和数量调查为主。对动物集中栖息地和国家重点保护物种、特有种、列入《中国物种红色名录》《濒危野生动植物种国际贸易公约》及我国参与签署的其他公约或协定的物种的种类分布地点进行标识。调查方法执行《全国陆生野生动物资源调查与监测技术规程》。对评估范围内的特有种、国家重点保护物种和列入《中国物种红色名录》《濒危野生动植物种国际贸易公约》及我国参与签署的其他公约或协定的物种的生活习性、脆弱生活史期间（繁殖期、换羽期、蛹化期、蜕皮期、羽化期、迁徙期等阶段）依赖生境、耐受极限、种群变化趋势和威胁因素进行说明。调查湿地内现有野生动物的历史变迁，对于人为活动或自然因素变化导致的物种变化、数量消长、外来种入侵等情况做分析。存在人工养殖活动的湿地，应调查养殖造成的水体污染、富营养化、病原体滋生等问题。

表 27　重点调查湿地兽类野外调查记录表

调查地点：	地理坐标：　　N	E	
调查日期：	调查起止时间：		
调查人：	第　页，共　页		
数量	小生境类型　　　备注		

湿地名称：			调查地点：	地理坐标：　　N　E
海　拔　　米			调查日期：	调查起止时间：
天气状况：	调查方法：　　调查人：　　第　页，共　页			
中文名	观察物		数量（推算数量）　小生境　备注	
	实体	痕迹		

3.4.2.5　生态系统功能

调查湿地主要生态功能及惠及范围，对各功能的重要程度进行说明。简要分析制约湿地生态功能发挥的因素。湿地主要生态功能见表 28。

表 28　湿地主要生态功能类型

生态功能	作　　用
均化洪水	降低洪峰，滞后洪水
补水	
补给地下水	补给地下水，提高地下水位
向其他湿地供水	地表水承泻区
防止盐水入侵	控制地表盐化和避免海水从地下入侵造成水质恶化
防止自然力侵蚀	
防止岸线侵蚀	防护河岸、湖岸和海岸
降低风速	抵御风暴袭击
移出和固定营养物	吸收、固化、转化、降低土壤和水中营养物含量
生态功能、作用	
移出和固定有毒物质	降低土壤和水中有毒污染物含量，提高水质
移出和沉淀沉积物	拦蓄径流中悬浮物，提高水质
调节气候	调节温度，增加地下水供应

（续）

生态功能	作　用
野生生物栖息地	野生动植物生存繁殖地，为野生动物提供栖息、繁衍、迁徙、越冬地点
维持自然系统和过程生态地质过程	维持各种自然系统的过程持续发展
碳循环	泥炭积累

3.4.3　生态系统价值

3.4.3.1　代表性

具有全球或全国范围内区域代表价值的湿地，包括满足以下条件的湿地。

①列入以下名录的湿地：

《中国湿地保护行动计划》的中国重要湿地名录；

《国际湿地公约》的中国国际重要湿地名录。

②满足以下条件的其他湿地类型：

符合 GB/T 26535—2011 要求，可列为国家重要湿地的湿地；

流域面积大于 1000km² 的永久性河；面积大于 100km² 的淡水湖；

满足以下条件的蓄水区：年平均降水量 400mm 以下（含 400mm）地区，设计库容 0.5 亿 m³（含）以上的蓄水区；年平均降水 400mm~1000mm（含 1000mm）地区，设计库容 3 亿 m³（含）以上的蓄水区；年平均降水量 1000mm 以上地区，设计库容 6 亿 m³（含）以上的蓄水区。

③跨国境河流、湖泊。

④湿地类型的自然保护区。

3.4.3.2　稀有性

在全球或全国范围内较为少见，甚至独有，包括满足以下条件的湿地：

①分布于青藏高原的湿地。

②符合 GB/T 24708—2009 分类中的下列湿地类型：

潮下水生层；

红树林；

海岸带咸水湖；

海岸带淡水湖；

沼泽化草甸（高寒区）；

苔藓沼泽；

森林沼泽。

③区域性特有物种分布区。

3.4.3.3　自然性

受人为活动影响相对较轻的湿地，包括满足以下条件的湿地：

①几乎不存在人为活动影响；

②以下各项干扰的直接、间接影响面积不大于湿地面积的 10%，对湿地生态系统的结

构功能不造成明显影响：

存在人工种植区；人工养殖区；工业污染；水利设施；交通设施；旅游设施；采挖猎捕、挖沟排水、填埋占地等开发活动；

引发的间接影响包括：药、肥、饲料(添加剂)、消毒剂、污染物、排泄物、病原体扩散；水底沉积物；外来物种入侵；生物体病变；近亲繁殖、生境隔离、生境改变、生活史阻断；水土流失；水体富营养化等。

3.4.3.4 脆弱性

系统本身抗干扰能力弱，应予以积极保护的湿地，包括满足以下条件的湿地：

①按照 GB/T 24708—2009 分类方法列入以下类型的湿地：

珊瑚礁；

淡水泉/绿洲；

②为物种的脆弱生活史阶段提供特殊生境条件的湿地。植物的脆弱生活史阶段包括：繁殖期、传种期等阶段；动物的脆弱生活史阶段包括繁殖期、换羽期、蛹化期、蜕皮期、羽化期、迁徙期等阶段；

③分布有经济价值较高的物种的湿地，且该物种为当地的原生物种；

④位于干旱、半干旱区域的各类河流、沼泽和湖泊类型湿地。

3.4.3.5 多样性

系统内生境和物种数量相对丰富的湿地，包括满足以下条件的湿地：

①在植被类型图上标示的植被类型数(至群系水平)不少于 15，且生长、更新良好，能够为分布其中的动物提供足够的栖息、觅食空间；

②全年记录的国家重点保护鸟类不少于 20 种。

3.4.3.6 健康性

能抵抗外界干扰，维持正常湿地生态系统结构和功能的湿地，包括满足以下条件的湿地：

①湿地鸟类的种类或规模呈逐年扩大趋势；

②在不存在可判识干扰的情况下，年际间湿地内两栖和爬行类动物种类和数量保持稳定。

4. 湿地资源预测技术

4.1 湿地资源预测模型

湿地研究的关键在于定量化获取和分析湿地信息，RS 和 GIS 技术为湿地研究提供了新的方法和技术支持。随着 RS 技术的发展，遥感卫星传感器在时间、空间、辐射、波谱的分辨率方面都得到了很大的提高，遥感数据逐渐向着"三高"和"三多"的方向发展。遥感影像的空间分辨率和波谱分辨率的不断提高，使得人们对湿地的研究已经从大尺度转向了中微观的研究。GIS 有着强大的空间分析功能，这些都为湿地的研究提供了强大的手段和方法。随着复杂系统理论的发展，空间系统的复杂性研究逐渐成为地理学研究的一个前沿领域, 空间预测模型在地理学中的应用也日益受到地理学家的广泛重视。空间预测模型是一个时空动态模型, 具有鲜明的时空耦合特征, 特别适于地理空间系统的动态模拟研究。由于城市地区的土地覆盖类型转化较为简单, 而且各种转换规则相对较容易确定, 所以关于空间动态预测的研究工作主要集中在城镇方面。而与城市土地覆被类型变化相比, 湿地地区土地覆被类型更接近于自然状态, 具有较多的覆被类型, 且各类型之间的转换非常复杂, 不易确定, 所需考虑的因素也随之增加。利用元胞自动机对湿地区域土地覆被的动态变化进行监测和模拟将成为湿地研究的一个新方法。

4.1.1 湿地资源数量预测模型

4.1.1.1 景观指数预测模型

湿地是地理空间系统中的一个重要系统。湿地的扩展模拟是一个在时间尺度上表现空间动态变化的模拟预测问题。目前的研究多从景观生态角度对其格局变化进行分析, 通过对斑块、形状、大小、数量的研究, 定量分析指数变化, 定性分析变化原因。不同的斑块呈现随机、均匀或聚集的格局。不同景观斑块之间的相互作用很复杂, 包括能量交换、植被的演替等。某些湿地斑块不稳定, 易随外界环境变化而发生变化; 某些斑块却具有较高的稳定性。不同斑块的大小、形状、类型、异质性以及边界特征变化较大, 因而对物质、能量的流动和物种的分布产生不同的作用, 即使是同一斑块, 其内部和边缘的能量也存在差异。所以, 难以用明确、单一的模型仿真这种动态转化。格局变化的原因, 目前主要通过格局指数来分析。王丹丹等在遥感和地理信息系统技术支持下, 运用土地利用变化指数和景观格局指数模型, 对处于生态脆弱区的松嫩平原西部沼泽湿地景观格局及动态变化进行了定量研究。以松嫩平原西部为例, 在 ArcGIS 支持下, 运用土地利用动态变化指数和景观格局指数, 对该区近 50 年沼泽湿地景观格局动态变化进行定量研究和驱动力分析, 并简要讨论了其对重要水禽的影响, 揭示了该区近 50 年湿地景观变化特征、原因及相关生态过程, 结果表明, 松嫩平原西部沼泽景观格局发生了显著变化。这为保护湿地资源、合理发挥湿地应有的功能奠定基础, 为进一步分析其对生物多样性的影响提供依据, 为采取怎样有力的措施进行湿地保护和制定合理的开发规划提供参考, 同时对于区域社会经济发展也具有重要意义。

4.1.1.2 灰色预测模型

灰色预测模型(Gray Forecast Model)是通过少量、不完全的信息, 建立数学模型进行预测的一种方法, 灰色预测模型所需建模信息少, 运算方便, 建模精度高, 在各种领域应用非常广泛, 是处理数量预测问题的有效工具。在湿地预测中, 对于以自然因素占主导因子的湿地变化或比较有规律的湿地变化预测中, 灰色预测模型具有较好的应用效果。如使用灰色预测模型时样本较小, 或样本的规律性比较差的情况下, 常造成较大的误差。

4.1.1.3 马尔科夫预测模型

马尔科夫预测模型(Markov Forecast Model)是种关于事件发生的概率预测方法, 它是根据事件的目前状况预测其将来各个时刻(或时期)变动状况的一种预测方法。马尔科夫预测模型是地理预测研究中重要的预测方法之一。马尔科夫预测模型就是利用状态之间的转移概率矩阵预测事件发生的状态及其发展变化, 因此, 被预测对象所经历的过程中各个阶段的状态和状态之间的转移概率极其关键。马尔科夫预测模型的基本要求是状态转移概率矩阵须具有一定的稳定性。因此,马尔科夫预测模型必须建立在大量的统计数据之上,足够的统计数据是保证预测精度和准确性的首要条件。

马尔科夫预测法的基本原理有两个主要内容,即方法的基本思想和体现基本思想的预测模型。关于这种方法的基本思想,马尔科夫通过实践认为世界上无论是社会领域还是自然领域,有一类事物的变化过程只与事物的近期状态有关,与事物的过去状态无关。如果一个连续变动的事物,在变动的过程中,其中任一次变动的结果都具有无后效性,那么,这个连续变动事物的集合,便叫作马尔科夫链,这类事物演变的过程称为马尔科夫过程。

4.1.1.4 人工神经网络预测模型

人工神经网络(Artificial Neural Networks,简写为 ANNs),具有非线性、数据驱动并自适应等特点。它是建模强有力的工具,尤其是当基本数据之间的关系未知时,ANNs 能够辨识和学习输入数据集和相应目标值之间的关系。训练后,ANNs 用来预言新输入数据的输出值。ANNs 能模仿人脑的学习过程,能够处理含有非线性并复杂数据的问题,即使数据不完整及带有噪音。

4.1.1.5 支持向量机预测模型

目前利用支持向量机模拟土地利用过程的研究较少,特别是利用它来模拟预测湿地空间扩展变化的研究非常少。支持向量机(Support Vector Machine,简写为 SVM)是在统计学习理论的基础上发展起来的一种新的机器学习方法,是 AT & BELL 实验室的 VVa pnik 等人提出的一种针对分类和回归问题的新型机器学习方法。它基于结构风险最小化原理,能有效地解决学习问题,具有良好的推广性和较好的分类精确性。

它的基本思想是:对于一个给定的具有有限数量训练样本的学习任务,如何在准确性(对于给定训练集)和学习能力(机器可无错误地学习任意训练集的能力)之间进行折中,以期得到最佳的泛化性能。

4.1.2 空间预测模型

4.1.2.1 CA 模型

元胞自动机(Cellular Automaton,简称 CA)是地理空间系统中一个重要的系统。元胞自动机作为一个时空离散的动力学模型,特别适用于空间复杂系统的动态模拟。它是一种时间、空间和状态都离散,空间上的相互作用及时间上的因果关系为皆局部的网格动力学模型,其简单的规则和对复杂系统强大的模拟能力已经引起了很多科学领域的关注。

4.1.2.2 Markov-CA 模型

Markov-CA 模型的基本思路是将马尔科夫转移概率引入 CA 模型中,空间格局的变化不仅和局部元胞的相互作用有关,而且与整个宏观的政策、行为活动等也密切相关,所以将全局的影响作为图层,用乘法原理将其与上述 Markov-CA 模型结合起来,既能够发挥元胞自动模型模拟复杂系统空间的能力、同时能够利用马尔科夫长期预测的优势,既提高预测精度,又能够反映空间变化。

4.1.2.3 BP-CA 模型

BP-CA 模型中,各个自然、社会、经济等要素不是简单地以乘法的原理加入 CA 模型中的，而是将它们作为一系列的输入变量，输入到 BP 神经网络模型中，经过一系列的训练和计算，最终得到与输入变量不成线性关系的输出变量。

将 BP 神经元网络引入 CA 模型中，利用多时相遥感分类图像进行自组织学习训练，有效地解决了 CA 模型转化规则的确定问题，并且提高了模型的精度，降低了人为因素的干扰。神经网络的研究也是采用自下而上的方法，它的自学习、联想存储和寻找优化解的能力能够自动挖掘出多种类型之间转换的复杂关系。BP 神经网络是前馈式分层神经网络，它的一个重要特点是各层神经元仅与相邻层神经元之间有连接，各层神经元之间无反馈连接。对神经网络理论研究表明，具有单隐含层的前馈式分层神经网络可以以任意精度逼近任何非线性连续函数。预测模型可采用 3 层结构的 BP 神经元网络实现非线性建模，即输入层、单隐含层和输出层，其中，输入层是对动态变化有影响的相关变量，输出层则是各种类型之间相互转换的概率。BP 神经网络的输入层接收的信号为影响变化变量的归一化数值，将它们输入单隐含层，单隐含层将这些信号产生一定的相应值，并输入到下一层即输出层。输入层和输出层之间是一个非线性的映射关系。在确定了 BP 网络的结构后，需要利用输入、输出样本集对其进行训练，对网络的权重和阈值进行学习和调整，使网络实现给定的输入、输出映射关系。经过训练的 BP 网络，对于不是样本集中的输入也能给出合适的输出，这是网络的"泛化"功能。

4.1.2.4　多智能体模型

多智能体技术具有自主性、分布性、协调性，并具有自组织能力、学习能力和推理能力，在用于预测模拟时具有很强的稳健性、可靠性。在多智能体系统中每个 Agent 是一个物理或抽象的实体，它能作用于自身和环境，并对环境做出反应。多智能体系统的主要特征表现为：每个多智能体只有局部感知能力；没有系统的全局控制；数据是分散的；计算是异步的。

4.1.3　湿地资源预测技术中的难点

4.1.3.1　空间尺度的选择

在用元胞自动机和地理信息系统模拟土地类型变化的过程中，一个重要的因素是空间尺度的选择。因为空间尺度决定着元胞信息的详尽水平和元胞间的一些自然作用和联系。一般人们没有去重视模拟预测中空间尺度选择的问题，而是直接利用遥感数据本身的空间分辨率作为其模拟预测的尺度。胡茂桂以 50m 栅格边长的正六面体元胞预测了莫莫格湿地土地覆被的变化，孙燕楠等利用 Landset TM 作为数据源，模拟预测出扎龙湿地时空格局演变，取得了较高的模拟精度。

4.1.3.2　数据的高要求和相关数据的匮乏

湿地时空格局动态演变模拟需要时间跨度较大、时间间隔较均匀的同季节的遥感影像数据，同时需要湿地所在位置的地形、土壤、河流分布的空间数据，以及长时期的气候、水文、人文资料，而中国湿地数据的收集和调查在 20 世纪 90 年代才得到重视，所以社会历史资料较少，从各种书刊、文献中得到的相关数据缺乏系统性，资料缺失严重，准确性低。

4.1.3.3 复杂的理论方法和所带来的不确定性累积问题

近几年来，关于复杂地理系统的研究已经成为地理学的一个热点研究问题。尽管当前地理学家提出了许多的表达地理空间复杂性的方法，但是目前还没有一种方法可以有效地、全面地、正确地表达出它的这种特性。人们也试图运用复杂的方法去表达地理现象，但是，随着方法和数据复杂度的提高，这些方法和数据中各种指标的不确定性产生累积，这种不确定性的累积常常使研究结果取得相反的效果，而且，复杂的表达方法会使计算的时间和空间复杂度大大增加。所以，对复杂地理系统的研究，复杂的方法通常会产生适得其反的结果。同时，由于方法的复杂性，模型中的变量对各种影响因素的限定性增强，从而导致模型的移植性和泛化能力降低。

湿地资源调查及评价指标规范

（四）湿地资源的环境问题调查规范

1. 湿地生态服务功能

1.1 湿地生态功能区划的研究

国家环境保护总局于 2001 年颁发了《生态功能区划技术规范》，将生态功能区划定义为"生态功能区划是根据区域生态环境要素、生态环境敏感性和生态服务功能空间分异规律，将区域划分为不同生态功能区的过程"。其目的是为制定区域生态环境保护与建设规划、维持区域生态安全，以及资源合理利用与工农业生产布局、保护区域生态环境提供科学依据，并为环境管理部门和决策部门提供管理信息与管理手段。

生态功能区划是从自然区划发展而来的，研究对象从以自然要素为基础发展到以生态系统为基础，将人的主体活动与自然生态系统统一起来作为整体研究对象，实现人与自然的和谐发展。将新疆湿地看作一个有机整体，利用 RS 和 GIS 技术，进行湿地生态功能区划分。划分结果可以为合理、充分、有效地利用和保护湿地资源提供依据，且有利于湿地管理部门更清楚地了解湿地的各种信息，以便采取相应的保护和开发对策。（杨勤业等，2005）

1.2 湿地生态服务功能以及价值估算

1.2.1 湿地生态服务功能

根据美国生态学家 Costanza 等的研究将全球生态系统服务功能划分为：气体调节、干扰调节、水分调节、水分供给、侵蚀控制和沉积物保持、土壤形成、养分循环、废弃物处理等 17 项。这 17 项功能已成为人们进行生态服务评价的标准和参照，为许多学者所接受。对于不同的生态系统类型，生态系统所提供的服务功能在内容和数量上都有很大差别。研究表明，在各类型生态系统中，湿地生态系统提供的服务价值最高。（家跃光等，2000）

1.2.2 湿地价值估算

湿地价值估算通常可以从以下几个方面展开。
①物质生产价值估算；
②水质净化价值估算；
③调节大气组分功能价值估算；
④抵御风暴功能价值估算；
⑤旅游休闲功能价值估算；
⑥生物多样性功能价值估算；
⑦科研文化功能价值估算。

1.2.3 总体评估流程

湿地生态系统服务评估必须以定量、可操作为原则，遵循科学的评价方式，按照一定的评估流程和路线进行，按确定评估对象、明确评估范围、制定评估原则、确定生态系统服务构成、选择评估指标及方法等依次开展，总体评估流程见图 3。

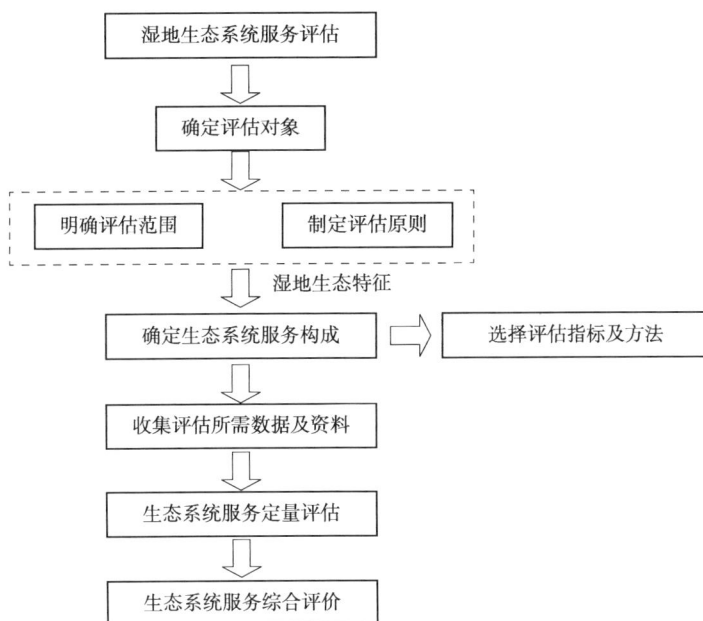

图 3 总体评估流程

1.2.4 评估指标体系及评估方法

1.2.4.1 评估指标体系

湿地生态系统服务评估指标体系由供给服务、调节服务、支持服务和文化服务等 4 个一级指标和 19 个二级指标构成，具体见表 29。湿地生态系统服务评估时应根据湿地所属类型以及其服务特点选择相应的评估指标。

表 29 湿地生态系统服务评估指标体系

一级指标 名称	一级指标 代码	二级指标 名称	二级指标 代码	评估范围	湖泊湿地	沼泽湿地	河流湿地	近海与海岸湿地	人工湿地
供给服务	A	食物生产	A1	食用植物	√	√	√	√	√
				食用动物	√	√	√	√	√
		水资源供给	A2	生活用水	√	√	√		√
				工业用水	√	√	√	√	√
				农业和生态环境用水	√	√	√		√
		原材料供给	A3	原材料	√	√		√	√
		航运	A4	客运	√		√	√	√
				货运	√		√	√	√
		电力供给	A5	水力发电	√		√	√	√

(续)

一级指标		二级指标		评估范围	湖泊湿地	沼泽湿地	河流湿地	近海与海岸湿地	人工湿地
名称	代码	名称	代码						
调节服务	B	防洪蓄水	B1	洪水调节	√	√	√		√
				蓄水	√	√	√		√
		水质净化	B2	污染物降解	√	√	√	√	√
		补充地下水	B3	地下水补给量	√	√	√	√	√
		保持土壤	B4	土壤保持量	√	√	√	√	√
		消浪护岸	B5	湿地植被面积				√	√
		气候调节	B6	温度调节	√	√	√	√	√
				增湿	√	√	√	√	√
		固碳	B7	净碳交换	√	√	√	√	√
		释氧	B8	释放氧气	√	√	√	√	√
文化服务	C	休闲旅游	C1	休闲旅游	√	√	√	√	√
		科研	C2	相关出版物	√	√	√	√	√
		教育	C3	宣教活动	√	√	√	√	√
		身心健康	C4	康疗服务活动	√	√	√	√	√
支持服务	D	生物多样性维持	D1	珍稀濒危物种	√	√	√	√	√
				丰富度指数	√	√	√	√	√
		净初级生产力	D2	敞水区、沿岸带净初级生产	√	√	√	√	√

1.2.4.2 评估方法

湿地生态系统服务定量估算应根据不同湿地类型特点选择评估指标和方法，选择易量化的内容作为评估范围，具体评估方法见表30。

表30 湿地生态系统服务的评估方法

一级指标及代码	二级指标及代码	评估范围	评估方法	备注
供给服务(A)	食物生产(A1)	食用植物可食部分	调查湿地的食物产量或单位面积提供的食物产量及其种植面积，计算食用植物的可食部分产量，公式如下： $$A_{1i} = Q_i \times S_i$$ 式中：A_{1i} 为食用植物 i 的产量，单位为 kg；Q_i 为食用植物 i 的单位面积产量，单位为 kg/hm²；S_i 为食用植物 i 的面积，单位为 hm²	
		食用动物	调查食用动物捕获量和产量	单位：kg

（续）

一级指标及代码	二级指标及代码	评估范围	评估方法	备注
调节服务（B）	水资源供给（A2）	生活用水	调查年生活用水量，应为来自评估对象的水量	可根据评估对象水资源总量和所属流域地表水资源的取水比例进行推算，单位：t
		工业用水	调查年工业用水量，应为来自评估对象的水量	可根据评估对象水资源总量和所属流域地表水资源的取水比例进行推算，单位：t
		农业和生态环境用水	调查年农业和生态环境用水量，应为来自评估对象的水量	可根据评估对象水资源总量和所属流域地表水资源的取水比例进行推算，单位：t
	原材料供给（A3）	原材料	调查纤维、燃料、药用等原材料的年使用量，应来自评估对象	单位：t
	航运（A4）	客运	调查湿地的年客运人数及客运路线长度，计算其客运周转量，公式如下：$$A_{41} = Q_{客} \times L$$式中：A_{41}为湿地的客运周转量，单位为人次·km；Q客为湿地的客运人数，单位人次；L为客运路线长度，单位为km	
		货运	调查湿地的年货运量及其货运路线长度，计算其货运周转量，公式如下：$$A_{42} = Q_{货} \times L$$式中：A_{42}为湿地的货运周转量，单位为t/km；$Q_{货}$为湿地的货运量，单位为t；L为货运路线长度，单位为km	
	电力供给（A5）	水力发电	调查年发电量，包括水力发电、潮汐能发电等方式	单位：kW·h

（续）

一级指标及代码	二级指标及代码	评估范围	评估方法	备注
调节服务（B）	防洪蓄水（B1）	蓄水	湖泊、河流等湿地主要采用年内水位最大变幅来估算其蓄水能力，而沼泽湿地主要是为土壤蓄水和地表滞水两部分进行核算蓄水能力。计算公式如下： $$B_{12} = S \times H$$ 式中：B_{12}为湖泊或河流湿地蓄水量，单位为 m^3；S 为湖泊或河流湿地的面积，单位为 m^2；H 为湖泊或河流湿地的洪水期平均水深，单位为 m 或 $B_{12} = S \times H + O$ 式中：B_{12}为沼泽湿地蓄水量，单位为 m^3；S 为沼泽湿地的面积，单位为 m^2；H 为沼泽湿地的洪水期平均淹没深度，单位为 m；O 为沼泽湿地泥炭土壤调蓄水总量，单位为 m^3	
	水质净化（B2）	污染物降解	调查湿地来水方向和出水方向的水质，计算污染物的降解幅度，公式如下： $$B_{3i} = Q_{3i} \times (C_{\text{入}i} - C_{\text{出}i})$$ 式中：B_{3i}为第 i 种污染物的年降解量，单位为 kg；Q_{3i}为湿地中第 i 种污染物的年排放总量，单位为 kg；$C_{\text{入}i}$为湿地入水口污染物 i 的浓度，单位为%；$C_{\text{出}i}$为湿地出水口污染物 i 的浓度，单位为%。 或 $B_{3i} = Q_{3i} \times \rho$ 式中：B_{3i}为第 i 种污染物的年降解量，单位为 kg；Q_{3i}为湿地中第 i 种污染物的年排放总量，单位为 kg；ρ 为湿地污染物的平均去除率，单位为%	按照 GB 3838 测定进水口和出水口的主要污染物的浓度
	补充地下水（B3）	地下水补给量	$$B_7 = ad \times A$$ 式中：B_7为湿地补充地下水的体积，单位为 m^3；ad 为地下水补给模数，单位为 $m^3 \cdot hm^2$；A 为湿地面积，单位为 hm^2。 或 $B_7 = Q_{\text{渗}} \times Q_{\text{出}}$ 式中：B_7为湿地补充地下水的体积，单位为 m^3；$Q_{\text{渗}}$为地表水渗漏量，单位为 m^3；$Q_{\text{出}}$为地下水出流量，单位为 m^3	

（续）

一级指标及代码	二级指标及代码	评估范围	评估方法	备注
调节服务（B）	保持土壤（B4）	土壤保持量	$$C_2 = A \times (X_2 - X_1)$$ 式中：C_2 为年土壤保持量，单位为 t；A 为湿地土壤面积，单位为 hm^2；X_1 为有湿地植被土壤侵蚀模数；X_2 为无湿地植被土壤侵蚀模数	
	消浪护岸（B5）	湿地植物面积	调查湿地植物的生长面积和湿地植物的岸线长度	面积单位：km^2 长度单位：km
	气候调节（B6）	温度调节	$$\Delta T = T_{s外} - T_{s内}$$ 式中：ΔT 为湿地的降温幅度，单位为℃；$T_{s外}$ 为夏季湿地周边日平均气温，单位为℃；$T_{s内}$ 为夏季湿地内日平均气温，单位为℃ $$\Delta T = T_{w内} - T_{w外}$$ 式中：ΔT 为湿地的增温幅度，单位为℃；$T_{w外}$ 为冬季湿地周边日平均气温，单位为℃；$T_{w内}$ 为冬季湿地内日平均气温，单位为℃	可估算湿地全年的蒸发散量，计算公式：$$B_2 = Q_1 \times S_1 + Q_2 \times S_2$$ 式中：B_2 为湿地的年蒸发散量，单位为 m^3；Q_1 为湿地水面单位面积蒸发量，单位为 mm；S_1 为湿地水面面积，单位为 hm^2；Q_2 为湿地植物单位面积蒸腾量，单位为 mm；S_2 为湿地植面积，单位为 hm^2
		增湿	$$\Delta M = M_{内} - M_{外}$$ 式中：ΔM 为湿地的增湿幅度，单位为%；$M_{内}$ 为旱季湿地内日平均相对湿度，单位为%；$M_{内}$ 为旱季湿地周边日平均相对湿度，单位为%	
	固碳（B7）	净碳交换	$$C = (24.5 \times MCH_4 + MCO_2) \times A$$ 式中：C 为净碳交换量，单位为 kg；MCH_4 为湿地 CH_4 的净交换量，单位为 kg/hm^2；MCO_2 为湿地 CO_2 的净交换量，即 NEE，单位 kg/hm^2；A 为湿地的面积，单位为 hm^2；式中以增温趋势（GWP）将 1kg 的 CO_2 产生的温室效应等同于 24.5kg 的 CH_4 产生的温室效应	

一级指标及代码	二级指标及代码	评估范围	评估方法	备注
调节服务（B）	释氧（B8）	释放氧气	$O=1.2\times W\times A$ 式中：O 为释放氧气量，单位为 kg；W 为湿地的植物生物量，单位为 t·hm^2；A 为湿地的面积，单位为 hm^2；公式中，以增温趋势（GWP）将 1kg 的 CO_2 产生的温室效应等同于 24.5kg 的 CH_4 产生的温室效应。	
文化服务（C）	休闲旅游（C1）	休闲旅游	调查旅行时间、游客数量、旅游直接收入	旅行时间单位为 t；游客数量单位为人次；旅游直接收入单位为万元
	科研（C2）	相关出版物	调查相关出版物的数量。	单位：篇/册
	教育（C3）	宣教活动	调查开展宣教活动的人次	单位：人次
	身心健康（C4）	康疗服务活动	调查湿地内进行康疗活动的人次	单位：人次
支持服务（D）	生物多样性维持（D1）	珍稀濒危物种	调查珍稀濒危物种种类及其数量，包括《中国生物多样性红色名录——高等植物卷》和《中国生物多样性红色名录——脊椎动物卷》中的极危、濒危和易危物种	单位：种/只
		丰富度指数	调查湿地内高等植物、鱼类、鸟类、大中型底栖动物等物种的丰富度	根据需要进行调查，也可参照已有近期调查数据
	净初级生产力（D2）	敞水区净初级生产力	$NPP0=0.35\times(DO_t-DO_0)/t\times24$（mgC/L·d） 式中：$NPP0$ 为敞水区净初级生产力，单位为 mgC·L1；DO_t 为透明瓶中最终溶解氧浓度，单位为 mg/L；DO_0 为初始溶解氧浓度，单位为 mg/L；t 为测量初始与最终时间差	
		沿岸带净初级生产力	沿岸带净初级生产力（NPP1）可通过遥感影像资料获取	

1.3 综合评价

1.3.1 评估指标的权重分值计算

湿地生态系统服务评估指标的权重分值计算步骤如下。

①参照层次分析法，依据湿地生态系统服务评估指标体系，构造判断矩阵。在确定不同层次各因素之间的权重时，将各元素两两相互比较，按照其重要性进行打分。

②使用偏离一致性指标、平均一致性指标对判断矩阵进行一致性检验。

③根据重要性打分结果对评估指标进行层次单排序和层次总排序。

④计算湿地生态系统服务评估指标的权重分值，公式如下：

$$B_i = \sum_{j=1,\ i=1}^{m,\ n} a_j b_{ij} \times 100 \tag{1}$$

式中：B_i 为评估指标的权重分值，其值越高该评估指标越重要；a_j 为层次总排序所得到的权重值；b_{ij} 为与 a_j 对应的 B 层次的单排序得到的权重值；i 和 j 为分别代表矩阵 $m \times n$ 的标度。

1.3.2 评估指标赋值

依据表中的内容，估算得到不同评估指标的生态系统服务定量数值，基于此评估判断其湿地生态系统服务的发挥程度，进而对各评估指标进行赋值，赋值标准见表 31。

表 31　湿地生态系统服务评估指标赋值标准

序号	生态系统服务等级	描述	赋值
1	强	极好地发挥此项生态系统服务	1
2	较强	较好地发挥此项生态系统服务	0.8
3	中等	此项生态系统服务发挥处于中等水平	0.6
4	较弱	此项生态系统服务较弱	0.4
5	弱	此项生态系统服务很弱，仅发挥了一点	0.2
6	无	未发挥此项生态系统服务	0

注：赋值必要时可取 0.1、0.3、0.5、0.7、0.9。

1.3.3 评估结果

根据湿地生态系统服务评估指标权重分值和赋值，可计算得到湿地生态系统服务指数（WI），具体公式如下：

$$S_j = \sum_{i=1}^{n} (N_i \times W_i) \tag{2}$$

$$WI = \sum_{j=1}^{m} (S_j \times W_j) \tag{3}$$

式中：N_i 为二级评估指标的赋值；W_i 为二级评估指标权重分值；LY/T2899—2017 S_j 为一级评估指标的分值；W_j 为一级评估指标权重分值；WI 为湿地生态系统服务指数，取值范围为 0~100 分。WI 数值越高则湿地生态系统服务越强，其重要性也就越高。

湿地位于陆生生态系统和水生生态之间的过渡地带，湿地的生态功能主要表现在水资源量、天然动植物产品和人工养殖之间的联系，由于湿地可以产生巨大的经济效益和社会效益，所以对于湿地利用现状调查也十分必需，具体见表32。

表32 重点调查湿地功能和利用现状调查表

湿地名称：　　　　湿地型：　　编号：　　　　　　所属县市：

调查时间：　　年　　月

编号	湿地功能	水资源			生活取水量	生态用水量
1	水资源(万吨)	总取水量	工业取水量	详细说明农业取水量		
2	天然动物产品	产品名称	鱼	虾	蟹	软体类
		产量(吨)				
		价值(万元)				
3	天然植物产品	产品名称	( )	( )( )		( )
		产量(吨)				
		价值(万元)				
4	人工养殖与种植	品种	鱼	虾蟹		贝
		产量(吨)				
		价值(万元)				
5	矿产品及工业原料	品种	泥炭	石油	芦苇	( )
		产量(吨)				
		价值(万元)				
6	航运	通航里程(km)	年通航时间货运量(天)(万吨)			客运量(万人)
7	旅游疗养	疗养院数量(个)	宾馆数量(个)	游客量(万人)		疗养人数(万人)
8	体育运动	运动项目名称	( )	( )		( )
		接待人数(万人)				
		产值(万元)				
9	调蓄	调蓄河流名称	( )	( )( )		
		调蓄能力(m³)				
10	泥炭储存	储存量(吨)				
11	水利发电	装机容量(kW·h)	发电量(kW·h)			
12	其他	( )				

注：湿地的主要利用方式及其详细说明。

1. 括号里可填入表中未列入的种类；

2. "其他"栏填入未列出的其他湿地功能及相应描述；

3. 各数据均以年为单位统计。

1.4 湿地生态环境质量评价

湿地评价就是评价者对湿地生态系统的属性与人类需要之间价值关系的反映的活动。不同的人类需要或不同的评价者，甚至同一评价者满足同一需要，但常见的湿地评价站在不同的学科角度、利益角度，都会给出不同的评价。

湿地评价涉及地理、生物、水文、气候、地质等许多学科，因而多种多样包括湿地定性评价、湿地定量评价、湿地健康评价、湿地环境影响评价、湿地生态价值评价、湿地生态风险评价。

由于湿地被基建和城市化、围垦与改造、泥沙淤积、污染、生物资源过度利用和水资源不合理利用等，导致湿地不断退化，针对湿地评价提出重点调查湿地受威胁调查，具体见表33。

表33 重点调查湿地受威胁现状调查表

湿地名称：		编号：	所属市县：	调查时间：	年 月 日
序号	威胁因子	起始时间(年)	影响面积(hm²)	已有危害	潜在威胁
1	基建和城市化				
2	围垦				
3	泥沙淤积				
4	污染				
5	过度捕捞和采集				
6	非法狩猎				
7	水利工程和引排水的负面影响				
8	盐碱化				
9	外来物种入侵				
10	过牧				
11	森林过度采伐				
12	沙化				
13	其他				
湿地受威胁状况等级评价：					

1.5 湿地生态旅游资源评价

生态旅游是以欣赏自然美学为旅游初衷，同时表现出对环境特别关注的旅游活动。它不仅要保护自然环境和野生生物种群，还将尽情考究和享受美丽的自然风光和五彩缤纷的野生动植物作为主要的旅游内容。开展湿地生态旅游文化是合理利用湿地的一种方式，可以达到湿地保护与合理利用的双重目标。它保存了湿地上珍稀、濒危物种，同时将湿地的科学、娱乐、教育、美学价值展现在人们面前，提高了当地群众的环保意识和文化素质，也提高了人们热爱大自然、保护大自然的生态意识。

在全面分析国内外相关研究成果基础上,根据国家标准《旅游资源分类、调查与评价》(GB/T 18972—2017),通过构建湿地生态旅游资源评价体系,以及定性和定量方法的结合,来评定新疆主要湿地的生态旅游情况,并且揭示新疆湿地生态旅游资源的基本状况,对促进旅游业持续发展具有重要的现实意义,为当地生态环境建设和促进资源、环境、经济、社会协调发展提供科学依据与保护对策。

2. 湿地水环境现状与评价

2.1 湿地水环境概况

新疆各类湿地 148.35 万 hm^2(包括水稻田 6.40 万 hm^2),其中,河流湿地 45 个,20.57 万 hm^2;湖泊湿地 108 个,69.69 万 hm^2;沼泽湿地 148 个,36.93 万 hm^2;库塘湿地 134 个,14.76 万 hm^2。新疆湿地的垂直分布从 -155m 至山地 4800m,形成了复杂多样的内陆湿地生态系统,与沿海地区和中部地区相比,有一定的特色,主要是孤岛性、多变性、富营养、矿化度高、原生湿地的特征减弱或消失等特点。

新疆湿地比重虽然远低于中国的平均水准,但是,新疆在西北湿地比重较高,列入中国重点湿地也较多,到 2007 年,列为国家重点保护湿地名录有 22 个。

新疆湿地面积主要分布在巴音郭楞蒙古自治州、博尔塔拉蒙古自治州、阿勒泰地区,分别占新疆湿地面积的 39.43%、13.64%、11.22%。3 个地州占新疆湿地面积的 64% 以上。喀什地区、阿克苏地区、和田地区、塔城地区占 4.54% ~ 2.17%;哈密地区、伊犁哈萨克自治州直属县(市)、克孜勒苏柯尔克孜自治州、克拉玛依市、昌吉回族自治州、吐鲁番地区占 1.74% ~ 0.48%。从湿地在各地区分布状况可以看出,湿地主要分布于塔里木河流域、阿勒泰地区和博尔塔拉蒙古自治州。

新疆地形地貌上的"三山夹两盆"(即北面雄踞着阶梯状的阿尔泰山、中部横亘着高大雄伟的天山、南面是高峻陡峭的昆仑山及喀喇昆仑山山脉三大山系)为主的特点形成众多的河流。河流从高山流出,大多散失于灌区或荒漠,有的进入水库,少数在低洼部位积水成湖泊。加之新疆地区干旱环境特征明显,河流在流量上表现为"虎头蛇尾"。河流上游山区段,峡谷深切,支流众多,水量充盈,风景非常优美;出山口后水量急剧损耗,成了涓涓细流,乃至断流变成季节河。

新疆多年(1956~2020 年)降水量 2544 亿 m^3,折合降水深 155mm。新疆山区约占新疆国土面积的 43%,年平均总降水量为 2048 亿 m^3,占新疆年均总降水量的 81%,平均每年的冰川融水达 170 亿 m^3,冰川融水约占新疆年径流量的 20%。从 1956~2020 年的资料分析,降水量有逐年上升的趋势。2002 年,新疆水资源量评价为 789 亿 m^3,地表年总径流量 879 亿 m^3。连续最大 4 个月水量占年水量 43%~90%;春季 7%~54%,夏季 34%~81%,秋季 7%~24%,冬季 0%~20%。新疆单位水面年蒸发量 700~2600mm。

新疆河流 570 条(新疆生产建设兵团分布在新疆各地,在 570 条河中,兵团辖区内有河 23 条,总长 1703km,流域面积 1350km²,流经兵团团场的河流有 400 多条),另有山泉沟 272 条。年径流量小于 1 亿 m^3 的 487 条,年径流量 1~10 亿 m^3 65 条,年径流量大于10 亿 m^3 的河流仅 18 条,分别占 85%、12% 和 3%,但径流量分别占 9%、31% 和 60%(527

亿 m³)。河流的数量多且以小河为主,但年总径流量以 10m³ 大河为主。在中国列出的 11 条大的内流河,10 条分布在新疆,以内流河为主。另外,新疆有 33 条国际河流,其中从国外流入新疆的 15 条,流出国境的河流 12 条,界河流 6 条。

新疆的河流年径流量年际变化比较平稳。河流径流量季节变化大,夏季(6~8 月)径流量占年径流量 60%~70%。许多河流的含沙量比较大,河流悬移质泥沙量介于 0.05~13kg/m³,南疆河流含沙量普遍较大,北疆河流含沙量普遍较小,年输沙总量为 2.02 亿 t,年平均含沙量为 2.28kg/m³,新疆高于中国平均含沙量的 77%。河流的洪水相当大。2005 年,新疆在监测的 47 条河流 117 个断面中,水质总体达标率即 1~3 类为 65%。河流水质基本良好,但水质总体呈下降趋势。(李栋梁等,2012)

湖泊湿地,是湖泊陆地上洼地积水形成的,水域比较宽广、换流缓慢的水体。中国习惯用的陂、泽、池、海、泡、荡、淀、泊、错和诺尔等都是湖泊之别名。湖泊是由湖盆、湖水及水中所含的矿物质、有机质和生物等所组成的。它是大陆封闭洼地的一种水体,并参与自然界的水分循环。通常按湖水含盐量的高低,湖泊可分为淡水湖(矿化度 ≤1g/L)、咸水湖(微咸水湖矿化度 1~3g/L、咸水湖矿化度 3~35g/L)和盐湖(卤水湖矿化度 ≥35g/L、干盐湖)3 类。(周可法等,2004)

湖泊是一种资源,如同矿产、森林、土地、河川、海洋一样,是国家重要的自然财富。湖泊水利资源丰富,在调节河川径流,提供工农业生产和人们饮用的水源,发展航运,繁衍水生经济动植物,稳定生态平衡等方面,都发挥着重要的作用。

根据 1995—2001 年中国湿地调查规定,面积 ≥1km² 以上的湖泊,新疆有 108 个,总面积 6969km²,占中国湖泊总面积 8.35 万 km² 的 8.34%,仅次于西藏自治区的 2.42 万 km² 和青海省的 1.23 万 km²。湖泊湿地占新疆湿地总面积的 47%,其中,永久性淡水湖 46 个,面积达 2008km²,占湖泊湿地的 28.82%;永久性咸水湖 60 个,面积为 4953km²,占湖泊湿地的 71.08%;季节性碱水湖 2 个,面积为 730km²(福海县),占湖泊湿地的 0.1%。

若羌县是新疆湖泊最多和面积最大的县,有湖泊 16 个,面积 1291km²,占新疆湖泊面积 18.52%。2006 年 11 月,若羌县县城北 90km 左右境内、塔克拉玛干沙漠东面边缘的"康拉克"(维吾尔语意为沼泽之地)发现"湖泊群",已发现大小面积不等的湖泊 10 个,湖泊面积均在 30km² 左右,水域共 200km² 左右。其次是博湖县、福海县、精河县和博乐市,拥有博斯腾湖、艾比湖和赛里木湖等大湖、著名湖。

新疆湖泊的成因复杂,有沉降湖、陷落湖、冰川终碛湖、冰川阻塞湖、河间湖、牛轭湖、风蚀湖、潜水溢出湖、人工湖 9 种类型。新疆湖泊的分布十分广泛,这些湖泊星罗棋布,分布在高山、盆地、森林、草原、沙漠中。最南面的和田县境内的阿克萨依湖海拔竟高达 4963m,有"悬湖"之称;而吐鲁番地区的艾丁湖水面高度为 -155m,是中国陆地的最低点,位于世界第二;大型湖泊面积可近千 km²,博斯腾湖面积 972km²,小型湖泊不到 1km²;有深的哈纳斯湖水最深 188.5m(除中朝边境的白头山天池最深 312.7m 外,它是中国内陆最深的湖泊);有的湖水近于干涸的湖泊和干涸湖泊。

新疆湖泊贮水量 520 亿 m³ 左右,占中国湖泊总贮水量 7088 亿 m³ 的 7.3% 左右,其中,淡水贮水量 23 亿 m³,淡水贮水量仅占湖水总贮水量的 4.42%,其余均为咸水湖和盐湖。微咸水湖和部分咸水湖也可利用。新疆湖泊，由于远离海洋，气候干燥，降水稀少，湖水日益浓缩，湖水矿化度普遍较高，多属咸水湖泊和盐水湖。这些湖泊大多是硬水或极硬水，既不能饮用，也不宜作为工农业的水源。(买卖提等，2001)

新疆大于 $100km^2$ 的盐湖有 13 个，它们是罗布泊、阿牙克库木湖、艾比湖、阿其克库勒湖、鲸鱼湖、玛纳斯湖、艾丁湖、加依多拜湖、乌尊布拉克湖、牙克萨拉依湖、青格力克湖、马里坤湖、曲曲克苏湖。

新疆湖泊水产资源丰富，主要是鱼，也有少量的虾、蟹、贝等水生动物，又有莲、芦苇等水生植物，供人们捕捞、采收、刈割后利用。新疆湖泊面积占新疆总水面的70%以上，湖泊养殖产量占总水产量的71%。湖泊中生长的大型水生植物包括蕨类植物和种子植物约有 50 余种。

新疆湖泊为内流湖区，多数湖泊补给的水量不足，成为咸水湖和盐湖。湖泊资源的利用主要是开采盐湖中的盐、碱等无机盐类。新疆湖泊资源的开发利用与保护，主要是 3 个方面：一是湖泊滩地利用；二是防止污染，提高水资源的利用；三是维护生态平衡，保护生物资源。

新疆的沼泽类型主要有阿尔泰苔草沼泽、帕米尔苔草沼泽、针叶苔草+阿尔泰苔草沼泽、芦苇沼泽、芦苇+苔草沼泽、南疆克拉莎+芦苇沼泽、盐碱沼泽 7 类。20 世纪 50 年代以来，国际上保护沼泽湿地的呼声越来越高，人们发现由于不合理的人类活动，沼泽面临围垦、污染和过度猎取等严重威胁，沼泽面积日益缩小。有的沼泽面积由大变小；有的沼泽由比较典型的逐步变成非典型；尤其是盐碱沼泽集中分布的哈密地区和吐鲁番地区，由于沼泽地盐渍化危害，干旱、缺水、盐碱对沼泽干扰威胁严重。

据中国科学院东北地理与农业生态研究所遥感动态调查统计，1990—2000 年净增加 $70817hm^2$。新疆地区沼泽湿地面积扩张强度在近十几年虽没有大幅度增长，但扩张面积基本遍布于全新疆，这主要是新疆近十几年平均气温的不断上升，高山冰雪融水和降水的不断增加及人为因素如筑坝截流等原因。

新疆沼泽大部分分布在各泉眼附近和湖河旁，由河滩地淹没和湖泊或水库进、出水区淤积而成，以博斯腾湖西部、大小尤尔都斯盆地、伊犁河、额尔齐斯河和塔里木河上游分布最广，面积大于 $1000hm^2$ 的沼泽有 76 片。从行政区看，沼泽分布最多是巴音郭楞蒙古自治州、伊犁哈萨克自治州直属县(市)、阿勒泰地区和博尔塔拉蒙古自治州。盐碱沼泽集中分布在哈密地区和吐鲁番地区。

人工湿地是由人工建造和控制运行的与沼泽地类似的地面，主要有水等。新疆人工湿地资源主要是水库、池塘、稻田等。根据新疆 1997—2001 年湿地调查，面积在 $100hm^2$ 以上的库塘(水库和大型池塘)共 134 个，面积 14.76 万 hm^2，占新疆湿地 148.35 万 hm^2 的 10%(到 2006 年匡算在 14.76 万 hm^2 基础上增加 2 万多 hm^2)。到 2005 年，新疆大中小水库 501 座。其中，大型 20 座、中型 117 座、小型 364 座，设计库容 84.66 亿 m^3。

库塘对于调节气候、储存降水、提供农田灌溉及生活用水、渔业养殖、防洪、防暴、节省能源等方面有重要作用。新疆有山区和平原水库，主要是平原水库。平原水库的入库区和库外溢水区多有沼泽分布，成为候鸟的繁殖地，明水区为渔业基地与水禽觅食地。山地水库岸形陡峭，生物多样性较贫乏。

2.2　湿地水环境现状

2.2.1　新疆湿地保护管理和湿地生物多样性保护

1992 年，中国正式加入《湿地公约》后，新疆的湿地保护管理工作得到了进一步加强。近 15 年，在认识上，经历了把湿地看成是荒滩荒地到把湿地作为重要的生态系统的转变；在思想理念上，经历了由注重开发利用到保护与利用并重，并逐步做到保护优先的转变；在行为上，经历了由大量开发到合理利用的转变。这些转变对湿地生物多样性保护工作具有十分重要的意义。新疆由于自然环境差异明显，拥有多样的湿地自然景观，分布着丰富而独特的野生动植物资源。随着湿地保护力度的增强，湿地各种独特的动植物资源基本上得以完好地保存，物种的濒危速度和灭绝速度减弱，生物的多样性得到保护。（邵媛媛，2018）

（1）湿地保护管理机构

新疆野生动植物保护管理办公室负责湿地保护管理工作，各地州、县市也相应建立了保护管理机构，形成自上而下的湿地保护机构。全疆从事这一工作的专职人员有 250 余人，保证了湿地资源保护事业的顺利发展。

（2）湿地保护区建设

建立湿地保护区是保存具有特殊意义的湿地生态系统，以达到保护湿地物种及其遗传多样性的目的。新疆有关部门探索性地开展了湿地保护和恢复试点，积累了一些成功经验。新疆已建的 37 个自然保护区中有 10 个是湿地类型保护区，其他涉及保护湿地及其生态系统的保护区还有 15 个。这些自然保护区形成了合理的保护布局，在保护湿地生态系统功能等方面发挥着重要作用。

（3）湿地管理法规、政策和措施

继《新疆维吾尔自治区湿地系统与修复工作实施方案》、《新疆维吾尔自治区环境保护条例》、《新疆维吾尔自治区湿地保护案例》、《新疆维吾尔自治区湿地公园管理办法》等法规颁布之后，又制订了一系列的法规，如《喀纳斯国家级自然保护区管理办法》、《巴音布鲁克天鹅国家级自然保护区管理办法》等一系列管理办法和配套法规。全面实行了许可证制度，使湿地保护工作的法规体系逐渐完善。各地和保护区还制定了相应的措施。

（4）湿地资源调查和湿地科学研究

为有效保护湿地资源，新疆组织国内外的科学研究和教学部门，对新疆的湿地资源进行了多种类型的考察、研究。在对新疆湿地进行了较为全面调查的基础上，形成了《新疆湿地资源调查报告》，制定了相应的规划，为湿地保护管理与规划提供了决策性依据。同时，积极地开展湿地科学研究工作，取得了一批成果，有的还发挥了重要作用。

（5）宣传与教育

在新疆各地开展多种形式的宣传教育活动，全方位、多形式、多渠道地开展湿地保护宣传教育，把湿地功能和效益的宣传作为湿地宣传工作的长久性任务来抓，并且利用"世界湿地日""爱鸟周""野生动物保护月"等时机，宣传湿地保护的机制和法规。在实际工作中，一头是各级领导干部，另一头是广大公众。

2.2.2 湿地保护与恢复面临的主要问题

新疆生态环境非常脆弱，人类活动范围的扩大和对生物资源的不科学开发利用，导致湿地功能不断下降，保护与管理的形势严峻。一是经济的快速发展与保护制度的不协调性；二是法制体系不完善，在中国三大生态系统中，森林和海洋均已通过立法得到保护，唯独湿地无法可依，这是导致湿地问题形势严峻的主要原因之一，是制约湿地保护管理工作有效开展的重要因素；三是湿地开发利用与管理不协调，开荒、养殖、捕鱼、造纸、采盐、狩猎、旅游等都在向湿地要资源，要效益，而出现问题又难以协调和解决；四是湿地水资源的不合理利用，一方面，湿地存在着水资源浪费严重、效益不高、水质污染等诸多问题，另一方面，规划不够科学而造成湿地恶化；五是湿地污染加剧，主要是未经处理的"三废"、生活污水和化肥、农药等有害物质直接向湿地水体排放；六是湿地自然保护区管理不到位；七是湿地保护宣传教育滞后；八是科学研究水平低，研究的深度和广度不够；九是资金较缺乏。

2.3 湿地水环境评价

2.3.1 湿地生态环境质量综合评价方法

湿地生态质量评价属于湿地定量评价，即首先根据评价目的和评价原则，如针对性、科学性、对比性和可持续性原则等，建立符合区域特征的湿地评价指标体系，如包括多样性、代表性、稀有性、自然性、适宜性和生存威胁等的湿地生态系统质量评价指标。其次，进行评价指标分级处理，建立综合评价系统和子系统，运用层次分析法、专家咨询等方法进行指标量化处理，得出评价结论。从研究本质看，湿地定量评价、湿地健康评价、湿地生态价值评价、湿地环境影响评价和湿地生态风险评价具有一定的相似性，它们均根据研究目的，选取评价指标，对指标进行量化分析，得到评价结论，从而寻求最佳的湿地利用、保护和管理方式，为制定合理的湿地保护对策提供依据。

2.3.1.1 湿地生态环境质量指标选取的原则

（1）代表性

为了使评价结果更加全面、科学，评价指标必须能够代表湿地生态系统本身固有的自然属性及其受干扰或破坏的程度，即能够真实地反映生态环境质量的现状及变化特征。

（2）综合性

评价指标的建立必须全面衡量所考虑的诸多环境因子，进行综合分析和评价。因为生态环境是相互作用、相互制约、相互融会而形成的一个动态、复杂的有机整体，必须把湿地生态环境作为一个整体来看待，从而进行其时空变化的动态评价。

（3）系统性

因为生态环境是多层次、多因素综合作用的结果，所以评价所选用的指标应具有层次性，即相对独立，能从不同方面、不同层次反映生态环境的现状。同时，评价指标的确立还应当按系统论的观点进行考虑，使其表现出一定的关联程度，构成一个较完整的评价指标体系。

（4）易获取和可操作性

评价指标应当具有易获取和可操作性。在确定指标时要考虑其可获性，以保证数据的准确和及时反映。评价因子应当侧重于那些能够表达系统结构和环境改善与发挥的因子。评价指标体系的每一个指标都应当尽可能地利用现有的统计指标，而且要做到定量化，以便于建立评价标准进行操作。每一条指标都应该是确定的、可以比较的。也就是说，同一评价指标应当可以在不同生境范围内进行比较，以便于使所建立的指标体系具有通用性。

2.3.1.2　评价指标体系

根据上述的评价指标选取原则，采用张峥提出的湿地生态质量评价指标体系，即选取目前生态系统类自然保护区生态评价中使用频率较高的 A、B、C、D、E、F，即多样性、代表性、稀有性、自然性、适宜性、生存威胁等 6 项指标作为一级评价指标，每项一级指标可分解成更多层次的亚指标。

2.3.2　湿地水环境问题

2.3.2.1　新疆湿地资源的现状据统计

全世界约有湿地面积 8.56×10^8 公顷，我国拥有 6.37×10^7 公顷，仅次于加拿大、俄罗斯，居世界第三位，占亚洲之首。新疆共有河流 570 余条，大于 $100 hm^2$ 水面的湖泊有 139 个，大型水库有 479 座，还有一些散布于河流中下游地带的沼泽，新疆湿地总面积约为 1.48×10^6 公顷，占全疆总面积的 0.89%，面积大于 $100 hm^2$ 以上的湿地有 435 块，其中，河流湿地 45 块，湖泊湿地 108 块，沼泽湿地 148 块，人工湿地 134 块。与国内沿海地区相比，新疆湿地也具有其独特性。河流湿地：河流湿地包括主河道及两侧漫滩。全区河流湿地面积为 $2.07 \times 10^5 hm^2$，占全区湿地面积的 13.87%。除额尔齐斯河流向北冰洋外，其余河流均为内流河。河流湿地中全区较大的水系有额尔齐斯河、乌伦古河、伊犁河、玛纳斯河、叶尔羌河、阿克苏河、塔里木河、孔雀河、开都河等。湖泊湿地：湖泊湿地共有 $6.96 \times 10^5 hm^2$，占全区湿地总面积的 46.97%。按湖泊成因可分为冰碛湖（喀纳斯湖），地震堰塞湖（天池），盆地积水湖（赛里木湖、阿牙克库木湖、鲸鱼湖等高原湖泊），中间调节湖（博斯腾湖、吉力湖等）和河流终端湖（艾比湖、巴里坤湖、艾丁湖等）。沼泽湿地：沼泽湿地面积 $3.7 \times 10^5 hm^2$，占全区湿地面积的 24.90%。沼泽湿地主要分布于各泉眼附近和湖河旁，由河滩地淹没和湖泊进、出水区淤积而成，以博斯腾湖西部、尤尔都斯盆地、伊犁河、额尔齐斯河和塔里木河上游分布最广。人工湿地：面积 $1.47 \times 10^5 hm^2$，占湿地总面积的 9.65%。全区在山区、平原均有水库存在，重要的水库湿地有福海水库、奎屯水库、红崖水库、蘑菇湖水库、大泉沟水库、猛进水库、大西海子水库、卡拉水库、喀拉玛水库、西克尔水库、胜利水库、上游水库等。其他湿地：全区共有其他湿地 $6.4 \times 10^4 hm^2$，占湿地总面积的 4.61%。（刘红玉等，2009）

2.3.2.2　湿地资源面积持续萎缩

新疆湖泊面积由新中国成立初的 $12000 km^2$ 缩至目前的近 $7000 km^2$，湿地面积由 280 万 hm^2 缩至目前的 148 万 hm^2，减少了近一半。

2.3.2.3　湿地生物多样性受到挑战

新疆湿地有维管植物共计 68 科 182 属 463 种，占新疆植物总数的 13.5%（分别为蕨类植物 12 科 15 属 20 种；裸子植物 2 科 3 属 13 种；被子植物 54 科 164 属 430 种）；湿地有水禽 121 种，隶属 8 目 19 科；湿地有各种鱼类 87 种，隶属 6 目 10 科 27 属；湿地有两栖类 1 目 1 科 6 种;湿地有爬行类 2 目 7 科 20 种;湿地有兽类 2 目 7 属 12 种。随着湿地面积的缩减,生物多样性受到严重影响,有的物种甚至绝迹,湿地气候发生变化。

2.3.2.4 湿地生态调节功能下降

湿地具有调节气候的生态功能,大面积的湿地资源开发,使湿地下垫因素发生改变,引起气候发生异常,导致气温上升,湿度下降,蒸发量增加。

由于大面积湿地开发,工农业生产排放的污染物导致湿地污染严重,湿地生态系统恶化,如巴里坤湿地头道河子受巴里坤电厂以前每年将大量的废水排向这一区域,使 60hm^2 湿地受粉煤灰沉积污染。

3. 湿地地理信息系统的建立

3.1 信息系统有关概念

3.1.1 信息系统的定义

信息系统(Information System)是以提供信息服务为主要目的的数据密集型、人机交互的计算机应用系统。它在技术上有 4 个特点。

①涉及的数据量大。数据一般需存放在辅助存储器中,内存中只暂存当前要处理的一小部分数据。

②绝大部分数据是持久的,即不随程序运行的结束而消失,长期保留在辅助存储器中。

③这些持久数据为多个应用程序所共享,甚至在一个单位或更大范围内共享。

④除具有数据采集、传输、存储和管理等基本功能外,还可向用户提供信息检索、事务处理、规划、设计、决策、预警、提示、咨询等信息服务。

3.1.2 信息系统的结构

就结构来说,信息系统其基本结构又是共同的,它一般可分为 4 个层次。

(1)硬件、操作系统和网络层,是开发信息系统的支撑环境。

(2)数据管理层,是信息系统的基础,包括数据的采集、传输、存取和管理,一般以数据库管理系统(DBMS)作为其核心软件。

(3)应用层,是与应用直接有关的一层,它包括各种应用程序,例如检索、统计、规划、决策等。

(4)用户接口层,这是信息系统提供给用户的界面。信息系统是一个向单位或部门提供全面信息服务的人机交互系统。它的用户包括各级人员,其影响也遍及整个单位或部门。由于信息系统的用户多数是非计算机专业人员,用户接口的友善性十分重要。用户接口在信息系统中所占比重越来越高。信息系统的开发和运行,不只是一个技术问题,许多非技术因素,如领导的重视、用户的合作和参与等,对其成败往往有决定性影响。由于应用环境和需求的变化,对信息系统常常要做适应性维护。

3.1.3 市湿地信息系统所要实现的目标

市湿地信息系统的构建即市湿地资源网的建设,主要是为了加强市湿地资源的全面保护和区域环境建设，其建成后将为本地湿地资源的监测、保护与利用的实施提供数据支持，使本地湿地资源的保护与利用科学化。

3.2　湿地数据库的设计

3.2.1　GIS 数据

地理数据一般具有 3 个基本特征：属性特征(非定位数据)，表示实际现象或特征，例如，变量、级别、数量特征和名称等；空间特征(定位数据)，表示现象的空间位置或现在所处的地理位置，空间特征又称为几何特征或定位特征，一般以坐标数据表示，例如，笛卡儿坐标等；时间特征(时间尺度)，指现象或物体随时间的变化，其变化的周期有超短期、短期、中期、长期等。(朱长昀等，2014)

在地理信息系统中，按照其特征，数据可分为 3 种类型：空间特征数据(定位数据)、时间属性特征数据(尺度数据)和专题属性特征数据(非定位数据)。对于绝大部分地理信息系统的应用来说，时间和专题属性特征数据结合在一起共同作为属性特征数据，而空间特征数据称为空间数据(或地理数据)。

3.2.2　空间特征数据

空间特征数据记录的是空间实体的位置、拓扑关系和几何特征，这是地理信息系统区别于其他数据库管理系统的标志。空间特征指空间物体的位置、形状和大小等几何特征，以及与相邻物体的拓扑关系。位置和拓扑特征是地理或空间信息系统所独有的，空间位置可以由不同的坐标系统来描述，如经纬度坐标、一些标准的地图投影坐标或是任意的直角坐标等。人类对空间目标的定位一般不是通过记忆其空间坐标，而是确定某一目标与其他更熟悉的目标间的空间位置关系，而这种关系往往也是拓扑关系，如一所学校位于哪个路口或哪条街道。空间数据的数据结构基本上可分为两类：矢量结构和栅格结构。两类结构都可以用来描述地理实体的点、线、面 3 种基本类型。

(1)矢量数据结构。矢量数据结构是通过坐标值来表示点、线、面等地理实体的。点是由一对 x，y 坐标表示；线是由一串有序的 x，y 坐标对表示；面是由一串或几串有序且首尾坐标相同的 x，y 坐标对及面标识表示。矢量数据结构可以表示现实世界中各种复杂的实体，当问题可描述成线和边界时，特别有效。矢量数据冗余度低，结构紧凑，并具有空间实体的拓扑信息，便于深层次分析。矢量数据的输出质量好、精度高。其不足之处在于物体缺乏真实感，所以看上去没有栅格图真实和生动。

(2)栅格数据结构。栅格数据结构又称为网格数据结构(Gridcell)，是将平面划分为 m×n 个正方形小方格，每个小方格用(x，y)坐标标识，即自然地理实体的位置和形状用它们所占据的栅格行列号来定义。以规则的像元阵列来表示空间地物或现象分布的数据结构，其阵列中的每个数据表示地物或现象的属性特征。

对于栅格数据结构：点实体表示为一个像元；线实体表示为一定方向上连接成串的相邻像元的集合；面实体表示为聚集在一起的相邻像元的集合。

栅格数据真实感较强，可以在位图中对任意像素点进行编辑。但图形文件较大，像素点越多，色彩越丰富，系统资源占用的也越多。且不易与文本结合，因为栅格图是面向元素的，文本不易结合进来，除非采用图形文字方式画出文字。

由于矢量数据和栅格数据各自有优缺点，因此如何解决二者的矛盾，更好地发挥 GIS 功能，成了 GIS 开发的热点之一。这方面的研究方向有两个：一是采用混合数据模型，这种方法实际上是保存了两种结构的地图数据，以便根据不同的需要采用不同的地图数据；另一种是研究一体化的数据模型和数据结构。

3.2.3 专题属性特征数据

专题特征指的是地理实体所具有的各种性质，如地形的坡度、坡向、某地的年降水量、土地酸碱类型、人口密度、交通流量、空气污染程度等。这类特征在其他类型的信息系统中均可存储和处理。专题属性特征通常以数字、符号、文本和图像等形式来表示。

3.2.4 时间属性特征数据

时间属性是指地理实体的时间变化或数据采集的时间等。严格地讲，空间数据和属性数据总是在某一特定时间或时段内采集得到或计算产生的，是数据在时间上的积累。由于有些空间数据随时间变化相对较慢，因而有时被忽略；时间可以被看成一个专题特征。

3.3 湿地地理数据模型的构建

数据模型是数据库的核心和基础，为了能够利用信息系统工具来描述现实世界，并解决其中的问题，必须对现实世界进行建模。数据模型是对客观事物及其联系的数据描述，即实体模型的数据化。所有地理信息系统都要使用表述事物空间分布的规范的模型，地理数据模型描述和解释地球上事物的分布，正确理解地理数据模型对于开发和使用地理信息系统至关重要。针对湿地进行分析，建立湿地 GIS 数据模型。（刘成等，2017）

3.3.1 ArcInfo 支持的数据模型

ArcInfo 是美国环境系统研究所（Environmental System Research Institute，简称 ESRI）开发的开放的地理信息处理平台，具有强大的地理数据管理、编辑、显示、分析等功能。它是应用最广、功能最完善的地理信息系统软件，具有很多突出的特点：①采用地理关系数据模型，支持地理对象的矢量方式和栅格方式的表示；②提供极强的空间操作和分析功能；③具有存储和管理大数据量的能力；④开放式结构，提供直接与多种数据库连接的能力。因此，本研究的开发平台选用 ArcInfo。

ArcInfo 支持 3 种重要的数据模型：Shapefile，Coverage 和 Geodatabase。Shapefile 是第一代数据模型，一种不带拓扑关系的矢量数据格式，类型是点、线和多边形。要素之间没有关联，通过 VBA 宏实现特性与要素的松散联结。具有简单的要素类，存储点、线和多边形要素的形状，对于中小型数据 Shapefile 是连续的。空间数据存储在二进制文件中，属性数据存储在 dbase 表中，不能存储拓扑关系。Coverage 是第二代数据模型，它有 2 个主要特点：其一，空间数据与属性数据相结合。空间数据存储在可索引的二进制文件中，有利于显示和访问；属性数据存储在表中，表的记录与二进制表中的要素数量相同，并由共同标识相连接。其二，能够存储矢量要素之间的拓扑关系。线的空间数据记录包括有关节点（可定界该线，并经推理得出与该线相连接，也包括多边形位于其左或右侧的信息）。但是 Coverage 有缺陷：第一，以文件夹形式存储要素信息，管理松散，不能与其他数据更好地集成；第二，要素集是带有属性行为的点、线和多边形的类似集合，表示道路的线的行为与表示溪流的线的行为是一致的。

3.3.2　湿地 Geodatabase 数据模型

Geodatabase 共包含两大类型的数据，分别为空间数据和属性数据。鉴于湿地数据类型复杂的特点，对 Geodatabase 进一步细化，分成 5 个数据集，分别是水文、湿地、生态、行政以及遥感影像数据集。

每个地理数据集还需进行详细设计，现以湿地数据集为例说明其设计过程。湿地数据集可细化成 8 个图层，即 8 个特征类，分别为盐水沼泽、互花米草、草地、林地、河滩地、旱地、水田和盐田地。（韩敏等，2007）

这 8 个特征类均用面的形式来表示。因为一个湿地往往受多条河流影响，所以，湿地数据集与水文数据集的河流之间设计成一对多的关联关系。另外，行政数据集可以细化成 10 个图层，分别为省级行政区、市级行政区、县级行政区、经纬线、铁路、高速公路、国道、一般公路、依比例尺居民地、不依比例尺居民地。这 10 个特征类表示方式为：省级行政区、市级行政区、县级行政区、依比例尺居民地用面来表示；经纬线、铁路、高速公路、国道、一般公路用线来表示；不依比例尺居民地用点来表示。本研究的湿地地理数据模型根据以下原则来构建。

①完整性：该数据模型包括河流水系、水库、城市、大堤、湿地生态等与湿地管理和保护关系密切的一切空间数据和属性数据，并在此基础上增强了数据库的完整性。

②时间性：针对遥感分类矢量数据，本数据模型中融入了时间特性，可根据时间存取空间数据，实现了结构化的时空数据模型。

③灵活性：将数据分类进一步细化，可根据需要灵活方便地提取、更新数据，便于数据的添加。

3.4　湿地查询系统设计

3.4.1　组件技术的湿地信息系统的设计

从 GIS 的发展历史看，GIS 软件技术体系可以划分为 6 个阶段，即 GIS 模块、集成式 GIS，模块化 GIS，核心式 GIS、组件式 GIS 和基于 Web 的 GIS。在 GIS 发展的早期阶段，由于技术限制，GIS 软件往往是只能满足于某些功能要求的模块，没有形成完整的系统，各个模块之间不具备协同工作的能力。（郭程歼等，2007）

3.4.2　集成式 GIS

随着理论和技术的发展，各种 GIS 模块走向集成，形成大型 GIS 软件包，被称为集成式 GIS。它集成了 GIS 各项功能，形成独立完整的系统，但系统复杂、庞大，难以与其他应用或系统集成，并且由于价格昂贵，只有那些需要进行空间数据处理的部门才应用。

3.4.3　模块化 GIS

随后出现了模块化 GIS，它把 GIS 按照功能划分为一系列模块，运行于统一的基础环境之上，具有较大的工程针对性。

3.4.4 核心式 GIS

为解决系统集成问题,提出了核心式 GIS 的概念。它是操作系统的基本扩展,开发时可以通过应用程序接口(API)访问内核所提供的 GIS 功能,这样给用户提供了更大的灵活性。但是,由于它提供的组件过于底层,也给应用开发带来一定难度。

3.4.5 组件式 GIS

随着计算机软件技术的发展,出现了组件式 GIS(Components GIS,即 Com GIS)。它基于标准的组件式平台,各个组件之间不仅可以灵活地重组,而且具有可视化界面和方便的标准接口。同时出现的还有万维网 GIS。它是 Internet 技术与 GIS 相结合的产物,从 WWW 的任意一个节点,用户可以进行各种 GIS 操作,从而使 GIS 进入千家万户。由于 GIS 模块技术不够成熟且功能单一,目前已基本淘汰;核心式 GIS 尽管在理论上是 GIS 软件技术体系发展的重要阶段,但是缺乏完整、成熟的商业软件。目前,GIS 界广泛使用的是以 Arclnfo 为代表的集成式 GIS 软件和以 MGE 为代表的模块化 GIS 软件。但无论是集成式 GIS 还是模块化 GIS,其缺点都是无法实现与 MIS(Management Information System,管理信息系统)、OA(Operational Analysis,办公自动化)以及专业模型的无缝集成,在开发方式上,主要是基于软件本身所带的二次开发语言,使功能及应用受到限制。

目前,以组件开发方式为代表的新一代 GIS 软件正得到广泛应用,它的主要特点是将 GIS 功能封装成组件,以组件方式提供给用户,并可方便地嵌入到任何一种开发语言当中。这样的好处是可以很好地调用任意一种开发语言的资源,同时使 GIS 功能在系统集成中得到表达,很好地实现了 GIS 与 MIS 及其他专业模型的无缝集成,它代表了未来技术发展的主要方向。几个著名的 GIS 软件公司把 COM 技术应用于 GIS 开发,纷纷推出由一系列 ActiveX 组件组成的 Com GIS 软件,其代表作当属全球最大 GIS 厂商 ESRI 推出的 Arc Objects 和著名的桌面 GIS 厂商美国 Maplnfo 公司推出的 MapX 等。目前,大多数 GIS 软件公司都把开发组件式软件作为一个重要的发展战略。

3.5 湿地资源网的构建

湿地资源网的建设是基于使用嵌入式动态网页编程语言 asp 及脚本编写语 java script 加上 css 特效带 Microsoft Office Access 数据库的开放性源代码野草网站管理系统 2.S (WWSV2.5),通过对前台整体外观的修改、版块调整,后台布局、版块调整,数据库字段调整、表单的调整后所完成的一个具备湿地相关信息、国内外环境特别是湿地相关信息的查询、湿地相关信息交流的国内少有的专题性极强的地方性湿地资源网。(钱延利等,2020)

这里所说的信息系统即湿地资源网,其包括数个 ASP、JS、XHTML、HTML、MDB、css、JPG、SWF 等格式的文件,能在服务器上运行,并实现外网访问的动态网站。它是一种基于 3 层的客户服务器的结构应用模式,即 Browser/Webserver/DB server。一个典型的网站有一个浏览器作为用户界面,一个数据库服务器作为信息存储和数据采集工具,一个连接前两者的 Web 服务器及其应用程序。其中,浏览器占据客户层,数据库服务器占据服务层,Web 服务器和应用程序占据中间层。用户通过 Web 页上显示的表单进行信息的输入，浏览器则将该信息发送到 Web 服务器端，通过应用程序访问数据库，将结果以文本、图像、表格、图形的形式返回给浏览器。Web 数据库在 Internet 或 Intranet 上已开始应用。

参考文献

杨勤业，郑度，吴绍洪，等. 20 世纪 50 年代以来中国综合自然地理研究进展[J]. 地理研究，2005，24(6)。

宗跃光，陈红春，郭瑞华，等. 地域生态系统服务功能的价值结构分析[J]. 地理研究，2000，19(2)：150-151.

周可法，吴世新，李静，等. 新疆湿地资源时空变异研究[D]. 2004.

买卖提. 新疆湿地现状与保护[J]. 新疆林业，2001 (4)：4-5.

李栋梁，魏丽，蔡英，等. 中国西北现代气候变化事实与未来趋势展望[J]. 冰川冻土，2012，25(2)：135-142.

邵媛媛，周军伟，母锐敏，等. 中国城市发展与湿地保护研究[J]. 生态环境学报，2018，27(2)：381.

雷昆，张明祥. 中国的湿地资源及其保护建议[J]. 湿地科学，2005，2.

刘红玉，林振山，王文卿. 湿地资源研究进展与发展方向[J]. 自然资源学报，2009，24(12)：2204-2212.

朱长明，李均力，常存，等. 新疆干旱区湿地景观格局遥感动态监测与时空变异[J]. 农业工程学报，2014，30(15)：229-238.

齐成，张浩. ArcGIS 在新疆湿地资源调查中的应用[J]. 林产工业，2017，44(10)：62-63.

韩敏，赵松龄. 基于特征-版本的时空数据模型在湿地管理中的应用研究[J]. 测绘科学，2007，32(6)：140-142.

郭程轩，徐颂军. 基于 3S 与模型方法的湿地景观动态变化研究述评[J]. 地理与地理信息科学，2007，23(5)：86-90.

钱建利，杨斌，张贺，等. 基于立体综合观测的湿地资源观测指标体系构建[J]. 资源科学，2020，42(10)：1921-1931.

自然保护地及国家公园调查及评价指标规范

（一）自然保护地及国家公园生物资源调查

1. 绪论

"十三五"期间，我国已初步构建自然生态系统保护的新体制新机制新模式，自然保护地面积、数量均呈现增长之势。自然保护地数量增加 700 多处，面积增加 2500 万 hm^2 以上，总数达到 1.18 万处，占陆域国土面积的 18%、领海的 4.1%。其中，国家级自然保护区 474 处、国家森林公园 906 处、国家湿地公园 899 处、国家风景名胜区 244 处、国家地质公园 281 处（含资格）、国家海洋公园 67 处、国家沙漠公园 125 处。同时，还有 41 处世界地质公园、14 项世界自然遗产和 4 项世界自然与文化双遗产，总数均居世界首位。"十四五"，我国自然保护地体系建设将从保护自然中寻找发展机遇，以更多的举措让绿色发展的脚步延伸。将以习近平生态文明思想为指导，坚持保护自然、服务人民、促进人与自然和谐共生理念，紧紧抓住当前重要战略机遇期，以初步建成以国家公园为主体的自然保护地体系为目标，全面完成自然保护地整合优化任务，强化监督管理，不断提升生态服务和生态产品供给能力，为协调推进全面建设社会主义现代化国家作出积极贡献。

2020 年以来，自然资源部、国家林业和草原局联合启动全国自然保护地整合优化前期工作，摸清了全国自然保护地的底数，优化了自然保护地空间分布格局，提出了各类矛盾冲突的解决方案和整合优化预案，完成了全国自然保护地整合优化预案编制和审查工作。国家标准化管理委员会立项并审核发布了《国家公园设立规范》《自然保护地勘界立标规范》《国家公园总体规划技术规范》《国家公园考核评价规范》《国家公园监测规范》等 5 项国家标准，进一步充实完善了国家公园标准化体系，推动实现国家公园标准化建设。中央出台的文件，明确了国家公园管理模式以及管理机构主要职责、设置原则、人员编制配备等具体工作要求，为进一步完善国家公园管理体制机制、科学设置国家公园管理机构、明晰功能定位、合理配置职能、理顺职责关系、统筹使用编制资源指明了方向、提供了遵循，为建立统一规范高效的中国特色国家公园管理体制提供有力组织保障。

党的十八大以来，新疆自然保护地及国家公园建设稳步推进。通过深入贯彻落实习近平生态文明思想，贯彻落实新时代党的治疆方略、特别是社会稳定和长治久安总目标，贯彻落实党中央、国务院关于生态文明建设的决策部署，牢固树立新发展理念，守住生态红线底线，以保护自然、服务人民、永续发展为目标，加快建立分类科学、布局合理、保护有力、管理有效的以国家公园为主体的自然保护地体系，确保重要自然生态系统、自然遗迹、自然景观和生物多样性得到系统性保护，构建丝绸之路经济带核心区生态屏障，努力建设天蓝地绿水清的美丽新疆。我区针对保护地体系建设，提出各类自然保护地总体布局和发展规划，完成自治区已批复的自然保护区勘界立标，与生态保护红线衔接，落实国家自然保护地分类分级管理体制。预计到 2025 年，完成各类自然保护地的优化整合，完善自然保护地体系的法规、管理和监督制度，提升自然生态空间承载力，初步建成以国家公园为主体的自然保护地体系；到 2035 年，显著提高自然保护地管理效能和生态产品供给能力，建成以国家公园为主体的自然保护地体系。按照国家制定的自然保护地分类划定标准，对自治区现有的自然保护区、风景名胜区、地质公园、森林公园、湿地公园、沙漠公园等自然保护地进行梳理，按生态价值和保护强度高低，调整和归类为国家公园、自然保护区、自然公园三大类，逐步形成以国家公园为主体、自然保护区为基础、各类自然公园为补充的自然保护地分类系统。根据自然保护地发展目标、规模和划定区域,将生态功能重要、生态系统脆弱、自然生态保护空缺的区域规划为重要的自然生态空间,纳入自然保护地体系。

因此,大力推进新疆自然保护地及国家公园体系建设,开展生物资源调查、生物多样性评价和生物多样性保护价值评估,对守护新疆自然生态,保育自然资源,保护生物多样性与地质地貌景观多样性,维护自然生态系统健康稳定,提高生态系统服务功能,服务社会,为人民提供优质生态产品,为全社会提供公共服务,维持人与自然和谐共生并永续发展,具有重大意义。

2. 术语与定义

2.1 自然保护地

自然保护地是明确界定的地理空间,经由法律或其他有效方式得到认可、承诺和管理,以实现对自然及其生态系统服务和文化价值的长期保护。目前,中国共有 8217 个自然保护地,具体分类如下:自然保护区、森林公园、国家湿地公园、风景名胜区、地质公园、水利风景区、水产种质资源保护区、水源保护区,共 8 类。

2.2 国家公园

国家公园是指国家为了保护一个或多个典型生态系统的完整性,为生态旅游、科学研究和环境教育提供场所而划定的需要特殊保护、管理和利用的自然区域。它以生态环境、自然资源保护和适度旅游开发为基本策略,通过较小范围的适度开发实现大范围的有效保护,既排除与保护目标相抵触的开发利用方式,达到了保护生态系统完整性的目的,又为公众提供了旅游、科研、教育、娱乐的机会和场所,是一种能够合理处理生态环境保护与资源开发利用关系的行之有效的保护和管理模式。

2.3 高等植物

形态上有根、茎、叶分化,构造上有组织分化,具有多细胞生殖器官,合子在母体内发育成胚的植物。

2.4 陆生植物

在陆地上生长的植物,包括旱生植物、中生植物和湿生植物。

2.5 被子植物

具有真正的花,有双受精现象,孢子体高度发达,胚珠被心皮包被,种子被果皮包被的植物。

2.6 裸子植物

具有维管束,能产生种子,但胚珠裸露,不为大孢子叶所形成的心皮所包被,种子裸露，没有果皮包被的植物。大多数种类保留着颈卵器。

2.7 蕨类植物

木质部只有管胞，韧皮部只有筛管或筛胞，没有伴胞，不开花、不产生种子，主要靠孢子进行繁殖的植物。一般为多年生草本，少数种类为高大的乔木。

2.8 苔藓植物

缺乏维管组织，有茎、叶分化，具有假根，以配子体世代为主，孢子体寄生于配子体上，依靠孢子进行繁殖的小型多细胞绿色植物。

2.9 目标物种

特定的调查物种。

2.10 受威胁物种

在《中国生物多样性红色名录》中评估等级为极危、濒危和易危的物种。

2.11 地方特有种

分布区域狭窄，仅生长在某一有限的区域或某种局部特殊生境中的物种。

2.12 生境

生物生活的生态地理环境。

2.13 乔木

高度一般在 3m 以上，具有明显直立的主干和发育强盛的枝条构成广阔树冠的木本植物。

2.14 灌木

高度一般在 3m 以下，枝干系统不具明显直立的主干，如有主干也很短，并在出土后即行分枝，或丛生地上的木本植物。

2.15 半灌木

高度一般在 1m 以下，外形类似灌木，茎基部木质化，上部为草质并在花后或冬季枯萎的木本植物。

2.16 小半灌木

矮生的半灌木，高度一般在 0.2m 以下。

2.17 草本

植物体木质部较不发达至不发达，地上没有多年生木质茎。

2.18 藤本

植物体细长，不能直立，只能依附别的植物或支持物，缠绕或攀缘向上生长的植物。

2.19 附生植物

不与土壤接触，将根群附着在其他树的枝干上生长，利用雨露、空气中的水汽及有限的腐殖质为生的植物。

2.20 寄生植物

由于缺乏足够的叶绿素或因为根系或叶片器官退化，失去自养能力，必须从其他植物上获取营养物质的营寄生生活的植物。

2.21 层片

群落中同一生活型不同植物的组合。

2.22 优势种

个体数量多，对群落结构和群落环境的形成具有明显控制作用的植物种。

2.23 亚优势种

个体数量与在群落中的作用都仅次于优势种，对群落结构与群落环境的形成起着一定作用的植物种。

2.24 伴生种

群落中的常见种，与优势种相伴存在，但对群落结构和群落环境形成不起主要作用的植物种。

2.25 样线法

样线法指调查人员在调查样地内沿选定的一条路线采集、观察并记录样线两侧一定空间范围内出现的野生植物或野生动物及其活动痕迹（如粪便、体毛、爪印、食痕、卧迹、尿迹、洞穴、足迹链等），并估算物种种群数量的调查方法。

2.26 红外相机自动拍摄法

利用红外感应自动照相机，自动记录在其感应范围内活动的动物影像的调查方法。

2.27 直接计数法

通过肉眼、望远镜或航空器材等调查设备对整个地区出现的动物个体进行直接计数的方法。

2.28 样方法

通过布设一定大小的长方形或正方形的样方，观察并记录其中野生植物或野生动物及其活动痕迹（如粪便、体毛、爪印、食痕、卧迹、尿迹、洞穴、足迹链等）的方法。

2.29 笼捕、铗捕调查法

针对小型啮齿目哺乳动物，在样线或样方内按固定间距设置活捕笼或铁铗的调查方法。

2.30 网捕法

在动物经常出没的山洞、隧道、水渠布设捕捉网，以确定动物的种类和数量。主要用于翼手目的调查。

2.31 洞口计数法

对于啮齿目等穴居的哺乳动物，在选定的样地中，识别、查清有效洞口，参照已有研究，换算样地单位面积的物种数量。

2.32 鸣叫调查法

通过记录动物的鸣叫时间、位点等，连续监听一周以上，依据个体声音进行辨别，据此来推算物种及个体数量，主要用于鸟类的调查。结合使用蝙蝠探测仪，也可用于蝙蝠的计数。

2.33 鸟巢计数法

对于有筑巢习性的鸟类，可以通过窝巢数量推算种群大小，包括在陆地表面、洞穴中、树上或者灌丛中筑巢的鸟类。

2.34 休息场和育幼场计数

在有大量蝙蝠聚集（休息、育幼或冬眠）的场所（如山洞）进行调查。

2.35 非损伤性取样

在不触及或不伤害哺乳动物本身的情况下，通过收集其死亡不久的残骸、脱落的毛发、遗留的粪便、尿液或其他附属物等，来调查、检测个体或个体生理状态的取样方法。

2.36 样点法

按预定的规则布设样点，记录样点周围一定半径范围内出现的动物如鸟类，并估算种群数量的方法。

2.37 鸣声录音回放法

将某些重点关注鸟种的鸣叫或鸣唱录音在野外进行播放，吸引同种鸟类反应并据此来推算种群数量的调查方法。

2.38　重点关注鸟种

指《中国生物多样性红色名录——脊椎动物卷》(2015 年)中的受威胁(易危、濒危、极危)鸟种和数据缺乏的鸟种。

2.39　围栏陷阱法

围栏陷阱法由围栏和陷阱两部分组成。围栏可使用动物不能攀越或跳过的、具有一定高度的塑料篷布、塑料板、铁皮等材料搭建,设置成直线或折角状。在围栏底缘的内侧或(和)外侧,沿围栏挖埋一个或多个陷阱捕获器,陷阱捕获器可以是塑料桶或金属罐。

2.40　人工掩蔽物法

在两栖动物活动场所设置人工掩蔽物,形成一个适宜的隐蔽环境,吸引两栖动物匿居其中,从而得到两栖动物的种群信息的方法。

2.41　人工庇护所法

用竹筒或者 PVC 管捆绑在树上或者固定在地上,形成两栖动物的庇护所,从而获得树蛙类的成体、幼体、蝌蚪或者卵块的方法,适用于树栖性蛙类。

2.42　标志重捕法

在一个边界明确的区域内,捕捉一定数量的动物个体进行标记后放回,经过一定时间后,再进行重捕并计算该物种种群数量的方法。

2.43　拖网捕获法

适用于在大的河流与湖泊中游水缓慢的深水和水底生鱼类的数量调查。

2.44　采集昆虫的陷阱法

通过设置陷阱,在陷阱中放置诱捕剂或者防腐剂,从而采集昆虫的方法,通常用于采集地表昆虫。

2.45　采集昆虫的振落法

利用昆虫的假死特点,突然振击寄主植物,使其落入网中或白布单等工具内,从而采集昆虫的方法。

2.46　马来氏网法

利用马来氏网诱捕昆虫的方法,马来氏网为细网格材料制成的帐篷状诱捕器,主要用于收集双翅目、膜翅目和半翅目昆虫。

2.47 灯诱法

利用昆虫尤其是成虫的趋光性采集昆虫的方法。常用诱虫灯接合悬挂白色幕布，保障诱虫灯有足够的亮度和射程。

2.48 传粉昆虫

传粉昆虫指习惯于花上活动并能传授花粉的昆虫。多属于膜翅目、鞘翅目、双翅目，此外还见于鳞翅目、直翅目、半翅目、缨翅目。

2.49 大型底栖无脊椎动物

通常将个体不能通过 $500\mu m$ 孔径网筛的无脊椎动物称为大型底栖无脊椎动物，简称大型底栖动物。本规定指生活史的全部或大部分时间生活于内陆水体底部的大型无脊椎动物，主要包括刺胞动物门或称腔肠动物门、扁形动物门、线形动物门、线虫动物门、环节动物门、软体动物门和节肢动物门的动物。

2.50 定量采样法

以获得一定面积内大型底栖动物物种数量、密度和生物量的底栖动物采样方法。

2.51 定性采样法

以采样区域内大型底栖动物真实发生物种为目标的多生境采样法。

2.52 特有种

特有种指分布仅局限于某一特定的地理区域，而未在其他地方出现的物种。

3. 自然保护地及国家公园的自然地理概况

3.1 考察范围

包括地质、地貌、气候、水文、土地利用、土壤、自然景观、地质遗迹等自然地理环境要素。

3.2 考察内容指标

3.2.1 地质与地貌

包括地质构造类型及分布特点、海拔高度（尤其是最高与最低海拔高度及千米以上山峰海拔）、地貌类型。

3.2.2 气候与气象

包括年平均气温、绝对最高气温与最低气温、活动积温、气候突变、年平均降雨量等。

3.2.3　水文与水资源

包括河流分布与年径流量、水质状况等。

3.2.4　土壤与土地资源

包括土壤类型及分布规律。

3.2.5　湿地类型

包括河流湿地、湖泊湿地、沼泽湿地、人工湿地的信息。

3.3　考察(调查)方法

自然地理环境调查采用野外调查、专家咨询、资料检索相结合的方法，气候、水文等可以采用实际测量和气象站收集等方法。通过仪器设备监测水质情况，获得水质状况数据资料。

3.3.1　地质与地貌调查方法

以调查区域内的主体地貌作为地貌，根据野外观察到的地貌类型填写记录。同时，记录地质构造类型及分布特点、海拔高度(尤其是最高与最低海拔高度及千米以上山峰海拔)等信息。

3.3.2　气候与气象调查方法

从自然保护地及国家公园附近的气象站和生态监测站等收集资料，获得如下信息。

①气温：年平均气温和变化范围(℃)，注明 7 月平均气温和 1 月平均气温，极端最低气温，并注明资料年代。

②积温：≥0℃和≥10℃的积温，单位为℃。

③年降水量：多年平均值和变化范围，单位为 mm。

④蒸发量：不同型号蒸发器的观测值，应统一换算为 E601 型蒸发器的蒸发量，单位为 mm。

3.3.3　水文与水资源

3.3.3.1　水文调查

①水源补给状况：分为地表径流补给、大气降水补给、地下水补给、人工补给和综合补给 5 种类型。如数据来源于资料，注明资料出处。

②流出状况：分为永久性、季节性、间歇性、偶尔或没有 5 种类型。如数据来源于资料，注明资料出处。

③积水状况：分为永久性积水、季节性积水、间歇性积水和季节性水涝 4 种类型。如数据来源于资料，注明资料出处。

④水位：地表水位包括年丰水位、年平水位和年枯水位，采用自记水位计或标尺测量，或从水文站和生态站获取，单位为 m。注明资料出处和年份。

⑤蓄水量(湖泊、沼泽和人工蓄水区，单位为万 m³)：从水利等部门获取有关资料。注明资料出处和年份。

⑥水深(湖泊、库塘，单位为 m)：包括最大水深和平均水深，从水利等部门获取有关

资料。注明资料出处和年份。

3.3.3.2 地表水水质调查

①pH 值：采用野外 pH 计测定，对测得的结果进行分级。

②矿化度(g/L)：采用重量法测定，对测得结果进行分级。

③透明度：采用野外透明度盘测定，单位为 m，对测得结果进行分级。

④营养物：包括总氮和总磷，需野外采集水样，到实验室进行测定。

总氮：通常采用紫外分光光度法进行测定，单位为 mg/L。总磷：采用分光光度法测定水中磷含量，单位为 mg/L。

⑤营养状况分级：将测得的透明度、总氮、总磷结果按照营养状况分级标准分级。

⑥化学需氧量(COD)：是指在一定条件下，用强氧化剂处理水样时所消耗氧化剂的量，以氧的 mg/L 来表示。一般采用重铬酸钾法测定。

⑦主要污染因子：调查对水环境造成有害影响的污染物的名称，包括有机物质(油类、洗涤剂等)和无机物质(无机盐、重金属等)。

⑧水质级别：执行地表水环境质量标准(GB 3838—2002)。

3.3.3.3 地下水水质调查

①pH 值：采用野外 pH 计测定，对测得结果分级。

②矿化度(g/L)：采用重量法测定，对测得结果分级。

③水质级别：执行地下水质量标准(GB/T 14848—93)。

3.3.4 土壤类型与土地资源

土壤类型调查：通过野外土壤剖面调查或收集资料，泥炭沼泽湿地填写泥炭层厚度(薄层、厚层、超厚层)。如来源于资料，需注明资料出处和年份。

湿地土壤类型调查划分到土类。通过走访和实地调查，获得土地资源相关信息。

3.4 自然地理相关数据资料整编

相关成果图应该根据成果，利用计算机和 GIS 软件等制作。相关成果的底图应得到行业主管部门认可，带有准确的经纬度网格，标注自然保护地及国家公园和周边城镇村庄、交通路线、河流和山峰等地理特征，图面投影应符合国家规定，专题图比例尺为1∶5 万。

4. 植物资源

4.1 考察范围

包括维管植物区系、植被特征、苔藓植物、地衣植物、大型真菌、资源植物等植物资源要素。

4.2 考察内容指标

①维管植物区系与植被；

②苔藓植物；

③地衣植物；

④大型真菌；

⑤野生植物资源评价。

4.3 考察(调查)方法

4.3.1 路线设计

首先，收集调查地区的湿地遥感图、航片图、地形图等。无论是采用卫片还是地形图其比例尺不应小于1∶10万。其次，收集和了解湿地植物群落的基本情况，包括建群种、群落类型(如单建群种群落、共建种群落)等、植物群落结构、特征和分布是否受生态因子(如矿化度、盐度、海拔等)梯度的影响等。如果这些资料缺乏，则需进行预调查。第三，以5万 hm² 的植物群落面积为基本单位，将所调查的湿地划为许多不同的调查单元，不足5万 hm² 的植物群落面积以5万 hm² 来计。最后，根据这些资料和每个调查单元的植物群落情况，制定调查的技术路线和方法。

调查点的布局要尽可能全面，应包括整个调查区域的各种代表性地段、主要群落类型，并适当考虑交通现状的因素。

4.3.2 踏查

根据拟定的初步植物名录和前期了解的情况，按初步设定的线路，了解植物资源分布、资源消减的大致情况。

4.3.3 标准地调查

在完成踏查的基础上，选择有代表性的样地，详细调查植物资源状况。采集有花或有果的标本，按标本采集记录表记录调查信息，估测植物资源状况。

通常依据生态因子梯度是否明显影响自然保护地及国家公园植物群落结构、特征和分布，将标准地调查划分为三大类型。

4.3.3.1 生态因子梯度影响不明显的植物群落样方调查

(1)样地和样方的布局

在每个调查单元内，以最长的直线样带为准，设置至少1条贯穿于调查单元的样带。用 GPS 按一定间距均匀布设样地，在每个样地范围确定1个调查样方的位置。

确定调查的样方位置时要考虑以下3条原则。

①典型性和代表性：使有限的调查面积能够较好地反映出植物群落的基本特征。

②自然性：人为干扰和动物活动影响相对较少的地段，并且较长时间不被破坏，如流水冲刷、风蚀沙埋、过度放牧和开垦等。

③可操作性：选择易于调查和取样的地段，避开危险地段进行调查。如果样带穿过道路或建筑物等而造成样带不连续时，同时样地恰好落在该位置上，则可适当调整该样地的位置，再确定调查的样方。

(2)样地数目的确定

根据建群种将调查单元内的植物群落分为3种类型：单建群种群落、共建群种群落和混合型群落(既有单建群种群落,又有共建群种群落)。

①单建群种群落:调查单元内只有 1 种单建群种群落的类型,样地数目≥15 个;调查单元内有 2 种或 2 种以上单建群种群落类型,每种植物群落的样地数目≥10 个。

②共建群种群落:每个调查单元内样地数目≥30 个。

③混合型群落:每一种单建群种群落样地数目≥10 个,每一种共建群种群落的样地数目≥30 个。

(3)样方面积的确定

①乔木植物:样方面积为 400m²(20m×20m)(注:树高≥5m)。

②灌木植物:平均高度≥3m 的样方面积为 16m²(4m×4m),平均高度在 1~3m 范围的样方面积 4m²(2m×2m),平均高度<1m 的样方面积为 1m²(1m×1m)。

③草本(或蕨类)植物:平均高度≥2m 的样方面积为 4m²(2m×2m),平均高度在 1~2m 范围的样方面积为 1m²(1m×1m),平均高度<1m 的样方面积为 0.25m²(0.5m×0.5m)。

④苔藓植物:面积 0.25m²(0.5m×0.5m)或者 0.04m²(0.2m×0.2m)。

4.3.3.2　生态因子梯度影响明显的植物群落样方调查

(1)样地和样方的布局

①根据影响植物群落最明显的一个生态因子梯度变化情况,在调查单元内设置高、中、低 3 个梯度;或者调查人员根据实际需要,增加梯度的个数。

②在每一个梯度的范围内,设置 1 条样带。在样带内划分为单建群种群落、共建群种群落和混合型群落。

(2)样地布局、数目及其样方的确定

每条样带内样地布局、数目和样方的确定,与生态因子梯度影响不明显的植物群落调查方法相同。

(3)样方面积的确定

样方面积的确定同样参照生态因子梯度影响不明显的植物群落的调查方法。

4.3.3.3　上述两种情况兼有的植物群落样方调查

在某一块调查区域,生态因子梯度影响不明显和明显的植物群落都可能同时存在。这部分地区往往处于调查区域的边界或"岛屿"。在这些边界和"岛屿"的地方,物种多样性可能会比较特殊,必须列为调查的特殊"对象"。首先,利用遥感图、航片图、地形图等资料将调查区域划分为生态因子梯度影响明显和不明显的两种类型,然后再分别依照上述两种方法进一步调查。

4.3.4　线路调查

在完成踏查的基础上,按照调查区域的地形、地貌、植物资源分布情况,确定有代表性的线路开展调查,记录路线左右一定范围内出现的植物物种,采集有花或有果的标本,按标本采集记录表记录调查信息,估测资源状况。

调查路线的宽度视现场的植物群落和资源情况进行确定,也可以不确定。

4.3.5　访谈调查

对当地林业管理部门、自然保护地及国家公园、药材收购站、民间医生、农户等相关人员进行访问或采用座谈等形式，了解调查区域植物种类、分布、栽培及收购信息，特别是资源稀少的物种信息，按访谈调查记录表记录访谈信息。

4.3.6　植物遗传多样性的调查

以居群为单位，系统采集珍稀濒危植物各居群的叶片（每个居群的采样个体数原则上不低于 30 株），液氮保存或硅胶干燥，利用等位酶或 RAPD（Randomly Amplified Polymorphic DNA，随机扩增多态性 DNA）、AFLP（Amplified Fragment Length Polymorphism，扩增的限制性片段长度多态性）、RFLP（Restriction fragment Length Polymorphism，限制性片段长度多态性）、ISSR（Inter Simple Sequence Repeat，简单重复序列间区）、SSR（Simple Sequence Repeat，微卫星）、SNP（Single Nucleotide Polymorphism，单核苷酸多态性）、SRAP（Sequence-Related Amplified Polymorphism，序列扩增多态性）、SCoT（Start Codon Targeted Polymorphism，启动密码子靶向多态性）以及 ITS-seq、SLAF-seq、RAD-seq、CBS-seq 等基于简化基因组测序的分子标记技术开展珍稀濒危保护植物的遗传结构、遗传多样性水平、种群遗传分化系数、近交指数、基因流、有效种群大小、居群间遗传相似性等方面的研究。

5. 动物资源

5.1　考察范围

包括兽类、鸟类、两栖、爬行动物、鱼类、昆虫等动物资源要素。

5.2　考察内容指标

①兽类区系；
②鸟类区系；
③两栖、爬行动物区系；
④鱼类区系与渔业；
⑤昆虫区系；
⑥野生动物资源评价。

5.3　濒危动物的生存现状调查

5.4　考察（调查）方法

5.4.1　兽类

5.4.1.1　样线法

对草食动物的调查可使用样线法。样线设置穿越于动物分布区的各种生境，采用汽车和步行相结合的方式进行调查，样线上行进的速度根据调查工具确定，步行宜为每小时 1~2km。不宜使用摩托车等噪音较大的交通工具进行调查。

发现动物实体或其痕迹时，记录动物名称、数量、痕迹种类、痕迹数量及距离样线中线的垂直距离、地理位置、影像等信息。同时,记录样线调查的行进航迹。

5.4.1.2 直接计数法

对于大规模集群繁殖或栖息的兽类宜使用直接计数法进行调查。首先,通过访问调查、历史资料等确定动物集群时间、地点、范围,并在地图上标出。其次,在动物集群期间进行调查,记录集群地的位置、动物种类、数量、影像等信息。

另外,在内业工作中还应收集所有在自然保护地及国家公园和周边地区开展的科研工作资料,以丰富本次调查的内容。

5.4.2 鸟类

应分繁殖期和越冬期分别进行鸟类数量调查。繁殖期和越冬期调查都应在大多数种类的种群数量相对稳定的时期内进行。一般繁殖期为每年的 4~7 月,越冬期为 12 月至翌年 2 月。各地应根据本地的物候特点予以确定。

调查应在晴朗、风力不大(3 级以下风力)的天气条件下进行。调查应在清晨或傍晚鸟类活动高峰期进行。

5.4.2.1 样线法

样线上行进的速度根据调查工具确定,步行宜为每小时 1~2km。不宜使用摩托车等噪音较大交通工具进行调查。

发现鸟类时,记录鸟类名称、数量、距离样线中线的垂直距离、地理位置、影像等信息。同时,记录样线调查的行进航迹。

5.4.2.2 样点法

小型鸟类调查宜使用样点法。

在调查样区设置一定数量的样点,样点设置应不违背随机原则,样点数量应有效地估计大多数鸟类的密度。样点半径的设置应使调查人员能发现观测范围内的野生动物。在森林、灌丛内设置的样点半径不大于 25m,在开阔地设置的样点半径不大于 50m。样点间距不少于 200m。

到达样点后,宜安静休息 5 分钟后,以调查人员所在地为样点中心,观察并记录四周发现的鸟类名称、数量、距离样点中心距离、影像等信息。每个样点的计数时间为 10 分钟。每个鸟类只记录 1 次,明知是飞出又飞回的鸟不进行计数。

5.4.2.3 直接计数法

对于集群繁殖或栖息的鸟类调查宜使用直接计数法进行调查。

首先,通过访问调查、历史资料等确定鸟类集群时间、地点、范围等信息,并在地图上标出。其次,在鸟类集群时进行调查,计数鸟类数量。记录集群地的位置、鸟类的种类、数量、影像等信息。

5.4.3 爬行类

调查季节应为出蛰后的 1~5 个月内,调查时间根据动物种类及习性确定。

5.4.3.1 样线法

在爬行动物栖息地随机布设样线,调查人员在样线上行进,发现动物时,记录动物名称、数量、距离样线中线的垂直距离、地理位置、影像等信息。

样线上行进的速度根据调查工具确定，步行宜为每小时 1~2km。不宜使用摩托车等噪音较大交通工具进行调查。同时，记录样线调查的行进航迹。

5.4.3.2 样方法

在爬行动物栖息地随机布设 50m×100m 的样方，仔细搜索并记录发现的动物名称、数量、影像等信息。

5.4.4 两栖类

调查季节应为出蛰后的 1~5 个月内，调查时间为晚上（日落 0.5h 至日落后 4h）。

5.4.4.1 样线法

溪流型两栖动物调查宜使用样线法。沿溪流随机布设样线，沿样线行进，仔细搜索样线两侧的两栖动物，发现动物时，记录动物名称、数量、距离样线中线的垂直距离、地理位置、影像等信息。同时，记录样线调查的行进航迹。仅对成体进行计数。

样线上行进的速度根据调查工具确定，步行宜为每小时 1~2km。不宜使用摩托车等噪音较大交通工具进行调查。

5.4.4.2 样方法

非溪流型两栖动物调查宜使用样方法。在调查样区确定两栖动物的栖息地，在栖息地上随机布设 8m×8m 样方。至少 4 人同时从样方四边向样方中心行进，仔细搜索并记录发现的动物名称、数量、影像等。仅对成体进行计数。依据相关资料进行种类鉴定。

5.4.5 鱼类

5.4.5.1 事前调查

从有关文献查阅和社会访问两方面进行调查，以便为现场调查做好充分准备。

首先，通过相关文献查阅查，了解自然保护地及国家公园水域内自然生存、增养殖、引进移植过的鱼类种类，初步掌握自然保护地及国家公园的鱼类种类组成、地理分布状况、区系构成和演变情况。

其次，开展社会访问调查。将当地水产工作者作为主要访问对象，了解自然保护地及国家公园的鱼类种类组成、洄游鱼类的分布状况、主要鱼类的产卵场、放流地点、渔获状况及相关水体重大变化等情况，并做好记录，为现场调查做好准备工作。

5.4.5.2 现场调查

首先，调查时间设定。调查时间设定在一年四季每个季节的中月中旬，在鱼类繁殖季节临时增加或延长调查时间；在时间、条件许可情况下需要常年连续调查。

其次，调查断面确定。在进行的事前调查材料基础上确定出某一水域的若干个采样断面。

再次，渔获物采集方法。

根据采样断面实际渔业生态环境分类情况划分为两种主要采集方法。

第一种采集方法，以围（拖）网具为主要渔法进行渔获物采集方法：水库（湖泊）的渔获物采集以设置定置网、刺网具为主，同时在水库（湖泊）水浅的区域、上游河流入库点利用设置定置网进行捕捞并以其他可采用的方法(目前以电捕居多)进行渔获物采集。

第二种采集方法,以定置网具为主要渔法进行渔获物采集方法:河流采样断面的渔获物采集以定置网具为主要渔法并附以其他可采用的方法(目前以电捕居多)进行渔获物采集。在进行鱼类现场调查采集渔获物过程中,对有代表性采集方法的过程进行录影、拍照,特别是对不易采集到的种类及时地进行录影、拍照将会是渔获物调查结果分析的有益补充。

依据相关资料进行种类鉴定。在进行鱼类现场调查之前,一定向有关主管部门办理好采捕手续,如在禁渔期、禁渔区进行采集鱼类标本的证明和准捕证等。

5.4.6 昆虫类

在自然保护地及国家公园不同生境类型中,每年 4~10 月通过网捕、灯诱的方式采集标本。灯诱采用 2m×2m 遮阳棚 1 个,四周围孔径 1~3mm 的无结网,网棚内挂 1~2 盏 20W 黑光灯,灯诱时间从当晚 19:00 到次日 4:00。将灯诱到的昆虫用胸腔注射 75% 酒精的方法杀死,标本随采随制,整翅、干燥后加标签编号归类保存。依据相关资料进行种类鉴定。

5.4.7 野生动物遗传多样性的调查

以居群为单位,采用非损伤性采样法,采集珍稀濒危动物的遗骸、毛发、排泄物、粪便等,利用 RAPD(Randomly Amplified Polymorphic DNA,随机扩增多态性 DNA)、AFLP(Amplified Fragment Length Polymorphism,扩增的限制性片段长度多态性)、RFLP(Restriction Fragment Length Polymorphism,限制性片段长度多态性)、ISSR(Inter Simple Sequence Repeat,简单重复序列间区)、SSR(Simple Sequence Repeat,微卫星)、SNP(Single Nucleotide Polymorphism,单核苷酸多态性)、SRA(序列扩增多态性,Sequence-Related Amplified Polymorphism)、SCoT(Start Codon Targeted Polymorphism,启动密码子靶向多态性)、Cyt b(Cytochrome b,线粒体细胞色素 b 基因)、mtDNA D-loop(线粒体控制区基因)、SSCP(单链构象多态性)以及 ITS-seq、SLAF-seq、RAD-seq、CBS-seq 等基于简化基因组测序的分子标记技术开展珍稀濒危保护动物的遗传结构、遗传多样性水平、种群遗传分化系数、近交系数、基因流水平、有效居群大小、居群间遗传相似性等方面的研究。

5.4.8 注意事项

5.4.8.1 野生动植物名录编制

野生动植物名录必须按照数据库要求,注明物种中文名、拉丁文、发现位置(经纬度)和时间、数据来源、国家重点保护物种的等级与种群数量等内容。其中,数据来源指该物种是否来源于活体生物、标本、照片摄影、文献资料等。文献资料应注明作者、资料名称、出版时间等。

5.4.8.2 综合科学考察成果图绘制

相关成果图应该根据成果,利用计算机和 GIS 软件等制作。相关成果的底图应得到行业主管部门认可，带有准确的经纬度网格，标注自然保护地及国家公园和周边城镇村庄、交通路线、河流和山峰等地理特征，图面投影应符合国家规定，专题图比例尺为1：5万。

5.4.8.3 标本的保存

除珍稀濒危植物外，自然保护地及国家公园内有分布的野生植物应采集1~3份蜡叶标本作为凭证标本，同时拍摄数码照片，归档保存。对于自然保护地及国家公园内的珍稀濒危野生植物应拍摄数码照片，并用定位系统仪器(GPS或北斗)定位，归档保存。

除珍稀濒危动物外，自然保护地及国家公园内有分布的野生动物可以采集、制作1~3份剥制标本或浸制标本，并拍摄数码照片，归档保存。对于自然保护地及国家公园内的珍稀濒危野生动物原则上不得采集标本，应拍摄其活动或痕迹的数码照片，并用定位系统仪器(GPS或北斗)定位，归档保存。

综合科学考察中采集的每一种动植物标本，至少应有一份保留在自然保护地及国家公园管理委员会。

6. 自然保护地及国家公园的保护和利用状况

6.1 考察范围

包括保护管理状况、功能与利用方式、社会经济状况等要素。

6.2 考察内容指标

6.2.1 保护管理状况

①已有保护措施：包括已采取的各种保护措施、时间和效果等。

②已建立自然保护地的需要调查以下项目：保护区名称、级别(国家级、省级、地(市)级、县级)、保护区面积、核心区面积、建立时间、主管部门、主要保护对象、主要科研活动等。

③已建立国家公园需要调查以下项目：湿地公园名称、级别(国家湿地公园、国家城市湿地公园、地方湿地公园)、面积、建立时间、主管部门、经营管理机构。

④主要管理部门

⑤土地所有权、范围及确权登记、资源属性等情况：通过调查确定自然保护地及国家公园的行政归属，明确自然保护地及国家公园范围内的草场、土地等的使用权、范围，确权登记情况，获得自然保护地及国家公园的范围地图和政府行文。

⑥建议采取的保护管理措施

6.2.2 自然保护地及国家公园功能与利用方式

6.2.2.1 产品和服务功能

通过野外踏查和收集有关主管部门的资料，调查自然保护地及国家公园生态系统所提供的以下主要产品和服务功能，并注明资料出处。

①水资源：包括从自然保护地及国家公园提取的工业、农业、生活和生态用水量等。

②天然动物产品：提供的野生动物、鸟类、鱼虾蟹、蛤贝种类、产量和价值。

③天然植物产品：提供林产品、芦苇、蔬菜、果品、药材的数量和(或)价值。

④人工养殖与种植：品种、产量和价值。

⑤矿产品及工业原料：泥炭、石油、芦苇等的产量和(或)价值、储存数量。

⑥休闲/旅游：宾馆数量、疗养院数量、接待人数和产值。

⑦体育运动：运动项目、主要经营内容、接待人数和产值。

⑧调蓄：自然保护地及国家公园调蓄河川径流和滞洪能力。

⑨水力发电：装机容量和发电量。

⑩其他功能。

6.2.2.2 利用方式

按照自然保护地及国家公园的利用方式分类，通过野外踏查和收集资料等获取。

6.3 考察(调查)方法

主要通过野外踏查、走访调查以及收集资料等方法获取。

7. 附录

附录1　自然保护地及国家公园维管束植物名录；

附录2　自然保护地及国家公园苔藓植名录；

附录3　自然保护地及国家公园地衣植物名录(或分布名录)；

附录4　自然保护地及国家公园大型真菌名录(或分布名录)；

附录5　自然保护地及国家公园兽类名录(或分布名录)；

附录6　自然保护地及国家公园鸟类名录(或分布名录)；

附录7　自然保护地及国家公园鱼类名录(或分布名录)；

附录8　自然保护地及国家公园昆虫名录(或分布名录)。

8. 参考规范标准

①《自然保护区生物多样性调查规范》(LY/T 1814—2009)；

②《县域生物多样性相关传统知识调查与评估技术规定》(环境保护部2017年第84号公告)；

③《县域陆生高等植物多样性调查与评估技术规定》(环境保护部2017年第84号公告)；

④《县域陆生哺乳动物多样性调查与评估技术规定》(环境保护部2017年第84号公告)；

⑤《县域鸟类多样性调查与评估技术规定》(环境保护部2017年第84号公告)；

⑥《县域两栖类和爬行类多样性调查与评估技术规定》(环境保护部2017年第84号公告)；

⑦《县域昆虫多样性调查与评估技术规定》(环境保护部 2017 年第 84 号公告);

⑧《内陆浮游生物多样性调查与评估技术规定》(环境保护部 2017 年第 84 号公告);

⑨《内陆大型底栖无脊椎动物多样性调查与评估技术规定》(环境保护部 2017 年第 84 号公告);

⑩《自然保护区建设项目生物多样性影响评价技术规范》(LY/T 2242—2014)。

自然保护地及国家公园调查及评价指标规范

（二）自然保护地及国家公园生物多样性评价指南

1. 绪论

为科学全面地对新疆的自然保护地及国家公园的生物多样性资源、自然地理环境和社会经济状况进行第三次综合科学考察，查清自然保护地及国家公园的生物多样性和自然资源现状，掌握自然资源的动态消长规律，为自然保护地及国家公园的有效保护和管理提供完整准确的资料和决策依据，需要开展新疆自然保护地及国家公园的生物多样性评价工作。

众所周知，随着人类活动范围的扩大，很多物种的生存环境受到了影响，在此情况下亟须对物种多样性状况和受威胁程度做出具体分析，尤其是从分类学、系统学和生物地理学角度对新疆自然保护地及国家公园内物种的状况进行分析，同时从野生维管束植物丰富度、野生高等动物丰富度、生态系统类型多样性、植被垂直层次的完整性、物种特有性、外来物种入侵度和物种受威胁程度等角度，对新疆自然保护地及国家公园地区生物多样性进行评价，显得尤为重要。总之，为了更好地进行新疆自然保护地及国家公园生物多样性研究与保护工作，特制定自然保护地及国家公园生物多样性评价工作指南如下。

2. 术语与定义

2.1 生物多样性

指所有来源的活的生物体中的变异性，这些来源包括陆地、海洋和其他水生生态系统及其所构成的生态综合体等，包含物种内部、物种之间和生态系统的多样性。

2.2 野生动物丰富度

指被评价区域内已记录的野生哺乳类、鸟类、爬行类、两栖类、淡水鱼类、蝶类的种数(含亚种)，用于表征野生动物的多样性。在江(河)、海之间洄游的鱼类、生活在咸淡水交汇处的河口性鱼类可视为淡水鱼类。

2.3 野生维管束植物丰富度

指被评价区域内已记录的野生维管束植物的种数(含亚种、变种或变型)，用于表征野生植物的多样性。

2.4 生态系统类型多样性

指被评价区域内自然或半自然生态系统的类型数，用于表征生态系统的类型多样性。以群系为生态系统的类型划分单位。

2.5 物种特有性

指被评价区域内中国特有的野生哺乳类、鸟类、爬行类、两栖类、淡水鱼类、蝶类和维管束植物的种数的相对数量，用于表征物种的特殊价值。

2.6　外来物种

指出现在其过去或现在的自然分布范围及潜在扩散范围以外的种、亚种或以下的分类单元，包括该物种所有可能存活繁殖的部分、配子或繁殖体。

2.7　外来入侵物种

指在当地的自然或半自然生态系统中形成了自我再生能力，可能或已经对生态环境、生产或生活造成明显损害或不利影响的外来物种。

2.8　外来物种入侵度

指被评价区域内外来入侵物种数与本地野生哺乳类、鸟类、爬行类、两栖类、淡水鱼类、蝶类和维管束植物的种数的和之比，用于表征生态系统受到外来入侵物种干扰的程度。

2.9　受威胁物种

指《世界自然保护联盟物种红色名录濒危等级和标准》(3.1 版)中属于极危、濒危、易危的物种。

3. 目标、任务和评价范围

3.1　目标

新疆地处欧亚大陆腹地，四周远离海洋，气温变化剧烈，形成了大量独具特色的生物资源，所以，亟须全面了解、掌握新疆的生物多样性现状、空间分布及其变化趋势与特征。

掌握和了解新疆各自然保护地及国家公园生物多样性现状、关键问题及其威胁因素，明确各自然保护地及国家公园的生物多样性保护工作重点和方向，提出切实可行的生物多样性保护对策和建议。

进一步了解和掌握新疆生物多样性威胁因素，掌握重要生物物种资源的动态变化，确定新疆生物多样性保护工作重点和方向，建立生物物种资源监测预警体系，提出具体的生物多样性保护对策和建议。从整体上提高新疆生物多样性保护工作的管理能力，推动新疆生物多样性保护工作的"常态化"、"正规化"建设。

3.2　评价对象和范围

3.2.1　评价对象

3.2.1.1　生态系统

新疆各自然保护地及国家公园内自然分布的陆地生态系统、内陆水域生态系统。

3.2.1.2　野生动物

新疆各自然保护地及国家公园内自然分布的野生动物物种资源现状、受威胁程度和关键问题。野生动物主要指野生高等动物,包括野生哺乳类、鸟类、爬行类、两栖类、鱼类、蝶类等,不包括人工饲养或圈养的动物。

3.2.1.3　野生植物

新疆自然保护地及国家公园内自然分布的野生植物物种资源现状、受威胁程度和关键问题,主要指维管束植物,包括野生蕨类植物、被子植物和裸子植物等。

3.2.2　评价范围

新疆自然保护地及国家公园范围。

3.3　评价任务

①收集新疆自然保护地及国家公园的维管束植物物种丰富度、物种特有性、外来物种入侵度、物种受威胁程度等指标的数据;

②收集新疆自然保护地和国家公园陆地及河流、湖泊生态系统类型的多样性及结构功能的完整性;

③收集新疆自然保护地和国家公园动物物种丰富度、物种特有性,以及极危、濒危、易危、近危物种的受威胁程度等指标数据;

④整理形成以自然保护地及国家公园为单元的野生动植物生物多样性指标数据集,评估和分析新疆生物多样性现状和受威胁程度,提交新疆生物多样性评价报告。

4. 技术路线及主要工作内容

4.1　技术路线

按照原环境保护部提出的项目实施方案与评价方法,结合新疆实际,对全区的生物多样性现状进行调查与评价,并根据其存在的问题提出保护措施。其中,调查分为文献资料查阅、各自然保护地及国家公园的生物物种数据、实地补充调查、以专家判定为主的物种分布等几种方法相结合。

工作技术路线见图1。

4.2　工作内容

4.2.1　评价单元

以新疆全区自然保护地及国家公园作为评价单元。

4.2.2　调查与评价内容

4.2.2.1　野生高等动物丰富度

指被评价自然保护地及国家公园内已记录的野生高等动物的物种数(若存在亚种,则以亚种为分类单位,野生高等动物的特有性和受威胁程度同此),用于表征野生动物的多样性。

调查统计新疆自然保护地及国家公园内已记录的野生高等动物的物种数,比较野生动

```
┌─────────────────────────────────────┐
│   成立项目领导小组、工作组及专家组        │
└─────────────────────────────────────┘
                │
                ▼
┌─────────────────────────────┐      ┌─────────────────────┐
│   编制工作方案，形成质控体系      │◄─────│   国家生物多样性评价方法  │
└─────────────────────────────┘      └─────────────────────┘
                │
                ▼
┌──────────────────────────────────────────┐
│   新疆自然保护地及国家公园生物多样性数据收集         │
└──────────────────────────────────────────┘
      │         │         │         │
      ▼         ▼         ▼         ▼
┌────────┐ ┌──────┐ ┌──────┐ ┌──────┐
│参考文    │ │标本   │ │野外   │ │专家   │
│献/资料   │ │资料   │ │调查   │ │意见   │
└────────┘ └──────┘ └──────┘ └──────┘
                        │
                        ▼
                   ┌──────┐
                   │室内分析│
                   └──────┘
                        │
                        ▼
┌────────────────────────────────────────┐
│   新疆自然保护地及国家公园生物多样性数据库         │
└────────────────────────────────────────┘
      │              │              │
      ▼              ▼              ▼
┌────────┐     ┌────────┐     ┌────────┐
│专家意见  │     │评价结果  │     │参考文献  │
└────────┘     └────────┘     └────────┘
                    │
                    ▼
               ┌────────┐
               │计算验证  │
               └────────┘
                    │
                    ▼
               ┌────────┐
               │实现目标  │
               └────────┘
```

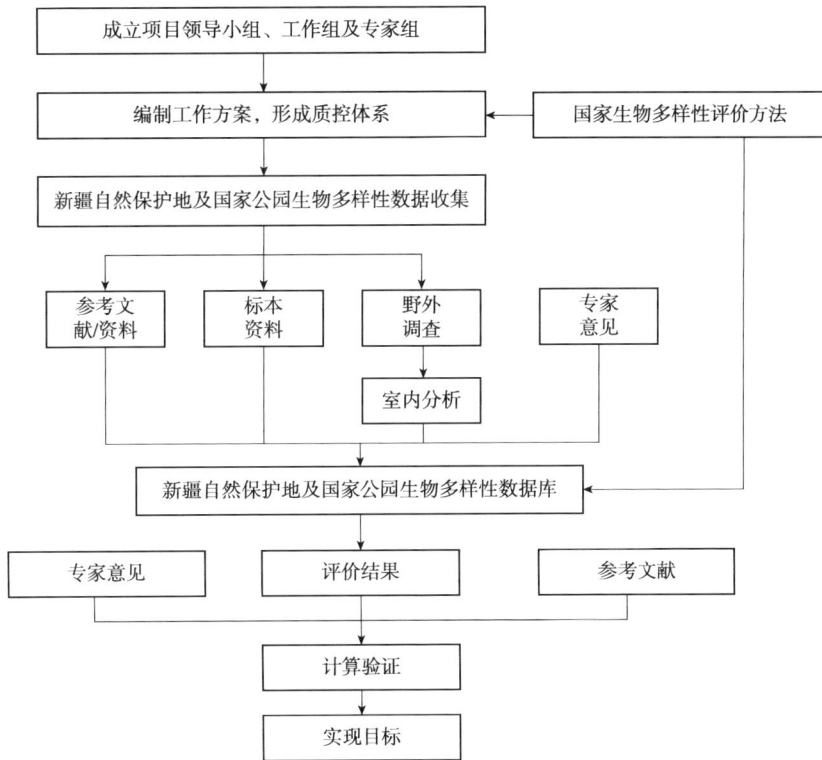

图 1 工作技术路线

物的多样性。统计范围为野生哺乳类、鸟类、爬行类、两栖类、淡水鱼类。迁徙鸟类和洄游鱼类，只要出现在本地，不论其是否在本地繁殖，均纳入统计范围。人工生境生长的家养动物不在统计范围，如鱼塘中的养殖鱼类、养殖场的动物、动物园中的动物等。

动物物种的分类依据《中国动物志》，如对《中国动物志》未记载的物种（亚种）分类地位存有异议，由项目技术组和专家组协调后统一口径。

4.2.2.2 野生维管束植物丰富度

指被评价自然保护地及国家公园内已记录的野生维管束植物的物种数（若存在亚种、变种和变型等种下单位，则以这些种下单位为分类单位，野生高等植物的特有性和受威胁程度度同此），用于表征野生植物的多样性。

调查统计新疆自然保护地及国家公园内已记录的野生维管束植物（蕨类、裸子植物、被子植物）的物种数，比较野生植物的多样性。栽培的农作物、果树、花卉、蔬菜和尚未在野外建立种群的园林植物不在统计范围内。人工种植或栽培植物不在统计范围内，例如，在各类人工林、农田、果园、菜地、植物园、种植园等种植或栽培的植物等。

植物物种的分类采用哈钦松系统，依据《中国植物志》确定分类地位，如对《中国植物志》未记载的物种（种下单位）分类地位存有异议，由项目技术组协调后统一口径。

4.2.2.3 生态系统类型多样性

生态系统类型多样性指被评价自然保护地及国家公园区域内基于植被类型的自然或半自然生态系统的类型数，用于表征自然生态系统的类型多样性，主要以新疆自然保护地及国家公园为单元，调查统计新疆自然保护地及国家公园内基于植被类型的自然生态系统的类型数（包括大面积的人工林和防护林），比较自然生态系统的类型多样性。分类体系参照《中国植被》（吴征镒，1980）或各省的植被类型研究专著，以群系为生态系统的类型划分单位。也可以根据《中国植被》确定的植被分类原则，按照植被专家开展的调查成果和评审意见确定新疆自然保护地及国家公园的生态系统类型名录。

4.2.2.4 物种特有性

指被评价自然保护地及国家公园内中国特有的野生高等动物和野生维管束植物的相对数量，用于表征物种的特殊价值。

调查统计新疆自然保护地及国家公园内中国特有的野生高等动物和野生维管束植物的种数、受威胁物种的丰富度，用于比较生态系统的特殊价值。

物种特有性 =（自然保护地及国家公园内的中国特有野生高等动物种数/654 + 自然保护地及国家公园内的中国特有野生维管束植物种数/4353）/2。

其中，654 和 4353 分别是自然保护地及国家公园内野生高等动物和野生维管束植物的最大物种数。

4.2.2.5 物种受威胁程度

受威胁物种是指《IUCN 物种红色名录濒危等级和标准》（3.1 版 www. iucnredlist. org）中收录的属于极危、濒危、易危、近危的物种。

物种受威胁程度 =（自然保护地及国家公园内受威胁的野生高等动物种数/654 + 自然保护地及国家公园内受威胁的野生维管束植物种数/4353）/2。

受威胁物种名录可参考：IUCN 标准 ver 3.1（2001）；"2006 Global Species Assessment"数据库和《中国物种红色名录（第一卷）》（汪松、解焱，等 . 北京：高等教育出版社，2004.）。

4.2.2.6 外来物种入侵度

外来物种入侵度用于表征生态系统受到外来物种干扰的程度。

外来物种入侵度 = 自然保护地及国家公园内外来入侵物种数/（自然保护地及国家公园内野生高等动物种数 + 自然保护地及国家公园野生维管束植物种数）

外来入侵物种名录可参考徐海根等主编的《<生物多样性公约>热点研究：外来物种入侵、生物安全、遗传资源》（科学出版社，2004）和《中国外来入侵物种编目》（中国环境科学出版社，2004）。

4.3 数据采集与采集方法

以上指标的数据来源于现有资料和实地调查。

资料来源的数据主要来自现有文献资料，但如有实地调查数据，则优先使用。文献资料应以近 5 年或 10 年的文献为主。数据由具有一定资质的从事生物多样性调查的专业人员采集，并由相关专家审定。主要的文献资料包括地方性动植物志和植被志书、《中国植物志》《中国动物志》、馆藏标本数据、自然保护地及国家公园科学考察报告以及其他正式发表的论文、专著、内部交流材料、实地调查资料等。

实地调查数据的获得按照《关于发布全国生物物种资源调查相关技术规定(试行)的公告》(环境保护部2010年第27号公告)执行。实地调查数据要结合历年调查数据综合分析。

各指标数据应严格按照指标要求进行采集。其中,野生高等动植物、外来入侵物种、生态系统类型的数据采集格式见表1~表3。数据采集过程中,应注意以下几点。

①外来入侵物种不在表1的统计范围内,专门用表2进行统计。如果外来的家养动物(栽培植物)已在野外建立种群,并且没列入外来入侵物种名录可纳入表1统计范围。

②生态系统类型按照表3进行采集,以群系为单位统计每个县的生态类型数。

③表1,2中物种中文名和学名信息以新疆生态与地理研究所提供或推荐的高等动植物和外来入侵物种名录为准,如有异议,由项目技术组协调后统一口径。

④对于表1,2的"物种信息"一栏的统计,如物种没有种下单位,则统计种的数量;如有种下单位,则统计种下单位的数量。

表1　高等动植物数据采集表

物种信息					分布信息			
序号	中文名	学名	受威胁程度	是否中国特有	自然保护地及国家公园1	自然保护地及国家公园2	自然保护地及国家公园3	……
1								
2								
3								

表2　外来入侵物种数据采集表

物种信息			分布信息			
序号	中文名	学名	自然保护地及国家公园1	自然保护地及国家公园2	自然保护地及国家公园3	……
1						
2						
3						

表3　生态系统类型数据采集表

植被类型信息			分布信息			
序号	植被型	群系	自然保护地及国家公园1	自然保护地及国家公园2	自然保护地及国家公园3	……
1						
2						
3						
生态系统类型数合计						
植被垂直层谱数						

⑤对于表1的"受威胁程度"一栏，根据"极危（CR）、濒危（EN）、易危（VU）和近危（NT）"4个等级进行填写。

⑥对于表1的"是否中国特有"一栏，如果是中国特有则填"1"，否则填"0"或不写。

⑦对于各表的分布信息，有分布填"1"，无分布则填"0"或不写。

⑧对于自然保护地及国家公园建设中引进的园林植物，如果在附近的野外有分布，则这一引进植物作为野生物种统计；如果附近的野外没有分布，则不纳入统计范围。

⑨所有数据收集、整理完后，以EXCEL表形式汇总上交。

4.4 评价指标的归一化处理

评价指标的归一化方法为：

$$归一化后的评价指标=归一化前的评价指标×归一化系数$$

$$归一化系数=100/A_{最大值}$$

$A_{最大值}$：指某指标归一化处理前的最大值。

通过试点研究，部分指标的 A 最大值见表4。

表4　相关评价指标的最大值

指标	$A_{最大值}$	指标	$A_{最大值}$
野生维管束植物丰富度	3662	物种特有性	0.3070
野生高等动物丰富度	635	受威胁物种的丰富度	0.1572
生态系统类型多样性	124	外来物种入侵度	0.1441

4.5 各项评价指标权重

采用专家咨询法确定各评价指标的权重（见表5）。

表5　各评价指标的权重

评价指标	权重	评价指标	权重
野生维管束植物丰富度	0.20	物种特有性	0.20
野生高等动物丰富度	0.20	外来物种入侵度	0.10
生态系统类型多样性	0.20	物种受威胁程度	0.10

4.6 生物多样性指数（BI）计算方法

生物多样性指数（BI）是野生高等动物丰富度、野生维管束植物丰富度、生态系统类型多样性、物种特有性、外来物种入侵度、物种受威胁程度6个评价指标的加权求和。其中，外来物种入侵度、物种受威胁程度为成本型指标，即指标的属性值越小越好，应对其作适当转换。

BI=归一化后的野生高等动物丰富度×0.2+归一化后的野生维管束植物丰富度×0.2+归一化后的生态系统类型多样性×0.2+归一化后的物种特有性×0.20+（100-归一化后的外来

物种入侵度)×0.10+(100-归一化后的物种受威胁程度)×0.10。

4.7 生物多样性状况分级

根据生物多样性指数(BI),将生物多样性状况分为4级,即:高、中、一般和低(见表6)。

表6 生物多样性状况的临时分级标准

生物多样性等级	生物多样性指数	生物多样性状况
高	BI≥65	物种高度丰富,特有属、种繁多,生态系统丰富多样
中	40≤BI<65	物种较丰富,特有属、种较多,生态系统类型较多,局部地区生物多样性高度丰富
一般	30≤BI<40	物种较少,特有属、种不多,局部地区生物多样性较丰富,但生物多样性总体水平一般
低	BI<30	物种贫乏,生态系统类型单一、脆弱,生物多样性极低

注:以上分级标准将在充分试点的基础上进一步调整。

5. 参考规范标准

《区域生物多样性评价标准》(HJ623—2011)

6. 附录

附1

《新疆自然保护地及国家公园生物多样性调查与评价报告》提纲(植物部分)

一、新疆自然保护地及国家公园野生高等植物调查技术路线与方法

二、新疆自然保护地及国家公园野生高等植物调查与评价结果

(一)野生高等植物丰富度及其特点

(二)物种特有性

(三)野生高等植物濒危度

(四)外来物种入侵度

(五)野生高等植物生物多样性评价结果

三、分析与讨论

(一)新疆自然保护地及国家公园生物多样性保护成效

(二)生物多样性保护面临的问题与挑战

(三)新疆自然保护地及国家公园高等植物多样性区域分布特点

(四)生物多样性保护的优先区域或关键点

(五)生物多样性保护对策措施

四、建议

可以针对本次生物多样性调查与评价工作的技术路线、评价方法等提出具体意见和建议。

附2

《新疆自然保护地及国家公园生物多样性调查与评价报告》提纲(动物部分)

一、新疆自然保护地及国家公园野生高等动物调查技术路线与方法

二、新疆自然保护地及国家公园野生高等动物调查与评价结果

（一）野生高等动物丰富度及其特点

（分为野生哺乳类、鸟类、爬行类、两栖类和淡水鱼类）

（二）物种特有性

（三）野生高等动物物种濒危度

（四）外来物种入侵度

（五）野生高等动物生物多样性评价结果

三、分析与讨论

（一）新疆自然保护地及国家公园生物多样性保护成效

（二）生物多样性保护面临的问题与挑战

（三）新疆自然保护地及国家公园高等动物多样性区域分布特点

（四）生物多样性保护的优先区域或关键点

（五）生物多样性保护对策措施

四、建议

可以针对本次生物多样性调查与评价工作的技术路线、评价方法等提出具体意见和建议。

附3

《新疆自然保护地及国家公园生物多样性调查与评价报告》提纲（生态系统）

一、新疆自然保护地及国家公园生态系统类型调查技术路线与方法

二、新疆自然保护地及国家公园生态系统类型调查与评价结果

（一）新疆自然保护地及国家公园生态系统类型及其特点

（二）生态系统生境胁迫程度

（三）外来物种入侵度

（五）生态系统多样性评价结果

三、分析与讨论

（一）新疆自然保护地及国家公园生物多样性保护成效

（二）生物多样性保护面临的问题与挑战

（三）新疆自然保护地及国家公园生态系统多样性区域分布特点

（四）生物多样性保护的优先区域或关键点

（五）生物多样性保护对策措施

四、建议

可以针对本次生物多样性调查与评价工作的技术路线、评价方法等提出具体意见和建议。

附4　新疆自然保护地及国家公园高等植物数据表

物种信息					分布信息			
序号	中文名	学名	受威胁程度	是否中国特有	自然保护地及国家公园1	自然保护地及国家公园2	自然保护地及国家公园3	……
1								

（续）

	物种信息				分布信息			
2								
3								

附5　新疆自然保护地及国家公园高等动物数据表

	物种信息				分布信息			
序号	中文名	学名	受威胁程度	是否中国特有	自然保护地及国家公园1	自然保护地及国家公园2	自然保护地及国家公园3	……
1								
2								
3								

附6　新疆自然保护地及国家公园外来入侵物种数据表

	物种信息		分布信息			
序号	中文名	学名	自然保护地及国家公园1	自然保护地及国家公园2	自然保护地及国家公园3	……
1						
2						
3						

附7　新疆自然保护地及国家公园生态系统类型数据表

	植被类型信息		分布信息			
序号	植被型	群系	自然保护地及国家公园1	自然保护地及国家公园2	自然保护地及国家公园3	……
1						
2						
3						
生态系统类型数合计						

自然保护地及国家公园调查及评价指标规范

（三）自然保护地及国家公园生物多样性保护价值评估

1. 绪论

生物多样性具有巨大的、历史的、现实的及未来的社会经济价值。多种多样的生物是地球经过 40 多亿年的生物进化所遗留下的最宝贵的财富，是人类赖以生存和发展的物质基础，丰富的生物资源是经济社会持续发展的物质基础和环境条件。生物多样性保护价值评估是生物多样性得到有效保护与可持续利用的前提，能够为公众、工程师、科学家、管理者提供统一的生物多样性经济价值及评价尺度。

此次对新疆自然保护地及国家公园开展生物多样性保护价值评估，对于守护新疆自然生态及物种资源，提高生态系统服务功能，为全社会提供公共服务，维持人与自然和谐共生并永续发展，具有重大意义。鉴于此种情况，特制定自然保护地及国家公园生物多样性评价工作指南如下。

2. 术语与定义

2.1 生物多样性保护价值

自然保护地及国家公园内生物多样性不同层次所表现的保护优先性，主要表现在自然生态系统的典型性、稀有性、自然性和多样性，野生动植物的濒危性、特有性、保护等级和多样性，遗传种质资源的分类独特性、濒危性、近缘程度和多样性等方面。

2.2 近自然林

树种组成、林分结构与相同生境下天然林近似的人工林。

2.3 旗舰种

一个自然保护地及国家公园主要保护的 1~2 种野生动植物，比如，伞护种、生态关键种等。

3. 评估原则

3.1 针对性

针对生物多样性的 3 个层次，选择不同的评价指标，采用不同的评价指标分级赋值标准。

3.2 可靠性

应全面掌握自然保护地及国家公园的生物多样性本底信息，利用来源可靠的数据。

3.3 定量化

各项评价指标都应数量化，计算过程使用科学的计算公式。

3.4 可重复

采用同样的方法对自然保护地及国家公园生物多样性保护价值进行验证性评估时，评估过程具有可重复性，评估结果应相同。

4. 评估内容及数据来源

4.1 评估内容

①陆地生态系统保护价值评估。对自然保护地及国家公园内植被的典型性、稀有性和自然性，以及植被类型的多样性和自然保护地及国家公园完整性进行量化评估。

②野生植物多样性保护价值评估。对自然保护地及国家公园内野生植物的濒危性、特有性和保护等级以及其多样性进行量化评估。

③陆生野生动物多样性保护价值评估。对自然保护地及国家公园内陆生野生动物的濒危性、特有性和保护等级以及其多样性进行量化评估。

④珍稀濒危物种多样性保护价值评估。对自然保护地及国家公园内珍稀濒危野生植物和陆生野生动物的濒危性、特有性和保护等级以及其多样性进行量化评估。

⑤旗舰种保护价值评估。对自然保护地及国家公园内旗舰种的濒危性、特有性、保护等级、生境重要性以及个体相对数量进行量化评估。

⑥遗传种质资源保护价值评估。对自然保护地及国家公园内物种的分类独特性、濒危性和近缘程度进行量化评估。

4.2 数据来源

①森林资源规划设计调查数据；

②湿地资源调查数据；

③生物多样性监测数据；

④植被调查样方数据；

⑤自然保护地及国家公园综合科学考察报告，包括野生植物名录、陆生野生动物名录、珍稀濒危物种名录及数量、植被类型名录及面积等；

⑥自然保护地及国家公园植被分布图；

⑦各类生物多样性专项调查报告；

⑧遥感影像数据；

⑨其他数据。

5. 陆地生态系统保护价值评估

5.1 评价指标

自然保护地及国家公园陆地生态系统保护价值应从植被斑块的保护重要值、各个植被斑块面积和自然保护地及国家公园完整性计算得到。

植被斑块是指群系(包括亚群系)的斑块,其保护重要性应用典型性、稀有性和自然性3个指标进行评价,具体评价指标见表7。

表7 植被斑块的保护重要性评价指标

序号	评价指标	符号	指标含义
1	典型性(typicality)	T_V	自然保护地及国家公园内植被的演替阶段,以及对植被区的代表程度
2	稀有性(rarity)	R_V	自然保护地及国家公园内植被在全国范围内的稀有程度
3	自然性(naturality)	N_V	自然保护地及国家公园内植被的自然度

5.2 评价指标分级赋分

应采用等比数列法进行赋值,即后一项与前一项的比数为常数,设定最高赋值为8,常数为2,数列为[8,4,2,1],具体分级赋值标准见表8。

表8 植被斑块的保护重要性评价指标分级赋值

评价指标		分级赋值			
		8	4	2	1
森林	典型性	地带性顶级植被类型	地形顶级植被类型	亚顶级植被类型	其他植被类型
	稀有性	仅分布于1~2个自然保护地及国家公园	仅分布于1个植被区	仅分布于1个植被地带	分布于多个植被地带
	自然性	原始天然林	天然次生林	近自然林	人工林
荒漠草原草甸	典型性	地带性顶级植被类型	地形顶级植被类型	亚顶级植被类型	其他植被类型
	稀有性	仅分布于1~2个自然保护地及国家公园	仅分布于1个植被区	仅分布于1个植被地带	分布于多个植被地带
	自然性	未退化的天然植被	轻度退化的天然植被	近自然人工植被	其他植被

注:植被区和植被地带等的划分依据《中国植被区划》,参见附录A。在自然性方面,寒温带落叶针叶林区域、温带针叶-落叶阔叶混交林区域、暖温带落叶阔叶林区域、亚热带常绿阔叶林区域和热带季风雨林-雨林区域的次生灌丛植被可均赋值为1。其他植被不包括农田植被。

5.3 陆地生态系统保护价值指数计算

步骤1:计算植被斑块的保护重要值,公式如下:

$$V_{Vij} = T_{Vij} \times R_{Vij} \times N_{Vij} \tag{1}$$

式中:V_{Vij}为植被类型i中植被斑块j的保护重要值,其取值数列为[1,2,4,8,16,32,64,128,256,512],数值越大表明植被类型i中植被斑块j的典型程度、稀有程度和自然度越高,其保护价值越高,应予以优先保护,反之,保护价值越低;T_{Vij}为植被类型i中植被斑块j的典型性赋值;R_{Vij}为植被类型i中植被斑块j的稀有性赋值;N_{Vij}为植被类型i中植被斑块j的自然性赋值。

步骤2:在植被斑块的保护重要值基础上,计算植被类型i的保护价值指数,公式如下:

$$V_{Vi} = \sqrt{\sum_{i=1}^{m} V_{Vij} \times A_{Vij}} \tag{2}$$

式中：V_{Vi} 为自然保护地及国家公园内植被类型 i 的保护价值指数；V_{Vij} 为植被类型 i 中植被斑块 j 的保护重要值；A_{Vij} 为植被类型 i 中植被斑块 j 的面积，单位为 km^2；m 为植被类型 i 的斑块数。

步骤 3：在植被类型 i 的保护价值指数基础上，计算自然保护地及国家公园陆地生态系统保护价值指数，公式如下：

$$V_E = F \times \sum_{i=1}^{m} V_{Vi} \tag{3}$$

式中：V_E 为自然保护地及国家公园陆地生态系统保护价值指数；F 为自然保护地及国家公园完整性系数，计算方法见附录 B；V_{Vi} 为自然保护地及国家公园内植被类型 i 的保护价值指数；m 为自然保护地及国家公园内植被类型的数量。

6. 物种多样性保护价值评估

6.1　野生植物多样性保护价值评估

6.1.1　评价指标

自然保护地及国家公园野生植物多样性保护价值应从每种(含变种)野生植物的保护重要值和野生植物丰富度计算得到。

每种野生植物的保护重要性应用濒危性、特有性和保护等级 3 个指标进行评价，具体评价指标见表 9。

表 9　野生植物的保护重要性评价指标

序号	评价指标	符号	指标含义
1	濒危性(threatened categories)	T_P	植物物种生存的受威胁程度，即灭绝威胁等级
2	特有性(endemism)	E_P	植物物种在地理分布上的特有程度以及特有等级
3	保护等级(protection levels)	P_P	植物物种在我国法律上受保护等级

6.1.2　评价指标分级赋值

应采用等比数列法进行赋值，即后一项与前一项的比数为常数，设定最高赋值为 8，常数为 2，数列为[8，4，2，1]，具体分级赋值标准见表 10。

表 10　野生植物的保护重要性评价指标分级赋值

评价指标	分级赋值			
	8	4	2	1
濒危性	极危 CR	濒危 EN	易危 VN	近危 NT 和无危 LC
特有性	植物地区特有	植物亚区特有	中国特有	非中国特有
保护等级	国家一级保护或特殊保护	国家二级保护	地方重点保护	其他

注：野生植物的濒危性可以根据国际和中国最新和最权威的《物种红色名录》中不同等级予以分级并赋值，如《中国生物多样性红色名录——高等植物卷》等，未评估和数据缺乏等按照无危 LC 赋分。植物地区和植被亚区的划分依据中国植物区系分区，参见附录 D。特殊保护野生植物是指国家开展的特殊保护工程中包括的野生植物，比如，极小种群野生植物拯救保护工程。外来入侵物种不进行评价。

6.1.3 野生植物多样性保护价值指数计算

步骤1：计算每种野生植物的保护重要值，公式如下：

$$V_{Pi} = T_{Pi} \times E_{Pi} \times P_{Pi} \tag{4}$$

式中：V_{Pi} 为野生植物 i 的保护重要值，其取值数列为 [1, 2, 4, 8, 16, 32, 64, 128, 256, 512]，数值越大表明物种的受威胁程度、地理分布特有程度和重点保护级别越高，其保护价值越高，应予以优先保护，反之，保护价值越低；T_{Pi} 为野生植物 i 的濒危性赋值；E_{Pi} 为野生植物 i 的特有性赋值；P_{Pi} 为野生植物 i 的保护等级赋值。

步骤2：在野生植物的保护重要值基础上，计算自然保护地及国家公园野生植物多样性保护价值指数，公式如下：

$$V_P = \sqrt{\sum_{i=1}^{n} V_{Pi}} \tag{5}$$

式中：V_P 为自然保护地及国家公园野生植物多样性保护价值指数；V_{Pi} 为野生植物 i 的保护重要值；n 为自然保护地及国家公园内野生植物种数，应根据我国自然保护地及国家公园本底调查情况，选择维管束植物或高等植物作为评价对象。

6.2 野生动物多样性保护价值评估

6.2.1 评价指标

自然保护地及国家公园陆生野生动物多样性保护价值应从每种（含亚种）陆生野生动物的保护重要值和陆生野生动物丰富度计算得到。

每种陆生野生动物的保护重要性应用濒危性、特有性和保护等级3个指标进行评价，具体评价指标见表11。

表11 陆生野生动物的保护重要性评价指标

序号	评价指标	符号	指标含义
1	濒危性（threatened categories）	T_A	动物物种生存的受威胁程度即灭绝威胁等级。
2	特有性（endemism）	E_A	动物物种在地理分布上的特有程度以及特有等级。
3	保护等级（protection levels）	P_A	动物物种在我国法律上受保护等级。

6.2.2 评价指标分级赋值

应采用等比数列法进行赋值，即后一项与前一项的比数为常数，设定最高赋值为8，常数为2，数列为 [8, 4, 2, 1]，具体分级赋值标准见表12。

表12 陆生野生动物的保护重要性评价指标分级赋值

评价指标	分级赋值			
	8	4	2	1
濒危性	极危 CR	濒危 EN	易危 VN	近危 NT 和无危 LC
特有性 *	动物地理地区特有	中国特有	中国主要分布	中国次要或边缘分布
保护等级	国家一级保护或特殊保护	国家二级保护	地方重点保护	其他

注：陆生野生动物的濒危性可以根据国际和中国最新和最权威的《物种红色名录》中不同等级予以分级并赋值，如《中国生物多样性红色名录——脊椎动物卷》等，未评估和数据缺乏等按照无危 LC 赋分。中国动物地理区划中动物地区的划分见附录 E。特殊保护野生动物是指国家开展的特殊保护工程中包括的野生动物。

* 特有性说明：水鸟的特有性分级可分为中国特有分布、中国主要分布、中国次要分布、中国边缘分布。

6.2.3　野生动物多样性保护价值指数计算

步骤1：计算每种陆生野生动物的保护重要值，公式如下：

$$V_{Ai} \quad T_{Ai} \quad E_{Ai} \quad P_{Ai} \tag{6}$$

式中：V_{Ai} 为陆生野生动物 i 的保护重要值，其取值数列为 [1，2，4，8，16，32，64，128，256，512]，数值越大表明物种的受威胁程度、地理分布特有程度和重点保护级别越高，其保护价值越高，应予以优先保护，反之，保护价值越低；T_{Ai} 为陆生野生动物 i 的濒危性赋值；E_{Ai} 为陆生野生动物 i 的特有性赋值；P_{Ai} 为陆生野生动物 i 的保护等级赋值。

步骤2：在陆生野生动物的保护重要值基础上，计算自然保护地及国家公园陆生野生动物多样性保护价值指数，公式如下：

$$V_A = \sqrt{\sum\nolimits_{i=1}^{n} V_{Ai}} \tag{7}$$

式中：V_A 为自然保护地及国家公园陆生野生动物多样性保护价值指数；V_{Ai} 为陆生野生动物 i 的保护重要值；n 为自然保护地及国家公园内陆生野生动物种数，应根据我国自然保护地及国家公园本底调查情况，选择陆生脊椎动物或脊椎动物作为评价对象。

6.3　珍稀濒危物种多样性保护价值评估

分别计算珍稀濒危野生植物和陆生野生动物多样性的保护价值指数。计算珍稀濒危野生植物多样性保护价值指数，公式如下：

$$V_{PT} = \sqrt{\sum\nolimits_{i=1}^{n} V_{Pi} \times Q_{Pi}} \tag{8}$$

式中：V_{PT} 为自然保护地及国家公园珍稀濒危野生植物多样性保护价值指数；V_{Pi} 为珍稀濒危野生植物 i 的保护重要值，计算公式见 6.1.3 中公式(4)；Q_{Pi} 为珍稀濒危野生植物 i 的种群个体数量；n 为自然保护地及国家公园内珍稀濒危野生植物的种类，包括《IUCN 红色名录》中极危、濒危植物，国家一级保护植物以及极小种群植物。

计算珍稀濒危陆生野生动物多样性保护价值指数，公式如下：

$$V_{AT} = \sqrt{\sum\nolimits_{i=1}^{n} V_{Ai} \times Q_{Ai}} \tag{9}$$

式中：V_{AT} 为自然保护地及国家公园珍稀濒危陆生野生动物多样性保护价值指数；V_{Ai} 为珍稀濒危陆生野生动物 i 的保护重要值，计算公式见 6.2.3 中公式(6)；Q_{Ai} 为珍稀濒危陆生野生动物 i 的种群个体数量；n 为自然保护地及国家公园内珍稀濒危陆生野生动物的种类，包括《IUCN 红色名录》中极危、濒危动物，国家一级保护动物。

6.4　旗舰种的保护价值评估

6.4.1　评价指标及分级赋值

自然保护地及国家公园内旗舰种保护价值应从旗舰种的保护重要值、生境重要性和种群个体相对数量计算得到。旗舰种即是自然保护地及国家公园内主要保护对象，按照每个自然保护地及国家公园 1 种计算。

自然保护地及国家公园内旗舰种的保护重要值应用濒危性、特有性和保护等级 3 个指标进行评价，具体评价指标见表13。

表 13　旗舰种保护价值评价指标及分级赋值

序号	评价指标	符号	指标含义及赋值
1	濒危性（threatened categories）	T_P，T_A	野生植物见 6.1.1 中表 3 和表 4；陆生野生动物见 6.2.1 中表 5 表 6
2	特有性（endemism）	E_P，E_A	野生植物见 6.1.1 中表 3 和表 4；陆生野生动物见 6.2.1 中表 5 和表 6
3	保护等级（protection levels）	P_P，P_A	野生植物见 6.1.1 中表 3 和表 4；陆生野生动物见 6.2.1 中表 5 和表 6
4	生境重要性（habitat significance）	H_R	此自然保护地及国家公园作为该旗舰种生境的重要程度，即不可替代性；用本自然保护地及国家公园中旗舰种的生境面积除以全国该种的生境总面积的值表示
5	种群个体相对数量（individual number of population）	Q_R	自然保护地及国家公园内旗舰种的种群个体数量除以该种所有个体数量的值表示

6.4.2　旗舰种保护价值指数计算

计算自然保护地及国家公园内旗舰种保护价值指数，公式如下：

$$V_F = V \times H_R \times Q_R \tag{10}$$

式中：V_F 为自然保护地及国家公园内旗舰种保护价值指数；V 为自然保护地及国家公园内旗舰种的保护重要值，野生植物的计算方法见 6.1.3 中公式（4），陆生野生动物的计算方法见 6.2.3 中公式（6）；H_R 为自然保护地及国家公园内旗舰种的生境重要性；Q_R 为自然保护地及国家公园内旗舰种的种群个体相对数量。

7. 遗传种质资源保护价值评估

7.1　评价指标

自然保护地及国家公园遗传种质资源保护价值应从每个物种（含变种和亚种）遗传种质资源的保护重要值和物种丰富度计算得到。

遗传种质资源的保护重要性应用分类独特性、濒危性和近缘程度 3 个指标进行评价，具体评价指标见表 14。

表 14　遗传种质资源的保护重要性评价指标

序号	评价指标	符号	指标含义
1	分类独特性（taxonomic distinctiveness）	D_G	物种在分类学上的独特性和代表性
2	濒危性（threatened categories）	T_G	物种生存的受威胁程度，即灭绝威胁等级
3	近缘程度（relative degree）	R_G	与家禽家畜或农作物的亲缘关系

7.2　评价指标分级赋值

应采用等比数列法进行赋值，即后一项与前一项的比数为常数，设定最高赋值为 8，常数为 2，数列为［8，4，2，1］，具体分级赋值标准见表 15。

表 15 遗传种质资源的保护重要性评价指标分级赋值

评价指标	分级赋值			
	8	4	2	1
分类独特性	单种科	单种属	寡种属	其他
濒危性	极危(CR)	濒危(EN)	易危(VN)	近危(NT)和无危(LC)
近缘程度	家禽家畜或农作物同种	家禽家畜或农作物原种	家禽家畜或农作物同属	其他

注：物种濒危性可以根据中国最新和最权威的《物种红色名录》中不同等级予以分级并赋值，如《中国生物多样性红色名录——高等植物卷》和《中国生物多样性红色名录——脊椎动物卷》等。

7.3 遗传种质资源保护价值指数计算

步骤 1：计算每个物种作为遗传种质资源的保护重要值，公式如下：

$$V_{Gi} = D_{Gi} \times T_{Gi} \times R_{Gi} \tag{11}$$

式中：V_{Gi} 为物种 i 作为遗传种质资源的保护重要值，其取值数列为 [1，2，4，8，16，32，64，128，256，512]，数值越大表明物种的分类独特性、受威胁程度和种质资源重要性越高，其保护价值越高，应予以优先保护，反之，保护价值越低；D_{Gi} 为物种 i 的分类独特性赋值；T_{Gi} 为物种 i 的濒危性赋值；R_{Gi} 为物种 i 的近缘程度赋值。

步骤 2：在物种作为遗传种质资源的保护重要值基础上，计算自然保护地及国家公园遗传种质资源保护价值指数，公式如下：

$$V_G = \sqrt{\sum_{i=1}^{n} V_{Gi}} \tag{12}$$

式中：V_G 为自然保护地及国家公园遗传种质资源保护价值指数；V_{Gi} 为物种 i 作为遗传种质资源的保护重要值；n 为自然保护地及国家公园内物种种数。

8. 评估结果

8.1 单个自然保护地及国家公园的生物多样性保护价值评估

由于陆地生态系统、野生植物、陆生野生动物、珍稀濒危物种、旗舰种和遗传种质资源等保护价值的评估单元属性和数量级不同，其保护价值指数不可直接加和。应根据自然保护地及国家公园类型和评估目的，酌情选择陆地生态系统保护价值指数、野生植物多样性保护价值指数、陆生野生动物多样性保护价值指数、珍稀濒危物种多样性保护价值指数、旗舰种保护价值指数和遗传种质资源保护价值指数等 6 个指数中任意几个构成评估组合，即可反映自然保护地及国家公园在生物多样性不同层次的保护价值，并应注明评估时所选用的植被分类单元和生物类群。

①森林、草原与草甸、荒漠生态系统类型自然保护地及国家公园宜选择陆地生态系统保护价值指数、野生植物多样性保护价值指数、陆生野生动物多样性保护价值指数和遗传种质资源保护价值指数。

②基于水鸟保护的湿地类自然保护地及国家公园可选择陆生野生动物多样性保护价值指数、珍稀濒危物种多样性保护价值指数、旗舰种保护价值指数。

③野生植物、野生动物类型自然保护地及国家公园可选择珍稀濒危物种多样性保护价值指数、旗舰种保护价值指数和遗传种质资源保护价值指数。

8.2　多个自然保护地及国家公园的生物多样性保护价值排序

8.2.1　单项保护价值指数的标准化

对多个自然保护地及国家公园的综合保护价值进行排序时，需首先对各项保护价值指数进行标准化处理。计算各单项保护价值指数时，应统一植被分类单元和生物类群。

标准化公式如下：

$$V_i' = \frac{V_i - V_{\min}}{V_{\max} - V_{\min}} \times 100 \qquad (13)$$

式中：V_i' 为某自然保护地及国家公园的第 i 项保护价值指数的标准化值，介于 0~100 之间；V_i 为某自然保护地及国家公园的第 i 项保护价值指数；$V_{\min}$ 为评比自然保护地及国家公园中的第 i 项保护价值指数的最小值；$V_{\max}$ 为评比自然保护地及国家公园中的第 i 项保护价值指数的最大值；

100 为扩大数量级。

8.2.2　综合保护价值指数计算

计算自然保护地及国家公园生物多样性综合保护价值指数，公式如下：

$$V_S = \frac{1}{n} \sum_{i=1}^{n} V_i' \qquad (14)$$

式中：V_S 为自然保护地及国家公园 S 的生物多样性综合保护价值指数，介于 0~100 之间；V_i' 为自然保护地及国家公园 S 的第 i 项保护价值指数的标准化值，介于 0~100 之间；n 为选择组合的保护价值指数的个数，为 1，2，…，6。

9. 附录

附录 A（资料性附录）

中国植被区划编码和名称

编号	植被区域	编号	植被亚区域	编号	植被地带	编号	植被区
I	寒温带针叶林区域			I i	南寒温带落叶针叶林带	I i-1	大兴安岭北部山地含藓类的兴安落叶松林区
						I i-2	大兴安岭中部中低山含兴安杜鹃和樟子松的兴安落叶松林区
						I i-3	大兴安岭南部山地含蒙古栎林的兴安落叶松林区

（续）

编号	植被区域	编号	植被亚区域	编号	植被地带	编号	植被区
II	温带针叶、落叶阔叶混交林区域			IIi	温带北部针叶、落叶阔叶混交林地带	IIi-1	小兴安岭红松、落叶阔叶混交林区
						IIi-2	完达山-张广才岭山地蒙古栎、槲栎、红松混交林区
						IIi-3	穆棱-三江平原草甸、苔草沼泽区
				IIii	温带南部针叶、落叶阔叶混交林地带	IIii-1	长白山东北部阔叶树-红松、赤松、沙冷杉混交林、栽培植被区
						IIii-2	长白山西部低山丘陵次生落叶阔叶林区
						IIii-3	长白山南部栎类、红松、沙冷杉、油松混交林区
III	暖温带落叶阔叶林区域			IIIi	暖温带北部落叶栎林地带	IIIi-1	辽东丘陵赤松、蒙古栎、麻栎林区
						IIIi-2	辽河平原栽培植被区
						IIIi-3	辽西低山丘陵灌丛、油松、栎林区
						IIIi-4	冀辽山地、丘陵油松、辽东栎、槲栎林区
						IIIi-5	冀北间山盆地灌丛草原区
						IIIi-6	冀西山地落叶阔叶林、灌丛区
						IIIi-7	黄、海河平原栽培植被区
						IIIi-8	晋中山地丘陵、盆地油松、辽东栎、云杉林区
						IIIi-9	晋南油松林、辽东栎林区
						IIIi-10	延河流域黄土丘陵残林、灌丛区
						IIIi-11	洛河中游森林、灌丛区
				IIIii	暖温带南部落叶栎林地带	IIIii-1	胶东丘陵栽培植被，赤松、麻栎林区
						IIIii-2	鲁中南山地、丘陵栽培植被，油松、麻栎、栓皮栎林区
						IIIii-3	黄淮平原栽培植被区
						IIIii-4	豫西、晋南山地丘陵、台地栽培植被，油松、栓皮栎、锐齿槲栎林区
						IIIii-5	汾河、渭河平原、山地栽培植被，油松、华山松、栓皮栎、锐齿槲栎林区
						IIIii-6	秦岭山地落叶阔叶林、针叶林区

（续）

编号	植被区域	编号	植被亚区域	编号	植被地带	编号	植被区
IV	亚热带常绿阔叶林区域	IV A	东部湿润常绿阔叶林亚区域	IV Ai	北亚热带常绿、落叶阔叶混交林地带	IVAi-1	江淮平原栽培植被区
						IVAi-2	江淮丘陵栎类、苦槠、马尾松林区
						IVAi-3	桐柏山、大别山山地丘陵落叶栎类、青冈栎林，台湾松林区
						IVAi-4	秦巴山地丘陵栎类林，巴山松、华山松林区
				IV Aii	中亚热带常绿阔叶林地带	IVAiia-1	浙皖山地丘陵青冈栎、苦槠林，栽培植被区
						IVAiia-2	浙皖山丘甜槠、木荷林区
						IVAiia-3	两湖平原栽培植被，沼泽区
						IVAiia-4	湘赣丘陵栽培植被，青冈栎、栲类林区
						IVAiia-5	三峡、武陵山地栲类、润楠林区
						IVAiia-6	四川盆地栽培植被，润楠、青冈栎林区
						IVAiia-7	川西山地峡谷云杉、冷杉林区
						IVAiib-1	浙南、闽北山丘栲类、细柄蕈树林区
						IVAiib-2	南岭山地栲类、蕈树林区
						IVAiib-3	黔东、桂东北山地栲类、木荷林，石灰岩植被区
						IVAiib-4	贵州高原栲类、青冈林，石灰岩植被区
						IVAiib-5	川滇黔山丘栲类、木荷林区
						IVAiib-6	台湾北部常绿阔叶林、栽培植被区
				IV Aiii	南亚热带季风常绿阔叶林地带	IVAiii-1	台湾中部丘陵山地栽培植被，青钩栲、厚壳桂林区
						IVAiii-2	闽粤沿海丘陵栽培植被，刺栲、厚壳桂林区
						IVAiii-3	珠江三角洲栽培植被，蒲桃、黄桐林区
						IVAiii-4	粤桂丘陵山地越南栲、黄果厚壳桂林区
						IVAiii-5	黔桂石灰岩丘陵山地青冈栎、仪花林区
			IV B	西部半湿润常绿阔叶林亚区域	IV Bi	中亚热带常绿阔叶林地带	IVBi-1	滇中、滇东高原、盆地、谷地滇青冈、栲类、云南松林区
						IVBi-2	川、滇金沙江峡谷云南松林、干热河谷植被区
						IVBi-3	滇西山地纵谷具铁杉、冷杉垂直带的森林区
				IV Bii	南亚热带季风常绿阔叶林地带	IVBii-1	滇桂石灰岩丘陵润楠、青冈栎、细叶云南松林区
						IVBii-2	滇中南山地峡谷栲类、红木荷、思茅松林区
				IV Biii	亚热带山地寒温性针叶林地带	IVBiii-1	横断山北部山地峡谷云杉、冷杉林区
						IVBiii-2	横断山南部山地峡谷云杉、冷杉林，硬叶栎林区
						IVBiii-3	雅鲁藏布江中下游常绿阔叶林区

（续）

编号	植被区域	编号	植被亚区域	编号	植被地带	编号	植被区
V	热带季雨林、雨林区域	V A	东部偏湿性热带季雨林、湿润雨林亚区域	V Ai	北热带半常绿季雨林、湿润雨林地带	V Ai-1	台南丘陵山地季雨林、雨林区
						V Ai-2	粤东南滨海丘陵半常绿季雨林区
						V Ai-3	琼雷台地半常绿季雨林、热带灌丛草丛区
						V Ai-4	桂西南石灰岩丘陵、山地季雨林区
				V Aii	南热带季雨林、湿润雨林地带	V Aii-1	琼南丘陵山地季雨林、湿润雨林区
						V Aii-2	南海北部珊瑚岛植被区
		V B	西部偏干性热带季雨林、雨林亚区域	V Bi	北热带季节雨林、半常绿季雨林地带	V Bi-1	滇东南峡谷山地半常绿季雨林、湿润雨林区
						V Bi-2	西双版纳山地、盆地季节雨林、季雨林区
						V Bi-3	滇西南河谷山地半常绿季雨林区
						V Bi-4	东喜马拉雅南翼河谷季雨林、雨林区
						V Bi-5	中喜马拉雅山地季雨林区
		V C	南海珊瑚岛植被亚区域	V Ci	季风热带珊瑚岛植被地带	V Ci-1	南海中部珊瑚岛植被区
				V Cii	赤道热带珊瑚岛植被地带	V Ci-2	南海南部珊瑚岛植被区
VI	温带草原区域	VI A	东部草原亚区域	VI Ai	温带北部草原地带	VI Aia-1	松嫩平原外围蒙古栎林、草甸草原区
						VI Aia-2	大兴安岭中南部森林、草甸草原区
						VI Aia-3	大兴安岭西麓和南部山地森林、草甸草原区
						VI Aia-4	松嫩平原杂类草草甸草原区
						VI Aia-5	辽河平原羊草草甸草原区
						VI Aib-1	西辽河平原大针茅、杂类草草原区
						VI Aib-2	内蒙古高原东部大针茅、克氏针茅草原区
						VI Aic-1	乌兰察布高平原小针茅荒漠草原区
						VI Aic-2	东南阿尔泰山地小针茅、小画眉草草原区
				VI Aii	温带南部草原地带	VI Aiia-1	辽西、冀北山地油松、蒙古栎林、禾草草原区
						VI Aiia-2	围场坝上白桦、白杆林、杂类草草原区
						VI Aiia-3	阴山山地油松、辽东栎林、灌丛草原区
						VI Aiia-4	晋北山地森林草原区
						VI Aiia-5	陕北黄土丘陵灌木草原区
						VI Aiia-6	陇东黄土高原中部草甸草原区
						VI Aiia-7	青海黄土高原西部短花针茅、长芒草山地森林草原区
						VI Aiib-1	鄂尔多斯高原长芒草、克氏针茅草原区
						VI Aiib-2	宁夏中部黄土高原长芒草、蒿类草原区
						VI Aiic-1	西鄂尔多斯高原灌木、禾草、蒿类荒漠草原区
						VI Aiic-2	宁夏中北部、陇西黄土高原短花针茅荒漠草原区
		VI B	西部草原亚区域	VI Bi	温带北部草原地带	VI Bia-1	西北阿尔泰山含山地针叶林的针茅、沟叶羊茅、短生杂类草草原区
						VI Bia-2	塔尔巴哈台-萨吾尔山地沟叶羊茅、蒿类、短生杂类草山地草原区

（续）

编号	植被区域	编号	植被亚区域	编号	植被地带	编号	植被区
VII	温带荒漠区域	VIIA	西部荒漠亚区域	VIIAi	温带半灌木、矮乔木荒漠地带	VIIAi-1	准噶尔盆地梭梭、半灌木荒漠区
						VIIAi-2	塔城谷地蒿类荒漠、山地草原区
						VIIAi-3	天山北坡山地寒温性针叶林、山地草原区
						VIIAi-4	伊犁谷地蒿类荒漠、山地寒温性针叶林、落叶阔叶林区
		VIIB	东部温带荒漠亚区域	VIIBi	温带半灌木、灌木荒漠地带	VIIBia-1	阿拉善草原化荒漠、半灌木荒漠区
						VIIBib-1	河西走廊、阿拉善灌木、半灌木荒漠区
						VIIBib-2	东祁连山山地寒温性针叶林、山地草原区
						VIIBib-3	西祁连山山地半灌木荒漠草原区
						VIIBib-4	将军戈壁半灌木、矮禾草荒漠区
						VIIBic-1	西阿拉善极旱荒漠区
						VIIBic-2	马鬃山-诺敏戈壁稀疏灌木、半灌木荒漠区
						VIIBic-3	柴达木盆地半灌木、灌木荒漠、盐沼区
				VIIBii	暖温带灌木、半灌木荒漠地带	VIIBiia-1	天山南坡-西昆仑山地半灌木、草原区
						VIIBiia-2	中昆仑-阿尔金山地半灌木荒漠区
						VIIBiib-1	东疆盆地-哈顺戈壁稀疏灌木荒漠区
						VIIBiib-2	塔里木盆地沙漠稀疏灌木、半灌木荒漠区
VIII	青藏高原高寒植被	VIIIA	青藏高原东部高寒灌丛草甸亚区域	VIIIAi	高寒灌丛、高寒草甸地带	VIIIAi-1	川西、藏东、青南高寒灌丛、草甸区
				VIIIAii	高寒草甸地带	VIIIAii-1	那曲-玛多高寒草甸区
		VIIIB	青藏高原中部高寒草原亚区域	VIIIBi	高寒草原地带	VIIIBi-1	江河源高寒草原区
						VIIIBi-2	南羌塘高原高寒草原区
						VIIIBi-3	北羌塘高原高寒草原区
				VIIIBii	温性草原地带	VIIIBii-1	藏南山地湖盆高寒草原、灌丛区
						VIIIBii-2	雅鲁藏布江中游谷地亚高山灌丛、草原区
						VIIIBii-3	雅鲁藏布江上游宽谷高山草原区
		VIIIC	青藏高原西北部高寒荒漠亚区域	VIIICi	高寒荒漠地带	VIIICi-1	昆仑内部高原高寒荒漠区
						VIIICi-2	帕米尔高原高寒荒漠区
				VIIICii	温性荒漠地带	VIIICii-1	中阿里山地宽谷湖盆荒漠区
						VIIICii-2	西南阿里山地荒漠草原区

注：引自《中国植被及其地理格局》（张新时等，2007）。

附录 B（规范性附录）
自然保护区完整性系数计算

B.1　图件等基础资料准备

建立自然保护区景观分类体系（见附录 C），根据所评价的自然保护区类型，划分具体景观类型。根据自然保护区的主要保护对象，确定具体的保护性景观和人工干扰性景观类型，并制作自然保护区景观类型空间分布图。其中，保护性景观是指自然生态系统和珍稀濒危野生动植物的生境；人工干扰性景观指对自然生态系统和珍稀濒危野生动植物的生境造成干扰的人工景观类型。

在景观类型空间分布图中取消相邻保护性景观斑块之间的分界线，合并为一个保护性景观镶嵌体，如果相邻保护性景观之间存在人工永久性隔离因子，将此类型的相邻保护性景观作为彼此隔离的斑块，不参与合并。而如果是由于交通运输用地导致保护性景观彼此不相连，根据实际情况对不相连的保护性景观斑块做进一步合并处理，将进一步处理后的保护性景观斑块作为保护性景观镶嵌体，并制作保护性景观镶嵌体空间分布图，合并处理过程中，主要考虑四级公路、林区公路、农村道路等人工干扰性景观类型对保护性景观不形成实质性的隔离。

统计各保护性景观镶嵌体的面积（A_i）和周长（P_i）。

B.2　保护性景观破碎化指数计算

基于保护性景观镶嵌体空间分布图，计算保护性景观破碎化指数，公式如下：

$$I_F = 1 - \sum_{i=1}^{n} \left(\frac{A_j}{A} \right)^2 \tag{A.1}$$

式中：I_F 为保护性景观破碎化指数，其值介于 0~1 之间，I_F 值越大，保护性景观总体上越趋于破碎化，其完整性越差；A_i 为第 i 个保护性景观镶嵌体的面积；A 为保护性景观的总面积；

n 为保护性景观镶嵌体的个数。

B.3　保护性景观边缘效应指数计算

基于保护性景观镶嵌体空间分布图，计算保护性景观边缘效应指数，公式如下：

$$I_{FD} = \sum_{i=1}^{n} \left(\frac{A_i}{A} \times \frac{\lg 0.25 P_i}{\lg A_i} \right) \tag{A.2}$$

式中：I_{FD} 为保护性景观边缘效应指数，其值介于 1~2 之间，I_{FD} 值越接近 1，保护性景观形状越趋于规则、简单，I_{FD} 值越大，保护性景观总体形状越复杂，边缘效应越强，其完整性越差，A_i 为第 i 个保护性景观镶嵌体的面积；A 为自然保护区内保护性景观镶嵌体的总面积；P_i 为第 i 个保护性景观镶嵌体的周长；n 为保护性景观镶嵌体的个数。

B.4　保护性景观面积有效性指数计算

基于保护性景观镶嵌体空间分布图，计算保护性景观面积有效性指数，公式如下：

$$I_U = \frac{\sum_{i=1}^{n} A_{Ei}}{A} \tag{A.3}$$

式中：I_U 为保护性景观面积有效性指数，其值介于 0~1 之间，I_U 值越大，保护性景观面积有效性越高，其完整性越好；A_{Ei} 为维持主要保护目标物种最小种群长期生存发挥有效作用的保护性景观镶嵌体的面积，是指斑块面积大于或等于主要保护目标物种最小可存活种群面积的保护性景观镶嵌体；A 为自然保护区内保护性景观镶嵌体的总面积；

n 为维持主要保护目标物种最小种群长期生存发挥有效作用保护性景观镶嵌体的个数。

B.5 自然保护区完整性系数计算

基于保护性景观破碎化指数、边缘效应指数和面积有效性指数，计算自然保护区完整性系数，公式如下：

$$F = \frac{(I-I_P) + (2-I_{FD}+I_U)}{3} \tag{A.4}$$

式中：F 为自然保护区完整性系数，其值介于 0~1 之间，F 值越大，生境完整性越高，越有利于生物多样性保护；I_F 为保护性景观破碎化指数；I_{FD} 为保护性景观边缘效应指数；I_U 为保护性面积有效性指数。

附录 C（资料性附录）
自然保护区景观类型编码和名称

| 一级类 | | 二级类 | | 三级类 | |
编码	名称	编码	名称	编码	名称
01	林地	011	有林地	0111	天然林
				0112	人工林
		012	疏林地	0121	天然疏林地
				0122	人工疏林地
		013	灌木林地	0131	天然灌木林
				0132	人工灌木林
		014	未成林地	0141	封育未成林地
				0142	人工造林未成林地
		015	苗圃地	0151	珍稀濒危植物苗圃地
				0152	其他苗圃地
		016	无立木林地	0161	采伐迹地
				0162	火烧迹地
				0163	其他无立木林地
02	草地	021	天然草地	0211	天然草地
		022	牧草地	0221	天然牧草地
				0222	人工牧草地
		023	其他草地	0231	其他草地

（续）

一级类		二级类		三级类	
03	湿地	031	近海与海岸湿地	0311	浅海水域
				0312	潮下水生层
				0313	珊瑚礁
				0314	岩石海岸
				0315	沙石海岸
				0316	淤泥质海岸
				0317	潮间盐水沼泽
				0318	红树林
				0319	河口水域
				03110	三角洲/沙洲/沙岛
				03111	海岸性咸水湖
				03112	海岸性淡水湖
		032	河流湿地	0321	永久性河流
				0322	季节性或间歇性河流
				0323	洪泛平原湿地
				0324	喀斯特溶洞湿地
		033	湖泊湿地	0331	永久性淡水湖
				0332	永久性咸水湖
				0333	季节性淡水湖
				0334	季节性咸水湖
		034	沼泽湿地	0341	藓类沼泽
				0342	草本沼泽
				0343	灌丛沼泽
				0344	森林沼泽
				0345	内陆盐沼
				0346	季节性咸水沼泽
				0347	沼泽化草甸
				0348	地热湿地
				0349	淡水泉/绿洲湿地
		035	人工湿地	0351	库塘
				0352	运河、输水河
				0353	水产养殖场
				0354	盐田
04	冰川及永久积雪	041	冰川	0411	冰川
		042	永久积雪	0421	永久积雪

（续）

一级类		二级类		三级类	
05	裸地	051	裸土地	0511	裸土地
		052	沙地	0521	沙地
		053	裸岩石砾地	0531	裸岩石砾地
06	耕地	061	水田	0611	水田
		062	水浇地	0621	水浇地
		063	旱地	0631	旱地
07	园地	071	果园	0711	果园
		072	茶园	0721	茶园
		073	其他园地	0731	其他园地
08	建设用地	081	商服用地	0811	商服用地
		082	工矿仓储用地	0821	工业用地
				0822	采矿用地
				0823	仓储用地
		083	住宅用地	0831	城镇住宅用地
				0832	农村宅基地
		084	公共管理与公共服务用地	0841	公园与绿地
				0842	风景名胜设施用地
				0843	公共设施用地
				0844	其他公共用地
		085	特殊用地	0851	宗教用地
				0852	殡葬用地
				0853	其他特殊用地
		086	交通运输用地	0861	铁路用地
				0862	公路用地
				0863	林区公路
				0864	街巷用地
				0865	农村道路
				0866	机场用地
				0867	港口码头用地
				0868	管道运输用地
		087	水利设施用地	0871	沟渠
				0872	水工建筑用地
		088	设施农用地	0881	设施农用地

注：同 LY/T 2244.3—2014 中表 1。

附录 D（资料性附录）
中国植物区系分区编码和名称

编号	植物区	编号	植物亚区	编号	植物地区	编号	植物亚地区
Ⅰ	泛北极植物区	ⅠA	欧、亚森林植物亚区	ⅠA1	阿尔泰地区	ⅠA1	阿尔泰地区
				ⅠA2	大兴安岭地区	ⅠA2	大兴安岭地区
				ⅠA3	天山地区	ⅠA3	天山地区
		ⅠB	亚洲荒漠植物亚区	ⅠB4	中亚西部地区	ⅠB4(a)	塔城、伊利亚地区
						ⅠB4(b)	准噶尔亚地区
				ⅠB5	中亚东部地区	ⅠB5(a)	喀什亚地区
						ⅠB5(b)	西、南部蒙古亚地区
		ⅠC	欧、亚草原植物亚区	ⅠC6	蒙古草原地区	ⅠC6(a)	东部蒙古亚地区
						ⅠC6(b)	东北平原亚地区
		ⅠD	青藏高原植物亚区	ⅠD7	唐古特地区	ⅠD7	唐古特地区
				ⅠD8	帕米尔、昆仑、西藏地区	ⅠD8(a)	前、后藏亚地区
						ⅠD8(b)	羌塘亚地区
						ⅠD8(c)	帕米尔、昆仑亚地区
				ⅠD9	西喜马拉雅地区	ⅠD9	西喜马拉雅地区
		ⅠE	中国－日本森林植物亚区	ⅠE10	东北地区	ⅠE10	东北地区
				ⅠE11	华北地区	ⅠE11(a)	辽东、山东半岛亚地区
						ⅠE11(b)	华北平原、山地亚地区
						ⅠE11(c)	黄土高原亚地区
				ⅠE12	华东地区	ⅠE12	华东地区
				ⅠE13	华中地区	ⅠE13	华中地区
				ⅠE14	华南地区	ⅠE14	华南地区
				ⅠE15	滇、黔、桂地区	ⅠE15	滇、黔、桂地区
		ⅠF	中国－喜马拉雅森林植物亚区	ⅠF16	云南高原地区	ⅠF16	云南高原地区
				ⅠF17	横断山脉地区	ⅠF17	横断山脉地区
				ⅠF18	东喜马拉雅地区	ⅠF18	东喜马拉雅地区
Ⅱ	古热带植物区	ⅡG	马来西亚植物亚区	ⅡG19	台湾地区	ⅡG19	台湾地区
				ⅡG20	南海地区	ⅡG20	南海地区
				ⅡG21	北部湾地区	ⅡG21	北部湾地区
				ⅡG22	滇、缅、泰地区	ⅡG22	滇、缅、泰地区

附录 E(资料性附录)
中国动物地理区划编码和名称

动物地理界	编码	动物地理地区	编码	动物地理亚区
古北界	I	东北区	I a	大兴安岭亚区
			I b	长白山地亚区
			I c	松辽平原亚区
	II	华北区	II a	黄淮平原亚区
			II b	黄土高原亚区
	III	蒙新区	III a	东部草原亚区
			III b	西部荒漠区
			III c	天山山地亚区
	IV	青藏区	IV a	羌塘高原亚区
			IV b	青海藏南亚区
东洋界	V	西南区	V a	西南山地亚区
			V b	喜马拉雅亚区
	VI	华中区	VI a	东部丘陵平原亚区
			VI b	西部山地高原亚区
	VII	华南区	VII a	闽广沿海亚区
			VII b	滇南山地亚区
			VII c	海南亚区
			VII d	台湾亚区
			VII e	南海诸岛亚区

10. 参考规范标准

《自然保护区生物多样性保护价值评价技术规程》(国家林业局 LY/T 264—2016)

自然保护地及国家公园调查及评价指标规范

（四）自然保护地及国家公园遥感调查监测技术规范

1. 绪论

新疆自然保护地及国家公园遥感调查监测主要是收集自然保护地包括旅游交通、卫生、邮电服务、旅游购物、综合管理、自然资源（水资源、草原资源、森林资源、湿地资源）等综合资源调查及普查资料；利用遥感技术筛选识别新疆的国家公园和国家公园的潜力区，重点针对潜力区开展生态系统、生物多样性、地质地貌、典型自然景观的综合科学考察与科学基础评估，研究地学、生物生态学、景观美学等多尺度资源价值体系，开展潜力区的价值评估与全球对比研究。本指导手册的目的是确定自然保护地调查与国家公园遥感调查监测工作流程、内容、操作方法等，规范各类环境污染调查过程及数据结果表达，为利用遥感技术开展科学考察提供标准化工作方案。

2. 总则

2.1 总体要求

2.1.1 指导思想

以习近平新时代中国特色社会主义思想为指导，全面贯彻党的十九大和十九届二中、三中全会精神，贯彻落实习近平生态文明思想，认真落实党中央、国务院决策部署，紧紧围绕统筹推进"五位一体"总体布局和协调推进"四个全面"战略布局，牢固树立新发展理念，以保护自然、服务人民、永续发展为目标，加强顶层设计，理顺管理体制，创新运行机制，强化监督管理，完善政策支撑，建立分类科学、布局合理、保护有力、管理有效的以国家公园为主体的自然保护地体系，确保重要自然生态系统、自然遗迹、自然景观和生物多样性得到系统性保护，提升生态产品供给能力，维护国家生态安全，为建设美丽中国、实现中华民族永续发展提供生态支撑。

2.1.2 基本原则

坚持严格保护，世代传承。牢固树立尊重自然、顺应自然、保护自然的生态文明理念，把应该保护的地方都保护起来，做到应保尽保，让当代人享受到大自然的馈赠和天蓝地绿水清、鸟语花香的美好家园，给子孙后代留下宝贵自然遗产。

坚持依法确权，分级管理。按照山水林田湖草沙是一个生命共同体的理念，改革以部门设置、以资源分类、以行政区划分设的旧体制，整合优化现有各类自然保护地，构建新型分类体系，实施自然保护地统一设置，分级管理、分区管控，实现依法有效保护。

坚持生态为民，科学利用。践行绿水青山就是金山银山理念，探索自然保护和资源利用新模式，发展以生态产业化和产业生态化为主体的生态经济体系，不断满足人民群众对优美生态环境、优良生态产品、优质生态服务的需要。

坚持政府主导，多方参与。突出自然保护地体系建设的社会公益性，发挥政府在自然保护地规划、建设、管理、监督、保护和投入等方面的主体作用。建立健全政府、企业、社会组织和公众参与自然保护的长效机制。

坚持中国特色，国际接轨。立足国情，继承和发扬我国自然保护的探索和创新成果。

借鉴国际经验，注重与国际自然保护体系对接，积极参与全球生态治理，共谋全球生态文明建设。

2.1.3　总体目标

建成中国特色的以国家公园为主体的自然保护地体系，推动各类自然保护地科学设置，建立自然生态系统保护的新体制新机制新模式，建设健康稳定高效的自然生态系统，为维护国家生态安全和实现经济社会可持续发展筑牢基石，为建设富强民主文明和谐美丽的社会主义现代化强国奠定生态根基。

到2020年，提出国家公园及各类自然保护地总体布局和发展规划，完成国家公园体制试点，设立一批国家公园，完成自然保护地勘界立标并与生态保护红线衔接，制定自然保护地内建设项目负面清单，构建统一的自然保护地分类分级管理体制。到2025年，健全国家公园体制，完成自然保护地整合归并优化，完善自然保护地体系的法律法规、管理和监督制度，提升自然生态空间承载力，初步建成以国家公园为主体的自然保护地体系。到2035年，显著提高自然保护地管理效能和生态产品供给能力，自然保护地规模和管理达到世界先进水平，全面建成中国特色自然保护地体系。自然保护地占陆域国土面积18%以上。

2.2　构建科学合理的自然保护地体系

2.2.1　明确自然保护地功能定位

自然保护地是由各级政府依法划定或确认，对重要的自然生态系统、自然遗迹、自然景观及其所承载的自然资源、生态功能和文化价值实施长期保护的陆域或海域。建立自然保护地目的是守护自然生态，保育自然资源，保护生物多样性与地质地貌景观多样性，维护自然生态系统健康稳定，提高生态系统服务功能；服务社会，为人民提供优质生态产品，为全社会提供科研、教育、体验、游憩等公共服务；维持人与自然和谐共生并永续发展。要将生态功能重要、生态环境敏感脆弱以及其他有必要严格保护的各类自然保护地纳入生态保护红线管控范围。

2.2.2　科学划定自然保护地类型

按照自然生态系统原真性、整体性、系统性及其内在规律，依据管理目标与效能，并借鉴国际经验，将自然保护地按生态价值和保护强度高低依次分为3类：国家公园、自然保护区、自然公园。

制定自然保护地分类划定标准，对现有的自然保护区、风景名胜区、地质公园、森林公园、海洋公园、湿地公园、冰川公园、草原公园、沙漠公园、草原风景区、水产种质资源保护区、野生植物原生境保护区（点）、自然保护小区、野生动物重要栖息地等各类自然保护地开展综合评价，按照保护区域的自然属性、生态价值和管理目标进行梳理调整和归类，逐步形成以国家公园为主体、自然保护区为基础、各类自然公园为补充的自然保护地分类系统。

2.2.3　确立国家公园主体地位

做好顶层设计，科学合理确定国家公园建设数量和规模，在总结国家公园体制试点经验基础上，制定设立标准和程序，划建国家公园。确立国家公园在维护国家生态安全关键区域中的首要地位，确保国家公园在保护最珍贵、最重要生物多样性集中分布区中的主导地位,确定国家公园保护价值和生态功能在全国自然保护地体系中的主体地位。国家公园建立后,在相同区域一律不再保留或设立其他自然保护地类型。

2.2.4 编制自然保护地规划

落实国家发展规划提出的国土空间开发保护要求,依据国土空间规划,编制自然保护地规划,明确自然保护地发展目标、规模和划定区域,将生态功能重要、生态系统脆弱、自然生态保护空缺的区域规划为重要的自然生态空间,纳入自然保护地体系。

2.2.5 整合交叉重叠的自然保护地

以保持生态系统完整性为原则,遵从保护面积不减少、保护强度不降低、保护性质不改变的总体要求,整合各类自然保护地,解决自然保护地区域交叉、空间重叠的问题,将符合条件的优先整合设立国家公园,其他各类自然保护地按照同级别保护强度优先、不同级别低级别服从高级别的原则进行整合,做到一个保护地、一套机构、一块牌子。

2.2.6 归并优化相邻自然保护地

制定自然保护地整合优化办法,明确整合归并规则,严格报批程序。对同一自然地理单元内相邻、相连的各类自然保护地,打破因行政区划、资源分类造成的条块割裂局面,按照自然生态系统完整、物种栖息地连通、保护管理统一的原则进行合并重组,合理确定归并后的自然保护地类型和功能定位,优化边界范围和功能分区,被归并的自然保护地名称和机构不再保留,解决保护管理分割、保护地破碎和孤岛化问题,实现对自然生态系统的整体保护。在上述整合和归并中,对涉及国际履约的自然保护地,可以暂时保留履行相关国际公约时的名称。

2.3 建立统一规范高效的管理体制

2.3.1 统一管理自然保护地

理顺现有各类自然保护地管理职能,提出自然保护地设立、晋(降)级、调整和退出规则,制定自然保护地政策、制度和标准规范,实行全过程统一管理。建立统一调查监测体系,建设智慧自然保护地,制定以生态资产和生态服务价值为核心的考核评估指标体系和办法。各地区各部门不得自行设立新的自然保护地类型。

2.3.2 分级行使自然保护地管理职责

结合自然资源资产管理体制改革,构建自然保护地分级管理体制。按照生态系统重要程度,将国家公园等自然保护地分为中央直接管理、中央地方共同管理和地方管理3类,实行分级设立、分级管理。中央直接管理和中央地方共同管理的自然保护地由国家批准设立;地方管理的自然保护地由省级政府批准设立,管理主体由省级政府确定。探索公益治理、社区治理、共同治理等保护方式。

2.3.3 合理调整自然保护地范围并勘界立标

制定自然保护地范围和区划调整办法,依规开展调整工作。制定自然保护地边界勘定方案、确认程序和标识系统,开展自然保护地勘界定标并建立矢量数据库,与生态保护红线衔接,在重要地段、重要部位设立界桩和标识牌。确因技术原因引起的数据、图件与现地不符等问题可以按管理程序一次性纠正。

2.3.4 推进自然资源资产确权登记

进一步完善自然资源统一确权登记办法，每个自然保护地作为独立的登记单元，清晰界定区域内各类自然资源资产的产权主体，划清各类自然资源资产所有权、使用权的边界，明确各类自然资源资产的种类、面积和权属性质，逐步落实自然保护地内全民所有自然资源资产代行主体与权利内容，非全民所有自然资源资产实行协议管理。

2.3.5 实行自然保护地差别化管控

根据各类自然保护地功能定位，在既严格保护又便于基层操作的前提下，合理分区，实行差别化管控。国家公园和自然保护区实行分区管控，原则上核心保护区内禁止人为活动，一般控制区内限制人为活动。自然公园原则上按一般控制区管理，限制人为活动。结合历史遗留问题处理，分类分区制定管理规范。

2.4 创新自然保护地建设发展机制

2.4.1 加强自然保护地建设

以自然恢复为主，辅以必要的人工措施，分区分类开展受损自然生态系统修复。建设生态廊道、开展重要栖息地恢复和废弃地修复。加强野外保护站点、巡护路网、监测监控、应急救灾、森林草原防火、有害生物防治和疫源疫病防控等保护管理设施建设，利用高科技手段和现代化设备促进自然保育、巡护和监测的信息化、智能化。配置管理队伍的技术装备，逐步实现规范化和标准化。

2.4.2 分类有序解决历史遗留问题

对自然保护地进行科学评估，将保护价值低的建制城镇、村屯或人口密集区域、社区民生设施等调整出自然保护地范围。结合精准扶贫、生态扶贫，核心保护区内原住居民应实施有序搬迁，对暂时不能搬迁的，可以设立过渡期，允许开展必要的、基本的生产活动，但不能再扩大发展。依法清理整治探矿采矿、水电开发、工业建设等项目，通过分类处置方式有序退出；根据历史沿革与保护需要，依法依规对自然保护地内的耕地实施退田还林还草还湖还湿。

2.4.3 创新自然资源使用制度

按照标准科学评估自然资源资产价值和资源利用的生态风险，明确自然保护地内自然资源利用方式，规范利用行为，全面实行自然资源有偿使用制度。依法界定各类自然资源资产产权主体的权利和义务，保护原住居民权益，实现各产权主体共建保护地、共享资源收益。制定自然保护地控制区经营性项目特许经营管理办法，建立健全特许经营制度，鼓励原住居民参与特许经营活动，探索自然资源所有者参与特许经营收益分配机制。对划入各类自然保护地内的集体所有土地及其附属资源，按照依法、自愿、有偿的原则，探索通过租赁、置换、赎买、合作等方式维护产权人权益，实现多元化保护。

2.4.4 探索全民共享机制

在保护的前提下，在自然保护地控制区内划定适当区域开展生态教育、自然体验、生态旅游等活动，构建高品质、多样化的生态产品体系。完善公共服务设施，提升公共服务功能。扶持和规范原住居民从事环境友好型经营活动，践行公民生态环境行为规范，支持和传承传统文化及人地和谐的生态产业模式。推行参与式社区管理，按照生态保护需求设立生态管护岗位并优先安排原住居民。建立志愿者服务体系，健全自然保护地社会捐赠制度，激励企业、社会组织和个人参与自然保护地生态保护、建设与发展。

2.5 加强自然保护地生态环境监督考核

实行最严格的生态环境保护制度，强化自然保护地监测、评估、考核、执法、监督等，形成一整套体系完善、监管有力的监督管理制度。

2.5.1 建立监测体系

建立国家公园等自然保护地生态环境监测制度，制定相关技术标准，建设各类各级自然保护地"天空地一体化"监测网络体系，充分发挥地面生态系统、环境、气象、水文水资源、水土保持、海洋等监测站点和卫星遥感的作用，开展生态环境监测。依托生态环境监管平台和大数据，运用云计算、物联网等信息化手段，加强自然保护地监测数据集成分析和综合应用，全面掌握自然保护地生态系统构成、分布与动态变化，及时评估和预警生态风险，并定期统一发布生态环境状况监测评估报告。对自然保护地内基础设施建设、矿产资源开发等人类活动实施全面监控。

2.5.2 加强评估考核

组织对自然保护地管理进行科学评估，及时掌握各类自然保护地管理和保护成效情况，发布评估结果。适时引入第三方评估制度。对国家公园等各类自然保护地管理进行评价考核，根据实际情况，适时将评价考核结果纳入生态文明建设目标评价考核体系，作为党政领导班子和领导干部综合评价及责任追究、离任审计的重要参考。

2.5.3 严格执法监督

制定自然保护地生态环境监督办法，建立包括相关部门在内的统一执法机制，在自然保护地范围内实行生态环境保护综合执法，制定自然保护地生态环境保护综合执法指导意见。强化监督检查，定期开展"绿盾"自然保护地监督检查专项行动，及时发现涉及自然保护地的违法违规问题。对违反各类自然保护地法律法规等规定，造成自然保护地生态系统和资源环境受到损害的部门、地方、单位和有关责任人员，按照有关法律法规严肃追究责任，涉嫌犯罪的移送司法机关处理。建立督查机制，对自然保护地保护不力的责任人和责任单位进行问责，强化地方政府和管理机构的主体责任。

3. 术语与定义

3.1 综合资源

3.1.1 土壤资源

土壤指位于陆地表层能够让植物生长的疏松多孔物质层及其相关自然地理要素的综合体。土壤资源是指具有农、林、牧业生产性能的土壤类型的总称，是人类生活和生产最基本、最广泛、最重要的自然资源，属于地球上陆地生态系统的重要组成部分。

3.1.2 水资源

水资源是指可以利用或有可能被利用的水源，这个水源应具有足够的数量和合适的质量，并满足某一地方在一段时间内具体利用的需求。

3.1.3 地下水

狭义指埋藏于地面以下岩土孔隙、裂隙、溶隙饱和层中的重力水，广义指地表以下各种形式的水。

3.1.4 水系

流域内所有河流、湖泊等各种水体组成的水网系统，称作水系。

3.1.5 草原资源

草原资源是草原、草山及其他一切草类资源的总称，分为野生草类和人工种植的草类，是一种生物资源，它的实体是草本植物。

3.1.6 森林资源

森林资源是林地及其所生长的森林有机体的总称。这里以林木资源为主，还包括林中和林下植物、野生动物、土壤微生物及其他自然环境因子等资源。林地包括乔木林地、疏林地、灌木林地、林中空地、采伐迹地、火烧迹地、苗圃地和国家规划宜林地。

3.1.7 湿地资源

湿地是重要的国土资源和自然资源，具有多种功能。它与人类的生存、繁衍、发展息息相关，是自然界最富生物多样性的生态景观和人类最重要的生存环境之一。

3.2 资源价值体系

3.2.1 生态系统

生态系统是由生物群落及其生存环境共同组成的动态平衡系统，而生物群落由存在于自然界一定范围或区域内并互相依存的一定种类的动物、植物、微生物组成。

3.2.2 生物多样性

描述自然界多样性程度的一个内容广泛的概念。对于生物多样性，不同的学者所下的定义是不同的。

3.2.3 自然景观

根据国际君友会在其公益刊物中的释义是指可见景物中，未曾受人类影响的部分。

3.3 遥感监测

遥感监测技术是通过航空或卫星等收集环境的电磁波信息对远离的环境目标进行监测识别环境质量状况的技术，它是一种先进的环境信息获取技术，在获取大面积同步和动态环境信息方面"快"而"全"，是其他检测手段无法比拟和完成的。

4. 引用规范标准

①《中华人民共和国自然保护区条例》（国务院令第 167 号）；

②《中华人民共和国野生动物保护法》(中华人民共和国主席令第 24 号);

③《中华人民共和国野生植物保护条例》(国务院令第 204 号);

④《建设项目环境管理条例》(国务院令第 253 号);

⑤《国家级自然保护区监督检查办法》(国家环境保护总局令第 36 号);

⑥《关于进一步加强自然保护区管理工作的通知》(国办发〔1998〕111 号);

⑦《关于进一步加强自然保护区建设和管理工作的通知》(环发〔2002〕163 号);

⑧《国务院办公厅关于做好自然保护区管理有关工作的通知》(国办发〔2010〕63 号);

⑨《关于加强自然保护区管理有关问题的通知》(环办〔2004〕101 号);

⑩《自然保护区土地管理办法》(国土法字〔1995〕117 号);

⑪《生态环境状况评价技术规范》(HJ/T 192—2006);

⑫《国家公园功能分区规范》(LY/T 2933—2018);

⑬《土地利用现状分类》(GB/T 21010—2017);

⑭《基础性地理国情监测数据技术规定》(GQJC01);

⑮《第三次全国国土调查技术规程》(TD/T 1055);

⑯《中华人民共和国自然保护区条例》(国务院令第 167 号);

⑰《关于建立以国家公园为主体的自然保护地体系的指导意见》(中办发〔2019〕42 号);

⑱《自然保护区人类活动遥感监测及核查处理办法(试行)》(国环规生态〔2017〕3 号);

⑲《自然保护区人类活动遥感监测技术指南(试行)》(环办〔2014〕12 号)。

5. 科考工作任务

按照科考资料来源可划分为现有资料收集整理、野外数据调查和遥感信息解译 3 部分。

5.1 现有资料数据整编

由于生态环境部门对自然保护地已经开展过例行和专项环境调查工作,因此没有必要对已有的数据进行重复调查,只需收集相关数据。收集生态环境部门数据包括矢量数据和自然资源数据两部分内容。矢量数据是对国家现已设立保护区或景区的自然保护地进行空间分布定位,用于后续工作中有针对性的调查。对自然资源数据包括水资源、植物资源、野生动物资源、地质特征等进行统计整理,用以初步分析保护区综合资源和自然保护地特征,有利于国家公园潜力区的识别。对收集到的矢量数据和自然资源数据按照规定的格式进行整理,形成已有数据的数据库。

5.2 野外调查数据

由于生态环境部门主要对规定的指标在规定的监测点按照规定的时间进行监测,监测指标、时间和地点都比较固定,因此生态环境部门数据不能满足科学考察需要,需要对规定外的点位、指标开展野外调查,以了解新疆重点环境问题现状,为经济可持续发展提供建议。

5.3 遥感数据解译及整编

在明确自然保护地生态环境和空间分布特征的基础上,实施"天—空—地"协同调查技术，运用高分辨率遥感影像，综合调查自然保护地综合资源，分析生态环境综合价值是否满足国家公园或世界自然遗产的潜力。

6. 科考工作要求

6.1 准备工作

6.1.1 制定考察方案

综合科学考察单位应于科学考察前制定详细的考察方案。考察方案内容包括确定考察时间表、调查线路、任务分工等。

6.1.2 工具及设备要求

定位工具：GPS、野外工作计划图。

记录工具：笔记本电脑、数码相机、移动硬盘、光盘、充电宝、调查表、记录本、铅笔、中性笔、标签、记号笔（不同型号）。

安全防护用品：工作服、工作鞋、安全帽、手套、雨具、防晒物品、常用药品、口罩等。

6.1.3 采样物资

工具类：铁锹、铁铲、镐头、圆状取土钻、螺旋取土钻、木（竹）铲以及适合特殊采样要求的工具等。

器具类：采样手持终端、便携式蓝牙打印机、不干胶样品标签打印纸、卷尺、便携式手提秤、样品袋（布袋和塑料袋）、棕色密封样品瓶（广口磨口玻璃瓶或带聚四氟乙烯衬垫的螺口玻璃瓶）、运输箱等。

文具类：样品标签（人工填写）、点位编号列表、剖面标尺、采样现场记录表、铅笔、签字笔、资料夹、透明胶带、用于围成漏斗状的硬纸板等。

运输工具：采样用车辆及车载冷藏箱。

6.1.4 人员准备与分工

开展综合科学考察前需组建包含环境、环境工程、生态学、地质学、水文学等相关学科专业技术人员的调查组，并对参加的调查人员进行调查方法的统一培训。

6.2 做好工作记录

6.2.1 文字记录

野外科学考察应每日记录工作日记，内容包括时间、地点、人员、工作内容等。

6.2.2 影像记录

科考过程中应随时拍照或录像记录重要考察过程，可采用相机或采用有定位功能的手机 App 进行影像记录。

6.2.3 数据保存

将科考纸质版重要资料进行汇总保存；电子版内容及时保存至特定移动存储中，并用"工作内容+时间"格式进行文件命名。

6.3 定期开展工作总结

①定期开展工作总结，就现阶段科学考察出现的问题进行讨论，研究下一步科学考察内容。

②将重要科学考察过程及科学考察结果以简报或者专报的形式进行保存，并提交至总科考中心及时进行信息公布。

7. 科学考察工作内容

运用"天—空—地"协同调查技术，开展新疆世界自然遗产、自然保护区、风景名胜区、地质公园、森林公园、湿地公园等各类自然保护地的综合资源调查；筛选识别新疆的国家公园和世界自然遗产的潜力区，重点针对潜力区开展生态系统、生物多样性、地质地貌、典型自然景观的综合科学考察与科学基础评估，研究地学、生物生态学、景观美学等多尺度资源价值体系，开展潜力区的价值评估与全球对比研究；提出世界自然遗产、国家公园、自然保护区、自然公园等4级自然保护地体系科学合理的总体布局方案，以及自然保护地与区域协调发展的政策保障体系。

7.1 技术流程

科学考察工作基本概念流程见图2。

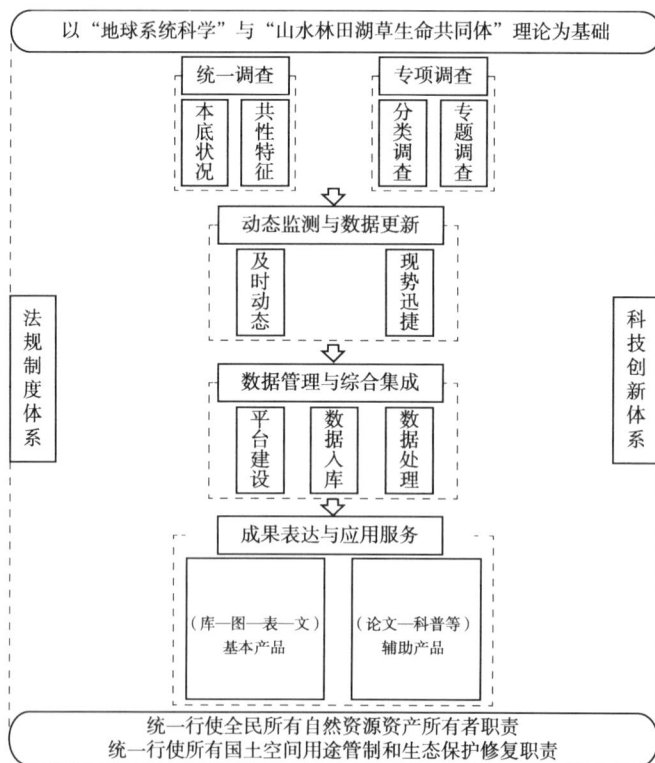

图2 科学考察工作基本概念流程

科学考察工作具体工作流程见图3。

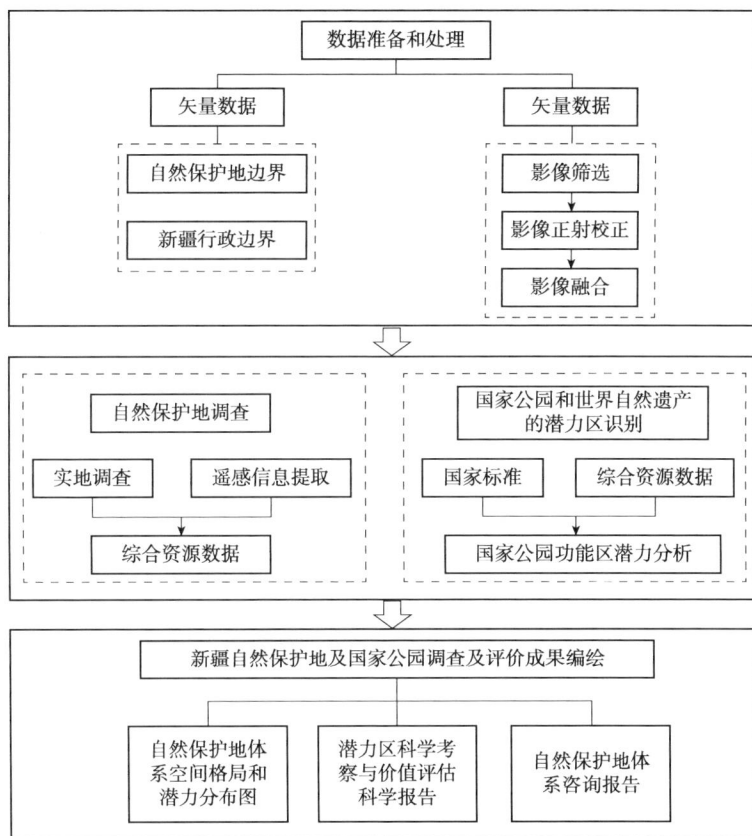

图3　科学考察工作技术流程

具体包括如下步骤。

（1）数据准备和处理

获取自然保护地的矢量边界和影像等数据，并对数据进行处理，为遥感监测提供数据基础。

（2）自然保护地土地利用信息提取

基于行业标准和解译标志，提取自然保护地土地利用信息。

（3）自然保护地现状数据生产

对解译数据整合和属性更新，生产保护地土地覆盖现状数据。

（4）自然保护地遥感监测报告编制

统计自然保护地综合资源信息，编绘新疆全域自然保护地体系空间格局和潜力分布；重点针对潜力区开展生态系统、生物多样性、地质地貌、典型自然景观的综合科学考察与科学基础评估，并与全球国家公园和世界自然遗产对比，撰写科学报告。

7.2　自然保护地综合资源调查

以地球系统科学理论为指导，以固体地球系统为参考系，以与人类活动密切相关的资源实体为主要对象，以简洁、明晰、实用为原则，提出基于自然资源空间和物质属性标准，服务于自然资源综合调查业务的分类方案，作为自然资源科学研究和构建综合调查业务体系框架的基础。首先按照自然资源的空间属性，将其划分为地下空间、地表空间、低层空间和管理空间4个资源层，再根据各资源层所赋存资源对象或实体划分不同的实体类型，以形成狭义陆域自然资源的分类体系(见图4)。

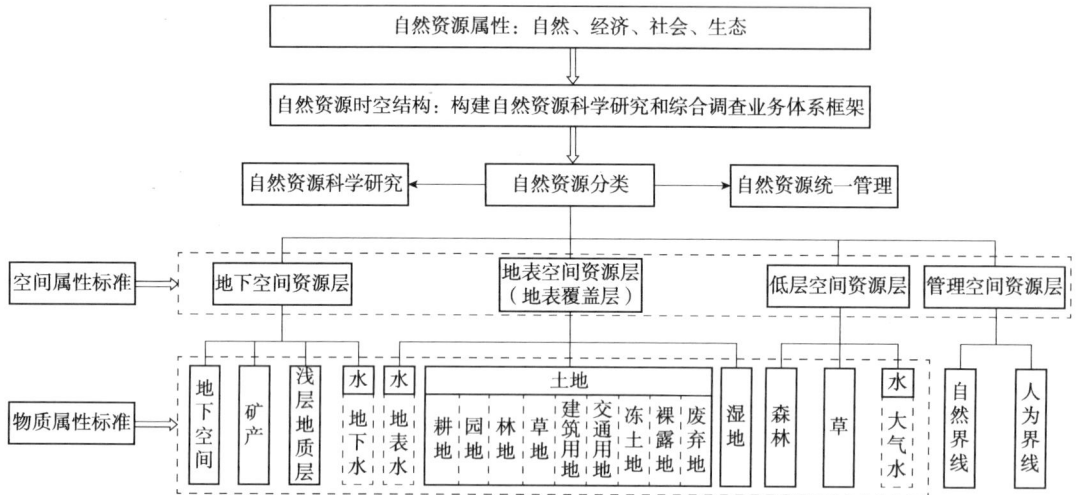

图4 服务于综合调查业务的陆域自然资源分类方案

服务于自然资源综合调查监测工作的分类，明确调查监测的基本对象和实体，通过建立自然资源的时空结构，明确了调查监测工作时空坐标和尺度，基本奠定了自然资源综合调查监测业务工作的基础。依据各类自然资源的自然属性、经济社会属性和生态功能属性等特征，分别建立起它们的要素属性结构模型，以构成表征不同自然资源要素的综合指标体系。自然资源属性结构包括通用属性和专用属性。通用属性是指各类自然资源具有的共性特征指标。以各类自然资源体投射在地表的分布范围与位置等地理空间属性为主体，以开发利用与保护情况等为辅助，用来表征自然资源的基础或本底状态或状况。专用属性是指不同类型自然资源所特有的特性信息指标，主要包括数量、质量、生态经济以及与其相关的信息等。根据本文所提出的服务于综合调查业务的自然资源分类方案所确定的自然资源基本类型，其属性特征结构综合列于见表16。

表16 综合资源基本类型属性特征结构

基本类型	地理空间属性	数量属性	质量属性	生态经济及相关属性
地下空间	位置、类型、地表的地形地貌和利用功能指向、便利性和施工条件	适合开发的范围、可供开发的面积、合理开发的深度、地下可开发空间分层性及资源量	岩土体类型与结构、水文地质结构、构造稳定性和地面沉降等	地面沉降、地下水位的变化、可能引起的地下污染状况
矿产	空间位置、分布、产状，开发利用状态	资源量或储量	种类，矿体形态、结构和规模，矿石类型、结构和品位，矿物和化学成分，共伴生元素及其可综合利用性，自然禀赋和采选冶炼条件等	土地破坏、环境污染、水土流失、次生地质灾害、人类健康

（续）

基本类型	地理空间属性	数量属性	质量属性	生态经济及相关属性
浅表地质层	位置、空间分布与形状，地理表观特征	物质成分、面积、厚（深度）、体积	物理、化学状态，结构构造特征，含水性等	本身的生态经济贡献值，对其他资源的支撑、孕育能力和地域性差异
土地	位置、分布和形状，开发利用状态	类型，面积、厚（深）度	等级、物质成分、孔隙度和含水性、健康状况、种植条件、粮食产量、可利用情况、承载能力等	耕地保有量、资源承载和人类利用的适宜度和可利用度
水	位置、分布、范围、水体形状，开发利用状态	水域面积、总量、分类资源量、可利用资源量以及开发利用现状，水位、径流量，地下水水位、涌水量	自然状态、水质、产能（水能蕴藏量）等	水域面积率、地下水超采面积比、生态功能以及开发利用对生态的影响
森林	位置、空间分布及范围	林种数量、分布面积、覆盖率、蓄积量、郁闭度、生长量、树高、胸径、年龄	起源、群落及其结构、龄组、郁闭度、功能、材积、林业产量总产值等	生物量、碳储量、涵养水源、保护水土、美化环境、净化空气、多样性
草	位置及边界、范围，草原地形与地貌景观	面积、综合植被覆盖度、疏密度、生物量、产草量、草群种类、草群平均高、等级	草群结构、等级、草原植被生长状况、毒害草种类及占比、利用状况、草地生产力、草原载蓄量与载蓄能力等	调节气候、防风固沙、涵养水源、保护水土、美化环境、净化空气和防治公害、维持生物多样性和营造草原生态景观
湿地	位置、分布、地形与海拔、边界与形状	面积、大小、范围、湿地率、湿地保护率以及组成湿地各要素的数量属性	类型、水文系统变化、生物多样性、保护与利用、受威胁状况，以及组成湿地各要素的质量属性等	保护生物多样性、调节径流、改善水质、调节小气候、涵养水源、蓄洪防旱、降解污染、补充地下水和水土防护

7.3　国家公园和世界自然遗产的潜力区识别

通过实地考察，从生态系统、生物多样性、地质地貌、典型自然景观的综合科学考察与科学基础进行评估；立足于以上数据库重点研究山岳冰川、荒漠景观、干旱生态系统、野生动物栖息地等 OUV 表征要素，依据已有预备清单首先入手开展塔克拉玛干沙漠-塔里木河胡杨林、阿尔泰山、雅丹、中昆仑等典型案例开展"天空地"国家公园和世界自然遗产的潜力区识别。

7.3.1　国家公园功能区类型识别

（1）严格保护区

定义：该区域的主要功能是保护完整的自然生态地理单元、具有国家代表性的大面积自然生态系统、国家重点保护野生动植物的大范围生境、完整的生态过程和特殊的自然遗迹。该区域严禁人为干扰和破坏，以确保其自然原真性不受影响。

特征：严格保护区面积占国家公园总面积的比例一般不低于 50%。下列区域应划为严格保护区。

①具有自然生态地理区代表性且保存完好的大面积自然生态系统，其面积应能维持自然生态系统结构、过程和功能的完整性；

②国家重点保护野生动植物的集中分布区及其赖以生存的生境；

③具有国家代表性的自然景观，或具有重要科学意义的特殊自然遗迹的区域；

④生态脆弱的区域。

（2）生态保育区

定义：该区域的主要功能是对退化的自然生态系统进行恢复，维持国家重点保护野生动植物的生境，以及隔离或减缓外界对严格保护区的干扰。该区域以自然力恢复为主，必要时辅以人工措施。

特征：下列区域应划为生态保育区。

①需要恢复的退化自然生态系统集中分布的区域；

②国家重点保护野生动植物生境需要人为干预才能维持的区域；

③大面积人工植被需要改造的区域及有害生物需要防治的区域；

④被人为活动干扰破坏的区域；

⑤隔离的重要自然生态系统分布区之间的生态廊道区域；根据自然生态系统演替、国家重点保护野生动植物扩散等需要，确定生态廊道的位置、长度和宽度等参数。

（3）传统利用区

定义：该区域主要为原住居民保留，用于基本生活和开展传统农、林、牧、渔业生产活动的区域，以及较大的居民集中居住区域。

特征：传统利用区面积占国家公园总面积的比例不宜高于15%。下列区域应划为传统利用区。

①原住居民开展传统生产的区域；

②当地居民集中居住的区域；

③当地居民生产生活所必需的公共管理与公共服务用地、特殊用地和交通运输用地等区域。

（4）科教游憩区

定义：该区域的主要功能是为公众提供亲近自然、认识自然和了解自然的场所，可开展科研监测、自然环境教育、生态旅游和休憩康养等活动。

特征：科教游憩区面积占国家公园总面积的比例不应高于5%。下列区域可划为科教游憩区。

①具有理想的科学研究对象，便于开展长期研究和定期观测的区域；

②适宜开展科普宣传、生态文明教育等活动的区域；

③拥有较好的自然游憩资源、人文景观和宜人环境，便于开展自然体验、生态旅游和休憩康养等活动的区域。

8. 数据准备和处理

遥感影像处理包括波段组合、几何精校正、图像镶嵌与图像裁切等处理过程。

8.1 矢量数据准备和处理

8.1.1 矢量数据准备

①新疆自然保护地边界矢量数据；②新疆行政区划矢量数据；③数据格式为 shapefile 格式。

8.1.2 矢量数据处理

矢量边界处理包括投影转换、功能分区赋值等过程。①投影转换：当矢量边界与自然保护区遥感影像不一致时，需要将矢量边界的投影转换成纠正好的影像投影。②功能分区赋值：利用 GIS 属性编辑功能，对保护区功能分区进行赋值，核心区赋代码 1，缓冲区赋代码 2，实验区赋代码 3。

8.2 影像数据准备和处理

影像选取：①影像空间分辨率优于或等于 2.5m，自然保护地边界范围内影像一般应无云或少云覆盖；②影像无明显噪声和缺行；③相邻影像间的重叠范围不得少于整景的 2%。

8.3 影像正射校正

原始遥感影像有几何畸变，需要利用地面控制点对遥感图像进行几何精校正，主要包括方法确定、控制点输入、像素重采样和精度评价。

①确定校正方法：根据遥感影像几何畸变的性质和数据源的不同确定几何校正的方法，一般选择多项式校正方法；

②控制点输入：一般要求均匀分布在整幅遥感影像上，尽量选择明显、清晰的定位识别标志，如道路交叉点等特征点；

③重采样：对原始输入影像进行重采样，得到消除几何畸变后的影像，一般选用双线性内插法；

④精度评价：以景为单位，将几何精纠正的影像与控制影像套合，检验精度。要求平地、丘陵地区影像正射校正后的配准精度在 2 个像元以内，部分山区在 4 个像元以内。

8.4 影像融合

以景为单位，对正射校正后满足精度要求的全色与多光谱影像进行融合，要求融合后影像：①能清晰地表现纹理信息，能突出主要地类；②影像色调均匀、反差适中、无重影、模糊等现象，光谱特征还原真实、准确、无光谱异常；③数据格式为 Img 或 GeoTIFF 格式。

8.5 影像镶嵌

对于面积较大的自然保护区而言，需要多景影像才能覆盖，需要进行影像镶嵌。

①指定参考图像：作为镶嵌过程中对比匹配以及镶嵌后输出图像的地理投影、像元大小、数据类型的基准。

②影像镶嵌：在重叠区内选择一条连接两边图像的拼接线，进行影像镶嵌，要求景与

景的接边精度控制在 1 个像元以内。

8.6　影像裁切

镶嵌后的影像需要用自然保护区边界裁切出来，得到每个自然保护区的遥感影像。

①投影转换：转换矢量边界投影，与纠正好的遥感影像一致。

②影像裁切：利用遥感软件，将影像用保护区边界裁切出来。

9. 遥感解译

包含土地利用类型信息提取、综合指数的测算和数据审核。

9.1　土地利用类型图斑勾绘

提取自然保护地内土地利用信息，对覆盖自然保护地的影像进行全面判读和勾绘。所有土地利用类型都按面状图层勾绘。

9.1.1　判读规则

根据影像的判读标志，如色调、形状、位置、大小、阴影、布局、纹理及其他间接标志等，从影像上识别各种土地利用类型信息。

判读顺序：一般是从影像顶部开始，然后从左到右，从上到下依次连续判读。

9.1.2　图斑的最小勾绘单元

面状地类应大于 6×6 个像元，图斑短边宽度最小为 2 个像元。

9.1.3　图斑属性赋值

对勾绘的图斑进行属性赋值。

9.1.4　面积

面状图层图斑统计填写面积。

9.1.5　解译数据格式

shp 格式。

9.1.6　自然保护地名称

填写"自然保护地简称+自然保护地级别+自然保护地类型"，如"百花山国家级自然保护区"。

9.1.7　中心经度/纬度

填写图斑的中心经度和中心纬度，用小数度数形式表示，精确到小数点后四位，比如，"108.2530"。

9.1.8　生产日期

填写自然保护地土地利用类型信息提取完成日期，用"年/月/日"表示。

9.2　分类数据审核和修改

9.2.1　审核和修改

采取全面审查和交叉审查相结合的方式，对解译数据图斑进行审核，确保数据质量。

重点对以下问题进行审核。

(1) 图斑勾绘不准

勾绘的图斑与影像上同名地物实际变化纹理边缘距离超过 1 个像元，或因判读不准等造成的识别错误。

(2) 图斑遗漏

图斑未判读、未勾绘。

(3) 图斑拓扑错误

图斑之间重叠、缝隙和自相交。

9.2.2 属性的审核和修改

对图斑的属性赋值情况进行审核，并进行相应修改。重点对以下问题进行审核。

(1) 属性填写错误

土地利用类型判读错误和唯一编码赋值错误等。

(2) 属性填写不规范

未按照规定的属性赋值要求进行填写。

(3) 属性填写不完整

必填的属性未填写。

9.2.3 格式

Shapefile 格式。

10. 遥感监测报告编制

10.1 全域自然保护地体系空间格局和潜力分布图

10.1.1 制作专题图

对新疆全域自然保护地体系和国家公园潜力区空间分布进行专题制图，制图要素包括标题、图例、指北针、比例尺和经纬网。

(1) 标题

标题置于上方，黑体，颜色为黑色。

(2) 图例

图例置于下角，并标示不同人类活动变化类型。

(3) 指北针

指北针置于专题图右上角，颜色为黑色。

(4) 比例尺

比例尺置于专题图下方，宋体，单位为 km。

(5) 经纬网

经纬网置于专题图外边缘，注记为 Times New Roman 字体，图廓左右纬度竖向显示，上下经度横向显示，不显示经纬线。

10.1.2 单个保护地特色区域遥感截图

对具有保护地特色的区域进行截图。

(1)截图要求

遥感截图要求突出保护地特征,截图大小统一为"高3.8cm、宽5cm"。

(2)截图时间

在截图右下角用11号宋体标注影像成像时间:××××年××月。

(3)截图图名

图名位于截图下方,对保护地详细信息进行说明,并标出唯一编码和中心经度/纬度。

10.2 科学考察与价值评估科学报告

报告包括区域所有自然保护地申报国家公园识别条件情况和国家公园潜力区综合价值情况两个方面。

(1)国家公园和世界自然遗产潜力区总体条件

分析新疆所有自然保护地综合条件,分析评估国家公园和世界自然遗产的潜力。

(2)国家公园和世界自然遗产潜力区总体价值评估

综合评估潜力区的价值。

11. 附录

附表1 不同类型和不同级别自然保护地代码

一级自然保护地类型	二级自然保护地类型	国家级代码	地方级代码
国家公园		C	
自然保护区		N1	N2
自然公园	湿地公园	W1	W2
	风景名胜区	L1	L2
	地质公园	G1	G2
	森林公园	F1	F2
	水产种质资源保护区	A1	A2
	水利风景区	R1	R2
	沙漠石漠公园	D1	D2
	沙化土地封禁保护区	S1	S2
	矿山公园	M1	M2
	草原公园	V1	V2
	草原风景区	P1	P2
	野生植物原生境保护区(点)	B1	B2
	自然保护小区	Z1	Z2
	野生动物重要栖息地	H1	H2
	冰川公园	I1	I2

附表 2　土地利用现状分类

一级类		二级类		含义
编码	名称	编码	名称	
01	耕地			指种植农作物的土地，包括熟地、新开发、复垦、整理地、休闲地(含轮歇地、休耕地)；以种植农作物(含蔬菜)为主，间有零星果树、桑树或其他树木的土地；平均每年能保证收获一季的已垦滩地和海涂。耕地中包括南方宽度<1.0m，北方宽度<2.0m固定的沟、渠、路和地坎(埂)；临时种植药材、草皮、花卉、苗木等的耕地，临时种植果树、茶树和林木且耕作层未破坏的耕地，以及其他临时改变用途的耕地
		0101	水田	指用于种植水稻、莲藕等水生农作物的耕地，包括实行水生、旱生农作物轮种的耕地
		0102	水浇地	指有水源保证和灌溉设施，在一般年景能正常灌溉，种植旱生农作物(含蔬菜)的耕地，包括种植蔬菜的非工厂化的大棚用地
		0103	旱地	指无灌溉设施，主要靠天然降水种植旱生农作物的耕地，包括没有灌溉设施，仅靠引洪淤灌的耕地
02	园地			指种植以采集果、叶、根、茎、汁等为主的集约经营的多年生木本和草本作物，覆盖度大于50%或每亩株数大于合理株数70%的土地，包括用于育苗的土地
		0201	果园	指种植果树的园地
		0202	茶园	指种植茶树的园地
		0203	橡胶园	指种植橡胶树的园地
		0204	其他园地	指种植桑树、可可、咖啡、油棕、胡椒、药材等其他多年生作物的园地
03	林地			指生长乔木、竹类、灌木的土地，及沿海生长红树林的土地，包括迹地，不包括城镇、村庄范围内的绿化林木用地，铁路、公路征地范围内的林木，以及河流、沟渠的护堤林
		0301	乔木林地	指乔木郁闭度≥0.2的林地，不包括森林沼泽
		0302	竹林地	指生长竹类植物，郁闭度≥0.2的林地
		0303	红树林地	指沿海生长红树植物的林地
		0304	森林沼泽	以乔木森林植物为优势群的淡水沼泽
		0305	灌木林地	指灌木覆盖度≥40%的林地，不包括灌丛沼泽
		0306	灌丛沼泽	以灌丛植物为优势群落的淡水沼泽
		0307	其他林地	包括疏林地(树木郁闭度0.1≤树木郁闭度<0.2的林地)、未成林地、迹地、苗圃等林地

一级类		二级类		含义
编码	名称	编码	名称	
04	草地			指生长草本植物为主的土地
		0401	天然牧草地	指以天然草本植物为主，用于放牧或割草的草地，包括实施禁牧措施的草地，不包括沼泽草地
		0402	沼泽草地	指以天然草本植物为主的沼泽化的低地草甸、高寒草甸
		0403	人工牧草地	指人工种植牧草的草地
		0404	其他草地	指树木郁闭度<0.1，表层为土质，不用于放牧的草地
05	商服用地			指主要用于商业、服务业的土地
		0501	零售商业用地	以零售功能为主的商铺、商场、超市、市场和加油、加气、充换电站等的用地
		0502	批发市场用地	以批发功能为主的市场用地
		0503	餐饮用地	饭店、餐厅、酒吧等用地
		0504	旅馆用地	宾馆、旅馆、招待所、服务型公寓、度假村等用地
		0505	商务金融用地	指商务服务用地，以及经营性的办公场所用地，包括写字楼、商业性办公场所、金融活动场所和企业厂区外独立的办公场所；信息网络服务、信息技术服务、电子商务服务、广告传媒等用地
		0506	娱乐用地	指剧院、音乐厅、电影院、歌舞厅、网吧、影视城、仿古城以及绿地率小于65%的大型游乐等设施用地
		0507	其他商服用地	指零售商业、批发市场、餐饮、旅馆、商务金融、娱乐用地以外的其他商业、服务业用地。包括洗车场、洗染店、照相馆、理发美容店、洗浴场、赛马场、高尔夫球场、废旧物资回收站、机动车、电子产品用日用产品修理网点、物流营业网点及居住小区及小区级以下的配套的服务设施等用地
06	工矿仓储用地			指主要用于工业生产，物资存放场所的土地
		0601	工业用地	指工业生产、产品加工制造、机械和设备修理及直接为工业生产等服务的附属设施用地
		0602	采矿用地	指采矿、采石、采砂(沙)场，砖瓦窑等地面生产用地，排土(石)及尾矿堆放地
		0603	盐田	指用于生产盐的土地，包括晒盐场所、盐地及附属设施用地
		0604	仓储用地	指用于物资储备、中转的场所用地，包括物流仓储设施、配送中心、转运中心等
07	住宅用地			指主要用于人们生活居住的房基地及其附属设施的土地
		0701	城镇住宅用地	指城镇用于生活居住的各类房屋用地及其附属设施用地，不含配套的商业服务设施等用地
		0702	农村宅基地	指农村用于生活居住的宅基地

（续）

一级类		二级类		含义
编码	名称	编码	名称	
08	公共管理与公共服务用地			指用于机关团体、新闻出版、科教文卫、公用设施等的土地
		0801	机关团体用地	指用于党政机关、社会团体、群众自治组织等的用地
		0802	新闻出版用地	指用于广播电台、电视台、电影厂、报社、杂志社、通讯社、出版社等的用地
		0803	教育用地	指用于各类教育用地，包括高等院校、中等专业学校、中学、小学、幼儿园及其附属设施用地，聋、哑、盲人学校及工读学校用地，以及为学校配建的独立地段的学生生活用地
		0804	科研用地	指独立的科研、勘察、研究、设计、检验检测、技术推广、环境评估与监测、科普等科研事业单位及其附属设施用地
		0805	医疗卫生用地	指医院、保健、卫生、防疫、康复和急救设施等用地，包括综合医院、专科医院、社区卫生服务中心等用地，卫生防疫站、专科防治所、检验中心和动物检疫站等用地，对环境有特殊要求的传染病、精神病等专科医院用地，急救中心、血库等用地
		0806	社会福利用地	指为社会提供福利和慈善服务的设施及其附属设施用地，包括福利院、养老院、孤独院等用地
		0807	文化设施用地	指图书、展览等公共文化活动设施用地，包括公共图书馆、博物馆、档案馆、科技馆、纪念馆、美术馆和展览馆等设施用地，综合文化活动中心、文化馆、青少年宫、儿童活动中心、老年活动中心等设施用地
		0808	体育用地	指体育场馆和体育训练基地等用地，包括室内外体育运动用地，如体育馆、游泳场馆、各类球场及其附属的业余体校等用地，溜冰场、跳伞场、摩托车场、射击以及水上运动的陆域部分等用地，以及为体育运动专设的训练基地用地，不包括学校等机构专用的体育设施用地
		0809	公用设施用地	指用于城乡基础设施的用地，包括供水、排水、污水处理、供电、供热、供气、邮政、电信、消防、环卫、公用设施维修等用地
		0810	公园与绿地	指城镇、村庄范围内的公园、动物园、植物园、街心花园、广场和用于休憩、美化环境及防护的绿化用地
09	特殊用地			指用于军事设施、涉外、宗教、监教、殡葬、风景名胜等的土地
		0901	军事设施用地	指直接用于军事目的的设施用地
		0902	使领馆用地	指用于外国政府及国际组织驻华使领馆、办事处等的用地
		0903	监教场所用地	指用于监狱、看守所、劳改场、戒毒所等的建筑用地
		0904	宗教用地	指专门用于宗教活动的庙宇、寺院、道观、教堂等宗教自用地
		0905	殡葬用地	指陵园、墓地、殡葬场所用地
		0906	风景名胜设施用地	指风景名胜景点（包括名胜古迹、旅游景点、革命遗址、自然保护区、森林公园、地质公园、湿地公园等）的管理机构，以及旅游服务设施的建筑用地。景区内的其他用地按现状归入相应地类

(续)

一级类		二级类		含义
编码	名称	编码	名称	
10	交通运输用地			指用于运输通行的地面线路、场站等的土地。包括民用机场、汽车客货运场站、港口、码头、地面运输管道和各种道路以及轨道交通用地
		1001	铁路用地	指用于铁道线路及场站的用地。包括征地范围内的路堤、路堑、道沟、桥梁、林木等用地
		1002	转道交通用地	指用于轻轨、现代有轨电车、单轨等轨道交通用地,以及场站的用地
		1003	公路用地	指用于国道、省道、县道和乡道的用地,包括征地范围内的路堤、路堑、道沟、桥梁、汽车停靠站、林木及直接为其服务的附属用地
		1004	城镇村道路用地	指城镇、村庄范围内公用道路及行道树用地,包括快速路、主干路、次干路、支路、专用人行道和非机动车道,及其交叉口等
		1005	交通服务场站用地	指城镇、村庄范围内交通服务设施用地,包括公交枢纽及其附属设施用地、公路长途客运站、公共交通场站、公共停车场(含设有充电桩的停车场)、停车楼、教练场等用地,不包括交通指挥中心、交通队用地
		1006	农村道路	在农村范围内,南方宽度≥1.0m,北方宽度≥2.0m,用于村间、田间交通运输,并在国家公路网络体系之外,以服务于农村农业生产为主要用途的道路(含机耕道)
		1007	机场用地	指用于民用机场、军民合用机场的用地
		1008	港口码头用地	指用于人工修建的客运、货运、捕捞及工程,工作船舶停靠的场所及其附属建筑物的用地,不包括常水位以下部分
		1009	管道运输用地	指用于运输煤炭、矿石、石油、天然气等管道及相应附属设施的地上部分用地
11	水域及水利设施用地			指陆地水域、滩涂、沟渠、水工建筑物等用地。不包括滞洪区和已垦滩涂中的耕地、园地、林地、城镇、村庄、道路等用地
		1101	河流水面	指天然形成或人工开挖河流常水位岸线之间的水面,不包括被堤坝拦截后形成的水库区段水面
		1102	湖泊水面	指天然形成的积水区常水位岸线所围成的水面
		1103	水库水面	指人工拦截汇集而成的总设计库容≥10万 m^3 的水库正常蓄水位岸线所围成的水面
		1104	坑塘水面	指人工开挖或天然形成的蓄水量<10万 m^3 的坑塘常水位岸线所围成的水面
		1105	沿海滩涂	指沿海大潮高潮位与低潮位之间的潮浸地带。包括海岛的沿海滩涂,不包括已利用的滩涂
		1106	内陆滩涂	指河流、湖泊常水位至洪水位间的滩地,时令湖、河洪水位以下的滩地,水库、坑塘的正常蓄水位与洪水位间的滩地,包括海岛的内陆滩地,不包括已利用的滩地
		1107	沟渠	指人工修建,南方宽度≥1.0m,北方宽度≥2.0m,用于引、排、灌的渠道,包括渠槽、渠堤、护堤林及小型泵站
		1108	沼泽地	指经常积水或渍水,一般生长湿生植物的土地,包括草本沼泽、苔藓沼泽、内陆盐沼等,不包括森林沼泽、灌丛沼泽和沼泽草地
		1109	水工建筑用地	指人工修建的闸、坝、堤路林、水电厂房、扬水站等常水位岸线以上的建(构)筑物用地
		1110	冰川及永久积雪	指表层被冰雪常年覆盖的土地

（续）

一级类		二级类		含义
编码	名称	编码	名称	
12	其他土地			指上述地类以外的其他类型的土地
		1201	空闲地	指城镇、村庄、工矿范围内尚未使用的土地。包括尚未确定用途的土地
		1202	设施农用地	指直接用于经营性畜禽养殖生产设施及附属设施用地，直接用于作物栽培或水产养殖等农产品生产的设施及附属设施用地，直接用于设施农业项目辅助生产的设施用地，晾晒场、粮食果品烘干设施、粮食和农资临时存放场所、大型农机具临时存放场所等规模化粮食生产所必需的配套设施用地
		1203	田坎	指梯田及梯状坡地耕地中，主要用于拦蓄水和护坡，南方宽度≥1.0m、北方宽度≥2.0m 的地坎
		1204	盐碱地	指表层盐碱聚集，生长天然耐盐植物的土地
		1205	沙地	指表层为沙覆盖、基本无植被的土地，不包括滩涂中的沙地
		1206	裸土地	指表层为土质，基本无植被覆盖的土地
		1207	裸岩乐砾地	指表层为岩石或石砾，其覆盖面积≥70%的土地

附表3　自然保护地名录

序号	编码	自然保护地类别	自然保护地名称	位置(行政范围)
1				
2				
3				
4				
5				
6				
7				
8				
9				
10				
11				
12				
13				
14				
15				
16				
17				
18				
19				

附表4 重点调查自然保护地名录

序号	编码	自然保护地类别	自然保护地名称	位置(行政范围)
1				
2				
3				
4				
5				
6				
7				
8				
9				
10				
11				
12				
13				
14				

附表5 自然保护区一般调查表

调查人:	调查时间: 年 月 日		
自然保护区名称		保护区序号:	
所属保护区地名		保护区编码:	
保护区类型		保护区面积:	
保护区分布	县级行政区		
	中心点坐标	北纬:	东经:
平均海拔(m)			
保护区植被面积(hm²)			
群系名称	优势植物		
	中文名	英文名	科名
保护区区划因子			
保护管理状况			

附表6 保护区综合资源统计表

调查人:	所属县(市):		调查时间: 年 月 日	
重点调查保护区名称			保护区编码	
保护区类型			保护区位置	
主要地貌类型				
土壤	土壤类型			
	泥炭厚度(沼泽湿地)	1 薄层 2 厚层 3 超厚层		
	备注			
气象要素	年平均降水量(mm)		变化范围	
	年平均蒸发量(mm)		变化范围	
	年平均气温(℃)		变化范围	
	≥0℃年平均积温		≥10℃年平均积温	
	备注计资料来源:			

附表 7　自然保护遥感解译标志截图

地类名称	地类代码	遥感截图(备注时间)	实地调研照片(备注时间)

附表 8　判读考核登记表

坐标		真值	判读类型	正	错
x	y				

附表 9　国家公园功能分区表

功能区类型	面积/(km²)	比例/(%)
严格保护区		
生态保育区		
传统利用区		
科教游憩区		
总计		

附表 10　国家公园各功能区关键点坐标表

严格保护区			生态保育区			传统利用区			科教游憩区		
编号	经度	纬度	编号	经度	纬度	编号	经度	纬度	编号	经度	纬度

自然保护地及国家公园调查及评价指标规范

（五）综合评价

1. 自然保护地及国家公园综合评价

(1) 自然保护地及国家公园管理历史沿革

(2) 自然保护地及国家公园范围及功能区评价

(3) 主要保护对象动态变化评价

(4) 管理有效性评价

(5) 社会效益评价

(6) 经济效益评价

(7) 生态效益评价

2. 自然保护地及国家公园保护与管理建议

(1) 存在的问题与矛盾

以实地调查和资料调研相结合的方式,了解湿地的破坏和受威胁情况,重点查清对湿地产生威胁的因子、作用时间、影响面积、已有危害及潜在威胁。

(2) 保护管理及规划建议

荒漠化沙化调查及评价指标规范

（一）荒漠化沙化调查指标规范

1. 绪论

土地不仅充当着人类赖以生存的物质生产资料和生存环境的重要角色,同时起着调节生态平衡的重要作用。为了提高土地的生产力,人类不可持续的农业土地利用、落后的土壤和水资源管理方式、森林砍伐、自然植被破坏、大量使用重型机械等自然与人为的原因,已引起全球土地资源的不断退化和生态环境的日益恶化,这将威胁到粮食安全、社会经济系统持续发展及人类的生存环境。中国作为发展中国家,在经济快速发展的同时,也面临着生态环境的巨大压力。目前,中国是世界上荒漠化、水土流失危害最严重的国家之一,现有荒漠化土地面积 267.4 万 km^2,占国土面积的 27.9%。尤其是西部地区,水土流失面积占全国的 80% 以上,新增荒漠化面积占全国的 90% 以上。

我国被认为是世界上土地退化最严重的国家之一,且退化类型复杂。新疆则是我国土地荒漠化面积最大、分布最广的省份,也是防治土地荒漠化的重点地区之一。在长期的经济发展过程中,经济开发问题以及人口数量的不断增长,对其生态环境破坏极大,这也造成土地荒漠化问题逐渐加剧,阻碍当地的可持续发展。因此,对土地荒漠化的监测与评价具有非常重要的意义。

新疆第三次综合科学考察是对新疆生态系统及资源分布情况的一次全面了解的重要方式之一,考察结果将为新疆未来发展与布局提供有效的科学依据。综合科学考察荒漠化部分是为了全面掌握荒漠化的现状、动态变化规律及其对自然和社会造成的损失程度。通过收集与整理与荒漠化调查相关的现行标准、规范、规程等,对调查全过程具有典型代表性的标准、规范、规程进行适用性分析,并补充完善先进的调查技术,提出面向新疆第三次综合科学考察的荒漠化领域数据考察标准及规范,可实现行业调查基础数据和信息资源标准化与规范化。本部分重点围绕土地荒漠化要素,从荒漠化监测、荒漠化评价及荒漠化防治与修复三个方面收集整理出了荒漠化调查相关的国家标准、地方标准、行业标准等资料。共整理分析相关标准 46 项,其中,荒漠化监测相关标准 22 项、荒漠化评价相关标准 8 项、荒漠化防治与修复相关标准 15 项。荒漠化相关标准将分别按照监测技术规范、定位观测指标规范及技术规范、评价规范、程度分级规范、治理规范、修复规范进行分类整理,其中,监测技术规范 11 项,定位观测指标及技术规范 11 项,评价规范 5 项,程度分级规范 4 项,治理规范 10 项,修复规范 5 项。通过归纳与总结,整理出一套适用于新疆第三次土地荒漠化沙化科学考察的调查指标体系及评价体系,为新疆第三次科学考察项目顺利实施提供基础保障,也为类似的荒漠化沙漠调查提供参考。

2. 基本术语与规范

2.1 基本术语

2.1.1 干旱、半干旱和亚湿润地区

湿润指数在 0.05~0.65 之间的地区为干旱、半干旱区和亚湿润区。湿润指数是指年降水与蒸发力之比。小于 0.05 为极干旱区;0.05~0.20 为干旱区;0.20~0.50 为半干旱区;0.50~0.65 为亚湿润区;大于 0.65 为湿润区(见表 1)。

湿润指数(MI)为降水量与蒸发散之比。按 W. Thornthwaite 方法计算蒸发散。

表 1　湿润指数(MI)

气候类型	湿润指数(MI)	气候类型	湿润指数(MI)
极干旱区	<0.05	亚湿润干旱区	0.50~0.65
干旱区	0.05~0.20	湿润区	>0.65
半干旱区	0.20~0.50		

2.1.2　荒漠

气候干旱,降雨稀少(年降水量小于60mm 或湿润度指数小于0.05),多变,植被稀疏低矮,土地贫瘠的自然地带。荒漠按地表物质可分为岩漠、砾漠、泥漠和盐漠等。

2.1.3　土地退化

单位面积土地生产力(或经济生产力)和多样性降低或丧失。包括:风蚀致使土壤物质流失;土壤的物理、化学和生物特性或经济特性退化;自然植被长期丧失等。

2.1.4　荒漠化

由于气候变化和人类活动等因素造成的干旱、半干旱和亚湿润地区的土地退化。包括草场退化、水土流失、土壤沙化、盐渍化等。

2.1.5　荒漠化土地类型

按造成荒漠化的主导自然因素划分以下主要荒漠化类型,如同时存在 2 种荒漠化类型,分别记录主要类型和次要类型。

(1)风蚀

指由于风的作用使地表土壤物质脱离地表被搬运现象及气流中颗粒对地表的磨蚀作用。

(2)水蚀

指由于大气降水,尤其是降雨所导致的土壤搬运和沉积过程。

(3)盐渍化

指地下水、地表水带来的对植物有害的易溶盐分在土壤中积累的过程。

(4)冻融

指温度在摄氏零度左右及其以下变化时,对土体所造成的机械破坏作用。

2.1.6　沙化土地(sandy desertification)

沙化土地指在各种气候条件下,由于各种因素形成的、地表呈现以沙(砾)物质为主要标志的退化土地。土地沙化划分为沙化土地、有明显沙化趋势的土地和非沙化土地 3 个类型。

2.1.7　沙化土地类型

2.1.7.1　沙化工地

沙化土地按其形态分为:流动沙地(丘)、半固定沙地(丘)、固定沙地(丘)、露沙地、沙化耕地、非生物治沙工程地、风蚀残丘、风蚀劣地、戈壁。

(1)流动沙地(丘)

指土壤质地为沙质，植被盖度<10%、地表沙物质常处于流动状态的沙地或沙丘。

(2)半固定沙地(丘)

指土壤质地为沙质，10%≤植被盖度<30%(乔木林冠下无其他植被时，郁闭度<0.50)，且分布比较均匀，风沙活动受阻，但流沙纹理仍普遍存在的沙丘或沙地，其中包含人工半固定沙地和天然半固定沙地。

①人工半固定沙地：通过人工措施(人工种植乔灌草、飞播、封育等措施)治理的半固定沙地。

②天然半固定沙地：植被起源为天然的半固定沙地。

(3)固定沙地(丘)

指土壤质地为沙质，植被盖度≥30%(乔木林冠下无其他植被时，郁闭度≥0.50)，风沙活动不明显，地表稳定或基本稳定的沙丘或沙地。固定沙地分为：

①人工固定沙地：通过人工措施(人工种植乔灌草、飞播、封育等措施)治理的固定沙地。

②天然固定沙地：植被起源为天然的固定沙地。

(4)露沙地

指土壤表层主要为土质，有斑点状流沙出露(<5%)或疹状灌丛沙堆分布，能就地起沙的土地。

(5)沙化耕地

主要指没有防护措施及灌溉条件，经常受风沙危害，作物产量低而不稳的沙质耕地。

(6)非生物治沙工程地

指单独以非生物手段固定或半固定的沙丘和沙地，如机械沙障及以土石和其他材料固定的沙地。在非生物治沙工程地上又采用生物措施的，应划为相应的固定或半固定沙地(丘)。

(7)风蚀残丘

指干旱地区由于风蚀作用形成的雅丹、土林、白砻墩等风蚀地。

(8)风蚀劣地

指由于风蚀作用导致土壤细粒物质损失，粗粒物质相对增多或砾石和粗砂集中于地表的土地。

(9)戈壁

指干旱地区地表为砾石覆盖，植被稀少，且广袤而平坦的土地。

2.1.7.2　有明显沙化趋势的土地

有明显沙化趋势的土地指由于过度利用或水资源匮乏等因素导致的植被严重退化，生产力下降，地表偶见流沙点或风蚀斑，但尚无明显流沙堆积形态的土地。

2.1.7.3　非沙化土地

非沙化土地指沙化土地和有明显沙化趋势的土地以外的其他土地。

2.1.8　土地利用类型

指的是土地利用方式相同的土地资源单元；是根据土地利用的地域差异划分的，反映土地用途、性质及其分布规律的基本地域单位；是人类在改造利用土地进行生产和建设的过程中所形成的各种具有不同利用方向和特点的土地利用类别。根据国标《GB/T 21010—2017 土地利用现状分类》划分荒漠化调查中的土地利用类别。

2.1.9　生物生产力

单位面积土地的生物在整个生育过程中累积的有机物质总量，包括根、茎、叶、花、果的干重和所载动物。

2.1.10　景观

具有单一地质基础，成因相同，能代表同一生态特征的一个自然区域综合体。尺度一般在几 km 至几十 km。

2.1.11　样区

在一景观区内，选作长期固定观测的地段。面积一般为 0.1~10km²。

2.1.12　测点

在样区中按指定规律或按随机方法选出进行测量的地点，或根据实际情况在样区外选择的流动的测量地点。

2.1.13　样方

在测点进行某些操作(如测量植物干重、植被覆盖率等)所选择的采样区。测量草地时，样方取 1~4m²；测量灌木或灌丛，样方取 10~20m²；测量森林，样方取 500m²。

2.1.14　植被盖度

地表一定面积上所有植被(含乔木、灌木、草本)垂直投影面积占总面积之比，用百分法表示，最大为 100%。

2.1.15　郁闭度

林地内乔木树冠垂直投影面积与林地总面积之比。

2.1.16　优势种

对群落的结构和群落环境的形成有明显控制作用的植物种。一般指盖度大、个体数量多、生物量高、生活能力较强的一个或多个植物种类。

2.1.17　图斑

沙化土地监测、区划及面积量算的基本单元。

2.1.18　监测范围

荒漠化监测范围为湿润指数(MI)在 0.05~0.65 之间的地区，包括干旱区、半干旱区和亚湿润干旱区。沙化监测范围为所有分布有沙化土地和有明显沙化趋势的土地的地区。

2.2 引用标准与规范

本指导手册内容引用下列文件中的条款。凡是不注日期的引用文件，其最新版本适用于本标准。

GB 3095—2012 环境空气质量标准；

GB 38380—2002 地表水环境质量标准田；

GB 15618—2018 土壤环境质量农用地土壤污染风险管控标准（试行）；

GB/T 20483—2006 土地荒漠化监测方法；

GB/T 24255—2009 沙化土地监测技术规程；

DB12/T 417—2010 沙化和荒漠化监测技术规程；

DB51/T 1477—2012 草原沙化地面监测技术规程；

DB51/T 1730—2014 草原沙化遥感监测技术规范；

GB 19377—2003 天然草地退化、沙化、盐渍化的分级指标标准；

GB/T 21010—2017 土地利用现状分类；

HJ/T 91 地表水和污水监测技术规范；

HJ/T 166 土壤环境监测技术规范；

HJ 623 区域生物多样性评价标准；

HJ 633 环境空气质量指数（AQI）技术规定（试行）；

HJ 772 环境统计技术规范污染源统计；

SL 190 土壤侵蚀分类分级标准；

观测指标体系 6 项，（LY/T 1698—2007）为荒漠生态系统定位观测指标体系；《干旱、半干旱区荒漠（沙地）生态系统定位观测指标体系》（LY/T 2092—2013）、《荒漠区盐渍化土地生态系统定位观测指标体系》（LY/T 2936—2018）、《青藏高原高寒荒漠生态系统定位观测指标体系》（LY/T 2509—2015）、《戈壁生态系统定位观测指标体系》（LY/T 2793—2017）、《沙化土地监测指标体系》（DB11/T 724—2010）等；

定位观测技术规范 1 项，主要为《荒漠生态系统定位观测技术规范》（LY/T 1752—2008）；

站点建设及数据管理规范 3 项，主要为《荒漠生态系统观测研究站建设规范》（LY/T 1753—2008）、《荒漠生态系统观测场及长期固定样地的分类和编码》、《荒漠生态系统定位观测研究站数据管理规范》（LY/T 2511—2015）；第二次全国污染源普查清查技术规定（国污普〔2018〕3 号）；第三次全国土地调查技术规程；

自然保护区人类活动遥感监测及核查处理办法（试行）（国环规生态〔2017〕3 号）；

县域生物多样性调查与评估技术规定（原环境保护部 2017 年第 84 号公告）；

3. 土地荒漠化沙化遥感监测调查规范

3.1 总则

遥感监测具有监测范围广、信息更新速度快、周期短、获取的信息量大，并节省人力、物力和减少人为因素的干扰等特点。遥感数据已经广泛地应用于荒漠化监测中。

本章节通过收集与整理荒漠化遥感监测和调查的相关现行标准、规范、规程等，并补充完善先进的调查技术，为第三次新疆科学考察的荒漠化沙化调查提供指导。

3.2　术语与定义

3.2.1　遥感监测

遥感监测是通过卫星、航空或无人机等收集环境的电磁波信息对远离的环境目标进行监测识别环境质量状况的技术。它是一种先进的环境信息获取技术，在获取大面积同步和动态环境信息方面"快"而"全"，是其他检测手段无法比拟和完成的。

3.2.2　植被指数

根据植被的光谱特性，将卫星可见光和近红外波段进行组合，形成了各种植被指数。

3.2.3　归一化植被指数

$NDVI=(NIR-R)/(NIR+R)$，NIR 为近红外(植被强烈反射)波段值，R 为红光(植被吸收)波段值。

应用于检测植被生长状态、植被覆盖度和消除部分辐射误差等；$-1 \leqslant NDVI \leqslant 1$，负值表示地面覆盖为云、水、雪等，对可见光高反射；0 表示有岩石或裸土等，NIR 和 R 近似相等；正值，表示有植被覆盖，且随覆盖度增大而增大。$NDVI$ 的局限性表现在，用非线性拉伸的方式增强了 NIR 和 R 的反射率的对比度。对于同一幅图象，分别求比值指被指数(RVI)和 $NDVI$ 时会发现，RVI 值增加的速度高于 $NDVI$ 增加速度，即 $NDVI$ 对高植被区具有较低的灵敏度；$NDVI$ 能反映出植物冠层的背景影响，如土壤、潮湿地面、雪、枯叶、粗糙度等，且与植被覆盖有关。

3.2.4　土壤调节植被指数[soil adjusted vegetation index(SAVI)]

$SAVI=(NIR-R) \times (1+L)/(NIR+R+L)$，其中，$NIR$ 为近红外(植被强烈反射)波段值，R 为红光(植被吸收)波段值，L 是随着植被密度变化的参数，取值范围 0~1，当植被覆盖度很高时为 0，很低时为 1。如果 $L=0$，$SAVI=NDVI$。草地和棉花田，L 取 0.5 时 $SAVI$ 消除土壤反射率的效果较好。所以很少能够知道植被密度，所以难以优化此指数。

3.2.5　植被盖度[vegetation coverage(VC)]

推荐采用线性像元二分模型将 NDVI 转换成植被覆盖度，计算公式为：

$$Fc=\frac{X-X\text{siol}}{X\text{veg}-X\text{siol}}$$

式中：Fc 为植被覆盖度，$X\text{veg}$ 为 $NDVI$ 接近高植被覆盖的区域均值，$XI\text{soil}$ 是 $NDVI$ 基本无植被的区域均值。

3.2.6　空间分辨率

图像上能够区分的最小单元尺寸或面积，是用来表征影像分辨地面目标细节能力的指标。对于现代的光电传感器图像，空间分辨率通常用地面分辨率和影像分辨率来表示。

3.2.7 采样间隔

处理后的数字影像相邻像素中心点间的距离。

3.2.8 土地利用变化信息

在一定时间段内，各种土地利用现状发生类型、位置、形状和范围等的改变。

3.2.9 监测区

根据遥感监测目标确定的特定区域。

3.2.10 动态遥感监测

应用遥感技术对同一目标或区域进行连续监测，以获取其动态变化信息的过程。

3.2.11 数字正射影像图

经过正射投影改正的影像数据集。

3.3 遥感数据源

3.3.1 卫星数据源

在现阶段荒漠化沙化遥感监测的卫星数据源主要有以下几种。

（1）MODIS 数据

MODIS 全称 Moderate-Resolution Imaging Spectroradiometer，即中分辨率成像光谱仪。1998 年，MODIS 机载模型器安装到 EOS-AM（上午轨道，Terra）和 PM（下午轨道，Aqua）系列卫星上，从 1999 年 12 月正式向地面发送数据。MODIS 数据涉及波段范围广，它具有 36 个中等分辨率水平（0.25~1μm）的光谱波段，每 1~2 天对地球表面观测 1 次，获取陆地和海洋温度、初级生产率、陆地表面覆盖、云、气溶胶、水汽、火情等目标的图像。MODIS 第 1~2 波段分辨率为 250m，3~7 波段分辨率为 500m，其他波段分辨率为 1000m。这些数据均对地球科学的综合研究和对陆地、大气和海洋进行分门别类的研究有较高的实用价值。TERRA 和 AQUA 卫星都是太阳同步极轨卫星，TERRA 在地方时上午过境，AQUA 在地方时下午过境。TERRA 与 AQUA 上的 MODIS 数据在时间更新频率上相配合，加上晚间过境数据，对于接收 MODIS 数据来说可以得到每天最少 2 次白天和 2 次黑夜更新数据。这样的数据更新频率，对实时地球观测和应急处理（例如森林和草原火灾监测和救灾）有较大的实用价值。在荒漠化沙化监测中常用 MODIS MOD13 产品数据，即栅格的归一化植被指数和增强型植被指数（NDV/EI），空间分辨率有 1000m、500m、250m。

（2）陆地卫星数据 Landsat

陆地卫星计划是运行时间最长的地球观测计划。从 1972 年 7 月 23 日地球资源卫星（Earth Resources Technology Satellite）发射以来，先后成功发射了 7 颗卫星，分别为 Landsat 1、2、3、4、5、7、8。Landsat 1~5 卫星现在已经停止运营。Landsat 1~5 都搭载了 MSS 传感器，波段波长为：0.5~0.6、0.6~0.7、0.7~0.8、0.8~1.1μm，图像空间分辨率为

78m；Landsat 5 搭载了专题制图仪（hematicMapper，TM）传感器，波段波长为 0.45~0.52、0.52~0.60、0.63~0.69、0.76~0.90、1.55~1.75、2.08~2.35、10.40~12.50μm，可见光和近红外波动的空间分辨率为 30m，远红外的空间分辨率为 120m。Landsat 7 搭载的增强型主题成像传感器 ETM+，波段波长为 0.450~0.515、0.525~0.605、0.630~0.690、0.775~0.900、1.550~1.750、10.40~12.50、2.090~2.350、0.520~0.900μm，可见光和近红外波动的空间分辨率为 30m，远红外的空间分辨率为 60m。Landsat 8 搭载 OLI 传感器和 TIRS 传感器；OLI 传感器波段波长为 0.433~0.453、0.450~0.515、0.525~0.600、0.630~0.680、0.845~0.885、1.560~1.660、2.100~2.300、0.500~0.680、1.360~1.390μm，可见光和近红外波动的空间分辨率为 30m，全色的空间分辨率为 15m；TIRS 传感器波段波长为：10.6~11.2、11.5~12.5μm，空间分辨率为 100m。

（3）SPOT 卫星数据

SPOT 系列卫星是法国空间研究中心（CNES）研制的一种地球观测卫星系统，至今已发射 SPOT 卫星 1~7 号。SPOT 卫星采用的太阳同步准回归轨道，通过赤道时刻为地方时上午 10：30，回归天数（重复周期）为 26 天。由于采用倾斜观测，所以实际上可以对同一地区用 4~5 天的时间进行观测。SPOT 1、2、3 上搭载的传感器 HRV 采用 CCD（Charge Coupled Device 探测元件来获取地面目标物体的图像。HRV 具有多光谱 XS 和 PA 两种模式，其余全色波段具有 10m 的空间分辨率，多光谱具有 20m 的空间分辨率。Spot4 上搭载的是 HRVIR 传感器和一台植被仪。SPOT-5 上搭载包括 2 个高分辨几何装置（HRG）和 1 个高分辨率立体成像装置（HRS）传感器，1 台宽视域植被探测仪（VGT）等，空间分辨率最高可达 2.5m，前后模式实时获得立体像对，运营性能有很大改善，在数据压缩、存储和传输等方面也均有显著提高。SPOT-6 由欧洲领先的空间技术公司－Astrium－制造的对地观测卫星，加入由 Astrium Services 分发的极高分辨率卫星 Pleiades 1A 的轨道。使用 Reference3D，定位精度达到 10m（CE90）的自动正射影像，同步采集全色和多光谱影像：1.5m 全色（0.455-0.745μm），6m 多光谱。4 个波段：蓝（0.455 - 0.525μm）、绿（0.530μm - 0.590μm）、红（0.625 ~ 0.695μm）、近红外（0.760~0.890μm）。全色和 4 个多光谱波段的 1.5 米彩色融合影像。影像幅宽：星下点 60km。SPOT-7 轨道高度 694km，发射质量 712kg。SPOT-7 采用 Astrosat 500MK^2 平台，具备很强的姿态机动能力，可在 14s 内侧摆 30°。SPOT-7 全色分辨率 1.5m，多光谱分辨率 6m，星上载有 2 台称为"新型 Astrosat 平台光学模块化设备"（NAOMI）的空间相机，2 台相机的总幅宽为 60km。

（4）中巴地球资源卫星数据

中巴地球资源卫星（CBERS）是 1988 年中国和巴西两国政府联合议定书批准，在中国资源一号原方案基础上，由中、巴两国共同投资、联合研制的卫星，包含中巴地球资源卫星 01 星（已退役）、02 星（已退役）、02B 星（已退役）、02C 星、04 星、04A 星。CBERS-1 中巴资源卫星的国内名称为资源-1，是以中国为主、巴西为辅研制的中国第一代传输型地球资源卫星。它于 1999 年 10 月 14 日顺利升空，是我国的第一颗数字传输型资源卫星。它运行于太阳同步轨道，轨道高度 778km，倾角 98.5°，重复周期 26 天，相邻轨道间隔时间为 4 天，扫描带宽度 185km，其上搭载了 CCD 传感器、IRMSS 红外扫描仪、广角成像仪，提供了从 20～256m 分辨率的 11 个波段不同幅宽的遥感数据。卫星数据网上免费分发，在我国国土资源勘查、环境监测与保护、城市规划、农作物估产、防灾减灾和空间科学试验等许多领域，都有着广泛的应用。

（5）环境卫星数据

环境系列卫星是中国专门用于环境和灾害监测的对地观测卫星系统。系统由 2 颗光学卫星（HJ-1A 卫星和 HJ-1B 卫星）和 1 颗雷达卫星（HJ-1C 卫星）组成。拥有光学、红外、超光谱等不同探测方法，有大范围、全天候、全天时、动态的环境和灾害监测能力。

环境一号卫星（全称：环境与灾害监测预报小卫星星座，简称"环境一号"，代号 HJ-1）是中国第一个专门环境一号卫星运行轨道用于环境与灾害监测预报的小卫星星座，是中国继气象、海洋、资源卫星系列之后发射的又一新型的民用卫星系统。环境一号卫星由 2 颗光学小卫星（HJ-1A、HJ-1B）和 1 颗合成孔径雷达小卫星（HJ-1C）组成，具有中高空间分辨率、高时间分辨率、高光谱分辨率、宽观测带宽性能，能综合运用可见光、红外与微波遥感等观测手段弥补地面监测的不足，可对中国环境变化实施大范围、全天候、全天时的动态监测，初步满足中国大范围、多目标、多专题、定量化的环境遥感业务化运行的实际需要。环境一号卫星系统的建设在国家环境监测发展中具有里程碑意义，标志中国环境监测进入卫星应用的时代。

HJ-1A 光学有效载荷为 2 台宽覆盖多光谱可见光相机和 1 台超光谱成像仪，HJ-1B 光学有效载荷为 2 台宽覆盖多光谱可见光相机和 1 台红外相机，HJ-1C 有效载荷为合成孔径雷达，其中，HJ-1A 还承担亚太多边合作任务，搭载泰国研制的 Ka 通信试验转发器。HJ-1A 和 HJ-1B 双星在同一轨道面内组网飞行，可形成对国土 2 天的快速重访。

（6）ALOS 卫星数据

ALOS 是日本的对地观测卫星，ALOS 卫星载有 3 个传感器：全色遥感立体测绘仪（PRISM），主要用于数字高程测绘；先进可见光与近红外辐射计-2（AVNIR-2），用于精确陆地观测；相控阵型 L 波段合成孔径雷达（PALSAR），用于全天时全天候陆地观测。主要应用目标为测绘、区域环境观测、灾害监测、资源调查等领域。

①PRISM 传感器：PRISM 具有独立的 3 个观测相机，分别用于星下点、前视和后视观测，沿轨道方向获取立体影像，星下点空间分辨率为 2.5m。其数据主要用于建立高精度数字高程模型。PRISM 观测区域在北纬 82°至南纬 82°之间。全色波段范围：520～770nm，分辨率 2.5m，幅宽 70km（星下点）35km（联合成像）

②AVNIR-2 传感器：AVNIR-2 传感器比 ADEOS 卫星所携带的 AVNIR 具有更高的空间分辨率，主要用于陆地和沿海地区观测，为区域环境监测提供土地覆盖图和土地利用分类图。为了灾害监测的需要，AVNIR-2 提高了交轨方向指向能力，侧摆指向角度为±44°，能够及时观测受灾地区。（注：AVNIR-2 观测区域在北纬 88.4°至南纬 88.5°之间。波段 1：420～500nm、波段 2：520～600nm、波段 3：610～690nm、波段 4：760～890nm，分辨率 10m，幅宽 70km。）

③PALSAR 传感器：PALSAR 是一主动式微波传感器，它不受云层、天气和昼夜

影响，可全天候对地观测，比 JERS-1 卫星所携带的 SAR 传感器性能更优越。该传感器具有高分辨率、扫描式合成孔径雷达、极化三种观测模式，使之能获取比普通 SAR 更宽的地面幅宽。在侧视角度为 41.5°时，PALSAR 观测区域在北纬 87.8°至南纬 75.9°之间。

(7)ENVISAT 卫星数据

ENVISAT 卫星是欧空局的对地观测卫星系列之一，于 2002 年 3 月 1 日发射升空。携带有多种有效载荷，包括侧视合成孔径雷达(SAR)和风向散射计等装置，由于其采用了先进的微波遥感技术，因此可以获取全天候、全天时的遥感影像，与受天气因素影响较大的传统光学遥感相比，有着巨大的优点。Envisat-1 属极轨对地观测卫星系列之一，星上载有 10 种探测设备，其中 4 种是 ERS-1/2 所载设备的改进型，所载最大设备是先进的合成孔径雷达(ASAR)，可生成海洋、海岸、极地冰冠和陆地的高质量图像，为科学家提供更高分辨率的图象来研究海洋的变化。其他设备将提供更高精度的数据，用于研究地球大气层及大气密度。作为 ERS-1/2 合成孔径雷达卫星的延续，Envisat-1 数据主要用于监视环境，即对地球表面和大气层进行连续的观测，供制图、资源勘查、气象及灾害判断之用。

4 个 Envisat-1 仪器供研究陆地表面和海洋。先进的合成孔径雷达(ASAR)，双极化，有 400km 的侧视成像范围和一组视角。中等分辨率成像频谱仪(MERIS)，侧视成像范围 1000km(可见光和红外)，用于海洋颜色监测。先进的跟踪扫描辐射计(AATSR)，侧视成像范围 500km(红外和可见光)，供精确的海洋表面温度测量和陆地特性观察。先进的雷达高度计(RA-2)，可确定风速，提供海洋循环信息。

Envisat-1 还将携带能跟踪大气动力学数据的仪器，例如，Michelson 干涉仪，供无源大气层探测(MIPAS)，这是一个外缘探测干涉仪，测量上对流层和同温层的中红外频谱信号。全球臭氧层监视仪(GOMOS)，这是一个外缘观察频谱仪，用于以高垂直分辨率观察臭氧层和同温层的其他微量气体。大气层制图扫描成像吸收频谱仪(SCIAMACHY)，它是一种外缘和天底观察成像频谱仪，用以观察大范围的微量气体。微波辐射计(MWR)，测量大气层中的水含量(云、水蒸气和雨滴)。

(8)高分一号卫星

高分一号卫星是国家高分辨率对地观测系统重大专项天基系统中的首发星，其主要目的是突破高空间分辨率、多光谱与高时间分辨率结合的光学遥感技术，多载荷图像拼接融合技术，高精度高稳定度姿态控制技术，5~8 年寿命高可靠低轨卫星技术，高分辨率数据处理与应用等关键技术。GF-1 卫星搭载了 2 台 2m 分辨率全色/8m 分辨率多光谱相机，4 台 16m 分辨率多光谱相机。卫星工程突破了高空间分辨率、多光谱与高时间分辨率结合的光学遥感技术，多载荷图像拼接融合技术，高精度高稳定度姿态控制技术。

2m 高分辨率实现大于 60km 成像幅宽，16m 分辨率实现大于 800km 成像幅宽，适应多种时间分辨率、多种光谱分辨率、多源遥感数据综合需求，满足不同应用要求；实现无地面控制点 50m 图像定位精度，满足用户精细化应用需求，达到国内同类卫星最高水平；在小卫星上实现 2×450Mbp 数据传输能力，满足大数据量应用需求，达到同类卫星规模最高水平;具备高的姿态指向精度和稳定度,姿态稳定度优于 $5e^{-4}°/s$,并具有 35°侧摆成像能力,满足在轨遥感的灵活应用。

(9)IKONOS 卫星数据

IKONOS 卫星是世界上第一颗分辨率优于 1m 的商业遥感卫星,可提供多光谱(MS)和全色(PAN)图像。1999 年 9 月 24 日发射升空,IKONOS 卫星是可采集 1m 分辨率全色和 4m 分辨率多光谱影像的商业卫星,同时全色和多光谱影像可融合成 1m 分辨率的彩色影像。光谱范围(全色):$0.45\sim0.9\mu m$,空间分辨率 1m。多光谱光谱范围:$0.45\sim0.53\mu m$(蓝),$0.52\sim0.61\mu m$(绿),$0.64\sim0.72\mu m$(红),$0.76\sim0.86\mu m$(近红外),空间分辨率 4m。侧摆角(天底点):沿轨和穿轨方向为 ±30°。幅宽:11.3km×11.3km(单景标称成像模式),11.3km×100km(连续条带成像模式)。成像范围:±350km 星下点两侧。图像定位精度:12m(无地面控制点)。

IKONOS 卫星不仅能够提供高清晰度的卫星影像,实现了资源卫星米级分辨率的突破,还可以为用户提供多级别的高精度影像数据及立体图像。2015 年 3 月 31 日,IKONOS 卫星退役。

(10)QuickBird 卫星数据

QuickBird 卫星于 2001 年 10 月 18 日由美国 DigitalGlobe 公司在美国范登堡空军基地发射,是目前世界上最先提供亚米级分辨率的商业卫星,卫星影像分辨率为 0.61m。QuickBird 卫星由美国 EarthWatch(地球观测)公司研制,是目前世界上分辨率最高、性能最优的一颗商用卫星,自发射以来,广泛应用于各行业的精细识别与区划。

全色分辨率 0.61~0.72m,多光谱分辨率 2.44~2.88m;成像方式为推扫式成像;辐照宽度以星上点轨迹为中心,左右各 272km;单景 16.5km×16.5km,条带 16.5km×165km;轨道高度 450km;倾角 98°(太阳同步);重访周期 1~6 天。蓝波段 450~520nm、绿波段 520~600nm、红波段 630~690nm、近红外 760~900nm。

3.3.2 航拍数据

航拍又称空拍、空中摄影或航空摄影,是指从空中拍摄地球地貌,获得俯视图,此图即为空照图。航拍的摄像机可以由摄影师控制,也可以自动拍摄或远程控制。航拍所用的平台包括飞机、直升机、热气球、小型飞船、火箭、风筝、降落伞等。为了让航拍照片稳定,有的时候会使用如 Spacecam 等高级摄影设备,它利用三轴陀螺仪稳定功能,提供高质量的稳定画面,甚至在长焦距镜头下也非常稳定。航拍图能够清晰地表现地理形态,运用于军事、交通建设、水利工程、生态研究、城市规划等方面。

3.3.3 无人机数据

无人机数据链是无人机系统的重要组成部分,是飞行器与地面系统联系的纽带。随着无线通信、卫星通信和无线网络技术的发展,无人机数据链的性能也得到了大幅提高。当今,无人机数据链也面临着一些挑战。首先,无人机数据链在复杂电磁换件条件下可靠工作的能力还不足;其次,频率使用效率低。无人机数据链带宽、通信频率通常采用预分配方式,长期占用频率资源,而无人机飞行架次不多,频率使用次数有限,造成频率资源的浪费。

3.3.4　遥感数据要求

遥感数据质量要求：①光学数据单景云雪量不应超过10%，且不得覆盖重点监测区域；②成像侧视角小，宜保证DOM精度，一般小于15°，最大不应超过25°；③监测区内不应出现明显噪声和缺行；④灰度范围总体呈正态分布，无灰度值突变现象；⑤相邻景影像间的重叠范围不应少于整景的2%；⑥雷达数据宜选择全极化方式，入射角在30°~45°之间，相邻轨道同为升轨或降轨、同侧成像。所在的投影带作几何精校正。

3.4　数据处理

3.4.1　正射校正

平面坐标系统采用2000国家大地坐标系统，高程系统采用1985国家高程基准。投影方式采用高斯-克吕格(Gauss-Kruger)投影。成图比例尺大于或等于1：10000时，采用3°分带；小于1：10000时，采用6°分带。当监测区跨带时，应进行换带处理，以面积较大的区域为基准，统一到一个分带之中。采样间隔根据原始影像分辨率，按0.5m的倍数就近采样。

以1985国家高程为基准的DEM数据和平面中误差不超过5m的区域网平差正射纠正影像为参考，对卫星遥感影像进行正射纠正。每景影像应选取分布均匀的控制点进行校正。纠正控制点和配准控制点残差的中误差不应大于表3的要求，特殊地区可放宽0.5倍(特殊地区指大范围林区、水域、阴影遮蔽区、沙漠、戈壁、沼泽或滩涂等)。取中误差的2倍为其限差。

表2　控制点残差中误差单位为像素

地形类别	山地、高山地	平地、丘陵地
差中误差	2.0	1.0

DOM上特征地物点相对于基础控制数据上同名地物点的点位中误差不应大于表4的要求，特殊地区可放宽0.5倍(特殊地区指大范围林区、水域、阴影遮蔽区、沙漠、戈壁、沼泽或滩涂等)。取中误差的2倍为其限差。

表3　DOM平面位置中误差单位为像素

地形类别	山地、高山地	平地、丘陵地
差中误差	3.0	2.0

纠正控制点应选取影像上明显的特征地物点，且点位具有唯一性；控制点应在纠正区域内均匀分布，并控制影像四周；数量一般不少于9个，山地、高山地可适当增加；相邻景重叠区域内应选取不少于3个公共控制点。

采用 GPS 实测控制点，或从高于待纠正影像分辨率与成图比例尺的 DOM、地形图、土地利用数据库等基础控制数据上采集。

纠正模型宜采用物理模型或有理函数模型。平地、丘陵地可采用几何多项式模型。纠正单元可为单景影像、条带影像或区域影像。重采样方法采用双线性内插法或三次卷积法。

影像配准宜以景为基本单元，控制点的选取、分布、采集数量和重采样方法与正射纠正相同。采用物理模型或有理函数模型。同源、同步获取的全色与多光谱数据，可选择几何多项式模型，阶数一般不宜大于 2 阶。

3.4.2 大气校正

大气校正是指传感器最终测得的地面目标的总辐射亮度并不是地表真实反射率的反映，其中包含了由大气吸收，尤其是散射作用造成的辐射量误差。大气校正就是消除这些由大气影响所造成的辐射误差，反演地物真实的表面反射率的过程。在遥感成像时，由于各种因素的影响，使得遥感图像存在一定的辐射量失真的现象，必须对其做消除或减弱处理。消除图像数据中依附在辐射亮度中的各种失真的过程称为辐射校正。辐射校正的目的在于尽可能消除因传感器自身条件、薄雾等大气条件、太阳位置和角度条件及某些不可避免的噪声，而引起的传感器的量测值与目标的光谱反射率和光谱辐射亮度等物理量之间的差异，尽可能恢复图像的本来面目，为遥感影像的识别、分类、解译等后续工作打下基础。

大气校正的方法主要分为两种类型：统计型和物理型。统计型是基于陆地表面变量和遥感数据的相关关系，优点在于容易建立并且可以有效地概括从局部区域获取的数据，例如，经验线性定标法、内部平场域法等；另一方面，物理模型遵循遥感系统的物理规律，它们也可以建立因果关系，如 6s 模型、Mortran 等。

3.4.3 数据增强

根据荒漠化和沙化土地的波谱特征选取遥感数据的合适波段进行组合，利用数字图像处理方法进行信息增强。要保证信息层次丰富清楚、地类差别显著、纹理清晰。应根据不同地区的荒漠化和沙化主导类型，强调突出相应的信息特征。当一个解译区域涉及一景以上的遥感影像时，要采用数字镶嵌方法进行无缝拼接。根据所采用的遥感数据解译软件，要转换为相应的数据格式。

根据对图像信息处理运用方式不同，可将图像融合分为 3 个层次上的研究，即像素级，特征级和决策级。

3.4.3.1 像素级融合

像素级融合位于最低层，可以看作是对信息仅作特征提取并直接使用。也正是得益于其对信息最大程度上的保留，使其在准确性和鲁棒性上优于其他两级。相比之下，像素级融合获取的细节信息更丰富，是最常用的融合方式。由于其需要的配准精度高，必须达到像素级别。所以，像素级图像融合技术对设备要求较高，而且融合过程耗时，不易于实时处理。像素级融合一般分为 4 步完成：预处理、变换、合成和逆变换。像素级融合的方法很多，主要有以下几种：

（1）基于非多尺度变换的图像融合方法

①平均与加权平均方法

加权平均方法将原图像对应像素的灰度值进行加权平均，生成新的图像，它是最直接的融合方法。其中，平均方法是加权平均的特例。使用平均方法进行图像融合，提高了融合图像的信噪比，但削弱了图像的对比度，尤其对于只出现在其中一幅图像上的有用信号。

②像素灰度值选大（或小）的图像融合方法

假设参加融合的两幅原图像分别为 A、B，图像大小分别为 M×N，融合图像为 F，则针对原图像 A、B 的像素灰度值选大（或小）图像融合方法可表示为

$$F(m, n) = \max(or\min)\{A(m, n), B(m, n)\}$$

其中：m、n 分别为图像中像素的行号和列号。在融合处理时，比较原图像 A、B 中对应位置（m、n）处像素灰度值的大小，以其中灰度值大（或小）的像素作为融合图像 F 在位置（m、n）处的像素。这种融合方法只是简单地选择原图像中灰度值大（或小）的像素作为融合后的像素，对待融合后的像素进行灰度增强（或减弱），因此该方法的实用场合非常有限。

③基于 PCA 的图像融合方法

主成分分析法（principal component analysis，PCA）也称 K-L 变换，是一种统计学方法。PCA 图像融合方法首先用 3 个或以上波段数据求得图像间的相关系数矩阵，由相关系数矩阵计算特征值和特征向量，再求得各主分量图像；然后，将高空间分辨率图像数据进行对比度拉伸，使之与第一主分量图像数据集具有相同的均值和方差；最后，拉伸后的高空间分辨率图像代替第一主分量，将它与其他主分量经 PCA 逆变换得到融合图像。

它将一组相关变量转化为一组原始变量的不相关线性组合的正交变换，其目的是把多波段的影像信息压缩或综合在一幅图像上，并且各波段的信息所作的贡献能最大限度地表现在新图像中。主成分分析法主要应用于图像编码、图像数据压缩、边缘检测及数据融合当中，其具体过程如下。

取几个波段影像数形成 n 维列向量 x_i，$X = (x_1, x_2, x_2 \cdots \cdots x_k)$，求其均值向量 m 和协方差矩阵 $\sum y$ 以及 $\sum y$ 的特征值 λi 和特征向量 $\psi_i(i = 1, 2\cdots, n)$，令 $AT = (\psi_1, \psi_2, \psi_3, \cdots \cdots, \psi_n)$，由公式得到 PCA 的正变换公式：$y = A(x-m)$。

$$\sum_y = A\sum_y A^T = \begin{bmatrix} \lambda_1 & 0 & \cdots & 0 \\ 0 & \lambda_2 & \cdots & 0 \\ \cdots & \cdots & \cdots & \cdots \\ 0 & 0 & \cdots & 0 \end{bmatrix} \tag{11}$$

式中：$\lambda_1 > \lambda_2 > \lambda_n$。将高分辨率图像与 y 的第一主成分分量图像进行直方图匹配，使之与第一主成分分量图像具有相同的均值和方差，然后将匹配后的图像替代第一主成分分量，再把其他主成分分量一起进行反变换，即可得到融合后的图像。

PCA 融合算法的优点在于它适用于多光谱图像的所有波段；不足之处是在 PCA 融合算法中只用高分辨率图像来简单替换低分辨率图像的第一主成分，故会损失低分辨率图像第一主成

分中的一些反应光谱特性的信息。不考虑图像各波段的特点是 PCA 融合算法的致命缺点。

④基于调制的图像融合方法

借助通信技术的思想,调制技术在图像融合领域也得到了一定的应用,并在某些方面具有较好的效果。用于图像融合上的调制手段一般使用于两幅图像的融合处理,具体操作一般是将一幅图像进行归一化处理;然后,将归一化的结果与另一图像相乘;最后,重新量化后进行显示。用于图像融合上的调制技术一般可分为对比度调制技术和灰度调制技术。

⑤非线性方法

将配准后的原图像分为低通和高通两部分,自适应地修改每一部分,然后再把它们融合成符合图像。

⑥逻辑滤波方法

逻辑滤波方法是一种利用逻辑运算将 2 个像素的数据合成为 1 个像素的直观方法,例如,当 2 个像素的值都大于某一阈值时,"与"滤波器输出为"1"(为"真")。图像通过"与"滤波器而获得特征可认为是图像中十分显著的成分。

⑦颜色空间融合方法

颜色空间融合法的原理是利用图像数据表示成不同的颜色通道。简单的做法是把来自不同传感器的每幅原图像分别映射到一个专门的颜色通道,合并这些通道得到一幅假彩色融合图像。该类方法的关键是如何使产生的融合图像更符合人眼视觉特性及获得更多有用信息。Toet 等人将前视红外图像和微光夜视图像通过非线性处理映射到一个彩色空间中,增强了图像的可视性。文献研究表明,通过彩色映射进行可见光和红外图像的融合,能够提高融合结果的信息量,有助于提高检测性能。

⑧最优化方法

最优化方法为场景建立一个先验模型,把融合任务表达成一个优化问题,包括贝叶斯最优化方法和马尔可夫随机场方法。贝叶斯最优化方法的目标是找到使先验概率最大的融合图像。一文献提出了一个简单的自适应算法估计传感器的特性与传感器之间的关系,以进行传感器图像的融合;另一文献提出了基于图像信息模型的概率图像融合方法。马尔可夫随机场方法把融合任务表示成适当的代价函数,该函数反映了融合的目标,模拟退火算法被用来搜索全局最优解。

⑨人工神经网络方法

受生物界多传感器融合的启发,人工神经网络也被应用于图像融合技术中。神经网络的输入向量经过一个非线性变换可得到一个输出向量,这样的变换能够产生从输入数据到输出数据的映射模型,从而使神经网络能够把多个传感器数据变换为一个数据来表示。由此可见,神经网络以其特有的并行性和学习方式,提供了一种完全不同的数据融合方法。然而,要将神经网络方法应用到实际的融合系统中,无论是网络结构设计还是算法规则方面,都有许多基础工作有待解决,如网络模型、网络的层次和每一层的节点数、网络学习策略、神经网络方法与传统的分类方法的关系和综合应用等。目前,应用于图像融合有 3 种网络:①双模态神经元网络;②多层感知器;③脉冲耦合神经网络(PCNN)。Broussard 等人借助网络实现图像融合来提高目标的识别率,并证实了 PCNN 用于图像融合的可行性。

（2）基于多尺度变换的图像融合方法

基于多尺度变换的图像融合方法是像素级图像融合方法研究中的一类重要方法。基于多尺度变换的融合方法的主要步骤为：对原图像分别进行多尺度分解，得到变换域的一系列子图像；采用一定的融合规则，提取变换域中每个尺度上最有效的特征，得到复合的多尺度表示；对复合的多尺度表示进行多尺度逆变换，得到融合后的图像。

①基于金字塔变换的图像融合方法

Burt 最早提出基于拉普拉斯金字塔变换的融合方法。该方法使用拉普拉斯金字塔和基于像素最大值的融合规则进行人眼立体视觉的双目融合，实际上该方法是选取了局部亮度差异较大的点。这一过程粗略地模拟了人眼双目观察事物的过程。用拉普拉斯金字塔得到的融合图像不能很好地满足人类的视觉心理。在文献中，比率低通金字塔和最大值原则被用于可见光和红外图像的融合。比率低通金字塔虽然符合人眼的视觉特征，但由于噪声的局部对比度一般都较大，基于比率低通金字塔的融合算法对噪声比较敏感，且不稳定。为了解决这一问题，Burt 等人提出了基于梯度金字塔变换的融合方法，该方法采用了匹配与显著性测度的融合规则。Richard 等人给出了以上 3 种金字塔用于图像融合的定性和定量的结果。另外，Baron 和 Thomas 提出一种基于纹理单元的金字塔算法，它在每层图像中采用 24 个纹理滤波器以获取不同方向的细节信息。与梯度金字塔算法相比，它能够提取出更多的细节信息。文献提出了一种基于形态学金字塔变换的图像融合方法。

基于金字塔变换融合方法的优点是可以在不同空间分辨率上有针对性地突出各图像的重要特征和细节信息，相对于简单图像融合方法，融合效果有明显的改善。其缺点是图像的金字塔分解均是图像的冗余分解，即分解后各层间数据有冗余；同时，在图像融合中高频信息损失大，在金字塔重建时可能出现模糊、不稳点现象；图像的拉普拉斯、比率低通、形态学金字塔、分解均无方向性。

②基于小波变换的图像融合方法

小波变换技术具有许多其他时（空）频域所不具有的优良特性，如方向选择性、正交性、可变的时频域分辨率、可调整的局部支持以及分析数据量小等。这些优良特性使小波变换成为图像融合的一种强有力的工具。而且，小波变换的多尺度变换特性更加符合人类的视觉机制，与计算机视觉中由粗到细的认知过程更加相似，更适于图像融合。

基于小波变换的图像融合方法的基本步骤为：对每一幅原图像分别进行小波变换，建立图像的小波金字塔分解；对各分解层从高到低分别进行融合处理，各分解层上的不同频率分量可采用不同的融合规则进行融合处理，最终得到融合后的小波金字塔；对融合后所得的小波金字塔进行小波逆变换，所得重构图像即为融合图像。

基于小波变换的图像融合方法进一步的研究方向主要包括：新的融合量测指标；新的高、低频融合规则；分解层数对融合图像的影响及层数优化；新的小波分解与重构方法；小波融合方法与其他融合方法新的结合。

③基于脊波变换的图像融合方法

当小波变换推广到二维或更高维时，由一维小波张成的可分离小波只有有限的方向，不能最优表示含线或者面奇异的高维函数。因此，小波只能反映信号的点奇异性（零维），而对诸如二维图像中的边缘以及线状特征等线、面奇异性（一维或更高维），小波则难以表达其特征。针对小波变换的不足，Candes 提出了一种适合分析一维或更高维奇异性的脊波（Ridgelet）变换。脊波变换用于图像融合的意义在于：ⓐ脊波变换通过 Radon 变换把图像中线特征转换成点特征，然后通过小波变换将点的奇异性检测出来。其处理过程克服了小波仅仅能反映"过"边缘的特征，而无法表达"沿"边缘的特征。ⓑ脊波变换继承了小波变换的空域和频域局部特性。ⓒ脊波变换具有很强的方向性，可以有效地表示信号中具有方向性的奇异性特征，如图像的线性轮廓等，为融合图像提供更多的信息。ⓓ脊波变换较小波变换具有更好的稀疏性，克服了小波变换中传播重要特征在多个尺度上的缺点，变换后能量更加集中，所以在融合过程中抑制噪声的能力也比小波变换更强。因此，将脊波变换引入图像融合，能够更好地提取原始图像的特征，为融合图像提供更多的信息。文献（R idgelet：theory and applications）提出了一种基于脊波变换的 SAR 与可见光图像融合方法，该方法在保留合成孔径雷达 SAR 与可见光图像重要信息、抑制噪声能力方面均优于小波变换。

由于脊波理论建立时间不长，还有许多值得研究的课题，例如，如何能够减轻甚至消除在重构图像过程中出现的轻微划痕，如何简化脊波的复杂计算、寻求快速算法等。

④基于曲线波变换的图像融合方法

曲线波变换是由 Candes 提出的脊波变换演变而来的。脊波变换对含有直线奇异的多变量函数有很好的逼近效果，能稀疏地表示包含直线边缘的分片平滑图像。但是对于含有曲线奇异的图像，脊波变换的逼近性能只与小波变换相当。由于多尺度脊波分析冗余度很大，Candes 和 Donoho 于 1999 年提出了曲线波（Curveleb）变换理论，即第一代曲线波变换。其基本思想是：首先对图像进行子带分解；然后，对不同尺度的子带图像采用不同大小的分块；最后，对每个块进行脊波分析。由于曲线波结合了脊波变换的各向异性和小波变换的多尺度特点，它的出现对于二维信号分析具有里程碑式的意义，也开始被应用于图像融合。Choi 等人首次将曲线波应用于多光谱图像和全景图像的融合，结果具有更丰富的空间和光谱信息以及更佳的视觉效果。一文献提出了一种基于曲线波变换多传感器图像融合算法，该方法相比传统的基于小波变换的图像融合算法，能够有效避免人为效应或高频噪声的引入，得到具有更好视觉效果和更优量化指标的融合图像。

由于第一代曲线波变换的数字实现比较复杂，需要子带分解、平滑分块、正规化和脊波分析等系列步骤，且曲线波金字塔的分解也带来了巨大的数据冗余量，Candes 等人又提出了实现更简单、更便于理解的快速曲线波变换算法，即第二代曲线波变换。第二代曲线波与第一代在构造上已经完全不同：第一代的构造思想是通过足够小的分块将曲线近似到每个分块中的直线来看待，然后利用局部的脊波分析其特性；第二代曲线波与脊波理论并没有关系，实现过程也无须用到脊波，两者之间的相同点仅在于紧支撑、框架等抽象的数学意义。一文献提出了一种基于第二代曲线波变换的图像融合方法，并应用于多聚焦图像的融合。该方法可以更好地提取原始图像的特征，为融合提供更多的信息，相比第一代曲线波变换更易于实现。

还有 NSCT、NSST、稀疏表示、CNN 等方法。

3.4.3.2　特征级融合

特征级融合是一种中等水平的融合。在这一级别中，先是将各遥感影像数据进行特征提取，提取的特征信息应是原始信息的充分表示量或充分统计量，然后按特征信息对多源数据进行分类、聚集和综合，产生特征矢量，而后采用一些基于特征级融合方法融合这些特征矢量，作出基于融合特征矢量的属性说明。特征级融合的流程为：经过预处理的遥感影像数据——特征提取——特征级融合——(融合)属性说明。

　　IHS(Intensity，Hue，Saturation)变换是特征级融合的一个经典方法。IHS 表示强度、色度和饱和度，它们是人们识别颜色的三个特征。IHS 彩色空间变换就是将 RGB(Red，Green，Blue)空间图像分解为空间信息的强度(I)和代表波谱信息的色度(H)、饱和度(S)。其变换公式(Sabins，I987)表示为：

$$I = R+G+B$$
$$H = (G-B)/(I-3B)$$
$$S = (I-3B)/I$$

其数学表达式为：

$$
\begin{bmatrix} I \\ v_1 \\ v_2 \end{bmatrix} =
\begin{bmatrix}
\dfrac{1}{\sqrt{3}} & \dfrac{1}{\sqrt{3}} & \dfrac{1}{\sqrt{3}} \\[2mm]
\dfrac{1}{\sqrt{6}} & \dfrac{1}{\sqrt{6}} & -\dfrac{2}{\sqrt{6}} \\[2mm]
\dfrac{1}{\sqrt{2}} & -\dfrac{1}{\sqrt{2}} & 0
\end{bmatrix}
$$

$$H = \tan^{-1}\left(\frac{v_2}{v_1}\right);\ \ S = \sqrt{v_1^2 + v_2^2}$$

式中：v_1、v_2 均为彩色变换中的中间变量。

　　在图像融合中，主要有 2 种应用 IHS 技术的方式，一是直接法，将 3 波段图像变换到指定 IHS 空间；二是替代法，首先将由 RGB 3 个波段数据组成的数据集变换到相互分离的 IHS 彩色空间中间生成融合图像，反变换公式如下：

$$
\begin{bmatrix} R \\ G \\ B \end{bmatrix} =
\begin{bmatrix}
\dfrac{1}{\sqrt{3}} & \dfrac{1}{\sqrt{6}} & \dfrac{1}{\sqrt{2}} \\[2mm]
\dfrac{1}{\sqrt{3}} & \dfrac{1}{\sqrt{6}} & -\dfrac{1}{\sqrt{2}} \\[2mm]
\dfrac{1}{\sqrt{3}} & -\dfrac{2}{\sqrt{6}} & 0
\end{bmatrix}
\begin{bmatrix} I \\ v_1 \\ v_2 \end{bmatrix}
$$

　　以 TM 和 SAR 为例，变换思路是把 TM 图像的 3 个波段合成的 RGB 假彩色图像变换到 IHS 色度空间，然后用 SAR 图像代替其中的 I 值，再变换到 RGB 颜色空间，形成新的影像。3 个波段合成的 RGB 颜色空间是一个对物体颜色属性描述系统，而 IHS 色度空间提取出物体的亮度 I，色度 H，饱和度 S，它们分别对应 3 个波段的平均辐射强度、3 个波段的数据向量和的方向及 3 个波段等量数据的大小。RGB 颜色空间和 IHS 色度空间有着精确的转换关系。

3.4.3.3　分类级融合

　　分类级的融合又称为决策级融合，它是最高层次上的融合。首先，按应用的要求对图像进行初步的分类(Bayes 分类、人工神经网络分类等);然后,在各类(如水体、植被等)中选取出特征影像,由于不同来源的遥感影像对应的最佳地物特征表现不同,因此,对于每类地物,可以选择出最佳的图像组合,进行融合处理,以取得最为满意的分类效果。例如,TM4、3、2 波段与航片的组合适宜于反映水体特征,而 TM7、4、2 波段与雷达图像的组合适宜于城区特征的提取。分类级融合的研究尚处于起步阶段,其难点是分类特征组合与表达的机理难以量化与统一,目前的研究工作大多是从某一角度、特定的影像、有限的地物类别进行尝试,这将是今后图像融合的主要发展方向。

通过影像融合,可对多种影像或数据信息加以综合,消除冗余和矛盾,降低其不确定性,锐化影像,减少校糊度,以增强影像中信息透明度,改善分类质量,提高分类精度、可靠性及使用率。

3.4.4 影像镶嵌

影像镶嵌是指将 2 幅或多幅影像拼在一起,构成一幅整体影像的技术过程。影像镶嵌涉及几何位置的镶嵌和灰度(或色彩)的镶嵌两个过程。其中,几何位置镶嵌是指镶嵌影像间对应物体几何位置的严格对应,无明显的错位现象;灰度镶嵌是指位于不同影像上的同一物体镶嵌后不因两影像的灰度差异导致灰度产生突变现象。为了便于影像镶嵌,一般要保证相邻图幅间有一定的重复覆盖区,由于其获取时间的差异,太阳强度及大气状态的变化或者传感器本身的不稳定,致使其在不同影像上的对比度和亮度会有差异,因而有必要对镶嵌的影像进行匹配,以便均衡输出图像的亮度值和对比度。最常用的图像匹配方法有直方图匹配和彩色亮度匹配。

直方图匹配就是建立数学上的检索表,转换一幅图像的直方图,使其和另一幅图像的直方图形状相似。彩色亮度匹配是将两幅要匹配的图像从彩色空间(RGB)变换为光强、色相和饱和度(IHS),然后用参考图像的光强替换要匹配影像的光强,再进行由 IHS 到 RGB 的彩色空间反变换。在软件中进行影像镶嵌时,需要选取合适的方法来决定重复覆盖区上的输出亮度,一般要设置羽化距离、切割线、最小值、最大值等参数。

3.5 遥感解译

遥感影像解译标志也称判读要素,是指地物在影像上反映出的不同影像特征,解译者可以利用这些标志在图像上识别地物或现象的性质、类型或状况。遥感影像解译标志是遥感图像解译的主要标准,遥感影像特征与实地情况对应的逻辑关系是图像解译建立的依据。建立一套准确的解译标志主要是要抓住遥感影像的特征,参照研究区研究对象的分类系统,掌握研究区的详尽资料。遥感解译主要有目视解译、监督分类、基于支持向量机的分类、决策树分类。

3.5.1 目视解译

目视解译是遥感图像解译的一种,又称目视判读或目视判译,是遥感成像的逆过程。它指专业人员通过直接观察或借助辅助判读仪器在遥感图像上获取特定目标地物信息的过程。目视解译是指凭借人的眼睛(也可借助光学仪器),依靠解译者的知识、经验和掌握的相关资料,通过大脑分析、推理、判断,提取遥感图像中有用的信息。

目视解译工作第一步就是建立影像判读标志和解译标志。先对多荒漠化沙化调查区进行概查，着重了解调查目标—景观—影响标志之间的关系，建立影像判读标志。由于同一土壤、地貌、植被、潜水和水体在不同地区，特别是在不同的时相中会有变异，即同物异谱或同谱异物，因此必须认真分析解译对象的光谱特征，通过概查对解译对象和景观因素在影像上的反映有深入了解，建立解译标志。可参照表4。

表4　TM732组合影像判读标致特征

判读标志	影像颜色	影像图形、纹理
沙性土壤	白色 浅黄灰色（有部分植被）	沙丘：有沙丘纹理 河床：线状缺口 海岸砂：与海岸平行
盐渍土	浅蓝（轻盐渍化裸土） 灰蓝（重盐化裸土、盐土） 蓝灰（滨海盐土） 白色（硫酸盐土）	絮块状：内陆盐土 大片状：滨海盐土及荒漠盐土
草甸性土壤	浅蓝（裸土） 红（生长植被）	——
水体	深蓝（深而清的水体） 浅蓝（浅而浑的水体）	湖泊：片状 水库：有坝址整齐的几何图形 河流：线状

复合配准、概查之后，在卫星影像上确定样区所在地点，判读该点的属性，包括土地利用类型、荒漠化类型、荒漠化程度评价指标等。同时，确定各测点的位置。在卫星影像上借助图像分析软件，进行人工判读。寻找与样区和测点性状类似的像元，画成一个个图斑，确定界线。同时，根据样区和各测点取得的数据定出各图斑区的属性。

3.5.2　监督分类

监督分类（supervised classification）又称训练场地法，是以建立统计识别函数为理论基础，依据典型样本训练方法进行分类的技术，即根据已知训练区提供的样本，通过选择特征参数，求出特征参数作为决策规则，建立判别函数以对各待分类影像进行的图像分类，是模式识别的一种方法。要求训练区域具有典型性和代表性。判别准则若满足分类精度要求，则此准则成立；反之，需重新建立分类的决策规则，直至满足分类精度要求为止。监督分类是一种常用的精度较高的统计判决分类，在已知类别的训练场地上提取各类训练样本，通过选择特征变量、确定判别函数或判别规则，从而把图像中的各个像元点划归到各个给定类的分类方法。常用的监督分类方法有：平行六面体法、最大似然法、最小距离法、马氏距离法和波谱角填图分类法等。监督分类的主要步骤包括：①选择特征波段；②选择训练区；③选择或构造训练分类器；④对分类精度进行评价。

监督分类的主要优点如下：①可根据应用目的和区域，充分利用先验知识，有选择地决定分类类别，避免出现不必要的类别；②可控制训练样本的选择；③可通过反复检验训练样本，来提高分类精度，避免分类严重错误；④避免了非监督分类中对光谱集群组的重新归类。

监管分类的主要缺点如下：①其分类系统的确定、训练样本的选择，均人为主观因素较强，分析者定义的类别有可能并不是图像中存在的自然类别，导致各类别间可能出现重叠；分析者所选择的训练样本也可能并不代表图像中的真实情形；②由于图像中同一类别的光谱差异，造成训练样本没有很好的代表性；③训练样本的选取和评估需花费较多的人力、时间；④只能识别训练样本中所定义的类别，若某类别由于训练者不知道或者其数量太少未被定义，则监督分类不能识别。

3.5.3　基于支持向量机的分类

支持向量机（Support Vector Machine，SVM）的主要思想是：建立一个最优决策超平面，使得该平面两侧距离该平面最近的两类样本之间的距离最大化，从而对分类问题提供良好的泛化能力。对于一个多维的样本集，系统随机产生一个超平面并不断移动，对样本进行分类，直到训练样本中属于不同类别的样本点正好位于该超平面的两侧，满足该条件的超平面可能有很多个，SVM 正式在保证分类精度的同时，寻找到这样一个超平面，使得超平面两侧的空白区域最大化，从而实现对线性可分样本的最优分类。

支持向量机中的支持向量（Support Vector）是指训练样本集中的某些训练点，这些点最靠近分类决策面，是最难分类的数据点。SVM 中最优分类标准就是这些点距离分类超平面的距离达到最大值；"机"（Machine）是机器学习领域对一些算法的统称，常把算法看作一个机器，或者学习函数。SVM 是一种有监督的学习方法，主要针对小样本数据进行学习、分类和预测，类似的根据样本进行学习的方法还有决策树归纳算法等。

SVM 的优点：①不需要很多样本。不需要有很多样本并不意味着训练样本的绝对量很少，而是说相对于其他训练分类算法比起来，同样的问题复杂度下，SVM 需求的样本相对是较少的。并且由于 SVM 引入了核函数，所以对于高维的样本，SVM 也能轻松应对。②结构风险最小。这种风险是指分类器对问题真实模型的逼近与问题真实解之间的累积误差。③非线性。是指 SVM 擅长应付样本数据线性不可分的情况，主要通过松弛变量（也叫惩罚变量）和核函数技术来实现，这一部分也正是 SVM 的精髓所在。

3.5.4　决策树分类

决策树方法是指人们把决策问题的自然状态或条件出现的概率、行动方案、益损值、预测结果等，用一个树状图表示出来，并利用该图反映出人们思考、预测、决策的全过程。决策树方法是一种从无次序、无规则的样本数据集中推理出决策树表示形式的分类规则方法。它采用自顶向下的递归方式，在决策树的内部节点进行属性值的比较，并根据不同的属性值判断从该节点向下的分支，在决策树的叶节点得到结论。因此，从根节点到叶节点的一条路径就对应着一条规则，整棵决策树就对应着一组表达式规则。

分类决策树模型是一种描述对实例进行分类的树形结构，决策树由节点和有向边组成。节点有两种类型：内部节点和叶节点。内部节点表示一个特征或属性，叶节点表示一个类。用决策树分类，从根节点开始，对实例的某一特征进行测试，根据测试结果，将实例分配到其子节点；这时，每一个子节点对应着该特征的一个取值，如此递归地对实例进行测试并分配，直到达到叶节点。最后，将实例分到叶节点的类中。决策树学习算法是以实例为基础的归纳学习算法，本质上是从训练数据集中归纳出一组分类规则，与训练数据集不相矛盾的决策树可能有多个，也可能一个也没有。我们需要的是一个与训练数据集矛盾较小的决策树，同时具有很好的泛化能力。

3.6 图斑调查

3.6.1 图斑区划

遥感图斑区划系统可分为：自治区、地区(市、州)、县(市、旗)、图斑(地块)4级。监测范围内的所有土地都要进行图斑划分和调查(非沙化或非荒漠化土地可以不调查)，沙化土地、有明显沙化趋势的土地和荒漠化土地，除调查沙化土地类型或荒漠化类型、程度外，还要调查土地利用类型。

收集新疆前期荒漠化、沙化监测成果，以前期新疆荒漠化和沙化监测图斑的地理信息数据为本底，对照遥感影像，对荒漠化和沙化图斑的变化区域进行区划，通过现地核实，对图斑界线进行修订和因子调查。原则上不改动前期监测图斑的边界，也不对属性相同的图斑进行合并。

经现地核实图斑边界及主要因子未发生变化的，不对该图斑进行编辑，但需在属性中说明；经现地核实图斑内某一或多项因子发生变化，但边界没有变化，则要对变化因子的属性做相应变更，并在属性中说明变化的情况；经现地核实图斑内出现了新的满足图斑区划条件的地块，则要将该地块从原图斑中区划出来，并对其各项因子进行调查、记载和计算面积。

对于沙化土地监测，下列因子之一出现2种或2种以上时，需要区划为不同图斑：①土地利用类型；②沙化土地类型或具有明显沙化趋势的土地；③沙化土地程度；④治理措施；⑤沙化人为因素；⑥主要植物种；⑦植被盖度级；⑧气候类型；⑨植被起源。

对于荒漠化土地监测，下列因子之一出现2种或2种以上时，需要区划为不同图斑：①土地利用类型；②荒漠化类型；③荒漠化程度或该荒漠化类型的评价指标中有一个指标的变化超过评分级距；④荒漠化人为因素；⑤植被盖度级；⑥治理措施；⑦气候类型。

3.6.2 图斑划分要求

最小图斑划分面积为2hm²。条状图斑短边长度不小于100m，对于在前期新疆荒漠化和沙化监测图斑基础上区划条状图斑，分割的图斑不能形成复合图斑(即一个图斑由2个或2个以上在空间上不连续的部分组成)，条状地物每一段需分别区划，编号。但对于土地类型地块破碎和采取人工治理措施的沙地或荒漠化土地，最小图斑划分面积应控制在0.4hm²左右。

图斑边界线的走向和形状要与影像特征相符,允许误差不应超过1个像元。

为了记录和跟踪前期图斑的动态变化,本期图斑由前期图斑号和新增小班号共同作为唯一识别号。

新增图斑要建立面状拓扑关系,图斑不能重叠或遗漏。

根据遥感影像对基础地理信息中发生变化的水系、道路、水渠、居民点进行修正。

3.6.3 图斑核查内容

按1∶10万比例尺地形图图幅输出带图斑界线的遥感影像,叠加乡以上行政界线、公里网、图廓线等基础地理信息,并应用立方卷积对像元进行数字放大处理(1倍或1倍以上)。

在所有图斑中抽取5%~10%的图斑进行实地调查,对所判读的内容进行实测。愈难判读的地区,抽取调查的比例愈高。图斑变化区域(重点区域)必须核查。现地对遥感影像上的图斑界线和初步解译的调查因子进行核实。图斑界线划分有误的,在遥感影像上修改。对每个图斑,现地核实、调查相关因子并记载于调查表中(用代码或文字)。对于交通不便、难于到达且解译特征明显的图斑(地块)(如沙漠、戈壁等),以遥感解译为主并采用相应的荒漠化程度评价方法。

根据现地核实结果,在计算机上对室内人机交互目视解译形成的图斑界线进行修正,同时,以代码方式输入、修正每个图斑的调查因子(属性数据),形成E00、shape或coverage格式的矢量图形数据库(包括空间数据和属性数据)。

3.7 成果汇总

3.7.1 图件

调查区域的荒漠化和沙化土地分布图(1∶25万),沙化土地变化专题地图、水蚀专题地图、盐渍化专题地图、荒漠化变化专题地图(1∶25万)。

3.7.2 数据格式E00、shape或coverage格式的地理信息数据

遥感解译数据格式为:shape,或E00或coverage格式的地理信息数据,以图斑为基础的空间数据及每个图斑的属性(调查因子)数据、行政界线和气候类型界线数据(以光盘为介质提供)。

3.7.3 统计表

①调查区各类型荒漠化和沙化土地面积统计表(见附表1)。

②防治荒漠化(防沙治沙)、气象、水文及社会经济情况调查数据(以光盘为介质提供)。

3.7.4 调查报告

报告内容包括调查地区基本情况,调查工作概况,技术方法,荒漠化(沙化)土地类型、面积及分布特点分析,动态变化情况分析,荒漠化(沙化)原因分析,危害情况,治理状况,典型地区荒漠化(沙化)状况分析,防治荒漠化和防治土地沙化的对策和建议。

3.8　检查验收

3.8.1　检查验收方法

实行"三查一验"的检查验收制度，即在调查工组自查、课题组清查和验收组抽查。

调查工组自查由调查组专人负责进行；各调查任务承担单位要成立专门的质量检查组，对各调查工组的调查质量进行检查；专家组的技术人员负责验收抽查。检查时要有原调查人员参加，对检查结果检查者和被检查者要签字认可。

调查工组自查不能少于调查（解译）图斑的10%；课题组清查要在本地区荒漠化土地和沙化土地监测的图斑中，随机抽取不少于2%的图斑进行检查。专家组的技术人员负责验收，随机抽取1%以上的图斑进行抽查。

3.8.2　检查内容及合格标准

(1)沙化土地图斑合格标准

主要因子：图斑划分、土地利用类型、沙化土地类型、沙化程度、气候类型、有明显沙化趋势的土地、植物种、治理措施、沙化人为因素中有一项出错即为不合格图斑。

其他因子：其他调查因子中有20%项次出错时为不合格图斑。

(2)荒漠化土地监测图斑合格标准

主要因子：图斑划分、土地利用类型、荒漠化类型、荒漠化程度、气候类型、治理措施、荒漠化人为因素中有一项出错即为不合格图斑。

其他因子：其他调查因子中有20%项次出错时为不合格图斑。

(3)调查因子合格标准

①由于图斑划分引起的面积误差不能大于5%；

②按技术标准要求，土地利用类型、沙化土地类型、有明显沙化趋势的土地、治理措施、荒漠化类型、荒漠化程度与实际不符时为错误；

③坡度、沙丘高度、土壤砾石含量、作物长势、沟壑面积比例、盐碱斑占地率、治理工程措施的调查值不在该评价指标的同一个实际评分级距（或状态）时为错误；

④植被高度误差大于20%为错误；

⑤植被盖度误差大于10%为错误；

⑥其他调查因子（所属行政单位、地貌类型、土壤类型、土壤质地、植被种类、植被起源、植被生长状况、作物种类、沙化人为因素、气候类型、调查方式、荒漠化人为因素）与实际不同时为错误。

除野外检查外，还应在室内抽取一定数量（10%~20%）的调查材料进行检查，包括调查因子填写是否完备、调查因子之间是否存在逻辑矛盾、技术标准运用是否恰当、气象和社会经济数据的收集是否符合规定要求等。

3.8.3　质量评定

检查的图斑中合格图斑和面积在95%以上时，调查质量评定为合格。对查出有差错的图斑，由原调查者改正，然后转入内业面积求算和统计。

合格率小于95%时，要重新进行调查（解译）。

3.9 附表

附表 1 荒漠化土地面积统计表

统计单位_____　年度_____　气候类型_____

单位：hm²

土地利用类型	合计					风蚀					水蚀					盐渍化					冻融					非荒漠化土地面积	合计
	计	轻	中	重	极重	计	轻	中	重	极重	计	轻	中	重	极重	计	轻	中	重	极重	计	轻	中	重	极重		
耕地																											
林地																											
草地																											
未利用地																											
居民交通工矿																											
水域																											
合计																											

附表 2 沙化土地动态转移表

年度_____

单位：hm²

后期＼前期	流动沙地	半固定沙地	固定沙地	露沙地	沙化耕地	非生物治沙工程地	风蚀残丘	风蚀劣地	戈壁	有明显沙化趋势的土地	其他土地类型
流动沙地											
半固定沙地											
固定沙地											
露沙地											
沙化耕地											
非生物治沙工程地											
风蚀残丘											
风蚀劣地											
戈壁											
有明显沙化趋势的土地											
其他土地类型											

附表 3 沙化土地动态变化表

年度 ____ 年

单位：hm²

统计单位	合计	流动沙地	半固定沙地	固定沙地	露沙地	沙化耕地	非生物治沙工程地	风蚀残丘	风蚀劣地	戈壁	有明显沙化趋势的土地	其他土地类型
全国												
北京												
…												
…												

附表 4 沙化程度动态转移表

年度 ____ 年

单位：hm²

前期 / 后期	轻度	中度	重度	极重度
轻度				
中度				
重度				
极重度				

附表 5 沙化程度动态变化表

年度 ____ 年

单位：hm²

统计单位	轻度	中度	重度	极重度
全国				
北京				
…				
…				

附表 6　沙化土地分布区土地利用动态转移表

单位：hm²

年度		前期							
		耕地	林地			草地	居民、工矿交通用地	水域	未利用地
			有林地	灌木林地	其他林地				
后期	耕地								
	林地　有林地								
	灌木林地								
	其他林地								
	草地								
	居民、工矿交通用地								
	水域								
	未利用地								

附表 7　沙化土地分布区土地利用动态变化表

单位：hm²

年度	耕地	林地				草地	居民、工矿交通用地	水域	未利用地
统计单位		合计	有林地	灌木林地	其他林地				
全国									
北京									
……									
……									

附表 8　沙化土地分布区植被盖度动态转移表

单位：hm²

年度

前期　后期	<10	10-19	20-29	30-39	40-49	50-59	60-69	70-79	≥80	其他
<10										
10-19										
20-29										
30-39										
40-49										
50-59										
60-69										
70-79										
≥80										
其他										

附表 9　沙化土地分布区植被盖度动态变化表

单位：hm²

年度

统计单位	<10	10-19	20-29	30-39	40-49	50-59	60-69	70-79	≥80
全国									
北京									
…									
…									

附表 10　荒漠化土地动态转移表

单位：hm²

年度

前期　后期	风蚀	水蚀	盐渍化	冻融	非荒漠化
风蚀					
水蚀					
盐渍化					
冻融					
非荒漠化					

附表 11　荒漠化土地动态变化表

单位：hm²

年度																									非荒漠化
年		风蚀					水蚀					盐渍化					冻融									
统计单位	合计	合计	轻	中	重	极重	合计	轻	中	重	极重	合计	轻	中	重	极重	合计	轻	中	重	极重					
全国																										
北京																										
…																										
…																										

附表 12　荒漠化土地程度动态转移表

单位：hm²

年度					
年					
后期　　前期		轻度	中度	重度	极重度
轻度					
中度					
重度					
极重度					

附表 13　荒漠化土地程度动态变化表

单位：hm²

年度					
年					
单位	轻度	中度	重度	极重度	
县市					
…					
…					

附表 14 荒漠化解译标志卡片

序号	因子	内容
1	地点	
2	调查时间	
3	地理坐标	X: Y:
4	轨道号	
5	成像时间	
6	荒漠化类型	
7	荒漠化程度	
8	土地利用类型	
9	主要植物种	
10	植被盖度	
11	植被长势	
12	坡度	
13	侵蚀沟面积比例	
14	土壤类型	
15	土壤质地	
16	治理措施	
17	影像色彩	
18	影像纹理	
19	分布状况	
20	比例尺	

地面实况照片

与实况照片地点对应的遥感影像

注：序号 13 中荒漠化类型若为盐渍化，填写盐碱斑占地率；若荒漠化类型为风蚀，填写地表形态；若土地利用为耕地，填写作物产量下降率或作物缺苗率。

附表 15　沙化解译标志卡片

序号	因子	内容
1	地点	
2	调查时间	
3	地理坐标	X：　　Y：
4	轨道号	
5	成像时间	
6	沙化类型	
7	沙化程度	
8	土地利用类型	
9	主要植物种	
10	植被总盖度	
11	植被长势	
12	土壤类型	
13	土壤质地	
14	治理措施	
15	影像色彩	
16	影像纹理	
17	分布状况	
18	比例尺	

地面实况照片

与实况照片地点对应的遥感影像

4. 土地荒漠化沙化地面调查监测技术规范

4.1　总则

沙化土地监测时，根据地块的土地类型不同，按照表18的各项因子进行调查。荒漠化土地监测时，根据地块的土地类型不同，按照表19的各项因子进行调查。

4.2　调查指标

4.2.1　自然因子调查

(1)地貌类型划分

①平原：平坦开阔，起伏很小，相对高差50m左右，一般海拔500m以下。

②丘陵：海拔高度500m以下，起伏不大，相对高差一般在50~100m；无明显脉络，坡地占地面积较大。

③山地：有明显的峰和陡坡，海拔较高，相对高差较大（一般大于200m）。按其海拔高度可分为：极高山，海拔高度>5000m；高山，海拔高度>3500m；中山，海拔高度1000~3500m；低山，海拔高度500~1000m。

④高原：海拔在500~1000m或更高的平原。海拔4000m以上为极高原。

⑤盆地：四周为山岭环绕，中间地势低平的盆状地貌。

⑥小地形：分为山脊、山坡（上坡、中坡、下坡）、谷、平地。

(2)植被调查

荒漠化沙化的植被调查主要调查植被种类（建群种或优势种）、起源、长势及其盖度。

①植被总盖度：所有植物枝叶在地面的投影面积占地面的百分数。

②起源：分为人工（人工种植乔、灌、草）、天然、飞播。

③植被生长状况：好——生长旺盛，发育良好，枝干发达，叶子大小和色泽正常。中——生长一般，长势不旺，但不呈衰老状。差——达不到正常的生长状态，发育不良。

④退化植被种类：主要退化指示草种。

⑤退化植被盖度比例：退化植被盖度占植被总盖度的百分比。

(3)土壤调查

①土壤类型：确定土类。

②土壤质地：分为黏土、壤土、沙壤土、壤沙土、沙土。

(4)气象数据收集

以县或气象站为单位收集监测期间各年气象数据（表13）：

①气象站站点名、站点号、地理位置（经纬度）、海拔（m）；

②主风方向、平均风速（m/s）、各月大风（>8m/s）日数（d）、各月沙尘日数（天）；

③年暴雨（24小时降水总量>50mm）日数（天）、最大降雨强度（mm/h）、年蒸发量（mm）、各月降水量（mm）；

④各月平均温度（℃）。

(5)水文数据收集

以县为单位收集监测期间各年水文数据(表14)。收集下列数据:

①地表水:年平均径流量(m^3/s)、最大日降水量(mm)、年平均输沙量(t)。

②地下水:储量(m^3)、可开采量(m^3)、补给模数(m^3/km^2)、平均水埋深(m)、水矿化度(g/L)、水化学类型。

4.2.2 土地利用变化原因

为便于分析两次监测期内土地利用变化,对所有发生土地利用类型变化的图斑要调查、记录原因(只调查一级地类变化原因)。

(1)人为因素

①营造林措施:由于监测间隔期内实施人工造林、飞播造林、封山(沙)育林,使前期地类发生变化。

②采伐:前期地类为有林地,由于采伐,本期变为疏林地或其他土地利用类型;前期地类为疏林地,由于采伐,本期变为其他土地利用类型。

③种草:由于监测间隔期内实施人工种草、飞播种草、封山(沙)育草,使前期地类发生变化。

④开荒耕种:前期地类为非农地,由于开垦种植农作物,本期变为农地。

⑤弃耕抛荒:耕地被弃耕抛荒,致使土地利用类型发生变化。

⑥工程建设:指征用集体或占用国有各类土地用于建筑、勘察、开采矿藏、修建道路、水利、电力、通信等工程建设,使原有土地利用类型发生变化。

⑦其他人为因素:不包括以上的其他人为因素。

4.2.3 防治荒漠化(沙化)调查指标

收集防治荒漠化(沙化)及社会经济情况的目的是为分析沙化、荒漠化的成因、现状和动态变化及提出治理措施建议提供支持。

(1)治理措施分类

生物措施:封山(沙)育林(草)、人工造林(乔、灌)、人工种草、退耕还林还草、飞播、植被改良、其他生物措施。

农艺措施:耕作措施(包括横坡等高耕作、深耕、垄耕、平翻耕和免耕)、间作措施(套种、混种)、禁牧、轮作措施(包括草田轮作和水旱轮作)、作物配置、节水措施、种植水稻、种植绿肥、施肥、其他农业措施。

工程措施:反坡梯田、水平梯田、坡式梯田、隔坡梯田、简易梯田、集水工程、淤地坝、拦沙坝、谷坊、排水沟、洗盐、沙障、沙层衬膜、引水拉沙、风力拉沙、客土改良、引洪淤灌、其他工程措施。

化学措施:化学固沙、土壤化学改良、其他化学措施。

其他措施。

(2)荒漠化、沙化土地可治理度分类

难治理荒漠化、沙化土地:指在目前技术经济条件下,由于气候、水资源等条件的限制,近期难于治理的荒漠化、沙化土地。

可治理荒漠化、沙化土地：指在目前技术经济条件下，水资源等条件许可，近期可治理的荒漠化、沙化土地。

(3) 荒漠化(沙化)人为因素分类

过牧、樵采、开垦、挖采、水资源利用不当、弃耕、火烧、工业污染、工矿工程建设、其他。

(4) 土地利用情况收集

以县(旗)为单位收集监测期间各年土地利用情况(表15)，包括耕地(水田、水浇地、旱地、菜地)、林地(有林地、疏林地、灌木林地、未成林造林地、苗圃地、无立木林地)、草地(天然草地、改良草地、人工草地)、居民工矿及交通用地(居民用地、工矿用地、交通用地、其他)、水域、未利用地等用地的面积。

(5) 治理情况收集

以县(旗)为单位收集监测期间各年防治荒漠化(防沙治沙)方面的数据(表16)。包括封育、造林(乔、灌)、种草、飞播(乔、灌、草)、退耕还林、植被改良、沙障、小流域治理等方面的面积数据。

4.2.4　社会经济数据

以县为单位收集监测期间各年社会经济数据(表17)。

①人口情况：总人口、农业人口、农业劳动力人数、人口密度、人口净增长率。

②主要经济指标：社会总产值、农业产值、林业产值、牧业产值、财政收入、人均GDP、农民人均纯收入。

③粮食与作物情况：粮食总产量、单位面积产量、主要作物种类、总播种面积、作物成灾(水灾、旱灾及其他灾害)面积、新垦土地面积。

④畜牧业情况：牲畜(山羊、绵羊、其他大牲畜)散养和圈养头数、牲畜出栏率、草场理论载畜量。

⑤农村能源构成：煤、电、薪材比例(%)。

⑥交通：铁路、公路里程(km)。

4.3　调查频率

①土壤指标及其调查频率见表5。

表5　荒漠化土壤观测指标

指标类别	观测指标	单位	观测频率
土壤类型	土壤类型[a]		每3年1次
地表状况	覆沙厚度	cm	每月1次
	沙丘移动距离	cm	每月1次
地表状况	土壤风蚀量	g/m²	每月1次，风期连续观测
	土壤微生物结皮盖度	%	每年1次
	土壤微生物结皮厚度	mm	

（续）

指标类别	观测指标	单位	观测频率
土壤物理性质	土壤剖面特征分层描述		每3年1次
	腐殖质层厚度	cm	每年1次
	容重	g/cm³	每年1次
	机械组成		每年1次
土壤化学性质	pH值		每年1次
	有机质	%	每年1次
	全氮 铵态氮和硝态氮	% mg/kg	每3年1次，每次分季节测定
	全磷 速效磷	% mg/kg	每3年1次，每次分季节测定
	全钾 速效钾、缓效钾	% mg/kgmg/kg	每3年1次，每次分季节测定
	全硫 有效硫	% mg/kg	每3年1次，每次分季节测定
	全盐量、碳酸钙	%	每3年1次
	碳酸根和重碳酸根，氧根，硫酸根，钙离子，镁离子，钾离子，钠离子	%，mmol/kg	每3年1次
	土壤矿质全量(硅、铁、铝、钛、钙、镁、钾、钠、磷)	%	每3年1次
	微量元素(全硼、有效硼、全铝、有效铝、全锰、有效锰、全锌有	mg/kg	每3年1次
	效锌、全铜、有效铜、全铁、有效铁)		
	重金属元素(硒、钴、镉、铅、铬、镍、汞、砷)	mg/kg	每3年1次

注：a 指中国土壤系统分类的土类和亚类。

②生物指标及其调查频率见表6。

表6 荒漠化生物观测指标

指标类别	观测指标	单位	观测频率
动植物种类	观测区动植物编目		每3年1次
	国家或地方保护物种及其数量 地方特有种及其数量		每3年1次
	主要物种物候特征		每年观测
植物群落分布	群落类型及分布面积	hm² 或 m²	每3年1次
	群落分布图ª		每3年1次

（续）

指标类别	观测指标	单位	观测频率
植物群落特征	群落的种类 层结构 水平镶嵌结构图		每年 1 次
	总盖度 灌木层盖度 草本层盖度	%	每年 1 次
	群落的天然更新（包括植物种及其密度、分布和苗高等）	株/hm² 或 株/m²，cm	每年 1 次
	灌木地上生物量 灌木地下生物量 草本地上生物量 草本地下生物量 凋落物现存量	kg/hm²	每 3 年 1 次
	优势种的热值	J/g	每 3 年 1 次
植物群落中植物种的特征	种群盖度 高度 多度 密度 频度	% Cm Drude 多度级 株(丛)/m² %	每年 1 次
	种群空间分布格局[b]		每年 1 次
	一年生植物种群动态		每年 1 次
	物候期[c]		每年观测
	土壤种子库调查[d]（植物种及有效种子数量）		每 3 年 1 次
动物调查	鸟类的种类和数量 大型兽类的种类和数量 小型兽类的种类和数量 土壤动物的种类和数量 昆虫的种类和数量		每 3 年 1 次
	主要种的物候特征		每年观测
土壤微生物	主要土壤微生物的类别 主要土壤微生物的数量	个/g	每 3 年 1 次
	土壤呼吸作用强度	mg/(m²·h)	每 3 年 1 次，每分季节测定

注：a 比例尺需大于 1∶10000。

b 分为规则分布、集中分布和随机分布。

c 木本植物各物候期为：萌动期（芽开始膨大期、芽开放期）、展叶期（开始展叶期、展叶盛期）、开花期（花蕾或花序出现期、开花始期、开花盛期、开花末期、第二次开花期）、果熟期（果实成熟期、果实脱落开始期、果实脱落末期）、叶变色期（叶开始变色期、叶完全变色期）、落叶期（开始落叶期、落叶末期）；草本植物为萌动期（地下芽出土期、地面芽变绿色期）、展叶期（开始展叶期、展叶盛期）、开花期（花蕾或花序出现期、开花始期、开花盛期、开花末期、第 2 次开花期）、果实或种子成熟期（果实或种子始熟期、果实或种子全熟期、果实脱落期、种子散布期）、黄枯期（开始黄枯期、普通黄枯期、全部黄枯期）。

d 调查深度为 20cm，每 4cm 为 1 层，分 5 层取样。

③水文指标及其调查频率见表7。

表7　荒漠化水文观测指标

指标类别	观测指标	单位	观测频率
水量	土壤含水量[a]	%	
	土壤田间持水量	%	每3年1次
	土壤萎蔫含水量	%	每3年1次
	土壤的总孔隙度、毛管孔隙度和非毛管孔隙度	%	每3年1次
	土壤水分特征曲线		每3年1次
	蒸散量	mm	连续观测
	渗漏量	mm	生长季每月1次
	地下水位	m	连续观测或每5天1次,灌溉或降水后加测
水质[b]	pH 值		大气降水为每次降水时测,地表径流为每月1次,地下水位每年1次
	矿化度、钙离子、镁离子、钾离子、钠离子、碳酸根、重碳酸根、氯离子、硫酸根、磷酸根、硝酸根、总氮、总磷	mg/L 或 ug/L	大气降水为每次降水时测,地表径流为每月1次,地下水位每年1次
	微量元素(硼、锰、钼、锌、铁、铜)重金属元素(钛、钴、镉、铅、铬、镍、汞、砷)	mg/m³ 或 mg/L	每3年1次

注:a 观测深度:土壤表层(0cm)及以下 10、20、40、60、80、100、120、140、160、180、200、250、300cm。
b 水质样品应从大气降水、地表径流和地下水中获取。

④人文指标包括过牧、樵采、开垦、挖采、水资源利用不当、弃耕、火烧、工业污染、工矿工程建设、其他指标,监测频率为5年1次。

4.4　调查与测试方法

4.4.1　土壤指标

土壤指标及其测试方法见表8。

表8　土壤指标测定方法

测定指标	测定方法	方法来源
pH	电位法测定	LY/T 1239—1999
土壤有机质	重铬酸钾氧化——外加热法	NY/T 85—1988
全氮	半微量凯式法	NY/T 53—1987
铵态氮	氧化镁浸提——扩散法	LY/T 1231—1999
硝态氮	酚二磺酸比色法	LY/T 1232—1999
全磷	酸溶——钼锑抗比色法	NY/T 300—1995

测定指标	测定方法	方法来源
速效磷	柠檬酸浸提——钒钼黄比色法	LY/T 1234—1999
全钾	酸溶——火焰光度法	LY/T 1236—1999
速效钾	乙酸铵浸提——火焰光度法	LY/T 1235—1999
缓效钾	硝酸煮沸浸提——火焰光度法	LY/T 1255—1999
全硫	燃烧碘量法和 EDTA 滴定法	NY/TF 011—1998
有效硫	磷酸盐——乙酸溶液浸提法	NY/T 890—2004
全盐量	电导法	LY/T 1251—1999
全量铜、锌、铁、锰	原子吸收法	NY/TF 011—1998
有效铜、锌、铁、锰	DTPA 浸提法	NY/T 890—2004
氯离子、硫酸根离子	分别参照 NY/T 1121.17—2006 和 NY/T1121.18—2006 规定的方法测定	
土壤阳离子(钙离子、镁离子、钾离子、钠离子)交换量	参照 NY/T 295—1995 规定的方法测定	
土壤矿质全量（硅、铁、铝、钛、钙、镁、钾、钠、磷）	参照 LY/T 1253—1999 规定的方法测定	
重金属元素(钴、硒、镉、铬、汞、砷、铅、镍)	参照 HJ/T 166—2004 规定的方法测定	

4.4.2　植被指标

(1) 用品与材料

测量仪器：指南针、经纬仪、气压高度表、测绳、计步器。

调查测量设备：钢卷尺、剪刀、标本夹、采集杖、各种表格、记录本、标签。

文具用品：彩笔、铅笔、橡皮、小刀、米尺、绘图薄、资料袋等。

采集工具：铁铲、枝剪、土壤袋、标本夹、标本纸、放大镜、昆虫采集箱。

(2) 植被调查方法

如果群落内部植物分布和结构都比较均一，则采用少数样地；如果群落结构复杂且变化较大、植物分布不规则时，则应提高取样数目。

取样技术分无样地取样技术(指不规定面积的取样，如点四分法)、有样地取样技术[(指有规定面积的取样，如样方法(最小面积调查法)、样线法)]。

①样方法

在一块样地单位上选定样点，将仪器放在样点的中心，水平向正北 0°，东北 45°，正东 90°引方向线，量取相应的长度，四个端点构成所需样方大小。

样方的范围：选择具有代表性的小面积统计植物种类数目，并逐步向外围扩大，同时登记新发现的植物种类，直到基本不再增加新种类为止。

②面积扩大的方法

从中心向外逐步扩大法：通过中心点 0 作 2 条互相垂直的直线，在两条线上依次定出距离中心点的位置，将等距的四个点相连后即可得到不同面积的小样方。在这些小样地中统计植物种数。

从一点向一侧逐步扩大法：通过原点作 2 条直角线为坐标轴，在线上依次取距离原点的不同位置，各自作坐标轴的垂线分别连成一定面积的小样地。在这些小样地中统计植物种数。

成倍扩大样地面积法：逐步扩大，每一级面积均为前一级面积的 2 倍。

记录方法：以面积大小为 x 轴，以种数为 y 轴，填入每次扩大面积后所调查的数值，并连成平滑曲线，曲线上由陡变缓之处相对应的面积就是群落的最小面积。

植物群落调查所用的最适样方大小：乔木层惯用样方大小为 10m×10m~40m×50m，灌木层为 4m×4m~10m×10m，草本层为 1m×1m~3m×3.3m。

样方数目：乔木为 n 个；灌木为 n 个；草本为 n 个。

③样线法

样线的设置：主观选定一块代表地段，并在该地段的一侧设一条线（基线）。然后，沿基线用随机或系统取样选出待测点（起点），沿起点分别布线进行调查。

样线的长度和取样数目：草本为 6 条 10m 样线；灌木为 10 条 30m 样线；乔木为 10 条 50m 样线。

样线的记录：在样线两侧 0.5m 范围内记录每种植物的个体数（N）。

④四分法（中心点四分法，中点象限法）

样点选定：在选定调查地块之后，在调查地块内随机布点（样点）。每个调查地段的取样点理论值至少要 20 个。

4.4.3 水文指标

(1) 地表水（河流）的调查

①河流所在地区的标高，河流发源地、流往何处、有哪些支流；

②旱季与雨季河水的宽度、深度，涨水时水位上升幅度；

③水的流速、流量；

④河床、河岸的性质，陡岸还是平缓岸，河床是沙质的、石质的、还是黏土质的，河床生长的植物，河岸的淹没情况；

⑤河水的污染情况；

⑥河水的利用情况；

⑦河水与地下水的补、排关系（位置、地点、补排量）。

(2) 地下水位的观测

①测钟。当地下水位埋深较浅时，常用测钟。当测钟接触到地下水面时，发出嗡嗡声，此时测量测钟绳长，即为地下水位埋深。

②电测水位计或万用电表。电测水位计或万用电表是目前常用的测量地下水位的工具，其优点是简便、准确、不受地下水位埋深的限制。但测量时必须测绳伸直，应反复试测，准确地找到水面位置。

③其他仪器。

(3) 水样采取

野外测绘中采取水样必须遵守下列规则。

①要从水面以下 0.2~0.5m 处取样；

②在停滞的水体或水中采取水样，应将死水抽去后，采取新鲜水样；采取河水水样，应在水流较缓的地段采取；

③在取样前应将已洗净的水样瓶用所取之水仔细冲洗 2~3 次；

④取样时不宜把瓶装满，应留 1~2cm 空隙；

⑤取好水样应立即密封，用纱布将瓶口缠好，然后再用蜡封住；

⑥取特殊要求水样时应另取一瓶水样加稳定剂，如分析水中侵蚀性 CO_2 的含量时，则应另取一瓶水样加入大理石粉。

4.4.4 人文指标

以县(旗)为单位收集监测期间各年社会经济数据。各指标详见 4.2.4 的社会经济数据。

4.5 主要调查仪器与指标

①主要调查仪器见表 9。

表 9 土地荒漠化主要调查仪器

项目	设施设备	主要技术指标
数据管理配套设施	笔记本计算机	512M 内存，60G 以上硬盘
	台式计算机	512M 内存，60G 以上硬盘
	扫描仪	最高扫描分辨率为 600×1200dpi
	远程数据采集与传输设备	数据远程采集、传输、接收、贮存、分析处理以及数据共享所需的软硬件
	数码相机	800 万像素以上
	数码摄像机	210 万像素，数字变焦 80 倍
	地理信息系统	
	因特网设备	
野外作业设备	手持 GPS	误差±5m
	海拔仪	误差±5m
	指南针	量程 0°~360°方位角，误差±3°
	坡度仪	误差±1°
	风速廓线仪	精度±(0.2m/s+2%测量值)
	超声测高测距仪	高度量程 0~999m，分辨率 0.1m；角度范围−55°~85°，分辨率 0.1°；距离量程高于 30m，分辨率 0.01m
	罗盘仪	测角器读数误差≤0.5°
	手持风速风向仪	测量范围 0m/s~5m/s，测量精度±0.5%
	照度计	0.1lx~10000lx

(续)

项目	设施设备	主要技术指标
	激光打印机	A4 幅面
	复印机	A4 幅面
办公设备	传真机	A2 幅面
	图件机	
	办公桌(椅)、书架	应满足生态站办公要求
	投影仪	

②沙尘释放的观测设备配置及主要技术指标见表 10。

表 10 沙尘释放观测设备及主要技术参数

配置设备	技术参数	误差
沙尘观测塔[a]	高度≥50m，应配置人工上下取样、维护的阶梯 和围栏等安全设施	
风速传感器[b]	测量范围 0.3m/s~60m/s，启动风速 0.3m/s	±0.3m/s
风向传感器[b]	测量范围 0°~360°	±3°
连续气体监测系统	$0 \sim 1999 \times 10^{-6}$	分辨率 1×10^{-6}
集尘缸	见 LY/T 1698—2007	
湿降尘收集器	内径 40cm、高 20cm 的聚乙烯塑料容器，收集器 设置的相对高度为 1.2~1.5m	
气溶胶监测仪	$1 \sim 2500 mg/m^3$	
单波长激光雷达	波长 532mm 或 1064mm	
宽范围颗粒粒径谱仪	粒径范围 10~10000nm	
宽范围颗粒摄谱仪	粒径范围 0.01~10μm	
气溶胶粒径谱仪	粒径范围 0.18~40μm；最高量程 105 个/cm^3	
大气采样仪	流量范围 0.01~1.5m^3/min	≤0.1%
气体分析仪	测量范围 $0 \sim 1999 \times 10^{-6}$	精度 2.0%
高灵敏度大气积分浊度仪	检测限 $1 \times 10^{-7} \sim 1 \times 10^{-2}$/m；流量 20~200L/min	

a 如设立多个观测塔，则在风向比较单一即主风向明显的区域，按主风向一字形排列。
b 安装高度根据观测需要设定。

③荒漠生态站水文观测设施设备及主要技术指标见表 11。

表 11 荒漠生态及观测设备及主要技术参数

项目	设施设备	主要技术指标
	测井	遵照 MT/T 633—1996
	土壤水分测定仪	测量深度：0~300cm 量程范围：0~田间持水量(相应的 容积含水率) 测量精度：平均绝对误差小于 2%
	压力膜仪	测量范围 $0.1 \times 10^3 \sim 15 \times 10^3$ hPa
水量观测设施	土壤水分蒸发渗漏仪	根据观测需要自设建设参数
	流速流量仪	见 LY/T 1708—2007
	地下水水位自动监测仪	温度范围-20℃~80℃，精度±0.1℃，分辨率 0.01℃， 温度补偿范围-10℃~40℃；量程 50m，精度±0.05%， 全量程分辨率 0.2~1cm

（续）

项目	设施设备	主要技术指标
水质测定设备	便携式水质检测仪	见 LY/T 1708—2007
	台式浊度仪	测量范围 0~100NTU，分辨率 0.01NTU
	pH 计（酸度计）	测量范围 0~14.00，分辨率 2%
	紫外可见分光光度计	见 LY/T 1708—2007
	多离子测试仪	测量范围 10mg/L，0.1%

④荒漠生态站生物观测设备见表12。

表 12　荒漠生态站生物观测设备及主要技术参数

项目	设施设备	主要技术指标
生物观测设备	植物群落调查工具：皮尺、钢卷尺、游标卡尺、样方框、便携式电子秤等	
	稳态气孔计	气孔导度范围 0~9999mmol/$(m^2 \cdot s)$；测定光强的波长范围 400nm~700nm
	植物压力室	量程 70×10³hPa，精度 0.5%
	植物光合测定仪	二氧化碳：分辨率 1×10⁻⁶，量程 0~1000×10⁻⁶，精度 1%；相对湿度：分辨率 0.1%，量程 0~100%，精度 2%；温度：分辨率 0.1℃，量程 0C~50℃，精度 0.2℃；流量计：测量范围 0~1L/min，分辨率 0.1L/min，误差±5%
	叶面积仪	分辨率 1mm²，误差±2%
	植物冠层分析仪	PAR 测量范围 0~2500μmol/$(m^2 \cdot s)$，自动采集间隔 1min~60min
	微型 GPS 跟踪仪	误差±5m

4.6　调查附表

①地面调查表见表13~表27。

表 13　气象因子调查表

地区（市）　　　县（旗）　　　气象站　　　站点号　　　地理位置（经纬度）　　　海拔（m）

年度　　　主风方向　　　平均风速（m/s）　　　年暴雨日数（天）　　　最大降雨强度（mm/h）　　　年蒸发量（mm）

月份	降水量（mm）	平均温度（℃）	大风日数（天）	沙尘日数（天）	月平均风速（m/s）
1					
2					

（续）

月份	降水量（mm）	平均温度（℃）	大风日数（天）	沙尘日数（天）	月平均风速（m/s）
3					
4					
5					
6					
7					
8					
9					
10					
11					
12					
合计					

调查员　　　　　　　　　　　　　　　填表日期

表14　水文情况调查表

地区（市）　　　　　　　　县（旗）

	年度	年均径流量（m^3/s）	最大日降水量（mm）	年平均输沙量（10^4t）		
地表水						

	年度	储量（$10^4 m^3$）	可开采量（$10^4 m^3$）	补给模数（$10^4 m^3$/km^2）	平均水埋深（m）	矿化度（g/L）	水化学类型
地下水							

调查员　　　　　　　　　　　　　　　填表日期

表 15　土地利用情况统计表

单位：hm²

地区（市）　　县（旗）

年度	土地总面积	耕地					林地							草地				居民工矿及交通					水域	未利用地
		总计	水田	水浇地	旱地	菜地	总计	有林地	疏林地	灌木林地	未成林造林地	苗圃地	无立木林地	总计	天然草地	改良草地	人工草地	总计	居民用地	工矿用地	交通用地	其他		

调查员　　　　　　　　　　填表日期

表 16　防沙治沙情况统计表

单位：hm²

地区（市）　　县（旗）

县（旗）	年度	治理面积合计	封育	造林（乔灌）	种草	飞播（乔灌草）	退耕还林	植被改良	沙障	小流域治理	其他

调查员　　　　　　　　　　填表时间

表 17 社会经济情况调查与统计表

地区（市）县（旗）

年度	总人口（人）	农业人口（人）	农业劳动力人数	人口密度（人/km²）	人口净增长率（%）	社会总产值（万元）	农业产值（万元）	林业产值（万元）	牧业产值（万元）	财政收入（万元）	人均GDP（元）	农民人均纯收入（元）	播种面积（公顷）	粮食总产量（吨）	单位面积产量（千克）	作物成灾面积（公顷）	新垦土地面积（公顷）	主要作物种类	牲畜数量（头/只）						牲畜出栏率%	草场理论载畜量（羊单位）	农村能源构成（%）			交通（千米）		备注
																			山羊散养	山羊圈养	绵羊散养	绵羊圈养	大牲畜散养	大牲畜圈养			煤	电	薪材	铁路	公路	

调查员　　　　　　填表时间

表 18 沙化土地调查表

地区（市）市（地盟）县（旗）乡（苏木）　监测年度　　年

图斑号	小班号	面积（hm²）	气候类型	调查方式	地貌类型	土地使用权属	土地利用类型	沙化土地类型	沙化程度	所属沙漠沙地	沙丘高度（米）	土壤类型	土壤质地	植被种类	植被起源	主体植被盖度（%）	植被总盖度（%）	植被高度（米）	生长状况	作物缺苗率（%）	退化植被种类	退化植被盖度比例（%）	沙化人为因素	治理措施	可治理度	土地利用变化原因	是否新增监测范围	前期土地利用类型	前期沙化类型	前期沙化程度	前期植被总盖度（%）	前期植被种类	备注

调查（解译）员　　　　　　调查（解译）日期

表 19　荒漠化土地调查表

地区（市）

市（地盟）县（旗）乡（苏木）　　　　　　　　　　　　　　　　　监测年度　　年

图斑号	小班号	面积（hm²）	气候类型	土地利用类型	荒漠化类型	次要荒漠化类型	荒漠化程度	调查方式	地貌类型	坡度	小地形	沙丘高度（米）	地表形态	侵蚀沟面积比例	土壤类型	土壤质地	土壤砾石含量	有效土层厚度	盐碱斑占地率	覆沙厚度	植被种类	植被起源	植被盖度（%）	植被高度（米）	植被生长状况	退化植被种类	退化植被盖度比例（%）	作物缺苗率（%）	作物产量下降率	荒漠化人为因素	可治理度	治理措施	土地利用变化原因	前期土地利用类型	前期荒漠化类型	前期荒漠化程度	前期植被盖度&	前期植被种类	备注

调查（解译）员　　　　　　调查（解译）日期

表 20　水文情况调查表

省（市区）县（旗）

	年度	年均径流量（m³/s）	最大日降水量（mm）	年平均输沙量（10⁴t）			
地表水							
	年度	储量（10⁴m³）	可开采量（10⁴m³）	平均水埋深（m）	补给模数（10⁴m³/km²）	矿化度（g/L）	水化学类型
地下水							

调查员　　　　　　填表日期

表 21　社会经济情况调查与统计表

地区（市）县（旗）	年度	总人口（人）	农业人口（人）	农业劳动力人数	人口密度（km²）	人口净增长率（%）	社会总产值（万元）	农业产值（万元）	林业产值（万元）	牧业产值（万元）	财政收入（万元）	人均GDP（元）	农民人均纯收入（元）	播种面积（公顷）	粮食总产量（吨）	单位面积产量（千克）	作物成灾面积（公顷）	新垦土地面积（公顷）	主要作物种类	牲畜数量头（只）——山羊 散养	山羊 圈养	绵羊 散养	绵羊 圈养	大牲畜 散养	大牲畜 圈养	牲畜出栏率（%）	草场理论载畜量（羊单位）	农村能源构成（%）煤	电	薪材	交通公里 公路	铁路	备注

调查员　　　　　填表时间

表 22　沙化土地面积统计表

单位：hm²

年度	统计单位	沙化程度	总面积	沙化土地面积——流动沙地（丘）	半固定沙地（丘）计	人工半固定沙地	天然半固定沙地	固定沙地（丘）计	人工固定沙地	天然固定沙地	露沙地	沙化耕地	非生物治沙工程地	风蚀残丘	风蚀劣地	戈壁	有明显沙化趋势的土地	其他土地类型面积	备注
		轻度																	
		中度																	
		重度																	
		极重																	

表 23　沙化土地面积统计表（按土地利用类型分）

单位：hm²

年度		沙化土地面积															备注
年		总计	流动沙地（丘）	半固定沙地（丘）			固定沙地（丘）			露沙地	沙化耕地	非生物治沙工程地	风蚀残丘	风蚀劣地	戈壁	有明显沙化趋势的土地	其他土地类型面积	
统计单位	土地利用类型			总计	人工半固定沙地	天然半固定沙地	总计	人工固定沙地	天然固定沙地									
总面积																		
	耕地																	
	林地																	
	草地																	
	未利用地																	

表 24　沙化土地面积统计表（按按治理措施类型分）

单位：hm²

年度		沙化土地面积															备注
年		总计	流动沙地（丘）	半固定沙地（丘）			固定沙地（丘）			露沙地	沙化耕地	非生物治沙工程地	风蚀残丘	风蚀劣地	戈壁	有明显沙化趋势的土地	其他土地类型面积	
统计单位	治理措施			总计	人工半固定沙地	天然半固定沙地	总计	人工固定沙地	天然固定沙地									
总面积																		
	封育																	
	人工造林																	
	人工种草																	
	飞播																	
	植被改良																	
	沙障																	
	间作																	
	其他																	

表 25 沙化土地面积统计表（按植被盖度级分）

单位：hm²

统计单位	年度	总面积	年	植被盖度级	沙化土地面积													有明显沙化趋势的土地	其他土地类型面积	备注
					流动沙地（丘）	半固定沙地（丘）			固定沙地（丘）			露沙地	沙化耕地	非生物治沙工程地	风蚀残丘	风蚀劣地	戈壁			
						总计	人工半固定沙地	天然半固定沙地	总计	人工固定沙地	天然固定沙地									
				<10																
				10~19																
				20~29																
				30~39																
				40~49																
				50~59																
				60~69																
				70~79																
				≥80																
				其他																

注：此表植被盖度级中的"其他"是指不宜用植被盖度表示的地类，主要是耕地、水域和居民工矿交通用地（以下植被盖度中所述其他，与此相同）。

表 26　沙化土地面积统计表（按主要植物种分）

单位：hm²

年度　　　年

统计单位

主要植物种	总面积	沙化土地面积														其他土地类型面积	备注
		流动沙地（丘）总计	半固定沙地（丘）			固定沙地（丘）			露沙地	沙化耕地	非生物治沙工程地	风蚀残丘	风蚀劣地	戈壁	有明显沙化趋势的土地		
			总计	人工半固定沙地	天然半固定沙地	总计	人工固定沙地	天然固定沙地									
梭梭																	
沙拐枣																	
锦鸡儿																	
沙打旺																	
岩黄芪																	
柠条																	
沙枣																	
胡杨																	
沙棘																	
樟子松																	
柽柳																	
白刺																	
蒿类																	
其他																	

注：此表主要植物种仅为示例，实际统计表格时将按照各地区（市）调查填写的主要植物种面积大小统计。

表27 荒漠化土地调查表代码

沙化土地类型	代码	苗圃地	250	土壤类型	代码
流动沙地(丘)	168	无立木林地	260	红壤	1
半固定沙地(丘)	170	草地	300	黄壤	2
人工半固定沙地	1701	天然草地	310	砖红壤	3
天然半固定沙地	1702	改良草地	320	娄土	4
固定沙地(丘)	172	人工草地	330	黄绵土	5
人工固定沙地	1721	居民工矿交通用地	400	黑垆土	6
天然固定沙地	1722	居民地	410	棕壤	7
露沙地	175	工矿用地	420	褐土	8
沙化耕地	176	交通用地	430	灰黑土(灰色森林土)	9
非生物治沙工程地	169	其他	440	灰褐土(灰褐色森林土)	10
风蚀残丘	174	水域	500	潮土	11
风蚀劣地	180	河流	510	草甸土	12
戈壁	182	湖泊(水库、坑塘)	520	沼泽土	13
有明显沙化趋势的土地	190	雪山冰川	530	盐碱土	14
		其他	540	石灰土	15
非沙化土地	9	未利用地	600	黑钙土	16
荒漠化类型	代码	荒草地	601	栗钙土	17
风蚀	1	盐碱地	602	灰漠土	18
水蚀	2	沼泽地	603	棕漠土	19
盐渍化	3	裸沙地	604	风沙土	20
冻融	4	沙滩和干沟	605	棕色针叶林土(漂灰土)	21
非荒漠化	9	裸土地	606	水稻土	22
荒漠化程度	代码	戈壁	607	棕钙土	23
轻度	1	裸岩	608	灰钙土	24
中度	2	风蚀残丘劣地	609	灌淤土	25
重度	3	其他	610	石质土	27
极重度	4			其他土壤	28
土地利用类型	代码	地貌类型	代码	沙化程度	代码
耕地	100	极高山	1	轻度	1
水田	110	高山	2	中度	2
水浇地	120	中山	3	重度	3
旱地	130	低山	4	极重度	4
菜地	140	丘陵	5		
林地	200	平原	6	土地使用权属	代码
有林地	210	高原	7	国有	1

（续）

疏林地	220	极高原	8	集体	2
灌木林	230	盆地	9	个人	3
未成林造林地	240			其他	4
土壤质地	代码	气候类型	代码	农艺措施	200
黏土	1	极干旱	1	横坡等高耕作	201
壤土	2	干旱	2	深耕	202
沙壤土	3	半干旱	3	垄耕	203
壤沙土	4	亚湿润干旱	4	平翻耕	204
沙土	5	湿润	5	间作(套种、混种)	205
		调查方式		草田轮作	207
植物起源	代码	实测	1	水旱轮作	208
人工	1	解译	2	作物配置	209
天然	2			节水措施	210
飞播	3	地表形态(遥感调查)	代码	种植水稻	211
植被生长状况	代码	影像上分辨不出沙丘	1	种植绿肥	212
好	1			施肥	213
中	2			免耕	214
差	3			禁牧	215
		影像上可分辨出沙丘，基本无阴影和纹理	2	其他农业措施	220
主要作物种类	代码			工程措施	300
水稻	1			排水沟	301
小麦	2	沙丘在影像上清晰可见，纹理明显，沙丘阴影面积<50%	3	洗盐	302
大麦	3			反坡梯田	304
玉米	4			水平梯田	305
棉花	5			坡式梯田	306
高粱	6	地类为戈壁、风蚀劣地、裸土地或沙丘阴影面积>50%，纹理明显	4	隔坡梯田	307
谷子	7			简易梯田	308
薯类	9			淤地坝	310
马铃薯	10			拦沙坝	311
豆类	11			谷坊	312
烟草	12			沙障	315
花生	13			集水工程	316
芝麻	14	作物长势	代码	沙层衬膜	317
油菜	15	很好	1	引水拉沙	318
甜菜	16	好	2	风力拉沙	319
胡麻	18	一般	3	客土改良	320

(续)

黍	19	差	4	引洪淤灌	321
向日葵	21	极差	5	其他工程措施	330
其他	29			化学措施	400
				化学固沙	401
		治理措施	代码	土壤化学改良	402
		生物措施	100	其他化学措施	410
荒漠化、沙化土地可治理度	代码	封山(沙)育林(草)	101	其他措施	500
		人工造林(乔、灌)	102		
难治理荒漠化、沙化土地	1	人工种草	103		
		飞播	104		
可治理荒漠化、沙化土地	2	植被改良	105		
		其他生物措施	110		
荒漠化、沙化人为因素		小地形		思茅松	160
水资源利用不当	1	山脊	1	高山松	170
开垦	2	上坡	2	池杉	178
挖采	3	中坡	3	柳杉	190
弃耕	4	下坡	4	水杉	200
过牧	5	谷	5	蒙古栎	240
樵采	6	平地	6	其他栎类	241
火烧	7			刺槐	261
工矿工程建设	8	错误备注		国槐	262
工业污染	9	土地利用类型	1	椴类	270
其他	10	荒漠化类型	2	桉类	290
		荒漠化程度	3	木麻黄	300
沙漠沙地		沙化类型	4	台湾相思	302
塔克拉玛干沙漠	1	沙化程度	5	大叶相思	303
古尔班通古特沙漠	2	植被盖度	6	马占相思	304
鄯善库木塔格沙漠	3			苦楝	306
库木塔格沙漠	4			杨类	310
乌苏沙漠	5			胡杨	311
库木库里沙漠	6			泡桐	320
				柳类	330
土地利用变化原因		是否新增沙化监测范围		柑橘	501
人为因素		是	1	苹果	502
营造林措施	101	否	2	梨桃类	503
采伐	102			枣树	504

（续）

种草	103			柿树	505
开荒种植	104			山楂	510
弃耕抛荒	105			杏	511
工程建设	106			椰树	512
其他人为因素	107	植物（树）种		文冠果	513
自然原因	201	冷杉	20	核桃	514
调查因素	301	云杉	30	白蜡	515
		紫杉	40	沙枣	516
		铁杉	50	海棠	517
		侧柏	61	山杏	518
		桧柏	62	杜梨	519
		杜松	63	桑树	520
		落叶松	70	山桃	521
		樟子松	80	稠李	522
		赤松	90	银合欢	523
		黑松	100	榆树	524
		油松	110	石榴	525
		华山松	120	其他乔木树种	529
		油杉	130		
		马尾松	140		
		湿地松	142		
		加勒比松	144		
		云南松	150		

植物（树）种					
柠条	801	胡颓子	849	山胡椒	895
怪柳	802	水柏枝	850	水杨柳	896
沙拐枣	803	山荆子	851	竹类灌木	897
梭梭	804	沙蒿	852	猫头刺	898
花棒	805	铃铛刺	853	孩儿拳头	899
杨柴	806	马桑	854	葡萄	900
白刺	807	黄荆	855	啤酒花	901
柳类灌木	808	火棘	856	其他灌木	999
沙棘	809	余甘子	857		
紫穗槐	810	小马鞍叶	858		
花椒	811	木棘	859		
枸杞	812	桃金娘	860		

（续）

酸枣	813	乌饭树	861		
冬青	814	竹叶椒	862		
沙冬青	815	羊蹄甲	863		
荆条	816	铁仔	864		
灌木亚菊	817	清香木	865		
鹊肾树	818	黄杞	866		
麻黄	819	番石榴	867		
木霸王	820	假鹰爪	868		
泡泡刺	821	芒灌	869		
裸果木	824	仙人掌	870		
银沙槐	825	霸王鞭	871		
柏类灌木	826	越橘	872		
杜鹃	827	多瓣木	873		
园叶桦	828	骆驼刺	874		
锦鸡儿	829	杜香	875		
金露梅	830	岗松	876		
银露梅	831	绣球花	877		
金雀花	832	樱类	879		
西藏狼牙刺	835	蔓荆	880		
白刺花	836	锦带花	881		
金丝桃叶绣线菊	837	刺五加	882		
薄皮木	838	山胡类	883		
蔷薇	839	黄栌	884		
花楸	840	忍冬	885		
绣线菊	841	绵刺	886		
枸子	842	刺山橘	887		
小檗	843	鼠李	889		
蚂蚱腿子	844	樱桃李	890		
榛	845	天山酸樱桃	891		
胡枝子	846	覆盆子	892		
铁扫帚	847	刺旋花	893		
连翘	848	沙柳	894		
黄背草	1001	碱蓬	1047	早熟禾	1092
沙蓬	1002	盐爪爪	1048	盐生草	1093
软毛虫实	1003	沙竹	1049	三角草	1094
野古草	1004	戈壁短舌菊	1050	獐茅	1095
金茅	1005	高山罂粟	1051	芦苇	1096
五节芒	1006	棘豆	1052	绢毛飘拂草	1097
白茅	1007	极地漆姑草	1053	肾叶打碗花	1098
细柄草	1008	密实垫状植被	1054	马蔺	1099

（续）

苦马豆	1009	疏松垫状植被	1055	苦豆子	1100
牛心朴子	1010	地榆	1056	罗布麻	1101
远志	1011	糙苏	1057	大顺白麻	1102
蜈蚣	1012	鸢尾	1058	甘草	1103
金须芒	1013	老鹳草	1059	委陵菜	1104
蕨类	1014	高山象牙参	1060	隐花草	1105
天南星	1015	苜蓿	1061	盐角草	1106
白草	1016	白车轴草	1062	白羊胡子草	1107
羊草	1017	拂子茅	1063	鳞子莎	1108
赖草	1018	雀麦	1064	小叶章	1109
线叶菊	1019	短柄草	1065	灯心草	1110
长芒草	1020	光稃茅草	1066	蒯草	1111
针茅	1021	结缕草	1067	茭笋	1112
羊茅	1022	狗牙根	1068	香蒲	1113
隐子草	1023	高牛鞭草	1069	杉叶藻	1114
冰草	1024	看麦娘	1070	薄果草	1115
三刺草	1025	蒙古剪股颖	1071	白花菜	1116
固沙草	1026	小糠草	1072	变海棠	1117
百里香	1027	偃麦草	1073	牛耳草	1118
葱	1028	鸭茅	1074	虎尾草	1119
女蒿	1029	野青茅	1075	假报春	1120
亚菊	1030	垂穗披碱草	1076	灰绿藜	1121
苔草	1031	异燕麦	1077	沙米	1122
扭黄茅	1032	鹅观草	1078	蒺藜	1123
虾子花	1033	寸草苔	1079	披针叶黄花	1124
油柴	1035	黄花茅	1080	鹤虱	1125
半日花	1036	斗蓬草	1081	竹叶子	1127
红砂	1037	蓼	1082	大黄类	1128
驼绒藜	1038	虎耳草	1083	牛皮消	1129
猪毛菜	1039	高山龙胆	1084	车前类	1130
合头草	1040	针蔺	1085	雀儿舌头	1131
戈壁藜	1041	穗草	1086	孩儿拳头	1132
小蓬	1042	木贼状荸荠	1087	当归	1133
假木贼	1043	芨芨草	1088	沙参	1134
盐穗木	1044	星星草	1089		
盐节木	1045	碱茅	1090		
白滨藜	1046	野黑麦	1091		
植物（树）种		独丽花	1181	退化草种	
黄耆	1135	单侧花	1182	狼毒	1
野豌豆	1136	粟草	1183	牛心朴子	2
卫矛	1137	三芒草	1184	骆驼蓬	3

百合	1138	旱燕麦	1185	星毛萎陵菜	4
柴胡	1139	四棱荠	1186	阿氏旋花	5
槭叶铁线莲	1140	千里光	1187	苦豆子	6
香花草	1141	点地梅	1188	赖草	7
乌头	1142	盎缀	1189	其他1	8
茴芹	1143	女蒌菜	1190	其他2	9
风毛菊	1144	柔籽草	1191		
画眉草	1145	扁芒菊	1192		
堇菜	1146	北疆芥	1193		
独根草	1147	丝瓣芹	1194		
白羊草类	1148	肿瓣芹	1195		
拂子芒	1149	荆芥	1196		
其他豆类	1150	大钟花	1197		
毛茛	1151	山芝麻	1198		
藜	1152	狼毒	1199		
草芸香	1154	沙打旺	1200		
窄叶兰盆花	1155	其他草本	1999		
地锦	1156				
西藏蒿草	1157				
骆驼蓬	1158				
木地肤	1159				
三叶草	1160				
刺沙蓬	1161				
苦艾蒿	1162				
假紫草	1163				
节节木	1164				
对节刺	1165				
叉毛蓬	1166				
柔毛盐蓬	1167				
离子草	1168				
羽状三芒草	1169				
美花草	1170				
益母草	1171				
猫头刺	1172				
沙芥	1173				
黑翅地肤	1174				
香唐松草	1175				
水金凤	1176				
水杨梅	1177				
山柳菊	1178				
一枝黄花	1179				
五福花	1180				

②属性数据结构见表28。

表28　沙化土地调查数据属性结构表

沙化土地调查属性数据结构

调查因子	字段名	数据类型	字段长度
图斑号	s1	char	6
小班号	xbh	char	2
省(市区)	s2	char	2
市(地区、盟)	s3	char	2
县(旗)	s4	char	2
乡(苏木)	s5	char	2
监测年度	s6	char	4
面积	s7	N	16.3
气候类型	s8	char	1
土地利用类型	s9	char	4
沙化土地类型	s10	char	4
沙化程度	s11	char	1
土地使用权属	s12	char	1
所属沙漠沙地	s13	char	2
调查方式	s14	char	1
地貌类型	s15	char	1
沙丘高度	s16	N	5.1
土壤类型	s17	char	2
土壤质地	s18	char	1
植被种类	s19	char	4
植被起源	s20	char	1
主体植被盖度	s21	N	5.1
植被总盖度	s22	N	5.1
植被高度	s23	N	5.1
植被生长状况	s24	char	1
作物缺苗率	s25	N	5.1
沙化人为因素	s26	char	2
治理措施	s27	char	4
可治理度	s28	char	1
土地利用类型变化原因	tdbh	char	3
是否新增监测范围	njc	char	1
前期土地利用类型	t1	char	4
前期沙化土地类型	t2	char	4
前期沙化程度	t3	char	1
前期植被总盖度	t4	N	5.1
前期植被种类	t5	char	4
退化植被种类	t6	char	1
退化植被盖度比例	t7	N	5.1
关键值	qh	N	13
错误备注	bz	char	5

（续）

荒漠化土地调查属性数据结构

调查因子	字段名	数据类型	字段长度
图斑号	s1	char	6
小班号	xbh	char	2
省(市区)	s2	char	2
市(地区、盟)	s3	char	2
县(旗)	s4	char	2
乡(苏木)	s5	char	2
监测年度	s6	char	4
气候类型	s7	char	1
面积	s8	N	16.3
土地利用类型	s9	char	4
荒漠化类型	s10	char	1
荒漠化程度	s11	char	1
调查方式	s12	char	1
地貌类型	s13	char	1
坡度	s14	N	3
沙丘高度	s15	N	3
地表形态	s16	char	1
侵蚀面积比例	s17	N	5.1
治理措施	s18	char	4
土壤类型	s19	char	2
土壤质地	s20	char	1
土壤砾石含量	s21	N	5.1
有效土层厚度	s22	N	3
盐碱斑占地率	s23	N	5.1
履沙厚度	s24	N	3
植被种类	s25	char	4
植被起源	s26	char	1
植被盖度	s27	N	3
植被高度	s28	N	5.1
植被生长状况	s29	char	1
作物产量下降率	s30	N	5.1
作物缺苗率	s31	N	5.1
荒漠化人为因素	s32	char	2
可治理度	s33	char	1

（续）

荒漠化土地调查属性数据结构

调查因子	字段名	数据类型	字段长度
土地利用类型变化原因	tdbh	char	3
前期土地利用类型	t1	char	4
前期荒漠化类型	t2	char	1
前期荒漠化程度	t3	char	1
前期植被盖度	t4	N	5.1
前期植被种类	t5	char	4
退化植被种类	t6	char	1
退化植被盖度比例	t7	N	5.1
小地形	t8	char	1
次要荒漠化类型	t9	char	1
关键值	qh	N	13
错误备注	bz	char	5

5. 土地荒漠化沙化评价技术规范

5.1　总则

为了指导土地荒漠化沙化监测及评价，建立符合新疆的荒漠化和沙化调查指标，统一和规范调查内容、任务、周期、技术标准、方法和成果要求，保证土地荒漠化沙化监测及评价工作的顺利进行，特制定本技术规范。

5.2　术语与定义

5.2.1　荒漠化程度

荒漠化程度反映土地退化的严重程度及恢复其生产力和生态系统功能的难易状况。各类型荒漠化的程度分为4级：轻度、中度、重度和极重度。

5.2.2　沙化程度

干旱、半干旱和部分半湿润地带在干旱多风和疏松沙质地表条件下，由于人为强度利用土地等因素，破坏了脆弱的生态平衡，使原非沙质荒漠的地区出现风沙活动的土地退化过程。沙化程度分为4级：轻度、中度、重度、极重度。

5.2.3　荒漠化变化

由于气候变化和人类活动等因素造成的干旱、半干旱和亚湿润地区的土地退化变化，包括草场退化变化、水土流失变化、土壤沙化变化、盐渍化变化等。

5.2.4 沙化变化

泛指由于风沙活动造成的土地退化，包括流动沙丘前移入侵、土地风蚀沙化、固定沙丘活化与古沙翻新等一系列风沙活动。不仅发生于荒漠化地区（干旱区、半干旱区和干旱亚湿润区），也发生于亚湿润区和湿润区。

5.3 荒漠化等级评价

根据调查方式（遥感与地面调查）、荒漠化类型和土地利用类型，采用定性与定量相结合或多因子数量化评价方法确定荒漠化程度。

多因子数量化评价方法是通过调查多个因子的定量值或定性值，确定各因子的评分标准，用各因子的评分值之和确定是否为荒漠化土地及荒漠化程度。

5.3.1 地面调查荒漠化等级评价

（1）风蚀

①草地、林地和未利用地

植被盖度：（亚湿润干旱区）<10%（评分40）、10%~29%（评分30）、30%~49%（评分20）、50%~69%（评分10）、≥70%（评分4）；（干旱、半干旱区）<10%（评分40）、10%~24%（评分30）、25~39%（评分20）、40%~59%（评分10）、≥60%（评分4）。

土壤质地：黏土（评分1）、壤土（评分5）、沙壤土（评分10）、壤沙土（评分15）、沙土（评分20）；或砾石含量<1%（评分1）、1%~14%（评分5）、15%~29%（评分10）、30%~49%（评分15）、≥50%（评分20）；覆沙厚度≥100cm（评分15）、99~50cm（评分11）、49~20cm（评分7.5）、19~5cm（评分4）、<5cm（评分1）。

地表形态：平沙地或沙丘高度≤2m（评分6）、沙丘高度2.1~5.0m（评分12.5）、沙丘高度5.1~10m（评分19）、戈壁、风蚀劣地、裸土地或沙丘高度>10m（评分25）。

荒漠化程度分级（根据各指标评分之和）：非荒漠化≤18、轻度19~37、中度38~61、重度62~84、极重度≥85。

②耕地

作物产量下降率（指作物现实产量与正常年景该地区作物平均产量相比下降的百分数）<5%（评分4）、5%~14%（评分10）、15%~34%（评分20）、35%~74%（评分30）、≥75%（评分40）。

土壤质地：黏土（评分2）、壤土（评分9）、沙壤土（评分17.5）、壤沙土（评分26）、沙土（评分35）；或砾石含量<1%（评分2）、1~9%（评分9）、10~19%（评分17.5）、20~29%（评分26）、≥30%（评分35）；有效土层厚度：（表土层+心土层）>70cm（评分2）、70~40cm（评分6）、39~25cm（评分12.5）、24~10cm（评分19）、<10cm（评分25）。

荒漠化程度分级（根据各指标评分之和）：非荒漠化≤15、轻度16~35、中度36~60、重度61~84、极重度≥85

（2）水蚀

①草地、林地和未利用地

植被盖度≥70%（评分1）、69%~50%（评分15）、49%~30%（评分30）、29%~10%

（评分 45）、<10%（评分 60）。

坡度<3（评分 2）、3~5（评分 5）、6~8（评分 10）、9~14（评分 15）、≥15（评分 20）。

侵蚀沟面积比例(%)≤5（评分 2）、6~10（评分 5）、11~15（评分 10）、16~20（评分 15）、>20（评分 20）。

荒漠化程度分级（根据各指标评分之和）：非荒漠化≤24、轻度 25~40、中度 41~60、重度 61~84、极重度≥85。

②耕地

作物产量下降率<5%（评分 3）、6%~14%（评分 10）、15%~34%（评分 20）、35%~74%（评分 35）、≥75%（评分 50）。

坡度<3（评分 1）、3~5（评分 5）、6~8（评分 10）、9~14（评分 15）、≥15（评分 20）

工程措施：反坡梯田及水平梯田（评分 0）、坡式梯田或隔坡梯田（评分 10）、简易梯田（评分 20）、无工程措施（评分 30）。

荒漠化程度分级（根据各指标评分之和）：非荒漠化≤24、轻度 25~40、中度 41~60、重度 61~84、极重度≥85。

(3) 盐渍化

①草地、林地和未利用地

轻度：盐碱斑占地率≤20%［0.1%<土壤含盐量≤0.3%（东部）或 0.5%<土壤含盐量≤1.0%（西部）］，有耐盐碱植物出现，植被盖度>35%。

中度：20%<盐碱斑占地率≤40%［0.3%<土壤含盐量≤0.7%（东部）或 1.0%<土壤含盐量≤1.5%（西部）］，耐盐碱植物大量出现，一些乔木不能生长，20%<植被盖度≤35%。

重度：40%<盐碱斑占地率≤60%［0.7%<土壤含盐量≤1.0%（东部）或 1.5%<土壤含盐量≤2.0%（西部）］，大部分为强耐盐碱植物，多数乔木不能生长，只能生长柽柳等，10%<植被盖度≤20%，难于开发利用。

极重度：盐碱斑占地率>66%［土壤含盐量>1.0%（东部）或>2.0%（西部）］，几乎无植被，植被盖度≤10%，极难开发利用。

②耕地

轻度：盐碱斑占地率≤15%［0.1%<土壤含盐量≤0.3%（东部）或 0.5%<土壤含盐量≤1.0%（西部）］，一般只危害作物苗期，10%<作物缺苗率≤20%，大豆、绿豆、小麦、玉米等轻度耐盐作物能生长，作物产量下降率≤15%，改良较容易。

中度：15%<盐碱斑占地率≤30%［0.3%<土壤含盐量≤0.7%（东部）或 1.0%<土壤含盐量≤1.5%（西部）］，较耐盐植物如向日葵、甜菜、水稻、苜蓿等尚能生长，20%<作物缺苗率≤30%，15%<作物产量下降率≤35%，需要水利改良措施。

重度：盐碱斑占地率>30%，作物难于生长，一般不作为耕地使用。

极重度：极重度盐渍化土地不适合于作物生长。

5.3.2　遥感调查评价

(1) 风蚀

①草地、林地和未利用地

植被盖度：（亚湿润干旱区）<10%（评分 60）、10~29%（评分 45）、30~49%（评分

30)、50~64%（评分15）、≥65%（评分5）；（干旱、半干旱区）<10%（评分60）、10~24%（评分45）、25~39%（评分30）、40~54%（评分15）、≥55%（评分5）。

地表形态：影像上分辨不出沙丘（评分10）；影像上可分辨出沙丘，基本无阴影和纹理（评分20）；沙丘在影像上清晰可见，纹理明显，沙丘阴影面积<50%（评分30）；地类为戈壁、风蚀劣地、裸土地或沙丘阴影面积>50%，纹理明显（评分40）。

荒漠化程度分级（根据各指标评分之和）：非荒漠化≤20、轻度21~35、中度36~60、重度61~85、极重度≥86

②耕地

轻度：有林带等防护措施，一般年景能正常耕作，作物长势较好。

中度：有林带等防护措施，作物长势一般。

重度：无防护措施，作物靠天然降水生长，生长较差。

极重度：作物生长很差，收成无保证。

（2）水蚀

①草地、林地和未利用地

植被盖度≥70%（评分1）、69%~50%（评分15）、49%~30%（评分30）、29%~10%（评分45）、<10%（评分60）。

坡度<3（评分2）、3~5（评分5）、6~8（评分10）、9~14（评分15）、≥15（评分20）。

侵蚀沟面积比例（%）≤5（评分2）、6~10（评分5）、11~15（评分10）、16~20（评分15）、>20（评分20）。

荒漠化程度分级（根据各指标评分之和）：非荒漠化≤24、轻度25~40、中度41~60、重度61~84、极重度≥85。

②耕地

轻度：坡度<5°，5%<沟壑面积比例≤15%，作物长势较好。

中度：5°≤坡度<9°，15%<沟壑面积比例≤40%，作物长势一般。

重度：9°≤坡度<15°，40%<沟壑面积比例≤60%，作物长势差。

极重度：坡度≥15°，沟壑面积比例>60%，作物长势很差。

（3）盐渍化

①草地、林地和未利用地

轻度：盐碱斑占地率≤20%，植被盖度>35%。

中度：20%<盐碱斑占地率≤40%，20%<植被盖度≤35%。

重度：40%<盐碱斑占地率≤60%，10%<植被盖度≤20%。

极重度：盐碱斑占地率>60%，植被盖度≤10%。

②耕地

轻度：盐碱斑占地率≤20%，作物长势较好。

中度：20%<盐碱斑占地率≤40%，作物长势一般。

重度：40%<盐碱斑占地率≤60%，作物长势较差。

极重度：盐碱斑占地率>60%，作物长势很差。

(4)冻融荒漠化程度评价

轻度：极高原、高山、高寒缓坡草原漫岗区，40%<植被盖度≤60%。

中度：极高原、高寒丘陵荒漠草原区，20%<植被盖度≤40%。

重度：极高原、高寒中低山荒漠区，10%<植被盖度≤20%。

极重度：极高原、高山冰川侵蚀荒漠寒漠区，植被盖度<10%。

5.4　沙化等级评价

轻度：植被盖度>40%（极干旱、干旱区、半干旱）或>50%（其他气候类型区），基本无风沙流活动的沙化土地；或一般年景作物能正常生长、缺苗较少（一般作物缺苗率<20%）的沙化耕地。

中度：25%<植被盖度≤40%（极干旱、干旱、半干旱）或30%<植被盖度≤50%（其他气候类型区），风沙活动不明显的沙化土地；或作物长势不旺、缺苗较多（一般20%≤作物缺苗率<30%）且分布不均的沙化耕地。

重度：10%<植被盖度≤25%（极干旱、干旱、半干旱）或10%<植被盖度≤30%（其他气候类型区），风沙活动明显或流沙纹理明显可见的沙化土地；或植被盖度≥10%的风蚀残丘、风蚀劣地及戈壁；或作物生长很差、作物缺苗率≥30%的沙化耕地。

极重度：植被盖度≤10%的沙化土地。

5.5　荒漠化与沙化变化评价

5.5.1　类别转移变化

通过ArcGIS中叠合工具进行转移矩阵计算，对相邻两期土地沙漠化等级图进行转移矩阵计算，分析相邻两期的不同沙漠化等级之间的转移量与空间分布，探索各等级沙漠化之间的动态变化细节。

5.5.2　土地沙漠化严重程度演变图制作

(1)简化表示土地沙漠化的分类类型

在前后两个时期的土地沙漠化分布遥感解译图上，按本指南的分类标准将土地沙漠化严重程度划分了潜在、轻度、中度、重度4种类型。为了表述的方便，暂将4种严重程度类型，归并为两种，即轻度和重度，并分别形成前后两个时期，由两种分类类型表示的土地沙漠化分布遥感解译图。

(2)叠合前后两个时期的土地沙漠化分布图

叠合时，前一时期的非沙漠化土地分布区和后一时期的非沙漠化土地分布区均赋白色，两个时期的两种沙漠化土地分别赋予不同的颜色；叠合后，共生成9种不同的颜色（见表29）。

(3)定义沙漠化程度变化级别的代号

土地沙漠化程度未变化，定义代码为0级。内容包括前一时期的非沙漠化土地、轻度沙漠化土地、重度沙漠化土地，到后一时期仍然还是非沙漠化土地、轻度沙漠化土地、重度沙漠化土地。

表 29　土地沙漠化程度与图面颜色对应关系表

沙漠化程度	图面对应的颜色		两个时期沙化土地叠合后生成的颜色	沙化程度变化级别	变化级别代码
	早期年代	晚期年代			
非沙漠化区	白色	白色	1 组：白色+白色 f 白色	未变化级	0
轻度沙漠化区	黄色	浅蓝色	2 组：黄色+浅蓝色 f 黄绿色	未变化级	0
重度沙漠化区	红色	蓝色	3 组：红色+蓝色 f 暗绿色	未变化级	0
			4 组：黄色+蓝色-绿色	加重 1 级	+1
			5 组：白色+浅蓝色-浅蓝色	加重 1 级	+1
			6 组：白色+蓝色-蓝色	加重 2 级	+2
			7 组：红色+浅蓝色-褐棕色	减轻 1 级	-1
			8 组：黄色+白色-黄色	减轻 1 级	-1
			9 组：红色+白色红色	减轻 2 级	-2

　　土地沙漠化程度加重 1 级，定义代码为+1。内容包括前一时期的非沙漠化土地到后一时期变化为轻度沙漠化土地；前一时期的轻度沙漠化土地到后一时期变化为重度沙漠化土地。

　　土地沙漠化程度加重 2 级，定义代码为+2。内容包括前一时期非沙漠化土地到后时期变化为重度沙漠化土地。

　　土地沙漠化程度减轻 1 级，定义代码为-1。内容包括前一时期的轻度沙漠化土地到后一时期变化为非沙漠化土地；前一时期的重度沙漠化土地到后一时期变化为轻度沙漠化土地。

　　土地沙漠化程度减轻 2 级，定义代码为-2。内容包括前一时期的重度沙漠化土地到后一时期变化为非沙漠化土地(见表 29、表 30)。

(4)编制土地沙漠化程度演变图

　　对以上定义的土地沙漠化变化的 5 个级别(0、+1、+2、-1、-2)，分别选用 5 种颜色表示，编制成反映土地沙漠化程度变化的演变图。为了能准确反映变化前后，土地沙漠化的发育程度，应将前一时期的土地沙漠化分布图作为专业背景叠合在土地沙漠化演变图之下。

表 30　土地沙漠化程度与变化级别对应关系表

年代	土地沙漠化程度及图面颜色		
晚期	无沙漠化地	轻度沙漠化地	重度沙漠化地
	白色	浅蓝色	蓝色
沙漠化程度变化级别代码	0 -1 -2 +1		-1 +2 +1 0
早期	无沙漠化地	轻度沙漠化地	重度沙漠化地
	白色	黄色	红色

参考文献

　　DZ/T 0296—2016，地质环境遥感监测技术要求(1∶250000)[S]．北京：地质出版社，2016．

荒漠化沙化调查及评价指标规范

（二）荒漠化沙化评价指标规范

1. 研究区概况

1.1 自然地理概况

新疆维吾尔自治区简称新，地处中国西北边陲，东南接甘肃、青海、西藏三省（自治区），位于东经 73°32′~96°23′、北纬 34°25′~49°10′之间；东西最长达 2000km，南北最宽处约 1600km；面积 166.49 万 km²，占中国国土面积的 1/6，是中国面积最大的省级行政区。在历史上，新疆是闻名于世的古"丝绸之路"的重要通道和通向中亚、西亚、南亚乃至欧洲的捷径，也是东西方文化的交汇点，而今又成为横贯两大洲的"亚欧大陆桥"的必经之地。既是中国西部大开发的重点区域，又是通往中亚、西亚、西南亚、欧洲和非洲的陆上通道，战略地位十分重要。

新疆地形复杂，类型多样，境内冰峰耸立，沙漠浩瀚，盆地众多，草原辽阔，绿洲星罗棋布。地貌轮廓呈"三山夹两盆"，即北部的阿尔泰山、中部的天山、南部的昆仑山及准噶尔盆地（中心为库尔班通古特沙漠）、塔里木盆地（中心为塔克拉玛干沙漠），最典型的地理景观特征是"山高盆阔，沙漠浩瀚"。串珠状绿洲的分布和以荒漠为中心的同心圆状地貌格局是新疆内陆荒漠的共同特征，即外围有构造隆起的高山，山麓有倾斜的洪积——冲积扇连成裙状，中央则为广阔的冲积、洪积平原。特定的地理位置与特殊地貌条件，形成了以光热资源丰富、气温年较差与日较差大、降水稀少、时空分配不匀、蒸发强烈、相对湿度低、风大的基本特点。

新疆属典型的温带大陆性干旱气候，由天山分隔为南疆和北疆两大区域，分处暖温带和中温带。全区年平均降水量 147mm，是中国降水最少的地区。其中，北疆 150~200mm，南疆不足 100mm，降水量从西北向东南逐渐减少。日照时间长，积温多，昼夜温差大，无霜期长。年平均气温 10.4℃，最冷月（1 月）平均气温在 -20℃~-14℃，最热月（7 月）平均气温在 25℃~32℃之间。每平均日照 2827.6h。区内山脉融雪形成众多河流，绿洲分布于盆地边缘和河流流域，具有典型的绿洲生态特点。

新疆河流众多，大小河流有 570 多条，且水量相差悬殊，大部分河流流程短，水量小。年径流量小于 1 亿 m³ 的有 487 条，水量仅 83 亿 m³，而流量大于 10 亿 m³ 的河流仅 18 条，径流量达 584 亿 m³。全疆地表水总径流量为 884 亿 m³，地下水可开采量 252 亿 m³。新疆人均水占有量约为全国人均占有量的 2.2 倍多，居全国第四位，从这个意义上讲，新疆的水资源是相对丰富的，但相对新疆的土地面积，每平方千米的平均水量只有 4.8 m³，居全国倒数第三位，这对降雨水稀少、生态脆弱的新疆来说，水资源量确实又是非常紧缺的。新疆地下水资源，主要来自地表水的转化，山区产生的地下水资源，往往以泉流或渗流形式补给到山区河道内，成为山区地表径流的一部分，所以山区地下水资源大多已包括在出山口地表径流以内了。新疆可利用的地下水资源量，主要是指平原地区的地下水，总补给量约为 395 亿 m³，其中，可开采量约为 252 亿 m³。

1.2 社会经济概况

2019 年末全区总人口 2523.22 万人，其中，城镇人口 1308.79 万人，城镇化率为

51.87%；全年出生人口 20.54 万人，死亡人口 11.23 万人，人口自然增长率 3.69‰。新疆共有 47 个民族，其中，世居民族有 13 个。汉族人口占总人口 40.1%，各少数民族人口占总人口 59.9%；男性人口占 51.30%，女性人口占 48.70%。

2020 年实现地区生产总值 13797.58 亿元。其中，第一产业增加值 1981.28 亿元，增长 4.3%；第二产业增加值 4744.45 亿元，增长 7.8%；第三产业增加值 7071.85 亿元，增长 0.2%。全年新疆农林牧渔业总产值 4315.61 亿元。其中，农业产值 2936.33 亿元，林业产值 66.00 亿元，畜牧业产值 1038.08 亿元，渔业产值 27.24 亿元农林牧渔产业及辅助性活动的产值 247.96 亿元。全年全区居民人均可支配收入 23845 元；人均消费支出 16512 元。城镇居民人均消费支出 22592 元；农村居民人均消费支出 10778 元，城镇居民家庭恩格尔系数 31.3%，农村居民家庭恩格尔系数 32.2%。全年城镇新增就业 46.11 万人，城镇就业困难人员实现就业 4.21 万人。年平均城镇调查失业率为 5.2%。

1.3　新疆土地荒漠化沙化趋势

沙化土地增加，表明沙化土地还在继续扩展，但从其变化量而言，全疆土地沙化的速度已大大减弱；全疆近十几年来的治沙面积较大，治理虽不一定能将沙化土地变成非沙化土地，但它可降低沙化程度。1994—1999 年监测期，沙化土地面积每年增加 38400hm²；2000—2004 年监测期，沙化土地每年增加 10430hm²；2005—2009 年监测期，沙化土地每年增加 8280hm²；2010—2014 年，沙化土地每年增加 7344hm²；扩展速度继续减缓，但减缓的幅度正在逐步减弱。

分析新疆历史时期沙漠的演变与现代沙漠环境的变化，并考虑到目前新疆许多沙化危害严重地区（例如，塔里木盆地南缘）的沙化问题还远未得到根本控制和解决的客观事实，可以预见，新疆沙化土地的发展趋势是：土地沙化和风沙灾害仍将持续发生，但在部分地区，随着沙化土地的综合整治与沙害防治工程的逐步实现，土地沙化和风沙灾害会有所减轻，以至基本得到控制；某些局部地区则随着人类社会经济活动的发展，风沙灾害有所增强，但只要在开发过程中注意保护生态环境，并采取有效的防治措施，风沙灾害可以降到最低限度；未受人类活动影响的地区，则将主要在气候的影响下继续其原有自然状态下的沙化演化过程。

总体而言，新疆大范围、全方位的生态建设，对沙化土地的扩展起到了遏制作用，但由于极端灾害气候的影响，加之局部区域治理与破坏并存，治理难度也越来越大，沙化趋势亦不容乐观。

2. 项目背景及研究意义

荒漠化评价技术研究是荒漠化研究领域的核心内容之一。对荒漠化过程进行适时的评价和监测，掌握荒漠化发生的动态和机理，及时准确地评价荒漠化发生的程度，是建立荒漠化监测体系与评价体系的基础，也可为国家及区域荒漠化防治工程合理布局决策提供科学依据。自 20 世纪 70 年代以来，缺少全球和重点国家荒漠化发生范围与变化速率的可靠数据，一直是困扰荒漠化研究工作的一个重要问题。我国在荒漠化监测指标、评价方法等在世界范围内存在争议的情况下，于 1994—1996 年组织技术人员在全国范围进行了一次基于遥感和地面调查相结合的沙漠、戈壁及沙化土地普查，基于这次普查数据和其他数据来源，编制了 1：100 万和 1：250 万全国荒漠化土地分布图，并在此基础上编写出版了《中国荒漠化报告》，首次获得了我国荒漠化的准确基础数据。虽然"荒漠化"一词早在 1949 年即由法国学者 Aubreville 提出，但并未引起足够的重视，直到 1977 年的内罗毕联合国荒漠化大会（UNCOD），荒漠化问题才得到国际社会的广泛关注，与此同时，该年诞生了全球第一套荒漠化评价指标体系，标志着荒漠化评价研究正式开始，之后，荒漠化评价才逐渐成为荒漠化研究的热点领域。

我国土地荒漠化类型复杂，随着近年来经济的快速发展，土地荒漠化还在加剧。新疆特殊的地理位置、地貌条件使得新疆成为中国土地荒漠化最严重的地区。在过去 50 年里，人类活动加上经济的迅速发展，形成对土地资源的压力，加剧了土地荒漠化。新疆耕地和草场正面临着荒漠化威胁。同时，水土流失、土地盐碱化、生物多样性丧失、水质恶化和水资源短缺等问题也十分严重。经统计，新疆土地面积中 62% 是荒漠，生态与环境极其脆弱，土地荒漠化已对新疆生态、经济、社会造成严重影响，而土地荒漠化的趋势还在增加。全疆近 2/3 的土地荒漠化中，每年约有 60 万 hm^2 良田和 1200 万人口受风沙危害，800 万 hm^2 草场严重退化，据估计，新疆土地荒漠化造成的直接经济损失每年约为 92.4 亿元人民币，其中，风蚀直接经济损失约为 58.3 亿元人民币，水蚀造成的直接经济损失约为 11.6 亿元人民币，土壤盐渍化造成的直接经济损失约为 22.5 亿元人民币。可以说，土地荒漠化已经成为制约新疆经济社会可持续发展、人民生活水平提高的主要因素。因此，坚持以科学发展观为指导，在新疆探索土地荒漠化的监测体系与评价体系的新途径，是顺利实施西部大开发战略，实现人与自然和谐发展的迫切需要。

本指南是以科学发展观、建设"生态文明"为总的指导思想，建立新疆土地荒漠化监测体系与评价体系，为新疆的土地荒漠化进行全面的量化分析与宏观评价，为全疆土地荒漠化程度、分布及类型提供理论依据，为新疆土地荒漠化制定合理的治理措施。在翻阅研究区相关记载数据资料，全面查阅其他地区类似研究，及本研究区已有研究的基础上，通过整理国内外有关土地荒漠化监测及评价相关的标准、规范，应用广义归纳法和综合文献分析法，认真分析各指标，采取宁多勿缺的原则，尽可能多地收集土地荒漠化监测规范及评价规范，构建新疆土地荒漠化监测体系与评价体系。

3. 土地荒漠化监测依据

对荒漠化进行监测与评价，掌握荒漠化的现状、程度及发生发展和动态演变规律，是有效防治荒漠化的前提，也是荒漠化研究的重要组成部分。可以为制定防治荒漠化的政策和长远发展规划提供技术及理论支撑，同时对实行区域性治理、保护、改良和利用土地资源及实现可持续发展战略具有重要意义。正确评价和监测荒漠化的发展进程，可以为防治荒漠化提供宏观决策和科学依据。

土地荒漠化科学考察主要是考察荒漠化监测技术、方法，荒漠生态系统常规站点建设规范，观测指标规范，观测技术规范及站点数据管理规范等。

3.1 监测技术规范

土地荒漠化监测技术规范应依据《土地荒漠化监测方法》（GB/T 20483—2006），《沙化土地监测技术规程》(GB/T 24255—2009),《沙化和荒漠化监测技术规程》(DB12/T 417—2010),《草原沙化地面监测技术规程》(DB51/T 1477—2012),《草原沙化遥感监测技术规范》(DB51/T 1730—2014)来执行。

3.1.1 《土地荒漠化监测方法》

《土地荒漠化监测方法》(GB/T 20483—2006)明确了荒漠化各主要因子的监测季节、监测适用装备和应使用的技术方法,同时提出了确定荒漠化斑块边界时应选择的方法及技术要求。本标准还提出了测算各地区气候变化情况、水分平衡程度、地下水位变化和记载人类活动应采用的资料和方法;监测生物量的各种方法和在评估土地风蚀风积、盐化碱化、水分亏缺和水土流失等的严重程度时,应使用的技术方法;对土地荒漠化引起的周围气象环境恶化,如扬沙、沙尘暴增多等现象,提出了监测和统计方法。

适用范围

本标准适用于需要开展荒漠化监测工作的地区和部门。本标准不适用于荒漠地区。

术语和定义

本标准分别对荒漠、荒漠化、土地、土地退化、干旱半干旱和亚湿润干旱地区、生物生产力、景观、样区、测点、样方10项术语进行定义。

主要内容

本标准的主要内容包括

①监测样区和测点的选择:包括样区选择原则、测点的定位检测项目及方法。

②荒漠化监测常用装备:必用装备、选用装备。

③各类数据的来源、统计规定及计算方法。

④荒漠化属性的监测方法及监测项目:风蚀沙化的监测、盐渍化的监测、水力侵蚀的监测、植被生物生产力的监测、其他属性的监测。

⑤荒漠化斑块界定依据及方法选择。

表31　测点的动态监测项目

项目名称	观测季节	地面测量	近地面数码图像分析	航测图片	卫星影像	常规资料统计
植被覆盖率(%)	优势植物盛花期前后20天	△(高植被)	△(草等低矮植被)	△	△	
植被高度(cm)	优势植物盛花期前后20天	△				
优势植物和指示植物	优势植物盛花期前后20天	△				
湿润指数	30年滑动					△
地下水位(cm)	每年12月	△				△
荒漠化斑块界定	视荒漠化类型确定	△		△	△	
土壤湿度(%)	生长季每旬末	△				
扬沙	全年	△				
沙尘暴	全年	△			△	
暴雨日数	全年	△				
极端自然灾害	全年	△				△
工农林牧渔生产总值、每亩单产、耕地面积、牲畜头数	次年					△
人口、人类重大活动	次年					△

△表示运用。

表 32　测点的选测项目

项目名称	土壤风蚀状况	土壤盐渍化状况	土壤水蚀状况	冻蚀状况	蒸散量和水分平衡
观测季节	春秋季	春耕前	春秋季	春耕前	生长季
地面测量	△	△	△	△	△
近地面数码图像分析		△	△		
航测图片	△	△	△	△	
卫星影像	△	△	△	△	
常规资料统计			△		

△表示运用

表 33　每逢尾数为 0 和 5 的年份进行观测的项目

项目名称	植物干重(g/m^2)	土壤养分	土壤机械组成
观测季节	优势植物盛花期前后 20 天	秋收后冬作物施底肥前	秋收后冬作物施底肥前
地面测量	△	△	△

表 34　吹蚀沙化程度

植被覆盖率	亚湿润干旱区	<10%	10%~29%	30%~49%	50%~69%	≥70%
	干旱、半干旱区	<10%	10%~24%	25%~39%	40%~59%	≥60%
	评分	40	30	20	10	4
覆沙厚度(cm)		<5	5~19	20~49	50~99	≥100
评分		1	4	8	11	15
土壤质地		黏土	壤土	沙壤土	壤沙土	沙土
或砂砾含量		<1%	1%~14%	15%~29%	30%~49%	≥50%
评分		1	5	10	15	20
地表形态		平沙地或沙丘厚度≤2m	沙丘厚度2.1m~5.0m	沙丘厚度5.1m~10m	戈壁、风蚀劣地裸土地或沙丘厚度>10m	
评分		6	13	19	25	

注：四项得分合计≤18 为非荒漠化，19~37 为轻度，38~61 为中度，62~84 为重度，≥85 为极重度。

表 35　土壤盐化和碱化化学分析项目

项目	pH 值	全盐	可溶性盐分组成(Cl^-，SO_4^{2-}，CO_3^{2-}，HCO，Na^+，K^+，Ca^{2+}，Mg^{2+})	碱化度
盐化和盐化土壤	△	△	△	
碱化和碱化土壤	△	△		△

表 36　盐化土壤分级指标

主成分盐量	轻盐化	中盐化	重盐化	盐土
苏打为主	0.1~0.3	0.31~0.5	0.51~0.7	>0.7

（续）

主成分盐量	轻盐化	中盐化	重盐化	盐土
氯化物为主	0.2~0.4	0.41~0.6	0.61~1.0	>1.0
硫酸盐为主	0.3~0.5	0.51~0.7	0.71~1.2	>1.2
苏打为主	0.35~0.5	0.51~0.65	0.66~0.85	>0.85
氯化物为主	0.7~0.9	0.91~1.3	1.31~1.6	>1.6
硫酸盐为主	0.7~1.0	1.01~1.5	1.51~2.0	>2.0

表37　碱化土壤分级指标

化学性质	轻度碱化	中度碱化	强度碱化	碱土
碱化度/%	5~15	15.1~30	30.1~45	>45
pH值	8.5~9.0	9.1~9.5	9.6~10.0	>10.0

表38　水蚀程度评价计分表

植被覆盖率(%)	≥70	69~50	49~30	29~10	<10
评分	1	15	30	45	60
坡度(%)	<3	3~5	6~8	9~14	≥15
评分	2	5	10	15	20
侵蚀沟比例(%)	≤5	6~10	11~15	16~20	>20
评分	2	5	10	15	20

注：三项得分合计≤24为非荒漠化，25~40为轻度，41~60为中度，61~84为重度，≥85为极重度。

表39　植被特征与荒漠化程度参考关系

植被特征	荒漠化程度				
	非荒漠化	轻度	中度	重度	极重
植被覆盖率(%)	≥70	69~50	49~30	29~10	<10
高度降低率(%)(与10年前相比)	<10	11~20	21~35	36~50	>50
指示植物株数(%)	0	<10	11~20	21~30	>30
总产草量或干重减少率(%)(与10年前相比)	<10	11~20	21~35	36~50	>50

3.1.2　《沙化土地监测技术规程》

《沙化土地监测技术规程》(GB/T 24255—2009)规定了沙化土地监测采用的土地利用分类、沙化土地分类、沙化土地程度划分，同时规定了沙化土地监测的内容、方法、技术流程、监测成果等内容及其要求。

适用范围

本标准适用于在全国范围内开展的沙化土地监测工作。

术语及定义

本标准分别对沙化、沙化土地、植被盖度、郁闭度、优势种、图斑6项术语进行定义。

主要内容

①监测范围：完整行政区域、非完整行政区域及乡以下任意区域。

②监测体系：宏观监测、专题监测。

③监测方法：地面调查与遥感数据解译相结合。

④土地利用分类系统：将土地划分为6个一级地类，27个二级地类。

⑤土地沙化属性及沙化土地分类分级。

⑥监测内容：土地沙化属性、沙化土地状况、自然状况。

⑦主要技术流程：技术准备，图斑区划，现地调查修正，内业整理。

⑧监测成果：沙化土地监测数据、沙化土地监测图件、地理信息数据、监测报告。

⑨质量要求：质量控制要求、因子调查合格要求、图斑质量合格要求、成果质量要求。

3.1.3 《沙化和荒漠化监测技术规程》

《沙化和荒漠化监测技术规程》(DB12/T 417—2010)规定了沙化和沙漠化监测的内容、任务、周期、技术、方法和成果要求。

适用范围

本标准适用于天津市行政区域范围内所有分布有沙化土地和明显沙化趋势的土地及湿润指数在0.05~0.65之间的荒漠化地区的监测。

术语及定义

本标准分别对监测周期、监测范围、监测方法、合格率要求、固定沙地、沙化耕地、风蚀、盐渍化8项术语进行定义。

主要内容

①分类及分级评价：沙化土地程度分级、风蚀程度评价指标、盐渍化程度评价指标、土地利用类型划分。

②监测内容：环境监测因子、防治措施、其他监测因子。

③监测方法：按《土地荒漠化监测方法》(GB/T 20483—2006)监测方法执行。

④监测质量检查验收：检查验收方法、检查验收内容、检查验收判定。

3.1.4 《草原沙化地面监测技术规程》

《草原沙化地面监测技术规程》(DB51/T 1477—2012)规定了草原沙化监测地面调查的样地选择、样方测定、路线调查等的内容和技术方法。

适用范围

本标准适用于草原沙化监测地面调查。

术语及定义

本标准分别对草原沙化、地面监测、路线调查、沙化指示植物4项术语进行定义。

主要内容

①样地选择：代表性、典型性、其他因素。

②样方测定：样方布设(包括布设要求、样方数量、样方间距、样方面积、参考点)、编号、测定时间、测定单位、测定内容与方法(包括样地描述、植被高度测定、植被盖度测定、生物量测定)。

③路线调查：路线选择、设置要求、实地调查。

④数据管理：数据整理、数据校核、资料归档。

3.1.5　《草原沙化遥感监测技术规范》

《草原沙化遥感监测技术规范》(DB51/T 1730-2014)规定了草原沙化遥感监测的方法和技术要求。

适用范围

本标准适用于草原沙化监测遥感调查。

术语及定义

本标准分别对草原沙化、遥感监测、植被盖度、优势种、图斑5项术语进行定义。

主要内容

①遥感监测的基本方法及前期准备。

②遥感数据的获取与处理，遥感影像的预判与判读方法。

③输出数据的核查验证及结果验证、监测周期的规定。

3.2　定位观测指标规范

荒漠化作为一个环境问题，监测其发展趋势、掌握其动态变化的规律，对荒漠化土地的类型及程度进行评价，成为荒漠化防治研究的重要内容。定位观测指标体系的建立，是荒漠化监测的中心内容，只有建立完善的荒漠化定位观测指标体系，才能准确、及时、全面地掌握荒漠化土地的消长变化数据，为分析、预测、防治、管理及决策服务。荒漠化监测中所进行的荒漠化监测与定位观测指标体系的建立，也是科学考察新疆荒漠化监测的基础。

此次总结出与荒漠化监测与定位观测指标的建立相关的标准有5项，分别为《荒漠生态系统定位观测指标体系》(LY/T 1698—2007)、《干旱、半干旱区荒漠(沙地)生态系统定位观测指标体系》(LY/T 2092—2013)、《荒漠区盐渍化土地生态系统定位观测指标体系》(LY/T 2936—2018)、《青藏高原高寒荒漠生态系统定位观测指标体系》(LY/T 2509—2015)、《戈壁生态系统定位观测指标体系》(LY/T 2793—2017)，在土地荒漠化科学考察时，荒漠化系统定位观测指标体系的建立参考《荒漠生态系统定位观测指标体系》(LY/T 1698—2007)。

《荒漠生态系统定位观测指标体系》

《荒漠生态系统定位观测指标体系》(LY/T 1698—2007)规定了荒漠生态系统定位观测指标，即气象指标、土壤指标、水文指标和生物指标。

适用范围

本标准适用于全国范围内荒漠生态系统的定位观测。

术语及定义

本标准分别对荒漠生态系统、天气现象、雪深、雪压、大气降尘、水面蒸发量、冻土、土壤微生物结皮、土壤孔隙度、土壤水分特征曲线、渗漏量、群落的种类组成、凋落物、盖度、频度、种群空间分布格局、种子库、土壤动物、土壤呼吸作用强度19项术语进行定义。

主要内容

本标准的主要内容包括荒漠生态系统定位观测指标：气象指标见表40、土壤指标详见表5、水文指标详见表7和生物指标见表40~表43(详见表6)。

表 40　气象指标

指标类别	观测指标	单位	观测频率
天气现象	雨、雪、霰、冰雹、露、霜、雾、扬沙、沙尘暴、暴雷、闪电、飑、龙卷风、积雪、结冰等		随时进行观测
云	云量	成(10成法)	每日3次(8、14、20时)
能见度	水平能见度	km	每日3次(8、14、20时)
气压	气压	pa	连续观测或每日3次(8、14、20时)
风	风向 风速	方位(16方位法)m/s	连续观测或每日3次(8、14、20时)
空气温度	定时温度	℃	连续观测或每日3次(8、14、20时)
空气温度	最高温度 最低温度	℃	每日1次(20时)
地温	地面定时温度	℃	连续观测或每日3次(8、14、20时)
地温	地面最高温度 地面最低温度	℃	每日1次(20时)
地温	5cm深度土壤温度 10cm深度土壤温度 15cm深度土壤温度 20cm深度土壤温度 40cm深度土壤温度 80cm深度土壤温度	℃	连续观测或每日3次(8、14、20时)
空气湿度	相对湿度	%	连续观测或每日3次(8、14、20时)
降水	总量 强度	mm mm/h	连续观测或每日2次(8、20时)

（续）

指标类别	观测指标	单位	观测频率
积雪	初日 终日	日期	每年观测
	雪深a 雪压b	cm g/cm²	每日1次（8时）
霜期	除霜 终霜	日期	每年观测
大气降尘	大气降尘c	t/（km².月）	连续观测或每月1次
水面蒸发	蒸发量	mm	每日1次（20时）
日照	日照时数	h	连续观测
辐射	总辐射 直接辐射 反射辐射 净辐射 光合有效辐射	J/m²	连续观测
冻土	深度	cm	每日1次（8时）

注：a 当观测站四周视野地面被雪（包括米雪、霰、冰粒）覆盖超过一半时要观测雪深。

b 每月5、10、15、20、25日和月末最后一天，雪深达到5cm或以上时，在雪深观测点附近观测。

c 集尘缸内径150mm、高300mm，放置高度距地面5~15m。每月5日前定期换取集尘缸1次，必要时可中途更换干净的集尘缸，继续收集，合并分析。

表41　土地沙漠化土壤监测指标

指标类别	观测指标	单位	观测频率
土壤类型	土壤类型a		每3年1次
地表状况	覆沙厚度	cm	每月1次
	沙丘移动距离	cm	每月1次
	土壤风蚀量	g/m²	每月1次，风期连续观测
	土壤微生物结皮盖度 土壤微生物结皮厚度	% mm	每年1次
土壤物理性质	土壤剖面特征分层描述		每3年1次
	腐殖质层厚度	cm	每年1次
	容重	g/cm³	每年1次
	机械组成		每年1次

(续)

指标类别	观测指标	单位	观测频率
土壤化学性质	pH 值		每年 1 次
	有机质	%	每年 1 次
	全氮 铵态氮和硝态氮	% mg/kg	每 3 年 1 次,每次分季节测定
	全磷 速效磷	% mg/kg	每 3 年 1 次,每次分季节测定
	全钾 速效钾 缓效钾	% mg/kg mg/kg	每 3 年 1 次,每次分季节测定
	全硫 有效硫	% mg/kg	每 3 年 1 次,每次分季节测定
	全盐量、碳酸钙	%	每 3 年 1 次
	碳酸根和重碳酸根,氧根,硫酸根,钙离子,镁离子,钾离子,钠离子	%,mmol/kg	每 3 年 1 次
	土壤矿质全量(硅、铁、铝、钛、钙、镁、钾、钠、磷)	%	每 3 年 1 次
	微量元素(全硼、有效硼、全铝、有效铝、全锰、有效锰、全锌有效锌、全铜、有效铜、全铁、有效铁)	mg/kg	每 3 年 1 次
	重金属元素(硒、钴、镉、铅、铬、镍、汞、砷)	mg/kg	每 3 年 1 次

注:a 指中国土壤系统分类的土类和亚类。

表 42 土地沙漠化水文监测指标

指标类别	观测指标	单位	观测频率
水量	土壤含水量[a]	%	
	土壤田间持水量	%	每 3 年 1 次
	土壤萎蔫含水量	%	每 3 年 1 次
	土壤的总孔隙度、毛管孔隙度和非毛管孔隙度	%	每 3 年 1 次
	土壤水分特征曲线		每 3 年 1 次
	蒸散量	mm	连续观测
	渗漏量	mm	生长季每月 1 次
	地下水位	m	连续观测或每 5 天 1 次,灌溉或降水后加测

（续）

指标类别	观测指标	单位	观测频率
水质[b]	pH 值		大气降水为每次降水时测，地表径流为每月 1 次，地下水位每年 1 次
	矿化度、钙离子、镁离子、钾离子、钠离子、碳酸根、重碳酸根、氯离子、硫酸根、磷酸根、硝酸根、总氮、总磷	mg/L 或 ug/L	大气降水为每次降水时测，地表径流为每月 1 次，地下水位每年 1 次
	微量元素（硼、锰、钼、锌、铁、铜）重金属元素（钛、钴、镉、铅、铬、镍、汞、砷）	mg/m³ 或 mg/L	每 3 年 1 次

注：a 观测深度：土壤表层（0cm）及以下 10、20、40、60、80、100、120、140、160、180、200、250、300cm。
b 水质样品应从大气降水、地表径流和地下水中获取。

表 43　土地沙漠化生物监测指标

指标类别	观测指标	单位	观测频率
动植物种类	观测区动植物编目		每 3 年 1 次
	国家或地方保护物种及其数量 地方特有种及其数量		每 3 年 1 次
	主要物种物候特征		每年观测
植物群落分布	群落类型及分布面积	hm² 或 m²	每 3 年 1 次
	群落分布图[a]		每 3 年 1 次
植物群落特征	群落的种类组成 成层结构 水平镶嵌结构图		每年 1 次
	总盖度 灌木层盖度 草本层盖度	%	每年 1 次
	群落的天然更新（包括植物种及其密度、分布和苗高等）	株/hm² 或 株/m²，cm	每年 1 次
	灌木地上生物量 灌木地下生物量 草本地上生物量 草本地下生物量 凋落物现存量	kg/hm²	每 3 年 1 次
	优势种的热值	J/g	每 3 年 1 次
植物群落中植物种的特征	种群盖度 高度 多度 密度 频度	% Cm Drude 多度级 株（丛）/m² %	每年 1 次
	种群空间分布格局[b]		每年 1 次
	一年生植物种群动态		每年 1 次
	物候期[c]		每年观测
	土壤种子库调查[d]（植物种及有效种子数量）		每 3 年 1 次

(续)

指标类别	观测指标	单位	观测频率
动物调查	鸟类的种类和数量 大型兽类的种类和数量 小型兽类的种类和数量 土壤动物的种类和数量 昆虫的种类和数量		每 3 年 1 次
	主要物种的物候特征		每年观测
土壤微生物	主要土壤微生物的类别 主要土壤微生物的数量	个/g	每 3 年 1 次
	土壤呼吸作用强度	mg/(m². h)	每 3 年 1 次,每次分季节测定

注:a 比例尺需大于 1:10000。

b 分为规则分布、集中分布和随机分布。

c 木本植物各物候为:萌动期(芽开始膨大期、芽开放期)、展叶期(开始展叶期、展叶盛期)、开花期(花蕾或花序出现期、开花始期、开花盛期、开花末期、第二次开花期)、果熟期(果实成熟期、果实脱落开始期、果实脱落末期)、叶变色期(叶开始变色期、叶完全变色期)、落叶期(开始落叶期、落叶末期);草本植物为萌动期(地下芽出土期、地面芽变绿色期)、展叶期(开始展叶期、展叶盛期)、开花期(花蕾或花序出现期、开花始期、开花盛期、开花末期、第 2 次开花期)、果实或种子成熟期(果实或种子始熟期、果实或种子全熟期、果实脱落期、种子散布期)、黄枯期(开始黄枯期、普通黄枯期、全部黄枯期)。

d 调查深度为 20cm,每 4cm 为 1 层,分 5 层取样。

3.3 定位观测技术规范

定位观测技术规范应根据《荒漠生态系统定位观测技术规范》(LY/T 1752—2008)中荒漠生态系统气象、土壤、水文和生物观测的方法和技术要求来执行。

《荒漠生态系统定位观测技术规范》

《荒漠生态系统定位观测技术规范》(LY/T 1752—2008)规定了荒漠生态系统气象、土壤、水文和生物观测的方法和技术要求。

适用范围

适用于全国范围内荒漠生态系统的定位观测。

术语及定义

本标准分别对沙尘暴能见度、湿降尘、小气候、土壤孔隙度、土壤有机质、优势种、亚优势种、伴生种、偶见种 9 项术语进行定义。

主要内容

本标准的主要内容包括荒漠生态系统观测方法及技术要求:标准分别对地面气象观测、土壤观测、水文观测和生物观测的方法与技术做出了规定(见表 44)土壤样品化学性质测定方法详见表 8。

表 44 土壤样品化学性质测定指标及测定方法

测定指标	测定方法	方法来源
pH	电位法测定	LY/T 1239—1999
土壤有机质	重铬酸钾氧化——外加热法	NY/T 85—1988

（续）

测定指标	测定方法	方法来源
全氮	半微量凯式法	NY/T 53—1987
铵态氮	氧化镁浸提——扩散法	LY/T 1231—1999
硝态氮	酚二磺酸比色法	LY/T 1232—1999
全磷	酸溶——钼锑抗比色法	NY/T 300—1995
速效磷	柠檬酸浸提——钒钼黄比色法	LY/T 1234—1999
全钾	酸溶——火焰光度法	LY/T 1236—1999
速效钾	乙酸铵浸提——火焰光度法	LY/T 1235—1999
缓效钾	硝酸煮沸浸提——火焰光度法	LY/T 1255—1999
全硫	燃烧碘量法和 EDTA 滴定法	NY/TF 011—1998
有效硫	磷酸盐——乙酸溶液浸提法	NY/T 890—2004
全盐量	电导法	LY/T 1251—1999
全量铜、锌、铁、锰	原子吸收法	NY/TF 011—1998
有效铜、锌、铁、锰	DTPA 浸提法	NY/T 890—2004
氯离子、硫酸根离子	分别参照 NY/T 1121.17—2006 和 NY/T 1121.18—2006 规定的方法测定	
土壤阳离子(钙离子、镁离子、钾离子、钠离子)交换量	参照 NY/T 295—1995 规定的方法测定	
土壤矿质全量(硅、铁、铝、钛、钙、镁、钾、钠、磷)	参照 LY/T 1253—1999 规定的方法测定	
重金属元素(钴、硒、镉、铬、汞、砷、铅、镍)	参照 HJ/T 166—2004 规定的方法测定	

3.4 站点建设及数据管理规范

为加强和规范荒漠化和沙化监测工作，保证荒漠化和沙化监测工作的顺利开展，提高监测成果质量，首先，应规范化观测研究站的建设程序、基础设施及仪器设备建设要求，以实现数据资源共享、大尺度服务效应，并逐步建成完备的荒漠生态站标准系列；其次，不同类型观测场应有统一的分类原则和编码方法，方便于进行信息档案管理；采集的数据是判定荒漠化各项指标的本底数据，须对数据有科学和标准化的管理。

观测研究站建站的相关规范依据《荒漠生态系统观测研究站建设规范》（LY/T 1753—2008）来制定；观测场的编码方法依据《荒漠生态系统观测场及长期固定样地的分类和编码》（LY/T 2903—2017）执行；观测站采集的数据依据《荒漠生态系统定位观测研究站数据管理规范》（LY/T 2511—2015）进行规范管理。

3.4.1 《荒漠生态系统观测研究站建设规范》

适用范围

适用于全国范围内荒漠生态系统观测研究站建设。

术语及定义

本标准分别对荒漠生态系统观测研究站、固定样地、沙丘、点法、植物群落 5 项术语进行定义。

主要内容

本标准的主要内容包括建设技术规范：基础设施及仪器设备建设要求、站址选择、站名命名、野外综合实验基地选址与建设、固定样地的选择与设置、气象观测设施建设、土壤观测设施建设、水文观测设施建设、生物观测设施建设。

3.4.2 《荒漠生态系统观测场及长期固定样地的分类和编码》

《荒漠生态系统观测场及长期固定样地的分类和编码》（LY/T 2903—2017）标准规定了荒漠生态系统综合观测场、气象观测场、风沙观测场、水分观测场和辅助观测场，以及小气候、土壤、水文和生物等长期固定样地的分类和编码方法，并提出了观测场及长期固定样地的信息文档填报技术要求。

适用范围

本标准适用于全国范围内荒漠生态系统定位观测研究站的观测场（样）地建设及其信息档案管理。

主要内容

①观测场的分类和编码：分类和编码原则、观测场的分类、观测场的分类码、观测场的编码方法。

②长期固定样地的分类和编码：长期固定样地分类、分类和编码原则、长期固定样地的编码方法、水文长期固定样地的分类码、土壤生物长期固定样地的分类码、小气候长期固定样地的分类码。

表 45　观测场分类码

观测场分类	观测场分类码	观测场分类	观测场分类码
综合观测场	ZH	水分观测场	SF
气象观测场	QX	辅助观测场	FZ
风沙观测场	FS		

表 46　水文长期固定样地分类码

水分分类名	样地分类码	水分分类名	样地分类码
土壤水	HTR	蒸发	HZF
地下水	HDX	蒸渗	HZS
静止地表水	HJB	径流	HJL
流动地表水	HLB	液流	HYL
大气降水	HJS		

表 47　土壤生物长期固定样地分类码

样地分类		样地分类码
土壤生物联合固定样地	含水文设施	ABH
	不含水文设施	ABO

（续）

样地分类		样地分类码
土壤固定样地	含水文设施	AHO
	不含水文设施	AOO
生物固定样地	含水文设施	BHO
	不含水文设施	BOO

3.4.3　《荒漠生态系统定位观测研究站数据管理规范》

《荒漠生态系统定位观测研究站数据管理规范》（LY/T 2511—2015）规定了荒漠生态系统定位观测研究站数据内容、管理等方面内容。

适用范围

本标准适用于荒漠生态系统定位观测研究站的数据管理工作。

主要内容

①数据内容：站点信息、科研信息、人员信息、观测数据信息；

②管理办法：数据分类、数据管理机构与管理方式、数据质量控制、数据安全管理、数据存档（见表48）。

表 48　数据的用户管理

用户类型	用户分类	拥有权限	管理办法
系统用户	系统管理员	拥有修改使用、发布等所有权限	身份认证
	数据管理员	拥有所属站点数据的修改权、使用权、发布权	身份认证
数据用户	一般用户	只能浏览站点信息	—
	注册用户	可以下载共享数据	身份认证
	特殊用户	可以下载共享数据和一定的非共享数据	身份认证

4. 土地荒漠化评价依据

根据科学考察的目的与流程，一套具有良好可行性、准确度高的评价标准是土地荒漠化评价的基础。与科学考察密切相关的荒漠化评价标准分为 2 类，即荒漠化评价规范、荒漠化程度分级规范。通过这两类规范可以规定土地荒漠化评估术语和定义、评估指标、评估方法、荒漠化分类及分级原则。

荒漠化评价依据部分共整理分析标准 8 项，其中，荒漠化评价规范 5 项，主要为《荒漠林生态系统服务功能评价规范》（DB65/T 4064—2017），《荒漠生态系统服务评估规范》（LY/T 2006—2012），《戈壁生态系统服务评估规范》（LY/T 2792—2017），《荒漠化信息分类与代码》（LY/T 2182—2013），《内蒙古天然草地沙漠化标准》（DB15/T 340—2000）。荒漠化程度分级规范 3 项，主要为《干旱灾害等级》（GB/T 34306—2017）、《水土流失危险程度分级标准》（SL 718—2015）、《天然草地退化、沙化、盐渍化的分级指标》（GB 19377—2003）。

4.1 评价规范

土地荒漠化评价应根据《荒漠林生态系统服务功能评价规范》（DB65/T 4064—2017），（LY/T 2006—2012），《戈壁生态系统服务评估规范》（LY/T 2792—2017），《荒漠化信息分类与代码》（LY/T 2182—2013），《内蒙古天然草地沙漠化标准》（DB15/T 340—2000）进行评价。

4.1.1 《荒漠林生态系统服务功能评价规范》

《荒漠林生态系统服务功能评价规范》（DB65/T 4064—2017）规定了荒漠林生态系统服务功能评估的术语和定义、评估指标体系、数据来源、评估公式。

适用范围

适用于荒漠林生态系统主要服务功能评估。不适用于林木资源价值、林副产品和林地自身价值评估。

术语及定义

本标准分别对荒漠生态系统、荒漠生态系统功能、荒漠生态系统服务功能评估、防风固沙、保育土壤、固持水功能、固碳释氧、积累营养物质、净化大气环境、物种保育、景观游憩、净初级生产力 12 项术语进行定义。

主要内容

①评估的指标体系：共包括 8 个类别 13 个评估指标。

②数据来源：所用数据主要有 4 个来源。

③评估方法：实物量和价值量评估方法。

④评估公式：包括荒漠林生态系统服务功能的 18 条实物量评估公式及参数设置和 18 条荒漠生态系统服务功能价值量评估公式及参数设置。

4.1.2 《戈壁生态系统服务评估规范》

《戈壁生态系统服务评估规范》（LY/T 2792—2017）规定了戈壁生态系统服务的定义、评价指标体系和评估方法等内容。

适用范围

适用于戈壁生态系统主要生态服务评估工作。

术语及定义

本标准分别对戈壁生态系统服务评估、供给服务、调节服务、支持服务、文化服务、沙城入海固碳 6 项术语进行定义。

主要内容

①评估的指标体系：共包括 4 个类别 11 个评估指标。

②数据来源：所用数据主要有 4 个来源。

③评估方法：实物量和价值量评估方法。

④评估公式：包括戈壁生态系统服务的 11 条实物量评估公式和 11 条戈壁生态系统服务价值量评估公式。

4.1.3 《荒漠化信息分类与代码》

《荒漠化信息分类与代码》（LY/T 2182—2013）规定了荒漠化信息代码编写原则与方

法，制定荒漠化地区自然环境信息、荒漠化地区社会经济信息、荒漠化综合管理信息等相关信息的分类体系和代码表。

适用范围

本标准适用于荒漠化信息管理，为各级荒漠化管理与应用部门进行信息采集、应用、交换和共享提供依据。

术语及定义

本标准分别对荒漠化、荒漠化信息、荒漠化信息分类、荒漠化信息代码、荒漠化信息编码、类目、分类体系7项术语进行定义。

主要内容

①分类原则：科学性、系统性、稳定性、可扩延性、兼容性、实用性。

②荒漠化信息分类方法。

③荒漠化信息编码：编码原则、编码代码结构、编码方法、

④荒漠化信息类别与代码表(见表49)。

表49 荒漠化信息三级类目标

代码	一级类目名称	二级类目名称	三级类目名称	备注
01	荒漠化地区自然环境信息			
0101		分布信息		
010101			地理分布	行政区划信息、生态区划、流域区划等
010199			其他分布信息	
0102		自然资源信息		
010201			地质信息	
010202			土壤信息	
010203			水文信息	
010204			气象信息	
010299			其他自然资源	
0103		生物多样性信息		
010301			动物信息	
010302			植物信息	
010399			其他生物多样性信息	
0104		自然灾害信息		
010401			地质灾害	水土流失、滑坡、崩塌、盐碱化等方面的类别、发生状况等
010402			水文灾害	洪水、涝渍、融雪、冰凌灾害状况

（续）

代码	一级类目名称	二级类目名称	三级类目名称	备注
010403			气象灾害	干旱、风沙、酸雨、降雪等灾害
010404			动植物病虫害	
010499			其他自然灾害信息	
0199		其他自然环境信息		
02	荒漠化地区社会经济信息			
0201		人文信息		
020101			人口承载	
020102			动态变迁	历史变迁、社会发展等
020103			教育程度	
020199			其他人文信息	
0202		经济信息		
020201			耕作开发	农垦、矿产等
020202			种植和养殖	经济树木、牲畜、渔业
020203			旅游	
020299			其他经济信息	
0203		产业发展信息		
020301			荒漠化产业项目	
020302			荒漠化产业工程	
020303			荒漠化产业技术	
020399			其他产业发展信息	
0204		社会灾害信息		
020401			社会灾害类别	砍伐、污染、过垦等信息
020402			社会灾害影响	
020403			灾害应急	预案管理、应急培训和演练、灾害应急流程
020499			其他社会灾害信息	
0299		政务管理信息		
03	荒漠化综合管理信息			
0301		科技管理信息		
030101			科研技术	技术研发、技术引进、研究成果等
030102			标准规范	调查规范、监测规范、技术规程等
030103			科技推广	
030199			其他科技管理	
0302		政务管理信息		
030201			事务管理	

（续）

代码	一级类目名称	二级类目名称	三级类目名称	备注
030202			政策法规	与荒漠化有关法律、法规、政策等
030203			工程管理	
030299			其他政务管理	
0303		监测信息		
030301			自然信息监测	气候、地质、动植物活动等方面的监测
030302			专项信息监测	类型变化、区域变迁、课题研究等
030399			其他监测	
0304		治理与恢复		
030401			生态环境保护与修复	
030402			社会规划治理	国家规划、区域规划、地方规划等
030499			其他治理与恢复	
0305		合作与交流		
030501			国际合作	国际公约、国际论坛、国际项目等
030502			社会组织合作	
030503			民众参与	
030599			其他合作	
0399		其他综合管理信息		

4.1.4　《内蒙古天然草地沙漠化标准》

《内蒙古天然草地沙漠化标准》（DB15/T 340—2000）规定了天然草地沙漠化的类型和级别。仅限于荒漠化范畴中的沙质荒漠化类型。

适用范围

本标准适用于内蒙古自治区境内的沙质、沙砾质草地，固定沙丘（沙地）活化草地。

术语及定义

本标准分别对荒漠化、沙漠、沙漠化、沙质、沙砾质草地、固定沙丘（沙地）活化6项术语进行定义。

主要内容

①沙漠化特征及含义；

②天然草地沙漠化类型及分级原则；

③沙质、沙砾质草地沙漠化类型及分级原则；

④固定沙丘（沙地）活化分级原则。

4.2　程度分级规范

荒漠化程度分级规范是规范荒漠化类型划分及荒漠化严重程度。荒漠化程度分级标准应根据《干旱灾害等级》（GB/T 34306—2017）、《水土流失危险程度分级标准》（SL 718—2015）、《天然草地退化、沙化、盐渍化的分级指标》（GB 19377—2003）来划分。

4.2.1 《干旱灾害等级》

《干旱灾害等级》（GB/T 34306—2017）规定了干旱灾害的等级及等级划分的方法。

适用范围

本标准适用于农业、林业、水文、气象及其他相关社会经济领域的干旱灾害监测、评估业务与科研工作。

术语和定义

本标准分别对气候平均值、气象干旱、农业干旱、水文干旱、干旱灾害5项术语进行定义。

主要内容

①干旱灾害的等级指标（见表50）；

表 50　作物受旱面积率（I）的等级（GI）划分

等级（GI）	1	2	3	4
I	10%<I ≤30%	30%<I ≤50%	50%<I ≤80%	I> 80%

②因旱临时性人口饮水困难率等级（见表51）；

表 51　因旱临时性人口饮水困难率（R）的等级（GR）划分

等级（GR）	1	2	3	4
R	5%<R ≤20%	20%<R ≤40%	40%< R ≤60%	R> 60%

③城镇干旱缺水率等级（见表52）；

表 52　城镇干旱缺水率（P）的等级（GP）划分

等级（GP）	1	2	3	4
P	5%<P ≤10%	10%<P ≤20%	20%< P ≤30%	P> 30%

④干旱灾害等级划分（见表53）。

表 53　干旱灾害等级（DDI）划分

等级	轻度旱灾	中度旱灾	严重旱灾	特重旱灾
DDI	3<DDI≤6	6<DDI≤8	8<DDI≤10	DDI> 10

4.2.2 《水土流失危险程度分级标准》

《水土流失危险程度分级标准》（SL 718—2015）是根据《中华人民共和国水土保持法》，为规范水土流失危险程度分级、合理确定水土流失防治重点而制定的标准。

适用范围

本标准适用于全国水力侵蚀、风力侵蚀危险程度等级划分；对重力侵蚀中的滑坡单体和混合侵蚀中的泥石流单沟提出了危险程度等级划分的参考方法。

术语和定义

本标准分别对水土流失危险程度、抗蚀年限、植被自然恢复年限 3 项术语进行定义。

主要内容

①水力侵蚀、风力侵蚀、滑坡、泥石流的分级标准；

②植被自然恢复年限；

③气候干湿地区类型；

④滑坡、泥石流潜在危害程度；

⑤泥石流发生可能性。

4.2.3 《天然草地退化、沙化、盐渍化的分级指标》

《天然草地退化、沙化、盐渍化的分级指标》（GB 19377—2003）规定了天然草地退化、沙化、盐渍化的等级和指标。

适用范围

本标准适用于天然草地退化、沙化、盐渍化的等级划分。

术语和定义

本标准分别对草地退化、草地沙化、草地盐渍化、指示植物、优势种、结合算术优势度、地上部产草量、土壤容重、土壤侵蚀模数 9 项术语进行定义。

主要内容

①分级指标：草地退化程度的分级与分级指标、草地沙化（风蚀）程度分级与分级指标、草地盐渍化程度分级与分级指标。

②评定方法及评定退化草地的参照依据。

5. 土地荒漠化防治与修复依据

土地荒漠化问题在全世界范围内都有，是全世界人民所共同面对的一个严重的生态问题。为了有效地应对这一问题，必须要充分认识防沙治沙的重要性，人人参与，共同协作，才能促进防沙治沙工作的有效开展。新疆生态环境极度脆弱，荒漠化问题较为突出，近年来，在相关政策大力实施下，土地荒漠化问题有一定的降低，但随着经济社会的不断发展，人口数量的不断扩大，不合理的利用水资源和新疆特殊的气候特点，新疆土地荒漠化问题还非常严峻，尚没有得到根本性的改变。虽然很多荒漠区的绿色植被有所增长，正在不断的恢复，但在自我调节能力上还存在很大不足，难以稳定地发挥其作用，生态结构系统还比较脆弱，很难应对新疆地区严重的土地荒漠化问题。因此，必须要加强研究防沙治沙有效措施，有效地遏制荒漠化问题，促进新疆的持续健康发展，打造良好的生态屏障，促进生态持续健康发展。

土地荒漠化防治与修复部分共整理分析标准 14 项，其中，防沙治沙相关规范 9 项，主要为《防沙治沙技术规范》（GB/T 21141—2007）、《高寒区沙化土地综合治理技术标准》（LY/T 2997—2018）、《浙江省水土流失综合治理技术规范》（DB33/T 2166—2018）、《沙化草地治理技术规范》（DB15/T1878—2020）等；沙漠化修复相关规范 4 项，为《沙化土地封

沙育林育草技术规程》（DB21/T 2436—2015）、《西北干旱荒漠区河岸植被恢复技术规程》
（LY/T 2540—2015）、《荒漠绿洲区天然林保护技术规程》（LY/T 1746—2008）、《退化森林
生态系统恢复与重建技术规程》（LY/T 2651—2016）；治理验收规范 1 项，为《水土保持综
合治理验收规范》（GB/T 15773—2008）。

5.1 治理规范

　　土地荒漠化治理规范依据《防沙治沙技术规范》（GB/T 21141—2007）、《水土保持综
合治理技术规范》（GB/T 16453—1996）和《浙江省水土流失综合治理技术规范》（DB33/T
2166—2018）实施。

5.1.1 《防沙治沙技术规范》

　　《防沙治沙技术规范》（GB/T 21141—2007）规定了防沙治沙的技术措施及其要求。

适用范围
本标准适用于各类沙化土地的预防与治理。

术语与定义
本标准分别对沙化、沙化土地、流动沙地、固定沙地、半固定沙地、植物治沙措
施、封沙育林育草、防沙林带、防护林带、防护林网、固沙林、林粮间作、飞播造林种
草、物理治沙措施、机械沙障、植物沙障、化学治沙措施、保护性耕作措施18项术语
进行定义。

主要内容
　　①沙化土地类型区划分：极端干旱、干旱沙化土地类型区，北方干旱、半干旱沙化土
地类型区，高原高寒沙化土地类型区，黄淮海平原半干旱、半湿润沙化土地类型区，南方
湿润沙化土地类型区。
　　②治沙措施：植物治沙措施、物理治沙措施、化学治沙措施、保护性耕作措施。
　　③成效调查与技术档案管理。

表 54　灌溉条件下不同沙化土地类型区农田防护林网适宜规格

类型区	风沙危害	主林带间距（m）	副林带间距（m）	网格面积（hm²）
极端干旱、干旱沙化土地类型区	严重	100~250	300~400	3~10
	较轻	200~250	400~500	8~12.5
北方干旱、半干旱沙化土地类型区	严重	100~300	400~500	4~15
	较轻	200~250	400~500	8~12.5
高原高寒沙化土地类型区	严重	100~150	400~500	4~7.5
	较轻	150~200	400~500	6~10
黄淮海平原半干旱、半湿润沙化土地类型区	严重	100~300	400~500	4~15
	较轻	200~250	400~500	8~12.5
南方湿润沙化土地类型区	严重	100~250	400~500	4~12.5
	较轻	200~250	400~500	8~12.5

表 55　无灌溉条件下不同沙化土地类型区农田防护林网适宜规格

类型区	风沙危害程度和灾害性质	主林带间距/m	副林带间距/m	网格面积/hm²
极端干旱、干旱沙化土地类型区	—	—	—	—
北方干旱、半干旱沙化土地类型区	严重	250~300	400~500	10~15
	较轻	300~400	400~500	12~20
高原高寒沙化土地类型区	—	—	—	—
黄淮海平原半干旱、半湿润沙化土地类型区	严重	300~350	400~500	12~17.5
	较轻	300~350	400~500	12~17.5
南方湿润沙化土地类型区	严重	100~250	400~500	4~12.5
	较轻	200~250	400~500	8~12.5

表 56　不同沙化土地类型区固沙林初植密度

沙化土地类型区	树种类型	株行距/(m×m)	密度/(株/hm²)
极端干旱、干旱沙化土地类型区	灌木类	(3×5)~(2×3)	666~1666
北方干旱、半干旱沙化土地类型区	灌木类	(2×4)~(2×3)	1250~1666
	乔木类	(3×5)~(2×4)	666~1250
高原高寒沙化土地类型区	灌木类	(2×4)~(2×3)	1250~1666
	乔木类	(3×5)~(3×4)	666~833
黄淮海平原半干旱、半湿润沙化土地类型区	针叶乔木	(2×3)~(2×2)	1666~2500
	阔叶乔木	(3×4)~(2×4)	833~1250
	灌木	(1×3)~(1×2)	3333~5000
南方湿润沙化土地类型区	乔木	(2×4)~(2×2)	1250~2500
	灌木	(1×2)~(1×1.5)	5000~6666

表 57　封沙育林育草合格指标

类型区	郁闭度	灌木盖度(%)	林草总盖度(%)	备注
极端干旱、干旱沙化土地类型区a		15~30	30~50	分布均匀
北方干旱、半干旱沙化土地类型区b	≥0.20	30~45	45~70	分布均匀
高原高寒沙化土地类型区		15~30	30~50	分布均匀
黄淮海平原半干旱、半湿润沙化土地类型区	≥0.80		≥95	分布均匀
南方湿润沙化土地类型区	≥0.80		≥95	分布均匀

注：a 极端干旱区取下限值，干旱区取上限值。

b 干旱区取下限值，半干旱区上限值。

表 58　林带(网)合格标准

类型区	成活率(%)	保存率(%)
极端干旱、干旱沙化土地类型区(有灌溉条件)	≥85	≥80
北方干旱、半干旱沙化土地类型区	≥70	≥65

(续)

类型区	成活率(%)	保存率(%)
高原高寒沙化土地类型区(有灌溉条件)	≥80	≥75
黄淮海平原半干旱、半湿润沙化土地类型区	≥85	≥80
南方湿润沙化土地类型区	≥90	≥85

表59 农林间作合格指标

类型区	成活率(%)	保存率(%)	备注
极端干旱、干旱沙化土地类型区(有灌溉条件)	≥95	≥90	—
北方干旱、半干旱沙化土地类型区[a]	70~85	≥80	—
高原高寒沙化土地类型区	—	—	—
黄淮海平原半干旱、半湿润沙化土地类型区	≥95	≥90	—
南方湿润沙化土地类型区	≥95	≥90	—

注:a 日降水量400mm以上地区取上限值,400mm以下地区取下限值。

表60 固沙林合格指标

类型区	成活率(%)	保存率(%)	林草总盖度(%)	备注
极端干旱、干旱沙化土地类型区	≥70	≥65	25~50	分布均匀
北方干旱、半干旱沙化土地类型区	70~85[a]	65~80	40~65	分布均匀
高原高寒沙化土地类型区	≥70	≥65	25~50	分布均匀
黄淮海平原半干旱、半湿润沙化土地类型区	≥90	≥85	≥95	分布均匀
南方湿润沙化土地类型区	≥90	≥85	≥95	分布均匀

注:a 降水量400mm以上地区取上限值,400mm以下地区取下限值。

表61 草牧场防护林合格标准

类型区	成活率(%)	保存率(%)
极端干旱、干旱沙化土地类型区	—	—
北方干旱、半干旱沙化土地类型区[a]	75~85	≥70
高原高寒沙化土地类型区	—	—
黄淮海平原半干旱、半湿润沙化土地类型区	—	—
南方湿润沙化土地类型区	—	—

注:a 降水量400mm以上地区取上限值,400mm以下地区取下限值。

表62 飞播成效标准

类型	立地条件类型	当年有苗面积率/%	第三年保存面积率/%	备注
北方干旱、半干旱沙化土地类型区	平缓沙地	31~50	25~34	分布均匀
	中高大沙丘群	31~40	21~30	分布均匀
	半流动沙丘和半固定沙地	40~49	30~44	分布均匀

表 63　人工种草合格标准

类型区	出苗率/%	保存面积率/%	备注
极端干旱、干旱沙化土地类型区(有灌溉条件)	≥90	≥90	分布均匀
北方干旱、半干旱沙化土地类型区[a]	70~85	≥70	分布均匀
高原高寒沙化土地类型区(有灌溉条件)	≥85	≥85	分布均匀
黄淮海平原半干旱、半湿润沙化土地类型区	≥90	≥85	分布均匀
南方湿润沙化土地类型区	≥90	≥85	分布均匀

注：a 降水量 400mm 以上地区取上限值，400mm 以下地区取下限值。

表 64　沙障合格标准

项目	完好率/%	保苗率/%	备注
机械沙障	70~85	—	—
生物沙障	—	≥40	—

5.1.2　《水土保持综合治理技术规范》

《水土保持综合治理技术规范》(GB/T 16453—2008)共分为六个部分，本文采用第五部分《水土保持综合治理技术规范　风沙治理技术》，本标准的第五部分规定了风蚀地区风沙治理各项措施的规划、设计、施工、管理等技术要求。

适用范围

本部分适用于我国风蚀地区。

主要内容

本标准的主要内容包括水土保持的相关治理措施。

沙障固沙：沙障的分类、沙障的设计和施工。

固沙造林：固沙造林的规划设计、固沙造林的树种选择、固沙造林施工。

固沙种草：固沙种草的规划设计、固沙种草施工。

引水拉沙造地：工程规划、工程布局、工程设计、拉沙施工；

防治风蚀的耕作措施。

5.1.3　《浙江省水土流失综合治理技术规范》

《浙江省水土流失综合治理技术规范》(DB33/T 2166—2018)明确了水土流失现状调查的基本要求，提出了综合治理的总体布局、防治措施、水土保持监测的技术要求。

适用范围

本部分适用于山区、丘陵区小流域水土流失综合治理的设计及建设管理，平原区水土流失综合治理可参照执行。

术语和定义

本标准分别对小流域、水土流失综合治理、治理区、植被缓冲带、拦沙堰、水土保持湿地 6 项术语进行定义。

主要内容

本标准的主要内容包括水土流失的防治措施与防治措施的总体布局。

5.2 修复规范

荒漠化修复技术依据《沙化土地封沙育林育草技术规程》（DB21/T 2436—2015）、《西北干旱荒漠区河岸植被恢复技术规程》（LY/T 2540—2015）实施。

5.2.1 《沙化土地封沙育林育草技术规程》

《沙化土地封沙育林育草技术规程》（DB21/T 2436—2015）规定了沙化土地和具有明显沙化趋势的土地封沙育林育草的对象、类型、方式与年限，以及封沙育林育草规划设计、封育作业、封育检查、封育成效调查和档案管理等方面的技术要求。

适用范围

本标准适用于沙化土地和具有明显沙化趋势的土地和封沙育林育草。

术语与定义

本标准分别对沙化、沙化土地、具有明显沙化趋势的土地、封沙育林育草、全封、半封、封育类型、流动沙地、半固定沙地、固定沙地、露沙地、非生物治沙工程地、植被盖度、郁闭度14项术语进行定义。

主要内容

本标准的主要内容包括：

①沙化土地的分类与分级；

②封育适用条件及封育类型确定（见表65）、封育方式确定、封育年限（见表66）、封育规划、封育设计、封育作业、封育检查；

③解封及续封规定。

表 65　封育类型

土地利用分类	封育类型 土地类型	林地		草地	未利用地
		有林地	无林地、疏林地、灌木林地		
沙化土地	流动沙地		灌草型	灌草型	灌草型
	半固定沙地	乔木型、乔灌型	乔灌型、灌木型	灌草型	乔灌型、灌木型、灌草型
	固定沙地	乔木型	乔木型、乔灌型	灌草型	乔灌型、灌木型、灌草型
	露沙地	乔木型	乔灌型、灌木型	灌草型	乔灌型、灌木型、灌草型
	非生物治沙工程地		乔灌型、灌木型	灌草型	乔灌型、灌木型、灌草型
具有明显沙化趋势的土地		乔木型	乔木型、乔灌型		灌草型

表 66　封育年限

封育类型	封育年限（年）	封育类型	封育年限（年）
乔木型	8	灌木型	5
乔灌型	8	灌草型	5

5.2.2 《西北干旱荒漠区河岸植被恢复技术规程》

《西北干旱荒漠区河岸植被恢复技术规程》(LY/T 2540—2015)规定了植被恢复作业区调查、恢复对象与条件、恢复目标、植被恢复措施、有害生物防治、验收与监测等技术要求。

适用范围

本标准适用于我国降水量≤100mm的西北干旱荒漠区河岸植被恢复。

术语与定义

本标准分别对植物群落、优势种、建群种、伴生种、荒漠河岸植被、辛普森指数6项术语进行定义。

主要内容

本标准的主要内容包括：植被恢复对象与条件以及恢复目标和相应的恢复措施。

5.3 治理验收规范

治理验收规范依据《水土保持综合治理验收规范》(GB/T 15773—2008)执行。

《水土保持综合治理验收规范》

《水土保持综合治理验收规范》(GB/T 15773—2008)规定了水土保持综合治理验收的分类，各类验收的条件、组织、内容、程序、成果要求、成果评价以及建立技术档案的要求。

适用范围

本标准适用于由中央投资、地方投资和利用外资的以小流域为单元的水土保持综合治理以及专项工程等水土保持工程的验收。群众和社会出资的水土保持治理的验收可参照执行；大中流域或县以上大面积重点治理区的验收，也可以参照本标准。

主要内容

①验收的分类：单项措施验收、阶段验收、竣工验收。
②验收总则：验收基本要求、纸质文件、验收重点。
③各个分类验收的验收条件、验收程序、验收内容。
④技术档案的要求、内容、管理与使用规范。

6. 土地荒漠化监测体系

新疆荒漠化和沙化监测采用遥感与地面调查相结合，划分图斑统计各类型荒漠化和沙化土地面积的监测方法。应用经过几何校正和增强处理后的卫星遥感数据，在建立的解译标志的基础上，利用计算机软件分别按荒漠化和沙化类型目视解译划分图斑，并对调查因子进行解译，然后到现地核实图斑界线和调查、核实各项调查因子，获取荒漠化、沙化土地和其他土地类型的面积、分布及其他方面的信息。

6.1 监测范围

6.1.1 荒漠化监测范围

我区荒漠化监测范围为湿润指数(MI)在0.05~0.65之间的地区，包括干旱区、半干旱区和亚湿润干旱区,涉及 91 个县级行政单位。

湿润指数(MI)为降水量与蒸发散之比(见表 67)。按 W. Thornthwaite 方法计算蒸发散。

表 67　湿润指数(MI)

气候类型	湿润指数(MI)	气候类型	湿润指数(MI)
极干旱区	<0.05	亚湿润干旱区	0.50~0.65
干旱区	0.05~0.20	湿润区	>0.65
半干旱区	0.20~0.50		

6.1.2　沙化监测范围

沙化监测范围为所有分布有沙化土地和有明显沙化趋势的土地的地区。监测范围内乡级行政界线发生变化的按新行政界线调查。

6.2　监测指标

荒漠化监测指标是衡量荒漠化扩展程度和变化态势以及进行荒漠化研究的有效途径。荒漠化监测指标必须是那些发生了变化的指示量,它应该可以定量地、灵敏地反映微小变化,容易测量且数量较少,直接或间接的量测方法都可使用,综合了许多其他物理、生物学、社会学等因素。因此,荒漠化监测指标的选择和使用根据不同的研究区内不同的对象,指标也应存在一定的差异,需能够科学地反映客观区域现实,对生活生产能够起到科学的指引作用,并为相关政策的制定、改进措施提供依据。荒漠化监测指标体系应是多样的,而不是唯一的,吸取前人对各种荒漠化监测指标选取的原则和规律,本文在选取荒漠化监测指标时,主要遵循以下原则:相关性,即指标应该有效地反映某一荒漠化特征,并能够反映其变化情况;可靠性,与指标有关的数据或信息应该是可靠的,可利用的;实用性,该指标应该是简单的,可理解的,并能直接有效地反映荒漠化特征。

考虑新疆的具体情况及前人的相关研究资料,将新疆的荒漠化监测指标分为压力指标、状态指标、影响指标及执行指标。

6.2.1　压力指标

压力指标是指影响自然资源现状、导致土地荒漠化的自然和人为驱动力因素,一般用来评价荒漠化趋势,为荒漠化作一个早期的预警。

6.2.1.1　自然因素

(1)地貌类型

①平原:平坦开阔,起伏很小,相对高差 50m 左右,一般海拔 500m 以下。

②丘陵:海拔高度 500m 以下,起伏不大,相对高差一般在 50~100m;无明显脉络,坡地占地面积较大。

③山地:有明显的峰和陡坡,海拔较高,相对高差较大(一般大于 200m)。按其海拔高度可分为:

极高山:海拔高度大于 5000m;

高山:海拔高度大于 3500m;

中山：海拔高度1000～3500m；

低山：海拔高度500～1000m。

④高原：海拔在500～1000m或更高的平原。海拔4000m以上为极高原。

⑤盆地：四周为山岭环绕，中间地势低平的盆状地貌。

⑥小地形分为山脊、山坡(上坡、中坡、下坡)、谷、平地。

(2)坡度：地形图获取或现地现测。

(3)面积：在所形成的图斑矢量图形数据基础上，用GIS求算图斑面积。单位hm²，保留2位小数。用GIS求算面积时，图斑图形数据须为高斯–克吕格投影。

(4)气候状况：

以县(市)或气象站为单位收集监测期间各年气象数据，包括：

①气象站站点名、站点号、地理位置(经纬度)、海拔(m)；

②主风方向、平均风速(m/s)、各月大风(>8m/s)日数(d)、各月沙尘日数(d)；

③年暴雨(24小时降水总量>50mm)日数(d)、最大降雨强度(mm/h)、年蒸发量(mm)、各月降水量(mm)；

④各月平均温度(℃)。

6.2.1.2　人为因素

以县为单位收集监测期间各年的相关数据。

耕地面积：统计所有耕地面积。

林草地面积：统计所有林地、草地面积。

牲畜数量：牲畜(山羊、绵羊、其他大牲畜)散养和圈养头数、牲畜出栏率、草场理论载畜量。

人口数量：总人口数、人口密度、非农业人口数、自然增长率。

土地利用状况：监测区内各土地利用的现状和动态变化。在土地利用现状破碎时，可应用复合地块，统一区划为一个图斑，根据统计资料划分土地利用类型(统计资料包括森林资源调查、土地详查及水利湿地调查资料等)，按比例划分各类型面积。

灌溉能力：现场调查农田水源类型、位置、灌溉方式、供水量，综合判断灌溉用水在多年灌溉中能够得到满足的程度，分为充分满足、满足、基本满足、不满足、无灌溉。

农田林网化率：现场调查农田四周林带保护面积及农田总面积，计算农田林网化率，综合判断农田林网化程度，分为高、中、低。

6.2.2　状态指标

描述自然资源包括土地资源的状况，主要考虑荒漠化土地生态系统的物理和生物特征。

6.2.2.1　物理特征

风蚀状况：分为无、弱、中、强。

①无：地表稳定，没有风沙活动，无风蚀现象。

②弱：地表稳定或基本稳定，风沙活动不明显，基本无风蚀现象(风蚀痕迹占地率<10%)。

③中：风沙活动较明显，局部存在风蚀现象（10≤风蚀痕迹占地率<30%）。

④强：风沙活动明显，普遍存在风蚀现象（风蚀痕迹占地率≥30%）。

侵蚀沟面积比例：荒漠化类型为水蚀的，必须填写，以百分比表示，区间0～100，侵蚀沟包括浅沟（下切深度一般不超过1m，沟宽大于沟深）、切沟（宽深1～2m，横断面呈V型）和冲沟（深度一般超过3m，横断面呈U形）。

盐碱斑占地率：荒漠化类型为盐渍化的，必须填写，以百分比表示，区间0～100。

沙丘高度：风蚀荒漠化土地（不包括发生在耕地上的），必须填写沙丘的平均相对高度，以m为单位，精确到0.1m。

土壤湿度：土壤湿度亦称土壤含水率，表示土壤干湿程度的物理量，是土壤含水量的一种相对变量。通常用土壤含水量占干土重的百分数表示。

土壤类型：土壤类型指中国土壤系统分类的土类和亚类。土壤样品应在设定的土壤样点采集，采集方法、程序、技术要求参见LY/T 1210—1999；土壤样品制备与保存的方法、程序和技术要求遵照HJ/T 166—2004的规定执行。

土壤质地：分为黏土、壤土、沙壤土、壤沙土、粉沙土、沙土。

土壤砾石含量：以百分比表示，区间1～100。

土壤表层结构：分为形成腐殖质层、形成生物结皮层、两者均没有形成。

覆沙厚度：荒漠化类型为风蚀（不包括发生在耕地上的），必须填写，以cm为单位。

水文数据：以县（旗）为单位收集监测期间各年水文数据。收集数据包括：

①地表水：年均径流量（m^3/s）、最大日降水量（mm）、年平均输沙量（t）。

②地下水：储量（m^3）、可开采量（m^3）、补给模数（m^3/km^2）、平均水埋深（m）、水矿化度（g/L）、水化学类型。

地表形态：采用遥感解译调查的风蚀荒漠化土地（不包括发生在耕地上的）。

6.2.2.2 生物特征

（1）植被调查

①主要树种或植被种类（建群种或优势种）。

②植被总盖度：所有植物枝叶在地面的投影面积占地面的百分数。

③植被高度：调查建群种或优势种的平均高度。

④起源：分为人工（人工种植乔、灌、草）、天然、飞播。

⑤植被生长状况

好：生长旺盛，发育良好，枝干发达，叶子大小和色泽正常。

中：生长一般，长势不旺，但不呈衰老状。

差：达不到正常的生长状态，发育不良。

⑥植被覆盖类型：植被覆盖类型根据图斑内植被分层结构的组成确定，包括乔木+灌木+草本型；乔木+灌木型；乔木+草本型；灌木+草本型；乔木型；灌木型；草本型。为便于操作，仅当单层结构的植被盖度≥5%时，才将其计入植被覆盖类型的组合。

⑦退化植被种类：主要退化指示草种。

⑧退化植被盖度比例：退化植被盖度占植被总盖度的百分比。

(2)作物产量下降率

实测，耕地为风蚀、水蚀荒漠化，必须填写，以百分数表示，区间0～100，其是指作物现实产量与同年度该地区正常生产水平下作物平均产量相比下降的百分数。

(3)作物缺苗率

沙化耕地必须填写作物缺苗率，以百分比表示，区间0～100，且要注意其与沙化程度之间的逻辑关系。

6.2.3　影响指标

用以评价荒漠化对人类和环境造成的影响，主要包括社会经济指标。

6.2.3.1　社会经济指标

以县为单位收集监测期间各年社会经济数据。

①主要经济指标：社会总产值、农业产值、林业产值、牧业产值、财政收入、人均GDP、农民人均纯收入。

②粮食与作物情况：粮食总产量、单位面积产量、主要作物种类、总播种面积、作物成灾(水灾、旱灾及其他灾害)面积、新垦土地面积。

③农村能源构成：煤、电、薪材比例(%)。

④交通：铁路、公路里程(km)。

6.2.4　执行指标

评价防治荒漠化所采取的行动和荒漠化对自然资源和人类造成的影响。

6.2.4.1　治理措施分类

(1)生物措施

封山(沙)育林(草)、人工造林(乔、灌)、人工种草、退耕还林还草、飞播、植被改良、其他生物措施；

(2)农艺措施

耕作措施(包括横坡等高耕作、深耕、垄耕、平翻耕和免耕)、间作措施(套种、混种)、禁牧、轮作措施(包括草田轮作和水旱轮作)、作物配置、节水措施、种植水稻、种植绿肥、施肥、其他农业措施；

(3)工程措施

反坡梯田、水平梯田、坡式梯田、隔坡梯田、集水工程、沟谷防护工程(淤地坝、拦沙坝、谷坊、排水沟)、洗盐、沙障、沙层衬膜、引水拉沙、风力拉沙、客土改良、引洪淤灌、其他工程措施；

(4)化学措施

化学固沙、土壤化学改良、其他化学措施；

5. 其他措施。

6.2.4.2　沙化土地治理程度

(1)治理程度划分

根据主体植被盖度(即用以判读土地利用类型的建群层片盖度)、植被总盖度、风蚀状况及土壤状况等因素，将沙化土地治理程度划分为初步治理、中等治理、基本治理 3 个等级。相应增加风蚀状况调查，风蚀状况分为无、弱、中、强 4 级，各级标准如下。

①无：地表稳定，没有风沙活动，无风蚀现象。

②弱：地表稳定或基本稳定，风沙活动不明显，基本无风蚀现象（风蚀痕迹占地率<10%）。

③中：风沙活动较明显，局部存在风蚀现象（10≤风蚀痕迹占地率<30%）。

④强：风沙活动明显，普遍存在流沙纹理（风蚀痕迹占地率≥30%）。

（2）治理程度评价指标

沙化土地治理程度评价根据主体植被盖度、植被总盖度、风蚀状况及土壤状况综合确定。治理程度等级划分见沙化土地治理程度评价指标及等级划分（见表72）。

6.2.4.3 土地使用权属

分为国有、集体、个人和其他。

6.2.4.4 土地利用情况收集

以县为单位收集监测期间各年土地利用情况，包括耕地（水田、水浇地、旱地、菜地）、林地（有林地、疏林地、灌木林地、未成林造林地、苗圃地、无立木林地）、草地（天然草地、改良草地、人工草地）、居民工矿及交通用地（居民用地、工矿用地、交通用地、其他）、水域、未利用地等用地的面积。

表 68　沙化土地治理程度评价指标及等级划分

治理程度	主体植被覆盖类型	主导指标						辅助指标	
		主体植被盖度			植被总盖度			风蚀状况	土壤状况
		极干旱和干旱区	半干旱区	亚湿润和湿润区	极干旱和干旱区	半干旱区	亚湿润和湿润区		
基本治理	乔木	≥20%	≥25%	≥30%	≥50%	≥60%	≥70%	弱	土壤质地为沙壤土，成土作用明显，地表形成腐殖质层
	灌木	≥30%	≥35%	≥40%	≥50%	≥60%	≥70%		
	草本				≥50%	≥60%	≥70%		
中等治理	乔木	≥20%	20%~25%	20%~30%	30%~50%	30%~60%	40%~70%	中	土壤质地为壤沙土，地表形成生物结皮层
	灌木	≥30%	30%~35%	30%~40%	30%~50%	30%~60%	40%~70%		
	草本				30%~50%	40%~60%	50%~70%		
初步治理	乔木	<20%	<20%	<20%	10%~30%	10%~30%	10%~40%	强	土壤质地为沙土，地表仍普遍存在流沙纹理
	灌木	<30%	<30%	<30%	10%~30%	10%~30%	10%~40%		
	草本				10%~30%	10%~40%	10%~50%		

6.2.4.5 治理情况收集

以县为单位收集监测期间各年防治荒漠化（防沙治沙）方面的数据，包括封育、造林（乔灌）、种草、飞播（乔灌草）、退耕还林、植被改良、沙障、小流域治理等方面的面积数据。

7. 土地荒漠化评价体系

归纳是可以从许多个别的事物中概括出一般性概念、原则或结论的一种思维方法，同时也是知识分类与精进的过程。本报告通过对多篇土地荒漠化相关的标准、规范等进行归纳总结，分别从评价标准、监测技术、观测指标体系、建站规范与数据管理等方面整理出一套适用于新疆土地荒漠化调查的标准体系。

土地退化是指在不利的自然因素和人类对土地不合理利用的影响下土地质量与生产力下降的过程。其中包含两个关键的方面：一是土地系统的生产力必须有显著下降，二是这种下降是人类活动或自然条件的变化引起的结果。土地退化过程包括人类活动和居住方式所引起的风蚀和水蚀作用，土壤物理、化学、生物和经济特性的恶化，自然植被的长期丧失等。它主要表现为土地生产系统生物生产量的下降、土地生产潜力的衰退、土地资源的丧失和地表出现不利于生产活动的状况。而土地荒漠化则是土地退化的一种极端结果。从生态学的观点看，土地退化就是植物生长条件的恶化，土地生产力的下降。从系统论的观点来看，土地退化是人为因素和自然因素共同作用、相互叠加的结果。从实质上讲"土地退化"的基本内涵与变化过程是通过土壤退化反映的。它包括土壤的侵蚀化、沙化、盐碱化、肥力贫瘠化、酸化、沼泽化及污染化等(也可概括为土壤的物理退化、化学退化与生物退化)。深入探索土地退化的起源及演变过程对于土地荒漠化评价具有一定的指导意义。

目前，国内外对土地退化类型的划分尚无统一方案，但多数研究者主要从土地退化的成因和后果划分。1974 年联合国粮农组织在《土地退化》一书中将土地退化粗分为侵蚀、盐碱、有机废料、传染性生物、工业无机废料、农药、放射性、重金属、肥料和洗涤剂等引起的 10 大类；1980 年 Allen 对于土地退化的分类问题又补充了旱涝障碍、土壤养分亏缺和耕地的非农业占用。国内有学者根据土地退化的成因和特点，将我国土地退化分为水土流失、土地沙化、土壤盐碱化、土地贫瘠化、土地污染和土地损毁等 6 大类。

7.1 荒漠化土地分类系统

荒漠化是指包括气候变异和人为活动在内的种种因素造成的干旱、半干旱和亚湿润干旱区的土地退化。这些地区的退化土地为荒漠化土地。土地退化指由于使用土地或由于一种营力或数种营力结合致使干旱、半干旱和亚湿润干旱区的雨浇地、水浇地或草原、牧场、森林和林地的生物或经济生产力和复杂性下降或丧失，其中包括风蚀和水蚀致使土壤物质流失；土壤的物理、化学和生物特性或经济特性退化；自然植被的长期丧失。

荒漠化类型划分按造成荒漠化的主导自然因素划分为风蚀、水蚀、盐渍化、冻融。

7.1.1 风蚀

指由于风的作用使地表土壤物质脱离地表被搬运现象及气流中颗粒对地表的磨蚀作用。风蚀是我区的主要荒漠化因素，我区分布于全部平原区、干旱区的山区及半干旱区的前山的坡度平缓地带。例如，两大盆地、天山南坡、前山干旱区等。

7.1.2 水蚀

指由于大气降水，尤其是降雨所导致的土壤搬运和沉积过程。主要分布于我区的天山、阿尔泰山区、特别是前山植被稀少地带及旱田,各内陆河河床及洪水区域阶地等。山区顶部的砾岩为非荒漠化。

7.1.3 盐渍化

指地下水、地表水带来的对植物有害的易溶盐分在土壤中积累的过程。分布于两大盆地周边地下水较高地区及各大盆地的农区及农区以下区域;各内陆河的中、下游;各小盆地,如吐鲁番盆地、焉耆盆地、巴里坤盆地等。

7.1.4 冻融

指温度在摄氏零度左右及其以下变化时,对土体所造成的机械破坏作用。主要分布于我区的阿尔泰山、天山、昆仑山、阿尔金山的高山、极高山区域,裸岩为非荒漠化。

7.2 沙化土地分类系统

在沙化土地监测范围内,土地类型划分为沙化土地、有明显沙化趋势的土地和非沙化土地三个类型。

7.2.1 沙化土地

指在各种气候条件下,由于各种因素形成的、地表呈现以沙(砾)物质为主要标志的退化土地。沙化土地分为以下类型。

(1)流动沙地(丘):指土壤质地为沙质,植被盖度小于10%、地表沙物质常处于流动状态的沙地或沙丘。

(2)半固定沙地(丘):指土壤质地为沙质,植被盖度10%至29%(但乔木林冠下无其他植被时,郁闭度<0.50)之间,且分布比较均匀,风沙流活动受阻,但流沙纹理仍普遍存在的沙丘或沙地。半固定沙地分为:

①人工半固定沙地:通过人工措施(人工种植乔灌草、飞播、封育等措施)治理的半固定沙地。

②天然半固定沙地:植被起源为天然的半固定沙地。

(3)固定沙地(丘):指土壤质地为沙质,植被盖度≥30%(但乔木林冠下无其他植被时,郁闭度≥0.50),风沙活动不明显,地表稳定或基本稳定的沙丘或沙地。固定沙地分为:

①人工固定沙地:通过人工措施(人工种植乔灌草、飞播、封育等措施)治理的固定沙地。

②天然固定沙地:植被起源为天然的固定沙地。

(4)露沙地:指土壤表层主要为土质,有斑点状流沙出露(<5%)或疹状灌丛沙堆分布,能就地起沙的土地。

(5)沙化耕地:主要指没有防护措施及灌溉条件,经常受风沙危害,作物产量低而不稳的沙质耕地(包括沙改田)。

(6)非生物治沙工程地:指单独以非生物手段固定或半固定的沙丘和沙地,如机械沙障及以土石和其他材料固定的沙地。在非生物治沙工程地上又采用生物措施的,应划为相应的固定或半固定沙地(丘)。

（7）风蚀残丘：指干旱地区由于风蚀作用形成的雅丹、土林、白砮墩等风蚀地。

（8）风蚀劣地：指由于风蚀作用导致土壤细粒物质损失、粗粒物质相对增多或砾石和粗砂集中于地表的土地。

（9）戈壁：指干旱地区地表为砾石覆盖，植被稀少广袤而平坦的土地。

7.2.2　有明显沙化趋势的土地

指由于过度利用或水资源匮乏等因素导致的植被严重退化，生产力下降，地表偶见流沙点或风蚀斑，但尚无明鲜流沙堆积形态的土地。

7.2.3　非沙化土地

指沙化土地和有明显沙化趋势的土地以外的其他土地，监测时只划分土地利用类型。

7.3　土地利用分类系统

7.3.1　耕地

种植农作物的土地。包括水田、水浇地、旱地、菜地、新开荒地、轮歇地、草田轮作地和这些土地中<2.0m的沟、渠、路和田埂。

水田：有水源保证和灌溉措施，在一般年景能正常灌溉，用以种植水稻等水生作物的耕地，包括灌溉的水旱轮作地。

水浇地：指水田、菜地以外，有水源保证和灌溉设施，在一般年景能正常灌溉的土地。

旱地：无灌溉设施，靠天然降水种植作物的耕地，包括没有固定灌溉设施，仅靠引洪淤灌的土地。

菜地：指常年种植蔬菜等为主的土地，包括大棚等用地。

7.3.2　林地

包括有林地、疏林地、灌木林地、未成林造林地、苗圃和无立木林地（本规定所指林地不包括宜林地和辅助生产林地）。

（1）有林地

连续面积大于0.067hm^2、郁闭度0.20以上、附着有森林植被的林地，包括乔木林、红树林和竹林。

（2）疏林地

附着有乔木树种，连续面积大于0.067hm^2、郁闭度0.1~0.19之间的林地。

（3）灌木林地

附着有灌木树种或因生境恶劣矮化成灌木型的乔木树种以及胸径小于2cm的小杂竹丛，以经营灌木林为目的或起防护作用，连续面积大于0.067hm^2、覆盖度在30%以上的林地。其中，灌木林带行数应在2行以上且行距≤2m；当林带的缺损长度超过林带宽度3倍时，应视为两条林带；两平行灌木林带的带距≤4m时按片状灌木林调查。

灌木林地包括

①国家特别规定灌木林：按照国家林业行政主管部门关于参加森林覆盖率计算灌木林

的有关规定执行。

②其他灌木林：不属于国家特别规定的灌木林地。

（4）未成林造林地

①人工造林未成林地：人工造林（包括植苗、穴播或条播、分殖造林）和飞播造林（包括模拟飞播）后不到成林年限，造林成效符合下列条件之一，分布均匀，尚未郁闭但有成林希望的林地。

a. 人工造林当年造林成活率85%以上或保存率80%（年平均等降水量线400mm以下地区当年造林成活率70%以上或保存率65%）以上；

b. 飞播造林后成苗调查苗木3000株/hm² 以上或飞播治沙成苗2500株/hm² 以上，且分布均匀。

②封育未成林地：采取封山育林或人工促进天然更新后，不超过成林年限，天然更新等级中等以上，尚未郁闭但有成林希望的林地。

表69 不同营造方式成林年限表　　　　　　单位：年

营造方式		400mm 年降水量以上地区				400mm 年降水量以下地区	
		南方		北方			
		乔木	灌木	乔木	灌木	乔木	灌木
封山育林		5~8	3~6	5~10	4~6	8~15	5~8
飞播造林		5~7	4~7	5~8	5~7	7~10	5~7
人工造林	直播	3~8	2~6	4~8	3~6	4~10	4~8
	植苗、分殖	2~5	2~4	2~6	2~5	3~8	3~6

注：慢生树种取上限，速生树种取下限。

（5）苗圃地

固定的林木、花卉育苗用地，不包括母树林、种子园、采穗圃、种质基地等种子、种条生产用地以及种子加工、储藏等设施用地。

（6）无立木林地

包括：采伐迹地；火烧迹地；其他无立木林地。

7.3.3　草地

以生长草本植物为主，主要用于畜牧业的土地，包括植被盖度≥10%的天然草地、改良草地和人工草地。

天然草地：未经改良，以天然草本植物为主，用于放牧或割草的草场。

改良草地：采用灌溉、排水、施肥、耙松、补植等措施进行改良的草场。

人工草地：种植牧草的土地。

7.3.4　居民、工矿、交通用地

包括城镇用地、农村居民点用地、独立厂矿用地及其他工业设施用地、油田、盐田、铁路、公路、2m以上农村道路、路堤结合用地、机场及坟墓等。

7.3.5　水域

包括河流、湖泊、水库、雪山冰川、坑塘、苇地和沟渠。

7.3.6　未利用地

目前还未利用的土地，包括难利用的土地。包括荒草地、盐碱地、沼泽地、裸沙地、沙滩和干沟、裸土地、戈壁、裸岩、风蚀劣地和其他未利用土地。

荒草地：表层为土质，植被盖度>5%，但达不到林地或草地标准的土地，不包括盐碱地。

盐碱地：表层盐碱聚集，植被很少或只生长天然耐盐植物的土地。

沼泽地：经常积水或渍水，一般只生长湿生植物的土地。

裸沙地：表层为沙质，植被盖度10%以下的土地。

沙滩和干沟：河流两侧以沙砾为主的滩地及常年基本无流水、以沙砾为主的沟地。

裸土地：表层为土质，植被盖度低于5%的土地。

戈壁：表层为砾石覆盖，植被稀少的广袤而平坦的土地。

裸岩：表面岩石裸露面积≥70%的土地。

风蚀残丘劣地：指干旱地区由于风力等作用形成的雅丹、土林、白砻墩和粗化土地等风蚀地。

其他：其他未利用土地。

7.4　荒漠化程度评价

7.4.1　荒漠化程度评价方法

分别调查方式（遥感与地面调查）、荒漠化类型和土地利用类型，采用不同的荒漠化程度评价指标和方法。

多因子数量化评价方法：采用多个评价指标，调查各指标的定量值或定性值，据此确定各指标的评分值；用各指标的评分值之和确定荒漠化程度（轻度、中度、重度、极重度或非荒漠化土地）。

定性与定量相结合评价方法确定荒漠化程度。

7.4.2　荒漠化程度分级

荒漠化程度反映土地退化的严重程度及恢复其生产力和生态系统功能的难易状况。各类型荒漠化的程度分为4级：轻度、中度、重度和极重度。

7.4.3　荒漠化程度分级指标

7.4.3.1　地面调查

（1）风蚀

①草地、林地和未利用地

a. 植被盖度（亚湿润干旱区）<10%（评分40）、10%~29%（评分30）、30%~49%（评分20）、50%~69%（评分10）、≥70%（评分4）

（干旱、半干旱区）<10%（评分40）、10%~24%（评分30）、25%~39%（评分20）、

40%~59%（评分 10）、≥60%（评分 4）

b. 土壤质地黏土（评分 1）、壤土（评分 5）、沙壤土（评分 10）、壤沙土（评分 15）、沙土（评分 20）或砾石含量<1%（评分 1）、1%~14%（评分 5）、15%~29%（评分 10）、30%~49%（评分 15）、≥50%（评分 20）

c. 覆沙厚度≥100cm（评分 15）、99~50cm（评分 11）、49~20cm（评分 7.5）、<20cm（评分 4）、<5cm（评分 1）

d. 地表形态平沙地或沙丘高度≤2m（评分 6）、沙丘高度 2.1~5.0m（评分 12.5）、沙丘高度 5.1~10m（评分 19）、戈壁、风蚀劣地、裸土地或沙丘高>10m（评分 25）

荒漠化程度分级（根据各指标评分之和）

非荒漠化≤18、轻度 19~37、中度 38~61、重度 62~84、极重度≥85

②耕地

a. 作物产量下降率（指作物现实产量与同年度该地区非荒漠化耕地在正常生产水平下产量相比下降的百分数）<5%（评分 4）、5%~14%（评分 10）、15%~34%（评分 20）、35%~74%（评分 30）、≥75%（评分 40）

b. 土壤质地黏土（评分 2）、壤土（评分 9）、沙壤土（评分 17.5）、壤沙土（评分 26）、沙土（评分 35）或砾石含量<1%（评分 2）、1%~9%（评分 9）、10%~19%（评分 17.5）、20%~29%（评分 26）、≥30%（评分 35）

c. 有效土层厚度（表土层+心土层）>70cm（评分 2）、70~40cm（评分 6）、39~25cm（评分 12.5）、24~10cm（评分 19）、<10cm（评分 25）

荒漠化程度分级（根据各指标评分之和）

非荒漠化≤15、轻度 16~35、中度 36~60、重度 61~84、极重度≥85

（2）水蚀

①草地、林地和未利用地

a. 植被盖度≥70%（评分 1）、69%~50%（评分 15）、49%~30%（评分 30）、29%~10%（评分 45）、<10%（评分 60）

b. 坡度（度）<3（评分 2）、3~5（评分 5）、6~8（评分 10）、9~14（评分 15）、≥15（评分 20）

c. 侵蚀沟面积比例（%）≤5（评分 2）、6~10（评分 5）、11~15（评分 10）、16~20（评分 15）、>20（评分 20）

荒漠化程度分级（根据各指标评分之和）

非荒漠化≤24、轻度 25~40、中度 41~60、重度 61~84、极重度≥85

②耕地

a. 作物产量下降率<5%（评分 3）、6%~14%（评分 10）、15%~34%（评分 20）、35%~74%（评分 35）、≥75%（评分 50）

b. 坡度<3（评分 1）、3~5（评分 5）、6~8（评分 10）、9~14（评分 15）、≥15（评分 20）

c. 工程措施反坡梯田及水平梯田（评分 0）、坡式梯田或隔坡梯田（评分 10）、简易梯田（评分 20）、无工程措施（评分 30）

荒漠化程度分级（根据各指标评分之和）

非荒漠化≤24、轻度25~40、中度41~60、重度61~84、极重度≥85

(3)盐渍化

①草地、林地和未利用地

轻度土壤含盐量0.5%~1.0%，地面可见少量盐碱斑（≤20%），有耐盐碱植物出现，植被盖度≥36%.

中度土壤含盐量1.0%~1.5%，地面出现较多盐碱斑（21%~40%），耐盐碱植物大量出现，一些乔木不能生长，植被盖度21%~35%。

重度土壤含盐量1.5%~2.0%，41%~60%的地表为盐碱斑，大部分为强耐盐碱植物，多数乔木不能生长，只能生长柽柳等，植被盖度10%~20%，难于开发利用。

极重度土壤含盐量>2.0%，≥61%的地表为盐碱斑，几乎无植被（<10%），极难开发利用。

②耕地

轻度土壤含盐量0.5%~1.0%，盐碱斑占地面积≤15%. 一般只危害作物苗期，缺苗10%~20%，大豆、绿豆、小麦、玉米等轻度耐盐作物能生长，产量有所下降（≤15%），改良较容易。

中度土壤含盐量1.0%~1.5%，盐碱斑占地面积16%~30%，较耐盐植物如向日葵、甜菜、水稻、苜蓿等尚能生长，缺苗21%~30%，产量下降较大（16%~35%），需要水利改良措施。

重度盐碱斑占地面积31%以上，作物难于生长，一般不作为耕地使用。

极重度极重度盐渍化土地不适合于作物生长。

7.4.3.2 遥感调查

(1)风蚀

①草地、林地和未利用地

a. 植被盖度（亚湿润干旱区）<10%（评分60）、10%~29%（评分45）、30%~49%（评分30）、50%~64%（评分15）、≥65%（评分5）

（干旱、半干旱区）<10%（评分60）、10%~24%（评分45）、25%~39%（评分30）、40%~54%（评分15）、≥55%（评分5）

b. 地表形态影像上分辨不出沙丘（评分10）、影像上可分辨出沙丘，基本无阴影和纹理（评分20）、沙丘在影像上清晰可见，纹理明显，沙丘阴影面积<50%。（评分30）、地类为戈壁、风蚀劣地、裸土地或沙丘阴影面积>50%，纹理明显（评分40）。

荒漠化程度分级（根据各指标评分之和）

非荒漠化≤20 轻度21~35 中度36~60 重度61~85 极重度≥86

②耕地

轻度有林带等防护措施，一般年景能正常耕作，长势较好。

中度有林带等防护措施，长势一般。

重度无防护措施，作物靠天然降水生长，生长较差。

极重度作物生长很差，收成无保证。

（2）水蚀

①草地、林地和未利用地

a. 植被盖度≥70%（评分1）、69%~50%（评分15）、49%~30%（评分30）、29%~10%（评分45）、<10%（评分60）

b. 坡度<3（评分2）、3~5（评分5）、6~8（评分10）、9~14（评分15）、≥15（评分20）

c. 侵蚀沟面积比例(%)≤5（评分2）、6~10（评分5）、11~15（评分10）、16~20（评分15）、>20（评分20）

荒漠化程度分级（根据各指标评分之和）

非荒漠化≤24、轻度25~40、中度41~60、重度61~84、极重度≥85

②耕地

轻度坡度<5度，沟壑面积比例6%~15%，长势较好。

中度坡度5~8度，沟壑面积比例16%~40%，长势一般。

重度坡度9~14度，沟壑面积比例41%~60%，长势较差。

极重度坡度≥15度，沟壑面积比例>60%，长势很差。

（3）盐渍化

①草地、林地和未利用地

轻度地表可见少量盐碱斑(≤20%)，植被盖度≥36%。

中度盐碱斑占地面积21%~40%，植被盖度21%~35%。

重度　41%~60%的地表为盐碱斑，植被盖度11%~20%。

极重度≥61%的地表为盐碱斑，几乎无植被(≤10%)。

②耕地

轻度地表可见少量盐碱斑(≤20%)，长势较好。

中度盐碱斑占地面积21%~40%，长势一般。

重度　41%~60%的地表为盐碱斑，长势较差。

极重度≥61%的地表为盐碱斑，长势很差。

冻融荒漠化程度评价

轻度极高原、高山、高寒缓坡草原漫岗区，植被盖度41%~60%。

中度极高原、高寒丘陵荒漠草原区，植被盖度21%~40%。

重度极高原、高寒中低山荒漠区，植被盖度10%~20%。

极重度极高原、高山冰川侵蚀荒漠寒漠区，植被盖度<10%。

7.5 沙化程度评价

7.5.1 沙化程度评价方法

分别调查方式（遥感与地面调查）、沙化类型和土地利用类型，采用不同的沙化程度评价指标和方法。

多因子数量化评价方法：采用多个评价指标，调查各指标的定量值或定性值，据此确定各指标的评分值；用各指标的评分值之和确定沙化程度（轻度、中度、重度、极重度或非荒漠化土地）。

定性与定量相结合评价方法确定沙化程度。

7.5.2 沙化程度分级

沙化程度反映土地退化的严重程度及恢复其生产力和生态系统功能的难易状况。各类型沙化的程度分为4级：轻度、中度、重度和极重度。

7.5.3 沙化程度分级指标

（1）轻度

植被总盖度>40%（极干旱、干旱、半干旱区）或>50%（其他气候类型区），基本无风沙流活动的沙化土地；或一般年景作物能正常生长、缺苗较少（作物缺苗率<20%）的沙化耕地。

（2）中度

25%<植被总盖度≤40%（极干旱、干旱、半干旱区）或30%<植被总盖度≤50%（其他气候类型区），风沙流活动不明显的沙化土地；或作物长势不旺、缺苗较多（20%≤作物缺苗率<30%）且分布不均的沙化耕地。

（3）重度

10%<植被总盖度≤25%（极干旱、干旱、半干旱区）或10%<植被总盖度≤30%（其他气候类型区），风沙流活动明显或流沙纹理明显可见的沙化土地；或植被盖度≥10%的风蚀残丘、风蚀劣地及戈壁；或作物生长很差、作物缺苗率≥30%的沙化耕地。

（4）极重度

植被总盖度≤10%的沙化土地。

8. 结论与建议

荒漠化已经成为我国乃至世界面临的最严重的生态环境问题之一，而新疆是中国荒漠化面积最大、分布最广的省份之一。荒漠化土地在全疆多个县（市）中都有不同程度的分布，在塔里木盆地、准噶尔盆地以及昆仑山和阿尔金山北坡，天山南北坡的山前洪积平原上分布着大面积风蚀荒漠化；在天山南北坡、阿尔泰山区等前山地带分布着大面积的水蚀荒漠化；在塔里木河流域中下游、乌伦古河以及吐鲁番盆地、焉耆盆地、巴里坤盆地、艾比湖流域、玛纳斯湖分布大面积盐渍化荒漠化等。新疆的土地荒漠化给区域生态环境和社会经济发展带来了极大危害，已严重影响到各族人民的生存、生活和发展，成为制约新疆经济、社会发展的主要瓶颈之一。

随着人口压力的增加和人类活动的进一步加强，土地荒漠化面积仍在不断扩张。面对土地荒漠化的现实，开展荒漠化土地监测与评价工作，正确认识其客观发展规律，寻求对策，对缓解人口、经济和环境的矛盾，促进国民经济持续、稳定、协调的发展至关重要。虽国内外学者对荒漠化（包括对荒漠化监测、动态评估及荒漠化评价指标方面）的研究从来没停止过，然而迄今为止，我国对有关荒漠化的许多理论问题及过程机理还有很多争论，对于土地荒漠化仍没有公认的或统一的监测指标和定量化评价方法。本工作手册即是对关于土地荒漠化现有的监测方法与评价指标体系做一个比较详细的整理，遵循科学性、先进性、合理性和适用性原则，力争达到规范科学、指标准确、具有可操作性，同时结合新疆实际情况，制定出一套切实可行且系统规范的标准。通过本次对土地荒漠化的标准、规范的归纳总结，建立了新疆土地荒漠化调查监测指标体系与评价指标体系，并整理出相关的评价指标的分级标准与评分方法，保障后期土地荒漠化调查的标准化、统一化。

另一方面，我国涉及土地退化的部门主要有农业、林业、水利、国土资源、环境保护、气象等。各部门中，只有林业部门和水利部门针对土地退化开展了定期的监测或调查，即林业部门对荒漠化进行定期监测，水利部门对水土流失进行不定期的调查。除此之外，各部门主要从资源管理角度对森林、耕地、草地等的资源状况进行监测或调查。林业部门负责组织森林资源调查和动态监测、陆生野生动植物资源的调查、湿地资源的调查。农业部门负责农用地、草原、宜农滩涂、宜农湿地以及农业生物物种资源、水生野生动植物资源的保护和管理。环境保护部门主要负责监督对生态环境有影响的自然资源开发利用活动、重要生态环境建设和生态破坏恢复工作，监督检查各种类型自然保护区以及风景名胜区、森林公园环境保护工作，监督检查生物多样性保护、野生动植物保护、湿地环境保护、荒漠化防治工作，以及环境监测等方面的工作。国土资源部门负责组织土地资源调查和动态监测。水利部门负责水资源的管理，监测江河湖库的水量、水质，组织水土流失的监测和综合防治。气象部门负责重大灾害性天气的监测，如沙尘暴等。因此，土地荒漠化评价与监测工作需要跨行业多部门合作，其中包括各管理部门、技术部门和实施部门。树立多部门和跨行业的协调及合作思想，以有效地解决土地退化的跨地区、跨行业以及它与环境、文化、人员、社会经济、科学技术等之间的关系。

林草碳储量计算及评估指标规范

（一）森林碳储量计算及评估指标

1. 绪论

1.1 新疆第三次科学考察森林碳监测与评估的必要性

　　森林是陆地生态系统的主体，与陆地其他生态系统相比它具有复杂的层次结构、很长的生命周期，拥有最高的生物量和生产量，是陆地生物光合产量的主体，也是陆地生态系统的最大碳库，约80%的地上碳储量和40%的地下碳储量发生在森林生态系统。同时，森林极易受到自然及人类活动的干扰而发生很大的变化，进而对全球碳循环过程产生重大影响。森林碳储量既是评价森林生态系统的结构和功能以及森林质量的重要指标，也是评估森林生态系统碳平衡的基础，更是联合国气候变化框架协议和千年发展目标的重要内容。大尺度森林生物量与碳储量的高低变化直接关系到各国履行 UNCFF、IPCC、FRA、CBD 和 I&C 等国际公约与进程，因而备受关注。

　　大气成分监测、CO_2 通量测定以及模型模拟等方面的研究都表明，北半球是一个巨大的碳汇。但由于碳循环是一个极其复杂的生物学、化学和物理学过程，受到自然和人为活动的双重作用，所以，目前的科学技术及其数据的积累尚不能准确地回答碳汇到底有多大，其区域分布如何。也就是说，碳汇问题仍存在着相当大的不确定性。因此，很难说某一国家对碳汇的具体贡献有多大。在美国，不同研究得出的结论之差异可达 5~6 倍以上。为减少碳汇估计值的不确定性，方精云认为加强长期定位监测、改进现有估测模型对提高碳汇估测精度是至关重要的，特别是我国地域辽阔，植被类型多样，这就需要对不同地区植被分别进行研究，以寻求不同森林类型的碳库，进一步探索碳循环模式。

1.2 新疆第三次科学考察森林碳监测与评估的紧迫性

　　全球森林面积超过 40 亿 hm^2，占陆地总面积的 31%。森林巨大的生物量(占陆地生态系统总生物量的 80%)和生产力(占陆地生态系统总生产力的 75%)使其成为地球最大的碳库。正因如此，增加森林生态系统碳汇被公认为是最经济可行和环境友好的减缓大气中 CO_2 浓度升高的重要途径。《京都议定书》及后续的一系列国际公约都将提高森林碳储量作为抵消经济发展中碳排放量的主要方式。2015 年 12 月，巴黎气候大会通过的协议将增汇和减排作为共同减缓全球升温的有效途径，已经被提到了新的政治高度。生物量是生态系统过程和森林管理的一个非常关键的因素，也与木材、薪柴交易等项目息息相关，准确估算森林生物量和碳储量是非常有意义的。

　　中国是一个发展中的林业大国，也是《生物多样性公约》等多个国际性公约的签约国，承担着维护、改善世界生态环境的重要职责。我国地域广阔，跨越温带至热带的各个气候带，有着丰富多样的类型，自然气候条件复杂，乔木种类繁多，森林资源丰富，森林类型多样。森林资源在世界上占有相当重要的地位，森林面积和蓄积均居世界前列，人工林面积位居世界第一。开展森林生物量及碳储量估算方法研究，估测全国主要森林类型生物量与碳储量，进行碳收支评估，揭示主要森林生态系统碳汇过程及其主要发生区域，反映我国森林资源保护与发展进程，对于客观反映我国森林对全球碳循环及全球气候变化的贡献，加快森林生物量与碳循环研究的国际化进程，明确中国在《京都议定书》等国际公约中的国家责任具有十分重大的现实意义。

我国作为世界上最大的发展中国家，对能源的需求量很大。1992 年，因化石燃料燃烧产生的 CO_2 排放量位居世界第二。北京大学研究小组利用森林资源清查资料及生物量实测数据构建了世界上第一个国家尺度的长达 50 年的森林生物量数据库，阐明了半个世纪以来中国森林植被 CO_2 源汇功能的动态变化，为确认北半球陆地碳汇的存在和大小提供了直接的证据，为探索 CO_2 失汇之谜做出了努力。但总体来说，中国在这方面的研究十分薄弱，知识积累也很少，特别是对森林生态系统中下木及林内草本碳储量的研究甚少。这不但不利于了解中国生态系统的结构、功能及其对未来环境变化的响应，而且，对将来中国参加有关国际谈判也是十分不利的。因此，对中国来说，碳循环的研究十分重要，也十分紧迫，尤其是搞清在全球碳循环中我国陆地是碳源还是碳汇，这关系到中国未来能源政策和农林业政策的制定及怎样履行在《联合国气候变化框架公约》中所达成的共识——稳定当前的大气温室气体含量。

新疆也是我国最大的能源消耗省份之一，当前新疆森林碳储量的基数不清晰，这关系到新疆双碳目标的实现。

1.3　新疆第三次科学考察森林碳监测与评估的实践意义

我国对森林生物量的调查研究在 20 世纪 70 年代末和 80 年代初就已经开始，20 多年来已积累了有关这方面的大量研究资料。但由于历史原因，这些研究只是关于林分生物量的实测和推测，有关全国森林生物量的估测在近几年才开始。然而，这些估测的结果只是某一时间森林现存的生物量，缺乏在时间尺度上对森林生物量，特别是碳储量的动态变化进行研究。因此，无法对我国森林的源汇功能进行准确的评估，从而难以评价我国森林在全球气候变化中的作用。新疆森林类型丰富，但长期以来，缺乏森林碳储量的系统研究，难以评价新疆森林在气候变化及碳减排中的作用。

2. 森林碳储量评估研究进展

2.1　构建碳评估模型的必要性

生物量是评估生态系统功能的基本测度指标，一直受到森林生态学家的高度关注。自 20 世纪 60 年代国际生物学计划（IBP）执行以来，生态学家就开展了大量的关于森林生态系统生物量和净生产力的研究。70 年代，由于能源危机，林业工作者开始进行薪炭林的生物量研究，为推动森林生态系统生物量估算作出了贡献。但这些研究大多只估算地上部分生物量，甚至有些研究忽略了枝和叶的生物量，且在大空间尺度上对生物量的估算往往是基于材积转换的方法来完成的。同时对于森林生态系统碳储量及其过程研究而言，仅仅基于材积来推算森林生态系统生物量是不够的，这就需要寻找统一的方法和技术规范来构建森林生物量估算方程。80 年代后期，随着人们对全球碳循环研究的重视，研究者利用已有的样地乔木生物量和林分面积等统计资料，开始研究因土地利用变化向大气中释放的碳量。近年来，为了科学地评价森林生态系统在全球大气中源和汇的作用，学术界开始关注森林生态系统的潜在生物量及人类活动、自然干扰引起的森林生态系统生物量和生产力动态变化过程的研究。

目前，国内外学者普遍采用相对生长模型 $W = a(D^2H)^b$(典型幂函数方程)估算乔木的生物量。该方法是生态学文献和森林生物量估算中运用最广的方法，在研究硬木林的地上生物量和营养时指出，对地上生物量估算最典型的方法是采用相对生长模型，地上生物量的估算值与实测值比较，没有显著差异。不少学者也在积极探索适合国家、区域乃至全球尺度通用的立木生物量估算模型。据文献统计，全世界已经建立的生物量(包括总量和各分量)模型超过 2300 个，涉及的树种在 100 个以上。例如，Ter-Mikaelian 和 Korzukhin 关于北美洲立木生物量方程的综述，就涉及 65 个树种和 803 个方程。Ziani 对欧洲树干材积和生物量方程做的综述中，生物量方程 607 个，涉及 39 个树种。总体而言，用于不同尺度的生物量估算方程，其建模总体的划分是不一样的，但首先都是考虑树种或树种组，然后再考虑年龄、立地等因素。对于大尺度范围的生物量预估，一般都是按树种(组)划分建模总体。例如，Bond 等(2002)建立了加拿大马尼托巴省北方森林 6 个树种的生物量方程；Jenkins 等(2003)以收集的 300 多个与直径相关的生物量方程(涉及 100 多个树种)为基础，按 10 个树种(组)(6 个针叶树种、4 个阔叶树种)为美国建立了一组国家尺度的地上生物量回归方程；Snorrason 和 Einarsson(2006)为冰岛的 11 个主要树种建立了立木地上生物量方程；wallet 等(2006)为改进法国森林资源清查中森林生物量估计方法，为法国的 7 个重要树种建立了地上总材积(包括商品材积和树枝)方程；Repola 等(2007)建立了芬兰 3 个树种(组)的地上和地下生物量立木模型；Muukkonen(2007)建立了欧洲 5 个主要树种的通用性生物量回归方程；Navar(2009)建立了墨西哥西北部 10 个树种(组)生物量相对生长方程。

近年来，我国从转变经济发展模式和保护生态环境的需要出发，制定了"调整经济发展模式、促进节能减排技术进步、增强生态系统碳汇功能"的战略思路，在节能减排和生态工程建设方面取得了举世瞩目的成绩。然而，随着经济进一步发展和人民生活水平持续提升，中国面临的在未来的气候变化谈判中国际社会对中国温室气体减排或限排要求的压力日益增大。在此前提下，准确评估森林固碳现状、速率和潜力不仅是制定碳汇清单的需求，也是评价生态工程固碳效应的需求，同时可以服务于面向提高森林固碳能力的管理实践。

2.2 森林碳估算方法研究

我国有关森林生物量的研究始于 20 世纪 70 年代，主要基于单个样点，所建立的生物量方程不适合于大的地理空间尺度上森林生物量的估算。虽然这些样地尺度的研究工作积累了丰富的生物量数据，为评估森林生物量和生产力作出了极大贡献，但仍然受研究尺度的局限。另外，多数研究针对某特定区域或特定森林类型，缺乏统一的估算方法和标准，给区域和全国尺度森林生物量的估算带来困难和不确定性。

目前，比较通用的做法是：选用树木胸径(D)、树高(H)及 D^2H 为自变量来间接评估生物量，即一是采用生物量换算因子法；二是采用生物量方程。两种方法都包含林木水平和林分水平，然而，林木水平因子的重要性正在不断提升，新的研究将更可能偏好林木水平因子或方程的使用。

国家林草局的森林资源连续清查资料能够提供区域和全国尺度的森林材积或蓄积量，很多学者尝试通过材积源生物量法来估算区域尺度森林生物量。但这种方法的理论基础是树干生物量与立木材积之间存在紧密相关关系，在深入探讨森林固碳潜力，面向国家提高碳汇需求等方面略显不足。此外，由于对森林地下部分的收获非常困难，大部分生物量方程仅仅估算地上部分的生物量，地下部分生物量的估算一直存在很大的不确定性，而这种不确定性很大程度上归因于缺乏准确的实测数据及有效的估算方法。

Fang等（2006）以森林资源清查资料为基础，建立了我国21个树种的材积生物量转换参数来估算全国森林生物量。不少研究表明，以5年为复查周期的森林资源清查资料能很好地反映森林生物量的动态变化。尽管如此，以往关于生物量的研究归纳起来存在如下不足：①在地下部分难以直接测定获取的情况下，采用根冠比粗略推算地下生物量的方法可能存在误差传递问题，而且这种方法与通过拟合根系与胸径或树高的异速生长方程估算地下生物量的方法相比，哪种方法更准确，没有明确研究。②已有的生物量模型大多针对某一特定地区或特定森林类型，是否能拓展用于更大区域范围或其他不同的森林类型尚未有研究验证。③我国森林类型和树种十分丰富，即使在同属内也有多个甚至几十个种类，针对某一树种建立的生物量方程能否推广到属内其他树种也没有研究验证。④对于天然林，由于大径级（胸径>50cm）个体样木生物量实测数据难于获取，基于中小径级个体建立的估算方程在估算大径级树木生物量时可能产生偏差甚至错误。⑤研究方法、建模方法的不统一，导致模型估算结果难以进行比较。

森林生物量及生产力大小是评价森林碳循环贡献的基础，森林生物量约50%以碳形式储存，碳交易、森林生物能源的收获管理也是要通过准确预测生物量来实现的。通常，生物量可以通过树木材积（或蓄积量）乘以木材密度进行估算得到。但在实践中，为了简便和提高估计精度，常常通过建立整株树木或不同器官生物量与胸径（D）、树高（H）或D^2H等测树因子之间的异速生长模型来估算生物量。这种方法是学术界认可且在全球得到广泛应用的生物量估算方法。然而，基于单个研究点或局部研究区域建立的生物量方程的样本数量有限，当这些方程用于对研究地以外的其他区域或不同种类和不同径级大小树木的生物量估算时，估算精度可能下降。我国地域、气候跨度大，树种丰富，森林类型、结构多样而复杂，区域经营管理水平不均衡。因此，基于全国样地尺度上标准木大样本实测数据资料开展森林生物量的监测是最重要的基础工作，进一步按省（自治区、直辖市）和优势树种建立的生物量方程将成为提高我国森林碳储量估算精度的关键依据和重要途径。

由此可见，我国基于林木和林分水平的生物量方程研究最多，资料积累得最丰富，但关于跨区域大尺度和复杂多样的树种的生物量方程的资料是相对缺乏的，故本研究将重点针对大尺度和不同树种的生物量估算方程进行研究。

国家林业和草原局历来非常重视森林植被生物量和碳储量的研究工作，在第七次全国森林资源清查汇总工作中增加了"中国森林生物量与碳储量分析与评估"专题，并根据"分析与评估"情况，适时在第八次森林资源连续清查工作中增加了生物量建模的野外调查工作，旨在今后的工作更加系统、准确、全面地摸清中国森林植物生物量和碳储量的数量和动态，更好地为林业的宏观决策服务。

森林植被生物量和碳储量评估以乔木林、疏林地、灌木林（不包括乔木林下的灌木）、竹林、散生木和四旁树为研究对象，把全国乔木（包括疏林、散生木、四旁树，但不包括竹林）分成 49 个优势树种（组），按 31 个省级区域，采用二元生物量回归模型作为生物量计算方法，合计样地所有单木树木生物量得到样地水平的生物量，并推算到林分水平，加权平均得到省级尺度的生物量转换因子（生物量和蓄积量的比值），乘以各省优势树种（组）的蓄积量，累积合计得到中国乔木林总生物量；以木材学中各个树种纤维素、半纤维素、木质素含量含碳率作为生物量转换为碳储量的系数，获得中国乔木林总碳储量。竹林生物量的计算方法，以全国竹林平均胸径计算单株生物，乘以总株数获得生物量，进而得到碳储量。灌木林总生物量和碳储量分省用单位面积生物量和碳密度乘以总面积获得，其中，关键的灌木林单位面积生物量和碳密度根据有关文献和木省的乔木林的单位面积生物量综合考虑确定，计算结果较为保守。

3. 总则

如何科学合理监测与评估林业碳储量及其动态变化，已成为我国应对全球气候变化工作的迫切需要。《IPCC 土地利用、土地利用变化和林业（LULUCF）优良做法指南》和《2006 年 IPCC 国家温室气体清单指南》为计量林业相关活动导致的温室气体源/汇变化提供了技术指导。在充分利用国际现有的世界林业碳储量监测与评估理论、技术和方法的基础上，为实现对林业碳储量可测量、可报告和可核查的"三可"要求，根据 IPCC 提出的估计、测量和监测林业碳储量变化的计算方法，结合全疆林业资源监测和森林经营管理措施的特点，编制新疆的碳储量监测与评估规范，以满足当前应对气候变化林业碳储量监测与评估的需求。

4. 碳储量计算与评估的调查方法

4.1 植被碳监测方法

4.1.1 样地选择与设立

样地要能客观反映土壤调查所在地点的森林植被结构和功能，最好能够利用已有的相关研究或森林资源清查的监测样地，以便准确记录以前实施的各种经营活动，并便于未来的连续监测。

森林样地的面积一般为 667m²（25.82m×25.82m），但在受到地形限制而无法建立这样尺寸的方形样地时，也可适当调整为面积相同的长方形样地。无论如何，森林样地的面积不能小于 20m×20m。

为调查样地生物量（固碳量），需在森林样地内（或周围）设置灌木层和草本层的样方，但其中的破坏性调查不能在样地内进行。

在明显存在林下灌木（包括幼树）层（如覆盖度超过 10%）或调查林下更新很重要时，可在森林样地的四角（尽可能在外边）及中心各设一个面积 5m×5m 的灌木层监测样方（或代表性地点的样方），每个森林样地的灌木样方数量不少于 5 个，用以监测灌木（及幼树）的覆盖度、生物量、物种组成和幼树更新情况等（具体监测内容见后面）。在幼树更新较多情况下，也可结合灌木样地设置面积 2m×2m 的更新监测样方。

为定量评价林地地表覆盖（枯落物层和草本层）和草本生物多样性，需在森林样地内加设一定数量的枯落物层/草本层样方，其面积一般为 1m×1m。可考虑设立在林下灌木样方内，也可选择代表性地点专门设立，每个森林样地内的枯落物层/草本层样方数量不少于 5个，用以监测枯落物层的覆盖度、生物量和层次组成，以及草本层的覆盖度、生物量、物种组成等(具体监测内容见后面)。

4.1.2　样地维护

将调查样地当作固定样地进行建立和维护。

要准确记录样地以及其中各类样方的地理位置，并标记在地形图(林班图)上，所用地形图比例尺为五万或十万分之一。同时，尽可能采用 GIS、GPS 等新技术。

所有样地/样方都要有固定的编号，因此需在整个项目内有个统一的样地编号制定方法，而且样地编号要保持永久不变。

如为工作需要或因不可抗拒的原因必须改变样地的地点、数量、形状和面积时，必须先提交申请报告，经项目审核同意和备案。

样地应具有固定标志，包括在样地的西南角建立点标桩，在西北、东北、东南角建立直角坑槽或角桩，在西南角通过界外木刮皮以及其他辅助识别标志(如土壤识别坑、中心点标桩和有关暗标)而建立定位物(树)。灌木层和枯落物层/草本层的样方也要建立便于识别的角桩，以便以后定位和开展监测；可在样方四角埋设金属角桩，这样在地面角桩受破坏或遗失后可通过金属探测器准确定位。

样地内的所有胸径在 5cm 以上的树木都作为样木对待，并给以固定编号和统一设置识别标志，如钉上压印编号的铝制样木标牌，或用油漆在树干上编号。标牌位置一般应在树干基部不显眼的地方，以防标志遭到破坏或引起特殊对待；如是采用油漆编号，应每隔1~2 年在编号变模糊之前重新描绘一次，在油漆编号描绘之前要去掉老树皮，因此描绘编号的位置要远离胸高处，以免干扰胸径测量。胸高位置可通过划油漆线或其他方法予以固定，从而保证胸高直径监测数据的可靠性。对于树桩落在样地边界线上的树木，采取"西取东舍，南取北舍"的原则。

建议在有条件时，将固定样地周边(即对样地内树木和其生态功能有影响)的树木也予以编号和纳入监测范围，可初步确定为样地边界向外扩展 1~2 行树，并用与样地内树木不同颜色的油漆进行标号。

如果可能，将样地内每株样树的树干位置以及样地内(或周边)的各样方的四角都进行准确定位，然后标绘在网格纸上，形成样木位置图，便于在样树编号无法辨认时进行各株样树的复位。对于样地内有标识作用的明显地物和地类分界线，也应标示在样木位置图上。

4.1.3　监测方法和数据收集

可参照《国家森林资源连续清查主要技术规定》，进行样地基本特征的调查与描述，尽量遵循调查内容的顺序、代码及精度等要求。如果有其他也很必要的调查内容，可在后面予以补充。

建议制定和使用标准表格，以便野外调查、防止内容遗漏和便于统计分析。

下面是各类各项因子的调查和记载方法的说明。

4.1.4 样地基本特征调查

样地编号：项目总体布设的各类样地的统一编号，不允许出现重号或空号，封面和其他页中记载的样地号应相同。如利用了已有样地，应标注说明原有样地编号和归属关系、样地利用目的等。

调查人员：记录实施野外调查监测的人员姓名。

调查日期：按公历年月日顺序，如 2004 年 8 月 15 日。

样地类别：根据样地所属类别，用代码填写。森林资源连续清查样地类别分为复测、增设、改设、目测、放弃、临时、遥感判读 7 种类别。复测样地，指达到复位标准、已复位的地面实测样地；增设样地，指本期新增设的地面固定样地；改设样地，指前期设置的地面样地，本期复查未复位而重新设置的地面固定样地；目测样地，指由于地形条件限制无法进行周界测量和每木检尺，只能用目测方法测定林分主要因子的样地；放弃样地，指只有样地号，但由于某种原因无法进行现地调查的样地；临时样地，指不要求做固定标志，下期不复测的地面样地；遥感判读样地，指采用遥感资料判读主要地类属性的样地。

地形图图幅号：填写五万分之一地形图图幅号。少数地区没有五万分之一地形图的，填写布设样地所用地形图的图幅号。

区(县)、乡(镇)、村名称或代码：填写样地所在的各区(县)、乡(镇)、村(自然村)的名称(或如已有统一编码时可填写代码)。

纵坐标：地形图上样地所在公里网交叉点的纵坐标值，填写 4 位数。

横坐标：地形图上样地所在公里网交叉点的横坐标值，填写 5 位数。

GPS 纵坐标：方形样地采集西南角点纵坐标值，圆形样地(含角规样地)采集中心点纵坐标值，填写 7 位数，记载到 5m。

GPS 横坐标：方形样地采集西南角点横坐标值，圆形样地(含角规样地)采集中心点横坐标值，填写 8 位数，记载到 5m。

地貌：按样地所在的大地形确定地貌，用代码记载。1. 极高山(海拔≥5000m 的山地)；2. 高山(海拔为 3500～4999m 的山地；3. 中山(海拔 1000～3499m 的山地)；4. 低山(海拔<1000m 山地)；5. 丘陵(没有明显的脉络，坡度较缓和，且相对高差小于 100m)；6. 平原(平坦开阔，起伏很小)。

海拔：按样地所在地点(方形样地西南角点或圆形样地中心点)，用海拔仪、GPS 测定或查地形图，确定海拔值，记载到 10m。

坡向：按中地形确定样地所在坡向，分 9 类，用代码记载。各个坡向及其代码分别为：1. 北坡(方位角 338～360°，0～22°)；2. 东北坡(23～67°)；3. 东坡(68～112°)；4. 东南坡(113～157°)；5. 南坡(158～202°)；6. 西南坡(203～247°)；7. 西坡(248～292°)；8. 西北坡(293～337°)；9. 无坡向(坡度<5°的地段)。有条件时，最好记录样地所在坡向的实际数值。

坡位：按中地形确定样地所在坡位，分 6 个类型，用代码记载。各个坡位及其编码分别为：1. 脊部(山脉的分水线及两侧各下降垂直高度 15m 的范围)；2. 上坡(从脊部以下至山谷范围内的山坡三等分后的最上等分部位)；3. 中坡(三等分的中坡位)；4. 下坡(三等分的下坡位)；5. 山谷(或山洼)(汇水线两侧的谷地，若样地处于其他部位中出现的局部山洼，也应按山谷记载）；6. 平地（处在平原和台地上的样地）。

坡度：按等高线垂直方向测定样地平均坡度，记载到度。如果进行坡度等级记载时，则分为 6 级，其编码为：1. 平坡（<5°）；2. 缓坡（5～14°）；3. 斜坡（15～24°）；4. 陡坡（25～34°）；5. 急坡（35～44°）；6. 险坡（≥45°）。

土壤名称：调查样地所属土类，用代码记载。

地类（土地利用类型）：记录样地所属的地类及其编码（见表 1）。

表 1　土地利用类型及其编码

一级	二级	三级	代码
林地	有林地	乔木林	111
		红树林	112
		竹林	113
	疏林地		120
	灌木林地	国家特别规定灌木林地	131
		其他灌木林地	132
	未成林地	未成林造林地	141
		未成林封育地	142
	苗圃地		150
	无立木林地	采伐迹地	161
		火烧迹地	162
		其他无立木林地	163
	宜林地	宜林荒山荒地	171
		宜林沙荒地	172
		其他宜林地	173
	林业辅助生产用地		180
非林地	耕地		210
	牧草地		220
	水域		230
	未利用地		240
	建设用地	工矿建设用地	251
		城乡居民建设用地	252
		交通建设用地	253
		其他用地	254

土地权属：确定样地所在土地权属，用代码记载，包括国有土地(1)、集体土地(2)。

林木权属：对于有林地、疏林地和其他有检尺样木的样地，要求调查林木权属，用代码记载，分为国有林木(1)、集体林木(2)、个人林木(3)、其他林木所有权(合资、合作、合股、联营等)(9)。

林种：对有林地、疏林地和灌木林地，按技术标准调查确定林种，用亚林种代码记载。根据经营目标不同，将有林地、疏林地、灌木林地分为 5 个林种、23 个亚林种(见表2)。

林种优先级：当某地块同时满足 1 个以上林种划分条件时，应根据"先公益林，后商品林"原则区划。其中，生态公益林按以下优先顺序确定林种和亚林种：国防林、自然保护林、名胜古迹和革命纪念林、风景林、环境保护林、母树林、实验林、护岸林、护路林、其他防护林、水土保持林、水源涵养林、防风固沙林、农田牧场防护林。

表 2　林种类别及代码

森林类别	林种	亚林种	代码
生态公益林	防护林	水源涵养林	111
		水土保持林	112
		防风固沙林	113
		农田牧场防护林	114
		护岸林	115
		护路林	116
		其他防护林	117
	特种用途林	国防林	121
		实验林	122
		母树林	123
		环境保护林	124
		风景林	125
		名胜古迹和革命纪念林	126
		自然保护林	127
商品林	用材林	短轮伐期用材林	231
		速生丰产用材林	232
		一般用材林	233
	薪炭林	薪炭林	240
	经济林	果树林	251
		食用原料林	252
		林化工业原料林	253
		药用林	254
		其他经济林	255

注：代码的第一、二、三位分别为森林类别、林种、亚林种代码。

工程类别：为满足国家六大林业重点工程森林资源管理和生态评价的需要，需通过查阅验收、设计、规划等材料，确定样地所属的林业工程类别，并按相应代码记载（见表3）。

表3　林业工程类别分类标准与代码

工　程　类　别		代码
天然林资源保护工程	长江上游地区	11
	黄河上中游地区	12
	东北、内蒙古等国有林区	13
三北及长江流域等重点防护林体系建设工程	三北防护林	21
	长江中下游防护林	22
	淮河太湖流域防护林	23
	沿海防护林	24
	珠江防护林	25
	太行山绿化	26
	平原绿化	27
退耕还林工程		30
京津风沙源治理工程		40
野生动植物保护及自然保护区建设工程	国家级自然保护区	51
	地方级自然保护区	52
速生丰产林基地建设工程		60
其他林业工程（六大林业重点工程之外）		90

森林类别：对确定为样地的林地，按主导功能的不同，将森林（含林地）分为生态公益林和商品林两个类别。

商品林：以生产木材、竹材、薪材、干鲜果品和其他工业原料等为主要经营目的的有林地、疏林地、灌木林地和其他林地，包括用材林、薪炭林和经济林。商品林按经营状况划分为好、中、差3个等级，评定标准见表4。

表4　商品林经营等级评定标准与代码

经营等级	评定条件		代码
	用材林、薪炭林	经济林	
好	经营措施正确、及时，经营强度适当，经营后林分生产力和质量提高	定期进行垦复、修枝、施肥、灌溉、病虫害防治等经营管理措施，生长旺盛，产量高	1
中	经营措施正确、尚及时，经营强度尚可，经营后林分生产力和质量有所改善	经营水平介于中间，产量一般	2

（续）

经营等级	评定条件		代码
	用材林、薪炭林	经济林	
差	经营措施不及时或很少进行经营管理，林分生产力未得到发挥，质量较差	很少进行经营管理，处于荒芜或半荒芜状态，产量很低	3

样地经营历史调查和记录：针对本项目监测工作的特殊目的，需尽量完整地追溯和记录样地的经营历史。

森林起源：首先，需按技术标准调查确定并记录林木起源。其分类和代码为：纯天然林(11)、人工促进天然林(12)、天然次生林(13)、人工植苗林(21)、人工直播林(22)、人工飞播林(23)、人工萌生林(24)。如果有更详细的信息，建议也予以记录。

经营历史：需调查记录历史上的林木保护抚育、经营利用措施的种类、强度和时间，尤其是采伐利用措施，说明它们对森林结构与功能的影响。尽可能记录下人工整地、放牧、砍柴割草等人为干扰的历史。

项目经营：特别要仔细记载项目执行期间的经营细节，如抚育、间伐等经营措施的种类、强度和实施时间等（及其由经营对象、措施、强度、时间等组合形成的经营模式），说明其对森林结构与功能的影响。

森林灾害：要调查记录近期历史上和调查时样地遭受的森林灾害类型和灾害等级，说明对森林结构与功能的影响。对有林地和国家特别规定的灌木林地，应调查森林灾害类型，并调查受害样木株数比例，确定受害等级，分别用相应的代码记载。森林灾害类型包括病害(11)、虫害(12)、火灾(20)、风折(倒)(31)、雪压(32)、滑坡与泥石流(33)、干旱(34)、其他灾害(40)、无灾害(00)。森林灾害等级是分灾害类型依据样地内林木遭受灾害的立木株数比例划分为4级。对森林病虫害，如果受害林木株数比例为<10%、10%~29%、30%~59%、>60%，则受害等级为无(0)、轻(1)、中(2)、重(3)；对于森林火灾，如果未成灾、受害立木20%以下且仍能恢复生长、受害立木20%~49%且生长受到明显抑制、受害立木50%以上且以濒死木和死亡木为主，则受害等级为无(0)、轻(1)、中(2)、重(3)；对于气象灾害以及其他灾害，如果是未成灾、受害立木株数20%以下、受害立木株数20%~59%、受害立木株数60%以上，则受害等级为无(0)、轻(1)、中(2)、重(3)。

4.1.5 乔木层调查

对于样地的乔木层，需调查树种组成、林木年龄、林木密度、林冠郁闭度、树高和胸径、林木蓄积量、林木的地上(地下)生物量和固碳量、林冠层叶面积指数、群落结构、林层结构、自然度等附表1。

树种组成：样地树种组成要每木调查，即对每株样树都记录其准确的种名。然后，按技术标准调查确定样地的优势树种(组)，用代码(见《国家森林资源连续清查主要技术规定》)记载(见表5)。

表5　树种(组)代码

名称	代码	名称	代码	名称	代码	名称	代码
一、乔木树种(组)		水曲柳	431	四、经济树种(组)		厚朴	802
1. 针叶树种(组)		胡桃楸	432	1. 果树类		枸杞	803
冷杉	110	黄波罗	433	柑橘类	701	银杏	804
云杉	120	樟木	440	苹果	702	黄柏	805
铁杉	130	楠木	450	梨	703	其他	819
油杉	140	榆树	460	桃	704	4. 林化工业原料类	
落叶松	150	木荷	470	李	705	漆树	821
红松	160	枫香	480	杏	706	紫胶寄主树	822
樟子松	170	其他硬阔类	490	枣	707	油桐	823
赤松	180	椴树	510	山楂	708	乌桕	824
黑松	190	檫木	520	柿	709	棕榈	825
油松	200	杨树	530	核桃	710	橡胶	826
华山松	210	柳树	535	板栗	711	白蜡树	827
马尾松	220	泡桐	540	杧果	712	栓皮栎	828
云南松	230	桉树	550	荔枝	713	其他	849
思茅松	240	相思	560	龙眼	714	5. 其他经济类	
高山松	250	木麻黄	570	椰子	715	蚕桑	851
国外松	260	楝树	580	槟榔	716	蚕柞	852
湿地松	261	其他软阔类	590	其他	749	其他	859
火炬松	262	3. 混交树种组		2. 食用原料类		五、其他灌木树种(组)	
其他松类	290	针叶混	610	油茶	751	梭梭	901
杉木	310	阔叶混	620	油橄榄	752	白刺	902
柳杉	320	针阔混	630	文冠果	753	盐豆木	903
水杉	330	二、红树林树种(组)		油棕	754	柳灌	904
池杉	340	白骨壤	641	茶叶	755	小檗	941
柏木	350	桐花树	642	咖啡	756	杜鹃	942
紫杉(红豆杉)	360	秋茄	643	可可	757	栎灌	943
其他杉类	390	红海榄	644	花椒	758	桃金娘	944
2. 阔叶树种(组)		其他红树林树种	659	八角	759	水柏枝	961
栎类	410	三、竹林树种(组)		肉桂	760	松灌	971
桦木	420	毛竹	660	桂花	761	竹灌	981
白桦	421	散生杂竹类	670	其他	799	其他灌木	999
枫桦	422	丛生杂竹类	680	3. 药材类			
水、胡、黄	430	混生杂竹类	690	杜仲	801		

注：乔木树种(组)中未含经济乔木树种。

林木年龄：乔木林的年龄以及平均年龄均为主林层优势树种的年龄。对于同龄人工林，可依据造林记录或利用生长锥取得的树木年轮或针叶树的枝痕确定年龄。对于复查样地，可直接在前期年龄基础上加上间隔期得到调查时的年龄。对于天然林，不能简单加上间隔期长度，应综合考虑进界木、采伐木和枯死木情况。比如，后期平均胸径小于前期，则年龄肯定也应小。如果实在不能取得准确林龄时，可以记录龄组（见表6）

表6　优势树种（组）龄组划分

树种	地区	起源	龄组划分					龄级划分
			幼龄林	中龄林	近熟林	成熟林	过熟林	
			1	2	3	4	5	
红松、云杉、柏木、紫杉、铁杉	北方	天然	60以下	61～100	101～120	121～160	161以上	20
	北方	人工	40以下	41～60	61～80	81～120	121以上	10
	南方	天然	40以下	41～60	61～80	81～120	121以上	20
	南方	人工	20以下	21～40	41～60	61～80	81以上	10
落叶松、冷杉、樟子松、赤松、黑松	北方	天然	40以下	41～80	81～100	101～140	141以上	20
	北方	人工	20以下	21～30	31～40	41～60	61以上	10
	南方	天然	40以下	41～60	61～80	81～120	121以上	20
	南方	人工	20以下	21～30	31～40	41～60	61以上	10
油松、马尾松、云南松、思茅松、华山松、高山松	北方	天然	30以下	31～50	51～60	61～80	81以上	10
	北方	人工	20以下	21～30	31～40	41～60	61以上	10
	南方	天然	20以下	21～30	31～40	41～60	61以上	10
	南方	人工	10以下	11～20	21～30	31～50	51以上	10
杨、柳、桉、檫、泡桐、木麻黄、楝、枫杨、相思、软阔	北方	人工	10以下	11～15	16～20	21～30	31以上	5
	南方	人工	5以下	6～10	11～15	16～25	26以上	5
桦、榆、木荷、枫香、珙桐	北方	天然	30以下	31～50	51～60	61～80	81以上	10
	北方	人工	20以下	21～30	31～40	41～60	61以上	10
	南方	天然	20以下	21～40	41～50	51～70	71以上	10
	南方	人工	10以下	11～20	21～30	31～50	51以上	10
栎、柞、槠、栲、樟、楠、椴、水、胡、黄、硬阔	南北	天然	40以下	41～60	61～80	81～120	121以上	20
	南北	人工	20以下	21～40	41～50	51～70	71以上	10
杉木、柳杉、水杉	南方	人工	10以下	11～20	21～25	26～35	36以上	5

注：表中未列树种（包括经济乔木树种）和短轮伐期用材林树种的划分标准由各省自行制定。

林木密度：依据样地面积大小和样地内的树木株数，计算林木密度。

林冠郁闭度：有林地或疏林地样地的林冠郁闭度为乔木树冠垂直投影覆盖面积与样地面积的比例，可采用对角线截距抽样或目测方法调查，记载到小数点后2位。当郁闭度较小时，宜采用平均冠幅法测定，即用样地内林木平均冠幅面积乘以林木株数得到树冠覆盖面积，再除以样地面积得到郁闭度。如果样地内包含2个以上地类，郁闭度应按对应的有林地或疏林地范围来测算。对实际郁闭度达不到0.20，但保存率达到80%以上生长稳定的人工幼林，郁闭度按 0.20 记载。

树木高度：样地的树木高度，要利用测高仪进行每木调查，以 m 为单位，记载到小数点后 1 位。然后，采用算术平均法计算平均树高。

树木胸径：样地的树木胸径，要利用围尺进行每木调查，以 cm 为单位，记载到小数点后 1 位。采用平方平均法，计算平均胸径。

检尺类型：对于复测样地，样木检尺类型分为 10 类。(1)保留木(代码 11)：前期调查为活立木，本期调查时已复位的活立木。(2)进界木(代码 12)：前期调查不够检尺，本期调查已生长到够检尺胸径的活立木。(3)枯立木(代码 13)：前期调查为活立木，本期调查时已枯死的立木。(4)采伐木(代码 14)：前期调查为活立木，本期调查时已被采伐的样木。(5)枯倒木(代码 15)：前期调查为活立木，本期调查时已枯死的倒木。(6)漏测木(代码 16)：前期调查时已达起测胸径而被漏检的活立木。(7)多测木(代码 17)：前期为检尺样木，本期调查时发现位于界外或重复检尺或不属于检尺对象的样木。(8)胸径错测木(代码 18)：两期胸径之差明显大于或小于平均生长量的活立木。(9)树种错测木(代码 19)：两期调查树种名称不相同，确定为前期树种判定有错的活立木。(10)类型错测木(代码 20)：前期检尺类型判定有错的样木，特指前期错定为采伐木、枯立木、枯倒木而本期调查时仍然存活的复位样木。

林木蓄积量：基于不同树种的木材蓄积与树高、胸径的统计关系，计算各株树木的材积以后，求和得到样地蓄积量，除以样地面积得到每公顷的蓄积量，单位是 m^3，保留 1 位小数。

林木生物量和固碳量：基于不同树种的地上和地下生物量与树高、胸径的统计关系，计算各株树木的生物量以后，求和得到样地生物量，除以样地面积得到每公顷的生物量，单位 t，保留 3 位小数。利用不同树种的含碳量，由生物量计算林木的植被固碳量。

林冠层叶面积指数：林冠层叶面积指数与林木生态耗水、林下植被生长、林下树木更新具有紧密关系，比林冠郁闭度更能反映林冠遮光情况。可用叶面积仪进行林冠层叶面积指数调查，按仪器说明书进行操作和计算。

群落结构：乔木林的群落结构划分为 3 类。完整结构(代码 1)为具有乔木层、下木层、地被物层(含草本、苔藓、地衣)3 个层次的林分；较完整结构(代码 2)为具有乔木层和其他 1 个植被层的林分；简单结构(代码 3)为只有乔木 1 个植被层的林分。

林层结构：在乔木林样地中分为单层林(代码 0)和复层林(代码 1)。复层林的划分条件是：各林层每公顷蓄积量不少于 $30m^3$；主林层、次林层平均高相差 20% 以上；各林层平均胸径在 8cm 以上；主林层郁闭度不少于 0.30，次林层郁闭度不少于 0.20。

自然度(可选)：按照现实森林类型与地带性原始顶极森林类型的差异程度，或次生森林类型位于演替中的阶段，划为 5 级。划分标准为：自然度Ⅰ(代码 1)为原始或受人为影响很小而处于基本原始状态的森林类型；自然度Ⅱ(代码 2)为有明显人为干扰的天然森林类型或处于演替后期的次生森林类型，以地带性顶极适应值较高的树种为主，顶极树种明显可见；自然度Ⅲ(代码 3)为人为干扰很大的次生森林类型，处于次生演替的后期阶段，除先锋树种外，也可见顶极树种出现；自然度Ⅳ(代码 4)为人为干扰很大，演替逆行，处于极为残次的次生林阶段；自然度Ⅴ(代码 5)为人为干扰强度极大且持续，地带性森林类型几乎破坏殆尽，处于难以恢复的逆行演替后期，包括各种人工森林类型。

4.1.6 林下灌木层调查

在林分样地调查估计灌木层的覆盖度，在 5m×5m 的灌木样方内监测记录所有灌木（包括未计入样树的所有幼树和幼苗）的种类、数量、高度、地径，计算灌木层的密度和生物量及固碳量。

灌木覆盖度：样地内灌木树冠垂直投影覆盖面积与样地面积的比例，采用对角线截距抽样或目测方法调查，按百分比记载，精确到 5%。

灌木种类：记录各灌木样方内的灌木种类，然后确定样地内林下灌木种类。

灌木数量：记录各灌木样方内各种灌木的数量，然后求得总数量。

灌木密度：利用灌木总株数除以样地面积，得到灌木密度（株/hm²）。

灌木高度：用钢卷尺量测灌木样方内各种灌木平均木高度，记录到 0.1m。然后，计算灌木层的平均高度。

灌木地径：用钢卷尺量测灌木样方内各种灌木平均木地径，记录到 0.1cm。然后，计算灌木层的平均地径。

灌木生物量（可选，但利用经验公式计算）：挖取灌木样株测定湿重后带回烘干称重（对每种立地-植被类型，选取 2 块标准地，分别取 100~500g 的灌木样品，立即用天平称其鲜重，取回后 60℃烘干，测算含水率），以换算标准地内的灌木总生物量干重；或利用单株干重与高度、地径等的经验公式进行估算。计算单位面积的灌木生物量（t/hm²）。

灌木固碳量：利用灌木层生物量与其碳含量，计算灌木植被固碳量（t/hm²）。

灌木叶面积指数：利用叶面积仪测定平均株的叶面积；或采集平均株叶量后用经验公式计算其叶面积，然后依据样地密度计算叶面积指数。

4.1.7 林下树木天然更新调查

在样地里监测记录林下的树木天然更新情况，更新调查对象是地径小于 3cm 的所有幼树（幼苗）；在记载株数时，一丛计一株。如幼苗（幼树）很少，需以整个样地为单位调查；如很多，则可在 5m×5m 的灌木样方或在其内设置的 2m×2m 样方内调查；如样地里存在更新显著增多的林窗，则在林窗内专门进行更新调查。

幼苗种类：记录林下更新的幼苗（幼树）的种类。

幼苗密度：不论是以样地、样方还是林窗为单位调查，均需要记录各种树木幼苗（幼树）的数量，并除以调查面积，得到更新密度。

幼苗年龄：调查估计各种树木幼苗（幼树）的年龄，从而推算每年新出现的幼树（幼苗）的数量和密度。

幼苗高度：调查各种树木幼苗（幼树）的高度，结合年龄估算，可以估计每年的幼树（幼苗）生长速度。

幼苗起源：调查或估计更新幼苗（幼树）的更新起源，如种实更新、根蘖更新、桩蘖更新等。

幼苗更新环境：调查不同树种更新幼苗（幼树）生存的小环境（林窗特征），为促进目的树种自然更新的经营措施选择提供依据。

4.1.8　林下草本层调查

在林分样地调查估计草本层的覆盖度，在 1m×1m 的草本样方内监测记录所有草本的种类、数量、高度，计算草本层的密度和生物量及固碳量。

样地的草本覆盖度：在乔木样地内布设卷尺样线，观测估计草本层的地表覆盖，按百分比记载，精确到 5%。

草本生物量：采集 1m×1m 草本样方内的所有草本地上部分，用弹簧秤称鲜重记录。如有条件，建议同时调查地下生物量，建立地上和地下生物量间的关系。

样方的草本覆盖度：记录 1m×1m 样方内所有（或主要）草本植物种类、数量、高度、盖度。用方格方法调查草本地表覆盖度。

草本含水率：对每种立地-植被类型，选取 2 块标准地，分别取 100~500 克的草本样品，立即用天平称其鲜重，取回后 60℃烘干，测算含水率以换算样地内的草本总生物量干重。

草本固碳量：利用草本层生物量与其碳含量，计算草本植被固碳量(t/hm^2)。

草本叶面积指数：利用叶面积仪测定平均株的叶面积后推算样地叶面积；或依据样地生物量根据经验公式计算草本叶面积指数。

4.1.9　枯落物层调查

在乔木样地内调查枯落物层的覆盖度，并在样方内调查枯落物的层次组成和厚度及重量。

样地枯落物覆盖度：在样地内用样线方法调查枯落物层地表覆盖度，按百分比记载，精确到 5%。

枯落物层次组成：在 5 个 1m×1m 样方内，区分出枯落物的未分解层、半分解层和已分解层，测定和记录各层厚度，精确到 1mm。

枯落物重量：在一些枯落物样方，将枯落物分层收集，称取鲜重；之后，分层取部分样品装入塑料带，带回实验室，用天平称取鲜重后，在 60℃烘干衡重后称取干重，称量到 0.1g。然后，计算样方内枯落物各层及总干重。

4.2　土壤碳监测方法

4.2.1　典型取样点确定原则

基本原则是：照顾全面，在主要林区都有采样点；重点突出，在天山林区、阿尔泰山林区、昆仑山林区、准噶尔盆地、塔里木盆地林区重点调查；通过重点调查了解一些基本规律，为将来大范围的森林土壤调查积累经验和技术基础。尽可能多些调查点与国家林业和草原局的现有森林资源清查固定样地（点）空间重合，以便为将来把森林土壤调查与森林资源清查结合起来积累经验。

4.2.2　监测样地

同植被调查样地。

4.2.3　土壤取样

在一些重点样地旁边的代表性地点，挖一个深及母质层（C 层）的土壤剖面，土层厚时挖至1m深。记录土壤剖面组成，并采集土壤样品，测定土壤基本理化性质（具体参照国家林业和草原局科技司编写的《森林生态系统定位研究方法》（1994））。对一般样地，可利用土钻或根钻（内径8cm）在几个地方钻取土壤样品，记录土壤层次组成，获得土壤化学分析所用的混合样品（不能测定土壤孔隙度等特征）。

（1）土壤剖面的挖掘

在一个林分样地内，挖掘一个典型土壤剖面进行观察和记载。土壤剖面规格为0.8m×1.0m。剖面观察面应与等高线平行，与水平面垂直。挖掘过程中，观察面上部不能踩踏和堆土，以免影响凋落层和上层土壤的自然状态。挖掘后，用剖面刀将观察面剔成自然状态，拍照后开始观察记载。剖面拍照注意事项：

①拍照前应用枝剪剪除剖面两侧和观察面上裸露的根系；

②消除观察面上的剖面阴影；

③标尺统一放在剖面右侧；

④照片上部应能反映一定的地表植被状况；

⑤镜头对准观察面，不要照到剖面侧壁；

⑥剖面应修整后拍照。

图1　不合格照片：阴影、根系未剪、剖面没有修整

图2　合格照片

（2）土壤剖面的观察记载

①土壤剖面层次划分和深度记载

森林土壤由地表向下的基本发生层主要包括：A_0、A_1、B、C。

A_0：枯枝落叶层，主要是未分解或半分解的枯枝落叶。

A_1：腐殖质层，腐殖质与矿物质结合，颜色深暗，团粒结构，疏松多孔。

B：淀积层，聚积上面淋溶下来的物质。

C：母质层。

②还可根据石砾含量、根系含量、湿润程度、层次过渡情况等因素划分亚层和过渡层。在实际调查中，还要特别注意，由于某些原因可能会导致土壤剖面缺失土层，因此切忌教条划分。

③在凋落物层较厚，且分解程度差异较为明显的情况下，要根据表7做进一步划分。

表7　凋落物亚层划分标准

凋落物亚层	划分标准
A_{01}	分解较少的凋落物层
A_{02}	分解较多的半分解的凋落物层
A_{03}	分解强烈，已经失去其原有植物组织形态的凋落物层

划分土壤层次后，应记载各层代表符号和各层深度。土壤层次深度记载时应以地面为0，逐层记载，如 $0 \sim 5cm$，$5 \sim 15cm$，$15 \sim 48cm$，$48 \sim 100cm$。凋落物层深度单独记载，如5cm。

土壤剖面形态特征记载逐层描述土壤的形态特征，完成土壤调查内容记载。

颜色：土壤颜色的判断应用潮湿的土壤，在光线一致的情况下，采用门赛尔比色卡比色。

结构：观测时，用土铲将土块挖出，用手轻捏使其散碎，观测碎块的大小和形状。标准见表8。

石砾含量：以各层裸露石砾面积占该层总面积的百分比估算。

如剖面中发现新生体、侵入体等，也应加以记载。

表8　野外土壤结构判断标准

结构类型	结构形状	直径（厚度）mm	结构名称
立方体状	形状不规则，表面不平整	>100	大块状
		50<直径（厚度）≤100	块状
		5<直径（厚度）≤50	碎块状
	形状较规则，表面较平整	>5	核状
	棱角尖锐	≤5	粒状
	形状近圆形，表面光滑，大小均匀	1~10	团状

（续）

结构类型	结构形状	直径（厚度）mm	结构名称
柱体	纵轴明显大于横轴		
板状	呈水平层状	>5	板状
		≤5	片状
单粒状	土粒不胶结，呈分散单粒状		

表9 野外土壤质地判断标准

土壤质地	用手搓时的特征	湿润状态时的特征	在湿润状态时可以捻成的形状	在湿润状态按压
黏土	用手捻时有滑腻感，干时很硬，用小刀在上面可划出细而光滑的条纹		湿时可揉成细泥条，弯成小环	压挤时，无裂痕
重壤土	感觉不到有沙粒存在，土块很难压碎	有黏性与可塑性，发黏，能涂抹	可以揉成长条并可将其弯成环状	搓成球状后，压之可成饼，但边缘部分有小裂痕
中壤土		黏性与可塑性均属于中等	可以揉成长条但不能弯曲成环	搓成球后可以压成饼状，但边缘部分有裂痕
轻壤土	明显感觉到有沙粒存在，土块比较容易压碎	黏性与可塑性很小	不能搓成长条	搓成的球，可以压成饼，但裂痕很多
沙壤土	明显感觉到有沙粒存在，土块不难压碎	没有黏性与黏度	搓不成条	搓成的球，按之即碎散
沙土			湿时不能揉成土团，干时呈分散状况	不能搓成球形

表10 野外土壤紧实度判断标准

土壤紧实度	划分标准
极紧实	用力也不易将尖刀插入土壤面，划痕明显且细，土块用手掰不开
紧实	用力可以将尖刀插入土壤面1~3cm，划痕粗糙，用力可以将土块掰开
适中	稍用力可以将尖刀插入土壤面1~3cm，划痕宽而匀，土块容易掰开
疏松	稍用力可以将尖刀插入土壤面5cm，但土不散落
松散	尖刀极易插入土壤面，土体随即散落

(3) 土壤样品的采集

①土壤有机碳分析样品采集

分层采集 0~10cm，10~20cm，20~40cm，40~60cm 和 60~100cm 不同深度土壤样品，同层混合后，每个样地得到 5 个层次的土壤有机碳分析混合样品。

取土应采用先下后上的原则。在采集过程中要尽量剔除石砾、植被根等，利用四分法每层采集不少于 0.5~1kg 的土壤样品，分别装入样品袋中，样品袋内外须附标签。标签注明：剖面编号、采集地点、采样深度、土壤名称、采集人、日期等内容。没有标签或标签填写模糊的样品不能用作试验样品。四分法的具体操作步骤（见图 3）：将充分混合后的土壤样品放在干净的塑料布上，平铺成四方形。画对角线，将样品分成 4 份，弃去相对的一组样品，剩余部分作为样品保留。如样品仍然过多，继续上述过程，直到样品数量合适为止。

②环刀样品采集

在典型土壤剖面上，用环刀分层采取 0~10cm，10~20cm，20~40cm，40~60cm 和 60~100cm 原状土样，转移至已知重量的铝盒中，填写标签。有机碳组分分析样品采集分别采集 0~10cm 和 0~20cm 土壤样品，每层样品数量不少于 0.5~1kg。按"土壤有机碳分析样品采集"对样品进行处理后，放入 -4℃ 条件保存，用于土壤有机碳组分分析。样品采集按下图 4 操作。

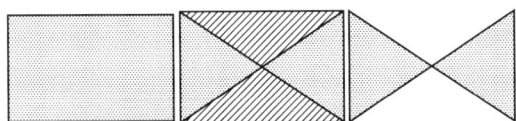

图 3　分法取样步骤示意图　　　　图 4　表层土壤采集示意图

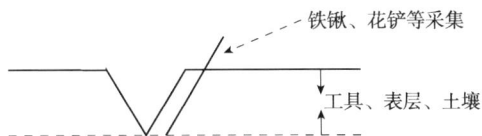

(4) 土壤剖面回填

观察和采样结束后，按原来层次回填土壤，减少剖面挖掘对自然土壤的影响。

4.2.4　土壤有机碳分析样品的制备

土壤样品的制备包括：风干、研磨过筛、分样和贮存 4 个步骤。

(1) 风干

采回的土壤样品应及时风干，以免发霉变质。在干净的牛皮纸上将采集的土壤样品摊成薄层，放在室内阴凉通风处，切忌阳光直接暴晒。风干场所应防止酸碱气体和灰尘的污染。

(2) 研磨过筛

仔细挑去石块、根茎残体、各种新生体和侵入体后，将风干好的土壤样品研磨、过筛，使其先全部通过 2mm（10 目）筛。利用多点取样法，分取出 20~30g 已通过 2mm（10 目）筛的土壤样品进一步研磨，使其全部通过 0.149mm（100 目）筛。

(3) 分样

如果研磨过筛后的土壤样品过多，则要利用四分法进行混合、分样，直到所需数量为止。

(4)贮存

将通过 2mm(10 目)筛和 0.149mm(100 目)筛的土壤样品充分混合后,分别装入磨口瓶或信封中,内外各具标签,标签须注明:剖面编号、采样地点、土壤名称、采集深度、筛孔、采样日期和采样者等内容,所有样品都要按编号用专册登记。妥善保存制备好的土样,避免日光照射、高温、潮湿以及其他物质污染。一般土壤样品可保存半年或 1 年,分析数据核实无误后,才能弃去。

表 11 森林样地基本情况调查记录表

样地编号			调查人员				调查日期		年 月 日	
样地基本特征										
立地-森林类型			期望主要功能			1.　　　2.　　　3.　　　4.				
样地类别			地形图图幅号			位置草图				
地理位置	区(县)　　　乡(镇)　　　村 林班　　　　小班									
纵坐标			横坐标							
GPS 纵坐标			GPS 横坐标							
样地形状			样地面积			m²				
地貌		海拔		m	坡向			坡位		
坡度		土壤名称			地类			小地形		
母岩/母质		地下水深			侵蚀情况			土地权属		
林木权属		林种			工程类别			森林类别		
样地经营历史										
森林起源										
经营历史	类型		强度		时间		影响			
项目经营	类型		强度		时间		影响			
森林灾害	类型　　受害株数(　　)/调查株数(　　)=(　　) 强度　　时间　　　　影响									
乔木层特征										
树种组成							优势树种			
林木年龄	年龄范围		－　年	平均年龄		年	林木密度		株/hm²	
林冠郁闭度		树木高度	高度范围		－　m	平均高度		m		
树木胸径	胸径范围		－　cm	平均高度		m	木材蓄积量		m³/hm²	
林木生物量	地上		t/hm²	地下		t/hm²	总生物量		t/hm²	
林木固碳量	地上		t/hm²	地下		t/hm²	总生物量		t/hm²	

（续）

林冠层叶面积指数			叶面积指数测定方法			
群落结构		林层结构		自然度		
灌木层和林下更新特征						
灌木覆盖度	%	灌木种数		主要灌木种类		
幼苗密度		幼苗高度	cm	幼苗种类		
草本层和枯落物层特征						
草本覆盖度	%	草本高度	cm	主要草本种类		
枯落物盖度	%	枯落物厚度	cm	未分解层　cm	半分解层　cm	分解层　　cm
土壤根系层特征						
植被总盖度	%	土壤厚度	cm	主根系层分布深度		cm
基岩出露率	%	造林整地	类型：	规格：		比例：

备注：

5. 碳储量估算方法

5.1　森林生物量的估算方法

根据前期研究和讨论，我们选择 IPCC 法、生物量转换因子连续函数法和生物量经验（回归）模型估计法作为本次森林生物量估算的方法。

3 种方法都属于材积源生物量法（volume-deriwed biomass），也叫生物量转换因子法（biomass expansion factor，BEF），是利用林分生物量与木材材积比值的平均值，乘以该森林类型的总蓄积量，得到该类型森林的总生物量的方法。

其基本原理为：

$$B_{total} = V_{total}BEF \tag{1}$$

式中：B_{total}——某一树种组（森林类型）的总生物量；

V_{total}——某一树种组（森林类型）的总蓄积量；

BEF——某一树种组（森林类型）的生物量转换因子。

IPCC 法森林生物量估算公式为：

$$B_{total} = V_{total}D \times BEF_2 \times (1+R) \tag{2}$$

式中：B_{total}——某一树种组（森林类型）的总生物量；

D——某一树种组（森林类型）的木材密度；

BEF_2——生物量扩展因子；

R——根茎比。

生物量转换因子：

$$BEF = D \times BEF_2 \times (1+R)$$

(3)

生物量转换因子连续函数法生物量估算公式为：

$$
\begin{aligned}
B_{total} &= B \times A_{total}\\
&= V \times BEF \times A_{total}\\
&= V \times A_{total} \times BEF\\
&= V_{total} \times BEF
\end{aligned}
$$

(4)

式中：B——某一树种组（森林类型）的单位面积生物量；

A_{total}——某一树种组（森林类型）的总面积；

V——某一树种组（森林类型）的单位面积蓄积量；

V_{total}——某一树种组（森林类型）的总蓄积量。

生物量转换因子：

$$BEF = a + \frac{b}{V}$$

(5)

式中：a 和 b 均为常数，随树种不同而变化。

生物量经验（回归）模型估计法生物量估算公式为：

$$生物量 = 林分各优势树种蓄积 \times \frac{\sum_{i=1}^{n} 样地调查材积 \times \dfrac{样地模型生物量}{样地模型材积}}{\sum_{i=1}^{n} 样地调查材积}$$

(6)

式中：$样地模型生物量 = \sum_{j=1}^{m} 样地内径阶模型生物量$；

$样地模型材积 = \sum_{j=1}^{m} 样地内径阶模型材积$；

m——某一样地内的径阶数；

n——计算生物量的优势树种样地个数；

样地调查材积指样地因子表中的材积。

生物量转换因子为：

$$BEF = 林分各优势树种蓄积 \times \frac{\sum_{i=1}^{n} 样地调查材积 \times \dfrac{样地模型生物量}{样地模型材积}}{\sum_{i=1}^{n} 样地调查材积}$$

(7)

BEF 的回归估计包含材积、年龄和立地等。

从式（3）、（5）和（7）中看，3 种方法的关键都在于如何确定生物量转换因子 BEF。

5.1.1 IPCC 法

（1）方法简介

联合国政府间气候变化专门委员会（IPCC）以森林蓄积、木材密度、生物量转换因子和根茎比等为参数，建立材积源生物量模型，指导各国开展森林生物量估算。其基本公式见式（2）。

（2）基本参数

IPCC 在 2004 年出版的《土地利用、土地利用变化和林业优良做法指南》中，按北方生物带、温带和热带给出了推荐使用的有关参数。根据我国森林类型的分布情况，摘录出可参考使用的 *D*、*BEF* 和 *R* 参数（见 IPCC 推荐表）。

（3）方法分析

分析发现：IPCC 计算公式（2）中，木材密度 *D* 较为详细，而生物量扩展因子 BEF_2 最为简单，且变化幅度很大，由此产生的计算结果，在其他条件不变的情况下，可达数倍，应重点关注。

在使用 IPCC 公式计算生物量时，我们使用两种方式：一是取固定的生物量扩展因子 BEF_2，二是对生物量扩展因子 BEF_2 进行适当地转换。具体做法是：按其上、下限等分为 5 个区间，取区间中值分别作为幼龄林、中龄林、近熟林、成熟林和过熟林的生物量转换因子，然后通过计算出来的地上部分单位面积生物量值确定使用的根茎比，求出各个龄组的生物量，合计成树种或树种组的总生物量，最后汇总成省份总的生物量。

5.1.2 换算因子连续函数法

（1）方法简介

生物量转换因子连续函数法是为克服 IPCC 推荐的生物量转换因子法将生物量与蓄积量比值作为常数（或者仅于年龄有关）的不足而提出的。方静云（2001）等基于收集到的全国各地生物量和蓄积量的 758 组研究数据，把中国森林类型分成 21 类，分别计算了每种森林类型的 BEF 与林分材积的关系：

$$BEF = a + \frac{b}{V} \tag{8}$$

方程（8）可表示成生物量和蓄积量的简单线性关系：

$$B = aV + b \tag{9}$$

式中：a 和 b 均为常数，B 为生物量，V 为蓄积量。

方静云等利用倒数方程（8）所表示的 *BEF* 与林分材积的关系，简单地实现了由样地调查向区域推算的尺度转换，并据此推算了区域尺度的森林生物量。

（2）基本参数

全国树种组的参数见表 12。

表 12　生物量和蓄积量转换模型参数

编号	*a*	*b*	适用树种	样本数	R^2	备注
1	0.4642	47.4990	云杉、冷杉	13	0.98	针叶树种
2	1.0687	10.2370	桦木	9	0.70	阔叶树种
3	0.7441	3.2377	木麻黄	10	0.95	阔叶树种
4	0.3999	22.5410	杉木	56	0.95	针叶树种
5	0.6129	46.1451	柏木	11	0.96	针叶树种

编号	a	b	适用树种	样本数	R^2	备注
6	1.1453	8.5473	栎类	12	0.98	阔叶树种
7	0.8873	4.5539	桉树	20	0.80	阔叶树种
8	0.6096	33.8060	落叶松	34	0.82	针叶树种
9	1.0357	8.0591	樟、楠木、槠、青冈	17	0.89	阔叶树种
10	0.8136	18.4660	针阔混	10	0.99	混交树种
11	0.6255	91.0013	阔叶混、檫木	19	0.86	混交树种
12	0.7564	8.3103	杂木	11	0.98	阔叶树种
13	0.5856	18.7435	华山松	9	0.91	针叶树种
14	0.5185	18.2200	红松	17	0.90	针叶树种
15	0.5101	1.0451	马尾松、云南松、思茅松	12	0.92	针叶树种
16	1.0945	2.0040	樟子松、赤松	11	0.98	针叶树种
17	0.7554	5.0928	油松	82	0.96	针叶树种
18	0.5168	33.2378	其他松类和针叶树	16	0.94	针叶树种
19	0.4754	30.6034	杨树	10	0.87	阔叶树种
20	0.4158	41.3318	铁杉、油杉、柳杉	21	0.89	针叶树种
21	0.7975	0.4204	热带森林	18	0.87	阔叶树种

(3)方法分析

分析方静云提出的转换因子连续函数法公式:

$$B = aV + b$$

式中:B——单位面积生物量;

    V——单位面积蓄积量,即平均蓄积量;

    a、b——均为常数。

当计算某个树种的生物量时,首先要知道这个树种的总蓄积量和总面积,然后算出单位面积蓄积量,求出 B 值,然后再和总面积相乘,获得总生物量。

设 B_{total} 是某一树种的总生物量,V_{total} 是总蓄积量,A_{total} 是总面积,则:

$$B_{total} = BA_{total} = (aV + b)A_{total}$$

$$= aV_{total} + bA_{total}$$

所以,可以把参数 a 看作基础转换参数,它只与蓄积量有关,与林分的年龄无关;把 b 看作调节转换参数,同样的蓄积量,林分年龄大小不同,单位平均蓄积量不同,面积也不同,bA_{total} 的大小也不同。同样的蓄积量,幼龄林单位面积蓄积量小,面积就大,bA_{total} 就大,总的生物量就大;成熟林、过熟林单位面积蓄积量大,面积就小,bA_{total} 就小,所以总的生物量就小。可以说,换算因子连续函数法公式中蕴涵了林分年龄的关系。

由于参数 a、b 均为正数，所以 a 越大，b 越小，树种生物量受年龄的影响越小；而 a 越，b 越大，在不同的年龄阶段生物量变化越大。例如陕西省第六次清查时，柏木幼龄林的面积和蓄积量分别为 19200hm² 和 350100m³，成熟林的面积和蓄积量分别为 16000m² 和 688300m³，生物量则分别为 1100562t 和 1160181t。蓄积量虽然相差近一倍，而生物量却相差无几。

（4）测算结果与分析

表 13 是用换算因子连续函数法计算的 6 省份生物量表。

表 13　用连续函数法测算的 6 省份森林生物量和蓄积量

省份	第六次清查生物量(万 t)	第七次清查生物量(万 t)	增长率（%）	第六次清查蓄积量（万 m³）	第七次清查蓄积量（万 m³）	增长率（%）
北京	1127	1599	41.9	840.70	1038.58	23.5
吉林	92638	98894	6.8	81645.51	84412.29	3.4
江西	28103	48611	73.0	32505.20	39529.64	21.6
广东	28567	33593	17.6	28365.63	30183.37	6.4
贵州	15739	24535	55.9	17795.72	24007.96	34.9
陕西	33148	35577	7.3	30775.77	33820.54	9.90
合计	199322	242809	21.9	191928.53	212992.38	11.0

从表 13 中可以发现：除陕西外，其余各省份生物量增长率大于蓄积量增长率，按生物量转换因子连续函数法计算，应该是幼龄林增加，平均蓄积量减小，才会出现这种情况。而实际情况却是：除北京外，江西、广东、贵州和吉林的平均蓄积量却是增加的，特别是江西蓄积量还增加得较多。进一步分析其原因，发现主要是两个方面的原因造成的：一是两次清查对阔叶混交林的统计口径问题，二是阔叶混交林生物量转换因子中 b 值很大而引起的(阔叶混交林树种较多，而建立模型连续函数法时样本较少，只有 19 个，而 R^2 也较小，只有 0.86)（表 13）。不包括阔叶混交林，江西省两期总生物量与总蓄积量的比值为 0.8623、0.9407，包括阔叶混交林，江西省两期总生物量与总蓄积量的比值为 0.8646、1.2297。

表 14　江西两期清查阔叶混交林面积、蓄积量和生物量对比

面积（百 hm²）	蓄积量（百 m³）	全省总蓄积量（百 m³）	占全省比例(%)	平均蓄积量（百 m³）	生物量（百 t）	全省总生物量(百 t)	占全省比例(%)	BEF
256	67717	3250520	2.08	264.52	65653.316	2810282.6	2.377	0.9695
16580	1162083	3952964	29.40	70.09	2235684.5	4861115.6	46.00	1.9239

5.1.3　生物量经验（回归）模型估计法

（1）方法简介

生物量经验（回归）模型估计是利用某一树种野外生物量的实测数据，建立生物量与树高、胸径等统计回归关系模型。可以分树干量、树枝、树叶和树根部分建立相容性生物量模型，进行分量估计，也可以建立与材积相容的单木生物量回归模型。参数估计方法具有无偏、稳定、相容等特点。

利用单木生物量经验（回归）模型估计法进行森林生物量估算的公式见公式(6)、(7)。

（2）基本参数

由于单木生物量经验（回归）模型众多，无法一一列出，这里只是列出部分结果和本次测算的相关模型。

例如，唐守正(1999)等将全国森林类型按林分优势树种归并成9类，通过收集野外实测调查资料，系统地建立了与材积相容的单木生物量回归模型。各树种组单木生物量模型及参数见表15。

表 15 各树种组单木生物量模型及参数

序号	公式	树种组	建模样本数	模型参数	
1	$B/V=a(D^2H)^b$	杉木类	50	0.788432	-0.069959
2	$B/V=a(D^2H)^b$	马尾松	51	0.343589	0.058413
3	$B/V=a(D^2H)^b$	南方阔叶类	54	0.889290	-0.013555
4	$B/V=a(D^2H)^b$	红松	23	0.390374	0.017299
5	$B/V=a(D^2H)^b$	云冷杉	51	0.844234	-0.060296
6	$B/V=a(D^2H)^b$	落叶松	99	1.121615	-0.087122
7	$B/V=a(D^2H)^b$	胡桃楸、黄波罗	42	0.920996	-0.064294
8	$B/V=a(D^2H)^b$	硬阔叶类	51	0.834279	-0.017832
9	$B/V=a(D^2H)^b$	软阔叶类	29	0.471235	0.018332

本次生物量经验（回归）模型估计法测算森林生物量参数数据来源如下。

样地模型生物量：东北：红松、云冷杉、落叶松和桦木；

$$采用唐 B=a(D^2H)^b；$$

南方数据：马尾松、杉木用三种模型（中南林业调查规划院，冯宗炜和张小全）；

桉树：（冯宗炜和张小全）；

其他：（冯宗炜）具体模型见附件3。

样地模型材积：利用二元材积公式 $V=a+b(d^2h)$，根据径阶树高和径阶中值计算的径阶材积。

样地模型材积和模型生物量计算时，需要用到各径阶林木树高值，它的精度的高低对生物量的计算结果有很大的影响。第六次清查时，由于没有样地的单木测高数据，各径阶树高是利用树高曲线模型（Schumacher：$H=ae^{\frac{b}{D}}$）获得的，其中的参数值，是根据生物量建模资料有中的样木直径与树高拟合树高曲线的参数。从第七次清查开始，在每块样地测定3~5株平均（胸径）木的树高，这样，就可以获得较为可靠的树高数据。

(3)方法分析

回归模型估计法充分利用了森林资源清查中林木的胸径、树高等易于获取的因子，以样地模型生物量与模型材积之比，在统计区域内进行加权平均，求出某一树种(或树种组)的生物量转换因子，然后乘以树种的总蓄积量，获得总生物量。

回归模型估计法中胸径的大小反映了林龄，树高体现了立地质量。但建立模型的原始资料的范围，往往对测算方法有影响，也就是存在模型的适用性问题。

鉴于回归模型估计法测算生物量过程比较复杂，下面列出了其具体的步骤。

回归模型估计法生物量计算步骤如下。

①各省树高测定表的处理

原则：树种代码统一；

剔出树高小于 2m 的样本；

剔出树种代码中没有出现的样本；

画图剔出异常样本；

统一单位，树高为分米(dm)，胸径为毫米(mm)。

②处理后各省树高测定表合并，按树种、省份和样地号进行排序；

③分树种形成单独的树高表文件；

④分树种确定树高曲线

a. 胸径按 2cm 整化径阶；

b. 首先在每个径阶中把树高分为 3~9 个不同等级(根据样本数量的多少和树种的分布范围确定等级数)；

c. 选择不同树高曲线进行拟合；

d. 按照各个样本的树高预测值和实测值的差值，与哪条曲线最近的原则，对所有样本再次分组；

e. 反复进行步骤 c、d，直到分组不再变化；

f. 对同一样地多株树木，按不同等级预测树高与实测树高之差的平方和最小为该样地所有树木的最终分类；

g. 按最终分类，求解树高曲线各个等级的参数(唐守正，2009；李海奎，2009)。

⑤各省树高表合并，并按省份、树种、样地号进行排序；

⑥提取各省树高表，并剔出同一样地、同一树种的重复样本；

⑦样木表的处理：仅保留立木类型为 11(有林地)的样木，去掉检尺类型为 14(已被采伐的林木)、17(错测林木)和 18(生长变化异常的林木)的样木，并按样地号、树种排序；

⑧根据各省树高表中样地、树种的分级，对样木表的各个样木进行分级，并剔出分级为 0 的样本；

⑨计算样木表中各个样木的树高；

⑩根据胸径和树高计算各株样木的理论材积(按照相应的公式)；

⑪根据树种生物量公式计算各株树木的生物量(地上和地下)；

⑫计算各省的生物量转换系数；

⑬计算各省分树种的生物量。

在上述计算步骤中，第④步（分树种确定树高曲线）的工作量最大。使用理查兹、苏玛克等11种曲线，采用亚变元法计算，发现理查兹曲线拟合结果最好。图5至图8是几个主要树种的拟合结果图。

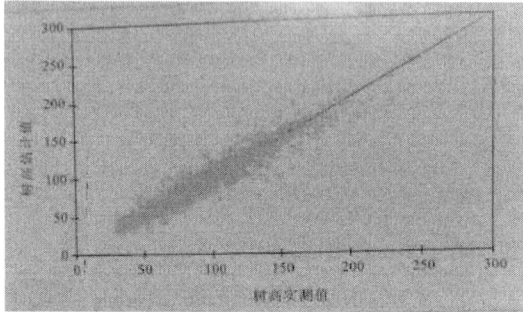

图5　6省份马尾松树高实测和估计值对比图

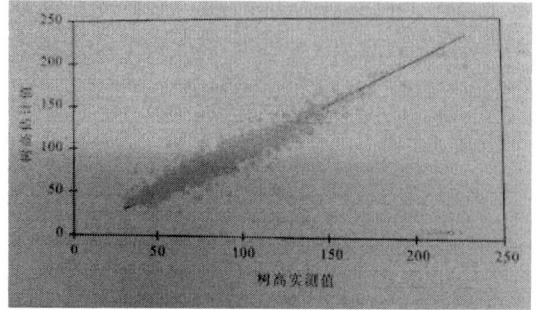

图6　6省份杉木树高实测和估计值对比图

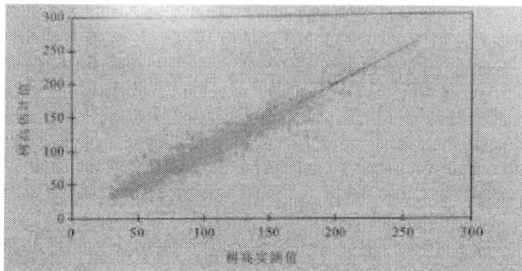

图7　6省份其他硬阔树高实测和估计值对比图

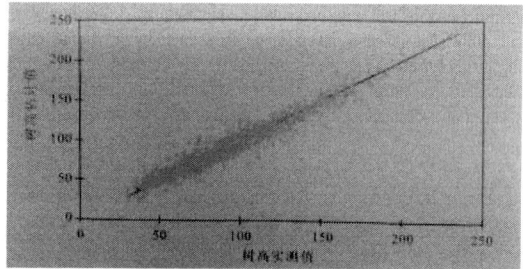

图8　6省份其他软阔树高实测和估计值对比图

（4）测算结果与分析

表16是用回归模型法计算的6省份生物量表。

回归模型法测算的生物量在第六、第七次清查之间的增长率之所以较大，主要原因是树高曲线差别。第六次清查测算时，树高曲线用样地平均高代替树种各个径级高，因此偏低，而第七次清查的数据从理论上说，更为准确，因为胸径反映了林龄，分了等级的树高体现了立地质量，这两者在生物量计算和蓄积计算中都得到了应用。

表16　用回归模型法测算的6省份森林生物量和蓄积量

省份	第六次清查生物量（万 t）	第七次清查生物量（万 t）	增长率（%）	第六次清查蓄积量（万 m^3）	第七次清查蓄积量（万 m^3）	增长率（%）
北京	1023	1456	42.3	840.70	1038.58	23.5
吉林	91623	114308	24.8	81645.51	84412.29	3.4
江西	33894	47907	41.3	32505.20	39529.64	21.6
广东	30404	35201	15.8	28365.63	30183.37	6.4
贵州	15047	29145	93.7	17795.72	24007.96	34.9
陕西	33329	43800	31.4	30775.77	33820.54	9.90
合计	205320	271818	32.4	191928.53	212992.38	11.0

表 17 和表 18 为采用了 3 种方法测算的 6 省份第七次清查森林生物量和主要树种第七次清查森林生物量。

表 17　3 种方法测算的 6 省份第七次清查森林生物量　　　　单位：万 t

省份	IPCC 法		连续函数法	回归模型法
	固定 BEF_2	可变 BEF_2		
北京	920.95	1615	1599	1456
吉林	68841.66	106628	98894	114308
江西	31759.13	58223	48611	47907
广东	25397.04	46834	33593	35201
贵州	19371.89	36087	24535	29145
陕西	32807.12	45773	35577	43800
合计	179097.80	295161	242809	271818

表 18　3 种方法测算的主要树种第七次清查森林生物量　　　　单位：万 t

树种组	IPCC 法		连续函数法	回归模型法
	固定 BEF_2	可变 BEF_2		
桉树	1764.39	3402.04	2492.62	3494.83
白桦	721.46	1053.19	880.10	804.32
柏木	608.96	1413.0	1743.90	1129.75
赤松	129.39	251.10	200.57	234.99
椴树	1899.58	2713.43	1992.69	3726.18
枫桦	79.85	99.07	68.18	97.58
枫香	195.62	327.12	215.84	277.14
高山松	92.36	150.60	89.11	57.41
国外松	21.54	45.14	26.46	38.74
黑松	161.00	268.94	213.28	269.33
红松	689.07	1155.16	652.75	902.57
胡桃楸	380.42	621.51	321.29	503.10
华山松	873.89	1556.00	1062.26	916.03
火炬松	40.54	84.98	69.47	57.92
阔叶混	42510.37	68148.65	88573.67	76776.88
冷杉	788.43	1250.22	867.46	817.62
栎类	31681.55	46978.92	36377.77	36754.41

（续）

树种组	IPCC 法		连续函数法	回归模型法
	固定 BEF_2	可变 BEF_2		
柳杉	77.70	153.09	202.23	114.17
柳树	34.55	65.32	133.01	67.27
落叶松	5664.36	10179.66	6568.79	4233.24
马尾松	12293.83	23426.00	8465.33	18504.30
木荷	314.84	560.60	351.37	369.71
木麻黄	38.79	75.45	34.97	39.35
泡桐	44.03	66.38	52.95	69.99
其电软阔类	6062.90	9402.66	8127.38	9115.52
其他松类	54.23	105.57	93.22	81.74
其他硬阔类	21020.78	33826.95	18151.28	28954.91
杉木	15213.23	27459.99	15587.29	23240.09
湿地松	2157.32	4035.59	4053.50	3067.55
水、胡、黄	852.82	1319.65	745.68	1237.85
水曲柳	86.63	140.53	72.79	116.69
铁杉	218.72	515.70	192.31	251.73
相思	265.80	359.77	359.60	348.50
杨树	4050.54	5461.44	5446.07	8557.02
油杉	65.37	148.76	67.06	80.18
油松	1823.22	3354.77	2103.57	3177.87
榆树	180.03	233.69	171.32	259.65
云南松	190.62	366.10	132.65	134.59
云杉	1411.39	2305.22	1540.59	1454.44
樟木	134.17	254.88	168.36	180.14
樟子松	342.92	640.08	506.46	738.30
针阔混	13148.87	23405.51	18775.62	23862.98
针叶混	7064.18	12598.68	10181.61	12225.04
合计	179097.80	295160.64	242749.05	271812.99

从表 17 和表 18 中，很难判断哪一种方法更优或较为精确，因为没有统一的精度指标。图 9 是用 4 种算法(IPCC 法两种)的平均值作为标准，分数种组的生物量相对误差比较图。

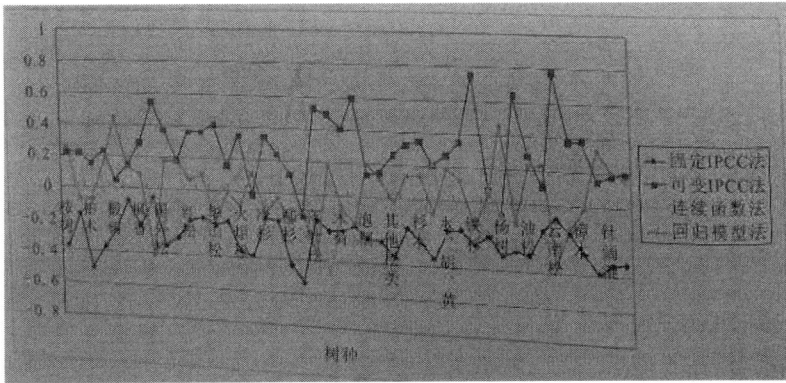

图9　4种算法的相对误差比较图

下面以3种测算方法计算结果差别较大、且分布广泛的树种马尾松为例（表19），说明3种测算方法的计算过程和特点。

表19　江西省马尾松面积蓄积统计表

合计		幼龄林		中龄林		近熟林		成熟林		过熟林	
面积 （百hm²）	蓄积量 （百m³）	面积 （百hm²）	蓄积量 （百m³）	面积 （百hm²）	蓄积量 （百m³）	面积 （百hm²）	蓄积量 （百m³）	面积 （百hm²）	蓄积量 （百m³）	面积 （百hm²）	蓄积量 （百m³）
15939	555354	7746	135445	6913	321893	640	45198	512	29858	128	22960

（1）可变IPCC法

木材密度 D 为0.41；并经过差分得幼龄林、中龄林、近熟林、成熟林和过熟林的生物量扩展因子 BEF_2 分别为：3.175、2.725、2.275、1.825和1.375。

分别用各龄组的材积乘以相应的生物量扩展因子和木材密度，得出的生物量使用根茎比 R 推算。

各个龄组生物量分别为：257420.672、474718.1、55649.13354、32618.22和17085.68（单位均为百t），相加得出总的生物量为：837491.8519。

各个龄组生物量和总生物量的转换因子分别为：1.90055、1.47477、1.23123、1.092445、0.74415和1.508032448。

（2）连续函数法

马尾松参数连续函数法的生物量转换模型的参数a、b分别为0.5101和1.0451，b很小，造成马尾松的单位面积蓄积变化（林龄变化）对转换系数几乎没有影响，如单位蓄积20m³和200m³，转换系数只有0.0470295，加之基础转换系数只有0.5101，所以除了单位蓄积20m³以下，马尾松转换系数很难超过0.6。

江西省马尾松生物量的连续函数法测算结果为：299943.9243，转换因子为0.54009501。

（3）回归模型法

使用中南林业调查规划院、张小全、唐守正的马尾松生物量模型得出的生物量和转换因子如表20和表21所示。

表 20　不同模型的生物量和转换因子

模型	总生物量(百 t)	转换因子
中南林业调查规划院	617416.5	1.11753
张小全	425279.8	0.7657815
唐守正	372128.3	0.670074

表 21　中南林业调查规划院模型不同地区马尾松生物量转换因子

省份	转换系数	平均蓄积(m^3/hm^2)
江西	1.11753	34.84246189
广东	1.100094526	39.73862434
贵州	1.265721325	66.23959256
陕西	1.101988061	38.64513936

所以，回归模型法的计算结果很大程度上取决于使用模型的精度和适用范围。

（4）计算方法稳定性分析

选择 4 个省份的杉木和柏木（在某些省份不存在），对 3 种方法（4 种算法）计算出的生物量与蓄积量的比值（生物量转换因子 BEF）（表 22、表 23）进行分析，确定方法的稳定性。

表 22　不同计算方法分地区杉木转换因子表

省份	IPCC 法		连续函数法	回归模型法	平均蓄积量(m^3/hm^2)
	固定 BEF_2	可变 BEF_2			
广东	0.77818	1.409286	0.838101	1.151890	58.58632
贵州	0.756782	1.401831	0.784649	1.101367	74.73992
江西	0.77818	1.383290	0.701493	1.232505	51.43985
陕西	0.77818	1.409772	0.956597	1.179349	40.49063

表 23　不同计算方法分地区柏木转换因子表

省份	IPCC 法		连续函数法	回归模型法	平均蓄积量(m^3/hm^2)
	固定 BEF_2	可变 BEF_2			
北京	0.79716	2.334895	10.59751	1.692907	4.622
广东	0.72072	1.697031	0.84377	1.1763817	199.875
贵州	0.784566	1.988319	2.230951	1.3607198	28.519
陕西	0.79716	1.665879	2.025373	1.587254	32.670

从图 10、图 11 可以看出，IPCC 法和回归模型法的转换系数比较稳定，而连续函数法由于和单位面积蓄积量有关，单位面积蓄积量又和采伐等生产经营活动有关，在树种的参数（特别是 b）比较大时，造成转换因子在不同的地区变化很大。

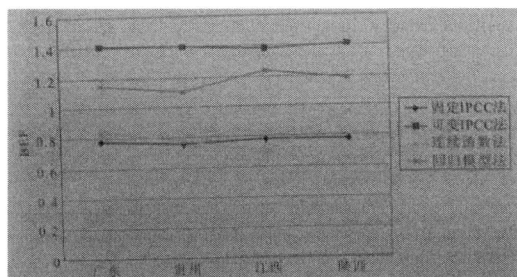

图 10　不同计算方法分地区杉木转换因子比较图

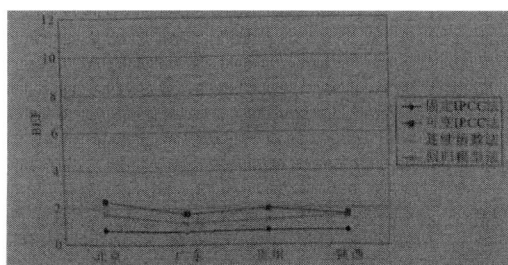

图 11　不同计算方法分地区柏木转换因子比较图

图 12 是 6 省份分树种转换因子比较图。

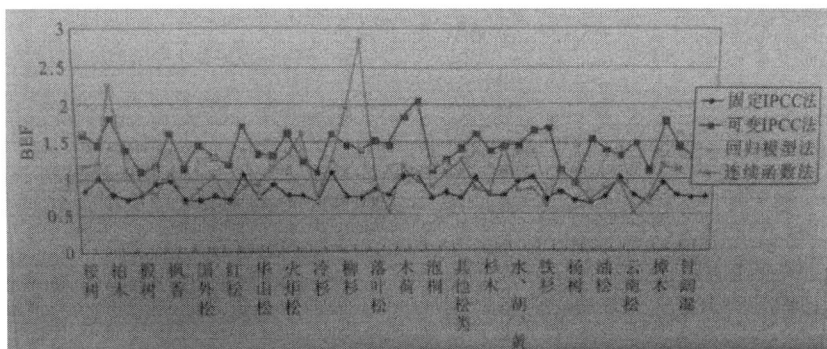

图 12　不同计算方法分树种转换因子比较图

进一步以江西省杉木中龄林(面积 985900m², 蓄积量 55214600m³)为例, 如果进行强度为 0.4 的抚育采伐, 从理论上讲, 地上部分总生物量应该为原来的 60%, 总生物量应该为现存 60% 的地上部分总生物量＋全部地下生物量。而 IPCC 法、连续函数法和回归模型法计算的结果分别是总生物量(地上＋地下)的 66.36%、80.06% 和 65.60%, 显然连续函数法测算的生物量偏大。

5.2　结论与讨论

从第六、第七两次清查的 6 省份的生物量增长率看, IPCC 的两种算法结果非常接近, 比较稳定, 基本上都小于蓄积量增长率, 而连续函数法波动很大, 和蓄积量增长之间没有明显的规律; 从第七次清查 6 省份各个树种的转换因子看, 也是 IPCC 法和回归模型法比较稳定, 而连续函数法波动较大。

从计算过程方面分析: IPCC 方法更像一个标准, 可以通过适当的变换, 在较大的范围内使用; 而方精云的连续函数法更像一个具体的模型, 有非常明确的参数, 在某种程度上可以反映生物量随林龄的变化, 但单位面积蓄积对生物量的影响较大, 特别是对 b 值较大的树种, 对较小的使用范围(比如, 省级)可能并不适宜; 而回归模型法是一种更详细的方法, 其使用模型的精度和适用范围对计算结果有直接的影响。

从方法特点分析: 方精云的连续函数法相当于林分水平的生物量回归模型估计法, 森林生物量与蓄积量是按线性相关进行估计的; 回归模型法是样木水平的生物量回归模型估计法，林木生物量与蓄积量是按非线性相关进行估计的。一般而言，样木水平的模型其估计精度要高于样地水平的模型；而且生物数学模型从广义上讲都是非线性模型，线性模型只是一种近似估计，相当于非线性模型的特例。

从模型的筛选、验证和可重复方面分析：回归模型法的模型是从样地样木实测数据入手，通过了模型的筛选和验证，最终求得与材积相兼容的模型，可以用最新的样地样木实测数据进行检验、修正参数，可以方便地进行精度分析与区间估计，具有可重复性；而方精云的连续函数法目前由于样本数量的限制和数据获得的困难，尚不能进行验证和重复，可操作性不强。

所以，本次评估基于一类清查数据的生物量计算采用回归模型估计法。

林草碳储量计算及评估指标规范

（二）草地碳储量及固碳潜力评估

1. 绪论

1.1 新疆草地碳储量及固碳潜力评估的意义

当前在全球气候变化的背景下，碳排放权已经成为制约世界各国经济发展的瓶颈。我国人口众多，能否在国际上争取到足够的碳排放份额对于我国经济的发展和人民生活的改善至关重要。我国有着广袤的草原，草地面积占国土面积的比例高达42%。然而，无论是在《京都议定书》规定的监管市场（CDM）机制，还是其他监管或者准监管市场，草地碳储量以及固碳潜力均没有被纳入考虑。从哥本哈根会议反映的问题可以看出，我国很有可能在今后数年内被迫退出CDM机制。与此同时，我国已经提出碳中和路线图，如何科学评价碳中和当中各个生态系统碳汇的能力，是非常重要的工作，而这其中草地生态系统是重要组成部分。因此，对我国的草地生态系统的碳汇现状、固碳速率、固碳潜力及其机制进行监测和分析，为我国的工农业生产争取更大的碳排放空间，更好更快地实现碳中和路线图，对于我国的经济发展具有重要意义。新疆作为我国第三大草原区，其固碳量监测和固碳潜力评价工作是我国碳汇现状、固碳速率、固碳潜力及其机制的重要组成部分；由于新疆特殊的气候、地理与地形地貌特征，新疆草地固碳量监测和固碳潜力评价工作还与中亚、蒙古、俄罗斯等地区碳储量估算存在紧密联系，可为更大尺度的碳排放权研究提高重要支撑。基于以上几点，迫切需要制定适合对新疆草地生态系统固碳量和固碳潜力评价、测定和研究的规范化方案和方法，为新疆草地生态系统碳测定、研究与评估提供一个相对统一的、规范化的方法和操作指南，也为草地碳汇将成为我国参与"其他监管和准监管市场"、自愿市场碳贸易以及"碳排放高峰、碳中和"提供重要依据。

1.2 新疆草地碳储量及固碳潜力评估的目的与指标遴选

新疆草地生态系统的碳储量现状：根据各片区的面积和群落类型以及群落演替序列，共选择有代表性的面上采样点约4200个，采取统一的标准和方法对新疆草地碳储量分片进行调查，准确估算我国草地生态系统不同生态型草地的碳汇现状。

新疆草地生态系统的固碳速率：根据群落类型的代表性，依托各片的野外台站、工作基础和大型试验平台，共选择34个加强观测点，对草地生态系统的固碳速率和动态变化进行研究。

新疆草地生态系统的固碳机制：依托已有的样地和大型试验平台，探讨自然环境梯度上草地生态系统的饱和碳储量以及人类活动干扰和管理下，碳储量和固碳速率的变化；通过对不同碳库组分的变化，确定草原碳库的稳定性维持机制。

新疆草地生态系统地固碳潜力：在新疆尺度上准确地估算出新疆草地生态系统的理论固碳潜力、现实固碳潜力和近期内可实现的固碳潜力。

新疆草地生态系统植物和土壤碳库的时空分布格局（历史数据、现状）：以20世纪80年代初草地资源普查数据为基础，计算草地生态系统碳库，并作为起始参照基准数值。通过收集20世纪80年代的草地资源详查资料，获取原始草地生态系统的调查生物量碳和土壤碳的背景，结合新疆草地资源分布图，有效获取草地生态系统碳库的空间格局。依据前期所获取的背景数据，开展草地生态系统的调查采样，一方面依据前期数据样点位置进行样地布设和样品采集，另一方面补充完善不同草地类型的样点，最终完成目前新疆草地生态系统碳库的空间格局数据。通过历史数据获得的碳库与当前现状碳库两个时段的碳库进行对比研究，利用空间分析模式，有效量化区域草地生态系统碳库的时空动态。

人类活动和气候变化对新疆草地生态系统固碳潜力和速率的影响及其机制：为更准确地评估气候波动对草地生态系统固碳潜力和速率的影响，采用静态箱法和涡度相关系统直接测定草地生态系统固碳速率，通过 3~5 年的连续动态监测，建立草地生态系统固碳量和固碳速率与环境要素之间的关系模型，由此确定气候变化对草地生态系统固碳潜力和速率的影响及其机制。以 5~10 年为时间间隔尺度，以代表性草地类型的动态观测数据和长期定位试验数据为基础，估算不同固碳措施下，草地系统可能达到的固碳速率。以不同管理措施为分类变量，对 5~10 年来碳含量的变化量进行分析，获取提高草地碳含量的主要因子及其贡献率，进而确定不同管理措施下固碳速率变化的修正系数，估算通过管理措施可能实现的固碳潜力和速率。

新疆草地生态系统实现固碳潜力的优化管理措施：选择典型的草地类型，针对放牧、封育、施肥等管理和利用模式，揭示草地碳库的季节性及年际变化的规律或基本特征，阐明其随时间变化的基本趋势。揭示不同类型、大小和空间形状的草地斑块在相同的管理和利用模式下，系统碳库动态变化的差异和原因。提出区域性草地碳库的定量评估方法，阐明近 20~25 年来主要区域或主要类型草地碳储量的变化趋势。针对不同的气候变化情景，预测今后 5、10、20 年草地碳库变化趋势，提出具有高"增汇潜力"和显著"附加益处"的草地管理技术措施和建议。

基于新疆第三次科学考察的目的，结合中国科学院战略性先导科技专项"应对气候变化的碳收支认证及相关问题"之"生态系统固碳现状、速率、机制和潜力"项目调查规范，《气候变化与草原生态：基于中蒙典型草原区野外调查研究》（中国农业科技出版社，2017），《基于野外台站的典型生态系统服务流量过程研究》（中国水利水电出版社，2017），《草地生态系统观测方法》（中国环境科学出版社，2004）等。本工作指南不仅强调遴选的指标体系与历史考察数据的衔接性，还充分体现新时代"智能科考"的特点，充分采用新技术、新手段和新方法，从流动式观测到长期固定观测，从静态观测到动态监测，从人工观测到智能辅助观测，不断提高科考效率。在调查区域上，依据生态分区、分片实施；在调查内容上，不仅涵盖现状与潜力调查，还突出速率的监测；在调查方法上，突出遥感技术的应用。(见图 13)。

在观测指标遴选上，充分考虑国家和新疆地方需求。本规范从草地碳储量监测及计量的地面调查、遥感调查和调查新技术、新方法 3 个方面进行遴选指标(见表 24)，而且匹配了各项指标完成的场景。

表 24 《新疆第三次综合科学考察草地碳储量监测及计量》指标遴选

序号	项目	遴选指标	遴选意义或依据	备注
1	草地碳储量监测及计量的地面调查	土壤呼吸、生态系统呼吸、CH₄ 排放（辅助指标生态气象指标）	生态系统碳排放	长期固定监测点
		地上生物量（含凋落物生物量）和地下生物量、植物群落 C 含量月动态	植被碳储量及固碳速率、潜力	动态固定监测点
		土壤有机碳含量、无机碳含量、土壤容重、土壤碳石含量、有机碳向无机碳转化率	土壤碳储量及固碳速率、潜力	动态固定监测点
2	草地碳储量监测及计量的遥感调查	空间分辨率(15m 以上)和时间分辨率(15 天)较低的地表覆盖类型(生态类型)、生物量、LAI、VI、覆盖度、叶绿素、含氮量、冠层温度、土壤温度、最高和最低气温、空气动力学温度、PAR、反照率、净辐射、水汽压差、辐射、水热参数等物理参数、地形高程、坡度、坡向、地表粗糙度、土壤含水量和土壤含水量等立地条件参数、计算植被指数(NDVI 等)	分析较大空间尺度、较长时间的植被碳储量及固碳速率、潜力	
		植被 C/N、C/P 含量、地上生物量和地下生物量旬、月、年动态，地上/地下生物量比值	与遥感数据结合，提高估算精度	长期固定监测点和动态固定监测点
		观测点尺度(高时间分辨率)CO₂ 浓度的大气观测，气象环境变化数据	涡度相关技术	长期固定监测点
3	草地碳储量监测及计量的新技术、新方法	空间分辨率(1m 以下)和时间分辨率(1 天以下)较低的地表覆盖类型(生态类型)、生物量、LAI、VI、覆盖度、叶绿素、含氮量、叶片含水量等多种植被冠层参数、空气动力学温度、土壤温度、最高和最低气温、水汽压差、辐射、净辐射、PAR、反照率、水热参数等物理参数、地形高程、坡度、坡向、地表粗糙度、土壤持水量和土壤含水量等立地条件参数、计算植被指数(NDVI 等)	多光谱、高光谱无人机技术	长期固定监测点
		区域乃至全球尺度 CO₂ 浓度的大气观测	碳收支卫星	
		大数据（地面清查数据、长期站点数据、动态观测数据和科研点不连续数据），神经网络模型，AI 算法模型等	基于模型–数据融合技术的碳收支评估	

1）按生态区划片，分片实施；

2）面上调查保证数据在空间尺度和利用强度上完整性（现状与潜力）；

3）以定点动态观测，提高数据的准确性（速率）；

4）以定点动态测定校正数据在时间尺度上的变异性（数据校正）；

5）根据面上、定点测定数据，进行遥感反演模拟，估算固碳潜力；

6）依托野外研究平台保障固碳机制的研究。

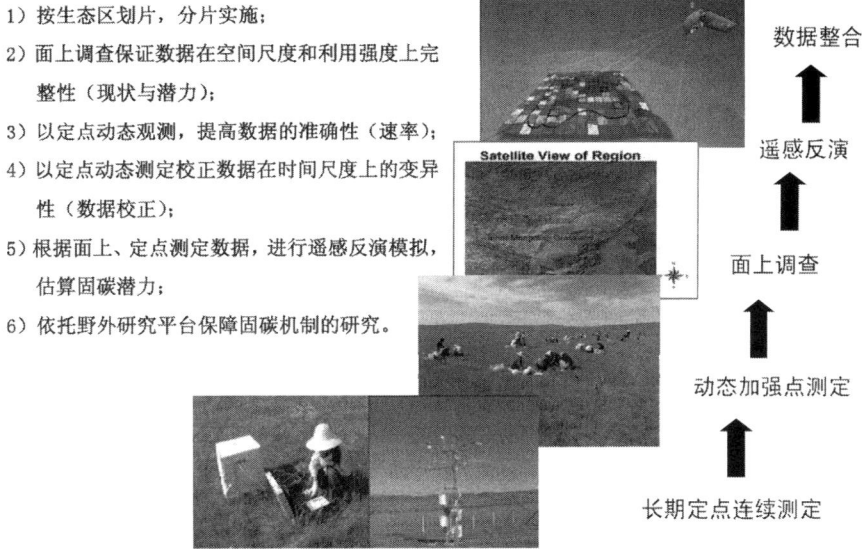

图 13　新疆科考草地碳储量监测及计量工作指南技术路线

2. 地面调查技术规范与方法

2.1　样点布设

2.1.1　布设原则与方法

在 80 年代草地类型图和 2000 年土地利用图基础上，以草地型为基本单元，以各草地型的分布面积为选择依据，其中不同草地类型的所选样点的代表面积分别为：高寒草原、高寒草甸样区代表面积为>10000hm^2，分布广的草地型代表面积为>15000hm^2，高寒荒漠草原样区代表面积>20000hm^2。

2.1.2　调查网格划分与样点数量

结合新疆草地资源分布情况，按照生态区划片，分片实施的原则，按草地类型划分为 5 个区 14 个片区：Ⅰ伊犁州调查区分为 3 个片区：Ⅰ-1 伊犁州直片区，Ⅰ-2 阿勒泰片区，Ⅰ-3 塔城片区。Ⅱ天山北坡经济带调查区分为 2 个片区：Ⅱ1 博乐-奎屯片区，Ⅱ2 石河子-昌吉-乌鲁木齐片区。Ⅲ天山南坡牧区调查区分为 2 个片区：Ⅲ1 巴音布鲁克-乌什片区，Ⅲ2 吐鲁番-哈密片区。Ⅳ环塔里木盆地调查区分为 3 个片区：Ⅳ1 尉犁-库尔勒-阿克苏片区，Ⅳ2 喀什-阿图什片区，Ⅳ3 和田片区。Ⅴ阿尔金山、昆仑山+喀喇昆仑山调查区分为 3 个片区：Ⅴ1 喀喇昆仑山片区，Ⅴ2 昆仑山片区，Ⅴ3 阿尔金山片区（见图 2）。最终在新疆近 700 个草地型中共选取近 4000 个样点。占新疆草地面积的 90% 以上。目前，所有的样地已经专业人员用 ArcGlobal 进行校对和确认，但仍需要各片区对区内样点进行进一步的确认和踏查。

2.1.3　物资准备

结合调查区域的实际情况和具体调查内容，准备必需的物资、条件和设备。主要设备有 GPS、数码相机、罗盘、烘箱、土钻(5cm)、根钻(7cm)、用于不同目的的筛子、容重环刀、锤子、铁锹、镐头、小铁铲、改锥(长的螺丝刀用于从土钻抠土)、大剪刀、枝剪、斧头、手锯、装根系网袋(0.3~0.4mm)、整理箱、储存箱；样方测量物品为布袋、样方框、刻度测绳、皮尺、直尺、卷尺、电源、电子天平(精度0.01g和0.0001g)、不同大小信封、自封袋、塑料袋、样品袋、标本夹、塑料容器、标签、塑料绳；记录用品包括野外调查表格、野外记录本、文件夹、铅笔、油性记号笔、橡皮、卷笔刀等；其他物资条件如交通工具、防雨具、药品、食品、饮用水等。

2.1.4 资料准备、草地类型的确定和技术培训

植被类型图、草地资源类型图、土地利用现状图，以及土壤、水文、地形图、行政区域图、交通图等图件等资料。确定每个片区的调查草地类型，并确定方位。集中对参加草原碳汇现状调查的管理和技术人员进行培训，内容包括技术规程、草原分类系统、植物物种鉴定、野外调查表格填写、野外数据获取方法等。

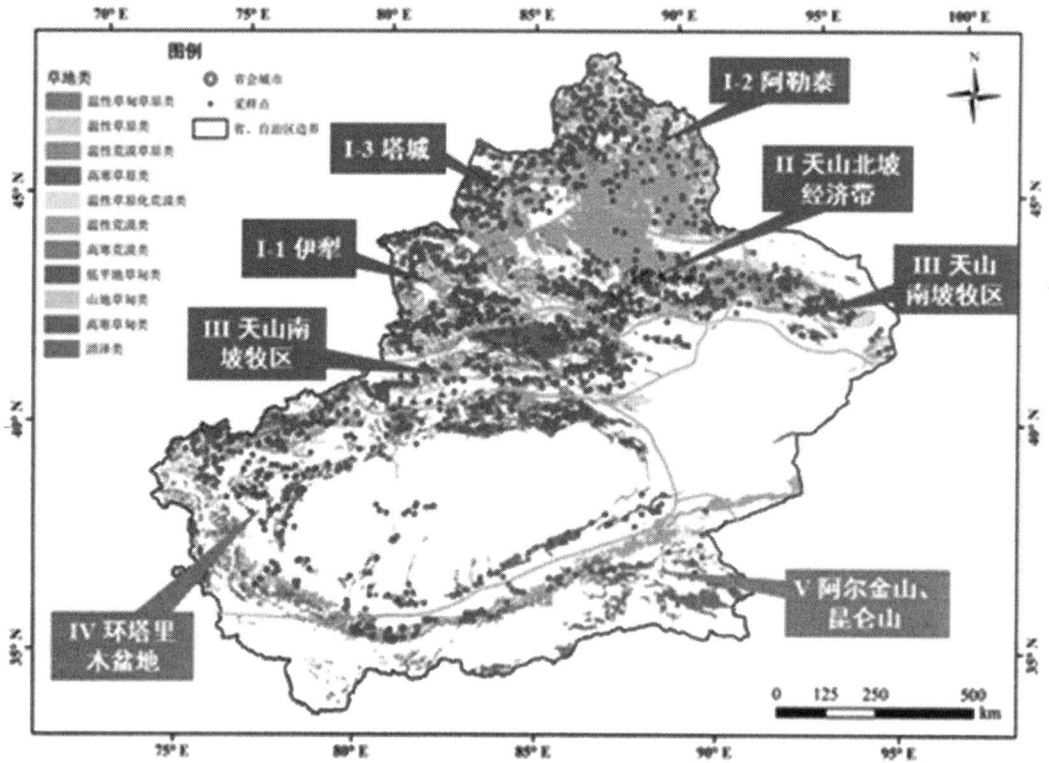

图14 调查片区划分及调查样地位置分析

2.2 样地设置

2.2.1 样地类型

①主样地是在具有广泛代表性、地带性的草原类型设置的样地，进行详细的群落分种描述、分种地上生物量、地上凋落物、地下生物量的测量，土壤样品采用固定深度(0~5~10~20~30~50~70~100cm，共7层)法获取；表层土壤质地测定(0~5~10~20cm)，分成沙粒2.0~0.02mm、粉粒0.02~0.002mm、黏粒<0.002mm 3个组分，测定所有植物和土

壤样品 C、N、P 含量，土壤组分样品不要求测定 C、N、P 含量。

②辅助样地是对主样地的补充和完善，即根据草原利用方式、强度、退化沙化程度等设置的样地，辅助样地同样进行详细的群落分种描述、分种地上生物量、地上凋落物、地下生物量的测量，土壤样品用固定深度(0~5~10~20~30~50~70~100cm 共 7 层)法获取，所有植物和土壤样品 C 含量测定。

③加强点：原则上动态加强点必须是面上调查点的主样地，测定植被和土壤碳库动态、生态系统碳交换速率(静态箱法)、土壤呼吸速率、生态系统碳通量(涡度相关法)。加强点的设置原则：a. 选择围封或干扰相对较少的草地群落，对于荒漠草地要求样地面积为 10~20hm²，对于非荒漠草地要求样地面积为 4~10hm²。如果选定的样地没有围封，在本课题执行期间需要安装围栏进行围封，避免牲畜践踏啃食和其他人为干扰。b. 为了更准确定量不同退化阶段草地生态系统固碳速率和固碳潜力，在每个加强点都将设置 2~3 个处于不同退化或恢复阶段的研究样地。此研究样地的面积可以根据具体情况减小到 2~4hm²。

2.2.2 样地形状和大小

在每个样地选择 100m×100m 区域进行取样调查，在其对角线上设置一条 100m 样线，在样线上设 10 个 1m×1m 草本样方。其中，在主样地设置 5 个草本分种样方，5 个草本不分种样方；在辅助样地设置 3 个草本分种样方，7 个草本不分种样方。样方布设及测量指标如图 15 所示。对于沙地复合体样地的特别说明请参考"生态系统固碳现状、速率、机制和潜力"调查规范。

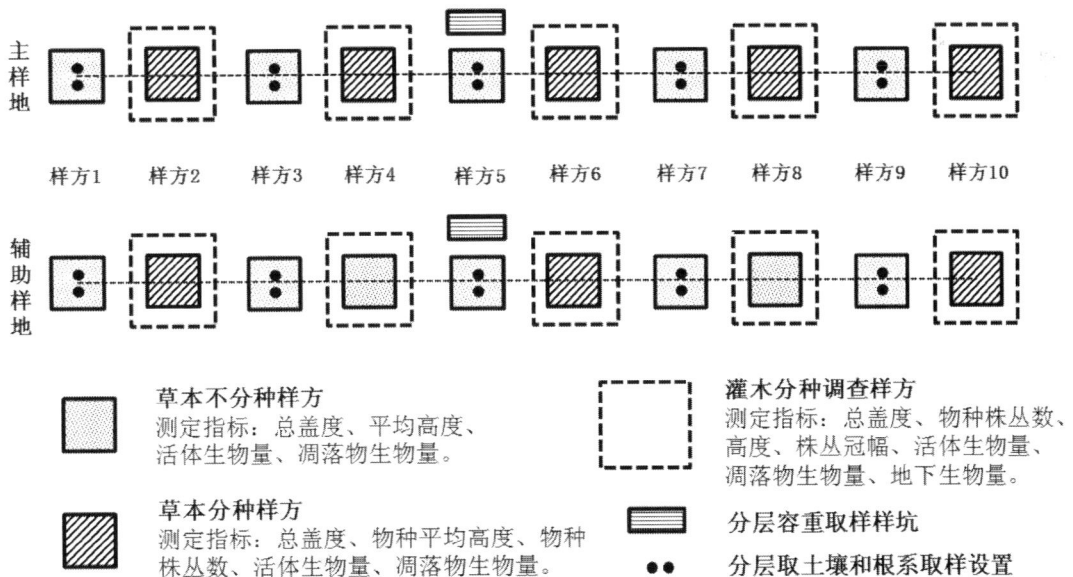

图 15 草地课题主样地和辅助样地调查样线布设示意图

2.2.3 样地标识

样地位置首先需要在新疆草地分布图上确定调查样地的位置(经度和纬度),在野外调查和踏查过程中,GPS仪找到调查样地所处的实际位置。在主样地的100m×100m调查范围的中心位置,需要埋设永久性地标(500g重的不锈钢方体,大小为10cm×10cm×0.6cm,),方便样地的后续调查。建议地标可以在容重取样结束后,埋设在容重取样坑中,埋设深度不宜过深,以免影响将来探测,建议埋于30cm土层深处。

2.2.4 样地信息和命名体系

①[样地名称](记载号码):以县(团)为单位,按工作顺序依次编排样地号,便于以后查找和永久保存。样地和样品编号采用"草地分区拼音缩写+样地编号+样方类型+样方号+样品类型,采样时间"原则。伊犁州直片区(YLZ),阿尔泰片区(ALT),塔城片区(TC);博乐-奎屯片区(BL-KT),石河子-昌吉-乌鲁木齐片区(SHZ-CJ-WUMQ),巴音布鲁克-乌什片区(BYBLK-WS),吐鲁番-哈密片区(TUF-HM);尉犁-库尔勒-阿克苏片区(YUL-KRL-AKS),喀什-阿图什片区(KS-ATS),和田片区(HT);喀喇昆仑山片区(KLKL),昆仑山片区(KL),阿尔金山片区(AEJ)。

总原则 主样地:奇数不分偶数分,偶数样方作灌木,不分种的取根土,五号旁边测容重。辅样地:分种只做第2、6、10个样地,其他均与主地同。

样地命名体系 分区拼音缩写+样地编号(属性),片区名称用缩写,主地编号加属性;唯一序号不能重,分片之间可空档。主样地:ALT-P001(Z);ALT-P132(Z)。辅样地:ALT-P002;ALT-P058

样方命名体系 样地名称+样方属性与位置编号;样地名称写在前,主地需要标属性,草本灌木要分开,位置编码要对应。

主样地 阿尔泰山地草地区001号主样地不分种草本样方:ALT-P001(Z)-C1,C3,C5,C7,C9(C草本)。阿尔泰山地草地区001号主样地分种草本样方:ALT-P001(Z)-C2,C4,C6,C8,C10(C草本)。阿尔泰山地草地区001号主样地1号灌木样方:ALT-P001(Z)-G2,G4,G6,G8,G10(G灌木)。

辅样地 阿尔泰山地草地区002号辅样地不分种样方:ALT-P002-C1,C3,C4,C5,C7,C8,C9(C草本)。阿尔泰山地草地区002号辅样地分种样方:ALT-P002-C2,C6,C10(C草本)。阿尔泰山地草地区002号样地灌木样方:ALT-P002-G2,G6,G10(G灌木)。

植物样品命名体系 样方名称+植物种名+取样时间。样方名称写在前,物种要用中文名,根土标注到分层,取样日期要随行。标注一定要仔细,不能省略,不能重。

例如,阿尔泰山地草地区001号(主样地)1号不分种样方的植物:ALT-P001(Z)-C1-地上-2021.08.20

阿尔泰山地草地区001号(主样地)2号分种样方的羊草:ALT-P001(Z)-C2-羊草-2021.08.20

阿尔泰山地草地区001号主样地2号分种样方的凋落物:ALT-P001(Z)-C2-凋落物-2021.08.20

阿尔泰山地草地区 001 号(主样地)1 号不分种样方 0~5cm 根系：ALT-P001(Z)-C1-根(0~5cm)-2021.08.20

阿尔泰山地草地区 001 号(主样地)1 号不分种样方 0~5cm 土壤：ALT-P001(Z)-C1-土(0~5cm)-2021.08.20

②[景观照编号]：对能够反映样地在地理和植被典型特征的视觉景象进行拍照，将该照片按照样地号重新命名编号，并保存提交，照片编号填入记附表 1 中。

③[分种样方照片和优势植物种照片]：对分种样方进行拍照，该照片的命名与样方命名一致。在每个样地选择 3~5 个优势种，进行拍照，照片命名为该植物种中文名+样地名。

④[经度、纬度、海拔]：使用 GPS 确定样地所在的经纬度，海拔高度；经纬度统一用度分格式。例如，某样地 GPS 定位为 E115°04.445′，N42°27.998′，海拔 990m；保存 GPS 设备中的样地和途经路线定位数据。

⑤[市(盟)，县(旗)]：按样地所在行政区行政名称填写。市(地区、州)、县(市、团)、尽量细化到乡(镇或营)、村(连队)。

2.3　样地调查

2.3.1　样方类型

①草本不分种样方：调查样方内所有草本和小(半)灌木植物的总盖度、群落高度、总地上部活体生物量、凋落物生物量和半分解层量。

②草本分种样方：调查样方内所有草本和小(半)灌木植物的总盖度和凋落物生物量，并分物种调查高度、株(丛)冠幅和地上部活体生物量。

③灌木及高大草本植物样方：调查样方内所有灌木和高大草本植物的总盖度和凋落物生物量，分物种调查植物高度、株(丛)冠幅、地上部活体生物量和地下部根系生物量。

2.3.2　草本样方的设置

①样方设置及编号：在样地内，依据典型性原则，选择能够代表整个样地草原植被、地形及土壤等特征的地段，按一定方向设置 100m 样线，每隔 10m 布设一个样方(样方大小参主样地草本及灌木及高大草本植物样方大小设置)。草本样方编号分别为 C1、C2……C10；灌木及高大草本植物样方编号分别为 G2、G4、……G10。

②草本样方大小设置：不分种草本样方：全国统一大小为 1m×1m。分种草本样方：可根据草地类型实际情况调整大小，草甸草原草本样方大小为 0.5m×0.5m，典型草原草本样方大小为 1m×1m，半荒漠、荒漠草本样方大小可以增加为 2m×2m。

2.3.3　草本不分种样方调查取样方法

①总盖度的测定：运用目测法测试盖度，是在设定了样方的基础上，根据经验目测估计样方内各植物种冠层的投影面积占样方面积的比例，以此来确定植被盖度，并将所得到的数据填入附表 2 中。运用目测法估测植被盖度需要一定的经验。以图 16 为例，将 1m² 样方平均分成 100 份，当垂直投影盖度布满一个格子时，盖度为 1；如果样方中有 3 片冷蒿(深色区域)，那么冷蒿的盖度就为 8。监测前要对监测人员进行估盖度训练，每人用此法估 10~20 个样方，之后汇总评价，如此反复估取，这样每人的估取的盖度就相差越来

小，越贴近真实值。

②群落高度的测定：使用钢卷尺测定样方内植物自然状态下最高点与地面的垂直高度，以 cm 表示，并将所得到的数据填入附表 2 中。

③活体生物量的测定：将样方内植物地面以上的所有绿色部分用剪刀齐地面剪下，不分物种按样方分别装进信封袋，用铅笔做好标记。65℃烘干后称量干重，并将所得到的干重数据填入附表 2 中。数据记录时保留小数点后两位。

④凋落物和半分解层的测定：在每个不分种样方都要收集凋落物和半分解层样品，二者的区别是凋落物是还没有发生明显分解的多年累积的植物死亡残体，可以用小耙子进行收集采样；而半分解层是指已经发生明显分解凋落物残体，由于破碎严重，不能用小耙子收集，但其又不属于土壤，在表层土壤采样中被去除。

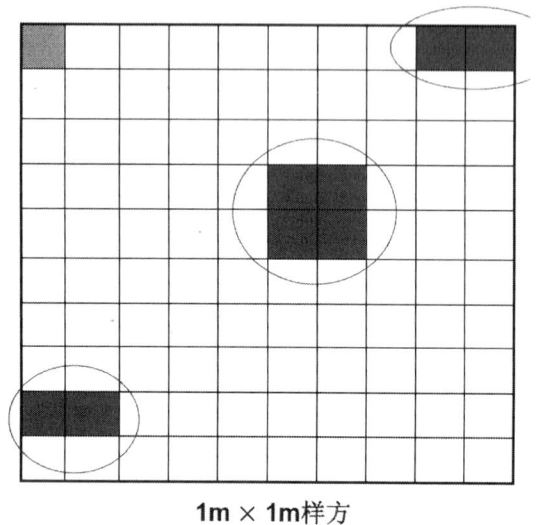

1m × 1m样方

图 16　目测法估计群落盖度的示意图

⑤注意事项：a. 如果样品量较多而干燥箱的容量有限时，先称量总鲜重，然后取部分鲜样品，称量鲜重后进行烘干、测定，所得值除以其取样比率，即可获得整体干重值。b. 样品烘干称重后及时整理核对，带回实验室进行粉碎处理。c. 样品在野外收集时尽量放置于阴凉处，因为太阳暴晒易导致失水或霉烂；在野外收集样品时需要将样品按样方分别装入塑料袋，编上样方号和日期，需要清点每个样方样品，不要有遗漏；带回的样品立即处理，如不能及时置于烘箱，需放置于网袋悬挂于阴凉通风处阴干，并尽快置于烘箱 65℃烘干至恒重。

2.3.4　草本分种样方调查取样方法

①植物名称：为方便外业操作可以先使用植物的中文名、地方名，来分别记载样方内中文名称，回室内再补充拉丁名称。

②总盖度及植物种分盖度的测定：运用目测法测试盖度方法同 2.3.3。也可采用针刺法测定草本样方的基部盖度：将正方形的样方框横竖 2 边均分为 10 等分，用不同颜色的细线连接起来，2 条不同颜色细线交叉点用自行车辐条垂直下刺，并记录刺到的物种，没有物种出现记为空刺，整个样方框刺 100 次。该样方的群落总盖度 =（100 次 - 空刺数）/100 次。该样方每个物种的分盖度 = 刺到该物种数/100 次。分盖度之和等于或大于总盖度。

③群落高度和物种平均高度测定：群落高度：使用钢卷尺测定样方内植物自然状态下最高点与地面的垂直高度，以 cm 表示。物种平均高度：每一物种随机选取 5 个株（丛）使用卷尺测量植物自然状态下最高点与（见图 17）地面的垂直高度，以 cm 表示。将所得到的数据填入附表 3 中。

④物种株（丛）冠幅的测定：在每一个样方内，每一物种随机选取 5 个株（丛）分别测量株（丛）的长度、宽度和高度，使用卷尺实测以 cm 表示（见图 17）。将所得到的数据填入附表 3 中。

图 17 测量植物高度(左)和冠幅(右)示意图

图 18 植物群落盖度(左)和针刺法测定(右)示意图

⑤株(丛)数的测定:在每一个样方内,数每一物种的株(丛)数目,并将所得到的数据填入附表 3 中。

⑥分种活体生物量的测定:将样方内的植物分物种将地面以上的所有绿色部分用剪刀齐地面剪下后,按样方编号和物种分类分别装进信封袋,用铅笔做好标记。65℃烘干后称量干重,并将所得到的干重数据填入附表 3 中。数据记录时保留小数点后两位。对不能识别的植物种类,应采集标本,注明标本采集号,以备鉴定和查对。

⑦分种样方照片和优势植物种照片:对分种样方进行拍照,该照片的命名与样方命名一致。在每个样地选择 3~5 个优势种,进行拍照,照片命名为该植物种中文名+样地名。

⑧注意事项:a. 如果样品量较多而干燥箱的容量有限时,先称量总鲜重,然后取部分鲜样品,称量鲜重后进行烘干、测定,所得值除以其取样比率,即可获得整体干重值。b. 样品烘干称重后及时整理核对,带回实验室进行粉碎处理。c. 样品在野外收集时尽量放置于阴凉处,因为太阳暴晒易导致失水或霉烂;在野外收集样品时需要将样品按样方分别装入塑料袋,编上样方号和日期,需要清点每个样方样品,不要有遗漏;带回的样品立即处理,如不能及时置于烘箱,需放置于网袋悬挂于阴凉通风处阴干,并尽快置于烘箱

65℃烘干至恒重。

2.3.5　灌木及高大草本植物样方调查

①操作样方：主样地和辅助样地均在以草本样方为边角的 G2、G4、G6、G8、G10 灌木分种样方进行。

②灌木分种样方大小：每个样方的面积为 5m×5m，依据样地内草本和灌木的数量和密度，根据当地实际情况可做相应调整，比如，以半灌木和小灌木为建群种的分种样方大小为 5m×5m，以灌木、高大灌木为建群种的可以增加至 10m×10m，在灌木、高大灌木郁闭度/覆盖度小于 0.2 的地区灌木分种样方大小可以增加至 20m×20m 或 50m×50m 等，调查样线长度也可相应延长。

③草本样方总盖度/分种盖度的测定：同同 2.3.4②。

④群落高度和物种高度的测定：群落高度——使用钢卷尺测定样方内植物自然状态下最高点与地面的垂直高度，不同物种均测定，测定次数超过 N 次以均值表示群落高度，以 cm 表示。物种高度——在每一个样方内，测定每一物种所有株(丛)的高度，使用卷尺测量植物自然状态下最高点与地面的垂直高度，以 cm 表示(见图 19)。将所得到的数据填入附表 4 中。

⑤植物名称：同 2.3.4①。

⑥物种株(丛)冠幅的测定：在每一个样方内，测定每一物种所有株(丛)的长度、宽度和高度，以长度和密度的均值作为株(丛)冠幅，使用卷尺实测以 cm 表示(见图 19)。将所得到的数据填入记录表 4 中。

图 19　灌木测量高度(左)和冠幅(右)示意图

⑦株(丛)数的测定：在每一个样方内，数每一物种的株(丛)数目，并将所得到的数据填入附表 4 中。

⑧分种活体生物量的测定：将样方内的植物分物种将地面以上的所有绿色部分用剪刀齐地面剪下后，按样方编号和物种分类分别装进信封袋，用铅笔做好标记。回实验室后将每一

株物种按新生枝、老龄枝和叶片将地上部分为 3 部分(见图 20),装入信封袋,并在信封上做好标记,65℃烘干后称量干重,并将所得到的干重数据填入附表 4 中。数据记录时保留小数点后两位。请注意:a. 当样方内某一物种数量较多(>10 株(丛))时,可以将该物种按株(丛)长度分为小(<0.5m)、中(0.5~1m)、大(>1m)3 种。小株(丛)取 10 株,地面以上部分全取;中株(丛)取 5 株,可以按照株(丛)冠幅取全株的 1/2,在附表 4 中记录清楚取样比例,取样部分烘干重按照比例折算出全株(丛)干重;大株(丛)取 3 株,可以按照株(丛)冠幅取全株的 1/4,在附表 4 中记录清楚取样比例,取样部分烘干重按照比例折算出全株(丛)干重。b. 对不能识别的植物种类,应采集标本,注明标本采集号,以备鉴定和查对。

⑨注意事项:a. 样品烘干称重后及时整理核对,带回实验室进行粉碎处理。b. 样品在野外收集时尽量放置于阴凉处,因为太阳暴晒易导致失水或霉烂;在野外收集样品时需要将样品按样方分别装入塑料袋,编上样方号和日期,需要清点每个样方样品,不要有遗漏;带回的样品立即处理,如不能及时置于烘箱,需放置于网袋悬挂于阴凉通风处阴干,并尽快置于烘箱 65℃烘干至恒重。

图 20　灌木叶片(左图)、新生枝(中图)和老枝(右图)示意图

2.4　土壤调查

2.4.1　按深度分层土壤取样

①操作样方:在草本样方 C1、C3、C5、C7、C9(共 5 个)进行。

②样方大小:同草本植物样方大小。

③调查方法

a. 各样地中每个样方钻数依据所需土壤样品多少来确定,上层 4~6 钻混合,下层 3~4 钻混合;b. 在 5 个取过地上生物量的样方内将样方土壤表层的残留物和杂质清理干净,然后用 5cm 直径土钻分 0~5~10~20~30~50~70~100cm,共 7 层依次取样;c. 取好的样品,按层分装在自封袋中,并用标签写好样方号,放置于自封袋中;d. 带回室内过 2mm 筛并剔除植物残体;e. 样方内土钻○/根钻□间隔取样分布见图 21;f. 土样置于牛皮纸上晾开,晾干后土壤装进原先的自封袋中,以样地为单元打包整理好,以备室内土壤样品的制备和测定;g. 土壤样品的室内测定中指标,主样地:土壤 C、N、P 含量和 pH 值的测定:0~100cm 分 7 层,5 个重复;表层土壤颗粒组成的测定:0~5~10~20cm 土层,5 个重复。辅助样地:土壤 C 含量和 pH 值的测定:0~100cm 分 7 层,5 个重复。

④注意事项:

a. 土壤表层取样需要注意将表层凋落物半分解层和矿质层区分开,0~5cm 取样时要

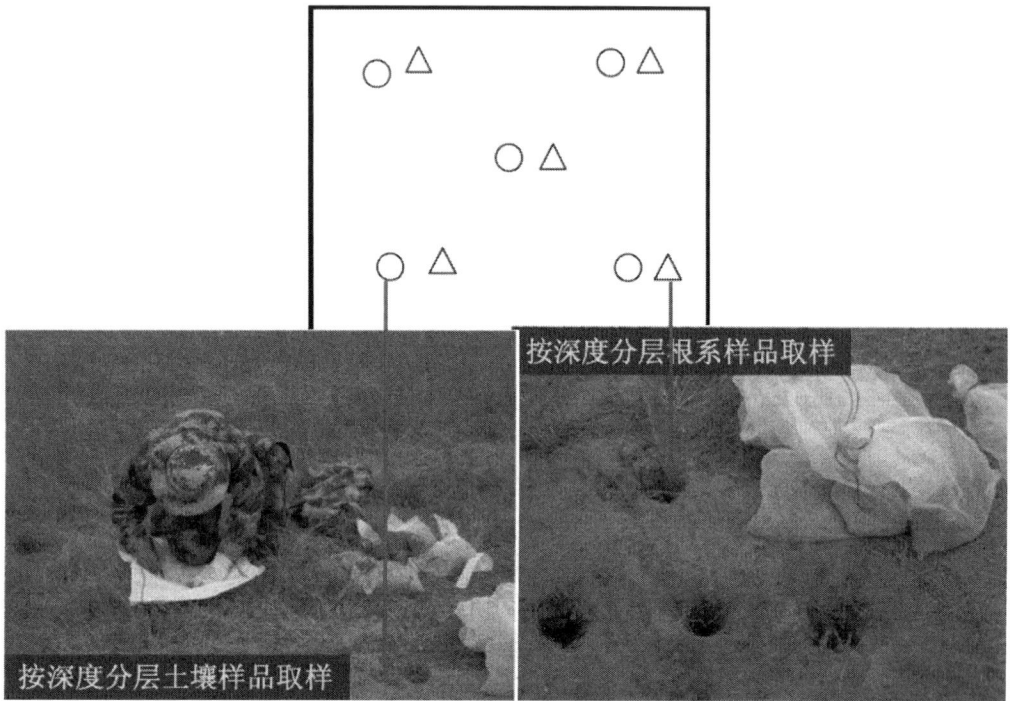

图 21　样方内土钻(○)根钻(△)间隔取样分布示意图

注意去除表层的半分解层，在地上生物量样品采集时半分解层将作为样品被收集；b. 样品在野外采集时尽量放置于阴凉处，最好放置于便携式冰盒，因为太阳暴晒易导致霉烂；野外收集样品时注意清点，不要有遗漏；c. 带回的样品立即处理，放置于阴凉通风处，并及时整理核对样品编号；即使地上没有植物分布，根钻和土钻也都要在设定的样方内取样；遇到石砾和粗沙较多的样地时，适当增加土样的取样量；如遇沙地、荒漠、多石块等样点，土钻取土无法进行时，可挖剖面每深度多点混合取土样，具体参考下面容重取样部分；d. 取过土壤样品后要认真回填，将钻孔用出发前准备的回填土填满压实，减少钻孔对草地的破坏以及防止家畜受伤。

2.4.2　按深度分层容重取样

①挖掘样坑：在主样地和辅助样地设置一个取样坑，大小为 1.5m×0.5m×1m(长×宽×深)，样坑的一端挖成台阶(便于操作)，保证一侧剖面(1.5m×1m)向阳以便于观察和拍照，用小铁铲将要作业的剖面修平整。注意：不要将挖出的土壤堆放在观察面一侧，并避免人为践踏，以免破坏观察面表层土壤结果；将表层 0~30cm 和深层 30~100cm 土壤分别放置在样坑的两侧，回填时按照土壤层次进行回填，并减少对环境的破坏。

②剖面描述：对剖面进行拍照并编号，拍照时将米尺(或卷尺)立于向阳剖面，调好位置和焦距，保证包含剖面 1m 内所有土层。对剖面进行简要描述并画出发生层的简图。

③土壤容重测定方法如下。

a. 土壤容重：指单位容积原状土壤(包括土粒及粒间的孔隙)干土的质量，单位为 g/cm³。

b. 土壤容重测定：采用环刀法，挖出一个长宽高为 1.5m×0.5m×1m(长×宽×深)的取样坑。样方土壤表面的植物残留物和杂质清理干净，用环刀按照 0～5～10～20～30～50～70～100cm 的深度从上至下取样，每层取 5 个重复(见图 22)。环刀规格为高度 5cm，体积一般为 100cm³(默认，但为了减少误差，也可根据实际测量的环刀上下面的直径的平均值计算出环刀的实际体积)。

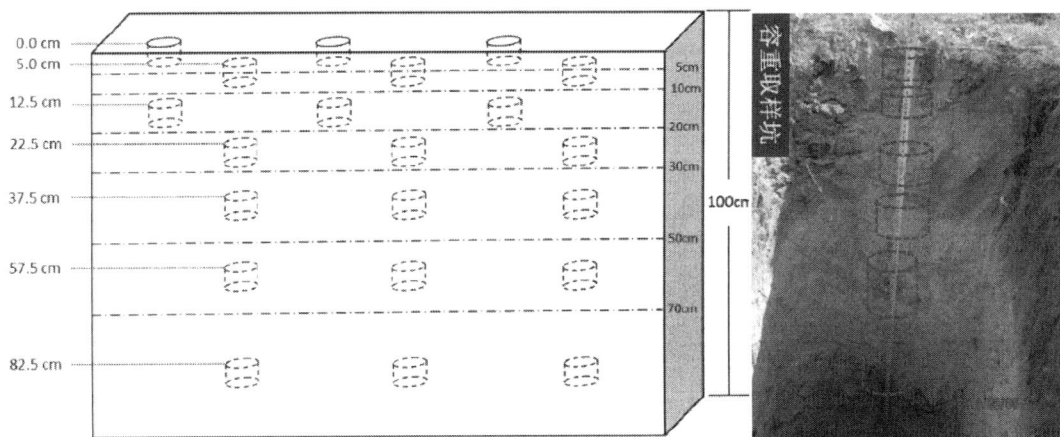

图 22　用环刀法进行土壤容重测定的剖面取样示意图，此图显示为 3 组，共 5 组(重复)

c. 具体测定方法：将环刀托套在环刀无刃的一端，将环刀竖直剖面压入土中，可用锤子轻轻敲打环刀拖把，待整个环刀全部压入土中，切忌左右摆动，在土柱冒出环刀上端后，且土面即将触及环刀托的顶部(可由环刀托盖上之小孔窥见) 时，停止下压；用小铁铲把环刀周围土壤挖去，在环刀下方切断，并使其下方留有一些多余的土壤。取出充满土壤的环刀，用削土刀削去环刀两端多余的土壤，使环刀

图 23　土壤容重取样示意图

内的土壤体积恰为环刀的容积，环刀两端盖上底盖和顶盖，擦去环刀外的泥土(注意：因为环刀高度为 5cm，在取 0～5cm 容重时已经对 5～10cm 的土层造成了破坏，所以 5～10cm 的容重需要在 0～5cm 取样的相邻位置进行，不同层次最后在两个相邻位置交错进行)；依不同层次取好，并做好样方标记带回室内 105℃烘干至恒重，称重；如果环刀数量有限，也可以将削好环刀内的土壤倒入样品袋中，做好标记，带回室内 105℃烘干至恒重，称重。

土壤容重计算公式：土壤容重(g/cm³) = W/V。

式中：W = 烘干土壤质量(g)，V = 环刀容积(cm³)。

d. 土壤疏松容重取样的特殊情况(荒漠草地及沙地)：由于荒漠土壤疏松，可从挖好的样坑剖面上取相应深度土壤放入带有底盖的环刀内(由下而上分层取样，尽量减少上层土壤对下层土壤的污染)，轻轻晃动并填满环刀，盖上环刀顶盖，做好标记，带回室内 105℃烘干至恒重，称重。同时在剖面上取各层土壤样品。

e. 砾石较多样地容重取样的特殊情况(荒漠草地):采用挖坑法或土柱法,在剖面中按照要求的深度,挖掘 20cm×20cm×Xcm(需要深度)的正方形土坑或土柱,把土坑内全部物质装入取样袋中,带回实验室进行烘干处理(烘干样品可以测定土石比),同时在剖面上取各层土壤样品。坑的体积测量可以参考用另一个塑料袋尽量贴紧土坑四壁后灌水至与上层土壤齐平,再将塑料袋内的水倒入量筒中可得知土坑的体积。通过烘干得到的质量,经过计算最终得到容重。考虑到野外条件有限,而且上述方法操作不便和塑料袋有破裂的可能等原因,所以尽量将坑修整成规则正(长)方体,用长宽高计算体积。

④注意事项:剖面坑的一端向阳,要垂直削平作为取样面,剖面的另一端要做成阶梯状,以便于下坑观察。挖坑时注意,应将表土堆于一侧,下层土堆于另一侧,观察面上不应堆土,也不要踩踏。观察完毕后,应将底土回填下层,表土回填上层,回填土要求填满压实,减少对草地的破坏。

2.4.3 土壤砾石含量取样调查

①挖取样坑:在容重取样坑的侧剖面进行。

②样坑大小:1.5m×0.5m×1m(长×宽×深)。

③土壤砾石含量(土石比)测定方法:使用容重测定后的土壤样品进行土壤砾石含量(土石比)的测定。0~5~10~20~30~50~70~100cm 每层容重样品烘干称重后,环刀内土壤样品干重为 W_1,环刃内土壤体积为 V_1。将环刀内土壤取出后放入塑料盆中,注入清水,用手搅拌土体,使得砾石和土壤分离,待砾石沉底后,倒掉泥水。如此反复几次,使土和砾石彻底分离,用吸水纸吸干砾石表面水分,并称量土块的质量 W_2。放入到孔径为 2mm 的网筛内过筛。反复摇晃后,筛内的砾石即为粒径>2mm 的砾石。选择适当大小的量筒,注入一定体积的水,记下水的刻度 H_1。将粒径>2mm 砾石放入量筒内,记下水的刻度 H_2。粒径>2mm 的砾石体积为 $V_2 = H_2 - H_1$。在试验中,需要选择适当的量筒,如果量筒过大,精确度不够,过小水容易溢出。结果填于附表6。计算公式如下:

$$砾石含量(体积比) = (V_2/V_1) \times 100\% ; 砾石含量(质量比) = (W_2/W_1) \times 100\%$$

2.5 凋落物和半分解层调查

在草本不分种样方、草本分种样方、灌木及高大草本植物样方用手将地表当年的凋落物和立枯捡起,小心去掉凋落物上附着的细土粒,按样方分别装入信封内,编上样方号。65℃烘干后称量干重,并将所得到的干重数据填入附表2、3 和4中。数据记录时保留小数点后两位。在一些干扰较少的草地中,通常在土壤表面存在已经发生明显分解的凋落物残体,由于破碎程度较大,在凋落物采样时是不包括这部分的。但其又不属于矿质土壤的部分为半分解层,通常其碳含量很高。因此,此层的碳储量是不能被忽略的,特别是在一些干扰较少的草地中。所以,在存在明显半分解层的样地内,要收集不分种样方内的半分解层。65℃烘干后称量干重,并将所得到的干重数据填入附表2中。

2.6 根系调查

2.6.1 草本地下生物量取样

①操作样方:在草本不分种样方 C1、C3、C5、C7、C9(共5个)进行。

②样方大小：不分种草本样方大小为 $1m \times 1m$。高寒草甸 $0.5m \times 0.5m$。

③测定方法：a. 在 5 个取过地上生物量的样方内，用 7cm 根钻取 3 钻，3 钻合并在一起，分成 $0 \sim 5 \sim 10 \sim 20 \sim 30 \sim 50 \sim 70 \sim 100cm$，共 7 层，取样前将样方土壤表面的残留物和杂质清理干净；b. 取好的样品，按层分装在尼龙袋纱袋中，并用塑料标签写好样方号置于孔径为 $0.3 \sim 0.4mm$ 纱袋内，离开样地前务必仔细核对样品数；c. 带回室内漂洗（由于绝大部分调查时间是在野外，很多情况不能返回实验室，可以在住宿附近的河流冲洗根系，再带回室内漂洗），装进信封并标记好样方号，放进 65℃ 烘箱烘至恒重。如野外无条件烘干，应先置于纱网袋内晾干以防发霉分解，南方气候潮湿，应尽快进烘箱烘称重并记录到附表 7 中。注意：在一些根系量较少的草地类型或下层土壤，要根据情况增加取样量至 $5 \sim 6$ 钻，以确保得到碳含量测定所需的根系量。

④注意事项：样品在野外采集时尽量放置于阴凉处，最好放置于便携式冰盒，因为太阳暴晒易导致霉烂；在野外收集样品需要清点每个样方样品，不要有遗漏；带回的样品立即处理，放置于阴凉通风处，并及时整理核对样品编号；即使地上没有植物分布，根钻也都要在设定的样方内取样；如遇沙地、荒漠、多石块等样点，根钻取土无法进行时，可挖剖面每深度多点混合取土样，根系样品采取削 $20cm \times 20cm$ 土柱等方法；取过土壤样品后要认真回填，将钻孔用出发前准备的回填土填满压实，减少钻孔对草地的破坏以及防止家畜受伤。

2.6.2 灌木分种地下生物量取样调查（标准株法）

①灌木标准株要求尽量做准：大部分灌木的根系估计都要超过 1m，所以要尽量将大部分根系挖全（根据物种不同可考虑 $2 \sim 3$ 米）。

②地上部：要区分叶片、当年枝、老枝并分别测定其生物量，并准确测定冠幅、高度，有主干的考虑测量地径或胸径，建立异速生长方程。要准确记录每个标准株的样地号等相关地理信息。

③地下部：挖出的根系保持自然分布形态，用记号笔并结合标签在根系上做样品编号及深度标记后装样品袋内，按照 $0 \sim 5 \sim 10 \sim 20 \sim 40 \sim 60 \sim 80 \sim 100 \sim >100cm$ 分层，65℃ 烘干至恒重，称干重。

图 24 灌木标准株根系取样示意图

④对不同片区的标准株数量要求为：山地草地按坡向（半阴、半阳、林下）建立至少 3 套灌木标准株方程；在每套系统中每个物种不少于 30 株（大、中、小灌丛各 10 株左右）。平原荒漠草地按降水梯度建立至少 3 套灌木标准株方程；在每套系统中每个物种不少于 30 株（大、中、小灌丛各 10 株左右）。

2.7 样品分析方法规范

2.7.1 样品的制备

从野外取回的进行过初步处理的植物和土壤样品,进行编号登记核对后,都需要经过一个制备过程,以备各项测定之用。样品制备的目的包括:①剔除污染物;②粉碎和混匀,使分析时所称取的少量样品具有较高的代表性,并使样品分析时的反应能够完全和彻底,使样品可以长期保存,不致腐坏。

2.7.2 样品的干燥

植物地上部和洗净的根系样品要尽快在恒温烘箱中烘干。烘干时要用适宜的温度,一般直接在65℃下使样品干燥至适于研磨或粉碎为止(一般为24~48h)。土壤样品先剔除其中明显的根系和石子,在阴凉处风干备用。

2.7.3 样品的粉碎

(1)植物样品:大量植物烘干样品(>1g)必须先用杯式粉碎机进行粗粉,过10目筛混匀,颗粒过大而未过筛的粗样品继续进行粗粉,如此循环直到完全过筛(对于木质坚硬的灌木样品可先用木槌敲碎,然后再进行粗粉)。随后,建议用冷冻混合球磨仪将粗粉后样品进行细粉,过80~100目筛,装袋标号,用于实验分析。如果实验分析所使用样品量不大,建议只需细粉出满足实验分析用量即可,剩余粗样品装袋、标号、保存。

(2)土壤样品:土壤建议用冷冻混合球磨仪磨碎,在使用球磨仪粉碎之前,先将风干过的土样过80目筛去掉粗根和沙石,颗粒较大土粒可以先用擀面杖碾碎后再过筛;表层土壤一般会含有大量毛细根,为了减少其对土壤碳含量测定的影响,过筛后的土样采用静电吸附的方法(一般用经摩擦过的塑料卡片或玻璃棒),尽量将样品中的细根去除。然后使用冷冻混合球磨仪磨碎,过80~100目筛,装袋标号,用于实验分析。如果实验分析所使用样品量不大,建议只需磨出满足实验分析的用量即可,剩余样品装袋、标号、保存。

2.7.4 样品的保存

及时有效地对野外采集的样品进行正确保存,是保证样品室内化验分析取得准确结果的前提条件。在保存期间,需要保证样品品质不发生任何的改变,从而使分析测试结果能够反映出样品的真实情况。样品的保存方法和保存时间,随实验、观测目的不同而不同,也因样品特性不同而不同。

干燥样品是指经过自然干燥或烘干后的样品。干燥样品的保存一般较新鲜样品容易,在正常室温下,只要保持干燥、避光和防止霉变、虫蛀等,就能使样品保存较长时间。最好备有专门的存储柜或者存储间。存储间的基本要求是干燥、通风良好,无虫鼠害等发生,同时避免药品或其他可能的污染源的存在。

为避免植物干燥样品保存占用较大空间,应在烘干后及时将其粉碎后进行保存。对于需要短时间保存的样品,粉碎后,将其装入透气的纸袋或信封内,标明样品名称、采样地点、时间等,然后放入干燥器中保存,也可置于自然干燥通风处保存。在每次精密分析工作前,称样前样品须在65℃下再烘12~24h,因为样品在保存和粉碎期间仍会吸收一些水分，并且称样时应充分混匀后多点采取，在称样量少而样品相对较粗时更应该注意。在样品保存期间，应对保存的样品定期进行检查，防止霉变、虫鼠危害（引自陆地生态系统土壤观测规范）。土石比：单位体积内，砾石（直径>2mm）与土壤的百分比。

2.7.5　植物样品碳、氮、磷含量的测定（国标 NY/T 2017—2011 GB P834-1998）

2.7.6　主样地土壤物理组分（Robertson GP，1999，国标）

土壤物理组分按照团聚体大小分成 3 个组分：（1）2.0～0.02mm 沙粒；（2）0.02～0.002mm 粉粒；（3）<0.002mm 黏粒。组分 2.0～0.02mm 沙粒，基本上都可以靠机械振动筛获取。参考德国莱驰公司振荡筛分仪 AS300。粉粒和黏粒采用湿筛法。称取 100g 左右风干土样，采用振荡筛分仪 AS300 得到 2.0～0.02mm 沙粒，粉粒和黏粒土壤物理组分采用湿筛法，具体操作如下：土壤的湿度可能会引起土壤团聚体和团聚体吸附的土壤有机质在不同组分之间分布的改变，因此过筛之前先将土壤烘干，然后将土壤通过毛细浸润使土壤含水量提升至田间持水量的 5%，在该条件下这些土壤团聚体的稳定性最大。毛细浸润方法是先计算出将烘干土浸润至田间持水量的 5% 所需水量，然后称取振荡筛分仪处理后的土壤 50g 左右到预先放置有直径为 11cm 的滤纸的大表面皿中，将土壤置于滤纸中央，缓慢地将水加入滤纸边缘，每次数滴，直到计算出的水量全部加入完毕，盖上表面皿的盖子，将其移入冰箱中放置一晚，直到完全浸润。过筛之前，在室温条件下将经过预处理的土样在最大筛孔的土筛上悬浮静止 5 分钟。然后在 2 分钟时间里上下 3cm 范围内移动筛子约 50 次，从而达到团聚体分组的目的。将留在土筛上的土样用去离子水反洗到铝盘中，放入空气压缩炉，50℃ 下烘一晚烘干。通过土筛的土壤置于下一个筛孔较小的土筛上，重复上述操作。最小的分组用 2500rpm 离心 10 分钟，颗粒状的反洗至铝盘如上述方法烘干。烘干的各级团聚体分组称重后室温下保存在广口瓶中。

2.7.7　土壤 pH 值测定（参考陆地生态系统土壤观测规范，2007，国标）

测定土壤 pH 主要用电位法。测定 pH 值一般选用无 CO_2 的蒸馏水作浸提剂，强酸性土壤（pH 值<5）由于交换性氢离子和铝离子的存在，除测定水提 pH 值外，还需要测定氯化钾溶液[c(KCl)= 1mol/L]浸提的 pH 值。为减少盐类差异带来的误差，对中性和碱性土壤也有选用氯化钙溶液[c($CaCl_2$)= 0.01mol/L]为浸提剂的。浸提剂与土壤的比例通常为 2.5∶1。用于测定土壤 pH 值的方法见 GB 7859—87《森林土壤 pH 值的测定》的第一章电位法。相应的国标可以参见刘光崧主编（1996）的《土壤理化分析与剖面描述》一书。

引用说明：

①一般土壤测定水提 pH 值，酸性土壤加测氯化钾提 pH 值，液土比均为 2.5∶1。

②如使用玻璃电极和饱和甘汞电极测定时，玻璃电极应插入泥浆，饱和甘汞电极插入上层清液中。

2.8　质量控制规范（参考陆地生态系统土壤观测规范，2007）

数据质量控制是为了达到某种特定质量要求而采取的控制措施，数据控制观测于各个环节,包括样地设置、野外观测与采样、室内分析、数据记录和存档,以及数据审核等。在严格按照各项规范进行野外观测、采样和分析的前提下,需要各种措施对数据的质量进行检验和控制,这是本项目数据的正确性、一致性和完整性的保证。

①制定科学的布点方案和野外调查规范,严格执行相关的标准规范,定时对一线管理人员和调查骨干成员进行培训。

②要求野外调查成员掌握野外调查规范及相关的科学知识,熟练掌握各项目的操作规范,并进行周密的采样,按时、保质、保量完成各项野外调查任务并按规范填写各项指标调查表;及时对记录数据进行审核、检查以及必要的备份,以便发现野外调查数据的问题,及时进行必要的补测和重测。

③在室内分析环节,对数据质量产生影响的因素包括:实验环境、仪器和各种实验耗材的性能和状态、试剂和药品的纯度、分析人员的试验素质以及分析数据和处理数据的方法等。对以上每个环节都需按照分析实验室的要求进行,做好室内分析的详细记录。a. 仪器设备的定期标定和检修;b. 根据实验方法及其要求,选择适当级别的试剂;c. 分析人员需要具备相应素质,并严格按照规范的要求操作;d. 需要及时采用科学方法控制、判别和分析误差。

④制定完善的分析测试和复测:a. 各种野外调查原始表格、景观和采样照片、GPS储存数据是复核片区野外调查工作的重要环节;b. 各片区所提交数据需要事先进行复核,没有问题才能认为分析工作完成;c. 质量负责人复核过程中如发现数据可疑,及时分析原因、并进行复测,直到认为结果可靠为止;d. 根据各片区所提交样品,进行2次复核,如发现数据可疑,通知片区负责人要求其对数据进行详细复核和复测,直到数据复核准确无误。

3. 草地碳储量及固碳潜力评估方法

3.1 草地生态系统碳密度

单位土地面积草地生态系统中植被和土壤的碳储量,其单位为 gC/m^2、tC/hm^2。

3.2 草地固碳现状

是指草地生态系统的现存碳储量,是生态系统长期积累碳蓄积的结果,是生态系统现存的植被生物量有机碳、凋落物有机碳和土壤有机碳储量的总和,是不同草地型的草地生态系统碳密度与其面积的加权总和,其单位为 Pg C。

3.2.1 面积累计法(参考 Ravindranath and Ostwald, 2008)

以草地型为基本单元,根据新疆草地类型图、土地利用覆盖图和 1:100 万植被图提供的各草地型面积,采用面积加权累积的方法计算新疆草地固碳现状。

草地生态系统碳储量由植被碳储量和土壤碳储量组成,计算公式为:

植被碳储量$(CS_{veg}) = \sum (D_p \times Biomass_p + D_l \times Biomass_l + D_r \times Biomass_r)i \times A_i$;

土壤碳储量$(CS_{veg}) = \sum (BD_{soil} \times D_{soil})i \times A_i$;

生态系统碳储量$(CS_{tot}) = CS_{veg} + CS_{soil}$。

式中：D_p 和 $Biomass_p$ 表示地上活体植物碳密度和生物量；D_l 和 $Biomass_l$ 表示凋落物碳密度和生物量；D_r 和 $Biomass_r$ 表示根系碳密度和生物量；BD_{soil} 表示土壤容重；D_{soil} 表示土壤有机碳含量；A_i 表示各草地型的面积；$i(1，2\cdots..)$ 表示草地型数量。

3.2.2　遥感反演法

建立各部分(地上-地下、生物量密度-土壤碳密度等)之间的相关生长关系。通过 MODIS-EVI 建立 EVI 与地上生物量之间的关系，并进一步建立 EVI 与地下生物量与土壤碳密度之间的关系。以新疆草地类型图、1∶100 万中国植被图和各时段土地利用图提取的各草地型分布区域和面积，计算中国草地的固碳量。

3.3　草地生态系统固碳潜力

生态系统固碳潜力分析的目的主要是评价在未来自然条件或人为管理措施、情景、政策条件下，或者是在某种要素改变或要素组合变化情景下，自基准年到目标年期间可能增加的固碳量。

固碳潜力的估算类型：

①根据土壤饱和碳储量与平均碳储量；

②根据围封草地和放牧草地；

③根据历史数据与现实数据。

3.3.1　草地利用强度和退化面积的统计与估算

新疆草地每个片区根据收集到的各个县(团)历年草地资源普查数据、产草量、载畜量并结合遥感反演数据估算出每个草地型未退化、轻度退化、中度退化和重度退化的面积。

3.3.2　基准点的确定

理论最大固碳量 CST＝f(T，PPT，Soil)：根据气候、土壤和植被状况确定各草地型的理论最大碳储量。

现实最大固碳量 CS0：以各草地型在不同时间序列或空间序列上存在的现实最大碳储量作为该草地型的现实最大碳储量。

时间序列类型：①20 世纪 80 年代草原普查的数据；②野外台站的长期监测数据；③长期封育或干扰较少的打草场等。

空间序列类型：①中蒙、中俄、中哈等边境围栏内的缓冲区；②野外台站长期监测样地；③不同围封年限的围栏内。

3.3.3　草地生态系统固碳潜力的估算

固碳潜力主要通过时间序列法和空间序列法进行计算不同情境下不同类型草地的固碳潜力。在此基础上，结合草地类型关系图和草地退化演替进程，准确估算我国草地生态系统的理论固碳潜力、现实固碳潜力和可实现的固碳潜力(见图 25)。

$$理论固碳潜力(CSP_{the}) = \sum \sum (CS_{the\_max} - CS_{rel}) ij \times A_{ij}$$

式中：CS_{the_max} 为理论最大碳储量(以理论最大碳储量作为基准点)；CS_{rel} 为现实碳储量；

i 为草地型; j 退化程度,包括未退化、轻度、中度和重度退化。

$$现实固碳潜力(CSP_{rel}) = \sum \sum (CS_{rel\_max} - CS_{rel})ij \times A_{ij}$$

式中: CS_{rel_max} 为现实最大碳储量(以历史上和现实中存在的最大碳储量作为基准点); CS_{rel} 为现实碳储量; i 为草地型; j 为退化程度包括轻度、中度和重度退化草地。

$$可实现固碳潜力(CSP_{ach}) = \sum \sum (CS_{ach} - CS_{rel})ij \times A_{ij}$$

式中: CS_{ach} 为可实现的最大碳储量(以轻度退化草地碳储量作为基准点); CS_{rel} 为现实碳储量; i 为草地型; j 为退化程度包括中度和重度退化草地。

不同退化阶段和利用强度下的草地固碳现状与潜力(按草地类型)

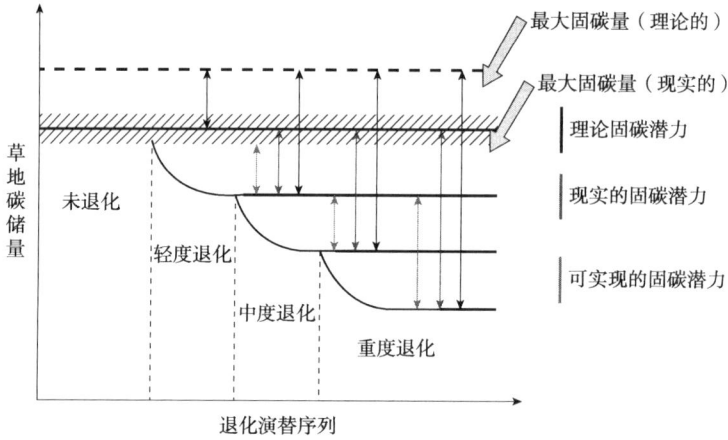

图 25 草地固碳潜力

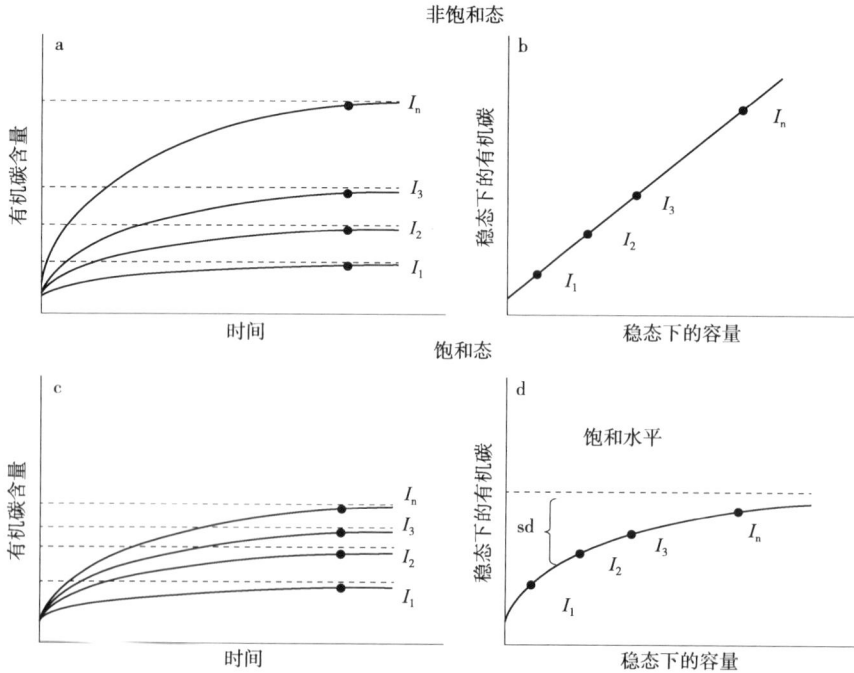

图 26 土壤饱和碳储量的估算

土壤饱和碳储量的估算。

$$\frac{dC_t}{dt} = I\left(1 - \frac{C_t}{C_m}\right) - kC_t$$

式中：C_t 为目前的土壤含碳量，C_m 为最大的土壤含碳量，I 为碳添加量，k 为碳降解常数。

3.4　草地生态系统固碳速率

单位时间单位面积草地生态系统与大气界面 CO_2 的净交换量，包括生态系统总初级生产力和生态系统呼吸两个组分，其单位为 g $C/m^2 \cdot a$。

3.4.1　库–差别法（Stock–Difference method）

IPCC 和国际通用估测大尺度固碳速率的方法。

①不同时间序列法：与历史数据相结合，利用面上调查数据，计算出不同草地类型的年固碳速率或年变化率（见图 27）。

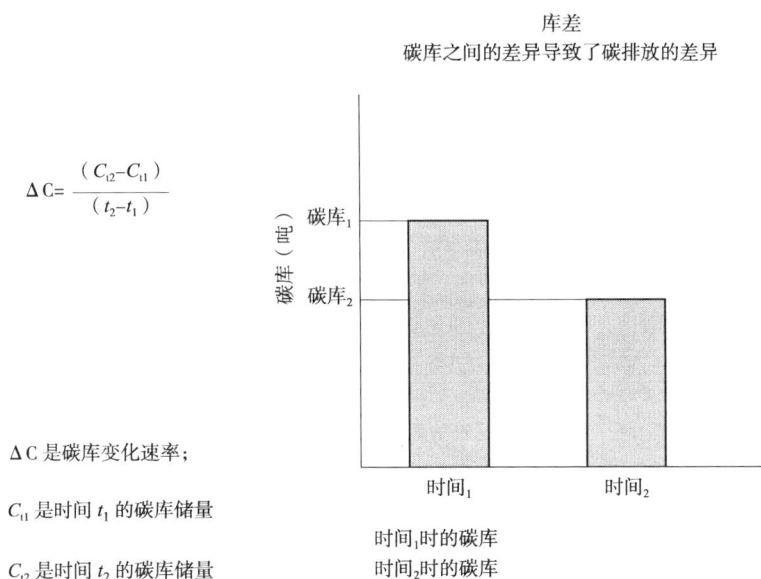

$$\Delta C = \frac{(C_{t2} - C_{t1})}{(t_2 - t_1)}$$

ΔC 是碳库变化速率；

C_{t1} 是时间 t_1 的碳库储量

C_{t2} 是时间 t_2 的碳库储量

库差
碳库之间的差异导致了碳排放的差异

图 27　不同时间序列库差别法

与 80 年代草原普查、土壤普查等历史数据相结合，利用此次面上调查数据与相同地理位置或相同草地类型的碳储量数据，计算出不同草地类型的年固碳速率或年变化率。这就需要各个子课题收集并整理本片区草地生态系统植被和土壤碳储量数据，构建不同年代的各草地型植被和土壤碳储量数据库，在收集数据的时候，要尽可能将样点的地理坐标、植被类型、植被地上地下生物量、土壤取样层次、取样方法、测定方法等相关信息收集全面。此数据库的构建对估算草地生态系统的固碳潜力也是非常重要的。

②不同空间序列法：采用空间替代时间的方法，通过不同恢复阶段草地碳储量的差

异，计算不同退化与恢复阶段的草地生态系统固碳速率。采用空间替代时间的方法，草场承包政策和退牧还草工程实施以来，草地特别是北方草地有大量不同年代围封的草场，这些处于不同恢复时期的草地为研究退化草地恢复过程中的固碳速率和潜力提供了可能。如图 28 所示，处在不同恢复时期的草地生态系统的固碳速率会有差别，随着恢复时间的延长，草地生态系统的碳储量增加，但固碳速率会下降。生态系统土壤初始含碳量以及管理方式导致土壤碳输入量的变化都会显著影响生态系统土壤的碳平衡点以及固碳速率。而IPCC 在对草地固碳速率进行估算时，并未对不同退化演替阶段和管理方式进行区分。在本研究中，我们利用主样地(一般为地带性的、人为干扰相对较少的草地类型)和与其对应的辅助样地(一般为处在不同退化系列和演替系列的草地类型)间碳储量的差异来计算不同退化阶段的草地生态系统固碳速率。当然这种方法有一个重要的前提假设，就是假设不同退化系列的草地生态系统在退化前的植被和土壤类型是相同的。因此，各片区在选择主样地和辅助样地的时候，要特别考虑它们之间的相关性。

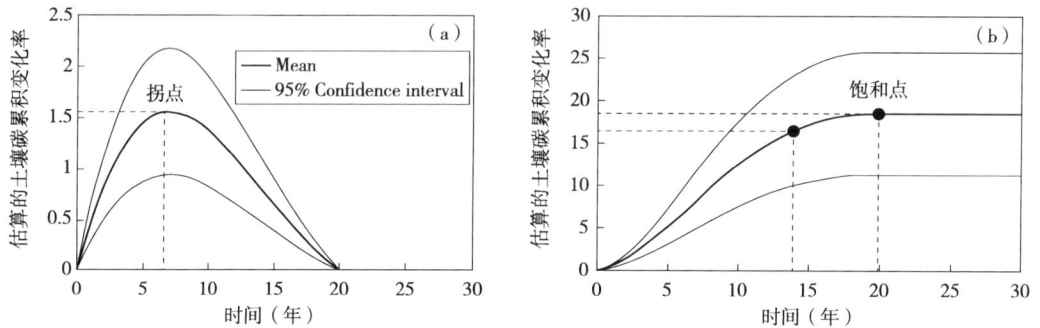

图 28　不同恢复时期草地生态系统的固碳速率

3.4.2　直接测量法

随着生态系统碳循环研究方法和技术的改进，目前已有多种可以直接测定生态系统不同尺度碳交换速率的方法和手段，包括涡度相关法、静态箱法、土壤呼吸测定技术等。这些方法不但为准确定量草地生态系统固碳速率提供了技术保障，同时也为研究生态系统固碳速率和固碳潜力的驱动因子和相关机理提供了可能。新疆第三次科考应在全疆各个草地类上设置动态加强点，采用统一规范的观测技术，连续测定新疆主要草地生态系统类型固碳速率的变化。

(1)动态加强点的选择

加强点的选择原则是各区域分布面积最广、最具代表性的草地类型，并具备野外台站作为依托。这些站点都应具有长期的植被和土壤观测数据积累。

(2)样地的设置(据图设置方法见 2.2.1 加强点 2 样地)

①原则上动态加强点必须是面上调查点的主样地。选择围封或干扰相对较少的草地群落，对于荒漠草地要求样地面积为 $10\sim20hm^2$，对于非荒漠草地要求样地面积为 $4\sim10hm^2$。如果选定的样地没有围封，在本课题执行期间需要安装围栏进行围封，避免牲畜践踏啃食和其他人为干扰。②为了更准确定量不同退化阶段草地生态系统固碳速率和固碳潜力，在

每个加强点都将设置 2~3 个处于不同退化或恢复阶段的研究样地。此研究样地的面积可以根据具体情况减小到 2~4hm²。

(3) 测定内容和相关指标

表 25　动态加强点测定内容与指标选取

序号	测定内容	取样频次	取样时间	测定指标
1	植被和土壤碳库动态	指标①~④的取样频次为：生长季 5~9 月每个月取样 1 次；指标⑤和⑥每年取样 1 次，取样时间为每年 8 月下旬	取样时间在每月的 15 日。测定年份为 2023~2025 年	①地上和地下生物量及其 C、N 和 P 含量；②凋落物生物量及其 C、N 和 P 含量；③地上和地下净初级生产力（BNPP）及其 C、N 和 P 含量；④表层土壤 NH_4^+ 和 NO_3^- 含量（0~5~10~20cm）；⑤土壤容重及其 C、N 和 P 含量；⑥表层不同颗粒组成（粒级）土壤 C、N 和 P 含量（0~5~10~20cm）
2	生态系统碳交换速率(静态箱法)	生长季(4~10月)每 2 周测定 1 次日动态，非生长季(11月-次年3月)每月测定 1 次日动态。因为冬季覆雪天气寒冷可以根据具体情况减少非生长季的测定频次	生长季的测定请安排在每个月的 1~5 日和 15~20 日进行；非生长季请安排在每月的 10~20 日进行。日动态的测定时间为早 8:00 至次日早 8:00，间隔 3 个小时测定 1 次，共计 9 次。尽量选择晴朗少云的天气进行测定	①生态系统净交换速率（NEE）；②生态系统呼吸（ER）；③测定起止时的箱体内的温度；④10cm 土壤温度；⑤0~10cm 土壤含水量；⑥相关环境指标：大气温湿度、光合有效辐射、年降水量等
3	土壤呼吸速率测定	与生态系统碳交换速率相同	与生态系统碳交换速率相同	①土壤呼吸速率；②10cm 土壤温度；③0~10cm 土壤含水量
4	生态系统碳通量(涡度相关法)	0.5h	全年	通量数据（半小时）：CO_2、潜热和感热通量、三维超声分速与相关协方差、相关诊断指标等。气象数据及相关环境指标（半小时）：降雨量、空气温湿度、土壤含水量、净辐射、光合有效辐射、土壤热通量等

(4) 测定方法

①植被和土壤碳库动态：地上、地下生物量和凋落物量的测定方法与主样地的取样方法相同，草本样方包括 5 个分种样方和 5 个不分种样方，所测定指标也与面上调查相同。

② ANPP 的测定方法：ⓐ草本以 8 月份最大生物量作为 ANPP。ⓑ灌木地上部的生长速率采用标记株法测定，每种灌木按冠幅区分大中小植株组别，每个组别分别选择 3 株植物进行标记，每个物种标记 9 株，每株标记 10 个枝条。每月测量 1 次标记枝条的长度和叶片数量，用于灌木生长速率的估算。ⓒ灌木 ANPP 的测定：在生物量高峰期（8 月）按照灌木样方的测定方法剪取每种灌木新生枝条，较大冠幅的灌木可视植株大小只减取 1/2、1/4 或 1/8，并区分新枝和叶片，烘干称重后用于 ANPP 的估算。

③ BNPP 的测定方法：采用内生长芯法测定 0~5~10~20~30~50cm 根系的净生长量。

在生长季初(4~5月),用7cm根钻在样地内钻取0~5~10~20~30~50cm土壤,将每层土壤按顺序分别放置并挑出里面的可见根系,然后将土壤按照土层顺序装在一个尼龙网袋中(7cm直径、60cm长、1mm孔径),放回到钻孔中。生长季每个月初将网袋取出,按0~5~10~20~30~50cm土层将里面的可见根挑出,然后再将土壤按土层放回。每个样地10个重复。取回的根系漂洗后烘干称重用于计算BNPP。

④土壤NH_4^+和NO_3^-含量:在5个不分种样方中,用土钻取0~5~10~20cm土层的土壤样品,每层3钻混合,放入封口袋中,低温保存,尽快用KCl溶液浸提,浸提液可放置在塑料瓶中冰冻保存。采用流动分析仪测定NH_4^+和NO_3^-含量。

⑤土壤容重和不同土层土壤C、N和P含量:测定层次与取样方法和面上取样方法相同。

⑥土壤颗粒组成及其C、N和P含量:采用湿筛法区分0~5~10~20cm土壤颗粒组成(黏粒、粉粒和沙粒的含量),并测定不同颗粒组分的C、N和P含量。

⑦植物和土壤样品C、N和P含量的测定:与主样地样品测定方法相同。取样和测定方法请参见面上调查中植物和土壤取样方法和相关指标测定方法。

(5)静态箱法

静态箱法是目前冠层水平气体交换速率测量的常用方法,一般分为与红外分析仪联用和与气相色谱联用两种。与气相色谱联用多用来测定多种温室气体包括CH_4、N_2O和CO_2的浓度变化。箱体罩在底座上的时间较长,一般为10~20分钟,采用不同时间气体浓度变化的速率来计算气体通量。此方法对箱体内的微环境(如温度和湿度)影响较大,特别是在正午阳光较强烈的时候,因此建议采用与红外分析仪联用的方法。此方法的优点是可即时获得箱体内CO_2和H_2O浓度的变化,测量时间比较短,一般为2~3分钟,箱体内的微环境(如温度和光照)变化相对较小,操作也相对简便。

LI-840 CO_2/H_2O红外分析仪、过滤器(购买红外分析仪时会带1个过滤器)、导气管(建议采用LICOR公司专用气管)、气泵(reference pump)、流量计、电池(12V、8~12Ah)、笔记本电脑、计时器、同化箱、气温计(建议采用电子显示的)、遮阳罩。

①同化箱底座的安装:在测定前至少1周将同化箱底座(草地建议采用50cm×50cm×10cm,灌丛化草地可适当增大)安装到土壤中,根据样地的异质性程度,在每个样地安装5~8个底座(即测定重复),可采用样线法每隔15~10m安装1个底座。底座高8cm,一般插入地下5cm,地上部3cm。安装采用专门制作的安装框(比较厚重,可以承受铁锤击打)。

②同化箱尺寸:典型草原和高寒草甸建议采用50cm×50cm×50cm;植被较高的草甸草原和南方草地建议将高度增加到80~100cm,也可将箱体的长和宽适当增大,但建议最大不要超过100cm。

③测定方法:生态系统净交换速率(NEE)的测定:将同化箱放在底座上(注意:每次测定前更换同化箱底部的密封条以避免漏气),将四个角的密封扣扣好。记录下箱体内的温度,并启动笔记本内LI-840自动记录程序(一般设置为1秒钟记录1个数据),设置文件名(每次测定记录在一个文本文档中,文档的名称设为这个测定样点的名称,参照图2),开始记录箱体内的CO_2和H_2O浓度的变化,一般记录时间为120s。当计时器提醒120s时间到时,记录此时箱体内的温度,并停止笔记本内LI-840自动记录程序。

生态系统呼吸(ER)的测定：完成 NEE 测定后，将同化箱密封扣打开并将同化箱拿起冲着风向，使箱体内的 CO_2 和 H_2O 浓度尽快恢复至大气水平。恢复后，将同化箱放在底座上，盖上遮阳罩，记录箱体内 CO_2 和 H_2O 浓度的变化，记录时间为 120s。同时，记录测定开始和结束时箱体内的温度。在测定生态系统碳交换速率的同时还需要测定并获得相关环境因子数据，包括 10cm 土壤温度、0~10cm 土壤含水量、大气温湿度、光合有效辐射等。

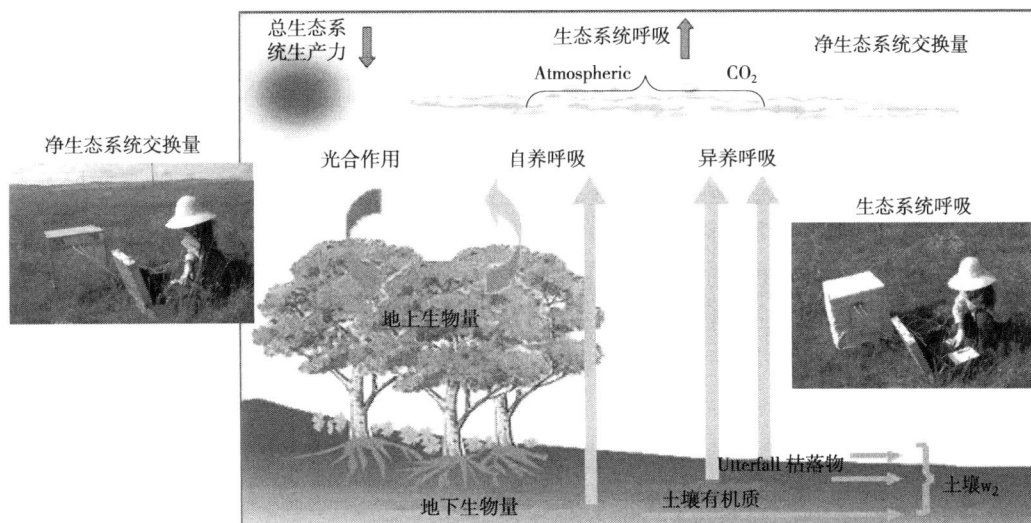

图29 草地生态系统 NEE、ER 测定示意图

④数据处理与计算：为了避免操作的影响，一般数据记录中的前 10s 和后 10s 的数据不纳入计算中(如图 30 所示)。我们采用线性拟合的方法计算 CO_2 浓度变化速率(dc/dt)，即斜率。CO_2 交换速率的计算采用以下公式：

$$Fc = \frac{VP_{av}(1000-W_{av})}{RS(T_{av}+273)} \times \frac{dc}{dt}$$

式中：V 为箱体的体积[同化箱长×宽×(箱体高度+底座露出地上部的高度)]；P_{av} 为测量期间箱体内的平均大气压强(kPa)；W_{av} 是测量期间箱体内的水气分压(mmol/ mol)；R 是大气常数 8.314 J/mol·K；S 是同化箱的面积；T_{av} 是测量期间箱体内的平均温度。

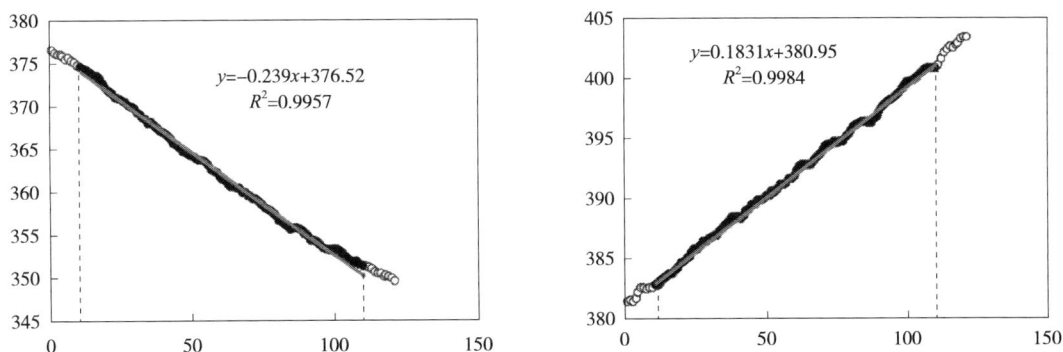

图30 生态系统净交换量和生态系统呼吸速率的计算

（6）土壤呼吸速率的测定

测定仪器建议采用 LI-6400（与 LI-6400-09 呼吸气室相连）或 LI-8100A 土壤呼吸测定系统，测定样点与静态箱法测定的样点一致，建议将土壤呼吸的测定底座放置在同化箱测定底座附近（1m 范围内），便于数据对比分析。测定频次与静态箱法测定相同，并建议同时进行。因为此方法已经是目前定量土壤 CO_2 释放速率的常用方法，对具体的操作方法可以参考仪器使用说明书。

（7）涡度相关法

涡度相关技术已经被广泛地用于生态系统水平碳水通量的研究，也是目前唯一能够直接测定生态系统水平（大气与植被界面）碳水交换的技术手段。特别是对于地势平坦、面积大、植被异质性较小的草地生态系统来讲，此方法就更为适合。虽然对于此方法所测定的 CO_2 通量是否可以真正代表生态系统的固碳速率，目前还有一些争议（其与实测的土壤和植被碳储量变化不吻合），但作为可以全年连续测定冠层界面 CO_2 交换速率的方法，其提供的大量连续记录数据，为进一步分析生态系统水平碳交换速率与相关环境与生物因子的关系，阐明生态系统固碳速率的调控因子提供了可能，并为生态系统固碳潜力的机理模型提供了数据支持。因为本项目所涉及的涡度站点基本都是已经运行多年，在仪器维护和数据处理方面都积累了丰富的经验，因此关于此方法原理和操作方法在这里就不再赘述，可参考于贵瑞和孙晓敏等编著的《陆地生态系统通量观测的原理与方法》。为了获取有效的和高质量的数据，可以要求各参加站点每年对仪器进行 1 次标定。

4. 各区域草地碳储量及固碳潜力调查方法

4.1 考察区域

按照草地生态系统生态服务功能特点、生态环境的相似性和差异性以及草地碳储量特征，结合考察的交通便利性，考察区域[Ⅰ. 阿尔泰山地草地区（吉木乃县、哈巴河县-布尔津县-福海县-阿勒泰市-富蕴县、青河县-北塔山），Ⅱ. 准噶尔西部山地草地区（塔城市-额敏县-和布克赛尔县-裕民县-托里县），Ⅲ. 天山北坡山地草地区（伊县吾-巴里坤县、木垒县-奇台县-吉木萨尔县-阜康市-乌鲁木齐市-昌吉市-呼图壁县-玛纳斯县-石河子市-沙湾县-奎屯市-乌苏市、精河县-博乐市-温泉县），Ⅳ. 准噶尔盆地平原荒漠草地区（伊吾县-巴里坤县、木垒县-奇台县-吉木萨尔县-阜康市-乌鲁木齐市-昌吉市-呼图壁县-玛纳斯县-石河子市-沙湾县-奎屯市-乌苏市、精河县-博乐市、福海县-富蕴县、克拉玛依市-和布克赛尔县），Ⅴ. 伊犁河谷草地区（伊宁市-伊宁县-察布查尔县-霍城县、巩留县-新源县-尼勒克县-特克斯县-昭苏县），Ⅵ. 天山南坡山地草地区（哈密市、托克逊县-鄯善县-吐鲁番市、和静-焉耆县-和硕县-博湖县-库尔勒、轮台县-库车市-新和县-温宿县-阿克苏市、阿合奇县-乌什县、巴楚县-柯坪县、乌恰县-阿图什市），Ⅶ. 帕米尔-昆仑山-阿尔金山山地草地区（阿克陶县-塔什库尔干县、叶城县-皮山县、墨玉县-和田市-和田县-策勒县-洛浦县-于田县、民丰县、若羌县-且末县），Ⅷ. 环塔里木盆地-吐鲁番、哈密盆地平原荒漠草地区（哈密市、托克逊县-鄯善县-吐鲁番市、库尔勒市-尉犁县、沙雅县–阿拉尔市–阿瓦提县–阿克苏市–柯坪县、巴楚县–麦盖提县–莎车县–疏勒县–疏附县–喀什市–英吉沙县–伽师县–岳普湖县–泽普县）。]

4.2　主要草地类型

草地：按土地利用类型划分，主要用于牧业生产的地区或自然界各类草原、草甸、稀树干草原等统称为草地。草地多年生长草本植物，可供放养或割草饲养牲畜。其与灌丛的区别在于，草地中灌木的盖度小于 30%。在本研究中荒漠和沼泽化草甸也被列为草地课题的研究内容。我国各类草地面积达 4 亿 hm²，约占全国总面积的 23.5%。

按许鹏教授分类系统草地分为以下几种类型。

①草地类：反映以水热为中心的气候和植被特征，具有一定的地带性或反映大范围内生境条件的隐域性特征，各类之间在自然和经济特征上具有质的差异。分为温性草甸草原、温性草原、温性荒漠草原、温性草原化荒漠、温性荒漠；高寒草甸、高寒草原、高寒荒漠；低地草甸、山地草甸、沼泽(11 类)。

②草地组：在草地类和亚类的范围内，以组成建群层片的草地植物的经济类群进行划分，各组之间具有生境条件和经济价值的差异，是草地经营的基本单位。分为 131 草地组。

③草地型：草地型是草地调查和分类的基本单位，以植物群落建群种和优势种名称及其生活型进行命名。分为 687 个草地型。以 20 世纪 80 年代草地资源普查中确定的 687 个草地型为基础，参照中国植被分类系统、不同时期的草地调查资料以及新疆科考地面调查数据，将它们合理归并。

草甸：是指以适应低温或温凉气候的多年生中生草本植物为优势的植被类型。这里所说的中生植物，既包括典型中生植物，也包括旱中生植物、湿中生植物以及适盐耐盐的盐中生植物。由这些植物为建群种而形成的植物群落被称为草甸。广泛分布于中山带的低平潮湿地段。草甸的形成与分布是与中、低温度和适中的水分条件紧密相关的，一般不呈地带性分布，在我国主要分布在秦岭–淮河一线以北的温带森林区、半干旱草原区和干旱荒漠区以及青藏高原地区，此外在亚热带的山地上部和湖滨湿地也有少量分布。

草原：是陆地生物地理圈的重要结构部分之一。宏观上草原植被区域在地球表面处于湿润的森林区域和干旱的荒漠区域之间，占据这由半湿润到干旱气候梯度之间的特定空间位置。根据地理分布和区系组成，我国草原植被通常被划分为两大类——温带草原和高寒草原。

温带草原：我国温带草原植被区域是欧亚大陆草原区域的重要组成部分，面积十分辽阔，南北延伸 17 个纬度，东西绵延 44 个经度，垂直方向上从海拔 100m 到 5000m 以上。在这样广阔的范围内，热量从南往北或从低到高逐渐降低，水分则从沿海往内陆逐渐减少，从而引起明显的草原植被地带分异。根据其纬度方向的地带性变化规律可划分为：中温草原地带–暖温草原地带–高寒草原地带。从东到西经向的分布是：草甸草原地带–典型草原地带–荒漠草原地带。

高寒草原：由于青藏高原隆起形成一个独特自然地域单元，独特的气候在高原上形成发育起来一系列高寒植被类型。高原气候除表现为寒冷、干旱、太阳辐射强烈、日温差大、年温差小、多冰雹和大风等高原特有的一般特征外，气候的地区分异十分明显：高原东南部气候较为温暖，降水较为丰沛；愈向西北和高原内部，随着地势升高，气温逐渐降低，降水越来越少，及至羌塘高原西北部和昆仑山内部山原地区，气候极端寒冷，降水量也最少，成为高原寒旱的中心。上述环境特点导致高原草地植被景观由东南往西北形成高寒草甸-高寒草原-高寒荒漠地带的依次有规律的更替。

荒漠：荒漠植被是地球上旱生性最强的一类植物群落。它是由强旱生的半乔木、半灌木和灌木或者肉质植物占优势的群落，分布在极端干燥地区，具有明显的地带性特征。

温带荒漠：我国的荒漠大部分属于温带荒漠，分布在西北各省份，其中包括准噶尔盆地、塔里木盆地、塔城谷地、伊犁谷地、嘎顺戈壁、中戈壁、阿拉善高原、河西走廊、鄂尔多斯高原西部、柴达木盆地、帕米尔高原和青藏高原阿里地区等。

高寒荒漠：位于青藏高原的西北部和西部，并包括帕米尔高原的东部。东南面与高原中部草原区域毗邻，北面与温带荒漠区域相邻，西迄国界。包括西藏的北部和西部、新疆的南部和西南部以及青海省可可西里地区西北部。

草丛/灌草丛：指以中生和旱中生多年生草本为主要建群种的植物群落，在大多数情况下，群落中散生着稀疏的矮小灌木。这是一种群落学较为特殊的植被类型，由于它的建群种并不完全是中生性的，而且往往有灌木种类伴生，所以它不属于草甸；又因其建群种不是典型的旱生植物，因此不能被称为草原。至于它和灌丛的区别，则是由于灌木种类分布稀疏而不形成背景，而且在群落中也起不到制约环境的作用。因此，在植被分类系统中将它作为一种特殊的类型，与森林、灌丛、草原、草甸等并列的高级单位。除在海滩、河滩及陡崖处有原生群落外，在大多数情况下，草丛是由森林、灌丛等群落经破坏后形成的次生植被，是一种植被的逆行演替现象。根据分布的气候区域不同，主要包括暖温性草丛/灌草丛和热性草丛/灌草丛。暖温性草丛/灌草丛是分布于暖温带（或山地暖温带）湿润、半湿润气候条件下，由于森林植被连续受到破坏，原来的植被在短时间内不能自然恢复，而以多年生草本植物为主，间混有少量的乔木或灌木（郁闭度小于0.1为草丛；小于0.4为灌草丛），形成的一种植被基本稳定的次生草地类型。热性草丛/灌草丛是广泛分布于亚热带及热带气候条件下的次生草地类型。

4.3 高寒草地类型调查方案

高寒草地类型（包括高寒荒漠、高寒草原、高寒草甸草原和高寒草甸）调查时间在7月上旬至8月上旬。调查样方面积为0.5m×0.5m。高寒草地类型的地面调查主要依托巴音布鲁克（大小尤尔都斯盆地）、阿尔金山自然保护区和昆仑山-帕米尔高原，长期定位观测点依托中国科学院新疆生态与地理研究所巴音布鲁克高寒草原生态定位站和新疆农业大学草业与环境学院巴音布鲁克高寒草甸生态定位站，动态加强点分别设置在巴音布鲁克（大小尤尔都斯盆地）、阿尔金山自然保护区和昆仑山-帕米尔高原所在的农业农村部草原长期野外监测点（10~20个站点）。拟在高寒草甸布设80~120个主样地，100个辅助样地；高寒草原布设80~100个主样地，80个辅助样地；高寒荒漠布设50~75个主样地，50个辅助样地。本地区大部分属于无人区，因此主样地和辅助样地布设采用空间网格法，均匀布设，适当考虑交通的便利性。

表 26 新疆草地主要类型、荒漠化类型及分布状况

草地类型	面积/比例 ($10^4 hm^2$，%)	土壤类型	气候类型	群落特征	分布区域
温性草甸草原类	116.60/ 2.04	黑钙土、（暗）栗钙土	半湿润气候	主要种有针茅 Stipa sp.、羊茅 Festuca sp.、早熟禾 Poa sp.、金丝桃叶绣线菊 Spiraea hypericifolia、铁杆蒿 Artemisia gmelinii、苔草 Carex sp.、紫花鸢尾 Iris ruthenica 等，群落高度 30~40cm，盖度 60%~70%，鲜草产量 3510~4560kg/hm²	阿尔泰山西 1400~1700m，东 1700~2000m，准噶尔西部山地西、北坡 1600~1800m，东、南坡 2100~2500m，天山北坡中、西部 1800~2100m，东 2200~2800m，天山南坡 2600~2800m
温性草原类	480.77/ 8.40	栗钙土	半干旱气候	主要种有羊茅、针茅、冷蒿 Artemisia frigida、新疆亚菊 Ajania fastigiata、金丝桃叶绣线菊，群落高度 20~25cm，盖度 50%~60%，鲜草产量 2295kg/hm²	阿尔泰山西 1100~1600m，东 1200~1900m，准噶尔西山地西北坡 1200~1900m，东南坡 1400~2000m，天山北坡西 1100~1600m，中 1400~2000m 的中低山带，天山南坡 2400~3000m
温性荒漠草原类	629.86/ 11.00	栗钙土、棕钙土	干旱、半干旱气候	主要种有针茅、绢蒿 Seriphidium sp.、小蓬 Nanophyton erinaceum、短叶假木贼 Anabasis brevifolia、锦鸡儿、中麻黄 Ephedra intermedia 等，群落高度 10~30cm，盖度 15%~40%，鲜草产量 855~1200kg/hm²	北疆山前平原到中低山带，南疆则在中山和亚高山带
高寒草原类	433.19/ 7.57	高寒草原土	高寒、干旱气候	主要种有紫花针茅 S. purpurea、新疆银穗草 Leucopoaolgae、高山绢蒿 S. rhodanthum、垫状驼绒藜 Ceratoides compacta、硬叶苔草 C. moocroftii 等，群落高度 10~20cm，盖度 20%~40%，鲜草产量 450~1200kg/hm²	阿尔泰山、天山、昆仑山的亚高山和高山带以及帕米尔高原和阿尔金部西部高山区
温性草原化荒漠类	441.85/ 7.72	淡棕钙土、棕漠土	温带荒漠气候	主要种有绢蒿、合头草 Sympegma regelii、琵琶柴 Reaumuria soongarica、针茅、糙隐子草 Cleistogenes squarrosa 等，北疆地区还发育有短命和类短命植物，群落高度 10~40cm，盖度 20%~30%，鲜草产量 780~1425kg/hm²	准噶尔盆地沙漠边缘至阿尔泰山前倾斜平原，博乐、塔城和伊犁谷地上升至低山带，天山南坡 2000~2600m，昆仑山 2800~3000m

（续）

草地类型	面积/比例（10⁴hm²，%）	土壤类型	气候类型	群落特征	分布区域
温性荒漠类	2133.19/37.26	棕漠土、盐土	温带荒漠气候	主要种有梭梭 Haloxylon sp.、沙拐枣 Calligonum mongolicum、柽柳 Tamarix sp.、麻黄 Ephedra sp.、霸王 Zygophyllum sp.、驼绒藜 k. sp.、假木贼 Anabasis sp.、猪毛菜 Salsola sp. 等，群落盖度 5%~30%、产草量（鲜草）达 450~1410kg/hm²	准噶尔盆地中部及山前洪积~冲积平原、博乐、塔城和伊犁谷地、塔里木盆地边缘及山前倾斜平原上部，山地类型位于除阿尔泰外的各大山体基带
高寒荒漠类	111.75/1.95	高寒荒漠土	气候高寒、干旱、多风	主要种有高山绢蒿、驼绒藜、西藏亚菊（A. tibetica）、短花针茅（S. breviflora）等，群落高度 5~10cm，盖度 5%~10%、鲜草产量 150~310kg/hm²	帕米尔高原、昆仑山内部山原、库木库里盆地西部山原、阿尔金部高山区
低平地草甸类	688.58/12.03	草甸土、盐化荒漠化草甸土	气候类型与温性荒漠类似	主要种有芦苇 Phragmites australis、芨芨草 Achnatherum splendens、甘草 Glycyrrhiza uralensis、苦豆子 Sophora alopecuroides、骆驼刺 Alhagipsuedalhagi、花花柴 Karelinia caspica 等，群落高度 50~100cm、盖度 60%~80%、鲜草产量 2640~7755kg/hm²	全疆所有盆湖、低山河谷、大河流域及准噶尔、塔里木、吐鲁番、哈密、焉耆、拜城盆地、伊犁各地的河漫滩、宽谷地、湖滨周围，盆湖和沙丘间连地
山地草甸类	287.06/5.01	山地/亚高山草甸土	气候湿润、凉爽	主要种有无芒雀麦 Bromus inermis、新疆披碱草 Elymussinkiangensis、老鹳草 Geranium sp.、橐吾 Ligularia sp.、糙苏 Phlomis sp.、地榆 Sanguisorba officinalis、珠芽蓼 Polygonum viviparum 等，高草群落高度 50~85cm，低草高度 20~30cm，盖度 80%~100%、鲜草产量 3450~6375kg/hm²	阿尔泰山西 1500~2100m、中 1600~2400m、东 1700~2600m、准噶尔西部山地 1600~2800m、天山北坡西 1600~2600m、中 1600~2800m，天山南坡中部 2600~2800m 的疏林地带分布
高寒草甸类	376.37/6.57	高寒草甸土	夏季湿润凉爽、冬季严寒	主要种有嵩草 Kobresia sp.、苔草、羽衣草 Alchemilla、高山早熟禾 P. alpina、新疆方枝柏 Juniperus pseudosabina C. jubata 等，群落高度 10~15cm、盖度 80%~90%、鲜草产量 2310~3150kg/hm²	阿尔泰山西 2500~3000m、东 2600~3100m、准噶尔西部山地 2500~3100m、天山北坡西 2700~3400m、中部 2600~3200m、东 2600~3400m 的高山带、天山南坡 2800~3600m、中、西昆仑山 3800~4200m
合计	5699.22/99.54				

调查路线分为3条：(1)巴音布鲁克(大小尤尔都斯盆地)高寒草原、高寒草甸调查路线；(2)昆仑山-帕米尔高原高寒草原、高寒荒漠调查路线；(3)阿尔金山自然保护区高寒荒漠、高寒草原调查路线。

4.4 山地草地类型(包括亚高山草甸、山地草甸、山地草甸草原、山地草原、荒漠化草原——山地部分)调查方案

山地草地类型调查时间在6月下旬至8月中旬。调查样方面积为1m×1m。灌草丛按规范其他规定执行。山地草地类型的地面调查主要依托阿尔泰山、准噶尔西部山地、伊犁河谷、天山北坡和天山南坡等区域。长期定位观测点依托中国科学院新疆生态与地理研究所新源山地草甸生态定位站、新疆农业大学草业与环境学院乌鲁木齐县谢家沟山地草地生态定位站、新疆农业大学草业与环境学院昭苏县山地草甸草原生态定位站、新疆畜科院草原研究所昌吉州昌吉市山地草地生态定位站、石河子大学紫泥泉种羊场山地草地生态定位站、塔里木大学阿克苏托木尔峰山地草地生态定位站。动态加强点分别设置在阿尔泰山、准噶尔西部山地、伊犁河谷、天山北坡和天山南坡农业农村部草原长期野外监测点(150~200个站点)。拟在山地草甸布设150~200个主样地，150个辅助样地；温性草甸草原布设80~100个主样地，80个辅助样地；温性草原布设125~175个主样地，125个辅助样地。因为本地区大部分属于放牧区或打草场，主样地和辅助样地布设采用放牧/割草利用强度梯度(或者退化程度)设置，需要确保梯度之间的差异明显，最好有未退化样地，均匀布设，适当考虑交通的便利性。

调查路线分为5条：①阿尔泰山山地草甸、温性草甸草原、温性草原、温性荒漠草原调查路线；②准噶尔西部山地草甸、温性草甸草原、温性草原、温性荒漠草原调查路线；③伊犁河谷山地草甸、温性草甸草原、温性草原、温性荒漠草原调查路线；④天山北坡山地草甸、温性草甸草原、温性草原、温性荒漠草原调查路线；⑤天山南坡温性草甸草原、温性草原、温性荒漠草原、温性草原化荒漠调查路线。

4.5 荒漠草地类型(包括平原荒漠和山地荒漠)调查方案

荒漠草地类型调查时间在5月中旬至6月中旬，8月中旬至9月上旬。调查样方面积为1m×1m。灌草丛按规范其他规定执行。荒漠草地类型的地面调查主要依托准噶尔盆地平原荒漠草地区和环塔里木盆地-吐鲁番、哈密盆地平原荒漠草地区。长期定位观测点依托中国科学院新疆生态与地理研究所阜康、策勒、莫索湾生态定位站和新疆农业大学草业与环境学院呼图壁县盐化草地生态定位站。动态加强点分别设置在准噶尔盆地平原荒漠草地区和环塔里木盆地-吐鲁番、哈密盆地平原荒漠草地区农业农村部草原长期野外监测点(100~150个站点)。拟在温性荒漠布设150~200个主样地，150个辅助样地；低平地草甸布设80~100个主样地，80个辅助样地。因为本地区大部分属于放牧区或打草场，主样地和辅助样地布设采用放牧/割草利用强度梯度(或者退化程度)设置，需要确保梯度之间的差异明显，最好有未退化样地，均匀布设，适当考虑交通的便利性。

调查路线分为2条：①准噶尔盆地平原荒漠草地区温性荒漠、低平地草甸调查路线；②环塔里木盆地-吐鲁番、哈密盆地平原荒漠草地区温性荒漠、低平地草甸调查路线。

5. 遥感及其他新技术在草地碳储量及固碳潜力的应用

5.1 地面验证规范及模型

5.1.1 地面验证规范（参考）

①草原资源遥感监测地面布点与样方测定技术规范（DB51/T ×××××-×××）；

②可持续草地管理温室气体减排计量与监测方法学（AR-CM-004-V01）。

5.1.2 地面验证模型

①DNDC 模型；

②DAYCENT 模型。

5.2 遥感监测模型方法

5.2.1 遥感数据源

5.2.2 遥感模型

①CASA 模型；

②BIOME-BGC 模型；

③TEM 模型；

④土壤碳密度估算模型；

⑤GPP/NPP 直接估算模型。

5.3 草地碳库估算质量评价

5.4 遥感碳库估算新技术、新方法

5.4.1 地面碳通量监测技术

（1）碳通量塔；

（2）光合测定及密闭式箱法。

5.4.2 无人机遥感技术

6. 附表

附表 1　样地信息调查表

样地名称（编号）：　　　　　　　　　　　　　　　　　　　　　　　　　　　样地类型（主、辅）：

景观照片编号：　　　　　　　　　　　　　　　　　　　　　　　　　　　年　　月　　日记录人：

地理位置	经度 E		纬度 N		海拔 H	
行政区划位置	州（市）		县（团）		乡（　）	
地形地貌	大尺度地貌	山地（　）	丘陵（　）	高原（　）	平原（　）	盆地（　）
	坡向	阳坡（　）	半阳坡（　）	半阴坡（　）	阴坡（　）	
	坡位	坡顶（　）	坡上部（　）	坡中部（　）	坡下部（　）	坡脚（　）

（续）

土壤类型	暗棕壤（　）	黑钙土（　）	棕壤（　）	黑垆土（　）	棕或灰钙土（　）
	灰棕漠土（　）	草甸土（　）	盐碱土（　）	石灰土（　）	火山灰土（　）
	风沙土（　）	黑土（　）			
草地类	温性草甸草原（　）	温性草原（　）	温性荒漠草原（　）	温性草原化荒漠（　）	温性荒漠（　）
	山地草甸（　）	低平地草甸（　）	高寒草甸（　）	高寒草原（　）	高寒荒漠（　）
植物群落名称					
地表特征	凋落物	无（　）	极少（　）	较少（　）	多（　）	极多（　）
	立枯	有（　）	无（　）			
	砾石	无（　）	极少（　）	较少（　）	多（　）	极多（　）
	覆沙	无（　）	极少（　）	较少（　）	多（　）	极多（　）
	风蚀	无（　）	极少（　）	较少（　）	多（　）	极多（　）
	水蚀	无（　）	极少（　）	较少（　）	多（　）	极多（　）
	盐碱斑	无（　）	极少（　）	较少（　）	多（　）	极多（　）
	裸地面积比例（　）%					
虫鼠害发生状况	虫害					
	鼠害					
利用方式	全年放牧（　）	冷季放牧（　）	暖季放牧（　）	春秋放牧（　）	打草场（　）
	禁牧（　）	其他（　）			
利用强度	未利用（　）	轻度（　）	中度（　）	重度（　）	极重（　）
土壤剖面照片编号					
土壤剖面描述	发生层名称					
	土层厚度（cm）					
	土层间过渡明显程度					
	土层间过渡形式					
剖面素描		备注			

　　[样地名称]（记载号码）：以县团为单位，按工作顺序依次编排样地号，便于以后查找和永久保存。样地编号为三位数，如昭苏县-001，代表昭苏县一号样地。

　　[样地类型]：调查样地是主样地还是辅助样地。

　　[景观照编号]：对能够反映样地在空间尺度范围所包含的视觉景象进行拍照，将该照片按照样地号重新命名编号，并保存提交，照片编号填入表格中。

　　[记录人]：填表人姓名。

　　[调查日期]：按实际日期填写。格式为20××年××月××日。

[地理位置]：使用 GPS 确定样地所在的经纬度，海拔高度。经纬度统一用度分格式，例如，某样地 GPS 定位为 E115°04.445′，N42°27.998′，海拔 990m。请保存 GPS 设备中的样地和途经路线定位数据以便提交。

[行政区划位置]：按样地所在行政区的完整行政名称填写。州市、县团、尽量细化到乡(镇)、村(连队)。

[地形地貌]：地貌通常分为山地、丘陵、高原、平原和盆地 5 种类型，各种地貌类型的判断依据如下：山地：按海拔高度、相对高度和坡度的差别，分为高山、中山和低山。高山-海拔高度超过 3000m，相对高度在 1000m 以上，山势陡峭。中山-海拔高度为 1000~3000m，相对高度为 500~1000m。低山-海拔高度为 500~1000m，相对高度为 200~500m，山坡较为平缓，与丘陵常无明显界限。

丘陵：海拔高度<500m，相对高度<200m，丘顶平缓而小，坡度较小，坡地面积大，坡麓向邻近平原过渡，界线不明显。

高原：海拔一般在 1000m 以上、面积广大、地形开阔、周边以明显的陡坡为界、比较完整的大面积隆起地区称为高平原(包括海拔高度接近 1000m 的平原)。

平原：在视野范围内(30~50km)，高差很小的广阔的平坦地面，海拔一般在 200m 以下，相对高差在 50m 左右。

盆地：四周围被山地环绕，中间地势低平，似盆状地貌。

[坡向]：分为阳坡(南坡)、半阳坡(西坡)、半阴坡(东坡)、阴坡(北坡)。此项在地形地貌为山地或丘陵时填写。

[坡位]：分坡顶、坡上部、坡中部、坡下部、坡麓，此项在地形地貌为山地或丘陵时填写。

[坡度]：用罗盘仪测量得到，单位为°。

[土壤类型]：主要分为黑土、暗棕壤、黑钙土、栗钙土、棕壤、黑垆土、棕或灰钙土、风沙土、灰棕漠土、草甸土、盐碱土、石灰土、火山灰土。

[草地类]：主要填写草原分类系统中的第一级——类。具有相同水热大气候带特征和植被特征，具有独特地带性的草原，或具有广域分布的隐域性特征的草原，各类之间的自然特征和经济利用特性有质的差异。包括温性草甸草原、温性草原、温性荒漠草原、温性草原化荒漠、温性荒漠、山地草甸、低平地草甸、高寒草甸、高寒草原、高寒荒漠等。

[植物群落名称]：采用组成草原植被的优势种、亚优势种等内容来描述草原植被组成特征。植被组成中作用最大、优势度最高的植物种为优势种，草场型名称的确定可采用直观法优势种命名，或用高度、盖度、频度和产量计算优势度，综合命名优势种。

[地表特征]：包括凋落物、立枯、砾石、覆沙、侵蚀等地面状况。

凋落物：指掉落的茎、叶片以及部分已腐烂的物质。

立枯：指未脱离原植株体的枯枝枯叶。计算样地内的立枯体占绿色植株体的比例。

砾石：风化岩石经水流长期搬运而成的粒径为 2~60mm 的天然粒料。用砾石覆盖面积/样地面积的比值表示，没有砾石覆盖为无，比值<5%为极少，比值<15%为较少，比值<30%为较多，比值>30%为极多。

覆沙：主要指由于风积作用使表层土壤从一地移到另一地后在地表造成的沙土堆积。用覆沙厚度和覆沙面积/样地面积的比值表示，没有覆沙为无；有 5%的面积覆沙现象为极少，厚度在 0.5cm 以下；有 15%的面积覆沙现象为少，厚度在 0.5cm 以下；有 25%的面积覆沙现象为较多，厚度在 0.5cm 以下；有 25%以上的面积覆沙现象为极多，厚度在 0.5cm 以上。

风蚀：地表松散物质被风吹扬或搬运的过程，以及地表受到风吹起颗粒的磨蚀作用。用风蚀面积/样地面积的比值表示，没有风蚀为无；比值<5%为极少；比值<15%为较少；比值<30%为较多；比值>30%为极多。

水蚀：由于大气降水，尤其是降雨所导致的侵蚀过程及其一系列土壤侵蚀形式称为水力侵蚀。用水蚀面积/样地面积的比值表示，没有水蚀为无；比值<5%为极少；比值<15%为较少；比值<30%为较多；比值>30%为极多。

裸地面积比例：未与植物基部相接触，且未被粪便、石块或凋落物覆盖的地表面积占样地面积的比例。

运用目测法，结合经验判断填写。也可利用无人机进行拍摄，利用 Photoshop 等软件进行计算获得。

[虫鼠害状况]：鼠害：草原鼠类的危害等级涉及草原害鼠种群密度、植被类型、植被生产力、草场载畜量，以及鼠害承载面积等多项指标。没有鼠类危害的为无；有鼠类活动或活动痕迹，但对草原生产力、植物多样性和水土流失无影响为极少；鼠类活动痕迹明显，但害鼠数量低于控制指标为较少；鼠类活动痕迹明显，害鼠数量约等于控制指标为较多；草原植被已经出现因鼠类造成的明显损失，草原生产力明显下降，出现荒漠化现象为极多。

虫害：草原虫类的危害等级涉及草原害虫种群密度、植被类型、植被生产力、草场载畜量，以及虫害承载面积等多项指标。没有虫类的危害为无；有虫类活动或活动痕迹，但对草原生产力、植物多样性和草原荒漠化无影响为极少；

虫类活动痕迹明显，但害虫数量低于控制指标为较少；虫类活动痕迹明显，害虫数量约等于控制指标为较多；草原植被已经出现因虫类造成的明显损失，草原生产力明显下降，出现荒漠化现象为极多。

[利用方式]：通过对当地牧民或专业人员的访问获得。全年放牧：全年放牧利用。冷季放牧：北方一般指冬季和春季放牧。暖季放牧：牧草生长季节放牧。春秋放牧：春季和秋季放牧。禁牧：全年不放牧。打草场：指用于刈割的非放牧草地。其他：除以上方式的综合形式，或特殊放牧方式。

[利用强度]：指草原上家畜放牧对草原植被的利用程度。未利用：指没有被放牧或打草利用的草原。轻度利用：放牧较轻，对草地没有造成损害，草地无退化迹象，生长发育状况良好。中度利用：草畜基本平衡，植物生长状况优良。重度利用：草原家畜超载幅度小于30%，草地有退化迹象，群落的高度盖度下降，多年生牧草比例减少不明显。极重度利用：草原家畜超载幅度大于30%，草原退化现象严重，草群高度盖度明显下降，优良牧草比例明显减少，一年生或者有害植物增加。

[发生层名称]：土壤发生层主要分成有机层(O)、腐殖质层(A)、淋溶层(E)、淀积层(B)、母质层(C)和母岩(R)等6个。主要发生层的鉴别(见图1)：

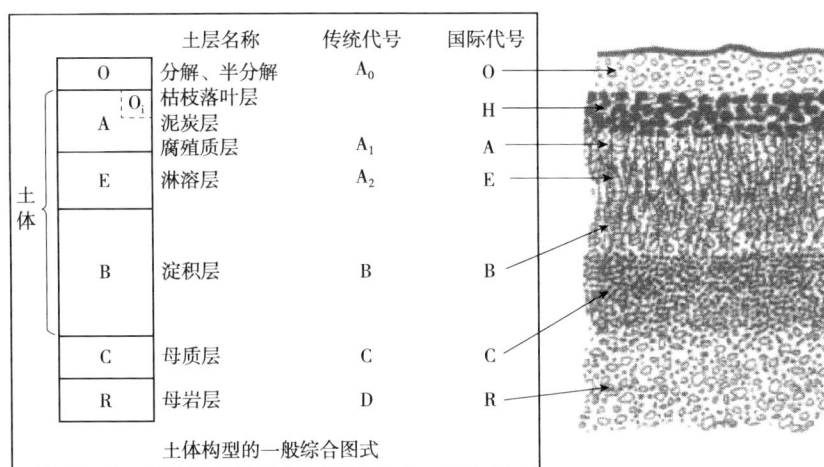

图1　土壤发生层及代号

O层：指以土壤中由枯落物形成的未分解的或不同程度分解的有机质层。它可以位于矿质土壤的表面，也可被埋藏于一定深度。

A层：形成于表层或位于O层之下的矿质发生层。土层中混有有机物质，或具有因耕作、放牧或类似的扰动作用而形成的土壤性质。它不具有B、E层的特征。

E层：硅酸盐黏粒、铁、铝等单独或一起淋失，石英或其他抗风化矿物的沙粒或粉粒相对富集的矿质发生层。E层一般接近表层，位于O层或A层之下，B层之上。有时字母E不考虑它在剖面中的位置，而表示剖面中符合上述条件的任一发生层。

B层：在上述各层的下面，并具有下列性质：①硅酸盐黏粒、铁、铝、腐殖质、碳酸盐、石膏或硅的淀积；②碳酸盐的淋失；③残余二、三氧化物的富集；④有大量二、三氧化物胶膜，使土壤亮度较上、下土层低，彩度较高，色调发红；⑤具粒状、块状或棱柱状结构。

C层：母质层。多数是矿质层，但有机的湖积层也划为C层。

R层：即坚硬基岩，如花岗岩、玄武岩、石英岩或硬结的石灰岩、砂岩等都属坚硬基岩。

[土层厚度]：用卷尺测量各发生层的厚度。

[土层间过渡明显程度]：A突然过渡——过渡层厚度小于2cm；B明显过渡——过渡层厚度处于2~5cm；C逐渐过渡——过渡层厚度处于5~12cm；D模糊过渡——过渡层厚度大于12cm。

[土层过渡形式]：A平整过渡——过渡层呈水平或接近水平；B波状过渡——过渡层形成凹陷，其宽度超过深度；C不规则过渡——土层间过渡形成凹陷，其宽度没有超过深度；D局部穿插型过渡——土层间过渡出现中断现象。

附表 2　草本不分种地上生物量调查表

样地名称(编号)：　　　　　　　　　　样方面积：　　　　　　　　　年　月　日记录人：

样方号	植物名称	总盖度(%)	平均高度(cm)	活体生物量(g)			凋落物生物量(g)			半分解层量(g)			备注
				总鲜重	烘前鲜重	烘后干重	总鲜重	烘前鲜重	烘后干重	总鲜重	烘前鲜重	烘后干重	

[样方面积]：选取样方的实际面积，注明样方的长、宽，例如，1m×1m。

[活体生物量]：将样方内的植物分种齐地面剪下的生物量，数据精确到小数点后 2 位。

[凋落物生物量]：地表枯枝落叶和立枯物，数据精确到小数点后 2 位。

[半分解层量]：发生明显分解的破碎程度较大的凋落物残体，数据精确到小数点后 2 位。

[总鲜重]：指样方内所有生物量的鲜重，数据精确到小数点后 2 位。

[烘前鲜重]：指样方内置于烘箱中的样品鲜重，因为有些样方样品总鲜重过大，只需取其中部分置于烘箱中烘干，数据精确到小数点后 2 位。

[烘后鲜重]：指置于烘箱中 65℃烘干至恒重的样品重量，数据精确到小数点后 2 位。

附表3　草本分种样方地上生物量(含凋落物)调查表

样地名称(编号)：　　　　　　　　　　　样方号：　　　　　　　　　　　总盖度(%)：

平均高度(cm)：　　　　　　　　　　　样方面积：　　　　　　　　　年　月　日记录人：

物种名称	株(丛)平均高度(cm)					株(丛)数	活体生物量(g)		备注
	1	2	3	4	5		烘前鲜重	烘后干重	

[植物名称]：参照《中国植物志》正确命名样方内的植物名称。为方便外业操作可以先使用植物的中文名、地方名，来分别记载样方内中文名称，回室内再补拉丁名称。

附表4 灌木分种地上生物量调查表

样地名称（编号）： 样方号： 总盖度（%）：

物种名称： 样方面积： 年 月 日记录人：

株（丛）编号							
高度（cm）							
冠幅（cm）	长						
	宽						
采样比例（%）							
叶片（g）	总鲜重						
	烘前鲜重						
	烘后干重						
新生枝（g）	总鲜重						
	烘前鲜重						
	烘后干重						
老龄枝（g）	总鲜重						
	烘前鲜重						
	烘后干重						
凋落物（g）	总鲜重						
	烘前鲜重						
	烘后干重						
备注							

［采样比例］：指采样占整株生物量的比例，例如，1/1，1/2，1/4。

［叶片生物量］：将每株（丛）的叶片摘下，称量鲜重、烘干重，数据精确到小数点后2位。

［新生枝生物量］：将每株（丛）枝条中当年生长的部分剪下，称量鲜重、烘干重，数据精确到小数点后2位。

［老龄枝生物量］：将每株（丛）枝条中一年以上的部分剪下，称量鲜重、烘干重，数据精确到小数点后2位。

［凋落物生物量］：灌木分种样方内的所有灌木凋落物，如果每个样方的凋落物过多，可以在灌木分种样方内随机设置3个1m×1m的小样方，收集小样方内的所有凋落物，烘干后称重，数据精确到小数点后2位。

附表5 按深度土壤容重和pH值测定记录表

样地名称（编号）： 环刀直径（cm）： 环刀高度（cm）：

年 月 日记录人：

样地编号	土层深度（cm）	环刀编号	环刀重（g）	环刀+土壤干重（g）	pH值	备注
	0~5					
	5~10					
	10~20					
	20~30					
	30~50					
	50~70					
	70~100					

（续）

样地编号	土层深度（cm）	环刀编号	环刀重（g）	环刀+土壤干重（g）	pH 值	备注
	0~5					
	5~10					
	10~20					
	20~30					
	30~50					
	50~70					
	70~100					
	0~5					
	5~10					
	10~20					
	20~30					
	30~50					
	50~70					
	70~100					
	0~5					
	5~10					
	10~20					
	20~30					
	30~50					
	50~70					
	70~100					

附表 6　按深度土壤砾石含量测定记录表

样地名称（编号）：　　　　　　　　环刀直径（cm）：　　　　　　　　环刀高度（cm）：

年　月　日记录人：

样地编号	土层深度（cm）	环刀编号	土壤体积 V_1（cm³）	土壤鲜重（g）	砾石体积 V_2（cm³）		砾石重（g）	备注
					H_1	H_2		
	0~5							
	5~10							
	10~20							
	20~30							
	30~50							
	50~70							
	70~100							

（续）

样地编号	土层深度（cm）	环刀编号	土壤体积 V_1（cm³）	土壤鲜重（g）	砾石体积 V_2（cm³）		砾石重（g）	备注
					H_1	H_2		
	0~5							
	5~10							
	10~20							
	20~30							
	30~50							
	50~70							
	70~100							
	0~5							
	5~10							
	10~20							
	20~30							
	30~50							
	50~70							
	70~100							
	0~5							
	5~10							
	10~20							
	20~30							
	30~50							
	50~70							
	70~100							

附表7 草本根系生物量调查记录表

样地名称（编号）：　　　　　　　　　　　　　　　　　　　　　年　月　日记录人：

样方编号	土层深度（cm）	根系生物量烘干重（g）	备注
	0~5		
	5~10		
	10~20		
	20~30		
	30~50		
	50~70		
	70~100		

（续）

样方编号	土层深度（cm）	根系生物量烘干重（g）	备注
	0~5		
	5~10		
	10~20		
	20~30		
	30~50		
	50~70		
	70~100		
	0~5		
	5~10		
	10~20		
	20~30		
	30~50		
	50~70		
	70~100		
	0~5		
	5~10		
	10~20		
	20~30		
	30~50		
	50~70		
	70~100		
	0~5		
	5~10		
	10~20		
	20~30		
	30~50		
	50~70		
	70~100		

附表8　灌木分种整株调查记录表

样地名称（编号）：　　　　　　　　　　　　　　　　　　　　　　　　　物种名称：

　年　月　日记录人：

个体编号	高度（cm）	根系生物量（g）			备注
		总鲜重	烘前鲜重	烘后干重	
编号：	叶片				
分级	新生枝				
大（　）	老龄枝				
中（　）	0~5				
小（　）	5~10				
冠幅长（cm）	10~20				
	20~30				
冠幅宽（cm）	30~50				
	50~70				
株丛高（cm）	70~100				
	>100				
编号：	叶片				
分级	新生枝				
大（　）	老龄枝				
中（　）	0~5				
小（　）	5~10				
冠幅长（cm）	10~20				
	20~30				
冠幅宽（cm）	30~50				
	50~70				
株丛高（cm）	70~100				
	>100				
编号：	叶片				
分级	新生枝				
大（　）	老龄枝				
中（　）	0~5				
小（　）	5~10				
冠幅长（cm）	10~20				
	20~30				
冠幅宽（cm）	30~50				
	50~70				
株丛高（cm）	70~100				
	>100				

附表9 按深度分层土壤和草本根系含碳量测定记录表

样地名称(编号):　　　　　　　　　　　　　　　　　　　　　　使用方法:

仪器:　　　　　　　　　　　　　　　　　　　　　　　　　年　月　日记录人:

样方编号	土层深度（cm）	土壤含碳量			草本根系含碳量		
		称量干重(g)	测量值	全碳含量(%)	称量干重(g)	测量值	全碳含量(%)
	0~5						
	5~10						
	10~20						
	20~30						
	30~50						
	50~70						
	70~100						
	0~5						
	5~10						
	10~20						
	20~30						
	30~50						
	50~70						
	70~100						
	0~5						
	5~10						
	10~20						
	20~30						
	30~50						
	50~70						
	70~100						
	0~5						
	5~10						
	10~20						
	20~30						
	30~50						
	50~70						
	70~100						

附表 10　草本不分种样方地上生物量含碳量记录表

样地名称(编号)：　　　　　　　　　　　　　　　　　　　　　　使用方法：

仪器：　　　　　　　　　　　　　　　　　　　　　　　　　年　　月　　日记录人：

样方编号	样方种类	称量干重(g)	测量值	全碳含量(%)	备注
	活体				
	凋落物				
	半分解层				
	活体				
	凋落物				
	半分解层				
	活体				
	凋落物				
	半分解层				
	活体				
	凋落物				
	半分解层				
	活体				
	凋落物				
	半分解层				
	活体				
	凋落物				
	半分解层				
	活体				
	凋落物				
	半分解层				
	活体				
	凋落物				
	半分解层				
	活体				
	凋落物				
	半分解层				
	活体				
	凋落物				
	半分解层				

附表 11　灌木分种地上生物量含碳量测定记录表

样地名称(编号)：　　　　　　　　　　　样方号：　　　　　　　　　　　物种名称：

仪器：　　　　　　　　　　　　　　　　　　　　　　　　　　　　　年　月　日记录人：

株(丛)编号	枝条			凋落物		
	称量干重(g)	测量值	全碳含量(%)	称量干重(g)	测量值	全碳含量(%)

附表12 灌木分种整株含碳量测定记录表

样地名称(编号)：   物种名称：

年   月   日记录人：

个体编号	深度(cm)	根系			备注
		称量干重(g)	测量值	全碳含量(%)	
	新生枝				
	老龄枝				
	0~5				
	5~10				
	10~20				
	20~30				
	30~50				
	50~70				
	70~100				
	>100				
	新生枝				
	老龄枝				
	0~5				
	5~10				
	10~20				
	20~30				
	30~50				
	50~70				
	70~100				
	>100				
	新生枝				
	老龄枝				
	0~5				
	5~10				
	10~20				
	20~30				
	30~50				
	50~70				
	70~100				
	>100				

附表13　按深度分层土壤和草本根系含氮量测定记录表

样地名称(编号)：　　　　　　　　　　　　　　　　　　　　　使用方法：

仪器：　　　　　　　　　　　　　　　　　　　　　　　　　年　月　日记录人：

样方编号	土层深度（cm）	土壤含氮量			草本根系含氮量		
		称量干重(g)	测量值	全氮含量(%)	称量干重(g)	测量值	全氮含量(%)
	0~5						
	5~10						
	10~20						
	20~30						
	30~50						
	50~70						
	70~100						
	0~5						
	5~10						
	10~20						
	20~30						
	30~50						
	50~70						
	70~100						
	0~5						
	5~10						
	10~20						
	20~30						
	30~50						
	50~70						
	70~100						
	0~5						
	5~10						
	10~20						
	20~30						
	30~50						
	50~70						
	70~100						

附表 14　草本不分种样方地上生物量含氮量记录表

样地名称(编号)：　　　　　　　　　　　　　　　　　　　　　　　使用方法：

仪器：　　　　　　　　　　　　　　　　　　　　　　　　　　年　　月　　日记录人：

样方编号	样方种类	称量干重(g)	测量值	全氮含量(%)	备注
	活体				
	凋落物				
	半分解层				
	活体				
	凋落物				
	半分解层				
	活体				
	凋落物				
	半分解层				
	活体				
	凋落物				
	半分解层				
	活体				
	凋落物				
	半分解层				
	活体				
	凋落物				
	半分解层				
	活体				
	凋落物				
	半分解层				
	活体				
	凋落物				
	半分解层				
	活体				
	凋落物				
	半分解层				
	活体				
	凋落物				
	半分解层				

附表 15　灌木分种地上生物量含氮量测定记录表

样地名称(编号)：　　　　　　　　　　　样方号：　　　　　　　　　　　物种名称：

使用方法：　　　　　　　　　　　仪器：　　　　　　　　　　　年　月　日记录人：

株(丛)编号	枝条			凋落物		
	称量干重(g)	测量值	全氮含量(%)	称量干重(g)	测量值	全氮含量(%)

附表16 灌木分种整株含氮量测定记录表

样地名称(编号)：　　　　　　　　　　　　　　　　　　　　物种名称：

年　月　日记录人：

个体编号	深度(cm)	根系			备注
		称量干重(g)	测量值	全氮含量(%)	
	新生枝				
	老龄枝				
	0~5				
	5~10				
	10~20				
	20~30				
	30~50				
	50~70				
	70~100				
	>100				
	新生枝				
	老龄枝				
	0~5				
	5~10				
	10~20				
	20~30				
	30~50				
	50~70				
	70~100				
	>100				
	新生枝				
	老龄枝				
	0~5				
	5~10				
	10~20				
	20~30				
	30~50				
	50~70				
	70~100				
	>100				

附表 17　按深度分层土壤和草本根系含磷量测定记录表

样地名称(编号)：　　　　　　　　　　　　　　　　　　　　　　使用方法：

仪器：　　　　　　　　　　　　　　　　　　　　　　　　　　　年　月　日记录人：

样方编号	土层深度（cm）	土壤含磷量			草本根系含磷量		
		称量干重(g)	测量值	全磷含量(%)	称量干重(g)	测量值	全磷含量(%)
	0~5						
	5~10						
	10~20						
	20~30						
	30~50						
	50~70						
	70~100						
	0~5						
	5~10						
	10~20						
	20~30						
	30~50						
	50~70						
	70~100						
	0~5						
	5~10						
	10~20						
	20~30						
	30~50						
	50~70						
	70~100						
	0~5						
	5~10						
	10~20						
	20~30						
	30~50						
	50~70						
	70~100						

附表 18　草本不分种样方地上生物量含磷量记录表

样地名称(编号)：　　　　　　　　　　　　　　　　　　　　　　　　　　使用方法：

仪器：　　　　　　　　　　　　　　　　　　　　　　　　　　　　年　　月　　日记录人：

样方编号	样方种类	称量干重(g)	测量值	全磷含量(%)	备注
	活体				
	凋落物				
	半分解层				
	活体				
	凋落物				
	半分解层				
	活体				
	凋落物				
	半分解层				
	活体				
	凋落物				
	半分解层				
	活体				
	凋落物				
	半分解层				
	活体				
	凋落物				
	半分解层				
	活体				
	凋落物				
	半分解层				
	活体				
	凋落物				
	半分解层				
	活体				
	凋落物				
	半分解层				
	活体				
	凋落物				
	半分解层				

附表 19 灌木分种地上生物量含磷量测定记录表

样地名称(编号):　　　　　　　　　　样方号:　　　　　　　　　　物种名称:

使用方法:　　　　　　　　　　仪器:　　　　　　　　　年　月　日记录人:

株(丛)编号	枝条			凋落物		
	称量干重(g)	测量值	全磷含量(%)	称量干重(g)	测量值	全磷含量(%)

附表 20　灌木分种整株含磷量测定记录表

样地名称(编号)：　　　　　　　　　　　　　　　　　　　　　　　　　物种名称：

　年　月　日记录人：

个体编号	深度(cm)	根系			备注
		称量干重(g)	测量值	全磷含量(%)	
	新生枝				
	老龄枝				
	0~5				
	5~10				
	10~20				
	20~30				
	30~50				
	50~70				
	70~100				
	>100				
	新生枝				
	老龄枝				
	0~5				
	5~10				
	10~20				
	20~30				
	30~50				
	50~70				
	70~100				
	>100				
	新生枝				
	老龄枝				
	0~5				
	5~10				
	10~20				
	20~30				
	30~50				
	50~70				
	70~100				
	>100				

参考文献

吴征镒. 中国植被[M]. 北京: 科学出版社, 1980.

中华人民共和国农业部畜牧兽医司, 全国畜牧兽医总站. 中国草地资源[M]. 北京: 中国科学技术出版社, 1996.

陆地生态系统生物观测规范, 《中国生态系统研究网络(CERN)长期观测规范》丛书, 中国生态系统研究网络科学委员会, 北京: 中国环境科学出版社, 2007.

陆地生态系统土壤观测规范, 《中国生态系统研究网络(CERN)长期观测规范》丛书, 中国生态系统研究网络科学委员会, 北京: 中国环境科学出版社, 2007.

韩文军, 侯向阳. 气候变化与草原生态: 基于中蒙典型草原区野外调查研究[M]. 北京: 中国农业科技出版社, 2017.

裴厦, 刘春兰. 基于野外台站的典型生态系统服务流量过程研究[M]. 北京: 中国水利水电出版社, 2017.

陈佐忠, 汪诗平. 草地生态系统观测方法[M]. 北京: 中国环境科学出版社, 2004.

RAVINDRANATH NH, OSTWALD M. Carbon inventory methods. Handbook for greenhouse gas inventory, carbonmitigation and round wood production projects. In: Advances in global change research, vol. 29. Heidelberg: Springer, 2008.

ROBERTSON GP, COLEMAN DC, Bledsoe CS and Sollins P. Standard soil methods for long-term ecologicalresearch. NY, USA: Oxford University Press, 1999.

林草碳储量计算及评估指标规范

（三）植被碳储量遥感监测及评估规范

1. 总则

估算植被碳储量是近年全球抑制温室气体排放的研究热点之一。精确监测植被碳固定机制、碳循环时空变异规律等方面具有重要的科学和社会意义。目前，植被碳储量监测主要有 3 种方法：基于定位站点的生物量碳密度观测、基于通量塔观测数据的植被呼吸观测和基于遥感数据的植被碳储量反演。本章主要介绍基于遥感数据的反演植被碳储量的方法。目前，基于遥感数据的植被碳储量估算方法，能够快速宏观展现植被的碳储量，能够从定时监测转向连续监测，从静态监测转向动态监测，提高监测的现势性和时效性，实时或准实时地提供植被碳储量的数据。

新疆面积巨大，植被类型多样，空间异质性强，获取全疆植被碳储量数据的工作相对困难。虽然基于定位站的生物量碳密度观测的数据精度更高，但是这种观测也具有从点推广到面的误差，而且各种植被类型的面积还是遥感观测更加准确一些。新疆植被碳储量的遥感研究已经有较多成果，分别估算了多种植被类型的碳储量或生物量，例如，荒漠林、草原植被、阿勒泰泰加林等不同的植被类型，也取得了令人满意的结果。因此，在新疆推广应用遥感技术对碳储量调查意义重大。

2. 有关概念和原理

2.1 遥感估算植被生物量和碳储量的理论途径

碳吸收（Carbon Sequestration）是随着植物生长及其生物量的增加，植物利用光合作用从空气中吸收大量的二氧化碳并进行一系列的生化反应后，把大量的碳储存在植物体内，尽管在土壤、树干和大气之间存在着连续的碳交换过程，但仍有大量的碳贮存在植物叶片、木质部分和土壤养分中，这种碳被称作碳储量（Carbon storage）。

用遥感技术来估算植被生物量、碳储量，是指利用卫星影像数据，结合地面调查资料或地面临时样地资料，通过数学方法、物理模型将遥感图像各个波段反射率、衍生的植被指数、相关的冠层参数以及地形和气象等因子与实测的生物量、碳储量之间建立完整的数学模型，以此来对植被的生物量、碳储量进行遥感估算。生物量的遥感估算多利用红波段和近红外波段的组合即植被指数（Vegetation Indices）和叶面积指数（LAI）及植被覆盖度等的关系，推断出植被指数与生物量之间的关系进而求得生物量。有关的概念解释如下。

2.1.1　归一化植被指数（Normalized Difference Vegetation Index，NDVI）

遥感影像中，近红外波段的反射值与红光波段的反射值之差比上两者之和，是最常用的植被指数。虽然 NDVI 对土壤背景的变化较为敏感，但由于 NDVI 可以消除大部分与仪器定标、太阳角、地形、云阴影和大气条件有关辐照度的变化，增强了对植被的响应能力，是目前已有的 40 多种植被指数中应用最广的一种。

2.1.2　叶面积指数（Leaf Area Index，LAI）

叶面积指数，亦称叶面积系数，是指单位土地面积上植物叶片总面积占土地面积的倍数。它与植被的密度、结构（单层或复层）、树木的生物学特性（分枝角、叶着生角、耐阴性等)和环境条件(光照、水分、土壤营养状况)有关,是表示植被利用光能状况和冠层结构的一个综合指标。

2.1.3　光合有效辐射(Fraction of Absorbed Photosynthetically Active Radiation,FAPAR)

绿色植物进行光合作用过程中,吸收的太阳辐射中使叶绿素分子呈激发状态的那部分光谱能量。光合有效辐射是植物生命活动、有机物质合成和产量形成的能量来源。光合有效辐射是影响光合作用的关键因子,有助于碳循环和碳驱动机制的研究,其敏感性对全球气候系统有着重要的影响,而且它在不同的陆地生态系统模型中,都是重要的输入参数。

2.1.4　净生态系统生产力(Net Ecosystem Productivity,NEP)

一般是指净初级生产力中再减去异养生物(土壤)的呼吸作用所消耗的光合作用产物之后的部分,也即生态系统净初级生产力与异氧呼吸(土壤及凋落物)之差,表征了陆地与大气之间的净碳通量或碳储量的变化速率。

2.1.5　植被净初级生产力(Net Primary Production,NPP)

初级生产力又称净第一性生产力,即植物光合作用产物的总量减去呼吸作用过程中的消耗所剩余的产量。

2.2　遥感数据分类及其应用

2.2.1　遥感数据分类

目前的遥感数据可以按照物理性质分成 4 个大类,最主要的就是光学遥感数据,这一类还可以进一步分成全波段彩色相机光学遥感和多波段光学遥感。前一类只有一个全彩色波段,类似于电子照相机。第二类也称为多光谱或高光谱遥感数据,主要的特征是将整个光谱分成多个波段,每个波段都有对应的 CCD 相机接收信号,从而形成多波段数据,通过将不同波段的地物光谱信号进行数字处理可以提取出很丰富的信息,应用于表征地物的状况。高光谱就是将仪器可接收的光谱切分成更多窄条,以获取更加精细、数量更多的光谱波段,从而增强对地物的识别。第二种是微波遥感数据,通过监测卫星发射的电磁波信号的反射率可以分辨出地物的特征和状况,相对光谱信息,微波可以穿透云层、土壤表层和植被冠层,因而能够提供一些特殊的地物数据。第三种是热红外遥感数据,主要应用于地物热红外波段特征的信息的提取,对生物体有较好的反演。第四种是基于无人机平台的激光雷达数据,这种数据具有分辨率高,穿透性强,能够提取更加丰富的地物信息。

2.2.2　不同遥感数据的应用范围

光学遥感数据可以提供森林冠层的水平结构信息,从而估算叶面积指数和郁闭度等生态参数。合成孔径雷达对森林冠层具有一定穿透能力,可以获得表征森林冠层垂直结构的信息,用来估算树高和蓄积量等。无人机机载激光雷达技术可直接获取树木的三维结构信息,准确估算林分高度。将多种遥感数据融合可以充分发挥不同遥感技术优势,为估算植被生物量提供更加全面丰富的信息。

3. 基于遥感数据的植被碳储量计算方法

具体来说,利用遥感技术对生态系统生物量进行估算,就必须结合光谱信息与生物量建立某种具体联系，建立一种可靠的模型，以实现生物量的反推计算。目前，利用"3S"技术估测植被碳储量反演方法主要有：一是利用传统的光学遥感影像与新型微波遥感相结合的多源遥感数据建立直接统计估算模型；二是以非线性模型为主要方向的人工神经网络、支持向量机、随机森林算法估算模型；三是以遥感技术结合生态系统过程为主的基于生物和物理过程的机理模型。

3.1 数学统计分析法

多元回归分析可以解决一个因变量与多个自变量之间的数量关系问题，因而被广泛用于森林生物量的遥感估算研究。回归分析法直观易懂，且对遥感数据的处理技术要求相对较低，所以被众多研究学者用于对植被碳储量的估算。通过将遥感数据与地面观测数据构建某种数学统计模型来反演大面积的植被碳储量信息，特别是应用多源遥感数据，结合高程、坡度、坡向、纹理以及植被指数、叶面积指数等可以有效提高模型的精度。

3.2 非线性模型

包括神经网络、支持向量机、随机森林算法等多种非线性算法。构建遥感影像数据与植被样地生物量数据之间的非线性模型，可以获得比数学统计模型更好的精度，更好的区域可扩展性和不同植被类型的适应性。

3.3 机理模型

前人研究表明：基于样地实测数据建立遥感参数与生物量之间的回归关系模型是生物量反演的关键因素。但是这种基于地面实测与遥感光谱数据之间的多元回归模型存在生境因素的差异，导致生物量与遥感信息参数之间很难有一个统一的关系去解释相关性。因此，针对不同地区的植被类型，揭示其遥感信息变量与生态系统生物量之间的内在响应机制仍然仅存在于区域尺度。根据植物理化特征、生态学原理，通过对太阳能转化为化学能的过程、植物冠层蒸发散过程与光合作用相伴随的植物体及土壤水分散失的过程进行模拟，从而实现对陆地植被生产力的估算的机理模型应运而生。大部分机理模型都是针对NPP 的变化的，与植被碳储量直接相关。

3.3.1 机理模型分类及差异分析

常见的 NPP 估算模型可概括为 4 种：气候生产力模型（Miami 模型等）、光能利用率模型（CASA 模型和 CEVSA 模型）、生理生态过程模型（DNDC 模型、DAYCENT 模型、BI-OME-BGC 模型等）和生态遥感模型（土壤碳密度估算模型、GPP/NPP 直接估算模型）。

气候生产力模型实际上是基于统计的半经验模型，气候条件被认为是制约生态系统生产力的主要因素，通过大量植被生物量的实测数据和气候因子统计分析，建立 NPP 的估测统计模型。这类模型计算简单，可以直接用于气候变化对植被影响的研究中；然而，该模型考虑因素较少，缺乏严密的植物生理生态机制分析；同一模型对不同区域 NPP 估算精度差异较大。

生理生态过程模型是基于植物生长发育和个体水平动态的生理生态学模型和基于生态系统内部功能过程的仿真模型，是在均质斑块上模拟生态系统结构和功能变化的过程。所模拟的空间尺度小，忽略了空间异质性的影响。在景观和区域尺度的非均质空间上应用时，需要分别对均质斑块进行模拟，然后通过内插法把各网格点连接起来，从点扩展到面上。该类模型其优点是机理清楚，可与大气环流模式相耦合，缺点是过程模型比较复杂、模型运行所需参数太多并且难以获取，对于区域和全球估算中尺度转换相对困难，较难在大的空间尺度上推广应用。

生态遥感耦合模型将生理生态过程模型和遥感技术相结合，通过植被生态模型模拟和遥感数据的整合，实现了对区域及全球尺度上 NPP 空间分布及动态变化研究。NPP 的估算主要在单叶、冠层、生态系统或区域尺度上进行，单叶到冠层的尺度转换是基于干物质生产理论通过生理生态过程模型来实现；冠层到生态系统或区域的尺度转换则以叶面积指数(LAI)为桥梁实现。生态遥感耦合模型主要有以下两种整合方式：一是由光能利用率模型通过 LAI 与生理生态过程模型整合。二是基于生理生态过程模型通过 LAI 与遥感数据结合起来，如基于 FOREST-BGC 的生态学原理结合 LAI 发展起来的 BEPS(Boreal Ecosystem Productivity Simulator)模型，以及在此基础上发展起来的 InTEC 模型。生态遥感耦合模型具有明显优点：由遥感数据所获得的植被变化信息如 LAI 和土地覆盖类型能同时反映在 NPP 估算上；气候与环境要素能有机地结合在一起，考虑不同要素的空间异质性，模拟获得不同时间尺度上 NPP 的动态变化；随着人们对生态过程认识的深入和数据质量的改善，模型可以进一步改进和优化，使其成为陆地植被 NPP 估算模型发展的主要方向。进一步的比较见表 27。

表 27　陆地生态系统 NPP 估算模型的比较

模型类型	代表模型	优点	缺点	适用条件
气候生产力模型	Miami，Thomthwaite，Chichugo	①模型简单；②气候参数易获取	①生理生态机制不是很清楚；②估算结果以点代面；③估算误差较大，是一种潜在的 NPP	适用于区域潜在 NPP 的估算
生理生态模型	CENTURY，TEM，BIOME-BGC	①生理生态机制清楚；②可以模拟、预测全球变化对 NPP 的影响；③估算结果较准确	①模型复杂；②所需参数较多，而且难以获取；③区域尺度转换困难	适用于空间尺度小、均质斑块上的 NPP 估算
生态遥感耦合模型	BEPS，改进的 PEM 模型	①遥感数据在获取 NPP 空间分布时得到了有效利用；②具有模拟、预测功能，可以获得 NPP 季节、年际动态；③植被变化信息能立即反映在 NPP 估算上	①BEPS 模型比较复杂，所需参数较多，在参数确定上人为因素影响较大；②改进的 PEM 模型虽然对生理生态过程做了简化，但 NPP 估算精度受 LAI 影响较大	适用于小面积样区、区域及全球尺度上 NPP 的估算
光能利用率模型	CASA，GLO-PEM，SDBM 模型	①区域尺度转化容易，适宜于向区域及全球推广；②许多植被参数可由遥感获得；③可以获得 NPP 的季节、年际动态	①缺乏可靠的生理生态基础；②无法实现 NPP 的模拟及预测；③光能传递及转换的过程中还存在很多的不确定性	适用于区域及全球尺度上 NPP 的估算

3.3.2 遥感反演植被碳储量模型的一般过程

以 MODIS 数据为例，运用 MODIS 数据驱动光能利用模型获取植被 NPP 的时空变化格局的一般操作流程。其他数据源和模型也可以参考该流程。

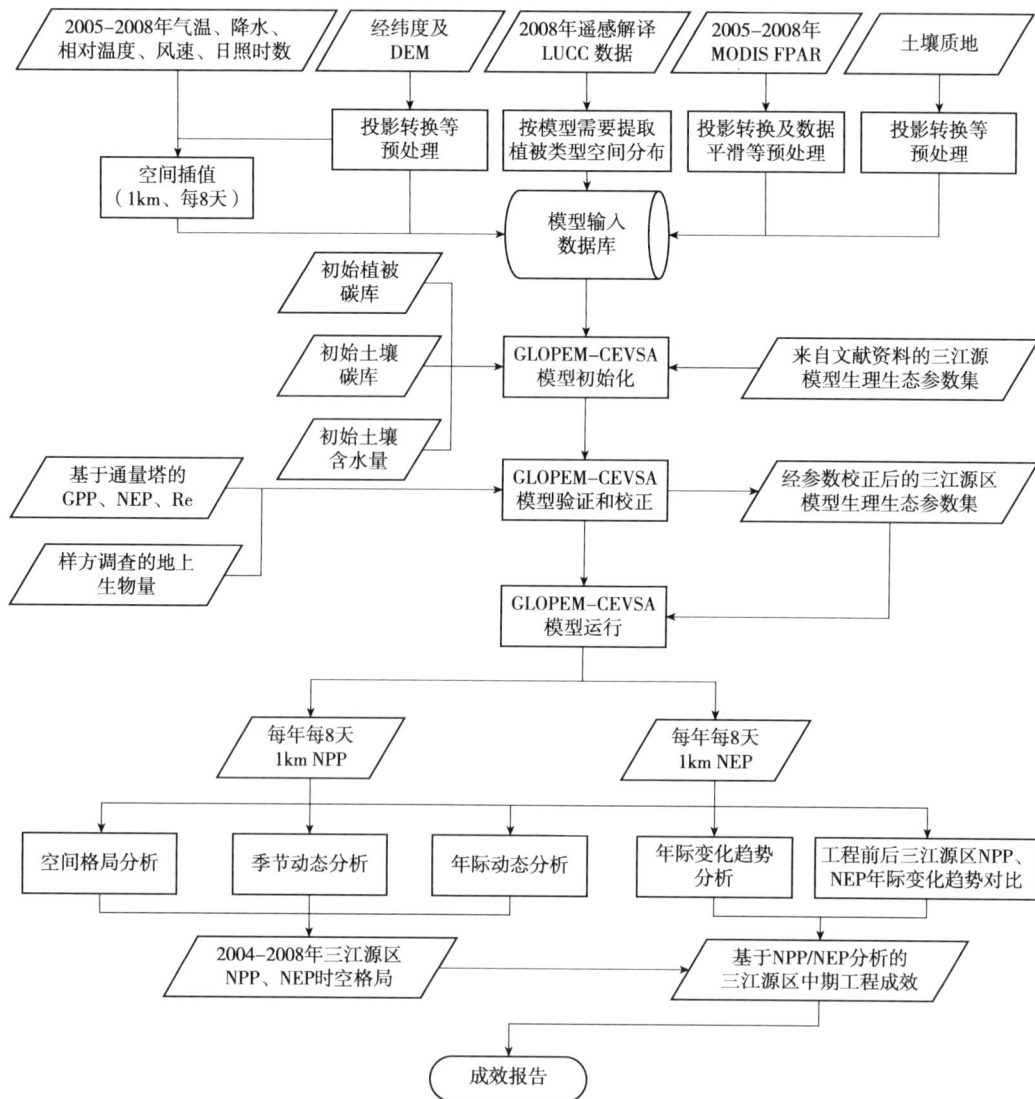

图 31 基于 MODIS 卫星数据的光能利用模型构建流程图

4. 植被碳储量遥感监测和评估规范

技术验证规范(参考)

(1)草原资源遥感监测地面布点与样方测定技术规范(DB51/T ×××××-×××)

(2)可持续草地管理温室气体减排计量与监测方法学(AR-CM-004-V01)

(3)森林生态系统碳储量计量指南(LY/T 2018—××××)

5. 主要的遥感数据源

5.1 卫星遥感数据源

常用的卫星遥感数据有 MODIS、TM、AVHRR、高分影像、中巴资源卫星影像。

5.2 无人机遥感数据源

林草产业调查及评价指标规范

（一）林业产业发展及评价指标规范

1. 绪论

林业产业是一个独具特色的产业体系，涉及国民经济第一产业、第二产业、第三产业的多个门类，属于涵盖范围广、产业链条长、产品种类多的复合产业群体。目前，我国林业产业初步形成了林木种植业、经济林业、种苗、花卉培育业、木竹采运业、木竹加工业、人造板制造业、木竹藤家具制造业、木浆造纸业、林化产品加工业、非木质林产品采集与加工业、森林旅游业、野生动物驯养繁殖利用等产业门类。

党的十八大以来，林业产业在促进精准扶贫、繁荣区域经济、增进民生福祉等方面发挥着越来越重要的作用。2018 年，我国林业产业总产值达到 7.63 万亿元。我国是世界上最大的木质林产品消费国、贸易国和花卉生产基地，对国际林产品市场的影响力持续提升。林业一、二、三产业比例由 2012 年的 35∶53∶12 调整到 2018 年的 32∶46∶22，产业结构优化升级。林业产业内涵外延明显拓展，新产品、新业态快速发展。林业产业发展机制不断完善，中央财政累计贴息 48 亿元，扶持林业产业贷款规模达 1737 亿元。林业产业的快速发展，促进了农村经济结构调整，助推了贫困地区精准脱贫。全国林业产业从业人员超过 5000 万人，一些林区、山区农民收入的 20% 左右来自林产品，部分林业重点县超过 60%。

近年来，经济林和林下经济产业已经成为各级政府高度重视、山区群众普遍认同、广大公众一致青睐、社会企业广泛参与的热门产业。目前，全国经济林种植总面积达 6 亿亩，每年各类经济林产品总量达 1.81 亿 t，全国经济林第一产业实现年产值 1.45 万亿元，成为林业行业 3 个突破万亿元的产业之一。全国林下经济稳步发展，产值规模不断扩大，全国林下经济的年产值约为 8155 亿元，涌现出浙江、江西、广西等多个产值过百亿元的省份。经济林和林下经济产业已成为山区经济发展的优势产业、种植业结构调整的特色产业、农民脱贫致富的支柱产业和大众创业的新兴产业。

新疆是全国林果主产区。近年来，新疆深耕特色林果产业，林果业不断转型升级，尤其是南疆四地州，林果产业链不断延伸，并逐年发展壮大。随着林果产业化经营步伐的不断加快，一大批林果贮藏、保鲜和加工龙头企业落户天山南北。产业链不断完善，各种业态不断叠加，助推南疆广大农牧民不再像以前那样仅仅"靠天吃饭"，而是走上了靠技术增收致富的道路。采摘游带动旅游热，旅游热又让园内的农家乐、游乐区活了起来。

据悉，新疆将打造林果产业"一区三带"发展格局，主要包括建设环塔里木盆地主产区核桃、红枣、巴旦木、杏、香梨、苹果产业板块，吐哈盆地葡萄产业板块，伊犁河谷和天山北坡葡萄、枸杞、小浆果、时令水果、设施林果产业板块，合理发展早熟、中熟品种，适度发展加工品种，增加优质高端特色果品供应，实现早中熟与晚熟、鲜食与加工、食品与美容保健品种合理搭配，让天山南北一年四季瓜果飘香。数据显示，2019 年，新疆林果种植面积超过 2167 万亩，林果业收入占全疆农民人均纯收入的 25% 左右，在南疆部分县市占比更高达 45% 以上。近年来，通过一、二、三产融合发展，南疆林果的"金字招牌"愈发闪亮。

《新疆生产建设兵团国民经济和社会发展第十四个五年规划和二〇三五年远景目标纲要》提出，推动产业结构调整，在林业产业方面，不断做强林果产业。稳固提升红枣、葡萄、苹果、梨、核桃等大宗林果产品优势，以高标准规模化优质高效果园建设为导向，加大传统果园改造力度，实施标准化科技示范园建设工程，集成各项高效生产技术，提高果品质量效益。持续推进干鲜果品向优势主产区集中。优化果树品种结构，稳定干果生产，大力发展鲜果，推进葡萄、樱桃、西梅等替代进口果品的优质鲜果生产，因地制宜发展名优特新品种和设施林果。

"十三五"以来，新疆有 2466 万亩沙化土地得到治理。从黄沙漫漫到绿意葱茏，从"死亡之海"到"经济绿洲"，在多年持之以恒搏击荒漠与贫困的过程中，新疆荒漠化治理工作渐入佳境。据不完全统计，全疆每年的沙产业产值近 41.7 亿元，涉沙加工企业 93 家，企业年加工能力 118 万 t，产值达 35 亿元。今后，新疆将进一步完善沙产业发展扶持政策，推动治沙和产业化相辅相成发展。新疆初步形成以灌草饲料、中药材、经济林果、沙漠旅游等为重点的沙区特色产业，开发出饲料、药品、保健品、化妆品、食品、饮料、果品等一大批沙产业产品，带动种植、加工、贮藏、运输、销售等相关产业发展，产业链不断延长，产值不断增加。目前，新疆已拥有 36 个国家沙漠公园(含新疆生产建设兵团)，是我国国家沙漠公园最多的省份。

森林生态环境是人们养生的氧吧，也是人们养心的乐园。在日本，森林养生已经发展为"森林医学"；在德国，森林疗养基地也都变成了"森林医院"……而我国，虽然说森林养生起步晚，但是发展势头猛，在当下，"森林养生"已经成为一种时尚的养生方式，一种新兴的健康产业。自 2016 年以来，国务院以及国家林业和草原局等部委发布了很多支持鼓励发展森林康养的政策文件。发展森林康养是科学合理利用林草资源，践行绿水青山就是金山银山理念的有效途径，是实施健康中国和乡村振兴战略的重要措施。2020 年，新疆四地入选首批国家森林康养基地。

2. 术语及定义

2.1　林业

林业是指保护生态环境、保持生态平衡，保护森林以取得木材和其他林产品，利用林木的自然特性以发挥防护作用的生产部门，是国民经济的重要组成部分之一。林业既是一项重要的公益事业，又是一项重要的基础产业，承担着发挥经济、社会、生态三大效益，生产物质、文化、生态三大产品的功能定位。

2.2　林业产业

林业产业的含义有广义和狭义之分，从广义角度讲，林业产业是包括第一、二和三产业在内的大的产业群，它具有完整的生态、经济和社会功能，可以认为是林业的总体；从狭义角度讲，林业就是以森林为资源依托，结合必要的生产技术和相应的投资所从事的林业生产活动，通过有效的组织结构最后产出能满足人们生产和生活需要的物质和文化产品。

2.3　林业产业体系

1994 年，林业部在《为建立比较完备的林业生态体系和比较发达的林业产业体系而努力奋斗》一文中对"比较发达的林业产业体系"进行了定义，即指产业门类和产品数量与森林资源的多样性和丰富程度相称；既有数量，又有质量，数量和质量并重，产业规模和产业素质并重；与市场紧密连接，对内对外高度开放；产业结构合理有效，能够体现多项目增收、多层次增值；坚持多产业、多渠道、多形式、多成分开发，一、二、三产业全面发展；以林产工业为龙头，以科技为依托，以效益为前提；能够持续发展的，富有生命力和竞争力。孙美清等(1998)指出，林业产业体系是指在兼顾生态、社会效益的前提下，以发挥和提高林地生产力为核心，以森林资源及林业地域上一切自然资源的培育、繁衍、保护为手段，为实现多资源开发利用，生产多种物质产品和精神产品，在一定基础设施和宏观环境保障下所形成的产业群有机组合体。林业产业体系内涵包括森林经营业(第一产业)、林产工业(第二产业)、非林工业(第二产业)、林区旅游饮服业(第三产业)。

2.4 产业结构

产业结构，实际上是指国民经济中各产业间的数量关系结构以及技术经济联系方式，产业结构变化发展通常由就业结构、生产结构、需求结构、贸易结构所体现，其规律依据不同时期、不同国家来表现，为我国经济发展战略提供了关键依据。产业结构包括量和质两个方面，量指国民经济各产业间、产业内部各行业间的数量对比关系；质指产业的技术素质、组织结构和联系方式。

3. 林业产业结构

根据林业产业中不同物质产出过程中的资源特征、生产方式和产品形式等结合国内和国际的分法，将我国林业产业分为第一产业、第二产业和第三产业3个种类，并且每个产业中还可以分出更小的产业种类，具体分类见附表1所示。

3.1 第一产业

林业第一产业按照国际分类可以分为木质林产品产业和非木质林产品产业两个种类。木质林产品产业主要是以木本林业资源为依托所生产出的木材和竹等产品，由于森林资源具有可持续性，所以木质林产品的生产在根据资源的生长周期进行科学采伐时能实现木质林产业的可持续发展。非木质林产品生产业可以分为4个亚产业：经济林产业、花卉业、野生动植物驯养繁育业和林副产品生产业。经济林产业主要是指以林木作为劳动对象，通过其周期性产出的能供生产和生活利用的林产品来获取经济收益的产业，像苹果、核桃、橡胶等都属于经济林产业；目前，野生动植物驯养繁育产业在森林资源丰富和野生动植物丰富的地区发展速度很快，是通过对野生动植物的驯养，利用其繁殖来实现拥有量的增加从而实现其经济效益；林副产品生产业是在林业经营过程中根据当地的自然和资源条件所从事的林下养殖和种植的产业。

3.2 第二产业

林业第二产业包括木质林产品和非木质林产品的加工制造业。木质林产品加工业主要包括3个方面：木竹加工业及竹、藤、棕、草制品业，木质、竹藤工艺品及家具制造业，造纸及纸制品业，其中，木竹加工业及竹、藤、棕、草制品业是根据原料的性质对这些林产品进行深加工成为人造板、编造工艺品等来实现和提高其经济价值的过程；木质、竹藤工艺品及家具制造业是对木材和竹藤等原料进行加工成木质家具的过程；造纸及纸制品业是根据林木的化学特性加工成纸浆并最终加工成纸的过程。非木质林产品加工业包括林产品化学产品制造业、驯养动物产品加工业和林副产品加工业 3 个方面，林产品化学加工业是根据林木和林产品的化学性质生产出来碳、医药、橡胶等化工产品；驯养动物产品加工业是在对野生动物进行驯养后经过后期的加工成食品、药物等产品的产业；林副产品加工业是通过对林副产品进行深加工并形成产业链来实现其经济效益的最大化。

3.3　第三产业

传统的第三产业指的是服务业，林业的第三产业也就是指森林服务业。森林的服务功能可以通过生态服务、森林旅游等体现，所以森林服务业可以划分为森林生态服务业、森林旅游业和其他森林服务 3 种形式。生态服务主要是指随着经济的发展环境问题日益凸显，人类正在面临温室效应等环境问题的严重挑战，而森林吸收二氧化碳形成碳汇的功能是缓解温室效应的有效途径，所以林业生态服务业具有广阔的前景，但是目前的发展还受很多不利因素影响，产业规模和发展速度相对有限；随着城市化的不断加强，森林的旅游观光功能给选择健康生活方式的人们提供了一个很好的休闲娱乐场所，森林旅游逐渐发展成为一个新兴的服务产业；其他森林服务业主要是指除了上面提出的之外由其他的森林服务功能形成的产业，比方说，对森林的科研、教育、国防等功能的需求所形成的产业。

4. 林业产业考察程序

林草产业考察包括前期准备、实地调查、室内资料考证、数据分析和报告编写 5 个程序。

4.1　前期准备

4.1.1　资料收集

收集新疆维吾尔自治区林业和草原局、新疆生产建设兵团（简称兵团）林业和草原局，地方各市、县林业和草原局，兵团各团场农发中心的林业资源及林业产业官方报道、年鉴、地方志等资源，通过与各企事业单位的林业产业相关工作人员进行视频会议交流，初步判断新疆林业产业的现状，制定林业产业考察的重点内容及重点区域。

4.1.2　基础数据上报

制定数据上报规范和内容，由新疆维吾尔自治区、兵团管辖的各市、县林业和草原局，兵团各团场农发中心的林草业管理部门上报林业产业基础数据。

4.1.3　考察方案制定

考察前制定详细的考察方案，考察方案包括考察内容、考察时间、考察路线、任务分工等。

4.1.4 考察队伍

科学考察由相关科研机构、高等院校的专家学者具体实施，自治区和兵团林业和草原业相关部门技术人员应积极参加综合科学考察。

开展林草产业综合科学考察前需根据考察内容进行组建相关学科专业技术人员的调查组，并对参加的调查人员进行调查方法的统一培训。

4.2 数据整理与分析

4.2.1 数据记录规范

科学考察调查记录的相关数据，必须采用法定计量单位，只保留 1 位可疑数字，有效数字的位数应根据计量器具的精度的示值确定，不得随意增添或删除，有效数字的计算修约规则按 GB 8170 执行。采样、计算失误造成的离群数据和异常值的判断和处理执行 GB 4883。平行样品的测定结果用平均数表示，并给出标准差和标本数。

4.2.2 数据处理

科学考察的数据汇总、信息管理和制图必须通过数据库和 GIS 软件进行。空间数据的存储格式为 ArcGIS 的 Shapefiles。综合科学考察需建立包括全部调查因子的数据库及管理系统。调查数据采用 Excel 软件记录，各个领域的调查资料数据及统计结果应以统一格式输入数据库。

4.2.3 综合评价

考察结束，需对考察对象存在的问题、成因等进行综合评价，并对考察对象的发展潜力、适宜规模等进行预估。

5. 林业产业调查指标

5.1 分类

依据原国家林业局、国家统计局《林业及相关产业分类（试行）》标准，林业及相关产业分为林业生产、林业旅游与生态服务、林业管理和林业相关活动 4 个部分，共 13 个大类、37 个中类和 112 个小类，其中，小类与《国民经济行业分类》（GB/T 4754—2002）的行业小类相一致，实现了《林业及相关产业分类（试行）》与《国民经济行业分类》的衔接。根据我国三次产业分类标准，第一部分属于第一产业，第四部分属于第二产业，第二、三部分属于第三产业。

第一部分：林业生产

（一）森林的培育与采伐活动；

（二）非木材林产品的培育与采集活动；

（三）林业生产辅助服务；

第二部分：林业旅游与生态服务

（四）林业旅游与休闲服务；

（五）林业生态服务；

第三部分：林业管理

(六)林业专业技术服务；

(七)林业公共管理及其他组织服务；

第四部分：林业相关活动

(八)木材加工及木制产品制造；

(九)以木(竹、苇)为原料的浆、纸产品加工制造；

(十)以竹、藤、棕、苇为原料的产品加工制造；

(十一)野生动物产品的加工制造；

(十二)以其他非木材林产品为原料的产品加工制造；

(十三)林业其他相关活动。

具体分类请参照原国家林业局、国家统计局《林业及相关产业分类(试行)》标准。

5.2　调查指标

林产业调查指标主要包括产业规模指标、产业素质指标和资源基础指标。

①林业各类产业分布区域；

②林业各类产业面积；

③林业各类产业投资总额；

④林业各类产业销售总额；

⑤林业各类产业净利润；

⑥产业从业人员数；

⑦产业从业人员结构(年龄，学历)；

⑧林业各类产业标准化建设状况；

⑨林业病虫害防控体系建设情况；

⑩林业产业产品储藏加工状况(林果产品)；

⑪林业产业产品销售网络情况；

⑫林业产业发展政策；

……

6. 林业产业调查的方法

本次调查，以属地划分为原则，立足现行统计制度，采取全面调查、典型调查与现有资料相结合的调查方法。

调查要与平时掌握的情况相结合，与年终林业综合统计相结合，与产业发展研究相结合，与本地林业企业数据库建设相结合；以林业产业情况为参照，以生产能力调查为基础，调查和预测林业第一产业、第二产业、第三产业和林下经济的发展情况。

针对林产业各类别调查指标建立数据库上报系统，建立数据上报规范，各产业管理单位进行数据上报。

7. 林业产业考察成果汇编

考察结束，需提交综合考察报告，报告中必须包含以下成果内容：①林业产业数据库；②林业产业现状报告；③林业产业评价报告；④林业产业区划图及发展建议报告；⑤林业产业专题报告。

8. 林业产业评价体系

8.1 评价指标

主要包括产业规模化指标、市场竞争力指标等。

规模化指标包括：①劳动力规模；②产值规模；③规模收益；④基地规模；⑤市场占有率；⑥成本收益率；⑦技术进步贡献率。

竞争力指标通常包括：①自然竞争力指标，包括森林面积、森林蓄积量、活立木蓄积量、林业用地面积、森林公园面积等5个二级指标；②资本竞争力指标，包括林业固定资产、营林固定资产、年度到位资金额、林业国家投资、外资利用等5个二级指标；③技术竞争力指标，包括技术市场成交额、经费数、基层林业站数量、教育经费投入等4个二级指标；④劳动力竞争力指标，包括高等学校当年毕业普通本科和专科学生数、劳动生产率、林业系统从业人员年末数、企业从业人员比重、林业系统在岗职工年平均工资等5个二级指标。⑤市场竞争力指标，包括林业总产值、林业第二产业产值、第三产业产值所占比重、林业总产值与地方经济总产值比重、林业产业市场占有率、地区居民消费水平等6个二级指标。

8.2 竞争力评价

8.2.1 竞争力评价方法

常见的产业竞争力的综合评价方法有主成分分析法、因子分析法、聚类分析法、雷达图分析法、SWOT分析法、人工神经网络分析法、数据包络分析法、综合评价法、熵权法等。

主成分分析法：当研究对象有多个影响因子时，各个因子之间必然具有相关性，主成分分析方法的思想就是通过降维把多个指标降低到几个能反映大部分信息的综合指标，然后通过这几个指标来对研究对象进行综合分析，这样既能保证评价质量又能降低评价难度。

因子分析法：因子分析法同主成分分析法的研究思路相同之处是因子分析法依然采取的是降维的思想来降低评价难度，但是操作途径有所不同，因子分析法是通过对影响因子在矩阵中相关性的研究，把相关性较强的变量用一个或者少数的代替，最终找出几个不相关的指标，通过这种方法实现降维，这几个少数的指标具有相关性弱、能代表大部分信息的特点。

聚类分析法：聚类分析是在没有确定的分类原则的情况下，根据被研究对象的是否具有同质性形成的一种分类。在做区域产业竞争力分析时，通过把竞争力相近的区域进行分类，有助于对区域竞争力的评价和分析，而且能更好地描述出区域竞争力的格局。

雷达图分析方法：该方法本身是一种财务分析方法，又叫综合财务比率分析图法，因图形近似雷达，所以又称作雷达图法。在做竞争力分析时，它能直观地反映出不同区域在综合竞争中的优势和劣势项目所在。在雷达图中点的位置越靠外就说明优势越大，越靠内劣势越大。

SWOT 分析法：这种方法经常用来分析经济体的战略地位。其中的 4 个字母分别为 4 个单词的首个字母，代表评价过程中的 4 个指标，4 个指标分别是优势劣势、机会威胁。其中，前两个是经济体的内部因素，而后者代表的是被评级对象所面临的外部环境，研究过程中就是找出几个指标进行对比分析，最后做出判断。

8.2.2　林业产业区域竞争力评价指标体系设计原则

(1) 科学性原则

科学性是指标体系建设的首要原则，它代表在建立指标体系的过程中尊重客观的事实和规律，能够按照学术界的基本要求进行科研分析。将形成的体系进行科学的阐述和介绍，确保评价体系能够反映真实情况。

(2) 可操作性原则

可操作性要求数据获取要具有可能性，本文在数据获取有 2 个渠道：一是按照目前国家和地方公布的统计数据，另外是通过形成调研小组实地获取数据。在文章撰写之前，就已经对数据收集过程有了完整的思路，两者都具有充分的可行性和可操作性。

(3) 目的性原则

在产业的竞争力模型中，指标的设计需要时刻考虑目的性原则，也就是时刻以竞争力评价为最终方向，在指标选择过程中，不能偏离这一根本方向。

(4) 因果性原则

进行竞争力的评价是研究区域产业的竞争力的目的，在此过程中，与这一目的有关的指标必须符合因果性的标准，也就是说，两者必须具有实实在在的影响关系，而非数据上的简单相关关系。

(5) 系统性原则

系统性原则要求指标能够以总体的状态进行竞争力评价，而非只是孤立片面地进行局部分析。系统性原则要求我们在设定指标时，在整体指标设立的大方向上有布局，有分析。

8.2.3　林业产业区域竞争力评价初选指标体系构建

首先，定位目标层；主要目的在于确立的目标层结构能够合理地反映我国各省份林业产业的综合竞争力水平。通过确立了 H 个层次的指标体系，并参照评价的总体目标，显性有序地反映体系中的各个省份的林业产业的竞争力，此外还需要涵盖影响林业产业区域竞争力的分析性特征指标。因此，将第一层次的指标分解为外显竞争力和内在竞争力，外显竞争力也就是显性竞争力，主要包括林业产业的实力、林业产业的盈利能力等外在因素。内在竞争力主要用于解释竞争力的源泉问题，由我国各个省份的林业产业的竞争力的组成要素构成，对我国各地区林业产业区域竞争力的构成要素进行分析，明确我国林业产业内在竞争力的基础竞争力分量、核心竞争力分量以及环境竞争力分量。基础竞争力可以分解为资源禀赋、基础设施建设和生态建设方面的竞争力，随着林业的生态环境的重要性日益突出，对林业产业区域竞争力评价时必须要考虑生态环境因素，所以有必要把林业生态建设情况作为一个指标分支；核心竞争力进一步分解为林业企业素质、产业结构和科技创新基础方面的竞争力，其中，设置对技术性因素的考量指标，主要表现在现有技术基础和技术开发能力两个方面，两方面水平的高低决定着产业发展的效率；产业环境竞争力体现其在产业发展环境层面的竞争能力，见附表2。

8.3 林业产业投入产出效率评价

评价模型建立的关键在于指标的选取，选取指标的合理性直接影响评价分析结果。为保证模型分析结果的可靠性，林业投入产出效率指标体系的构建应遵循5个原则：第一，有效反映林业投入的 DEA 效率；第二，决策单元数应大于投入指标和产出指标总和的3倍；第三，获取的数据具有精确性和及时性；第四，投入指标与产出指标具有高度相关性；第五，选取的研究方法科学合理。林业产业产出指标的选取，从广义林业的角度出发，即包括林业产业发展中的第一产业、第二产业和第三产业，依据决策单元数应大于投入产出指标总数3倍的原则选取，见附表3。

8.4 林业产业规模经济效率评价

8.4.1 评价方法

DEA 分析法是美国著名运筹学家 Charnes 等（1978）提出的对单位部门用同种类型的投入和产出数据评价规模经济效率的一种方法。在保持决策单元输入或输出不变的情况下，运用数学规划的方法确定相对有效的生产前沿面，并将各个决策单元在 DEA 的生产前沿面上投影，比较其有效性。衡量林业产业规模经济效率的高低就是通过对区域林业产业的多项投入产出指标的比较，形成规模经济决策的重要基础数据，数据的变化关系可以为产业规模化发展路径的选择提供必要的依据。林业产业生产周期长、受自然力影响较大，这使得林业产业的投入产出指标更具有时效性与客观性等特点，所以运用 DEA 数据分析法对林业产业规模经济效率进行评价分析，能够更好地揭示林业产业发展的规模经济规律。

8.4.2 指标体系的建立

林业产业规模经济效率评价指标的建立有3点原则：①能够有效反映林业产业的 DEA 效率；②基础数据能够及时准确获得；③评价方法应用科学合理。林业产业规模经济效率的评价指标体系是根据林业产业的投入和产出的各项指标进行划分的，包括了林业第一、二、三产业中的林业产业和涉林产业。林业的第一产业以营林业为主，第二产业以木竹采运与林产品加工业为主，第三产业以林业旅游与休闲业为主。

9. 附表

附表1 林业产业体系构成表

产业层次	国际分类	亚产业
林业第一产业	木质林产品生产业	木竹生产业
	非木质林产品生产业	经济林产业
		花卉业
		野生动植物驯养基地
		林副产品生产业
林业第二产业	木质林产品加工业	木竹加工业及竹、藤、棕、草制品业
		木质、竹藤工艺品及家具制造业
		造纸及纸制品业
	非木质林产品加工业	林产化产品制造业
		驯养动物产品加工业
		林副产品加工业
林业第三产业	森林服务业	生态服务业
		森林旅游业
		其他森林服务业

注：传统分类将木竹采运业列入森林工业，而将用材林的经营列入林业。按照国民经济三次产业划分的标准，归入第一产业中的林业。

附表2 林业产业区域竞争力初选评价指标体系

目标层	一级指标	二级指标	三级指标
林业产业竞争力初选指标体系	外显竞争力	林业产业实力	林业产业市场占有率(X1)
			产品销售收入(X2)
			资金利润率(X3)
		林业产业盈利能力	林业总产值(X4)
			林业总产值与地方经济总产值比重(X5)
			产值利税率(X6)
	核心竞争力	林业系统素质	劳动生产率(X7)林业总产值除以林业从业者数量
			林业从业人员比重(X8)
			林业系统在岗职工年平均工资(X9)
			林业系统从业人员年末数(X10)
		林业产业结构	资产总量占全国比重(X11)
			林业第二产业所占比重比重(X12)

（续）

目标层	一级指标	二级指标	三级指标
林业产业竞争力初选指标体系	核心竞争力	林业产业结构	林业第三产业产值所占比重（X13）
			林业三个子产业比值（X14）
	基础竞争力	科技创新基础	技术市场成交额（X15）
			技术市场成交额（X15）
			教育经费投入（X17）
			林业高等学校普通本、专科学生毕业数（X18）
		基础设施建设	铁路网密度（X19）
			GDP 占全国比重（X20）
			公路网密度（X21）
		资源禀赋	森林蓄积量（X22）
			森林面积（X23）
			林业用地面积（X24）
			森林覆盖率（X25）
			活立木总蓄积量（X26）
	产业环境竞争力	生态建设	各地区林业重点生态工程造林面积（X27）
			各地区林业系统自然保护区面积（X28）
			森林公园面积（X29）
		制度环境	地方财政收入占 GDP 的比重（X30）
			人均财政支出（X31）
		金融资本	林业国家投资（X32）
			林业固定资产（X33）
			年度到位资金额（X34）
			林业实际巧用外商投资（X35）
			营林固定资产（X36）

附表 3　林业投资投入产出效率指标评价体系

指标	林业投资完成情况 A_1
投入指标	林业第一产业产值 B_1
产出指标	林业第二产业产值 B_2
	林业第三产业产值 B_3

参考文献

卢尚坤．林业产业技术创新能力研究［D］．哈尔滨：东北林业大学，2016.

王满．基于布局优化的中国林业产业体系建设研究［D］．长沙：中南林业科技大学，2010.

肖京武．基层林业人才队伍建设的理论与实证研究［D］．北京：北京林业大学，2015.

倪兴国．农业统计数据可视化系统设计与实现［D］．保定：河北农业大学，2018.

叶锋．我国林业产业结构与增长分析［D］．北京：北京林业大学，2009.

王刚．我国林业产业区域竞争力评价研究［D］．哈尔滨：东北林业大学，2016.

贾孟熙．我国林业产业运行监测指标体系设计［D］．北京：北京林业大学，2017.

胡申．中国林业产业区域竞争力评价分析［D］．北京：北京林业大学，2012.

李冉．中国林业产业体系评价与增长机制研究［D］．北京：北京林业大学，2013.

蔺岩群．甘肃林业产业结构分析［D］．兰州：甘肃农业大学，2017.

丁胜，赵庆建，曹福亮，等．基于DEA分析法的区域林业产业规模经济效率评价［J］．中国林业经济，2019，154（01）：3-7+22.

卞纪兰，赵桂燕．基于DEA的黑龙江省林业产业投入产出效率评价研究［J］．林业经济，2019，323（06）：64-69.

李宏，唐守正．林业产业结构研究综述［J］．世界林业研究，2000（02）：41-46.

李碧珍．产业融合：林业产业化转换的路径选择［J］．林业经济，2007（11）：59-62.

国家林业局．2011.中国林业产业与林产品年鉴［M］．北京：中国林业出版社，2012.

金煜现，朱永杰．林业统计数据可视化系统研建——以林产品产量数据为例［J］．福建林业科技，2020，192（03）：56-60.

孙美清，褚德馨，周学安．论大连林业产业体系的建设［J］．辽宁林业科技，1998，（06）：27-30.

Charnes A，Cooper WW，Phodes E. Measaring the efficiency of DMU［J］. European Journal of operational Reseevrch，1978，（2）：429-444.

林草产业调查及评价指标规范

（二）草产业调查技术规范

1. 绪论

草产业是一项基础产业，是现代畜牧业的重要组成部分和物质基础，事关振兴奶业和草食畜牧业持续高效发展，在维护粮食安全、改善生态环境、保障畜牧业快速发展和促进农牧民收入方面发挥着重要作用。发展草产业是解决我国优质饲草料缺乏的现实需求，是保障国家食物安全的重要举措。国家高度重视草产业发展。党的十九大以来，建设创新型国家、实施乡村振兴战略、促进农业绿色发展和高质量发展、促进山水林田湖草系统治理等国家重大战略部署成为草业发展的新引擎。党的十九届五中全会将"脱贫攻坚成果巩固拓展，乡村振兴战略全面推进"纳入"十四五"时期经济社会发展主要目标，提出"实现巩固拓展脱贫攻坚成果同乡村振兴有效衔接"的新要求。面对新形势、新阶段、新格局和新目标，对草产业开展调查和普查，因地制宜、科学合理地制定与草原生态保护补助奖励机制政策以及草食畜发展目标相适应、相统一、相一致的草产业发展中长期规划、区划以及年度计划，为草产业发展提供科学的理论指导，全力推进乡村振兴战略具有重要意义。

2. 术语及定义

2.1 草业

草业，是以草为基础进行生产、加工、经营、保护、管理的生态、经济和社会型产业，涵盖资源与生态保护、草地畜牧业、草地农业、城乡绿化、草业科技教育以及草产品生产、经营等多领域的新兴产业。草业是现代农业的重要组成部分，它关系到种植业和养殖业，也关系到我国的乡村生态发展，是农业的基础性产业。《中国草业可持续发展战略研究》一书对草业的内涵进行了较深入的阐述，狭义的草业是指以草原为基础的草原畜牧业和草原保护建设；广义的草业涵盖草原畜牧业，草原保护建设，草资源管理，草及草产品生产、加工和经营，草业科技教育等领域。任继周主编的《草业大辞典》将草业又称为草地农业，定义为以草地资源为基础，从事资源保护利用、植物生产和动物生产及其产品加工经营，获取生态、经济和社会效益的基础性产业，包括前植物生产层、植物生产层、动物生产层和后生物生产层。

2.2 草牧业

任继周院士认为，草牧业核心含义是在 1.2 亿 hm^2 耕地红线内，通过在农耕地区种植饲草料作物，进而推动农业结构调整，实现草业、牧业协调发展。方精云院士认为，草牧业是以草为基础的畜牧业，是在传统畜牧业与草业基础上提升的新型生态草畜产业。

广义的草牧业包括草原生态保护建设，草业、草食畜牧业，以及相关的一、二、三产业融合发展；狭义的草牧业包括饲草生产加工和草食畜禽生产加工，以及二者的融合发展。草牧业是通过天然草地管理和人工种草，经合适的技术加工，获取优质高效的饲草料，进行畜牧养殖和加工的生产体系，包括种草、制草和养畜（含畜产品加工）3 个生产过程。

2.3 草坪业

草坪业，是在城镇生态和社会地域内，根据草坪和城市生态系统的原理，通过园林化设计规划，专业化生产，集约化经营，社会化服务，现代化管理，大众文化建设，开发经营和管理绿化美化的草坪绿地，改善城镇生态环境，满足居民不断增长的文化生活需要。

2.4 草种业

草种，是获得高产优质牧草饲料的基础，是扩大牧草栽培面积的前提，是改良天然草场、建立人工草场、推行粮草轮作的必要材料。草种业是为获得草种子而进行生产的行业。草种业是发展现代畜牧业、城镇绿地建设、退化草地生态系统修复与重建、水土保持工程建设、种植业"三元结构"建立的物质基础和基本材料，与粮食作物、经济作物一样，与保证食物安全、稳定生态环境、持续发展经济具有同等重要地位，是种业的重要组成部分，是国家战略性、基础性产业。

2.5 草地农业

草地农业，是由中国传统农业的精耕细作与西方"有畜农业"相结合发展而来的生态农业，即把牧草(含饲用作物)和草食家畜引入农业系统，把耕地和非耕地的农业用地统一规划，把牧草作为基质，除了天然草地以外，在耕地上实施草粮结合、草林结合、草菜结合、草棉结合、草结合等，以草田轮作、间作、套种等技术系统，充分发挥各类农用土地的生产潜势。

2.6 草地畜牧业

草地畜牧业，是利用各类草地上的草料放牧、饲喂草食动物，从而取得肉、奶、毛、皮、绒等商品畜产品的行业。其中，利用天然草地上生长的牧草放牧、饲养家畜的草原牧区畜牧业是有着悠久历史的传统产业，也是对牧草资源最合理、最直接的利用方式；而利用退耕地、闲田、隙地、沙地及滩涂地人工种草养畜发展农区草食动物的生产，又充满了活力。草地畜牧业是既古老又新兴的产业。

3. 草产业结构

草地资源的丰富性及多功能，决定了草业内容的广泛性，而且随着人类对草地资源认识的加深与开发利用途径的增多，草业的内容也日趋丰富。草业作为产业就是要实现产品的商品化并产生经济效益，这就要有产品的生产及产品的市场。目前，在草产业构成方面，生态草业、草地畜牧业、草种业、饲草料产业和绿化与观赏草业构成了我国草产业的主题框架。

3.1 生态草业

生态草业是利用牧草，通过工程技术措施，达到恢复草地生态系统、建立绿色环保环境、改善自然生态环境的目的，并由此产生社会、经济和生态效益的生产行业。生态草的生态作用显著，我国西部生态恶化主要是草地退化、沙化造成，草地生态状况对西部自然生态环境起着决定作用。随着西部开发和退耕还草政策的实行，草地生态工程产业必将发挥巨大威力。国家实施生态文明建设，生态草业面临前所未有的发展机遇。

3.2　草地畜牧业

草地畜牧业是以草地牧场为中心，是以牧草为第一性生产，以家畜为第二性生产的能量和物质转化过程，包括牧草生产、畜禽养殖和畜产品加工等环节的产业。牧草生产和家畜生产是整个草地畜牧业中的两个重要环节，两者在草地畜牧业的再生产中关系紧密。

随着人口的不断增加和食物结构的变化，我国的草原地区普遍出现超载放牧的现象，导致草地退化，不仅对当地生态环境构成了威胁，还严重制约了畜牧业的可持续发展。因此，如何在保证畜牧业经济效益的同时，又能保护草地资源，这是草地畜牧业当前面临的难题。

3.3　草种业

草种业是发展现代畜牧业、城镇绿地建设、退化草地生态系统修复与重建、水土保持工程建设、种植业"三元结构"建立的物质基础和基本材料，与粮食作物、经济作物一样，与保证食物安全、稳定生态环境、持续发展经济具有同等重要地位，是种业的重要组成部分，是国家战略性、基础性产业，是促进农牧业长期稳定发展、保障国家生态安全的根本。

3.4　饲草料产业

饲草料产业是现代畜牧业建设的重要组成部分，是建立在饲草的基础之上再加工，是农业发展中重要部分，包括饲草的生产、加工、销售、流通等环节，是为养殖业提供支撑和保障的基础产业。饲草料产业包括原料草的种植、收集、加工、贮存以及针对不同的草食动物需要研究开发配合饲料等诸多内容。

在我国加强生态文明建设、推进农业供给侧结构性改革以及构建"山水林田湖草"生命共同体的大背景下，饲草料产业作为一个充满活力、前景广阔的产业，是国家粮食安全和草食畜产品有效供给的重要保障。饲草饲料作为畜牧业发展的基础产业和保障，对促进种植业和养殖业产业结构调整，改善生态环境，提高养殖生产效益，增加农民收入，发展现代高产、优质、高效农业战略中发挥着重要的作用，并正在成为未来我国最终全面实现农产品总量供求平衡的一项关键内容。推进饲草产业优化调整，对构建种养循环发展机制，增加农民收入，改善生态环境，推动畜牧业高质量发展发挥着重要的作用。国家大力发展节粮型、生态型、循环型草食畜牧业，饲草料产业迎来巨大发展机遇。

3.5　绿化和观赏草业

国家实施乡村振兴战略，绿化和观赏草业发展潜在需求巨大。根据草坪绿化美化的不同特点，分为公共观赏草坪、体育运动草坪、生态防护草坪、其他用途草坪4个生产形式：①公共观赏草坪，以生产公共观赏性草坪为主，专业化、集约化、社会化生产程度较高，包括公园、广场、旅游地、居住区、专用(附属)、交通道路用途草坪生产。②体育运动草坪，以生产耐践踏、再生力强的运动娱乐性草坪为主，专业化、集约化和商品化程度较高，主要包括球类、田径、赛马和摩托车赛场等运动草坪的生产。③生态防护草坪，突出生态防护和绿化，草、灌、乔相结合，生态分布的区域性强，专业化、集约化程度较低，养护粗放，几无花卉及环境建筑造景物，主要包括大型绿化带、护堤护坡、防风、花苗圃基地的草坪生产。④其他用途草坪，以生产垂直立体、可移动铺植的草坪产品及生产资料为主，专业化、集约化、商品化程度较高，其中，垂直立体草坪产品包括屋顶、阳台和绿墙草坪，可移动铺植的草坪产品包括草皮、草卷、人造草坪、装饰草坪等。草坪生产资料包括草坪种子、肥料、人造土栽培基质、农药、坪用机械等。

4. 草产业调查内容和任务

草产业调查的主要内容包括天然草地、人工草地、饲草料加工、草坪产业、草种业、草业机械、草地旅游业、草业技术标准等 8 个方面。

4.1 天然草地

天然草地，主要指以天然草本植物为主，未经改良，用于畜牧业的草地，包括以牧为主的疏林草地、灌丛草地。天然草地资源具有数量、质量、空间、结构特征，具有生产能力和维护生态平衡等多种功能。为了掌握全疆草地资源状况、生态状况和利用状况等方面的本地资料，提高草地精细化管理水平，为全面实施草原生态环境保护战略提供数据支撑。主要调查和评估天然草地的分布、面积、产量、载畜量、利用现状等，参考附表 1。

4.2 人工草地

人工草地，主要指选择适宜的草种通过补播、施肥、排灌等措施维持的草地，可以直接放牧，也可以用于青饲、青贮、半干贮或干草储备等。人工草地种植规模和生产水平是衡量一个国家畜牧业发达程度的标志。主要调查人工草地的分布、商品草种植类型和面积、牧草产量、利用方式等，参考附表 2、3、4 和 5。

4.3 饲草料加工

饲草料加工，主要指以种植收获的饲草、农作物秸秆和农副产品为原料，通过一定的加工和贮藏技术延长保存的时间，提高其营养价值和利用效率。饲草料加工的方式主要有干草调制、青贮/黄贮制作、作物秸秆和农副产品的加工制作等。主要调查加工的饲草种类，饲草加工企业，饲草加工产量等，参考附表 6。畜牧业经营状况，主要包括现有牲畜种类、品种、数量，畜群结构、周转状况，各类牲畜的生产性能，畜产品种类、数量、品质，疫病情况，畜牧业产值。

4.4 草坪产业

草坪业，主要指专业化、集约化、社会化生产草坪草皮，由生产、经营和管理三大体系组成的知识密集、城市化、多功能、高效益、文化密集的新兴产业。草坪业不仅包含草坪的利用、美化、为发展体育娱乐设施的建造、管理而要求的特殊草坪草和其他地被的生产及保持，还包括草坪草科学、技术业务管理、人才资源的开发和草坪产品的生产及养护管理以及为此而生产的产品和商品化的诸多内容。主要调查和评价草坪的类型、面积、草坪草种子来源和数量等，参考附表 7。

4.5 草种业

草种业是国家战略性、基础性产业，现代草业的重要组成部分，为退化草原恢复、生态环境保护、高产人工草地建设以及草坪建植等方面提供物质保障，是促进农牧业长期稳定发展、保障国家生态安全的根本。围绕草种业开展相关数据和资源的摸底调查，是保障草种业健康、稳定发展的重要基础，参考附表 8 和 9。

4.6 草业机械

草业机械，主要是指用于天然草地补播和改良，人工半人工草地播种、割草、搂草、打捆，青贮饲料的裹包，以及草坪管理等方面的机械设备。主要调查牧草播种、种子收获、加工、干草收获、牧草加工、青贮设备、草坪管理相关机械的数量，参考附表 10。

4.7 草地旅游业

草地旅游业，主要是指在草原地区以草原风光、气候和少数民族民俗和民情为旅游目标，以民族特色的歌舞、体育、餐饮、观赏、避暑等为主要内容的旅游活动以及为这些活动服务的其他经营活动，从而产生经济效益的产业。草原是生态旅游景观、传统游牧文化、世界文化遗产、地质公园等集中分布区域，具有发展生态旅游的巨大潜力。主要调查各地州旅游景区的数量，景区草地的类型和面积等，参考附表 11。

4.8 草业技术标准

草业技术标准，是草业健康、规范发展的基础，是促进草业生态、经济、社会效益发挥的重要保障。对相关的国家和行业标准及地方和团体标准进行梳理和统计，为加强草种业标准体系构建提供数据和理论依据。主要调查草业天然草地、人工草地、草坪产业、草种产业等领域的国家、行业、地方和团体标准进行统计和调查，参考附表 12。

5. 草产业调查程序

草产业调查包括前期准备、实地调查、室内资料考证、数据分析和报告编写 5 个程序。

5.1 前期准备

(1) 资料收集

收集新疆维吾尔自治区林业和草原局、兵团林业和草原局，地方各市、县林业和草原局，兵团各团场农发中心的林业资源及林业产业官方报道、年鉴、地方志等资源，通过与各企事业单位的草业产业相关工作人员进行视频会议交流，初步判断新疆草业产业的现状，制定草业产业调查的重点内容及重点区域。

（2）基础数据上报

制定数据上报规范和内容，由新疆维吾尔自治区、兵团管辖的各市、县林业和草原局、县农业农村局，兵团各团场农发中心的草业管理部门上报草产业基础数据。

5.2 实地调查

（1）调查方案制定

调查前制定详细的调查方案，调查方案包括调查内容，调查时间，调查路线，任务分工等。

（2）考察人员培训

科学考察由相关科研机构、高等院校的专家学者具体实施，自治区和兵团林草业相关部门技术人员应积极参加综合科学考察。开展草产业综合科学考察前需根据考察内容进行组建相关学科专业技术人员的调查组，并对参加的调查人员进行调查方法的统一培训。

5.3 室内资料考证

科学考察调查记录的相关数据，必须采用法定计量单位，只保留 1 位可疑数字，有效数字的位数应根据计量器具的精度的示值确定，不得随意增添或删除，有效数字的计算修约规则按 GB 8170 执行。采样、计算失误造成的离群数据和异常值的判断和处理执行 GB 4883。平行样品的测定结果用平均数表示，并给出标准差和标本数。

5.4 数据分析

科学考察的数据汇总、信息管理和制图必须通过数据库和 GIS 软件进行。空间数据的存储格式为 ArcGIS 的 Shapefiles。综合科学考察需建立包括全部调查因子的数据库及管理系统。调查数据采用 Excel 软件记录，各个领域的调查资料数据及统计结果应以统一格式输入数据库。

5.5 综合评价

考察结束，需对考察对象存在的问题，成因等进行综合评价，并对考察对象的发展潜力、适宜规模等进行预估。

6. 草产业调查的方法

6.1 资料收集和文献检索归纳法

通过检索收集大量关于新疆草业领域相关的文献和书籍，进行分类、整理、归纳、总结掌握现有研究动态与研究数据，提取本调查研究需要的数据。资料来源于自治区、地州、市、区县农业农村局与林业和草原局发布的相关数据和资料等，以及国家统计局每年公布的数据资料。由第三次科学考察领导小组通过函件方式向自治区农业农村局与自治区林业和草原局申请获得自治区数据。由第三次科学考察小组开具函件，调查团队持函件到地州、市、县农业农村局与林业和草原局获取数据资料。由第三次科学考察小组从自治区生态环境厅、各地州、县农业农村局与林业和草原局部门网站获取公开数据。从网络上公开的期刊、论文信息获取数据。

6.2　问卷或统计调查法

根据技术方案设计相关的问卷调查表以及详细的填写说明，并向各地州相关部门发送，整理和分析收集的数据。

6.3　典型区域走访调查法

选取研究对象的典型区域作为调研的对象，通过访谈和入户调查的形式，走访各地州农业农村局、林草局和相关企业和合作社，向当地草地技术与管理人员以及农牧民调查了解区域内的草地资源、生态环境、畜牧业经营及植被恢复等情况，了解新疆畜牧业及草业发展现状、存在的问题及经营模式。

7. 草产业考察成果汇编

考察结束，需提交综合考察报告，包含以下成果内容：①草产业基础数据库，②草产业发展现状报告，③草产业综合评价报告，④草产业发展规划和建议报告和⑤草产业专题报告。

8. 草产业评价体系

根据 2019 年中央一号文件对草产业内涵的阐述，以及乡村振兴战略和农业现代化发展的客观要求，基于草产业内涵和可持续发展理论，结合草产业的发展路径，评价草产业具体指标的指标体系，主要包括以下几个方面。

8.1　产业规模

产业规模指产业的产出规模或经营规模，通常可用生产总值或产出量表示。产业规模的设定是基于规模经济的概念出发的，只有合适的产业规模才能带来产业的持续发展。如果规模太小、生产产值太小、经营又分散，则很难说是草产业，也很难实现草产业。本次调查和评级技术规范选择了天然草原及打草场面积和产量，饲草料种植面积及产量，农作物种植面积、秸秆产量和农副产品资源以及饲草料生产和加工企业情况 4 个具体指标。

8.2　产业效益

效益是评价产业发展现状的一个简单、直观的指标，通常也是吸引外部资源进入的一个直接考查点，只有产业规模稳步增长的同时产业效益才能持续向好，也才能吸引更多的资源流向该产业。草产业是技术密集型大产业，兼具经济效益、生态效益和社会效益，是现代农业经济发展的重要方向。因此，本技术规范主要从经济效益、生态效益和社会效益 3 个方面进行评价。经济效益是草产业直接产生的经济收益。社会效益是草产业对于周边居民的就业人数的带动作用。生态效益是在取得经济效益的同时要改善当地生态环境，参考附表 13。

8.3　产品市场

良好、稳定和可持续的草产品市场才能促进草产业发展，在市场经济条件下，随着产业规模的不断扩大，需要有随之增加的市场需求，才能使农民有劲头、有奔头。而草产品市场需求往往会受到草产品质量、品牌等方面的影响。因此，本研究选择草产品质量水平、产品市场需求、产品品牌市场价值3个具体指标来说明产品市场状况，其中草产品质量水平是基于绿色生态产品和产品品质的综合考量。草产品包括干草、青贮饲料、草块与草颗粒、草粉、秸秆和叶蛋白等几大类。

9. 附表

附表1　天然草原及打草场基本情况调查统计表

序号	县(区)	天然草地总面积(万亩)	可利用草场面积(万亩)	天然草原理论载畜量(万只羊单位)	天然草原实际放牧量(万只羊单位)	天然打草场面积(万亩)	天然打草场产草量(万吨)	禁牧草地面积(万亩)	退化草地改良实施面积(万亩)
1									
2									
3									
4									
5									
6									
7									
8									
9									
10									
11									
12									
13									
14									
	合计								

附表 2　各地州市饲草料种植面积及产量统计表

序号	县（区）	苜蓿		其他多年生饲草			青贮玉米				种植品种	其他青贮饲料			
		种植面积（万亩）	总产量（万 t）	饲草种类	种植面积（万亩）	总产量（万 t）	正播面积（万亩）	正播产量（万 t）	复播面积（万亩）	复播产量（万 t）		正播面积（万亩）	正播产量（万 t）	复播面积（万亩）	复播产量（万 t）
1															
2															
3															
4															
5															
6															
7															
8															
9															
10															
11															
12															
13															
14															
	合计														

附表 3　各地州市农作物种植面积及秸秆产量统计表

序号	县（区）	籽粒玉米		冬小麦		春小麦		棉花		油料作物			水稻			其他产秸秆作物		
		种植面积（万亩）	总产量（万t）秸秆	种植面积（万亩）	总产量（万t）秸秆	种植面积（万亩）	总产量（万t）秸秆	种植面积（万亩）	总产量（万t）秸秆	种植面积（万亩）	总产量（万t）	秸秆总产量（万t）	种植面积（万亩）	总产量（万t）	秸秆总产量（万t）	种植面积（万亩）	总产量（万t）	秸秆总产量（万t）
1																		
2																		
3																		
4																		
5																		
6																		
7																		
8																		
9																		
10																		
11																		
12																		
13																		
14																		
合计																		

附表 4 各地州市农副产品资源调查表

序号	县(区)	棉籽壳(万t)	棉粕(万t)	棉、葵、菜等饼类(万t)	豆粕其他杂粮类(万t)	麸皮(万t)	甜菜渣(万t)	其他(万t)	备注(其他请在此栏备注副产品名称)
1									
2									
3									
4									
5									
6									
7									
8									
9									
10									
11									
12									
13									
14									
	合计								

附表 5 各地州草食家畜存栏调查表

序号	县(区)	肉牛(万头)	奶牛(万头)	马(万匹)	驴(万头)	骆驼(万峰)	羊(万只)	年末存栏合计(万头只)	年末存栏折合羊单位(万只羊单位)
1									
2									
3									
4									
5									
6									
7									
8									
9									
10									
11									
12									
13									
14									
	合计								

附表 6　各地州饲草料生产和加工企业情况调查

序号	县（区）	乡（镇）	企业名称	联系人	联系方式	企业性质（种植、生产加工、种植生产一体化）	种植规模（亩）	产品种类（干草、青贮）	年产量（t）
1									
2									
3									
4									
5									
6									
7									
8									
9									
10									
11									
12									
13									
14									

附表 7　草坪产业基本情况统计表

序号	县(区)	公共观赏草坪(亩)	体育运动草坪(亩)	生态防护草坪(亩)	其他用途草坪(亩)
1					
2					
3					
4					
5					
6					
7					
8					
9					
10					
11					
12					
13					
14					
	合计				

附表 8　草种业基本情况统计表

序号	县(区)	紫花苜蓿			其他多年生牧草			一年生牧草		
		种子田面积(万亩)	种子生产量(万t)	单位面积产量(kg/亩)	种子田面积(万亩)	种子生产量(万t)	单位面积产量(kg/亩)	种子田面积(万亩)	种子生产量(万t)	单位面积产量(kg/亩)
1										
2										
3										
4										
5										
6										
7										
8										
9										
10										
11										

（续）

序号	县(区)	紫花苜蓿			其他多年生牧草			一年生牧草		
		种子田面积(万亩)	种子生产量(万t)	单位面积产量(kg/亩)	种子田面积(万亩)	种子生产量(万t)	单位面积产量(kg/亩)	种子田面积(万亩)	种子生产量(万t)	单位面积产量(kg/亩)
12										
13										
14										
	合计									

附表9　各类草种用量与供种来源调查　　　　　　　　　　单位：t

序号	县(区)	牧草用种量与来源			生态建设用种量与来源			绿地建设用种量与来源		
		草种种类	数量	来源	草种种类	数量	来源	草种种类	数量	来源
1										
2										
3										
4										
5										
6										
7										
8										
9										
10										
11										
12										
13										
14										

附表10　草业机械设备数量

序号	县(区)	牧草播种机械	种子收获加工机械	干草收获机械	牧草加工机械	青贮设备与机械	草坪相关机械
1							
2							
3							

（续）

序号	县(区)	牧草播种机械	种子收获加工机械	干草收获机械	牧草加工机械	青贮设备与机械	草坪相关机械
4							
5							
6							
7							
8							
9							
10							
11							
12							
13							
14							
合计							

附表 11   草地旅游业基本情况统计表

序号	县(区)	草原旅游景点	景区年接待游客数量（万人）	景区年收益（万元）	景区草地类型	景区草地面积(万亩)	单位面积草地经济效益（万元）
1							
2							
3							
4							
5							
6							
7							
8							
9							
10							
11							
12							
13							
14							
合计							

附表 12　现有草业相关国家、行业、地方和团体技术标准统计表

序号	所属产业	标准名	标准号	标准类型
1				
2				
3				
4				
5				
6				
7				
8				
9				
10				
11				
12				
13				
14				
15				
16				
17				
18				

附表 13　草产业经济效益评价

序号	县(区)	产业效益评价指标(万元)				备注
		第一产业	第二产业	第三产业	草原产业总产值	
1						
2						
3						
4						
5						
6						
7						
8						
9						
10						
11						

（续）

序号	县（区）	产业效益评价指标（万元）				备注
		第一产业	第二产业	第三产业	草原产业总产值	
12						
13						
14						
	合计					

注：第一产业产值是指在天然草原和人工草地上进行种草、管护等活动的价值量与各类草产品产量的价值量之和。第二产业产值是指以各类草料、草种等为初级原料进行加工形成的价值量。第三产业产值是指依托草原资源开展的草原旅游、休闲等活动收入以及为草原提供生产性服务（包括草原防火、病虫害防治）和管理所支出的价值量。

参考文献

任继周．草业大辞典［M］．北京：中国农业出版社，2008.

李永臻，孙娟．中国草业发展浅论［J］．饲料广角，2014（008）：40-41.

杜青林．中国草业可持续发展战略［M］．北京：中国农业出版社，2006.